AF523478

Ehrenstein

Polymer-Werkstoffe

Gottfried W. Ehrenstein

Polymer-Werkstoffe

Struktur – Eigenschaften – Anwendung

HANSER

Der Autor:
Prof. em. Dr.-Ing. Dr. h.c. Gottfried W. Ehrenstein
LKT Lehrstuhl für Kunststofftechnik, Universität Erlangen Nürnberg, Erlangen

Bibliografische Information Der Deutschen Bibliothek:
Die Deutsche Bibliothek verzeichnet diese Publikation in der Deutschen Nationalbibliografie; detaillierte bibliografische Daten sind im Internet über <http://dnb.d-nb.de> abrufbar.

ISBN: 978-3-446-42283-4
E-Book-ISBN: 978-3-446-42967-3

Herstellung: Steffen Jörg
Coverconcept: Marc Müller-Bremer, www.rebranding.de, München
Coverrealisierung: Stephan Rönigk
Satz: Kösel, Krugzell
Druck und Bindung: Druckerei Hubert & Co GmbH und Co KG BuchPartner, Göttingen
Printed in Germany

gewidmet meiner Familie,
Ute, Tilman, Philipp und Moritz

Vorwort zur 3. Auflage

Die 2. Auflage des Buchs Polymer-Werkstoffe war sehr sorgfältig erarbeitet und hat den Stand des Wissens dargestellt, wie es dem anwendenden Ingenieur oder Techniker vor 10 Jahren aufgrund eigener Erfahrung und wissenschaftlicher Forschung angeboten werden konnte. Zwischenzeitlich gab es jedoch einige fundamentale Weiterentwicklungen, die in die 3. Auflage eingearbeitet wurden.

Besondere Bedeutung kommt dabei der Verarbeitungstechnik zu, deren Einfluss auf die Eigenschaften der aus Kunststoffen gefertigten Formteile kann nicht hochgenug eingeschätzt werden kann. Dazu gehören die Verteilung und Wirkung der Temperatur im Werkzeug und im Fertigteil, der Einfluss des schnell steuerbaren Drucks während der Verarbeitung, neue Erkenntnisse zum Aufbau teilkristalliner Kunststoffe unter Berücksichtigung der Faltungshöhen, der amorphen Verbindungsbereiche und die Sphärolithe. Dazu kommen vor allem die Modifikation der Eigenschaften durch elektrisch, magnetisch und thermisch funktionale Füllstoffe, neue Fertigungstechniken wie die Additive Fertigung, die Verbindung mit anderen Werkstoffen in der Hybridtechnik, Biopolymere und die Strahlenvernetzung. Somit ergeben sich viele neue Perspektiven für den nach wie vor sehr erfolgreichen und innovativen Einsatz der Kunststoffe.

Besonders danken möchte ich meinen jetzigen und vormaligen Kollegen im Lehrstuhl für Kunststofftechnik der Universität Erlangen-Nürnberg für rege Diskussionen und sorgfältige Beiträge, Herrn Prof. Dr.-Ing. Dietmar Drummer, Frau Dr.-Ing. Zaneta Brocka-Krzeminska und Frau Dr.-Ing. Nathalie Rudolph, den Herren Dr.-Ing. Simon Amesöder, Dr.-Ing. Claus Dallner, Dipl.-Ing. Florian Kühnlein, Dipl.-Ing. Christoph Heinle, Dr. Thomas Müller, Dipl.-Ing. Dominik Rietzel, Prof. Dr.-Ing. Michael Schemme. Diskutiert habe ich mit den Herren Prof. Dr. Walter Kaminsky, Prof. Dr. Hans-Werner Schmidt, Prof. Dr. Dr.-Ing. E. h. Gerhard Wegner. Besonders sorgfältige Unterlagen zur wirtschaftlichen Entwicklung verdanke ich den Herren Prof. Dr.-Ing. Alois K. Schlarb, Frank Schnieders und Dipl.-Vw. Claus-Jürgen Simon. Die sorgfältige Gestaltung vieler neuer Bilder und Textteile lag wieder in den bewährten Händen von Frau Dipl.-päd. Yvonne Beiß. Für die erfolgreiche und vorbildliche Betreuung der Überarbeitung dieser Neuauflage danke ich Frau Dr. Christine Strohm.

Erlangen, Herbst 2011 Gottfried W. Ehrenstein

Vorwort zur 2. Auflage

Vor etwa 25 Jahren regte mein Lehrer, Prof. Dr. rer. nat. Dr.-Ing. E.h. mult. Eckard Macherauch, dieses Lehrbuch an über eine junge und nicht einfache Werkstoffgruppe, die industriell hergestellten Polymer-Werkstoffe, auch Kunststoffe genannt, deren ungewöhnliches Wachstum sich bis in absehbare Zukunft fortsetzen wird.

Nach vielen Jahren industrieller Praxis und ingenieurtechnischer Forschung auf dem Gebiet der Kunststofftechnik erschien es sinnvoll, das Buch gründlich zu überarbeiten. Wesentliches Wissen über diese Werkstoffgruppe unter dem Gesichtspunkt der technischen Anwendung ist in den vergangenen Jahren von den Kunststofferzeugern und einigen hervorragenden Hochschulinstituten erarbeitet worden. Noch wird die Kunststofftechnik häufig zwar als durchaus ernstzunehmendes, aber dennoch exotisches Gebiet angesehen, das an vielen Technischen Fakultäten überhaupt nicht vertreten ist und nur selten in den allgemeinen Ingenieurfächern die ihm zukommende Bedeutung erfährt. Einige Fachhochschulen scheinen dieses auch erkannt zu haben und berücksichtigen Kunststoffe stärker in ihren Lehrplänen.

Eine erfolgreiche Anwendung von Kunststoffen setzt die Kenntnis der Werkstoffeigenschaften ebenso voraus wie die Grundlagen der Konstruktion und Entwicklung sowie im besonderen Maße die Einflüsse durch die Verarbeitung. Bei keinem Werkstoff müssen diese drei Aspekte in gleicher Weise bei materialgerechtem Einsatz berücksichtigt werden wie bei den Kunststoffen. Kunststofftechnisch intelligent ist eine Vorgehensweise dann, wenn sie zu technisch und wirtschaftlich innovativen und interessanten werkstoffgerechten Lösungen führt. Dabei werden die Erkenntnisse der Naturwissenschaften genauso genutzt, wie eine Systematik basierend auf Erfahrung und Intuition. Ein Lehrbuch über Polymer-Werkstoffe muss daher den schmalen Grat zwischen der notwendigen naturwissenschaftlichen Präzisierung und der erfolgsichernden Vereinfachung und Anschaulichkeit unter Berücksichtigung der Wechselwirkung zwischen Werkstoff, Verarbeitung und Konstruktion halten.

Auch bei dieser 2. Auflage habe ich vielen zu danken, vorab Herrn Prof. Dr.-Ing. Josef Kabelka, der entscheidend bei den Kapiteln zur mehrachsigen Beanspruchung und zum mechanischen Verhalten der Faserverbundkunststoffe geholfen hat, aber auch den vielfältigen fachlichen Anregungen der Herren Prof. Dr. József Varga, Prof. Dr.-Ing. Volker Altstädt, Prof. Dr. Hans-G. Elias, Prof. Dr. Gerhard Wegener, Prof. Dr. Manfred Rätzsch, Dipl.-Kfm. Martin Balsam, Dr. Hans Frieder Enderle, Dr. Ingolf Hennig, Dr. Gerhard Ramlow, Dr. Falko Ramsteiner, Dr. Jens Rieger, Dr. Erhard Seiler und Dr. Herbert Stutz. Von den Mitarbeitern des Lehrstuhls für Kunststofftechnik danke ich Frau Dipl.-Ing. Sonja Pongratz und Frau Dr.-Ing. Eva Bittmann sowie Herrn Dr.-Ing. Stefan Stampfer und ganz besonders den beiden Koautorinnen des gemeinsamen Buchs "Praxis der Thermischen Analyse von Kunststoffen" Frau Dipl.-Ing. (FH) Gabriela Riedel und Frau Pia Trawiel, die sich mit großer Sorgfalt um die innere und äußere Ordnung und Systematik bemüht haben, sowie Frau Dipl.-Ing. Kristin Paetzold für die schwierigen Schreibarbeiten.

G. W. Ehrenstein

Inhalt

Abkürzungen und Formelzeichen

Liste der verwendeten Formelzeichen

Allgemeine Größen

n, j	Anzahl	[-]
A	Querschnittsfläche	[mm^2], [m^2]
O	Oberfläche	[mm^2], [m^2]
V	Volumen	[mm^3], [m^3]
d	Durchmesser	[nm], [µm], [mm]
r	Radius	[nm], [µm], [mm]
l	Länge	[µm], [mm]
Δl	Längenänderung	[µm], [mm]
t	Zeit	[s], [min], [h], [d]
t'	Belastungszeit	[s], [min], [h], [d]
τ	Relaxationszeit	[s], [min], [h], [d]
ν	spezifisches Volumen	[cm^3/g]
m	Masse	[g], [kg]
p	Druck	[Pa], [N/m^2], [bar]
v	Geschwindigkeit	[m/s], [mm/s], [mm/min]
v_K	Kühlgeschwindigkeit	[°C/min], [K/min]
v_H	Heizgeschwindigkeit	[°C/min], [K/min]
v_x	Strömungsgeschwindigkeit	[m/s], [mm/s], [mm/min]
f	Frequenz	[1/s], [Hz]
ωt	Winkelgeschwindigkeit	[$1/s^2$]
ρ	Dichte = spezifisches Gewicht	[g/cm^3]
α (T)	differentieller thermischer Längenausdehnungskoeffizient	[$°C^{-1}$], [K^{-1}], [µm/m°C], [µm/mK]
$\bar{\alpha}$ (ΔT)	mittlerer thermischer Längenausdehnungskoeffizient	[$°C^{-1}$], [K^{-1}], [µm/m°C], [µm/mK]
β	thermischer Volumenausdehnungskoeffizient	[$°C^{-1}$], [K^{-1}]
λ	Wärmeleitfähigkeit	[W/mK]
ρe	elektrischer spezifischer Widerstand	[Ω cm]
φ	Füllstoff-/Faservolumenanteil	[Vol.-%]
ψ	Füllstoff-/Fasergewichtsanteil	[Gew.-%]

Temperaturen

T	Temperatur	[°C], [K]
ΔT	Temperaturdifferenz	[°C], [K]
T_0	Vergleichstemperatur	[°C], [K]
T_M	Massetemperatur	[°C], [K]
T_U	Umgebungstemperatur	[°C], [K]
T_g	**Glasübergangstemperatur**	**[°C], [K]**
T_{mg}	Mittenpunktstemperatur	[°C], [K]
T_{ig}	Anfangstemperatur (initial)	[°C], [K]
T_{eig}	extrapolierte Anfangstemperatur	[°C], [K]
T_{fg}	Endtemperatur (final)	[°C], [K]
T_{efg}	extrapolierte Endtemperatur	[°C], [K]
T_{GA}	Beginn des Glasübergangs nach 2%-Methode (DIN 65 583)	[°C], [K]
T_w	Beginn des Glasübergangs nach der Tangentenmethode (DIN 65 583)	[°C], [K]
T_{g0}	Glasübergangstemperatur bei vollständig ungehärteten Duroplasten	[°C], [K]
T_{ggel}	Glasübergangstemperatur bei Duroplasten Einfrieren vor Gelieren	[°C], [K]
$T_{g\infty}$	max. Glasübergangstemperatur bei Duroplasten	[°C], [K]
T_m	**Schmelztemperatur**	**[°C], [K]**
T_m^0	Gleichgewichtsschmelztemperatur	[°C], [K]
$T_{m(p)}$	druckabhängige Schmelztemperatur	[°C], [K]
T_{im}	Anfangstemperatur (initial)	[°C], [K]
T_{eim}	extrapolierte Anfangstemperatur	[°C], [K]
T_{pm}	Peaktemperatur	[°C], [K]
T_{fm}	Endtemperatur (final)	[°C], [K]
T_{efm}	extrapolierte Endtemperatur	[°C], [K]
Tc	**Kristallisationstemperatur**	**[°C], [K]**

(alle weiteren Temperaturen werden analog zum Schmelzen mit dem Index c versehen)

T_{vcmax}	Temperatur der max. Kristallisationsgeschwindigkeit	[°C], [K]

Energetische Größen

ΔG	Änderung der freien Enthalpie (Keimbildungsenthalpie)	[J], [J/g]
ΔH	Änderung der Enthalpie	[J], [J/g]

ΔS	Änderung der Entropie	[J/K], [J/°C]
ΔU	Änderung der inneren Energie	[J], [kJ/mol]
c_p	spezifische Wärmekapazität	[J/g K], [J/g °C]
σ_s	Oberflächenspannung	[mN/m]
γ	Grenzflächenspannung	[mN/m]
K	Kristallisationsgrad	[%], [-]
K_w	gewichtsbezogener Kristallisationsgrad	[%], [-]
K_v	volumenbezogener Kristallisationsgrad	[%], [-]
P	Polymerisationsgrad	[-]
K_{krit}	kritische Keimgröße	[nm^3]
K_η	polymerspezifische Konstante	[-]
a	lösemittelspezifische Konstante	[-]
L	Langperiode	[nm], [µm]
L_k	Höhe der kristallinen Faltung	[nm]
L_a	amorphe Schicht zwischen Faltungen	[nm]
l_{krit}	kritische Faserlänge, kritische Sequenzen	[mm]
$\overline{M}_n$	Zahlenmittelwert des Molekulargewichts	[g/mol]
$\overline{M}_w$	Massenmittelwert des Molekulargewichts (auch als $\overline{M}_m$ bezeichnet)	[g/mol]
W_R	Reißenergie	[Ws], [J], [Nm]
W_{el}	elastische Energie	[Ws], [J], [Nm]
W_s	Schädigungsarbeit	[Ws], [J], [Nm]
W_{ges}	Durchstoßarbeit	[Ws], [J], [Nm]

Indices:

g	Glasübergang
m	Schmelzen (melting)
c	Kristallisieren (crystallization)
a	amorph
k	kristallin

Mechanische Größen

A	Abrieb [g]	
$A_1 - A_6$	Koeffizienten für Festigkeitskriterium	[MPa^{-1} bzw. MPa^{-2}]
a_n	Schlagzähigkeit	[Nmm/mm^2]
a_k	Kerbschlagzähigkeit	[Nmm/mm^2]
E	Elastizitätsmodul/E-Modul	[N/mm^2], [MPa]
G	Schubmodul	[N/mm^2], [MPa]
E*, G*	komplexer E-/G-Modul	[N/mm^2], [MPa]
E', G'	Speichermodul (Realanteil)	[N/mm^2], [MPa]
E'', G''	Verlustmodul (Imaginäranteil)	[N/mm^2], [MPa]

E_s	Sekantenmodul	[N/mm^2], [MPa]
E_t	Tangentenmodul	[N/mm^2], [MPa]
E_c	Kriechmodul	[N/mm^2], [MPa]
E_M	makroskopischer Matrixmodul	[N/mm^2], [MPa]
E_k	Kristallit-Modul	[N/mm^2], [MPa]
F	Kraft	[N]
F_s	Kraft beim ersten Anriss (Schädigungspunkt)	[N]
F_S	Schrumpfkraft	[N]
$F_{S\text{-}RT}$	Schrumpfkraft durch Abkühlen auf Raumtemperatur	[N]
$F_{S\text{-}W}$	Schrumpfkraft in der Wärme	[N]
f_ε	Dehnungsvergrößerung	[%]
L, Q, T	Orthotropieachsen (Faserverbund)	[-]
I_s	Verformung bis zum ersten Anriss	[%]
M	Biegemoment	[Nm]
m	Verhältnis aus Druckfestigkeit und Zugfestigkeit	[-]
R_z	gemittelte Rauhtiefe	[μm]
W	Widerstandsmoment	[mm^3]
σ	Spannung	[N/mm^2], [MPa]
σ_B	Festigkeit	[N/mm^2], [MPa]
ε	Dehnung/Verformung	[%], [μm], [mm]
ε'	nichtelastischer Verformungsanteil	[%]
$\dot{\gamma}$	Schergeschwindigkeit	[1/s]
δ	Phasenwinkel	[°], [rad]
tan δ	Verlustfaktor	[-]
ν	Querkontraktionszahl	[-]
η	Viskosität	[Pa s]
τ	Schubspannung	[N/mm^2], [MPa]
μ	Reibungszahl	[-]

Indices:

GF	Glasfaser
F	Faser
M	Matrix
B	Bruch
R	Reißen
S	Strecken, Streck-
V	Vergleich
A	Amplitude
s	Sekanten
d	Druckbelastung z Zug b Biegung s Schub

c	Kriechen
0	elastisch
v	viskos
rel	relaxierend
entl	entlastet
lv	linear-viskoelastisch
x%	bei x%-Belastung
-	Mittelwert
ax	axial
r	radial
t	tangential
a	außen
i	innen
II	in (parallel zur) Ketten-, Faser-, Verarbeitungsrichtung
⊥	senkrecht zur Ketten-, Faser-, Verarbeitungsrichtung
e	eigen
ges	gesamt
gr	Grenzfläche
max	maximal
stör	stör

Abkürzungen der verwendeten Kunststoffe

ABS	Acrylnitril-Butadien-Styrol-Copolymerisat
ABS/PC	Acrylnitril-Butadien-Styrol-Copolymerisat/Polycarbonat-Blend
AECM	Ethylen-Acrylester-Kautschuk A(N) Acrylnitril
ASA	Acrylnitril-Styrol-Acrylester-Copolymerisat
B	Butadien
BR	Butadien-Kautschuk
CA	Celluloseacetat
CAB	Celluloseacetatbutyrat
EP	Epoxidharz
EPDM	Ethylen-Propylen-Dien-Kautschuk
EPS	geschäumtes Polystyrol
LCP	Liquid Crystal Polymer (flüssig-kristallines Polymer)
MF	Melamin-Harz
mPE	metallocenkatalysiertes Polyethylen
NR	Naturkautschuk
PA	Polyamid
PA 46	Polyamid 46

PA 6	Polyamid 6
PA 610	Polyamid 610
PA 66	Polyamid 66
PA 6-GF	glasfaserverstärktes Polyamid 6
PA 66-GF 30	Polyamid 66 mit 30 Gew.-% Glasfasern
PA 66/PA 6	Copolymerisat aus Polyamid 66/Polyamid 6
PA AT	amorphes Polyamid
PAI	Polyamidimid
PAN	Polyacrylnitril
PAR	Polyarylate
PB	Polybuten
PBT	Polybutylenterephthalat
PBT/PC	Polybutylenterephthalat/Polycarbonat-Blend
PBT-GF	glasfaserverstärktes Polybutylenterephthalat
PC	Polycarbonat
PE	Polyethylen
PE-LD	Polyethylen niedriger Dichte (low density)
PE-LLD	lineares Polyethylen niedriger Dichte (linear low densitiy)
PE-HD	Polyethylen hoher Dichte (high density)
PE-UHM	Polyethylen ultrahochmolekular (ultra high molecular weight)
PEEK	Polyetheretherketon
PEEKK	Polyetheretherketonketon
PEI	Polyetherimid
PEK	Polyetherketon
PES	Polyethersulfon
PET	Polyethylenterephthalat
PF	Phenolharz
PI	Polyimid
PIB	Polyisobutylen
PMMA	Polymethylmethacrylat
POM	Polyoxymethylen
PP	Polypropylen
PP-GF	glasfaserverstärktes Polypropylen
PPO/PS	Polyphenylenoxid/Polystyrol-Blend
PPS	Polyphenylensulfid
PPSU	Polyphenylensulfon
PS	Polystyrol
PSU	Polysulfon
PTFE	Polytetrafluorethylen
PUR	Polyurethan
PVC	Polyvinylchlorid
E-PVC	Emulsions-Polyvinylchlorid

S-PVC	Suspensions-Polyvinylchlorid
PVCA	Polyvinylacetat
PVDF	Polyvinylidenfluorid
S	Styrol
SAN	Styrol-Acrylnitril-Copolymerisat
SB	schlagfestes Polystyrol
SEBS	Styrol-Ethenbuten-Styrol-Block-Copolymerisat
Si	Silikon
TPE	thermoplastisches Elastomer
TPU	thermoplastisches Polyurethan-Elastomer
UF	Harnstoffharz
UP	ungesättigtes Polyesterharz
VE	Vinylester-Harz

Weichmacher

DIDA	Diisodecyladipat
DIDP	Diisodecylphthalat
DOS	Dioctylsebazat-Molekül
TKP	Trikresylphosphat-Molekül

Chemische Formeln

Ar	Argon
$CaCO_3$	Calziumkarbonat
CCl_4	Tetrachlorkohlenstoff
CH_4	Methan
CO_2	Kohlendioxid
H_2O	Wasser
H_2SO_4	Schwefelsäure
HCl	Salzsäure
HCN	Blausäure
HNO_3	Salpetersäure
$KMnO_4$	Kaliumpermanganat
N_2	Stickstoff
NH_3	Ammoniak

Andere Abkürzungen

A-Fasern	Aramidfasern
CAMPUS	Computer Aided Material Preselection by Uniform Standards
C-Fasern	Kohlenstoff-Fasern
DMA	Dynamisch-Mechanische Analyse (Modul als Funktion der Temperatur)
DSC	Differential Scanning Calorimetry, Differenzkalorimetrie (Änderung des Wärmeinhalts)
E-Glas	Electrical Glas
E-Modul	Elastizitätsmodul
Fb	Faserbruch
Gew.-%	Gewichtsprozent
GF	Glasfasern
G-Fasern	Glasfasern
G-Modul	Schubmodul
GMT	Glasmattenverstärkter Thermoplast
GTI	Generic Temperature Index
HALS	Hindered Amin Light Stabilisator
HST	hochfest (high tensile strength)
HT	fest-standard (high tensile)
HM	hochsteif (high modulus)
HMH-Kriterium	Huber, von Mises, Hencky-Kriterium (Versagenskriterium)
lf	luftfeucht (Feuchteausgleich im Normalklima 23 °C, 50% rel. Feuchte)
MFR	Schmelzindex (Mold Flow Rate)
n	nass (mit Wasser gesättigt)
OIT	Oxidative Induktionszeit/-temperatur (Beginn thermischer Zersetzung)
REM	Raster-Elektronen-Mikroskop
RTI	relativer Temperatur-Index
SMC	Sheet Molding Compound
TEM	Transmissions-Elektronen-Mikroskop
TEP	thermisches Beständigkeitsprofil (Thermal Endurance Profile)
TI	Temperaturindex
TMA	Thermisch-Mechanische Analyse (thermischer Längenausdehnungskoeffizient)
tr	trocken
UD	unidirektional (z. B. Faserorientierung)
UL	Underwriters Laboratories (Klassifizierung)
Vol.-%	Volumenprozent
Zfb	Zwischenfaserbruch

1 Technische Entwicklung – Marktübersicht und Prognose

1.1 Marktübersicht Kunststoffe

Polymer-Werkstoffe oder Kunststoffe sind Produkte der Forschung, insbesondere des 20. Jahrhunderts. Bereits Mitte der 20er-Jahre wurden hierzu die wissenschaftlichen Grundlagen gelegt. Kennzeichnend für Polymer-Werkstoffe ist, dass sie organische Werkstoffe sind, zum überwiegenden Teil aus Kohlenstoff und Wasserstoff bestehen, ein niedriges spezifisches Gewicht haben und verglichen mit Stahl eine im Schnitt um eine Größenordnung niedrigere Festigkeit und um zwei Größenordnungen niedrigere Steifigkeit aufweisen.

Eine anwendungsorientierte Einteilung der *Polymer-Werkstoffe* (E: polymer materials) kann in folgende Gruppen erfolgen:

- Polymer-Werkstoffe als synthetische Konstruktionswerkstoffe, im engeren Sinne auch als *Kunststoffe* (E: plastics) bezeichnet, die neben die herkömmlichen Werkstoffe wie Metall, Holz, Stein, Glas und Keramik treten.
- *Kautschuk* (E: rubber), der ebenfalls als Polymer-Werkstoff im konstruktiven Bereich verwendet werden kann. Obwohl er chemisch und produktionstechnisch ähnliche Grundlagen hat wie der erstgenannte Werkstoff, wird er allgemein wegen seiner selbstständigen historischen Entwicklung und der häufig abweichenden Verarbeitungstechnik sowie des gummielastischen Verformungsverhaltens als eigene Gruppe betrachtet.
- Polymer-Werkstoffe als *Faserstoffe* (E: synthetic fiber). Wegen der einseitigen anwendungstechnischen Ausrichtung zählen sie nicht zu den Konstruktionswerkstoffen, auch wenn sie mit der erstgenannten Gruppe chemisch praktisch identisch sind.
- Polymere als *Hilfsstoffe* (E: additives), die ihre Anwendung meist in Form von Dispersionen oder Lösungen finden. Hierzu gehören z. B. die Klebstoffe und Lacke sowie die Hilfsstoffe zur Veredelung von Papier, Textilien und Leder. Da diese Stoffe meist nicht für sich allein, sondern in Verbindung mit anderen Stoffen eingesetzt werden, sind sie trotz ihres hohen Anteils an der Produktion der Polymer-Werkstoffe weniger bekannt.

Die Anfänge einer industriellen Fertigung von Kunststoffteilen fallen in die Mitte des 19. Jahrhunderts, als aus aufbereiteten Zellulose- und Kaseinprodukten vor allem Galanteriewaren hergestellt wurden. Bis zur Mitte der 20er-Jahre des 20. Jahrhunderts wurden in Abständen bedeutende Einzelerfindungen bekannt. So legte Baekeland mit der Erfindung des Bakelits, dem unter Druck und Hitze aushärtenden Phenolharz, den Grundstein zur Massenproduktion duroplastischer Kunststoffteile, insbesondere für die damals im Blickpunkt technischen Interesses befindlichen elektrotechnischen Anwendungen. Zu einem sichtbaren Durchbruch, besonders bei den Thermoplasten, kam es jedoch erst durch die Arbeiten von Staudinger ab 1926. Er legte durch die Erkenntnis, dass die Kunststoffe tatsächlich aus langen Kettenmolekülen, den Makromolekülen, aufgebaut sind, das wissenschaftliche Fundament für die systematische Erforschung der Kunststoffe. Ein nächster, wichtiger Impuls für das starke Wachstum war die Umstellung der Rohstoffbasis, d. h. der Übergang von der Kohle auf die Petrochemie ab Mitte der 50er-Jahre. Das zur dominierenden Energiequelle avancierende Heizöl lieferte als „Abfallprodukt“ leichte Benzinfraktionen, aus denen vor allem Ethylen und damit die darauf basierenden Thermoplaste Polypropylen (PP), Polyethylen (PE), Polystyrol (PS) und Polyvinylchlorid (PVC) preisgünstig hergestellt werden konnten.

Rund 18 % der Produktion der chemischen Industrie entfällt heute auf synthetische Polymer-Werkstoffe.

Bild 1.1 zeigt unten in gewichtsbezogener und oben in volumenbezogener Auftragung die Produktion von Stahl, Aluminium und Kunststoffen seit 1950 im Vergleich. Die Darstellung des Volumens ist sinnvoll, da die wichtigsten konstruktiven Bemessungskenngrößen, Spannung und E-Modul, ebenfalls geometriebezogen sind, d. h. Kraft pro Fläche. Die globale Stahlproduktion stieg in 27 Jahren von 1972 bis 1999 um nur 22 %. Beim Aluminium dagegen stieg die Produktion um etwa 115 %; bei den Kunststoffen um ca. 360 %. Ab 1999 bis 2009 stieg die globale Stahlproduktion um ca. 55 %, was aber fast ausschließlich auf die Steigerungen in China zurückzuführen ist. Beim Aluminium ist die Steigerung etwa gleich groß. Auch hier erfolgte der Zuwachs fast ausschließlich in China. Bei Kunststoffen betrug die globale Steigerung in diesem Zeitraum insgesamt ca. 31 %.

Der chinesische Anteil an der Welt-Produktion beträgt beim Stahl im Jahre 2009 etwa 47 %, beim Aluminium etwa 35 % und beim stark wachsenden Kunststoff etwa 15 % (das Doppelte des deutschen Anteils).

Beim Vergleich der Wirtschaftszentren Europa (mit Nahem Osten und Afrika), den USA und Asien gibt es eine auffallende Entwicklung auf dem Kunststoffgebiet Bild 1.2. Während in Asien der Export an Kunststoffen deutlich zunimmt, der Import abnimmt und sich bereits ein deutlicher Überschuss ergibt, verläuft die Entwicklung in Europa umgekehrt. Dort nehmen die Produktion und damit der

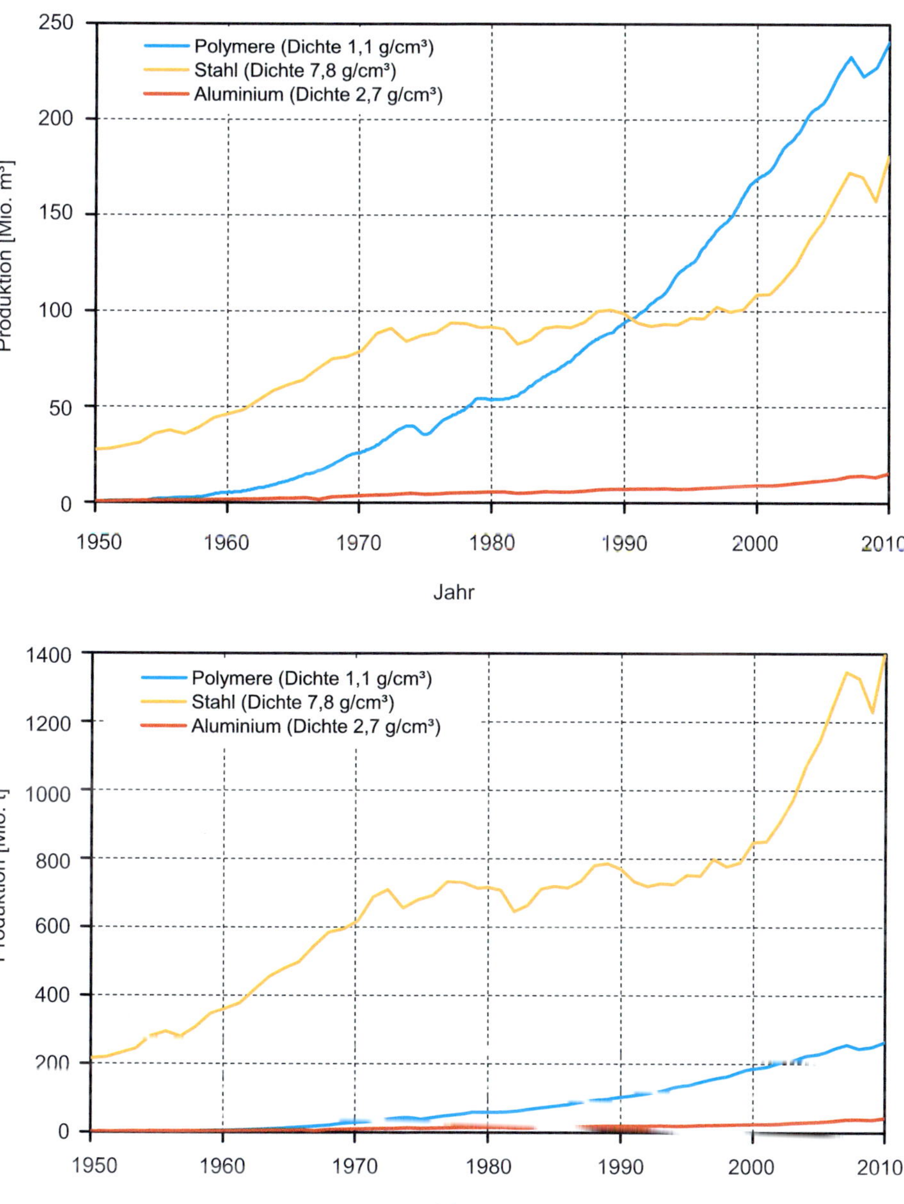

Bild 1.1 Globale Produktion verschiedener Werkstoffe [1, 2, 3]

Export ab, während der Import dominiert. In den USA ist der Import vergleichsweise gering und der Export deutlich größer. Hier macht sich die günstige Rohstoffbasis mit dem sogenannten Shale-Gas/Schiefergas aus kohlenwasserstoffreichen Sedimenten wie Ölschiefer positiv bemerkbar.

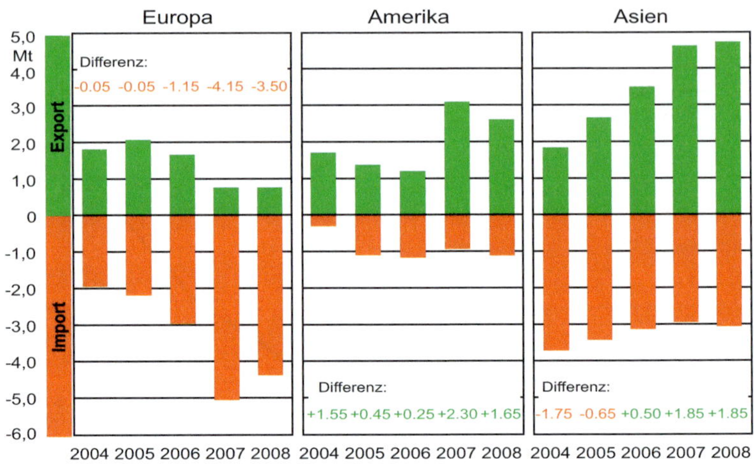

berücksichtigt: PE (LDPE, LLDPE, HDPE), PP, PVC, PS, EPS, PET, ABS und PC;
(ohne POM und PA (somit 85 - 90 % der Thermoplaste)

Europa, Naher Osten, Afrika:
- abnehmender Überschuss
- geringe Nettoexporte von LDPE, LLDPE, PC
- größere Nettoimporte von PET, PVC, PS, ABS

Amerika:
- zunehmender Überschuss
- Nettoexporte von PE, PP, PVC, PC
- Nettoimporte von PET, PS, ABS

Asien:
- zunehmender Überschuss
- hohe Nettoexporte von PS, PET, PVC, ABS
- Nettoimporte von PE, PP, PC

Bild 1.2 Warenströme von Thermoplasten in den Wirtschaftsräumen Europa, Amerika und Asien [1, 4]

Der größte Teil der für technische Aufgaben verwendeten Kunststoffe sind Thermoplaste. Von ihnen entfallen wiederum ca. 80 % auf die Gruppe der Polyolefine, PVC und Styrolpolymerisate, Bild 1.3. In großen Mengen werden darüber hinaus Polyurethane (PUR) sowie die technischen Kunststoffe Polycarbonat (PC), Polymethylmethacrylat (PMMA), Polyamid (PA) und die Styrolcopolymerisate ABS, SAN und ASA produziert.

Die industriell bedeutsamen Kunststoffe beruhen auf 30 – 40 verschiedenen Polymerarten, die in etwa 13 000 Einstellungen unter ca. 25 000 Handelsnamen angeboten werden. Ihren Anwendungsmöglichkeiten, Preisen und Mengen entsprechend, kann man sie grob in drei sich mehr oder weniger überschneidende Gruppen einteilen:

Standardkunststoffe/Massenkunststoffe (E: commodity plastics, bulk plastics, volume plastics) umfassen die in großen Mengen hergestellten Thermoplaste Polyvinylchlorid (PVC), Polyethylen (PE), Polypropylen (PP) und die Styrolpolymere (PS, SB).

Technische Kunststoffe/Ingenieurkunststoffe (E: technical plastics, engineering plastics) besitzen gegenüber Standardkunststoffen verbesserte mechanische, thermische und elektrische Eigenschaften. Sie können komplexen Belastungen ausgesetzt werden und sind für viele, konstruktiv anspruchsvolle Anwendungen einsetzbar. Zu ihnen gehören die Polyamide (PA), Polyoxymethylen (POM), Poly-

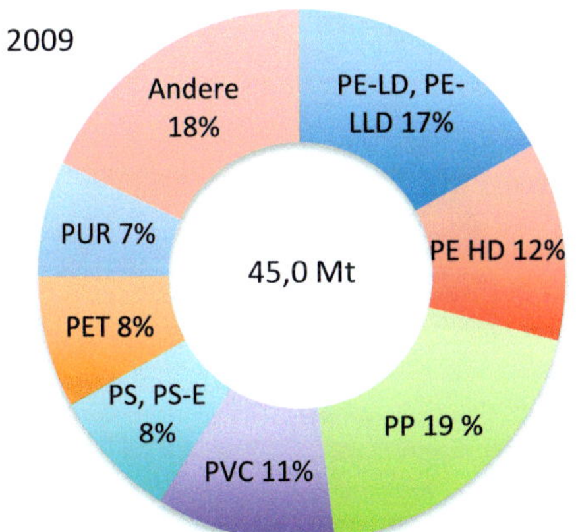

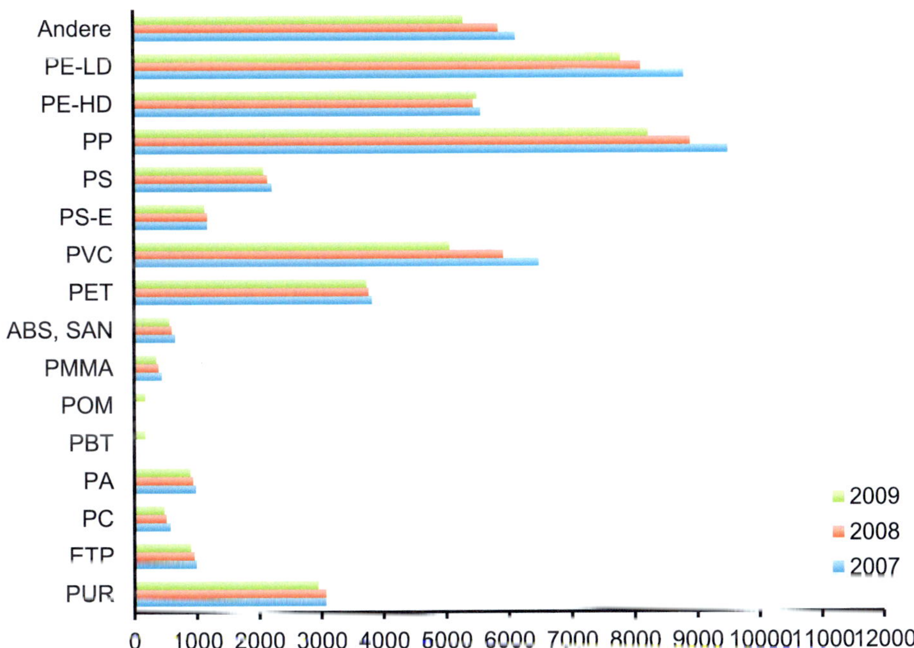

Bild 1.3 Verbrauch von Kunststoffen in Europa ohne Hilfsstoffe wie Lackharze, Dispersionen usw., aufgegliedert nach Kunststoffarten [4]

carbonat (PC), Polyethylenterephthalat (PET), Polybutylenterephthalat (PBT) und Styrolcopolymerisate (ABS, ASA, SAN) sowie Blends wie ABS/PC und PBT/PC.

Hochleistungskunststoffe (E: high performance plastics, specialty plastics) sind technische Kunststoffe mit hochwertigen Eigenschaften, besonders hinsichtlich der thermischen Einsatzgrenzen, deren Verarbeitung häufig aber auch höhere Anforderungen stellt. Zu ihnen gehören Aramide, Polysulfone (PSU, PPSU, PAR

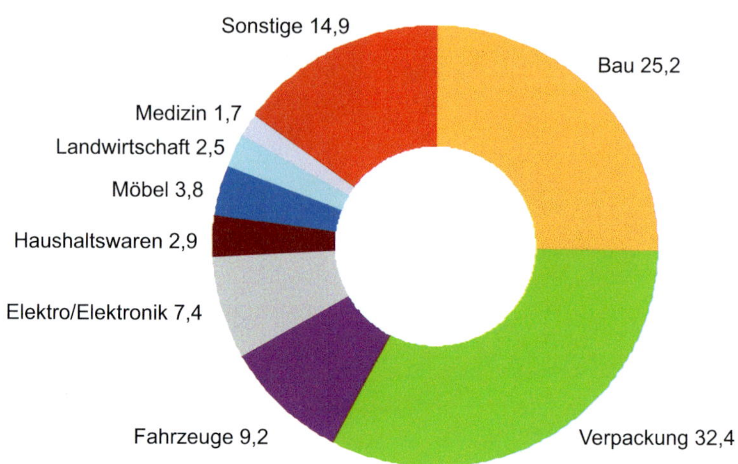

Bild 1.4 Einsatzgebiete von Kunststoffen in Deutschland, 2009 [4]

usw.), Polyetherketone (PEK, PEEK, PEEKK), Polyimide (PI, PAI, PEI), Polyphenylsulfid (PPS), flüssig-kristalline Polymere (LCP) und Fluorpolymere (PTFE).

Kunststoffe wurden und werden, anders als viele aus natürlichen Quellen gewonnene Werkstoffe wie z. B. Metalle und Keramik, gezielt für die spezielle Anwendung entwickelt und industriell produziert. Einen Überblick über die Einsatzgebiete von Kunststoffen in Deutschland gibt Bild 1.4. Dabei nehmen die Verpackungen ein Drittel und die Anwendungen im Bau ein Viertel aller Einsatzgebiete ein, gefolgt von technisch i. A. hochwertigen Anwendungen in der Elektro- und Fahrzeugindustrie. Grob können die Standardkunststoffe wie PE, PS und der thermoplastische Polyester PET den Anwendungen in der Verpackungsindustrie zugeordnet werden; im Bauwesen werden insbesondere PE und PVC eingesetzt. Technische Kunststoffe wie z. B. PA, PUR, PC, PP, ABS und POM finden sich im Bereich der Elektro- und Fahrzeuganwendungen sowie bei Sonstigen wieder.

In kaum einer Sparte dürfte man sich mit den Vorhersagen über den Anteil der verschiedenen Kunststoffe am Verbrauch so sehr geirrt haben wie bei den Kunststoffen. Wie in Bild 1.5 dargestellt, wurde 1975 eine deutliche Dominanz der Hochleistungskunststoffe vorausgesagt, während man den bis dahin dominierenden preisgünstigen Standardkunststoffen allenfalls noch 10 % des Marktes zutraute. In der Realität sind nach nur 22 Jahren bereits 1997 die Hochleistungskunststoffe, insbesondere aufgrund ihres nach wie vor recht hohen Preises und der aufwändigeren Verarbeitung (höhere Temperaturen), zu einer Spezialität mit weit weniger als 1 % Marktanteil geschwunden, die technischen Kunststoffe erreichen gerade 12 %, während die Standardkunststoffe eindeutig dominieren. Diese Fehleinschätzung dürfte u. a. darauf beruhen, dass es gelungen ist, die Standard-

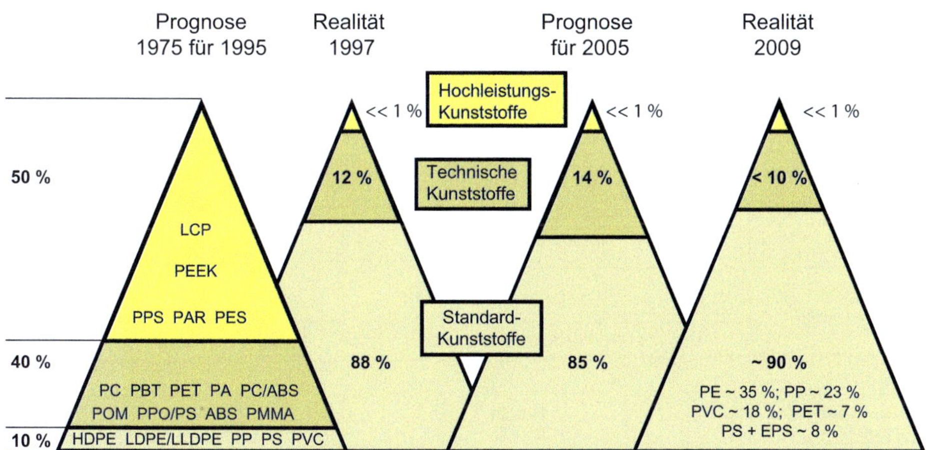

Bild 1.5 Prognose (1975) und Realität (1997) des Thermoplastverbrauchs [1,5]

kunststoffe qualitativ zu verbessern und das Wissen über ihre Eigenschaften und den richtigen Einsatz zu erhöhen. Seit Ende der 90-er Jahre sind die Prognosen zuverlässiger. Zu berücksichtigen ist, dass die Wertschöpfung der aus den höherwertigen Kunststoffen gefertigten Teile größer ist als die aus den Standard-Kunststoffen.

Die zukünftige Entwicklung der Kunststoffe dürfte durch fünf Punkte bestimmt werden:

- Verbesserung der Qualität, insbesondere der Standardkunststoffe,
- Fortschritte in der Verarbeitungstechnik, Hybride mit anderen Werkstoffen,
- Anhebung und Verbreiterung des Kenntnisstandes,
- neue Produkte mit erhöhter Nachhaltigkeit, Ressourcenschonung, Energieeffizienz,
- Megatrends (Bevölkerungswachstum, Wohlstand, Rohstoffverfügbarkeit),

1.2 Neue Entwicklungen Kunststoffe

Kunststoffe – Metalle im Vergleich

Die Eigenschaften der Kunststoffe sind sehr variabel, sie sind Produkte der chemischen Forschung und können in verschiedenster Hinsicht modifiziert werden.

Da die Ausbildung auf den verschiedensten Ebenen des internationalen Bildungswesens metallorientiert ist, sind auch viele Konstruktionsprinzipien auf Metalle zugeschnitten. Pauschal gesehen sind die Unterschiede zwischen Metallen und

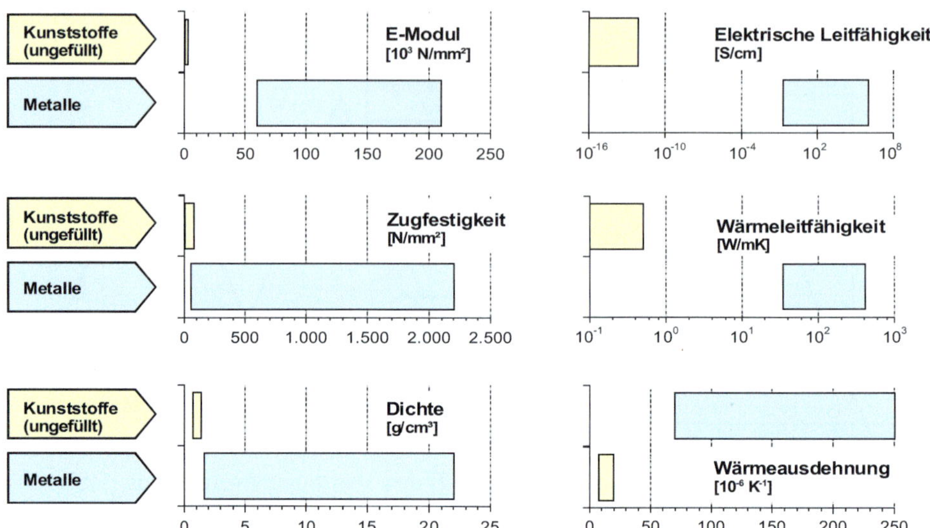

Bild 1.6 Anwendungsbezogene Eigenschaften von Kunststoffen und Metallen im Vergleich [6]

Kunststoffen recht groß, so dass besonders auf Erfahrung gestützte und eingefahrene Entscheidungen sich nur schwer auf die andere Werkstoffgruppe übertragen lassen, Bild 1.6.

Pauschal kann man sagen, dass Kunststoffe im Durchschnitt etwa $^1/_{10}$ der Festigkeit und $^1/_{1000}$ des E-Moduls von Metallen aufweisen. Kunststoffe sind elektrische und thermische Isolatoren, sind amagnetisch und haben ein niedriges spezifisches Gewicht um 1 bis 1,5 g/cm^3 gegenüber 8,9 g/cm^3 von Kupfer, 7,8 g/cm^3 von Stahl, 2,7 g/cm^3 von Aluminium, 1,7 g/cm^3 von Magnesium. Durch Zugabe von verstärkenden Fasern kann sich das gesamte spezifische Gewicht etwas erhöhen, da die wichtigsten Fasern, z. B. aus Glas mit etwa 2,5 g/cm^3, Kohlenstoff mit ca. 1,6 g/cm^3, Aramid mit ca. 1,45 g/cm^3 eine etwas höhere Dichte aufweisen. Füllstoffe liegen in der Größenordnung von 2,5 – 4 g/cm^3. Je nach Anteil, der sich meistens unter 50 Gew.-% bewegt, erhöht sich durch deren Zugabe das spezifische Gewicht des Materials.

Funktional gefüllte Kunststoffe

Während es bisher nicht gelungen ist, dauerhaft elektrisch leitfähige Kunststoffe herzustellen, gelingt es durch Zugabe von Füllstoffen, die elektrischen, thermischen und magnetischen Eigenschaften der Kunststoffe soweit anzuheben, dass sie als Funktionskunststoffe betrachtet werden können. Füllstoffe können globulär (rund), flächig und faserförmig sein, dementsprechend können die durch Einarbeiten erreichten Materialeigenschaften in verschiedenen Richtungen unterschiedlich sein (s. a. Abschnitt 4.3.4 Funktionale Füllstoffe).

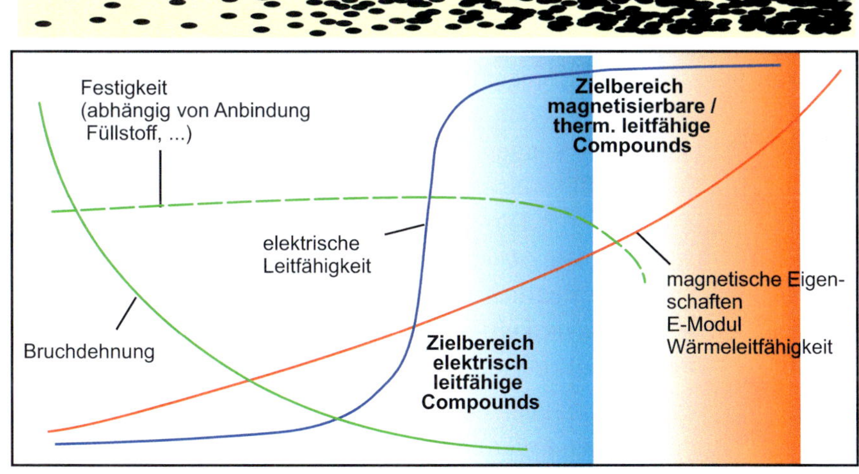

Bild 1.7 Prinzipielle Abhängigkeit von E-Modul, Bruchspannung und -dehnung, magnetischer, elektrischer und thermischer Eigenschaften vom Füllstoffgehalt bei Kunststoffen
(E-Modul (Füllstoff) > E-Modul (Kunststoff) [6]
blau: Zielbereich elektrische Leitfähigkeit
rot: Zielbereich thermische und magnetische Eigenschaften

Um die Eigenschaften der Compounds ausreichend zu modifizieren, sind teilweise beachtliche Mengen an speziellen metallischen bzw. keramischen Füll- und Zusatzstoffen notwendig. Damit geht eine Änderung typischer Gebrauchseigenschaften der Kunststoffe einher, siehe Bild 1.6.

Elektrisch leitfähige Kunststoffe zeigen eine Perkolationsschwelle, bei der ab einem gewissen Füllgrad plötzlich eine höhere (gewünschte) Leitfähigkeit erreicht wird. Eine weitere Füllgraderhöhung bringt somit keine nennenswerte Erhöhung der Leitfähigkeit. Ziel ist es also, den Füllgrad so einzustellen, dass die Perkolationsschwelle gerade überschritten wird. Zusätzliche Füllstoffe würden z.B. die Festigkeit und Bruchdehnung reduzieren und die Verarbeitbarkeit erschweren.

Bei der Wärmeleitfähigkeit und den magnetischen Eigenschaften gibt es keine Perkolationsschwelle. Erst bei höheren Füllgraden steigen die Eigenschaften. Zum Erreichen gewisser Zieleigenschaften ist der Füllstoffgehalt zu maximieren, d.h. soweit zu erhöhen, dass die mechanischen Eigenschaften, der Preis und die Verarbeitbarkeit möglichst wenig negativ beeinflusst werden [7].

Der typisch sprunghafte Anstieg der elektrischen Leitfähigkeit geht bei Einsatz thermisch und elektrisch leitender Füllstoffe mit der Erhöhung der Wärmeleitfähigkeit einher. Für spezielle Anwendungen lassen sich, je nach erreichbaren Leitfähigkeiten, die antistatischen Eigenschaften bzw. die elektromagnetische

Verträglichkeit bei Gehäusen oder der elektrische Widerstand bei Heizelementen gezielt mit dem Wärmeleitvermögen kombinieren.

Die Wärmeleitfähigkeiten ungefüllter Kunststoffe betragen 0,15 bis 0,5 W/mK, wobei teilkristalline Kunststoffe höhere Werte aufweisen als amorphe. Durch die Zugabe von Füllstoffen können die Leitfähigkeiten auf das 10- bis 20fache gesteigert werden. Da Füllstoffe globulär, plättchen- oder faserförmig sein können, ergeben sich je nach deren Form recht unterschiedliche Werte. Zudem können sie sich, bedingt durch die Strömungseffekte bei der Verarbeitung, in den verschiedenen Richtungen deutlich unterscheiden. Die meisten Füllstoffe erhöhen gleichzeitig die elektrische Leitfähigkeit. Ausnahmen bilden das preisgünstige Aluminiumoxid ($\lambda < 35$ W/mK) und das teurere Bornitrid ($\lambda \sim 100$ W/mK).

Die Eigenschaften der magnetisierbaren Kunststoffe (insbesondere bei Zugabe von Ferriten und Seltenen Erden) hängt neben dem Anteil an Füllstoffen deutlich von der Ausrichtung der Füllstoffpartikel ab.

Grundsätzlich sind mit wachsender Zugabe von Füllstoffpartikeln eine Abnahme der Bruchdehnung sowie häufig eine Erhöhung der Steifigkeit zu verzeichnen. Die Festigkeit ist weitgehend abhängig von der Füllstoff-Matrix-Anbindung und der Größe der eingebrachten Partikel. Für eine bessere Anbindung zwischen Matrix und Füllstoff können spezielle Additive sorgen, andere verbessern die Verteilung oder das Fließverhalten [7].

Nanopartikel als funktionale Füllstoffe haben bisher keinen größeren Erfolg, im Gegensatz zu Aussagen der wissenschaftlichen Main-Stream-Community. Das größte Hindernis ist die unzureichende Verteilung bei der Verarbeitung, was häufig bei Untersuchungen nicht berücksichtigt wird.

Biopolymere

Unter Biopolymeren versteht man sowohl biologisch abbaubare als auch nicht abbaubare Polymere aus nachwachsenden Rohstoffen. Die Entwicklung wird im Wesentlichen für kompostierbare Kunststoffe besonders in der Verpackungsindustrie und ähnlichen großvolumigen, endkundennahen Märkten vorangetrieben. Argumente sind knapper und teurer werdendes Rohöl und werbekonforme Strategien, sich ökologisch nachhaltig aufzustellen. Der derzeitige Markt beträgt ca. 400 000 t [9].

Die ökologischen Vorteile bei der Verwendung von nachwachsenden Rohstoffen gehen durch ineffiziente Produktions- und Umwandlungsprozesse verloren. Ein anderes Problem sind die Flächennutzungskonflikte, insbesondere mit der Nahrungsindustrie. Circa 12 % der Ackerfläche Deutschlands werden für den Anbau von Industrie- und Energiepflanzen genutzt, davon mehr als die Hälfte für Raps für Biodiesel. Polyole, zu ca. 70 % aus nachwachsenden Rohstoffen, werden zu Polyurethan-Hartschaumstoffen und Sebacinsäure aus Rizinusöl zu 60 % zu Polyamid 610, weniger als 10% als Naturfasern verarbeitet. Aber auch andere, abbauresistente, hochzahlige Polyamide, wie PA11 und PA1010, sind teilweise biobasiert [8].

Ob Kunststoffe, deren Monomere aus nachwachsenden Rohstoffen stammen, zwangsläufig ökologisch vorteilhafter sind als solche fossilen Ursprungs, ist bisher nicht nachgewiesen und auch zweifelhaft, solange keine umfassende Live-Cycle-Analyse dies geklärt hat.

Es ist generell zweifelhaft, dass der Markt dauerhaft für das Label „biobasiert" mehr zu zahlen bereit ist, als für konventionelle Kunststoffe. Es sei denn, es geht um Imageprobleme, Werbung und um mehr emotional begründete Auflagen [9].

Weitere Materialentwicklung

Wenn auch die Kunststoffe gegenüber anderen Werkstoffen den entscheidenden Vorteil des niedrigen spezifischen Gewichts und der einfachen und flexiblen Verarbeitbarkeit mit komplexen Gestaltungsmöglichkeiten besitzen, besteht dennoch ein Nachteil darin, dass die theoretisch möglichen Eigenschaften, wie z. B. Steifigkeit und Festigkeit, in kompakten Werkstoffen nur zu einem Bruchteil realisiert werden, wie Tabelle 1.1 zeigt.

Bei den kompakten Kunststoffen liegt daher vermutlich ein großes Entwicklungspotenzial vor. Geht man davon aus, dass die hohen theoretischen mechanischen Werte bei den Kunststoffen wegen der hochfesten, kettenförmigen Struktur nur in

Werkstoff	E-Modul (N/mm^2)			Zugfestigkeit (N/mm^2)		
	theoretisch	experimentell		theoretisch	experimentell	
		Faser	kompakt		Faser	kompakt
Polyethylen	300 000	100 000 (33%)	1000 (0,33%)	27 000	1500 (5,5%)	30 (0,1%)
Polypropylen	50 000	20 000 (40%)	1600 (3,2%)	16 000	1300 (8,1%)	38 (0,24%)
Polyamid	160 000	5000 (3%)	2000 (1,3%)	27 000	1700 (6,3%)	50 (0,18%)
Glas	80 000	80 000 (100%)	70 000 (87,5%)	11 000	4000 (36%)	55 (0,5%)
Stahl	210 000	210 000 (100%)	210 000 (100%)	21 000	4000 (19%)	1400 (6,7%)
Aluminium	76 000	76 000 (100%)	76 000 (100%)	7600	800 (10,5%)	600 (7,9%)

Tabelle 1.1 Vergleich der theoretischen und experimentell ermittelten Werte für den Elastizitätsmodul und die Zugfestigkeit verschiedener Werkstoffe

Kettenrichtung gegeben sind, würde eine Drittelung der Werte – um den beiden anderen Richtungen bei einer Betrachtung als kompakte Werkstoffe gerecht zu werden – noch immer ein hohes, bisher nicht im selben Maße wie bei den klassischen Werkstoffen Stahl, Glas und Aluminium realisiertes Potenzial ergeben. Erste Schritte auf diesem Weg sind die im Schmelzezustand eigenverstärkten Polyethylene.

Der zick-zack-förmige Hauptkettenaufbau der Polyethylene ermöglicht es, dass die Ketten dicht gepackt in kristalliner Anordnung bei Belastung in Kettenrichtung die volle Tragfähigkeit der C-C-Bindungen ausnutzen können. Eine relevante Erhöhung der mechanischen Eigenschaften setzt allerdings eine gestreckt kettige Anordnung voraus, wie sie bei der hochfesten Polyethylenfaser „Dyneema“ von der DSM und durch chemische Umwandlungen bei der Kohlenstoff-Faser realisiert ist.

Die Dyneema-Faser ist hochsteif und fest und wird daher für entsprechende Verbunde oder Gewirke verwendet. Besonders erfolgreich ist die Anwendung bei schusssicheren Westen, bei denen die Fasern sich im Angriffsfall nur wenig verformen und die Kräfte des Geschosses sofort großflächig verteilen, so dass viele Faserkreuzungspunkte gleichzeitig beansprucht und zur Energievernichtung herangezogen werden.

Andere Polymere mit komplexeren Strukturen der Makromoleküle, besonders deren Konformation (s. Abschnitt 3.3.1.1), ändern unter Lasteinwirkung ihre Form, so dass die C-C-Bindungen nicht direkt belastet werden können. Dieses gilt besonders für helixförmige Polymere, z. B. PB, die sich wie Schrauben-Federn verformen. Bisher wurde nur PE wirklich erfolgreich eigenverstärkt.

Neue Katalysatoren

Einen Fortschritt verspricht man sich auch von neuen Katalysatoren, die eine Produktion von Kunststoffen bei besserer Steuerung ihrer Eigenschaften ermöglichen. Der Einsatz sog. Metallocen-Katalysatoren ermöglicht einen gleichmäßigeren Aufbau der Molekülketten und neue Kombinationen bekannter, preiswerter Monomere und erlaubt es somit, Standardkunststoffe so herzustellen, dass sie höheren Anforderungen genügen und Anwendungen substituieren können, die bisher den teureren, technischen Kunststoffen vorbehalten waren. Positive Nebeneffekte sind dabei die Vermeidung von Lösemitteln und der Wegfall zusätzlicher Reinigungsschritte, negativ ist der relativ hohe Gehalt an verschmutzenden Methylaluminoxan vom Cokatalysator.

Metallocenkatalysatoren sind z. B. gegenüber Ziegler-Natta-Katalysatoren zwar ca. zehnfach teurer, dafür wird aber etwa nur ein fünftel an Menge gebraucht. Vorstellbar ist, dass bisher nicht polymerisierbare Monomere zu neuen kommerziellen Produkten entwickelt werden können.

So sind z.B. Folien aus metallocenkatalysiertem Polyethylen zäher, enthalten weniger extrahierbare Bestandteile, weisen ein günstigeres Siegelverhalten auf und sind weniger stark getrübt. Nachteilig sind die erforderlichen Änderungen und Anpassungen der Verarbeitungsanlagen, was sich immer wieder als Innovationshemmnis erweist. Dies ist dadurch begründet, dass metallocenkatalysierte Kunststoffe wegen ihrer engen Molekulargewichtsverteilung (d.h. vorwiegend gleich lange Molekülketten anstelle unterschiedlich langer Molekülketten bei herkömmlichen Polymeren) zu höheren Viskositäten bei den verarbeitungsrelevanten Verformungsgeschwindigkeiten neigen.

1.3 Neue Verarbeitungstechniken

Während die Rohstoffherstellung fast ausschließlich im Bereich der Großchemie erfolgt, sind die Verarbeitungsmaschinenhersteller entweder mittelständische Betriebe oder in Stahl-/Maschinenbaukonzernen integrierte Unternehmungen. Deren Innovationsfähigkeit ist groß, was u.a. auch darauf zurückzuführen ist, dass Kunststoffe Verarbeitungsverfahren möglich machen, die in der Metalltechnik und bei anderen traditionellen Werkstoffen unbekannt sind.

Hybridverfahren

Eigenständige Entwicklungen auf diesem Gebiet haben in letzter Zeit außerordentliche Erfolge erzielt, wobei die Mehrkomponententechnik besonders zu nennen ist. Hierbei handelt es sich neben dem Verbinden von Kunststoffen mit anderen Werkstoffen um das gleichzeitige Verarbeiten mehrerer Kunststoffmaterialien, woraus haftende oder gleitfähig miteinander verbundene Systeme entstehen können. Dabei werden unterschiedlich gefärbte, weiche und harte, dekorative und funktionelle Komponenten integriert, aber auch Verbindungen zwischen oberflächenbestimmenden Folien, Stoffen und Leder sowie tragenden Kunststoffhinterspritzungen realisiert. Daneben sind Kunststoff-Metall-Hybride erfolgreich, bei denen mechanisch hoch belastete, flächige Metallteile großflächig mit Kunststoff verbunden werden, wobei die Kunststoffe gleichzeitig eine komplexe Trag- und Funktionsstruktur darstellen.

Neuere Entwicklungen nutzen die Schließbewegung der Spritzgießmaschine aus, um thermoplastische Halbzeuge mit Endlosfaserverstärkung umzuformen (sog. In-Mould Forming Verfahren). Durch das Anspritzen einer kompatiblen Komponente können robust verschweißte Werkstoffverbunde geschaffen werden. Ein besonderer Vorteil dieses Verfahrens liegt darin, dass durch das integrierte Umformen die im Halbzeug gespeicherte thermische Energie direkt zum Ver-

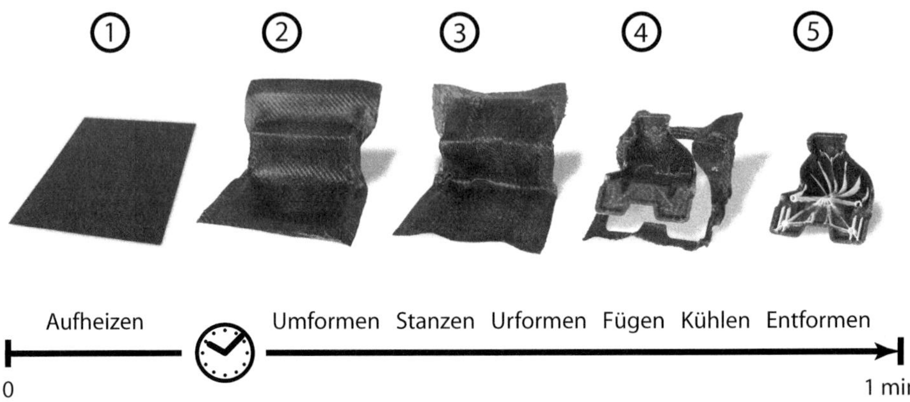

Bild 1.8 Energiesparende integrative Herstellung von Hochleistungsverbunden in einem Spritzgieß-Werkzeug (In-Mould Forming) [10]

schweißen der beiden Komponenten beiträgt. Ein erneutes Aufheizen des Halbzeugs kann somit entfallen, Bild 1.8.

Die Voraussetzungen sind die optimale Umformtemperatur von Magnesium und Aluminium bei 250 – 300 °C und bei Edelstahl bei 150 °C. Die Schmelzetemperaturen der wichtigsten technischen Kunststoffe liegen bei 230 – 280 °C, der Schmelzedruck zum Umformen der Bleche liegt bei plus/minus 1000 bar.

Prozessgrößen Temperatur und Druck

Auffallend ist, dass die beiden wichtigsten Prozessgrößen bei der Kunststoffverarbeitung, die Temperatur und der Druck, nur recht unzureichend gemessen werden können. Die Temperatur innerhalb der Spritzgussmasse ist während des Verarbeitungsprozesses in der Werkzeugkavität kaum zu messen. Thermoelemente sind in die Werkzeugwand eingebettet und werden von der Massetemperatur und der Werkzeugwandtemperatur bestimmt und das in unterschiedlicher Form über die Kavität verteilt. Zudem sind nur wenige Messstellen möglich. Bei der Infrarotmessung werden nicht genau definierte Bereiche integral erfasst.

Bei der Druckmessung besteht das Problem, dass bei den ebenfalls in die Werkzeugwand eingebetteten Druckelementen die Kunststoffmasse werkzeugwandnah zunächst erstarrt und den Druck der noch schmelzflüssigen, inneren Kunststoffmasse somit abschirmt. Damit ändert sich schlagartig die Viskosität der Schmelze bis hin zu deren sofortigem Erstarren. Generell sind in der Verarbeitungstechnik drei Prozessparameter zu berücksichtigen: die Temperatur der verschiedenen beteiligten Elemente, der Druck innerhalb des Formteils und der zeitliche Ablauf. Während Temperaturänderungen aufgrund der geringen Wärmeleitung der Kunststoffe (im flüssigen und festen Zustand etwa gleich) vergleichsweise langsam erfolgen und nur bedingt zu steuern sind, kann die Wirkung des Druckes spontan und sehr schnell sein. Die Bedeutung des Druckes, seiner Verteilung und Wirkung ist noch wenig erforscht. Vernünftige Messmethoden zur Bestimmung der Wirkung des Drucks auf die Viskosität, die Kristallisationsbildung und -auflösung unter hohen Drücken usw. existieren noch nicht.

Temperatur- und Druckverteilungen innerhalb des Formteils während des Spritzgießens können demnach nicht gemessen, sondern müssen mit Hilfe der Simulation rechnerisch abgeschätzt werden. Ähnliches gilt für den zeitlichen Ablauf der Prozesse.

Ein weiteres, komplexes Problem ist die thermische Ausdehnung, die im festen Zustand etwa die Hälfte derjenigen im flüssigen, schmelzeförmigen Zustand beträgt. Ebenso ist die unter Druckeinwirkung auftretende Kompression im flüssigen Zustand deutlich höher als im festen. Da beim normalen Spritzguss beide Phasen – fest und flüssig – parallel auftreten und sich zeitabhängig ungleichmäßig über das Formteil verteilen, anguss- und werkzeugwandnah länger flüssig, angussfern u. U. schon erstarrt, sind Bereiche unterschiedlicher Kontraktion beim Abkühlen unvermeidbar, was die Abschätzung der Maßhaltigkeit erschwert, aber auch das Auftreten von Eigenspannungen und deren Wirkung auf eine Spannungsrissempfindlichkeit erhöht.

Druckverfestigung

Durch Druckeinwirkung kann eine Schmelze schlagartig isotherm verfestigt werden, so dass besonders bei dickwandigen Teilen der Kunststoff nicht wie beim normalen Spritzguss gleichzeitig im schmelzflüssigen und festen Aggregatzustand vorliegt. Da Kunststoffe dabei unterschiedliche thermische Ausdehnungskoeffizienten und Wärmeleitkoeffizienten aufweisen, führen diese zu Eigenspannungen und Molekülorientierungen. Wenn das Werkzeug zudem noch variotherm temperiert wird und die Wandtemperatur über der Glasübergangstemperatur des amorphen Kunststoffs liegt, werden durch das Einströmen der Schmelze bedingte Molekül-Orientierungen relaxieren.

Bei der Druckverfestigung wird die Schmelze in eine Kavität mit einer Wandtemperatur von 190 °C eingebracht und mit einem Druck beaufschlagt, der dazu führt, dass die Schmelze unterhalb der Glasübergangstemperatur sofort erstarrt, Bild 1.9. Das nun fest vorliegende Formteil muss unter Druck ausgekühlt werden. Dabei muss das Variotherm-Werkzeug abgekühlt werden. Die hohe Maßhaltigkeit wird dadurch erreicht, dass die Kompression und die thermische Schwindung ausgeglichen aufeinander abgestimmt sind [11].

Somit gibt es keine Orientierungen durch die einströmende Schmelze und keine Eigenspannungen und Orientierungen beim Verfestigen. Auf diese Weise sind orientierungs- und eigenspannungsfreie Formteile mit extremer Maßhaltigkeit herstellbar, was besonders für vollständig oder partiell dickwandige Linsen inter-

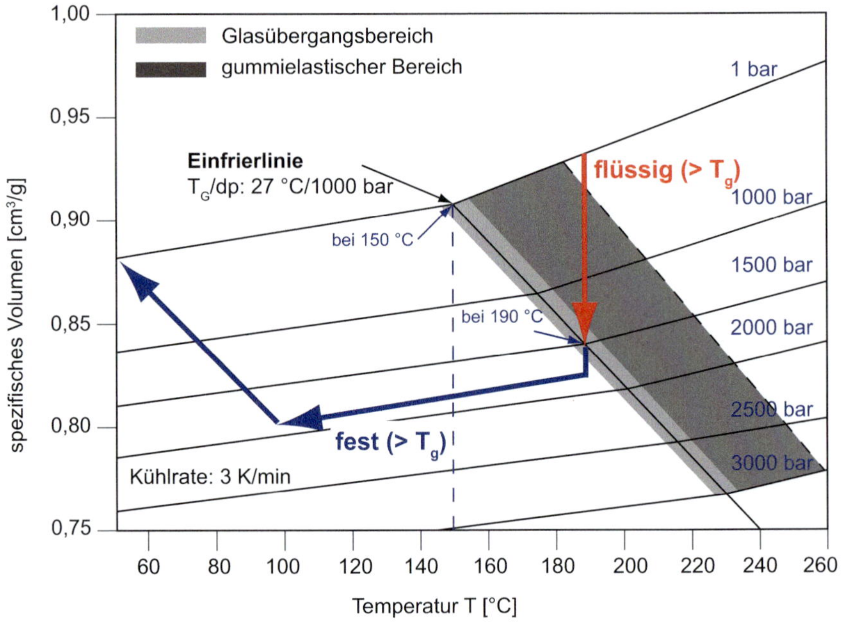

Bild 1.9 Schematische Prozessbeschreibung der Druckverfestigung von PC

essant ist. Umgekehrt können Orientierungen und Eigenspannungen durch schnelle Druckeinwirkung fixiert und so z. B. hinterher analysiert werden.

Der Einfluss des Druckes bei der Verarbeitung von Kunststoffen ist erheblich, zumal er im Gegensatz zur Temperatur spontan aufgebracht und wirken kann. So verschiebt sich die Glasübergangstemperatur von PC und PS bei einer Druckerhöhung um 1000 bar um ca. 30 °C, die Kristallisationstemperatur wird beim Abkühlen einer PA6-Schmelze durch eine gleiche Druckänderung um ca. 23 °C zu höheren Temperaturen verschoben.

Besonders zu berücksichtigen ist die Druckabhängigkeit der Viskosität. Je näher die Temperatur am Glasübergang liegt und je geringer der Abstand demzufolge zwischen den Ketten ist, desto stärker wirkt sich eine Druckerhöhung auf die Viskosität aus. Während sich die Viskosität eines PC bei 160 °C unter Einwirkung eines Drucks von 300 bar verhundertfacht, wird sie nahe der Spritzgießtemperatur bei 240 °C bei 500 bar nur verdreifacht [11].

Parallel zur Verfestigung ändert sich die Kompressibilität, sie beträgt z. B. bei PS bei 130 °C im Schmelzezustand ca. 5 %/1000 bar, im festen Zustand (durch Druckverfestigung) bei der gleichen Temperatur nur 1,5 %/1000 bar. Die Parallelität von Schmelze- und Festzustand weist somit deutlich unterschiedliche Eigenschaften aus. Zusätzlich liegt eine unterschiedliche thermische Ausdehnung vor, die im Schmelzezustand etwa doppelt so hoch ist als im festen Zustand.

Eine Problematik liegt darin, dass die üblichen Messgeräte für die Kennwertermittlung der Umwandlungstemperaturen, z.B. das DSC-Verfahren, nur bis 150 bar zur Verfügung stehen. Die Viskositätsmessungen erfolgen üblicherweise gegen den Umgebungsdruck, also zwischen Nenndruck und dem Druck 1 bar und nicht auf dem gleichbleibenden Niveau.

Generell dürfte die Kunststofftechnik besonders im Bereich Verarbeitungstechnik noch große Entwicklungsschübe zeigen. Dagegen sind kaum noch Entwicklungen neuer Kunststofftypen aus neuen oder noch nicht polymerisierbaren Monomeren zu erwarten, weil bei kleinen Mengen beginnend bei noch nicht entwickelten Märkten kaum wirtschaftlich effiziente Fertigungen möglich sein werden, so dass ein erheblicher Preisnachteil gegenüber vorhandenen Großanlagen etablierter Kunststoffe besteht.

Strahlenvernetzung

Unter Einwirkung von energiereicher Elektronenstrahlung werden bei Kunststoffen je nach chemischer Struktur seitenständige Gruppen und Atome abgespalten oder auch Bindungen der Hauptkette gespalten. Die dadurch entstehenden freien Radikale können sich mit Radikalen benachbarter Makromoleküle rekombinieren und somit die Ketten vernetzen. Die Radikale können aber auch unter Bildung von Doppelbindungen verschwinden, durch Migration stabilere Radikaltypen oder durch Sauerstoff Peroxidradikale bilden [12].

Für Kunststoffe bedeutet das, je nach dem, welche Reaktionen überwiegen, Kettenspaltungen, -verzweigungen und -vernetzungen, siehe Tabelle 1.2.

Die Vernetzungs- und Abbaureaktionen laufen gleichzeitig ab. Welche Reaktionen überwiegen hängt von Kunststofftyp, den Bestrahlungsbedingungen und der Gegenwart weiterer Substanzen ab. Anhand dieser Reaktionen lassen sich die Kunststoffe vereinfacht in zwei Gruppen einteilen.

Strukturänderungen	Eigenschaftsänderungen
vorwiegend Vernetzung	kein Schmelzen und Lösen, Erhöhung der Glasübergangstemperatur und der Spannungsrissbeständigkeit, verbesserte Tribologie
vorwiegend Abbau (durch Hauptkettenbrüche)	Festigkeitsabnahme, Versprödung, Reduzierung von Glasübergangstemperatur, Viskositätsabnahme
Änderung der Doppelbindungen	Verfärbung
Seitengruppenabspaltung	Gas-, Geruchsbildung
temporäre Bildung von Ladungsträgern	temporäre Leitfähigkeit

Tabelle 1.2 Änderung der Struktur und der Eigenschaften von Kunststoffen durch energiereiche Strahlung unter Sauerstoffausschluss [13]

Bei energiereicher Bestrahlung vernetzen unter Ausschluss von Sauerstoff überwiegend PE, PA, PS, PAR, PAA, PVC, PP, NR und PAN. Überwiegend abgebaut werden PIB, PMS, PMA, PVDC, PTFE, CA, CP und PC.

Das Maß des Vernetzungsgrades ergibt sich aus dem nicht in Lösung gegangenen Anteil der Kunststoffmasse, dem Gel-Anteil, in einem sonst lösenden Medium. Es handelt sich um langwierige Versuche mit begrenzter Genauigkeit.

Während die mechanischen Eigenschaften der Kunststoffe bei Raumtemperatur nur weniger beeinflusst werden, sind sie bei erhöhten Temperaturen durchaus relevant. Die für die Anwendung wichtigste Wirkung ist das Nichtaufschmelzen des Materials auch oberhalb der normalen Schmelztemperatur, was den kurzzeitigen Einsatz von Lötvorgängen ermöglicht, Bild 1.10. Ein weiterer Vorteil ist die Verschiebung der Glasübergangstemperatur und damit der thermisch-mechanischen Einsatzgrenze um ca. 20 °C zu höheren Temperaturen.

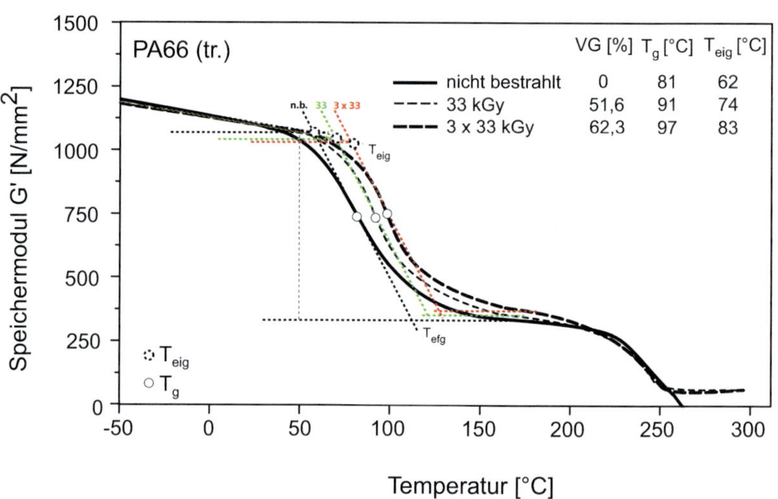

T_{eig} = extrapol. Anfangstemperatur

T_g = Glasübergangstemperatur (halbe Stufenhöhe zwischen T_{eig} und T_{efg})

T_{efg} = extrapol. Endtemperatur

VG = Gelanteil, Vernetzungsgrad

Bild 1.10 Speichermodul von vernetztem und unvernetztem PA66, trocken [12]

Dieses wirkt sich z. B. positiv auf den tribologischen Einsatz aus. Zum einen wird die Reibungszahl herabgesetzt, zum anderen die thermische Verschleißgrenze zu wesentlich höheren Temperaturen verschoben, Bild 1.11.

Ein weiterer Vorteil ist die sehr viel geringere Spannungsrissempfindlichkeit.

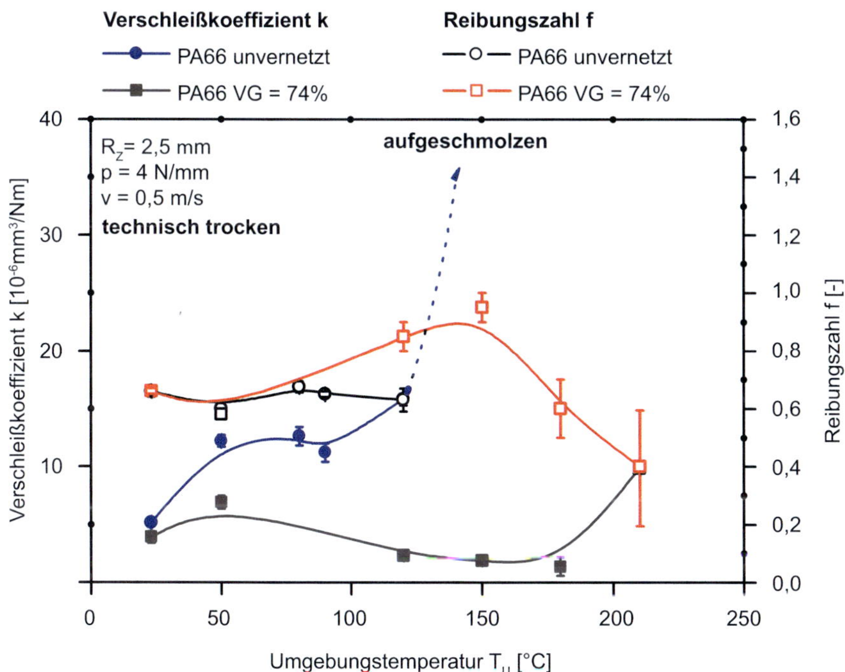

Bild 1.11 Verschleißkoeffizient und Reibungszahl von unvernetztem und vernetztem PA66 in Abhängigkeit von der Temperatur [12]

Additive Fertigung

Unter Additiver Fertigung (E: Additive Manufacturing) wird der werkzeuglose, schichtweise Aufbau von Formteilen besonders für den Prototypen- und Modellbau sowie von Kleinserien verstanden. Weitere Einsatzfelder sind individuell angepasste Bauteile, z. B. in der Medizintechnik oder dem Spezialgerätebau. Das eigentliche Bauteil wird aus der gasförmigen Phase generiert, aus der flüssigen Phase verfestigt oder durch thermische Behandlung aus der festen Phase in Form von Folien, Drähten oder Pulvern aufgebaut. Das Spektrum nutzbarer Polymere reicht von Photopolymeren (Stereolithographie), über amorphe Thermoplaste (Fused Deposition Modeling) bis hin zu teilkristallinen Thermoplasten (Selektives Lasersintern). Beim Auftragen von Drähten und Folien in geheizten Düsen (Fused Deposition Modeling) kommen ABS und PC zum Einsatz, beim Lasersintern (E: Lasersintering) von Pulvern sind es vor allem PS, PA11, PA12 und PEK [14].

Zur Herstellung mechanisch belastbarer Bauteile hat das Selektive Lasersintern (E: Selective Sintering), bei dem feines Pulver (E: Powder) (d_{50} ~ 60 µm²) mit einem CO_2-Laser schichtweise aufgeschmolzen und verbunden wird, wohl die größte Bedeutung. Es entstehen um 0,1 mm dicke Schichten, die Bauteilfortschrittsraten um 20 - 30 mm/h ermöglichen. Die hohen Freiheitsgrade bei der Gestaltung der Formteile, deren direktes Umsetzen aus CAD-Daten ohne jegliches Formgebungs-

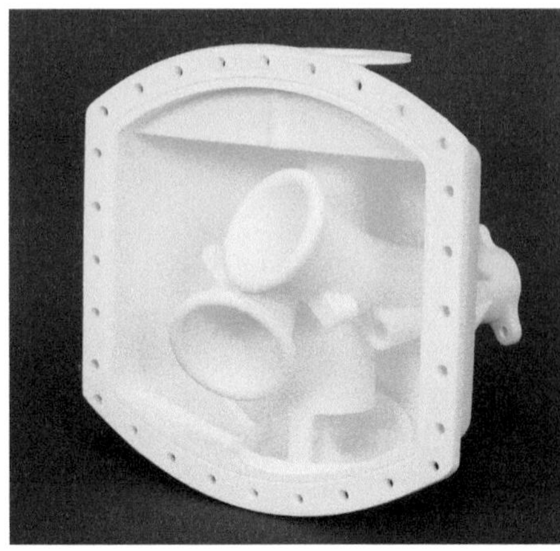

Bild 1.12 Lasergesintertes Ansaugtraktelement aus PA12 [14]

werkzeug und Druckbeaufschlagung ermöglichen flexible und schnelle Produktentwicklungen und Entwurfsmodifikationen. Ein singuläres Formteil im Motorsport, ein Element des Ansaugtrakts aus PA12, wurde im Lasersinterverfahren entwickelt und gefertigt bei hoher Funktions- und Einzelteil-Integration, Bild 1.12.

Für die direkte Bauteilfertigung mit diesem Verfahren eignen sich lediglich teilkristalline Thermoplaste, amorphe Thermoplaste werden aber für die Herstellung von z. B. verlorenen Kernen verwendet. Rauigkeit und minimale Spaltmaße liegen im Bereich der Abmessungen des Einzelkorns. Größte Herausforderungen der Technologie sind es, hinsichtlich mechanischer Eigenschaften und Maßhaltigkeit reproduzierbare Bauteile zu generieren. Aufgrund der langen Verweilzeiten des Kunststoffpulvers bei Bauraumtemperaturen knapp unterhalb des Kristallitschmelzbereichs, kommt es bei dem nicht verschmolzenen Material (dem sogenannten Partcake) zu Alterung, weshalb eine Aufbereitung mit bis zu 50% Neumaterial für eine erneute Verarbeitung notwendig ist. Bislang wird die Größenvarianz der Bauteile durch das Bauraumvolumen der Anlagen beschränkt.

Der Sinterprozess findet sozusagen in einem Zwei-Phasen-Mischzustand statt. Dazu wird die Baukammer auf eine Temperatur bis nahe unter den Kristallitschmelzpunkt des eingesetzten Materials vorgeheizt. Mittels des Lasers wird lediglich die zum Überschreiten des Phasenübergangs notwendige Energie zugeführt. Dabei sollte eine möglichst geringe Temperaturerhöhung im umliegenden Pulverbett auftreten. Hieraus folgt eine weitere werkstoffliche Voraussetzung für diese Verfahrensweise: die Kristallisationstemperatur des Kunststoffes sollte deutlich niedriger liegen als die Kristallitschmelztemperatur.

Wird die Kristallisations-Temperatur überschritten, schmelzen Pulver unkontrolliert auf, während bei einer Unterschreitung die bis dahin erzeugte Kunststoffschmelze zu kristallisieren beginnt und Schwindung, respektive eigenspannungsinduzierter Verzug („Curling"), auftritt. Diese Verzugserscheinung tritt besonders beim Auftrag von kälterem Neupulver aus den Vorratsbehältern auf. Beim quasiisothermen Lasersintern werden erst mit Abschluss des Bauprozesses Pulver und Bauteil langsam, bei möglichst kleinem Temperaturgradienten abgekühlt, so dass eigenspannungsarme Bauteile mit großer Maßhaltigkeit entstehen.

Durch das Lasersintern werden stark anisotrope Materialen geschaffen, die in Laserrichtung etwa 80% der Festigkeit von kompakten Kunststoffen erreichen. Der E-Modul erreicht sogar höhere Werte, da durch den Laserprozess eine hochgradige Kristallisation erfolgt. Die Bruchdehnung beträgt allerdings nur ein Bruchteil, ca. 25%. Senkrecht zu Aufbaurichtung wird wegen vieler Fehlstellen allenfalls 50% der Festigkeit und eine Bruchdehnung von niedrigen %-Werten erreicht.

Die Kunststoffverarbeitung ist durch eine Reihe neuer oder weiterentwickelter Verfahren hochinnovativ. Zudem ist das Messen von Temperaturen und Drücken während der Verarbeitung und besonders innerhalb der Formteile noch entwicklungsbedürftig. Die dann möglichen technologischen Entwicklungen sind noch lange nicht ausgereizt.

1.4 Image

Ein spezielles Gebiet, gekennzeichnet durch innovative und hochtechnische Anwendungen, ist der Fahrzeugbau. Auffallend ist der stetig wachsende Einsatz von Kunststoffen, was sich bei einer Entwicklung von Elektrofahrzeugen weiterentwickeln wird, Bild 1.13. Im Sinne des Leichtbaus steigt natürlich auch der Aluminiumeinsatz.

Das Image der Kunststoffe ist in Deutschland nach wie vor überraschend gut, besonders bei den Entscheidern, bei denen es auf hohem Niveau in den letzten 11 Jahren noch leicht um 1% (bezogen auf die Kunststoffindustrie) und um 3% (bezogen auf den Werkstoff) gestiegen ist, Bild 1.14. Ungewöhnlich stark ist die Zunahme in der breiten Bevölkerung. In anderen europäischen Ländern ist das Image sehr viel schlechter, besonders in den Ländern, in denen die Entsorgung Mängel aufweist.

Der hohen Anerkennung der Kunststoffe als Werkstoffe in Deutschland mit ~ 77% stehen ~ 56% in Italien und England, ~ 52% in Spanien, ~ 49% in Polen und nur ~ 37% in Frankreich gegenüber. Eine mögliche Ursache wird u.a. in der jeweiligen Entsorgungssituation in den einzelnen Ländern gesehen [1].

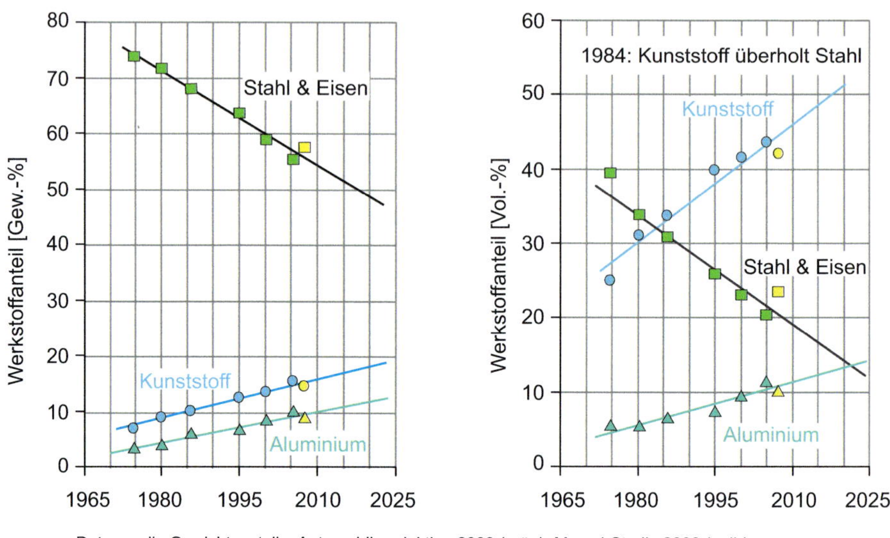

Bild 1.13 Entwicklung des Einsatzes von Stahl, Aluminium und Kunststoffen im Automobilbau innerhalb der letzten 30 Jahre in Gewichts- und Volumenanteilen [15]

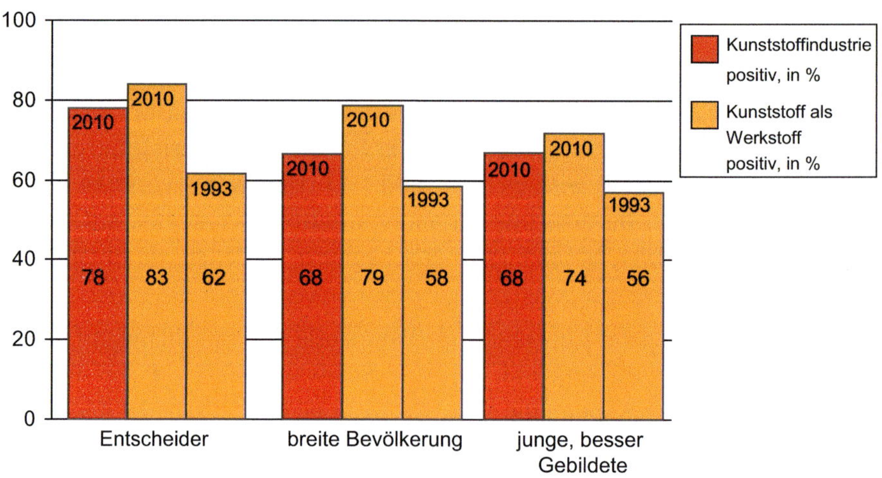

Bild 1.14 Kunststoffe im Meinungsklima in Deutschland 2010 und 1993 [1]

1.5 Preise und Struktur

Unter Berücksichtigung erheblicher Konzentration durch Firmenzusammenschlüsse seit Ende der 80er Jahre des vorigen Jahrhunderts, insbesondere bei der Produktion von Standardkunststoffen und dem damit verbundenen Aufbau wirtschaftlicherer Großanlagen, hat es bei starken Preisschwankungen insgesamt einen fühlbaren Rückgang in den Verkaufspreisen gegeben. Auch die Straffung des Personaleinsatzes ist hier mitverantwortlich. Großanlagen erfordern zwar weniger auf die Menge der Produkte bezogene Investitionen (ca. – 30 %) und weniger fixe Produktionskosten (ca. – 50 %), schaffen aber mit ihrer Inbetriebnahme zunächst Überkapazitäten und sind unflexibel bei der Variation der Produkte. Daher sind sie eher für umsatzstarke Standardkunststoffe geeignet.

Die Preise der Kunststoffe schwanken erheblich, die der Standard-Kunststoffe deutlich stärker als die der Technischen Kunststoffe, was die Preiskalkulation erheblich erschwert, Bild 1.15. Das Preisniveau schwankt im Laufe der Jahre um den Faktor 2 bis 3. Dabei ist zu berücksichtigen, dass selbst Fachleute rein äußerlich die verschiedenen Kunststoffarten häufig nur schwer unterscheiden können, wozu die nahezu beliebigen Einfärbmöglichkeiten beitragen.

PVC ist weiterhin der billigste Kunststoff, auch wenn PP mit einer Dichte von ≈ 0,9 g cm^3 gegenüber ≈ 1,3 g/cm^3 bei PVC ein größeres Volumen bietet. Allerdings ist PVC in harter Form doppelt so steif und 50 % fester als PP, lässt sich aber praktisch nicht spritzgießen.

Auch heute noch ist die Anzahl der Ausbildungsstätten, die sich mit Kunststoffen und deren ingenieurtechnischem Einsatz beschäftigen, vergleichsweise gering. Dies gilt sowohl für Universitäten und Fachhochschulen, als auch für das Angebot an Ausbildungsberufen im Bereich Kunststofftechnik. Hier ist noch eine deutliche Steigerung möglich, und mit dem stärker verbreiteten Wissen im Bereich Kunststoffe ist dann ein verstärkter Einsatz dieser Werkstoffe zu erwarten.

Circa 5 % des deutschen Erdölverbrauchs werden für die Erzeugung von Kunststoffen verwendet. Würde man alle im PKW-Bau verwendeten Kunststoffe durch klassische Werkstoffe ersetzen, müsste man mindestens das doppelte Gewicht aufwenden, ca. 300 kg statt derzeit etwa 150 kg. Geht man davon aus, dass 100 kg Gewichtserhöhung 0,5 l Mehrverbrauch an Treibstoff zur Folge haben, würde das in Deutschland bei 40 Mio. PKW und 15 000 km Fahrleistung pro Jahr einen Anstieg von 9,5 Mrd. kg CO_2 bei 4,5 Mrd. l Treibstoffmehrverbrauch bedeuten, was etwa 3 % des deutschen Erdölverbrauchs gleichkommt. Da aber nur 10 % aller Kunststoffe im Fahrzeugbereich eingesetzt werden, ergibt sich, dass durch den Einsatz von Kunststoffen überproportionale Ressourcengewinne auf dem Erdölsektor zu erreichen sind, die deutlich über die Verbrauchsmenge von 5 % des Gesamterdölverbrauchs hinausgehen.

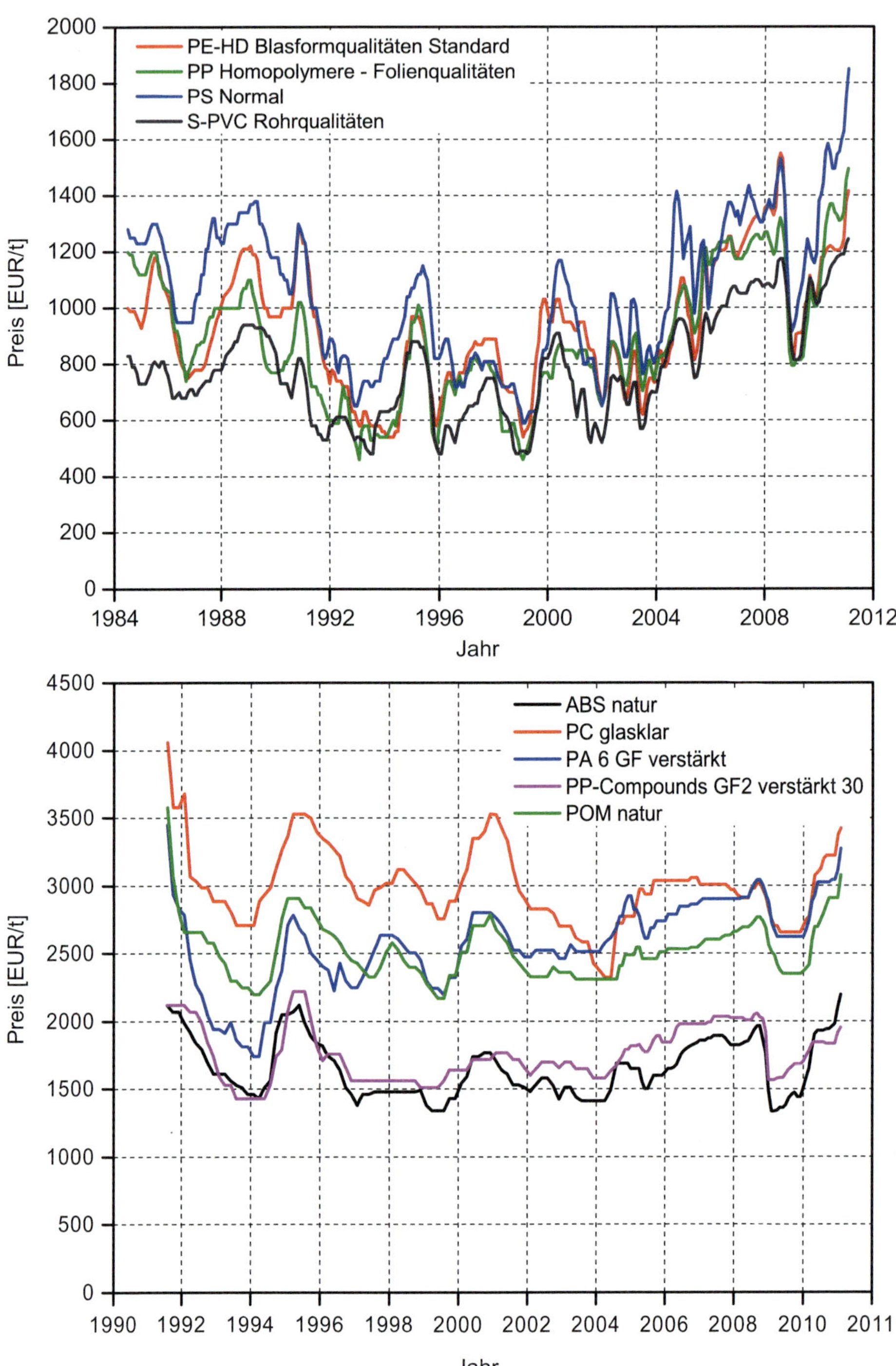

Bild 1.15 Preisentwicklung einiger wichtiger Kunststoffe in Deutschland [5]; oben: Standardkunststoffe; unten: Technische Kunststoffe

Die Kunststoffindustrie fasst Großchemie, überwiegend mittelständischen Maschinenbau und die klein- und mittelständischen Verarbeiter zusammen. Tabelle 1.3 zeigt an einer Aufteilung dieser Branchen, dass die größte Wertschöpfung und Beschäftigungszahl eindeutig bei den Verarbeitern zu finden ist.

	Zahl der Unternehmen	Beschäftigte	Umsatz in Mrd. €
Kunststoff-Erzeugung	350[1)]	78 000	40,0
Kunststoff-Verarbeitung	6350[2)]	310 000	50,5
Kunststoff-Maschinenbau	390	32 000	4,7
Summe	7090	420 000	95,2

[1)] incl. Compound- und Masterbatch-Hersteller
[2)] aus dem Unternehmensregister

Tabelle 1.3 Struktur der Kunststoffindustrie 2009 in Deutschland [1, 5]

2 Allgemeine Charakterisierung der Polymer-Werkstoffe

In diesem Kapitel werden die wichtigsten Eigenschaften und Kennzeichen der Kunststoffe sowie die damit verbundenen Begriffe erläutert, um den größeren Zusammenhang kurz gefasst darzustellen. In späteren Kapiteln werden die in diesem Abschnitt vorgestellten Themen ausführlich behandelt.

2.1 Strukturprinzipien

Unter „Polymer-Werkstoffen“ oder „Kunststoffen“ versteht man allgemein Werkstoffe, die im Wesentlichen aus vergleichsweise einfachen, makromolekularen organischen Verbindungen bestehen. Diese werden synthetisch oder auch durch Umwandlung von Naturprodukten hergestellt. *Makromoleküle* (E: macromolecules) bestehen aus vielen, meist kettenförmig aneinander gereihten, häufig wiederkehrenden *Monomereinheiten* (E: monomer units). Die Zahl der zu einem Makromolekül gebundenen *Monomeren* (E: monomers) ist so groß, dass durch das Entfernen oder Hinzufügen eines weiteren Moleküls die Eigenschaften des Polymeren nicht signifikant geändert werden. Die Anzahl der gebundenen Atome beträgt mehr als 1000, daraus resultieren Molekulargewichte von 10^4 bis 10^7 g/mol. Die meisten Kunststoffe bestehen nur aus einer oder zwei Monomerarten und werden als sog. Homo- bzw. Copolymere bezeichnet.

Der Begriff Makromolekül kennzeichnet den Aufbau aus einer Vielzahl kovalent gebundener Monomere, der Begriff *Polymer* (E: polymer) die natürliche oder synthetische organische Stoffart. Der Begriff *Kunststoff* (E: plastic) betont stärker den Charakter des fertigen, synthetisierten Werkstoffs, aus dem Formteile in speziellen Fertigungsverfahren hergestellt werden, und weniger den Aufbau und die dazu notwendigen Reaktionen. Der Begriff *Polymer-Werkstoff* (E: polymeric material) fasst die Begriffe Polymer und Kunststoff inhaltlich zusammen.

In der einfachsten Form werden Monomere faden- oder kettenförmig aneinander gereiht. Das Bild der *Kette* (E: chain) trifft die Struktur des Makromoleküls insofern, als es den Aufbau aus einzelnen, gegeneinander bedingt beweglichen

Elementen kennzeichnet. Ein lineares Makromolekül strebt - ohne Behinderung z. B. durch andere Makromoleküle - eine regellos geknäulte Gestalt nach Art des Faden*knäuels* (E: coil) an. An der *Hauptkette* (E: backbone) eines linearen Makromoleküls sind mehr oder weniger regelmäßig seitlich anstelle von einzelnen zum Monomer gehörenden Atomen, chemisch andersartige Atome oder Moleküle[1], die sog. *Substituenten* (E: substituent), angebunden. Die Substituenten weisen einen von der Hauptkette abweichenden Aufbau auf. Ist der Aufbau der seitlich angeordneten Atomgruppen mit dem der Hauptkette identisch, spricht man von *Verzweigungen* (E: branching). Substituenten können die Hauptkette und den Verbund der Makromoleküle untereinander verfestigen, versteifen oder auch lockern und beweglicher machen.

Der Zusammenhalt der einzelnen Atome eines Makromoleküls kommt durch chemische Bindekräfte zustande. Untereinander sind Makromoleküle *physikalisch* oder *chemisch gebunden* (E: physically or chemically bonded). Chemisch untereinander gebundene Makromoleküle werden als *vernetzte* (E: crosslinked) Makromoleküle bezeichnet.

Darüber hinaus gibt es immer physikalische Bindungen, die die makromolekularen Ketten untereinander im Verbund zusammenhalten, die aber auch zwischen den einzelnen Teilen eines Makromoleküls wirken. Einzelne Makromoleküle in Knäuelform durchdringen sich. Dabei sind *Verhakungen* und *Verschlaufungen* (E: intertwined molecular chains) unvermeidlich. Obwohl diese verschieblich sind, halten sie die Makromoleküle zusammen. Die chemischen Bindekräfte sind bis zu drei Zehnerpotenzen fester als die physikalischen. Physikalische Bindungen sind durch Wärme, Lösemittel und mechanische Kräfte reversibel lösbar, während die Lösung der festeren chemischen Bindungen schwerer und nur durch deren Zerstörung vonstatten geht und damit irreversibel ist. Werden lediglich physikalische Bindungen gelöst, bleiben die chemischen erhalten und damit der Werkstoff in seiner Art. In Bild 2.1 sind unverzweigte lineare, verzweigte, vernetzte und verschlaufte Makromoleküle schematisch dargestellt.

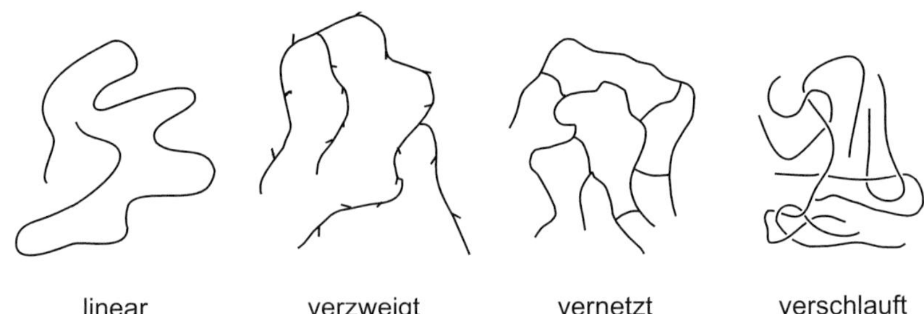

Bild 2.1 Lineare, verzweigte, vernetzte und verschlaufte Makromoleküle (Schema)

[1] genauer Atomgruppen, da sie keine selbstständigen Moleküle sind

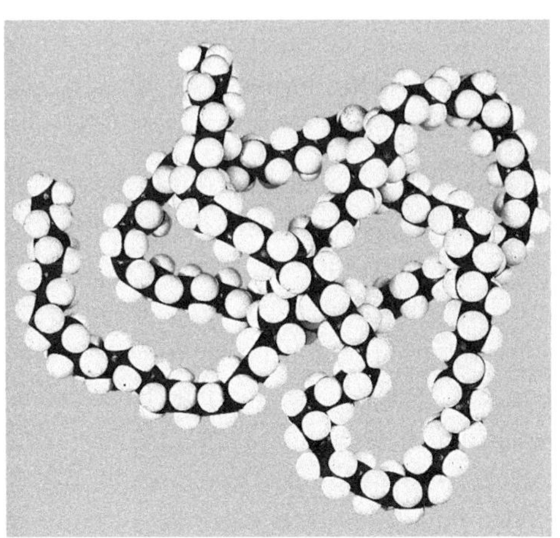

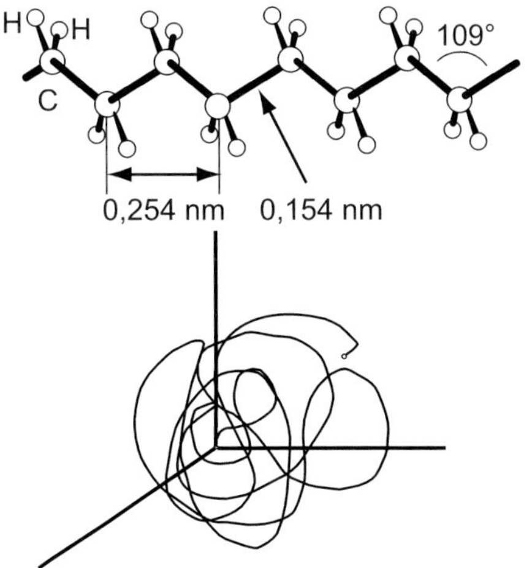

Bild 2.2 Kalottenmodell eines Abschnitts eines linearen Polyethylen-Makromoleküls (PE-HD); real müsste die Kette etwa zehnmal so lang sein
rechts oben schematische Darstellung des Kettenaufbaus von PE [11]
rechts unten Knäuel [12]

Anschaulich lässt sich die Kettenstruktur eines Makromoleküls durch aneinander gefügte Kugeln darstellen. Der Radius dieser Kugeln entspricht dem sog. *Van-der-Waals-Radius* (E: Van-der-Waals radius) eines Atoms (näheres in Abschn. 3.2.2 und Bild 3.9), wobei sich die Kugeln aufgrund der starken gegenseitigen Anziehung durch chemische Bindekräfte im Makromolekül etwas überschneiden.

Polyethylen (PE) hat von allen Kunststoffen die einfachste chemische Struktur. Bild 2.2 links zeigt das Kalottenmodell eines Polyethylen-Makromoleküls (PE), das in Wirklichkeit etwa zehnmal so lang sein müsste. An die zickzackförmig aneinander gereihten schwarzen Kohlenstoffatome sind seitlich weiße Wasserstoffatome gebunden. Tatsächlich liegt das Makromolekül - ohne Behinderung z.B. durch andere Makromoleküle - nicht langgestreckt, sondern zusammengeknäuelt vor, Bild 2.2 rechts unten. Bild 2.2 rechts oben zeigt die räumliche Anordnung der Atome im Polyethylenmolekül anhand eines Molekülmodells.

Thermoplaste (E: thermoplastics) bestehen aus physikalisch untereinander gebundenen linearen oder verzweigten Makromolekülen. Bei Raumtemperatur sind sie hart und erweichen bei Erwärmung bis in einen plastischen Zustand, in dem sie vergleichsweise leicht verformt werden können. Der Vorgang ist reversibel, d.h., beim Abkühlen erstarren sie wieder. In Thermoplasten können sich lineare Makromoleküle ohne oder mit regelmäßig angeordneten, nicht zu sperrigen Substituenten in mikroskopischen Bereichen gleichmäßig parallel zueinander lagern und Kristallite[2] bilden. Polymer-Werkstoffe mit kristallinen Bereichen enthalten

[2] *Kristallit* = kleines einzelnes Kristallkorn mit unregelmäßiger Oberfläche, oft im Wachstum behindert

immer zusätzlich amorphe Gebiete, in denen die Makromoleküle nicht geordnet werden können, man nennt sie daher *teilkristallin* (E: semicrystalline). Darüber hinaus gibt es *amorphe* (E: amorphous) Thermoplaste. Duroplaste und – mit wenigen Ausnahmen – Elastomere sind ebenfalls amorph.

Duroplaste (E: thermosets) entstehen während der Verarbeitung durch Reaktion mehrerer Komponenten, d.h. Harz und Härter sowie gegebenenfalls Beschleuniger und weitere Additive. Dabei kann der Härter oder auch ein Lösungsmittel in das Harz-Netzwerk mit eingebaut werden. Die Ausgangsstoffe sind Monomere oder auch *Oligomere* (E: oligomers, aus wenigen Monomeren bestehend) und daher meist flüssig bzw. plastisch formbar. Sie weisen also niedrigere Viskositäten auf als geschmolzene, aus Makromolekülen bestehende Thermoplaste. Der endgültige feste Werkstoff, der vernetzte Duroplast, besteht dann aus chemisch engmaschig untereinander gebundenen Makromolekülen mit einer Vernetzungsdichte von bis zu 1 Vernetzung pro 20 Atome der Hauptkette.

Neben den vorgehend beschriebenen chemischen Bindungen wirken auch physikalische Bindekräfte. Bei Raumtemperatur sind Duroplaste hart. Durch Erwärmen können zusätzlich die physikalischen Bindungen erweichen und dadurch die Steifigkeit der Duroplaste um zwei Zehnerpotenzen herabsetzen. Ein plastischer Zustand kann durch Erwärmen wegen der nicht lösbaren chemischen Bindungen zwischen den Makromolekülen auch bei temperaturbedingtem Erweichen der physikalischen Bindungen nicht mehr erreicht werden.

Elastomere (E: elastomers) bestehen aus chemisch weitmaschig untereinander gebundenen Makromolekülen. Die Vernetzungsdichte schwach vernetzter Elastomere beträgt etwa 1 Vernetzung pro 1000 Atome der Hauptkette. Zusätzlich wirken Verschlaufungen und physikalische Bindungskräfte. Die gegenüber den Vernetzungen weniger festen Verschlaufungen wirken sich nur dann auf das mechanische Verhalten aus, wenn die Vernetzungsdichte gering ist. Ob Elastomere je nach Temperatur hart oder zäh verformbar sind, bestimmen die physikalischen Bindekräfte, die bei Raumtemperatur gewöhnlich erweicht sind. Infolgedessen weisen die Elastomere ein gummiähnliches Verhalten auf. Ein plastischer Zustand kann durch Erwärmen aufgrund der chemischen Vernetzungen ebenfalls nicht mehr erreicht werden.

Thermoplastische Elastomere (E: thermoplastic elastomers) sind Thermoplaste, die sich aufgrund ihres molekularen Aufbaus ähnlich wie Elastomere verhalten. Sie sind unter Einwirkung von Wärme schmelzbar, was eine hohe Gestaltungsfreiheit bei der Verarbeitung zulässt, aber auch den Einsatz bei erhöhten Temperaturen begrenzt.

Elastomere können harte und weiche Kettenabschnitte aufweisen, die sich in molekularen Bereichen so arrangieren, dass z.B. die Hartsegmente innerhalb der Elastomere besonders einheitliche und damit fester zusammenhaltende Bereiche, sog. Domänen, aber auch festere Kristallstrukturen bilden können. Zwischen dem thermoplastisch geprägten Verhalten, d.h. leicht aufschmelzbar, und dem chemisch fest vernetzten, d.h. nicht schmelzbaren Zustand, gibt es daher bei den thermoplastischen Elastomeren ein breites Spektrum in der Struktur und den Eigenschaften.

2.2 Zustandsbereiche

Der Begriff Zustandsbereich drückt aus, dass sich die Eigenschaften eines Werkstoffs im Hinblick auf seine Verarbeitung und Anwendung über einen größeren Temperaturbereich in ihrem Charakter nur wenig ändern und ausreichend genau definiert und beschrieben werden können. Dieses gilt sowohl für eine kennzeichnende Messgröße als auch für die molekularen und strukturellen Ursachen. Die *Zustandsbereiche* (E: ranges of state) werden auch als *Aggregatzustände* (E: aggregate states) bezeichnet.

Bei Kunststoffen unterscheidet man zwischen:

- *energieelastischem* oder festem Zustand, auch Glaszustand,
- *gummi-* oder *entropieelastischem* Zustand,
- *Fließ-* oder *Schmelze*-Zustand.

Zwischen diesen Zustandsbereichen gibt es zwei, sich über einen Temperaturbereich erstreckende Übergangsbereiche, den

- *Glasübergangsbereich* (Erweichungs- oder Einfrierbereich) und den
- *Schmelzbereich* (nur bei Thermoplasten).

Je nach Betrachtung der Kunststoffe als Werkstoff für gebrauchstaugliche Anwendungen oder aus der Sicht der Verarbeitung erfolgt die Beschreibung von tiefen Temperaturen ausgehend in Richtung Erweichung und Schmelzen oder vom schmelzeflüssigen Zustand ausgehend in Richtung Einfrieren und Festwerden. Kunststoffe erweichen bei Wärmezufuhr stufenartig.

Im *energieelastischen* Zustand (E: elastic energy state) sind Kunststoffe fest. Bei tiefen Temperaturen zeigen sie ein glasähnliches, sprödes Verhalten, der E-Modul liegt hoch. Verformungen beruhen weitgehend auf Änderungen der intermolekularen Atomabstände oder der Valenzwinkel. Umlagerungen von Molekülabschnitten, Drehungen der C-C-Bindungen, besonders der Hauptkette, Abgleiten von Verschlaufungen oder Gestaltsänderungen sind praktisch nicht möglich.

Im *gummi- oder entropieelastischen* Zustand (E: plastic or elastic entropy state) verhalten sich Kunststoffe gummiähnlich und zäh. Dabei ist zwischen dem Verhalten der amorphen und der kristallinen *Phase*[3] (E: phase) zu unterscheiden. Bei den amorphen Phasen wird die bislang gehinderte Bewegung der Makromoleküle oder deren Abschnitte ermöglicht. Verschlaufungen sind nicht mehr fest, sondern können verrutschen und abgleiten. Sie sorgen neben starken physikalischen Bindekräften und kristallinen Phasen für einen gewissen Zusammenhalt und spielen in einem beschränkten Temperaturbereich bei den unvernetzten Polymeren eine ähnliche Rolle wie die Vernetzungspunkte bei den vernetzten Polymeren, indem sie ein leichtes Lösen der Makromoleküle voneinander behindern und so einen, wenn auch häufig nur gering belastbaren, Zusammenhalt über einen größeren Temperaturabschnitt gewährleisten.

Die Entropieelastizität der amorphen Phase beruht auf dem Bestreben der Moleküle, ihre statistisch wahrscheinlichste, nämlich verknäuelte Form anzunehmen. Jede durch eine äußere Beanspruchung erzwungene gestrecktere Form der Moleküle entspricht einem weniger wahrscheinlichen Zustand und daher einer geringeren Entropie. Diese Entropieänderung bewirkt eine rücktreibende Kraft, die bestrebt ist, die Makromoleküle und damit auch die makroskopische Probe in ihre ursprüngliche Form zurückzuführen. Damit die einzelnen, vielfältigen Elemente sich aber bewegen können, muss genügend Raum vorhanden sein, man nennt das auch das *freie Volumen* (E: free volume), worunter man Leerstellen in etwa atomarer Größe versteht.

Da kristalline Strukturen streng genommen nicht erweichen können, sondern schmelzen, ergibt sich ein Nebeneinander der kristallinen Bereiche im energieelastischen und der amorphen Bereiche im gummielastischen Zustand. Der Abfall des Elastizitätsmoduls mit zunehmender Temperatur vom energie- in den gummielastischen Zustand wird durch die Vernetzungsstellen (Duroplaste, Elastomere), den Kristallisationsgrad (teilkristalline Thermoplaste) sowie die Verschlaufungen und starken physikalischen Bindekräfte bestimmt. Der relativ stabile gummi- oder entropieelastische Zustand endet erst bei entsprechender Erwärmung, wenn die Zusammenhaltmechanismen überwunden werden können, bei vernetzten Duroplasten und Elastomeren erst nach irreversibler Zerstörung der Ketten durch hohe Temperaturen, Bild 2.3 unten.

Der Unterschied zwischen *Energie- und Entropieelastizität* (E: elasticity of energy and entropy) wird an einem Versuch deutlich. Werden z. B. ein Stahldraht und ein

[3] Unter *Phase* wird eine Stoffmenge mit homogenen physikalischen und chemischen Eigenschaften verstanden. Phasen sind deutlich voneinander abgegrenzt und i. A. optisch unterscheidbar. Die amorphe und die kristalline Anordnung von Makromolekülen kennzeichnen zwei unterschiedliche Phasen, also auch beim Übergang von der kristallinen in die amorphe Anordnung beim Schmelzen, nicht jedoch beim Erweichen im Glasübergangsbereich oder beim Schmelzen amorpher Thermoplaste. In diesem Fall handelt es sich um einen kinetischen Effekt, die Makromoleküle werden beweglich, und zwar Kettenabschnitte im Erweichungsbereich und ganze Moleküle im Schmelzbereich. Auf mikroskopischer Ebene beobachtet man keine strukturellen Änderungen, d. h., die Makromoleküle weisen nach wie vor eine Knäuelstruktur auf, siehe auch S. 81.

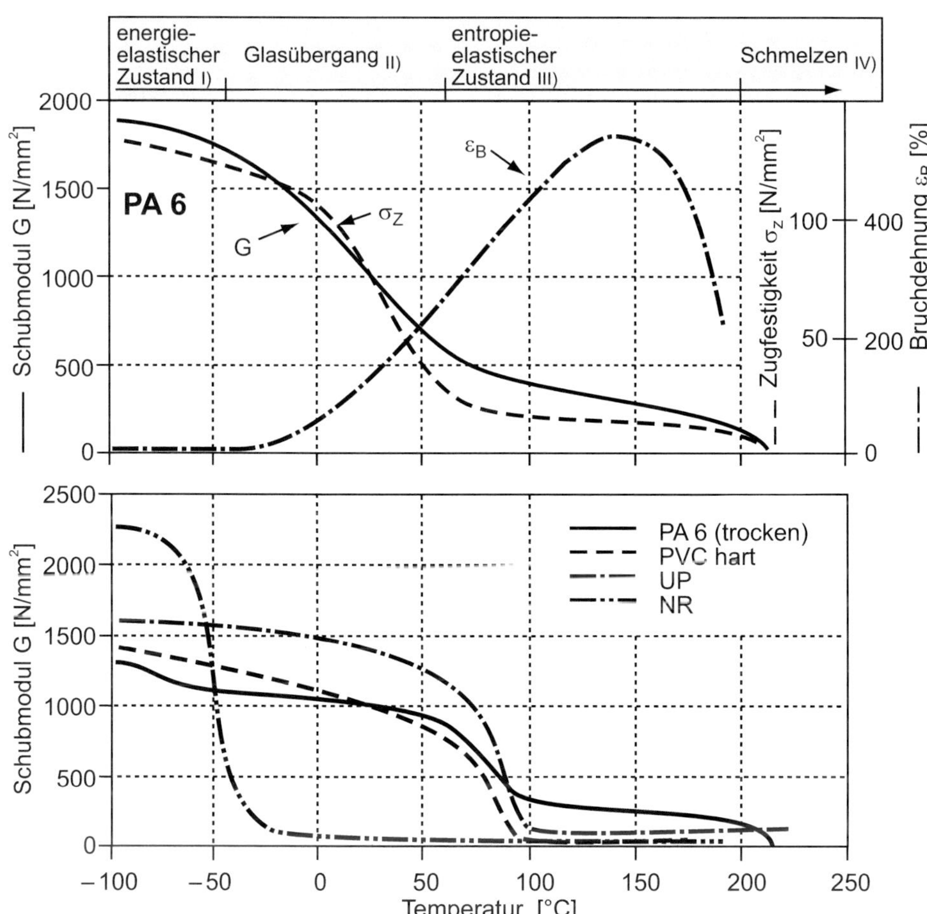

Bild 2.3 Zustands- und Übergangsbereiche

oben: Schubmodul, Zugfestigkeit und Bruchdehnung eines Polyamid 6 (PA 6 trocken) in den Zustands- und Übergangsbereichen, bezogen auf die zwei Phasen des teilkristallinen Thermoplasten

I) energieelastischer Zustand der amorphen und kristallinen Phase

II) Glasübergang der amorphen Phase

III) entropieelastischer Zustand der amorphen Phase, die kristalline Phase liegt nach wie vor im energieelastischen Zustand vor

IV) Schmelzen der kristallinen Phase

unten: Schubmodulverlauf eines eng vernetzten Duroplasten (UP), schwach vernetzten Elastomeren (NR), amorphen (PVC) und teilkristallinen (PA 6) Thermoplasten

Gummifaden auf Zug belastet, dehnen sich beide. Beim Stahldraht werden die Atomabstände vergrößert. Beim Gummi werden die Kettenabschnitte zwischen den Vernetzungspunkten gestreckt. Werden beide Materialien zusätzlich erwärmt, wird sich der Stahldraht weiter ausdehnen, der Gummifaden aber zusammenziehen. Die gestreckten Makromolekülabschnitte zwischen den Vernetzungspunkten werden verstärkt zu Schwingungen angeregt und dadurch Zugkräfte auf die Vernetzungsstellen ausgeübt, die den Gummifaden zusammenziehen. Man kann es sich auch so vorstellen, dass dem System Energie zugeführt wird, die der abnehmenden Entropie durch die Kettenstreckung entgegenwirkt und durch intensivere Kettenbewegung die Makromoleküle wieder dem Knäuelzustand näher bringen. Bild 2.3 oben zeigt die verschiedenen Zustände von Polyamid 6 (PA 6) und das unterschiedliche Verhalten von Schubmodul, Zugfestigkeit und Bruchdehnung.

Der Übergang vom energieelastischen in den gummielastischen Zustand, als Glasübergangsbereich oder je nach Richtung der Temperaturänderung als *Erweichungs-* (E: softening range) oder *Einfrierbereich* (E: freezing range) bezeichnet, erstreckt sich über 10 bis 40 °C, der E-Modul ändert sich dabei um das 10- bis 1000-fache. Die Temperatur, bei der sich die Eigenschaften am stärksten ändern, nennt man die *Glasübergangstemperatur* T_g (E: glass transition temperature). Der Name Glasübergangsbereich leitet sich daraus ab, dass Polymer-Werkstoffe im energieelastischen Bereich angeblich einen dem Glas ähnlichen Zustand aufweisen und diesen beim Erweichen verlieren, d. h. in den zähen Zustand übergehen. Einen Glasübergang gibt es nur bei amorphen Kunststoffen bzw. in der amorphen Phase teilkristalliner Thermoplaste. Kristallite können nicht erweichen oder einfrieren, sie können schmelzen bzw. Schmelzen können kristallisieren.

Der *Schmelzbereich*, der sich ebenfalls über einen größeren Temperaturbereich erstreckt, ist bei den amorphen Thermoplasten dadurch gekennzeichnet, dass mit zunehmender Bewegung der Makromoleküle die Verschlaufungen leichter gelöst und ganze Makromoleküle gegeneinander verschoben werden können. Bei teilkristallinen Thermoplasten beginnen zunächst die Kristallite mit einer geringeren Lamellendicke zu schmelzen und mit zunehmender Temperatur diejenigen Kristallite mit einer größeren Lamellendicke. Der Schmelzbereich erstreckt sich dabei über ca. 15 °C.

Der Übergang vom Schmelzbereich in den Schmelze- bzw. Fließzustand ist kontinuierlich, so dass der Kunststoff erst mit zunehmender Temperatur aus einer zusammenhaltenden Masse mit einer wenn auch sehr weichen Konsistenz in einen zunächst zäh- und dann leichter fließenden Zustand übergeht.

Energie- und Entropieelastizität

Unter thermodynamischen Gesichtspunkten können bei der Verformung von Kunststoffen unter Einwirkung einer Kraft F zweierlei Arten von Widerstand unterschieden werden, die Änderung der inneren Energie ΔU und der Entropie ΔS[4].

[4] Unter Einwirkung einer Kraft wird die *innere Energie* ΔU erhöht (elastische Energiespeicherung durch Valenzabstände und -winkeländerungen) und die Entropie ΔS erniedrigt (weg von der Knäuelform, die dem Zustand höchster Entropie entspricht). Das Minuszeichen trägt der gegensinnigen Wirkung Rechnung, s. S. 45.

Unter konstanter Temperatur T und konstantem Volumen V ergibt sich bezogen auf die Einheitsverformung l:

$$F = \left(\frac{\partial U}{\partial l}\right)_{T,V} - T\left(\frac{\partial S}{\partial l}\right)_{T} \qquad (2.1)$$

Als zwei ideale Grenzfälle sind der feste oder auch energieelastische Zustand (amorphe und kristalline Struktur) und der entropie- oder gummielastische Zustand (amorphe Struktur) anzusehen. Bei kristalliner oder fester amorpher Anordnung ($< T_g$) der Makromoleküle ist deren Lage durch ein Gleichgewicht von Anziehungs- und Abstoßungskräften fixiert. Bei Einwirkung einer Kraft ändert sich der Ordnungszustand (gekennzeichnet durch ΔS) nicht, sondern nur die innere Energie ΔU[5] durch Abstandsänderungen und Valenzwinkelverzerrungen. Daraus ergibt sich der Begriff *energieelastisch.*

Oberhalb der Erweichungstemperatur ($> T_g$), wenn Makromolekülsegmente ohne großen Widerstand umgelagert, verformt und gestreckt werden können, sich deren Konformation ohne intermolekulare Wechselwirkung zu benachbarten Molekülen ändert und die Ketten eine mehr oder weniger gestreckte Form annehmen, ändert sich die innere Energie ΔU praktisch nicht, wohl aber die Entropie ΔS. Daraus ergibt sich der Begriff *entropieelastisch.*

Die reversible Deformation der realen Elastomere, z. B. des Gummis, beruht grundsätzlich auf dieser Entropieelastizität. Versuche an realen Elastomeren haben gezeigt, dass der Anteil der Entropieelastizität 85 - 90 % beträgt. Der Rest ergibt sich als Energieelastizität aufgrund von intra- und intermolekularen Wechselwirkungen, besonders bei der Behinderung von Rotationen. Daraus ergibt sich der Begriff gummielastisch, welcher der Entropieelastizität gleichgesetzt wird.

2.3 Verformungsverhalten

Das mechanische Verhalten eines Werkstoffs ist gekennzeichnet durch die Verformung, die sich aufgrund äußerlich einwirkender Kräfte ergibt. Bei Kunststoffen unterscheidet man drei sich meist überlagernde Verformungsanteile:

- *elastische* Verformung (spontan, vollständig reversibel),
- *viskoelastische* oder *relaxierende* Verformung (zeitabhängig, vollständig reversibel),
- *viskose* Verformung (zeitabhängig, nicht reversibel).

[5] Bei der thermodynamischen Betrachtung interessieren nicht die z. T. kaum bestimmbaren, absoluten Werte, sondern die durch Δ gekennzeichneten Veränderungen.

Bild 2.4 veranschaulicht die verschiedenen Verformungsanteile beim Einwirken einer konstanten Spannung σ_0. Die rein *elastische* (E: elastic) Verformung, wie sie z.B. bei Stahl weitgehend genutzt wird, erfolgt bei Kunststoffen nur bei sehr geringen Belastungen. Sie ergibt sich beim Aufbringen einer Last spontan, d.h., sie steigt augenblicklich auf einen konstanten Wert, sinkt bei Entlastung sofort wieder auf null ab, ist also vollständig reversibel. Das Verhalten entspricht dem einer Feder mit der Steifigkeit E_0. Die werkstoffseitigen Ursachen für diese rein elastische Verformung sind Abstandsänderungen von Atomen und die Verzerrung von Valenzwinkeln.

Im Gegensatz dazu stellt sich die irreversible *viskose* Verformung (E: viscous), auch *Fließen* (E: yield) genannt, zeitabhängig ein und geht bei Entlastung nicht wieder zurück. Dieses Verhalten entspricht dem eines Dämpfers mit der Viskosität η_0 in Bild 2.4. Die verzögerte Verformung resultiert aus der Umlagerung von Molekülabschnitten und deren Abgleiten voneinander in eine neue, den einwirkenden Spannungen entsprechende Gleichgewichtslage.

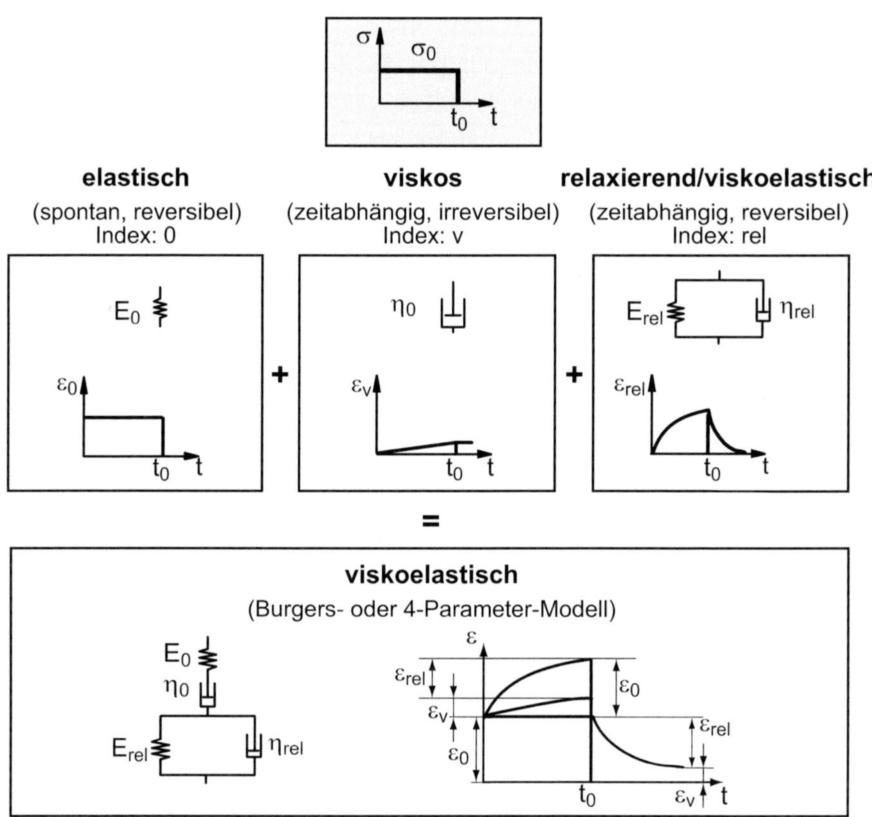

Bild 2.4 Beschreibung des Verformungsverhaltens von Kunststoffen mit dem 4-Parameter-Modell aus Federn und Dämpfern

Die *viskoelastische* (E: viscoelastic) oder *relaxierende* (E: relaxed) Verformung ergibt sich bei Kombination aus elastischem und viskosem Verhalten, die als Parallelschaltung von elastischer Feder E_{rel} und viskosem Dämpfer η_{rel} verstanden werden kann. Dabei steigt die Verformung unter Belastung zunehmend geringer und geht bei Entlastung dementsprechend zunächst schneller und dann langsamer und schließlich vollständig zurück, ist also reversibel.

Der Kunststoff reagiert auf eine aufgeprägte Beanspruchung also mit Zeitverzögerung, gekennzeichnet durch die *Relaxationszeit* τ (E: relaxation time) oder die *Retardationszeit* (E: retardation time)[6]. Unter Relaxationszeit versteht man die Zeit, bis zu der die Spannung im Werkstoff bei konstant bleibender Dehnung auf 1/e oder 0,368 der Anfangsspannung zurückgegangen ist. Unter Retardationszeit versteht man die Zeit, bis zu der die Dehnung ε_{rel} im Werkstoff bei konstant bleibender Spannung σ_0 einen Wert von $0{,}632 \cdot \sigma_0 / E_{rel}$ erreicht hat. Die molekularen Vorgänge ähneln zwar denen bei viskoser Verformung, erreichen jedoch keine Gleichgewichtslagen.

Tatsächlich verhält sich ein polymerer Werkstoff zugleich elastisch, viskos und viskoelastisch. Der Begriff *viskoelastisch* (E: viscoelastic) wird sowohl für die Bezeichnung des Gesamtverformungsverhaltens, als auch für den Verformungsanteil von parallel geschaltetem Dämpfer und Feder verwendet, der deshalb zur Unterscheidung auch relaxierend genannt wird.

Die Höhe der einzelnen elastischen, viskosen und viskoelastischen Anteile ist außer von der Höhe der Beanspruchung, der Belastungsdauer und -geschwindigkeit und der Temperatur auch vom strukturellen Aufbau der Polymer-Werkstoffe abhängig. So verhalten sich z. B. die lockeren, amorphen Anteile durchaus abweichend von den dicht und regelmäßig gepackten, kristallinen Bereichen ein und desselben Kunststoffs. Eng vernetzte Duroplaste verhalten sich weitgehend elastisch.

Für technische Betrachtungen ausreichend genau abgeschätzt, verformen sich feste Kunststoffe bei relativ geringen Belastungen bis zu grob einem Zehntel ihrer Festigkeit *elastisch*. Die Wirkung der anderen Anteile ist bis dahin noch vernachlässigbar klein. Mit zunehmender Belastung verformen sich die einzelnen Anteile last- und zeitabhängig entsprechend dem 4-Parameter-Modell rein additiv zu einer Gesamtverformung. Solange die rein additive Betrachtung möglich ist, spricht man von *linear-viskoelastischem* (E: linear viscoelastic) Verformungsverhalten, dessen Grenze wiederum grob um die Hälfte höher liegt als die Grenze der elastischen Verformung und somit auch deutlich unter der Belastungsgrenze der Kunststoffe. Bei Belastungen im Bereich elastischer und linear-viskoelastischer Verformungen ist eine analytische Darstellung der Zusammenhänge von Last,

[6] Die Retardationszeit ist die Zeit, für die $\varepsilon_{rel} = 0{,}632 \cdot \sigma_0 / E_{rel}$ gilt, d. h. wenn $\tau = t$ in Gl. 6.2 ist, s. S. 212

Verformung und Zeit noch möglich, wobei das 4-Parameter-Modell eine anschauliche Beschreibung ermöglicht. Mit steigender Last und bei Überschreiten des Bereiches der linearen Viskoelastizität wird das zunehmend komplizierter und ist in geschlossener Form nicht mehr möglich. Da die meisten konstruktiven Anwendungen in diesem Bereich belastet werden, ist die Berechnung und Gestaltung von Bauteilen, verglichen z. B. mit den elastischen Metallen, sehr erschwert.

Beim Spannungs-Dehnungs-Verhalten von Kunststoffen bei kurzzeitiger Belastung sind zudem drei Typen zu unterscheiden, Bild 2.5:

- spröde,
- duktil mit Streckgrenze,
- duktil ohne Streckgrenze.

Spröde verhält sich z. B. ein amorphes Styrol-Acrylnitril-Copolymerisat (SAN), duktil mit Streckgrenze ein teilkristallines, duktiles Polybutylenterephthalat (PBT). Beim SAN bildet sich keine Streckgrenze[7], Zug-[8] und Reißfestigkeit[9] fallen zusammen. Mit zunehmender Belastung nimmt die Abweichung der Spannungs-Dehnungs-Kurve von der anfänglichen Steigung zu. Der Anteil der viskosen und viskoelastischen Dehnungsanteile an der Gesamtdehnung vergrößert sich. Beim duktileren Polybutylenterephthalat (PBT) bildet sich bei einer Prüftemperatur von 23 °C eine Streckgrenze aus, nicht dagegen bei einer Prüftemperatur von 40 °C, wenn die amorphe Phase zu erweichen beginnt.

Ursache für dieses unterschiedliche Verhalten ist, dass sich amorphe Kunststoffe wie SAN unterhalb der Glasübergangstemperatur T_g zunächst weitgehend elastisch verformen, bis der Molekülverband bei der Streckgrenze zusammenbricht, es kommt zum Sprödbruch (SAN 20 °C, $T_g \sim 100$ °C). Sind die Makromoleküle in den Kristalliten verankert, ist deren weiterer Zusammenhalt gewährleistet, es bildet sich eine Streckgrenze aus (PBT < 23 °C, $T_g \sim 36$ °C). Oberhalb der Glasübergangstemperatur T_g verstrecken sich die erweichten amorphen Bereiche von Anfang an, zusammengehalten durch die Kristallite. Es ergibt sich eine duktile Verformung ohne Streckgrenze (PBT > 40 °C, $T_g \sim 36$ °C).

---

[7] Streckgrenze = Spannung, bei der die Steigung der Spannungs-Dehnungs-Kurve zum ersten Mal gleich 0 wird

[8] Zugfestigkeit = höchster Spannungswert

[9] Reißfestigkeit = Spannung beim Bruch

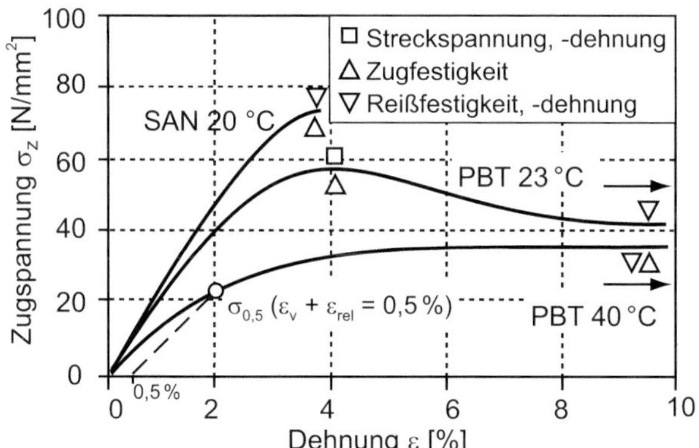

Bild 2.5 Spannungs-Dehnungs-Diagramme eines spröden (SAN) und eines duktilen Thermoplasten mit Streckgrenze (PBT bei 23 °C) und ohne Streckgrenze (PBT bei 40 °C)

ε_v = viskose Verformung } nicht elastisch
ε_{rel} = relaxierende Verformung

3 Aufbau der Polymer-Werkstoffe

3.1 Struktur der Makromoleküle

Kunststoffe können verschiedene Strukturen bilden, wobei sowohl der Aufbau des einzelnen Makromoleküls als auch die Anordnung der Makromoleküle zueinander relevant sind. Dabei können verschiedene Molekülanordnungen ein- und desselben Kunststoffs z. B. unterschiedlich stark kristalline oder amorphe Strukturen und damit unterschiedliche Formstoffeigenschaften bedingen.

Bei der Beschreibung der Struktur der Makromoleküle sind drei Begriffe zu unterscheiden:

- *Konstitution* (E: constitution):
  das chemische Aufbauprinzip eines Moleküls aus den Atomen, z. B. Typ und Aneinanderreihung der Kettenatome, Art der Endgruppen und Substituenten, Art und Länge der Verzweigungen, Molekulargewicht ohne Berücksichtigung der räumlichen Anordnung;
- *Konfiguration* (E: configuration):
  die räumliche Anordnung der Atome und Atomgruppen im Molekül bei gleicher Konstitution;
- *Konformation* (E: conformation):
  die räumliche Gestalt, die Makromoleküle gleicher Konfiguration durch Umklappen oder Drehen um die Bindungsachsen erreichen.

Das Gerüst der kovalent gebundenen Atome in den Makromolekülen besteht meistens aus C-Atomen. Die sechs Elektronen des C-Atoms bewegen sich auf drei verschiedenen Bahnen, den Orbitalen, um den Atomkern. Orbitale werden die Räume genannt, in denen Elektronen eine hohe Aufenthaltswahrscheinlichkeit haben. Das erste, energetisch niedrigste[10] und daher dem Kern nächste Orbital ist

[10] Je energieärmer ein Zustand ist, umso mehr Energie muss zur Trennung der Partner zugeführt werden. Je geringer der Abstand zwischen Kern und Elektron ist, umso kleiner ist der Energieinhalt des Orbitals und umso größer ist die benötigte Arbeit zur Trennung bzw. umso stabiler ist die Bindung. Um ein Elektron auf eine vom Kernmittelpunkt weiter entfernte Bahn zu heben, muss Energie aufgewendet werden.

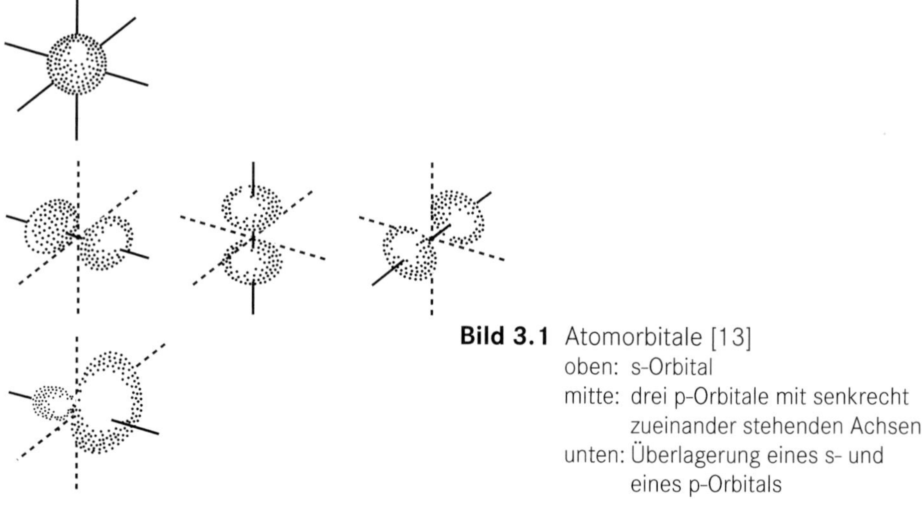

Bild 3.1 Atomorbitale [13]
oben: s-Orbital
mitte: drei p-Orbitale mit senkrecht zueinander stehenden Achsen
unten: Überlagerung eines s- und eines p-Orbitals

kugelförmig und wird als 1 s-Orbital bezeichnet. Es ist mit zwei Elektronen besetzt. Das nächsthöhere Energieniveau mit größerem Kernabstand wird vom 2 s-Orbital eingenommen. Es ist ebenfalls kugelförmig und beim ungebundenen Atom ebenfalls mit zwei Elektronen besetzt. Ein s-Orbital ist in Bild 3.1 dargestellt. Als nächstes folgen drei energiegleiche p-Orbitale. Jedes von ihnen ähnelt einer Hantel, wobei der Atomkern genau in der Mitte liegt, Bild 3.1 Mitte. Ein ungebundenes C-Atom hat je ein Elektron auf zwei p-Orbitalen, das dritte p-Orbital ist leer.

Bei der chemischen Bindung des C-Atoms an andere Atome wird Energie frei. Um diese freiwerdende Energie zu maximieren und gleichzeitig den Energieinhalt der Bindung zu minimieren, sind die Atome bestrebt, so viele Bindungen wie möglich auszubilden. Daher wird ein Elektron des doppelt besetzten 2 s-Orbitals auf das noch freie, dritte p-Orbital wechseln und dadurch zwei zusätzliche, ungepaarte Elektronen für mögliche Bindungen schaffen, die sich z. B. mit den s-Orbitalen von vier H-Atomen überlagern können.

Für das Zustandekommen einer Bindung zwischen C- und H-Atomen überlagern sich die drei 2 p-Orbitale und das 2 s-Orbital und bilden zusammen vier Überlagerungsorbitale. Jedes Überlagerungsorbital ist gekennzeichnet durch einen großen vorderen Orbitalteil (gleichsinnige Bahnrichtung) und den kleinen (gegenläufige Bahnrichtung) und daher fast zu vernachlässigenden hinteren Orbitalteil, Bild 3.1 unten. Wegen der gleichen elektrisch negativen Ladung der Elektronen versuchen die einzelnen vorderen Orbitalteile, wie in Bild 3.2 dargestellt, die größtmögliche Entfernung voneinander einzunehmen und bilden einen Tetraeder.

Der Winkel zwischen den Längsachsen der Überlagerungsorbitale beträgt als Tetraederwinkel 109°. Da die Bindung der Atome untereinander durch Über-

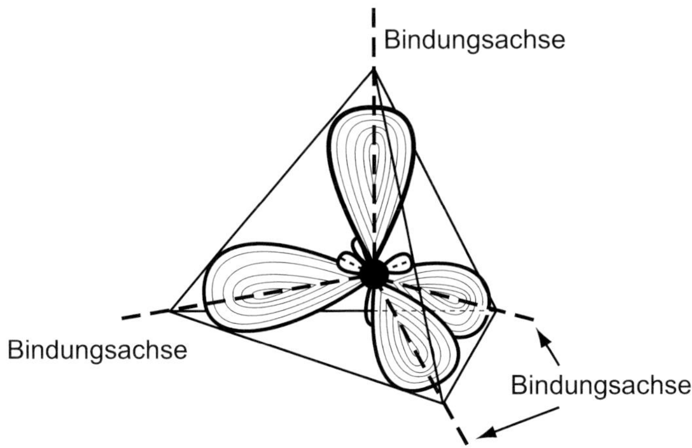

Bild 3.2 Tetraederanordnung von Überlagerungsorbitalen bei Überlagerung eines 2 s-Orbitals mit den drei 2 p-Orbitalen um ein C-Atom [14]

lappen der Orbitale der beteiligten Atome erfolgt, ist er gleichzeitig der Winkel zwischen den einfach gebundenen C-Atomen oder auch den seitlich an diese angebundenen, anderen Atomen und wird als Valenzwinkel oder Winkel zwischen den Bindungsachsen bezeichnet. Die Hauptkette der aus C-Atomen aufgebauten Makromoleküle ist daher nicht geradlinig, sondern zickzackförmig.

Die einfach gebundenen C-C-Atome sind um die Bindungsachse des einzelnen Makromoleküls frei drehbar, Bild 3.3. Die Richtung einer zweiten Bindungsachse

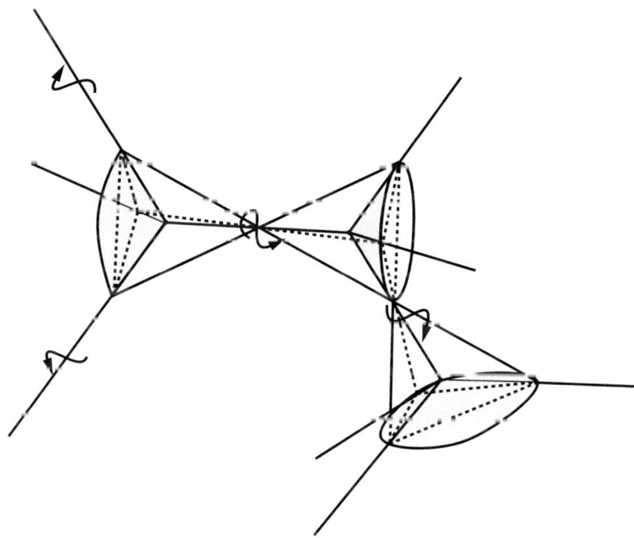

Bild 3.3 Richtungsmöglichkeiten von C-C-Bindungsachsen [15]

befindet sich gegenüber der ersten und daher auf einem Kegelmantel, bestimmt durch den Valenzwinkel von 109°. Die dritte Bindungsachse liegt wiederum auf einem Kegelmantel, dessen Lage durch die Richtung der zweiten Achse bestimmt ist. Entsprechendes gilt für die Richtung weiterer Bindungen.

Für ein lineares Kettenmolekül ergibt sich daraus eine sehr große Formenvielfalt. Es lässt sich ohne größere Schwierigkeiten eine gestreckt-kettige Anordnung wie auch ein Knäuel bilden.

Die in Bild 3.2 dargestellte Tetraederanordnung liegt in der einfachsten Form beim Methan CH_4 vor, bei dem an die vier Valenzen des C-Atoms je ein H-Atom angebunden ist. Die Bindungslänge zwischen den H-Atomen und dem zentralen C-Atom beträgt 0,11 nm, der Abstand der H-Atome untereinander ~ 0,18 nm. Nimmt man zwei derartige Methanmoleküle und verbindet sie so untereinander, dass von jedem Methanmolekül ein H-Atom entfernt wird und sich die entstehenden freien Valenzen der C-Atome gegenseitig verbinden, entsteht ein Ethan. Die Stellung der H-Atome des ursprünglichen Methanmoleküls gegenüber denen des anderen ist wegen der Rotationsmöglichkeit der C-C-Bindung durch zwei Extreme gekennzeichnet. In Richtung der C-C-Bindungsachsen gesehen, können die H-Atome übereinander (verdeckt) oder um 60° versetzt (gestaffelt) stehen, Bild 3.4.

Eine Abstoßung der gleichgeladenen H-Atome findet statt, wenn der Abstand ihrer Zentren kleiner als ihr zweifacher Van-der-Waals-Radius, d. h. < 0,24 nm, ist. Bei einer Bindungslänge der C-Atome von 0,154 nm beträgt der Abstand der H-Atome der beiden ursprünglichen Methangruppen in der linken Stellung nur 0,226 nm,

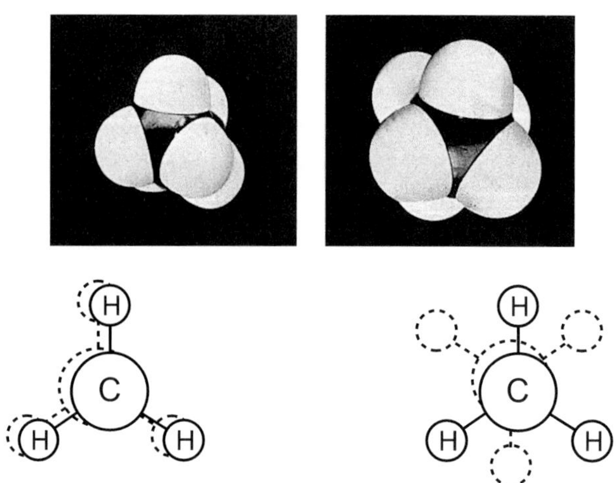

Bild 3.4 Extreme Rotations-Stellung der H-Atome des Ethans zueinander [15]

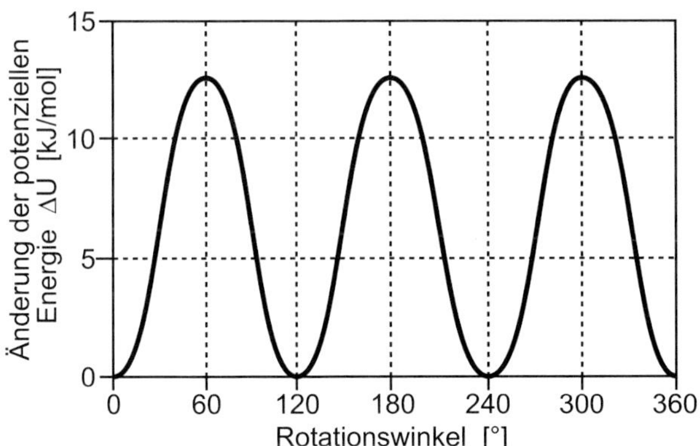

Bild 3.5 Änderung der potenziellen Energie eines Ethan-Moleküls in Abhängigkeit vom Rotationswinkel [12]

in der rechten etwas mehr als 0,24 nm. Um die linke Stellung zu erreichen, ist Arbeit aufzuwenden, d.h. die potenzielle (innere) Energie[11] des Systems wird erhöht. Diese Stellung ist energetisch ungünstiger als die rechte. Jede Stellung tritt dreimal auf, wenn die C-C-Bindung sich einmal um 360° dreht, Bild 3.5.

Lagert man viele (CH_2)-Gruppen zwischen die beiden Ethanhälften, ergibt sich das sog. lineare Polyethylen (PE):

$$\mathrm{H}-\left[\begin{matrix} \mathrm{H} & & \mathrm{H}\\ | & & |\\ \mathrm{C} & - & \mathrm{C}\\ | & & |\\ \mathrm{H} & & \mathrm{H}\end{matrix}\right]_n-\mathrm{H}$$

Der Index n gibt an, wie viele Monomereinheiten, d.h. C_2H_4, zum Makromolekül zusammengefasst sind und ist gleichbedeutend mit dem Polymerisationsgrad. Beim Polyethylen (PE) sind es im Mittel 3000 bis 60 000 Monomereinheiten.

Für zwei aufeinanderfolgende Monomereinheiten des Polyethylens sind die drei in Bild 3.6 dargestellten möglichen Richtungen der Bindungsachsen energetisch bevorzugt.

Nur in der trans-Stellung ist der geringste Abstand zwischen den Zentren zweier H-Atome mit 0,254 nm größer als ihr doppelter Van-der-Waals-Radius von 0,24 nm, so dass keine abstoßenden Kräfte wirken. Bei den beiden gauche-Stellungen (Drehung um 120°) tritt eine deutliche Behinderung ein.

Die gauche-Stellungen sind energetisch ungünstiger (es muss Energie zugeführt werden, um sie zu erreichen) als die trans-Stellungen. Die direkte Drehung

[11] Die *innere Energie U* setzt sich erstens aus einem innermolekularen Anteil, der der potenziellen Energie entspricht, zweitens einem intermolekularen Anteil, der die Wechselwirkungen zwischen den Makromolekülen berücksichtigt und drittens aus einem kinetischen Anteil, der die Schwingungsenergie beinhaltet, zusammen.

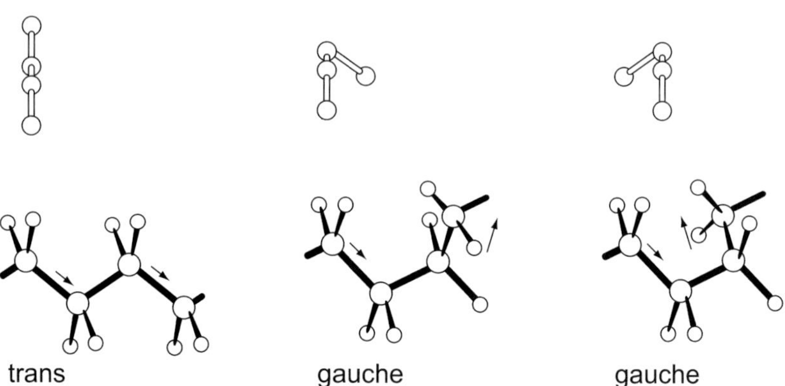

Bild 3.6 Mögliche Richtungen der Bindungsachsen (C-C) eines Polyethylens (PE) [17]
trans = Bindungsachsen in ebener Stellung (zweidimensional)
gauche = Bindungsachsen in räumlicher Stellung (dreidimensional)
oben: in Kettenrichtung gesehen, nur C-Atome
unten: senkrecht zur Kettenrichtung gesehen

zwischen den beiden gauche-Stellungen ist besonders stark behindert. Lineares Polyethylen (PE) nimmt daher entsprechend Bild 3.7 links bevorzugt eine Zickzack-Stellung in der Ebene ein.

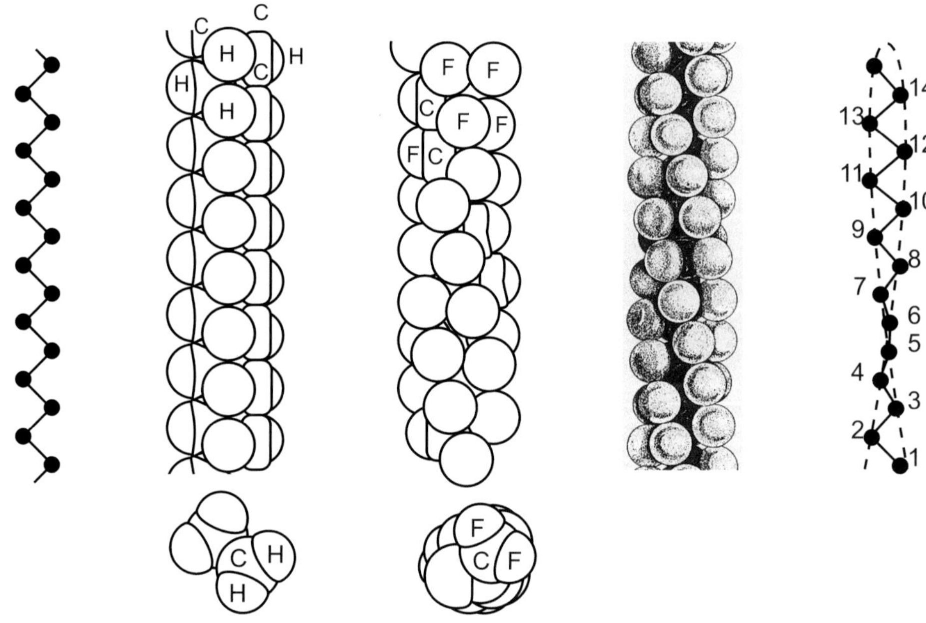

Bild 3.7 Anordnung der Atome und Bindungsachsen [16]
links: Polyethylen (PE)
rechts: Polytetrafluorethylen (PTFE)

Beim ähnlich aufgebauten Polytetrafluorethylen (PTFE) (die H-Atome sind durch größere F-Atome ersetzt) ist die ebene Zickzack-Stellung behindert, da der zweifache Van-der-Waals-Radius der F-Atome 0,27 nm beträgt, aber wie beim Polyethylen (PE) nur 0,254 nm als Abstand der Zentren zur Verfügung stehen. Es kommt trotz der trans-Stellung zu einer Verdrillung des Makromoleküls. Stellung 1 und 12 in Bild 3.7 links sind identisch, daraus resultiert, dass jede Bindungsachse eine Verdrehung um 15° aufweist. Dazu kommt eine geringfügige Aufweitung der C-C-Valenzwinkel.

Bestehen die Substituenten aus Atomgruppen statt aus einzelnen Atomen, wird die gegenseitige Behinderung noch größer. Beim Polypropylen (PP) ist jeder vierte Substituent eine Methylgruppe CH_3.

Wären diese Gruppen gleichmaßig in einer zickzackförmigen Kette angeordnet, müsste z. B. der Abstand ihrer Zentren 0,4 nm statt der vorhandenen 0,25 nm betragen. Eine energetisch günstige Konformation ist nur durch die abwechselnde Folge von trans- und gauche-Stellungen der Hauptkette möglich. Dadurch ergibt sich eine spiralförmige Anordnung der Moleküle, die *Helix* (E: helix) genannt wird, Bild 3.8.

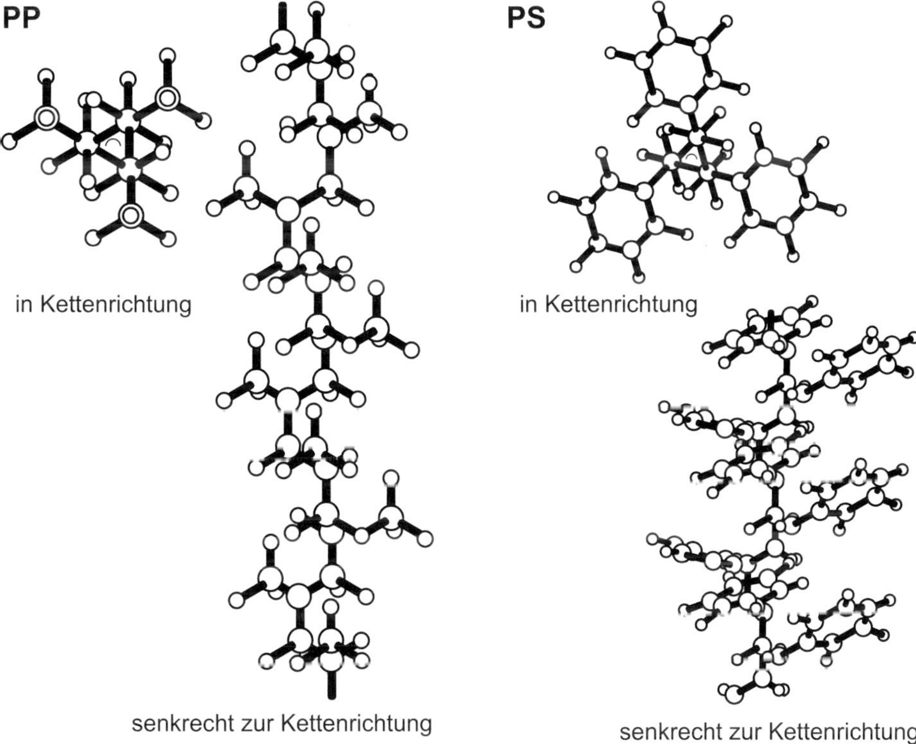

Bild 3.8 Helix eines isotaktischen Polypropylens (PP) und eines Polystyrols (PS) [18] große Kreise = C-Atome, kleine Kreise = H-Atome

Beim Polystyrol (PS) sind statt der Methylgruppen die deutlich größeren Benzolringe angebunden, die ebenfalls eine Helix notwendig machen. Bei der Anordnung der Makromoleküle untereinander behindern diese Seitengruppen die Aneinanderlagerung, so dass PE und PTFE (Bild 3.7) und PP (Bild 3.8 links) zwar kristallisieren können, PS (Bild 3.8 rechts) aber unter normalen Bedingungen nicht.

3.2 Haupt- und Nebenvalenzbindungen

Makromoleküle werden untereinander und in sich durch Valenzbindungen zusammengehalten. Hauptvalenzbindungen sind chemische, Nebenvalenzbindungen sind physikalische Bindungen. Die *Bindungsenergie* (E: bond energy) ist definiert als die Energiedifferenz zwischen aneinander gebundenen Teilchen gegenüber dem Zustand, in dem die einzelnen Teilchen getrennt (in unendlicher Entfernung voneinander) sind, d. h. sie ist diejenige Energie, die einer Bindung zugeführt werden muss, um diese aufzuheben (Dissoziationsenergie).

Durch *Hauptvalenzbindungen* (E: primary valence bonds) werden Monomere zu Polymeren (Makromolekülen) chemisch verbunden bzw. Makromoleküle untereinander vernetzt. Viele Monomere enthalten Doppelbindungen, wie z. B. Vinylchlorid CH_2=CHCl, die durch Energiezufuhr, z. B. Wärme, katalytisch oder durch Addition eines aktiven Zentrums (Radikal, Ion) aufgespalten und reaktionsfähig werden. Dadurch können die Monomere zu größeren Einheiten, den Makromolekülen oder Polymeren, verbunden werden. Die Monomere haben die gleiche oder nahezu gleiche chemische Zusammensetzung wie die durch die Polymerisation entstehenden Makromoleküle. Bei der Reaktion können niedermolekulare Nebenprodukte abgespalten (Polykondensation) oder einzelne Atome umgelagert werden (Polyaddition), so dass chemische Unterschiede zwischen den Monomeren und Polymeren entstehen können (s. a. Abschn. 3.3.2 und 3.3.3). Die Hauptvalenzbindungen werden auch primäre Bindungen genannt. Die Bindungsenergie beträgt 40 – 800 kJ/mol, der Mittelpunktsabstand der gebundenen Atome 0,075 – 0,3 nm.

Die *Nebenvalenzbindungen* (E: secondary valence bonds) bewirken aufgrund physikalischer Bindungskräfte den Zusammenhalt der untereinander nicht chemisch gebundenen Makromoleküle, z. B. bei den Thermoplasten. Sie wirken zwischen den Makromolekülen, aber auch innerhalb der Makromoleküle, besonders wenn diese in Kristalliten im optimalen Wirkabstand zueinander liegen. Sie treten zusätzlich zu den Hauptvalenzbindungen bzw. Vernetzungen bei den Duroplasten und Elastomeren in Kraft, wenn sich die Entfernung der Ketten untereinander in Reichweite ihrer physikalischen Wirkungsmöglichkeiten befindet. Derartige Nebenvalenzbindungen werden auch sekundäre Bindungen genannt. Die Bindungsenergie beträgt ungefähr 2 - 20 kJ/mol. Der Mittelpunktsabstand der physikalisch durch die Nebenvalenzbindungen zusammengehaltenen Makromoleküle beträgt 0,3 - 1 nm.

Chemische und physikalische Bindungen innerhalb eines Makromoleküls werden inner- oder intramolekulare Bindungen genannt. Wirken sie zwischen verschiedenen Makromolekülen, spricht man von intermolekularen Bindungen.

Allgemein kann man davon ausgehen, dass je nach dem Abstand zwischen zwei Atomen (in den obengenannten Größenordnungen) abstoßende (+) oder anziehende (-) Kräfte herrschen, die im Übergang von (+) zu (-) gleich null werden, Bild 3.9. Nimmt die Energie negative Werte an, so ist das identisch mit einem Zusammenhalt der beiden Atome [17].

Bei einem Abstand der Atome, bei dem gerade ein Gleichgewicht zwischen den anziehenden und abstoßenden Kräften herrscht (hier r_0) und die Bindungsenergie ein Minimum aufweist, ist ein Maximum an Arbeit zu leisten, um die Bindung bei Zugbeanspruchung aufzuheben. Da die Zugbeanspruchung der Bindung entgegenwirkt, erhält die Bindungskraft oberhalb von r_0 ein negatives Vorzeichen. Mit zunehmendem Abstand erniedrigt sich die verbleibende Bindungsenergie, genauer gesagt, sie nähert sich allmählich dem Wert Null, bei dem die Bindung nicht mehr existiert. Der Abstand r_0 zwischen Makromolekülen liegt z.B. im kristallinen Bereich vor.

Für die optisch anschauliche Darstellung von Atomen wird gerne der den Wirkungsbereich der atomaren Kräfte darstellende Abstand r_0 als Atomdurchmesser verwendet. Da bei den Polymer-Werkstoffen die Nebenvalenzbindungen zwischen

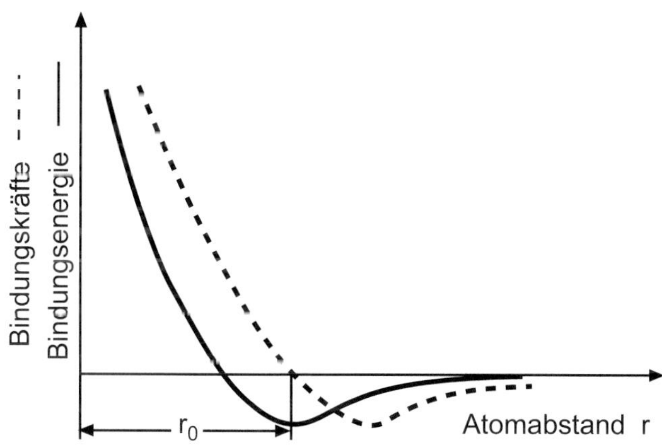

Bild 3.9 Bindungskräfte und Bindungsenergie zwischen zwei Atomen in Abhängigkeit von deren Abstand

den Makromolekülen, z.B. zur Kennzeichnung der Raumfüllung, eine größere Bedeutung haben als die Hauptvalenzbindungen (Vernetzungen), werden bei der Darstellung der Atome in Makromolekülen die halben Abstände der Mittelpunkte zweier gleicher, durch Nebenvalenzen gebundener Atome als Atomradien bevorzugt. Diese Radien werden auch als *Van-der-Waals-Radien* (E: Van-der-Waals-radii) bezeichnet (Van-der-Waals-Kräfte sind Nebenvalenzkräfte, siehe Abschn. 3.2.2). Werden Atome kovalent untereinander gebunden, müssen sich die durch die Van-der-Waals-Radien bestimmten Wirkungsradien durchdringen, da die Abstände kovalent gebundener Atome deutlich geringer sind als bei Nebenvalenzbindungen.

3.2.1 Hauptvalenzbindungen

In Makromolekülen sind einzelne Atome durch feste chemische Bindungen miteinander verknüpft. Dazu gehören sowohl die ursprünglichen Bindungen innerhalb des Monomers als auch diejenigen, die bei der Polymerisation zwischen den Monomeren neu entstehen. Auch Vernetzungen zwischen einzelnen linearen Ketten kommen durch derartige Bindungen zustande. Sie werden als Hauptvalenzbindungen bezeichnet, es handelt sich um kovalente Bindungen.

Die kovalente Bindung beruht auf dem Bestreben der Atome nach einer aufgefüllten äußeren Schale. Bei Atomen, bei denen die Zahl der Elektronen auf der äußeren Schale gleich oder größer ist als die Zahl der zur vollständigen Auffüllung noch fehlenden Elektronen, kann es zur gegenseitigen Auffüllung der Schalen kommen. Dabei gehören zwei oder mehrere Elektronen zu zwei oder mehreren Atomen gleichzeitig.

Ein Beispiel ist die Bildung von Wasserstoff (H_2). Nähern sich zwei Wasserstoffatome so weit, dass sich ihre Orbitale durchdringen, wird jedes negativ geladene Elektron nicht mehr nur von einem, sondern von zwei positiv geladenen Atomkernen angezogen (und umgekehrt). Die Wasserstoffatome werden kovalent gebunden.

Da bei den Kunststoffen die Elektronen aufgrund der kovalenten Bindung relativ fest an die Atome gebunden sind, sind sie gute elektrische Isolatoren und schlechte Wärmeleiter. Im Gegensatz dazu sind bei metallischen Bindungen die Elektronen beweglich, woraus die gute, auf dem Elektronenfluss basierende Leitung von elektrischem Strom und Wärme resultiert.

In Darstellungen von Molekülketten werden Hauptvalenzbindungen als Striche zwischen Atomsymbolen dargestellt, wobei diese Striche die gemeinsamen Elektronenpaare kennzeichnen.

Bindungspartner	Bindungsabstand (nm)	Bindungsenergie (kJ/mol)	Bemerkung
C–C (aliphatisch = kettenförmig)	0,154	250	∠ CCC 109° ± 2°
C–C (aromatisch = ringförmig)	0,140	402	∠ CCC 124° ± 2°
C=C	0,135	427	keine Drehbarkeit
C≡C	0,120	528	keine Drehbarkeit
C–H	0,109	370	
C–O	0,143	295	∠ CCC 107° ± 4°
C=O	0,122	624/640	keine Drehbarkeit
C–N	0,147	242	
C–Cl	0,177	280	
C–F	0,131	460	
N–H	0,102	349	
S–O	0,166	374	

Tabelle 3.1 Bindungsenergien und -abstände kovalent gebundener Atome [19]

Wie Tabelle 3.1 zeigt, gibt es Ein-, Zwei- und Dreifachbindungen mit unterschiedlichen Bindungsenergien. Sind die Differenzen zwischen diesen einzelnen Bindungszuständen unterschiedlich, werden bei chemischen Reaktionen, wie einer Polymerisation, Bindungen stufenweise gelöst, d. h. zunächst diejenigen mit den geringeren Differenzen. So werden z. B. doppelt gebundene C-Atome (C=C) in einfach gebundene (C–C) überführt.

Die Zerstörung von Hauptvalenzbindungen kann z. B. durch thermische, oxidative oder radiative Belastung erfolgen, wobei die Molekülkette abgebaut wird. Ebenso kann eine Spaltung der Bindung durch chemischen Angriff oder evtl. mechanische Belastung bei der Verarbeitung besonders im Schmelzezustand erfolgen.

3.2.2 Nebenvalenzbindungen

3.2.2.1 Dipol-Dipol-Kräfte

Dipol-Dipol-Bindungen (E: dipole-dipole-bond) haben Stärken von ca. $^1/_{50}$ bis $^1/_{200}$ einer Hauptvalenzbindung und treten zwischen Molekülen mit permanenten Dipolmomenten auf. Letztere ergeben sich, wenn kovalent gebundene Atome ein unterschiedliches Bestreben haben, Elektronen anzuziehen. Diese Eigenschaften bezeichnet man auch als Elektronegativität.

Unter *Elektronegativität* versteht man die Eigenschaften von Atomkernen, die Bindungselektronen stärker zu sich herüberzuziehen. Ein Atomkern ist umso elektronegativer, je mehr Protonen er hat und je näher die zu ergänzende Schale zum Kernmittelpunkt liegt, da die Anziehungskraft des Atomkerns nach dem Coulombschen Gesetz mit dem Quadrat der Entfernung abnimmt. Die Elektronegativität wird durch eine Vergleichszahl ausgedrückt und beträgt für F = 4; O = 3,5; Cl und N = 3; C und S = 2,5; P und H = 2,1; B = 2 und Si = 1,8. Die Stärke der Polarität, d.h. der Dipolwirkung, hängt neben der Differenz der Elektronegativität der gebundenen Atome vom Abstand der Ladungszentren ab [20].

Im Polyvinylchlorid (PVC) z.B. ist das Chloratom negativer als das Kohlen- und Wasserstoffatom, wie der linke Ausschnitt in Bild 3.10 zeigt, und zieht daher die Elektronen zu sich hin. Diese unsymmetrische Elektronenverteilung wird in Form von Keilen veranschaulicht. Des Weiteren kennzeichnet man die sog. Partialladung mit δ. Das Chlor ist weniger negativ geladen, da das Elektron sich im Mittel zu einem kleinen Anteil auch beim Kohlenstoff aufhält. Solche Dipole in Polymerketten bewirken Anziehungskräfte (Dipol-Dipol-Kräfte) auf die Nachbarketten. Aus dem rechten Ausschnitt aus zwei nebeneinanderliegenden PVC-Ketten wird deutlich, dass das negativ geladene Chloratom ein partiell positiv geladenes Wasserstoffatom der Nachbarkette zu sich hin ziehen kann, Bild 3.10.

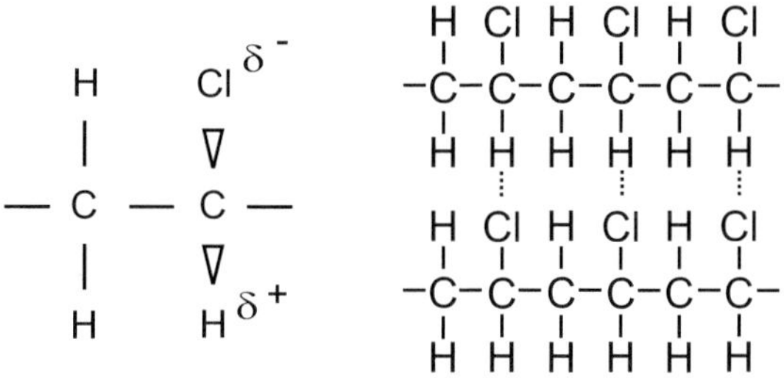

Bild 3.10 Dipole im PVC bewirken Dipol-Dipol-Kräfte

Bei symmetrischer Anordnung können sich mehrere gleichartige Dipole aufheben. Dies ist z.B. bei dem symmetrisch aufgebauten und daher äußerlich nahezu unpolaren Polytetrafluorethylen (PTFE) der Fall, in dem das stark elektronegative Atom Fluor enthalten ist. Jede einzelne C-F-Bindung besitzt für sich jedoch ein starkes Dipolmoment [15]. Eine überwiegend auf Dipolkräften beruhende Bindung weisen außer dem PVC auch Polymethylmethacrylat (PMMA) und Polyvinylacetat (PVCA) auf. Kennzeichnend für Polymer-Werkstoffe mit diesen Bindekräften ist ihre Löslichkeit in polaren Lösemitteln. Da mit zunehmender Temperatur die Intensität der thermisch bedingten Molekülbewegungen zunimmt, nimmt die Stärke der Dipolwirkung ab.

3.2.2.2 Induktionskräfte

Wie im vorhergehenden Abschnitt beschrieben, können permanente Dipole auf andere Moleküle *Induktionskräfte* (E: inductive forces) ausüben. Das negativ geladene Atom eines permanenten Dipols z. B. stößt die Elektronen eines benachbarten, elektrisch neutralen Atoms aus einem anderen Molekül ab, wobei in letzterem ein sog. induzierter Dipol entsteht. Daraus resultiert wiederum eine Dipol-Dipol-Bindung, oder eine bestehende Dipol-Dipol-Bindung wird noch verstärkt. Die Stärke einer induzierten Dipol-Dipol-Bindung beträgt etwa $^1/_{10}$ derjenigen einer permanenten Dipol-Dipol-Bindung, sie ist jedoch temperaturunabhängig.

3.2.2.3 Dispersionskräfte

Während die Dipol-Dipol- sowie die Induktionskräfte das Vorhandensein von permanenten Dipolen voraussetzen, weisen auch völlig unpolare Polymer-Werkstoffe wie Polyethylen (PE), Polystyrol (PS) und Polybuten (PB) starke intermolekulare Nebenvalenzbindungen auf. Es handelt sich um die sog. *Dispersionskräfte* (E: dispersion forces), die etwa 80 bis 90 % aller intermolekularen Bindungen bewirken. Ursache dafür ist, dass auch bei unpolaren Molekülen wegen der Bewegung der Elektronen und der daraus resultierenden „Verformungen" der Elektronenwolke momentane Dipole entstehen. Diese schnell variierenden Dipole, die sich im zeitlichen Mittel zu Null kompensieren, induzieren in den Nachbarmolekülen im Takt ihrer eigenen Frequenzen ebenfalls Dipolmomente. Die Stärke einer durch Dispersionskräfte hervorgerufenen Bindung beträgt etwa $^1/_{500}$ bis $^1/_{1000}$ derjenigen einer Hauptvalenzbindung, sie ist temperaturabhängig.

3.2.2.4 Wasserstoffbrückenbindung

Eine besonders wirkungsvolle Nebenvalenzbindung liegt bei der *Wasserstoffbrückenbindung* (E: hydrogen bond) vor. Die Stärke der Bindung beträgt ca. 20 kJ/mol und ist damit höher als die der meisten Van-der-Waals-Bindungen. Wasserstoffbrückenbindungen entstehen über ein Wasserstoffatom, das einerseits kovalent an ein elektronegativeres Atom, häufig Sauerstoff oder Stickstoff, auch Fluor, gebunden ist, und dessen gemeinsame Elektronen in Richtung dieses Atoms verschoben werden. An ein weiteres elektronegatives Atom eines zweiten Makromoleküls ist das durch die Elekronenverschiebung partiell positive geladene Wasserstoffatom jetzt stärker physikalisch gebunden und wirkt somit als „Wasserstoffbrücke" zwischen den beiden Molekülketten, z. B. wird zwischen dem H-Atom und dem N-Atom im Polyamid 6 der positiv geladene Wasserstoff durch das O-Atom der anderen PA-Molekülkette (gestrichelte Bindung) angezogen, Bild 3.11.

Polyamide werden mit der Zahl der C-Atome in den Ausgangsmonomeren gekennzeichnet. Bei zwei Monomerenarten Hexamethylendiamin ($H_2N-(CH_2)_6-NH_2$) und Adipinsäure ($HOOC-(CH_2)_4-COOH$) ergeben sich zwei Zahlen als Polyamid 66

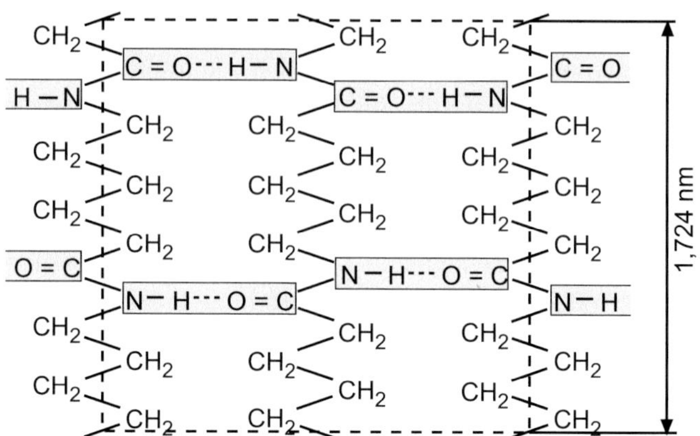

Bild 3.11 Wasserstoffbrückenbindung in Rostebene in Polyamid 6 (PA6) [20]

(PA 66), bei einer Monomerenart, ε-Capronsäure ($H_2N-(CH_2)_5-COOH$) nur eine Zahl als Polyamid 6 (PA 6). Sieht man Polyamid als ein Polyethylen mit Amid-Gruppen an und vergleicht die Eigenschaften von PA 6 mit denen von PE-HD, erkennt man deutlich die Wirkung der Wasserstoffbrücken bei der Festigkeit mit 72 zu 28 N/mm^2, beim E-Modul mit 2600 zu 1400 N/mm^2 und bei der Schmelztemperatur mit 225 °C zu 125 °C.

Die vergleichsweise festen Wasserstoffbrückenbindungen bilden sich im Polyamid innerhalb der Kristallite ausschließlich in der sog. Rostebene, also schichtweise und nicht räumlich aus. Der feste räumliche Verbund wird durch Rückfaltungen zwischen den Ebenen und durch interkristalline Verbindungsmoleküle gewährleistet. Die Rückfaltungen in andere Rostebenen des gleichen Kristallits erfolgen bereits nach wenigen, etwa 2 – 3 Struktureinheiten und sichern so seinen Zusammenhalt. Der Zusammenhalt der Kristallite untereinander ist durch interkristalline Verbindungsmoleküle gegeben. Da die Richtungen der Kristallite und ihrer Ebenen unterschiedlich sind, ergibt sich so eine räumliche Verspannung.

Um die Wasserstoffbrückenbindung dieser beiden Verbindungsarten und damit den Kristallitverband aufzuschmelzen, ist eine deutlich größere Wärmezufuhr notwendig. Je mehr Wasserstoffbrücken vorliegen, d. h. je niedriger die das Polyamid kennzeichnende Zahl ist, umso höher ist die Schmelztemperatur. Die mechanischen Eigenschaften sind ebenfalls erhöht, zeigen aber beim Einlagern von leichtverschieblichem Wasser in die Wasserstoffbrücken einen erheblichen Abfall und nähern sich den Werten von PE-HD. Beim Polyurethan (PUR) sind aus sterischen Gründen nicht alle H-Brücken in der Ebene gebunden, die übrigen führen zu räumlichen Vernetzungen.

3.3 Reaktion vom Monomeren zum Polymeren

Ausgehend von dem Aufbauprinzip der Aneinanderreihung einer oder wenigen Arten angehörender Monomere zu linearen, verzweigten oder räumlich vernetzten Strukturen mit Molekulargewichten von mehr als 10^4 g/mol entstehen Substanzen, die nach Staudinger im deutschen Sprachraum vielfach Makromoleküle oder auch in Anlehnung an den angelsächsichen Sprachgebrauch einfach Polymere genannt werden. Der Begriff Monomer bezieht sich immer auf die einzelnen aneinanderreihbaren Grundbausteine, die in vielfacher Zahl zu einem Polymeren durch chemische Bindungen vereinigt werden. Nach der Reaktion zum Makromolekül wird das Monomer zum *Grundbaustein* (E: monomeric unit).

Ausgehend von den fertigen Polymeren hat man eine kleinste, ständig wiederkehrende Einheit, das *Strukturelement* (E: constitutional repeating unit) definiert. So besteht das Ethylenmonomer, das Ethen (CH_2=CH_2), das im Polyethylen-Makromolekül den Grundbaustein -CH_2-CH_2- darstellt, aus zwei -CH_2- Strukturelementen (Methylen). Polyamid 66 (PA 66) (s. Bild 3.19) wird aus den Ausgangs-Monomeren Hexamethylendiamin H_2N-$(CH_2)_6$-NH_2 und Adipinsäure HOOC-$(CH_2)_4$-COOH durch Polykondensation (s. Abschn. 3.3.2) synthetisiert. Das Polymer Polyamid 66 (PA 66) enthält in abwechselnder Folge die Grundbausteine -OC-$(CH_2)_4$-CO- (Adipinsäurerest) und -HN-$(CH_2)_6$-NH- (Hexamethylendiaminrest). Erst beide Grundbausteine zusammen bilden das Strukturelement -CO-$(CH_2)_4$-CO-NH-$(CH_2)_6$-NH-. Strukturelemente können daher größer oder kleiner als ein Grundbaustein/Monomer sein, d.h. sie können aus mehreren Monomeren bestehen, aber auch nur einen Teil eines Monomeren darstellen [21].

Ein Polymer kann aus physikalisch gebundenen oder chemisch vernetzten Makromolekülen bestehen. (Zwischen vernetzten Makromolekülen wirken immer zusätzlich Nebenvalenzkräfte.) Die Zahl der Monomereinheiten bei gleichartigen Grundbausteinen bzw. die der Strukturelemente bei ungleichartigen Grundbausteinen, die ein Makromolekül bilden, bezeichnet man als *Polymerisationsgrad* (E: degree of polymerization). Typische Polymerisationsgrade sind für PC ~ 80 ÷ 160, PA 6 ~ 100 ÷ 300, S-PVC ~ 800, PS ~ 1500 ÷ 4000, PP ~ 3500 ÷ 35 000 und PE-UHM ~ 200 000.

Da wegen der zum Teil sehr unterschiedlichen Zahl und Größe der Strukturelemente verschiedener Polymere der Polymerisationsgrad absolut nicht sehr viel über die Größe und damit die Eigenschaften der Makromoleküle aussagt, wird die Angabe des Molekulargewichts vorgezogen. Dessen Angabe macht wiederum nur bei Thermoplasten einen Sinn, da Duroplaste und Elastomere praktisch aus einem einzigen Makromolekül bestehen können. So ergibt das Molekulargewicht des einzelnen Monomers bzw. Strukturelements multipliziert mit dem Polymerisationsgrad das Molekulargewicht des Makromoleküls. Bei den Monomeren, wie dann auch bei den Polymeren, handelt es sich i. A. um rein organische Substanzen, lediglich bei den Silikonen mit Si-O-Bindungen in der Hauptkette und angelagerten CH_3-Gruppen liegen halborganische Substanzen vor.

Ist am Aufbau von Polymeren nur eine Monomerenart beteiligt, so spricht man von einer Homopolymerisation, z. B. bei Polyethylen (PE), Bild 3.12.

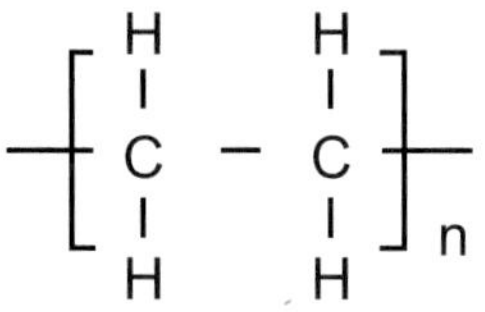

$$-\!\left[\begin{array}{ccc} \mathrm{H} & & \mathrm{H} \\ | & & | \\ \mathrm{C} & - & \mathrm{C} \\ | & & | \\ \mathrm{H} & & \mathrm{H} \end{array}\right]_n\!-$$

Bild 3.12 Polyethylen (PE)-Homopolymerisat

Die Klammern kennzeichnen das Ausgangs-Monomer Ethylen. Diese Monomere werden chemisch n-mal zu einem Makromolekül (Polyethylen) verbunden. Die meisten Monomeren sind nicht symmetrisch wie das Ethylen. Typisch unsymmetrische Monomere sind die Vinylverbindungen, Bild 3.13.

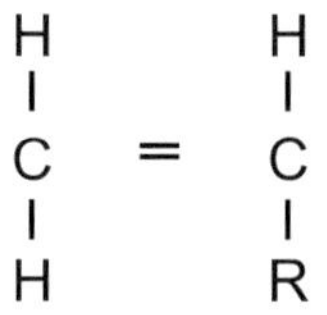

$$\begin{array}{ccc} \mathrm{H} & & \mathrm{H} \\ | & & | \\ \mathrm{C} & = & \mathrm{C} \\ | & & | \\ \mathrm{H} & & \mathrm{R} \end{array}$$

Bild 3.13 Unsymmetrisches Monomer einer Vinylverbindung

Der Substituent R steht für verschiedene Atome oder Atomgruppen. Man spricht bei derartigen Monomeren von einem Kopf und einem Schwanz, wobei das C-Atom mit dem Substituenten R i. A. als Kopf bezeichnet wird. Für die Eigenschaften des Polymeren kann es von Bedeutung sein, ob es sich um eine Kopf-Kopf- oder eine Kopf-Schwanz-Bindung im Makromolekül handelt, Bild 3.14.

Bei den Polyvinylverbindungen überwiegt die *Kopf-Schwanz-Bindung* (E: head-tail-bond). Außer einer unregelmäßigen Folge des Substituenten R (unterschiedliche Konstitution) kann noch eine weitere Unregelmäßigkeit bei der Kettenstruktur dadurch gegeben sein, dass der Substituent einmal auf der einen, einmal auf der anderen Seite der Kette angeordnet ist, besonders, wenn dies außerdem unregelmäßig erfolgt (unterschiedliche Konformation). Sind die Substituenten regelmäßig auf einer Seite der Kette angeordnet, so spricht man von einer *isotaktischen* (E: isotactic) Kettenstruktur, Bild 3.15.

Ist die Seitenverteilung des Substituenten abwechselnd, aber regelmäßig, ergibt sich eine *syndiotaktische* (E: syndiotactic) Struktur. Eine statistisch unregelmäßige

Kopf - Kopf - Bindung

$$-CH_2-\underset{R}{\underset{|}{CH}}-\underset{R}{\underset{|}{CH}}-CH_2-CH_2-\underset{R}{\underset{|}{CH}}-\underset{R}{\underset{|}{CH}}-CH_2-CH_2-$$

Kopf - Schwanz - Bindung

$$-CH_2-\underset{R}{\underset{|}{CH}}-CH_2-\underset{R}{\underset{|}{CH}}-CH_2-\underset{R}{\underset{|}{CH}}-CH_2-\underset{R}{\underset{|}{CH}}-CH_2-$$

Bild 3.14 Kopf-Kopf-Bindungen und Kopf-Schwanz-Bindungen von Vinyl-Grundbausteinen

isotaktische Kette

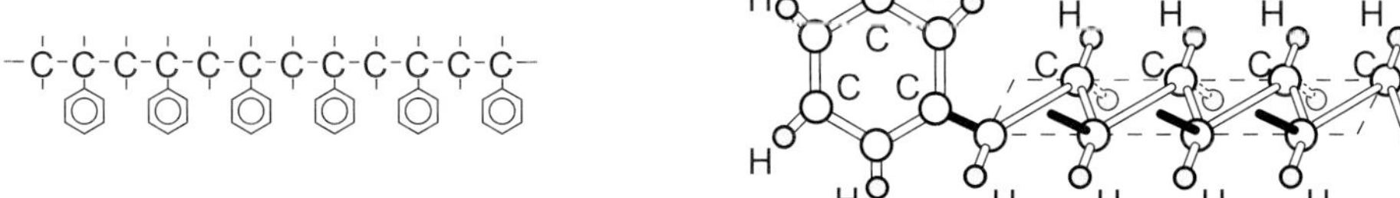

syndiotaktische Kette

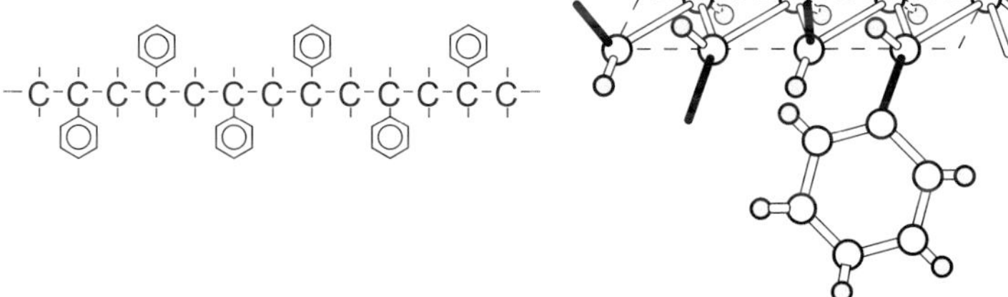

ataktische Kette

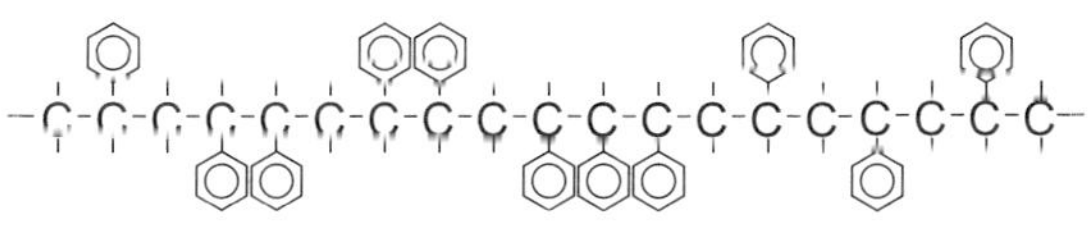

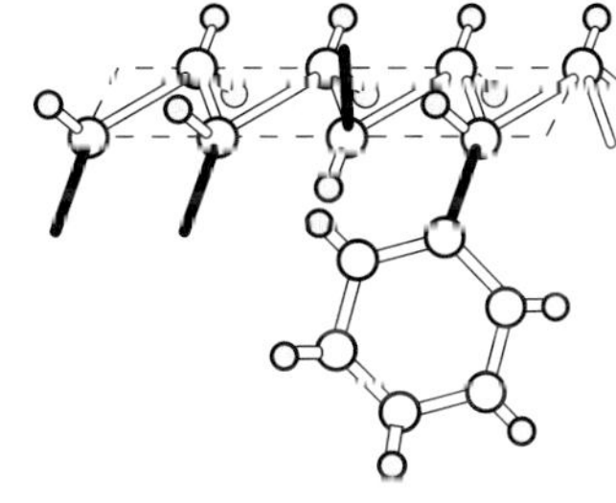

Bild 3.15 Taktizität bei Polystyrol
große Kreise = C-Atome,
kleine Kreise = H-Atome

Verteilung bezeichnet man als *ataktisch* (E: atactic). Bei dieser Betrachtung wird von einer ebenen Anordnung der C-Atome der Hauptkette ausgegangen. Räumliche Kettenstrukturen denkt man sich in die Ebene reduziert. Von besonderem

Einfluss ist die *Taktizität* (E: tacticity) für die Kristallitbildung. Je regelmäßiger die Anordnung der Substituenten ist, umso größer ist die Möglichkeit der kettenförmigen Makromoleküle, sich dichtgepackt parallel zu lagern und kristalline Strukturen zu bilden.

Wird das Polymer aus zwei oder mehreren Monomerenarten aufgebaut, spricht man von Copolymeren. Mit einer *Copolymerisation* (E: copolymerization) werden die Eigenschaften von Kunststoffen gezielt schon bei der Reaktion beeinflusst, um z. B. eine höhere Alterungsbeständigkeit, erhöhte Zähigkeit oder bessere Einfärbbarkeit zu erreichen. Für den Einbau einer zweiten Monomerenart in das Makromolekül gibt es verschiedene Möglichkeiten. Die verschiedenen Monomeren können regelmäßig in *alternierender* (E: alternating) Folge auftreten, aber genauso in einer *statistisch*[12] (E: statistical) unregelmäßigen Verteilung. Polymere, bei denen längere Folgen einer Monomerenart in der Kette auftreten, nennt man Segment- oder *Block-Copolymere* (E: block copolymer). Diese Art der Copolymerisation erlaubt es, auch miteinander unverträgliche Monomeren in einem Kunststoff zu vereinen. Dazu werden die Monomerenblöcke mit Endgruppen versehen, die sie untereinander verträglich machen.

Das Anpolymerisieren von Seitenketten aus andersartigen Monomeren an die Hauptkette nennt man eine *Pfropf-Copolymerisation* (E: graft copolymerization). Da sowohl die Hauptkette wie auch die Seitenkette häufig bereits als Makromolekül vorliegen, ist das Anbinden über reaktionsfähige Gruppen oder Aktivatoren notwendig, ohne dass die Seitenketten untereinander reagieren dürfen. Von großer technischer Bedeutung ist die Pfropfcopolymerisation bei dem schlagfesten Polystyrol (SB) und dem Acrylnitril-Butadien-Styrol-Copolymerisat (ABS). Bei beiden wird eine harte Polymer-Werkstoffkomponente mit einer hochzähen Kautschukkomponente pfropfcopolymerisiert, um Werkstoffe mit außerordentlich hoher Schlagzähigkeit zu erhalten (s. Abschn. 4.2.1).

Mit neuen metallorganischen Katalysatoren, den Metallocenkatalysatoren, können Polymere mit hoher molekularer Einheitlichkeit, d. h. enger Molekulargewichtsverteilung, gezielten Comonomerverteilungen, Bimodalität und mit gesteuerter Taktizität hergestellt werden. Mit größerer Gleichmäßigkeit von Moleküllänge und Aufbau werden die Kennwerte einheitlicher, die Übergangsbereiche enger, die Spannungsrissbeständigkeit nimmt ebenso zu wie die Chemikalienbeständigkeit. Umgekehrt kann durch eine gezielte Störung der Regularität die Kristallinität erniedrigt und damit die Schmelztemperatur variiert werden. Dadurch lassen sich die optischen Eigenschaften (z. B. Transparenz) verbessern und Folien besser versiegeln. Die Chancen, die sich für eine gezielte Eigenschaftsbeeinflussung ergeben, sind vielfältig und noch lange nicht ausgereizt.

---

12) auch als „random copolymers“ = Copolymere mit wahlloser Verteilung der Grundbausteine bezeichnet

Die verschiedenen gezielten Eigenschaftsverbesserungen haben aber auch Nachteile. Viele Eigenschaftsänderungen sind bisher noch nicht vorher planbar, sondern können nur experimentell ermittelt werden. Somit ergeben sich auch Sekundäreinflüsse, die z.B. zu Änderungen der Materialeigenschaften führen, so dass der Kunststoff nicht ohne weiteres in den z.T. hochentwickelten installierten Fertigungsanlagen verarbeitet werden kann. Da z.B. die Strukturviskosität, das ist die Abnahme der Viskosität mit zunehmender Strömungsgeschwindigkeit, beim mPE weniger geschwindigkeitsabhängig ist als beim normalen PE-LD, muss die Verarbeitung speziell auf dieses rheologische Verhalten abgestimmt werden. Mehr noch dürfte aber die Konzentration der Werkstoffentwicklung auf das reine Werkstoffverhalten ohne ausreichende Beachtung von technologischen Eigenschaften zu Unsicherheiten führen, wie etwa die den neuen, sonst haltbareren Rohrwerkstoffen nicht angepassten Festigkeiten einer Schweißnaht.

3.3.1 Polymerisation

Drei Verfahren der Synthese bzw. *Polymerisation* (E: polymerization oder polyreaction) zur Herstellung von Polymeren sind zu unterscheiden:

- *Polymerisation* (E: chain polymerization),
- *Polykondensation* (E: polycondensation o. condensation polymerization),
- *Polyaddition* (E: polyaddition).

Alle drei Verfahren werden auch unter dem Begriff Polymerisation zusammengefasst. Somit wird der Begriff Polymerisation doppelt verwendet. Unter Polymerisation versteht man die Absättigung der reaktionsfähigen Doppelbindung von Monomeren, die zuvor durch Aktivierung aufgespalten und bindungsfähig gemacht wurde, z.B. $CH_2=CH_2$ in $-CH_2-CH_2-$.

Die wichtigsten Reaktionsarten sind die radikalische Polymerisation, die ionische Polymerisation und die Polyinsertion. Jede Polymerisation ist durch drei Schritte gekennzeichnet: die Startreaktion, die Wachstumsreaktion und die Abbruchreaktion. Da die Auslösung des ersten Reaktionsschrittes, der Startreaktion, zur Bildung eines reaktionsfähigen Radikals oder Ions[13] allgemein eine höhere Aktivierungsenergie erfordert als die darauffolgenden Wachstumsschritte beim Aneinanderreihen immer weiterer Monomere, ist die Wachstumsgeschwindigkeit sehr viel größer als die Startgeschwindigkeit.

[13] Ein *Radikal* ist eine elektrisch neutrale Atomverbindung, die eine oder mehrere ungepaarte Elektronen enthält, i.A. sind Radikale sehr reaktionsfähige, kurzlebige Zwischenprodukte. Ein Ion ist jedes Atom oder Molekül, das gegenüber dem neutralen Zustand mehr oder weniger Elektronen und damit überschüssige negative oder positive Ladungen enthält.

Haben die aktivierten Monomeren bifunktionelle Endgruppen, ergeben sich linienförmige, individuelle Makromoleküle und damit Thermoplaste. Bei mehreren bindungsfähigen (funktionellen) Gruppen bilden sich dagegen vernetzte Polymere und damit Duroplaste oder Elastomere. Thermoplaste bestehen daher aus bifunktionellen Monomeren, während Duroplaste oder Elastomere tri- oder mehrfunktionelle Monomere enthalten und vernetzte Polymere bilden. Außer durch sich verbindende Ketten (bei radikalischer Polymerisation) kann das weitere Wachstum der Ketten durch Fremd- oder Regleratome beendet werden, die die reaktionsfähigen, wachsenden Makromoleküle absättigen. Regleratome können störende Beimengen oder Verunreinigungen oder bewusst zugegebene Substanzen sein, die zur Absättigung der reaktionsfähigen Endgruppen führen.

Je größer die Zahl der Aktivatoren ist, umso mehr Startreaktionen werden ausgelöst. Wird gleichzeitig die Zahl der Regleratome erhöht, erhält man kurze Ketten und damit niedrige Molekulargewichte. Da alle diese Vorgänge statistisch erfolgen, variiert der Polymerisationsgrad der einzelnen Makromoleküle oft erheblich.

3.3.1.1 Polymerisationsarten

Radikalische Polymerisation

Die wichtigste Polymerisationsart ist die *radikalische Polymerisation* (E: radical polymerization). Der dem Reaktionsansatz zugegebene Radikalbildner, wie z. B. Peroxid R–O–O–R, zerfällt in der Hitze in zwei Radikale mit je einem ungepaarten Elektron. Trifft ein derartiges Radikal auf ein Styrolmonomer, bricht dessen Doppelbindung auf, Bild 3.16 oben. Das Peroxidradikal verbindet sich mit dem Styrolmonomer durch Elektronenpaarung kovalent. Das Monomer wird selbst zum Radikal mit einem einsamen Elektron. Es verbleibt eine Radikalstelle, die mit weiteren Monomeren reagiert, bis ein *Kettenabbruch* (E: chain termination) durch sich vereinigende Ketten oder Fremdatome erfolgt. Die Kohlenstoffkette wächst in Zweiereinheiten, was als *Kettenwachstum* (E: chain growth) bezeichnet wird.

Die radikalische Polymerisation ist eine Gleichgewichtsreaktion, bei der das Gleichgewicht meist weit auf der Seite des Polymeren liegt. Hoher Druck verschiebt das Gleichgewicht noch weiter zugunsten des Polymeren. Erhöhte Temperatur beschleunigt die Radikalbildung. Druck und Temperatur haben aber auch Einfluss auf das Molekulargewicht (Kettenlänge), die Molekulargewichtsverteilung und den Verzweigungsgrad.

Radikalische Polymerisationen sind allgemein sehr schnelle Reaktionen. Typisch ist, dass die Kettenwachstumsgeschwindigkeit viel höher ist als die Geschwindigkeit zur Bildung des ersten Radikals, d. h. der Startreaktion. Höhere Radikalbildnerkonzentrationen vergrößern die Zahl der Aktionen und der gleichzeitig wachsenden Ketten, wodurch der mittlere Polymerisationsgrad allerdings verrin-

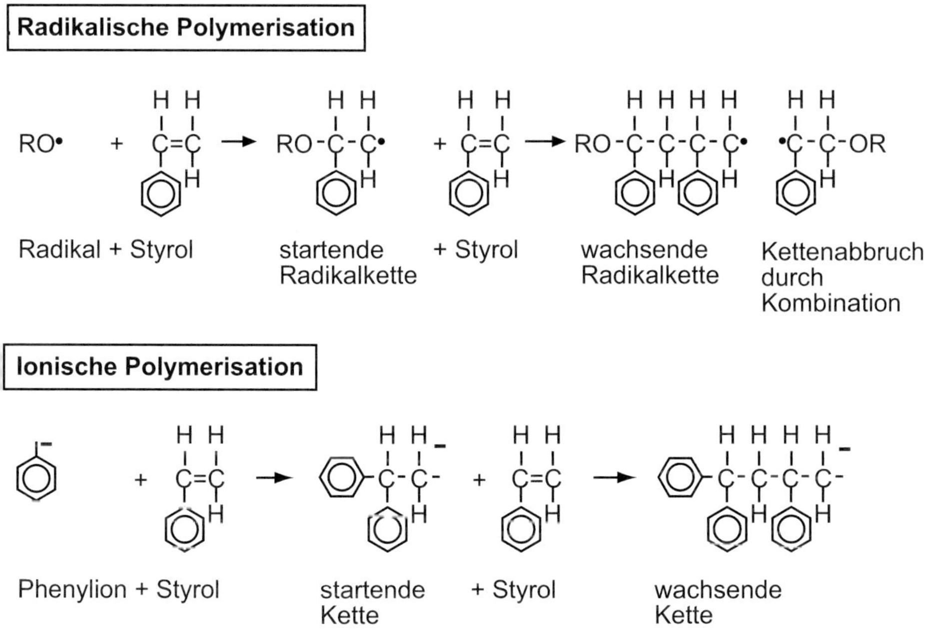

Radikalische Polymerisation

RO• + Styrol → RO-C-C• + Styrol → RO-C-C-C-C• •C-C-OR

Radikal + Styrol | startende Radikalkette | + Styrol | wachsende Radikalkette | Kettenabbruch durch Kombination

Ionische Polymerisation

Phenylion + Styrol | startende Kette | + Styrol | wachsende Kette

Bild 3.16: Radikalische (oben) und ionische (unten) Polymerisation von Styrol

gert wird. Durch Zugabe von Inhibitoren, die starke Radikalfänger sind, kann die Polymerisation jederzeit gestoppt werden.

Ionische Polymerisation

Anders als bei der radikalischen Polymerisation ist bei der *ionischen Polymerisation* (E: ionic polymerization) der Aktivator ein Ion. Wie die radikalische läuft auch die ionische Polymerisation als Kettenreaktion ab. Bei der Polymerisation von Polystyrol in Tetrahydrofuran als Lösemittel mit einem Phenyllithium als Aktivator dissoziiert dieses in ein positives Lithiumion, das mit dem Tetrahydrofuran eine stabile Verbindung, einen Komplex, bildet und neutralisiert wird. Das negative Phenylion bricht die Doppelbindung des Styrols auf und verbindet sich mit einem Ende, Bild 3.16 unten. Der Elektronenladungsüberschuss des Phenylions wandert an das freie Ende der startenden Kette, so dass das Reaktionsprodukt ionisch bleibt.

Beim Kettenwachstum erfolgt wiederholt eine Anlagerung an eine Doppelbindung, wobei die Ladung jeweils um zwei C-Atome „weiterspringt". Bei der ionischen Polymerisation gibt es keinen Kettenabbruch durch Rekombination. Dieser wird durch Zugabe von Wasser, Alkoholen, Säuren oder Aminen erzwungen. Erfolgt dies nicht, kommt die Reaktion zum Stillstand, wenn alle Monomeren verbraucht sind, wobei die Reaktionsfähigkeit längere Zeit erhalten bleibt.

Da die Kettenenden zwangsweise immer die gleiche elektrostatische Ladung aufweisen, ist eine Abbruchreaktion nicht durch zwei sich vereinigende Ketten, sondern nur durch zugegebene Substanzen oder Regler möglich.

Die ionische Polymerisation benötigt im Allgemeinen eine geringere Aktivierungsenergie für den Kettenstart als die radikalische Polymerisation und kann daher auch bei deutlich tieferen Temperaturen durchgeführt werden. Die ionische Polymerisation ist dennoch technisch weniger bedeutsam als die radikalische Polymerisation, da die Produktqualität stark von den Reaktionsbedingungen und der Reinheit der Ausgangssubstanzen abhängt.

Kationisch polymerisiert wird z. B. Polyoxymethylen (POM) durch ringöffnende Polymerisation von Trioxan sowie Gusspolyamid durch anionische ringöffnende Polymerisation von Caprolactam. Cyan-Acrylat-Kleber reagieren ionisch mithilfe von OH-Ionen aus den Wasserspuren der Luft.

3.3.1.2 Polymerisationsverfahren

Substanzpolymerisation

Eine Polymerisation des reinen, flüssigen oder gasförmigen Monomeren wird als *Substanzpolymerisation* (E: bulk polymerization) bezeichnet. Bei diesen Polymerisationen sind nur Monomere, Polymere sowie meist auch Initiatoren anwesend; es entstehen sehr reine Polymere. Kennzeichnend ist bei stark exothermer Wärmereaktion ein schneller, heftiger Reaktionsverlauf. Da mit zunehmendem Polymerisationsgrad die Beweglichkeit der Ketten abnimmt, werden die Abbruchreaktionen erschwert. Stattdessen tritt eine Beschleunigung der Gesamtreaktion (Gel-Effekt) und eine Erhöhung des Molekulargewichts ein. Man erhält ein sehr reines, oft glasklares Polymerisat, z. B. Polystyrol (PS) oder Polymethylmethacrylat (PMMA). Technisch interessant ist außerdem die anionische Substanzpolymersation von flüssigem Caprolactam zu Gusspolyamid im Formgussverfahren, die es gestattet, besonders großvolumige und dickwandige Teile wie z. B. Schiffsschrauben und Seilrollen zu gießen. Wegen der hohen Reaktionsgeschwindigkeit, verbunden mit hohem Reaktionsschwund, ist die Gefahr von Eigenspannungen und Überhitzung groß. Es handelt sich jedoch neben der spanabhebenden Fertigung aus einem Halbzeug um das einzige Verfahren, mit dem technisch anspruchsvolle, dickwandige Formteile hergestellt werden können. Das Spritzgießen von Teilen mit Wanddicken über 10 mm aus kompakten, nicht geschäumten Thermoplasten ist demgegenüber nur mit erheblichen Schwierigkeiten wegen der Gefahr von Lunkerbildung, Einfallstellen und Eigenspannungen möglich.

Lösungspolymerisation

Bei der *Lösungspolymerisation* (E: solution polymerization) wird das Monomer mit einem inerten Lösemittel versetzt, dessen Siedetemperatur mit der gewünschten Polymerisationstemperatur zusammenfällt. Während des Polymerisationsprozesses verdampft ein Teil des Lösemittels, was eine gute Abführung der Polymerisationswärme ermöglicht. Wegen der gleichbleibenden Siedetemperatur ist damit die Konstanz der Reaktionstemperatur gewährleistet. Eine besondere Schwierigkeit besteht in der technisch oft aufwendigen und teuren Trennung des Lösemittels vom Polymerisat nach erfolgter Reaktion, z. B. in Extrudern mit Vakuumentgasungszonen oder in Spezialverdampfern. Daher wird dieses Verfahren gerne für die Herstellung von Lacken und Klebstoffen verwendet, bei denen eine Mischung aus Polymeren und Lösemittel als Endprodukt erwünscht ist.

Fällungspolymerisation

Die *Fällungspolymerisation* (E: precipitation polymerization), ist ein Spezialfall der Lösungspolymerisation und der Substanzpolymerisation, die dadurch gekennzeichnet ist, dass zwar das Monomere, nicht aber das Polymere im Lösemittel bzw. das Polymere nicht im eigenen Monomeren löslich ist, so dass das Polymere nach der Reaktion ausfällt und somit durch Filtrieren oder Zentrifugieren isoliert werden kann. Ein weiterer Vorteil ist die relativ niedrig bleibende Viskosität der Reaktionsmasse.

Suspensionspolymerisation[14]

Bei der *Suspensionspolymerisation* (E: suspension polymerization) polymerisieren die Monomeren in Wasser oder einer wässrigen Lösung, in der sie unlöslich sind, zu einem feinverteilten, perlförmigen Polymeren mit Durchmessern von 0,01 bis 1 mm (daher auch der Name Perlpolymerisation). Die Polymerisation wird in den Monomertröpfchen durch radikalische Initiatoren gestartet; zusätzlich werden Schutzkolloide zugegeben, die eine Koagulation verhindern und eine gleichmäßige Größenverteilung fördern. Auch hier dient das Wasser zur Abfuhr bzw. Aufnahme von Reaktionswärme. Die Polymerperlen werden durch Filtrieren oder Zentrifugieren vom Wasser getrennt, die Schutzkolloide ausgewaschen. Nach diesem Verfahren werden Polyvinylchlorid, und zwar das sog. S-PVC (Suspensionspolyvinylchlorid), sowie Polystyrol hergestellt. Die Reinheit der Suspensionspolymerisate liegt unter derjenigen substanzpolymerisierter Kunststoffe.

[14] Alle Systeme aus einer kontinuierlichen oder diskontinuierlichen Phase heißen *Dispersionen*. Zu ihnen gehören in Gasen dispergierte Festkörper oder Flüssigkeiten *(Aerosole)*, in Flüssigkeiten dispergierte Flüssigkeiten *(Emulsionen)* und in Flüssigkeiten dispergierte Festkörper *(Suspensionen)*.

Emulsionspolymerisation[14]

Bei der *Emulsionspolymerisation* (E: emulsion polymerization) werden Monomeren ebenso wie bei der Suspensionspolymerisation im Wasser als Tröpfchen dispergiert. Die Tröpfchen sind allerdings bedeutend kleiner als bei der Suspensionspolymerisation. Dies wird durch Emulgatoren, z. B. Seifen erreicht. Die Emulgatoren ordnen sich im Wasser zu kleinen Mizellen, Bild 3.17. Darunter versteht man die parallele oder radiale Anordnung der etwa 10 bis 100 Seifenmoleküle zu kleinen Tröpfchen, wobei die hydrophilen, von Wasser gut benetzbaren Gruppen die äußere Begrenzung bilden. Ins Zentrum der Mizelle können sich die meist hydrophoben Monomeren einlagern. Die Seifenmizelle wird durch das Wachsen des Makromoleküls zerstört, dennoch hindert der verbleibende Rest die Teilchen an einer Koagulation, so dass Polymerteilchen in der Größenordnung von 0,05 bis 0,1 µm Durchmesser entstehen und zu Kügelchen agglomerieren, Bild 3.18.

Die Kügelchen haben einen latexähnlichen Charakter. Sie werden durch Zugabe von Koagulierungsmitteln ausgeflockt und durch Trockner oder beheizte Walzen vom Wasser getrennt. Dabei ist es nicht möglich, die Seifenreste vollständig zu entfernen, so dass Emulsionspolymerisate nicht den Reinheitsgrad von Suspensionspolymerisaten erreichen. Der besondere Vorteil der Emulsionspolymerisation liegt in der Möglichkeit, bei großen Reaktionsgeschwindigkeiten relativ hohe Molekulargewichte zu erzielen, was bei einer in homogener Phase ablaufenden Polymerisation nicht möglich ist. Nach diesem Verfahren werden z. B. Polyvinylchlorid (E-PVC), Butadien (B) mit Styrol (S) zu schlagfestem Polystyrol (SB) und Butadien (B) mit Acrylnitril (A(N)) und Styrol (S) zu Acrylnitril-Butadien-Styrol-Copolymerisat (ABS) polymerisiert.

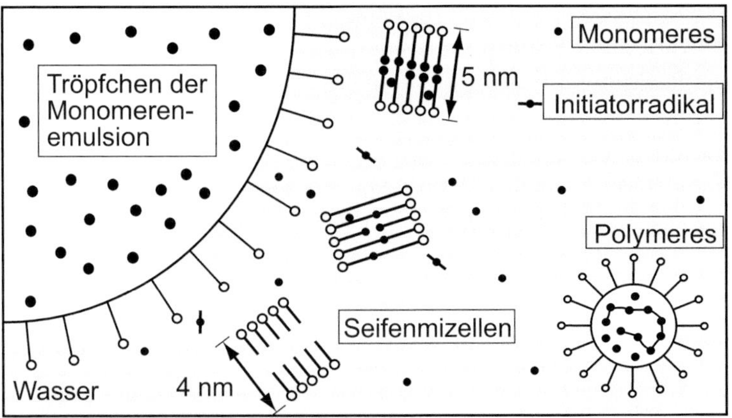

Bild 3.17 Schematische Darstellung der Emulsionspolymerisation [21]

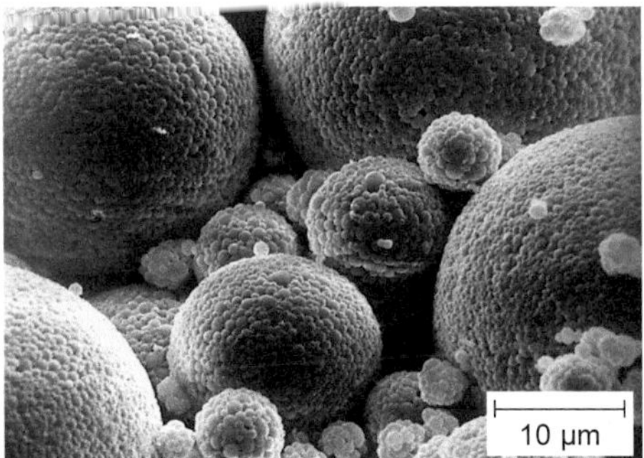

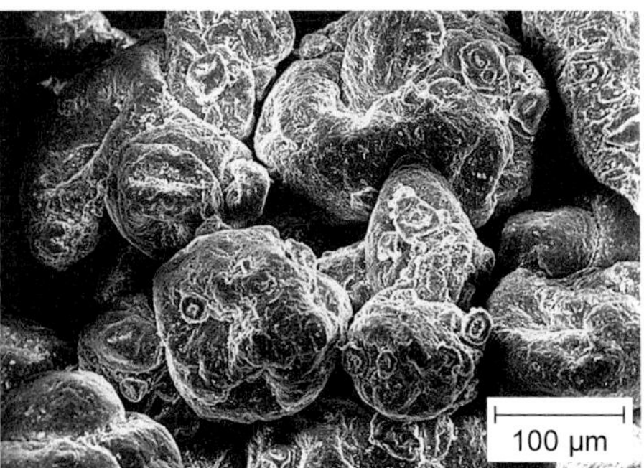

Bild 3.18 PVC-Pulver
links: beim Trocknen zu größeren Kugeln agglomerierte Emulsions-PVC-Teilchen
rechts: Suspensions-PVC-Pulver

3.3.2 Polykondensation

Die *Polykondensation* (E: polycondensation) ist eine *Stufenreaktion* (E: step growth), da das Molekül schrittweise durch Reaktion der Endgruppen vom Monomeren bzw. Oligomeren aufgebaut wird. Als solche liefert sie zuerst Oligomere, also Moleküle, die nur aus wenigen Monomeren zusammengesetzt sind. Die Fortsetzung zu den Polymeren kann sowohl durch schrittweises Anfügen weiterer Monomeren als auch durch Vereinigung von Oligomeren erfolgen.

Die Besonderheit bei der Polykondensation ist die Abspaltung von *Abgangsmolekülen* (E: leaving molecules), und zwar meistens Wasser, aber auch Alkohol, mit der Folge, dass damit:

- Wärme abgeführt wird; die Reaktion verläuft daher endotherm und kann nur durch Wärmezufuhr für jeden Kondensationsschritt aufrechterhalten werden,
- die Prozessdurchführung das Entfernen der Abgangsmoleküle vorsehen muss,
- im Polymer verbleibende Abgangsmoleküle die Produkteigenschaften ändern können.

Durch die ständige Entfernung der niedermolekularen Reaktionsprodukte wird eine Verschiebung des Gleichgewichts in Richtung des Polykondensats erreicht.

Monomere für Polykondensationen sind polyfunktionell. Monofunktionelle Monomere führen zum Kettenabbruch (z.B. Regler), bifunktionelle zum linearen Kettenwachstum, tri- und höherfunktionelle zu Verzweigungen und Vernetzungen. Das Phenol ist trifunktionell, deshalb ist das Phenolharz vernetzt. In der Regel weist ein Monomeres nur gleichartige funktionelle Gruppen auf, deshalb setzt man für Kondensationen allgemein Monomerpaare oder Gemische von Monomeren mit verschiedenen funktionellen Gruppen ein.

Als typische Beispiele sind in Bild 3.19 die Reaktionen von Phenol und Formaldehyd zu Phenolharz (PF) und die Bildungsreaktionen der beiden wichtigsten Polyester dargestellt. Die Polyester werden aus Dimethylterephthalat und Ethylenglykol (PET) bzw. Butandiol (PBT) hergestellt. Bei der Kondensation wird Methanol abgespalten. Das Polyamid 66 besteht aus zwei Ausgangsstoffen, der Adipinsäure mit

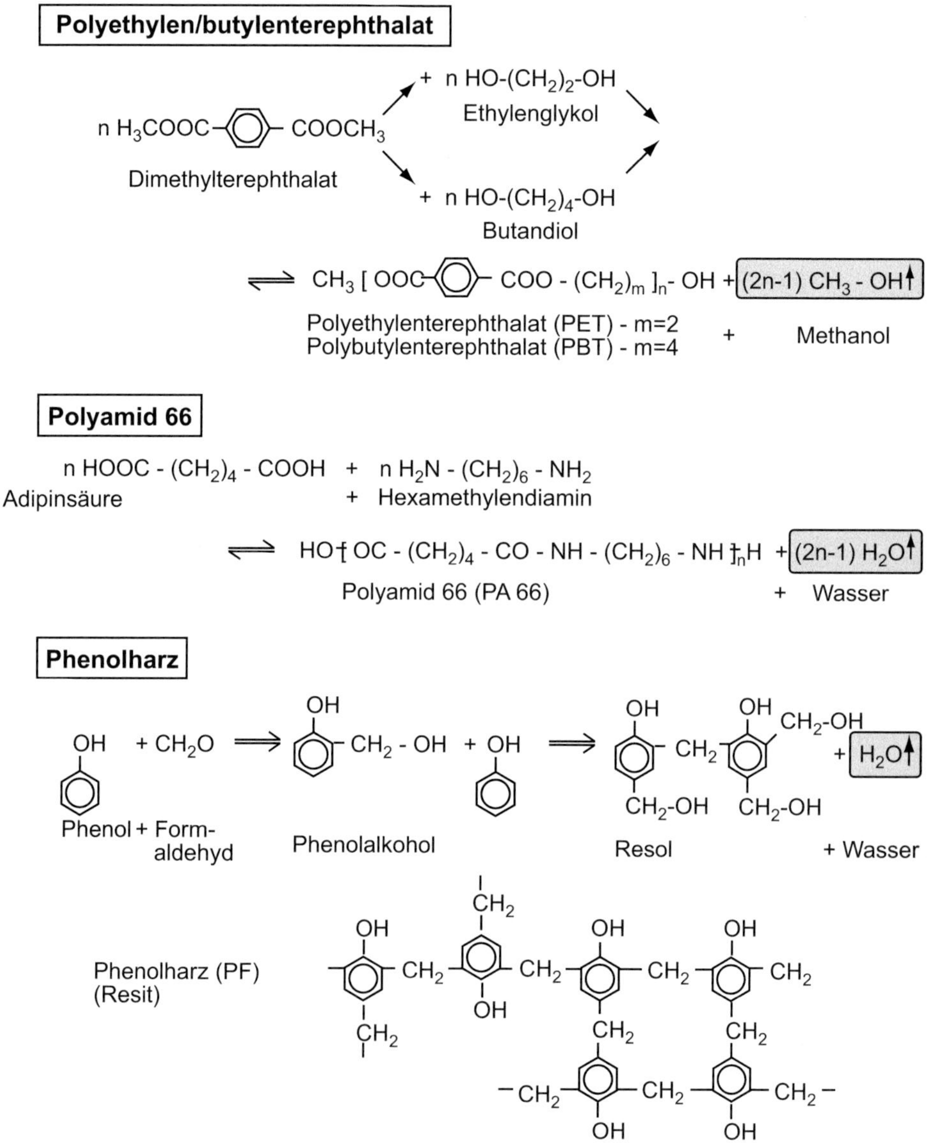

Polyethylen/butylenterephthalat

n $H_3COOC-C_6H_4-COOCH_3$ (Dimethylterephthalat) + n $HO-(CH_2)_2-OH$ (Ethylenglykol) bzw. + n $HO-(CH_2)_4-OH$ (Butandiol)

$\rightleftharpoons$ $CH_3\,[\,OOC-C_6H_4-COO-(CH_2)_m\,]_n-OH$ + $(2n-1)\ CH_3-OH\uparrow$

Polyethylenterephthalat (PET) - m=2
Polybutylenterephthalat (PBT) - m=4 + Methanol

Polyamid 66

n $HOOC-(CH_2)_4-COOH$ + n $H_2N-(CH_2)_6-NH_2$
Adipinsäure + Hexamethylendiamin

$\rightleftharpoons$ $HO\,[\,OC-(CH_2)_4-CO-NH-(CH_2)_6-NH\,]_n\,H$ + $(2n-1)\ H_2O\uparrow$

Polyamid 66 (PA 66) + Wasser

Phenolharz

Phenol + Formaldehyd ($+\ CH_2O$) $\Rightarrow$ Phenolalkohol (CH_2-OH) + Phenol (OH) $\Rightarrow$ Resol + Wasser ($H_2O\uparrow$)

Phenolharz (PF)
(Resit)

Bild 3.19 Beispiele für Polykondensationsreaktionen
Polyethylenterephthalat (PET) und Polybutylenterephthalat (PBT), Polyamid 66 (PA 66) und Phenolharz (PF)

zwei Säuregruppen und dem Hexamethylendiamin mit zwei Amingruppen, die sich abwechselnd unter Wasserabspaltung miteinander verknüpfen.

Bei der Herstellung von Phenolharzformstoffen reagieren Phenol und Formaldehyd miteinander, zunächst im ersten Stadium z.B. zu sog. Resolen, die noch schmelzbar und löslich sind, Bild 3.19 unten. Ebenso wie bei den Polyamidbildungsreaktionen entsteht Wasser, das im Härtungsprozess während der Verarbeitung abgeführt werden muss.

Bei der abschnittsweisen Durchführung der Polykondensationsreaktion von Phenolharzen, die in allen Reaktionsstadien unterbrochen werden kann, sind folgende Stadien definiert:

- A-Stadium (Resol) = das Reaktionsprodukt ist noch schmelzbar und löslich,
- B-Stadium (Resitol) = das Reaktionsprodukt ist unlöslich und schwer schmelzbar,
- C-Stadium (Resit) = das Reaktionsprodukt ist unlöslich und unschmelzbar, es ist ausgehärtet.

In der Praxis wird z.B. Papier oder Baumwollgewebe mit Resolharzlösungen getränkt und bis zum B-Stadium kondensiert. Nach einer fertigungsbedingten längeren Zwischenlagerung kann es dann unter Einwirkung von Druck und Hitze in die endgültige Form (Resit), z.B. als Bremsbelagträger, gebracht und ausgehärtet werden.

Die zwei oder mehreren an der Polykondensation beteiligten Monomerenarten müssen in einem festen stöchiometrischen Verhältnis zueinander stehen. Die eingesetzten Monomere sollten sehr rein sein, da sich Verunreinigungen besonders bei linearen Thermoplasten an das Kettenende anlagern können und gewünschte Polymerisationsgrade bzw. Molekulargewichte verhindern. Bei Vernetzungsreaktionen von multifunktionellen Monomeren ist das weniger wichtig.

Zu Beginn der Reaktion bilden sich zunächst Oligomere, die sich kontinuierlich durch Anlagerung weiterer Monomere oder durch Reaktion untereinander verlängern. Daher werden erst bei hohem Umsatz (> 99 %) Makromoleküle mit hohem Polymerisationsgrad (ca. 300) gebildet. Bild 3.20 veranschaulicht dies anhand von umsatzabhängigen Anteilen der Polymerisationsgrade bei verschiedenen Umsätzen (links) bzw. am Verlauf des Molekulargewichts in Abhängigkeit des Umsatzes (rechts) für Polyethylenterephthalat (PET).

In Bild 3.20 links ist ersichtlich, dass bei geringen Umsätzen nur sehr kleine Polymerisationsgrade und damit Molekulargewichte vorliegen; erst bei sehr hohen Umsätzen werden eine breite Verteilung und damit auch hohe Polymerisationsgrade erreicht. Daraus ergibt sich ein später, starker Anstieg des Molekulargewichts in Abhängigkeit des Umsatzes, wie im rechten Diagramm, Bild 3.20, veranschaulicht.

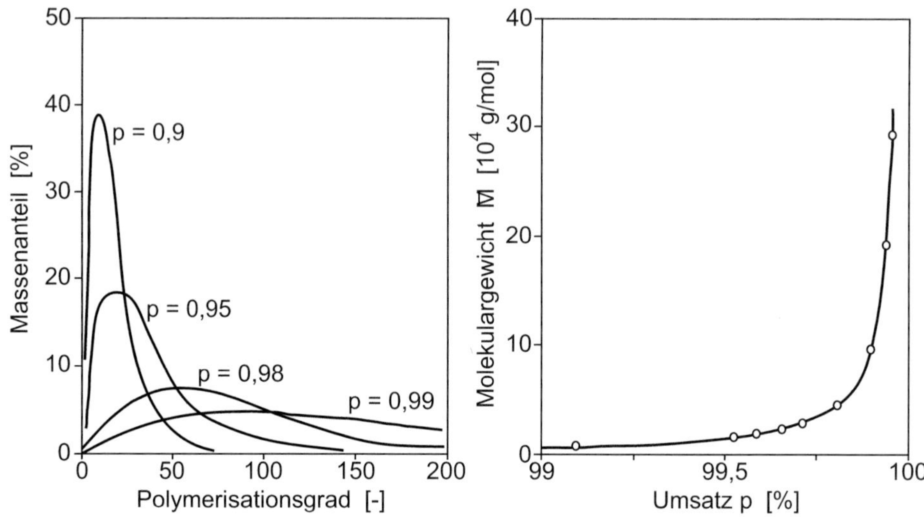

Bild 3.20 Schematische Darstellung der Änderung der Molekulargewichtsverteilung (links) und der Abhängigkeit des Molekulargewichtes vom Monomerenumsatz (rechts) im Laufe einer Polykondensationsreaktion [15]
p = Umsatz (%)

Obwohl alle Monomeren, Oligomeren und Polymeren wahllos unter- und miteinander reagieren können, beginnen im Gegensatz zur Polymerisation alle Monomere gleichzeitig mit der Reaktion. Die Polykondensationsreaktion ist endotherm und kann durch Abstellen der Wärmezufuhr angehalten werden. Da alle Moleküle gleichmäßig wachsen, können so polymere Reaktionsprodukte mit nahezu gleichem Polymerisationsgrad und Eigenschaften als Zwischenprodukte erreicht werden.

Typische Polykondensationsprodukte sind Phenolharze (PF), lineare (thermoplastische) Polyester (PBT und PET), Polycarbonat (PC) und Silikone (Si).

3.3.3 Polyaddition

Die Polyadditionsreaktion ähnelt in vielem der Polykondensationsreaktion, ohne dass jedoch niedermolekulare Substanzen abgespalten werden. Somit handelt es sich um exotherme Reaktionen, die nicht wie bei der Polykondensation angehalten werden können. Kennzeichnend für die *Polyaddition* (E: polyaddition) ist, dass einzelne Atome, meist Wasserstoff, von einer Monomerenart zur anderen wandern und die Monomere sich kovalent verbinden. Die Monomere müssen auch hier in stöchiometrischem Verhältnis zueinander eingesetzt werden. Die Reaktionen verlaufen i. A. nicht spontan und schnell.

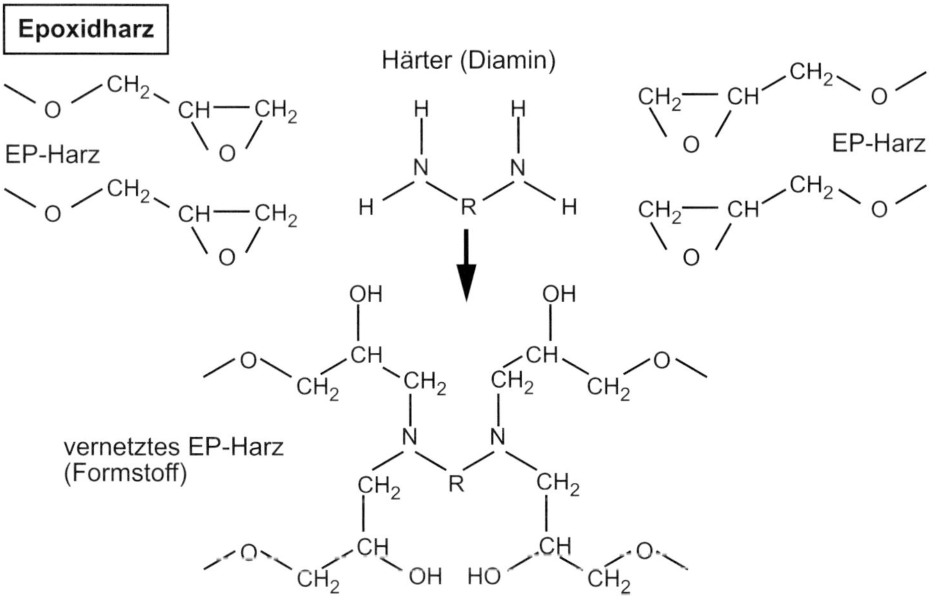

Epoxidharz

Härter (Diamin)

EP-Harz

EP-Harz

vernetztes EP-Harz (Formstoff)

Bild 3.21 Amin-Härtung von Epoxidharzen durch Umlagerung eines H-Atoms

Bei der Entstehung von Thermoplasten spielt die Polyaddition nur eine untergeordnete Rolle; sie ist dagegen eher bei den vernetzten Polymeren zu finden. Polyurethane (die sowohl thermoplastisch als auch duroplastisch sein können) werden durch die Reaktion von mehrfunktionellen Isocyanaten mit mehrfunktionellen Aminen oder Alkoholen synthetisiert, die duroplastischen Epoxidharzformstoffe entstehen durch Polyaddition von Epoxiden mit Härtern, z. B. Aminen und Säurehydriden. Bild 3.21 stellt die Vernetzungsreaktion („Härtung") von Epoxiden mit einem Diaminhärter dar, wobei der Epoxidring durch Anlagern eines Wasserstoffatoms aus dem Reaktionspartner Diamin aufgebrochen wird.

3.3.4 Vergleich Polymerisation – Polykondensation – Polyaddition

Beim Vergleich der Polymerisation auf der einen und der Polykondensation und Polyaddition auf der anderen Seite ergeben sich folgende prinzipielle Unterschiede:

Polymerisation

Die Polymerisation ist eine Kettenreaktion. An ein reaktives wachsendes Kettenende wird nur ein Monomeres angelagert, mit Ausnahme der das Wachstum beendenden Rekombination zweier radikalischer Kettenenden oder extra zugefügter Regleratome. Die Aktivierungsenergie für den Kettenstart ist sehr viel größer als für das weitere Kettenwachstum, das Kettenwachstum ist daher ausgesprochen schnell. Die Monomerenkonzentration nimmt stetig ab. Eine lange Reaktionszeit beeinflusst die Höhe des mittleren Molekulargewichts nur wenig. Die Reaktionsmischung enthält neben Reaktionsmitteln gleichzeitig Monomere, fertige Polymere und wachsende Ketten, d.h. die Polymere, die unmittelbar nach Reaktionsbeginn gebildet worden sind, haben ihr endgültiges Molekulargewicht. Nach Abschluss des Kettenwachstums verändert sich das Makromolekül nicht mehr.

Polykondensation und Polyaddition

Polykondensation und Polyaddition sind Stufenreaktionen. Jedes reaktive Kettenende hat die gleiche Reaktionswahrscheinlichkeit, d.h. es kann sowohl reagieren: Monomer mit Monomer, Monomer mit Polymer, Polymer mit Polymer. Die Aktivierungsenergie ist für jede Teilreaktion etwa dieselbe, das Kettenwachstum nicht spontan, häufig langsam. Die Monomeren verschwinden sehr rasch, wie aus dem Erstgesagten folgt. Lange Reaktionszeiten sind nötig, um hohe mittlere Molekulargewichte zu erreichen. Die Monomere bilden zunächst Oligomere; erst am Ende der Reaktion entstehen fertige Polymere, d.h. endgültige Molekulargewichte werden erst unmittelbar vor dem Ende der Reaktion erreicht. Bei reversiblen Polykondensationen (Polyamid, Polyester) finden Austauschreaktionen der Kettenenden mit den Bindungen innerhalb der Kette statt. Die mittleren Molekulargewichte und deren Verteilung können sich dadurch ändern. Ebenso kann durch Wasser eine Hydrolyse eintreten. Das gilt auch für Polyadditionsreaktionen, wenn die Bindungen der Kette durch Wasser spaltbar sind.

3.3.5 Molekulargewicht

3.3.5.1 Verteilung des Molekulargewichts

Das *Molekulargewicht* (E: molecular weight) eines Moleküls (auch als relative Molekülmasse bezeichnet), ist die Summe der Atomgewichte der im Molekül enthaltenen Atome. Das Atomgewicht gibt an, um wie viel die Masse eines Atoms größer als die Masse des Kohlenstoffisotops C_{12} ist. Bei niedermolekularen Verbindungen hat jede Substanz ihr eindeutiges Molekulargewicht. Beim Styrol z.B. beträgt es 104 g/mol; ein Molekül mit einem Molekulargewicht von 102 g/mol kann daher kein Styrol sein. Wird eine Vielzahl dieser Styrolmoleküle chemisch zu einem Makromolekül verbunden, spielt für die Eigenschaften fast keine Rolle, ob dieses 1000 oder 1010 Styrolmoleküle sind. Das Molekulargewicht beträgt dann 104 000 bzw. 105 040 g/mol.

Im Unterschied zu niedermolekularen Substanzen besitzen Polymer-Werkstoffe aufgrund ihres Herstellprozesses keine einheitlichen Molekulargewichte, da die Makromoleküle unterschiedlich lang sind. Man spricht daher von einer *Molekulargewichtsverteilung* (E: molecular weight distribution).

Wie breit diese Verteilung ist, hängt in erster Linie von der Polymerisationsart ab. So ergeben die ionische Polymerisation ebenso wie die Polykondensation und die Polyaddition im Allgemeinen eine enge, die radikalische Polymerisation eine breite Verteilung. Eine Beeinflussung der Molekulargewichtsverteilung kann während des Reaktionsprozesses erfolgen, z. B. durch Änderung der Monomerenkonzentration im Reaktionsansatz, der Aktivatorenkonzentration, der Temperatur, des Drucks, der Konzentration des gebildeten Polymeren und der Konzentration an störenden oder bewusst zugegebenen Beimengungen.

Für die Beurteilung der Eigenschaften von Kunststoffen ist daher die Verteilung des Molekulargewichts in Abhängigkeit vom Polymerisationsgrad wichtig. Im Wesentlichen unterscheidet man die zahlen- und die massenbezogene Verteilung, Bild 3.22. Dabei wird entweder die Masse m_j der Makromoleküle eines bestimmten Polymerisationsgrades auf die Gesamtmasse M_0 der eingesetzten Monomere bezogen, oder es wird die Anzahl der Makromoleküle n_j eines bestimmten Polymerisationsgrades P_j bezogen auf die Gesamtzahl der ursprünglich vorhandenen Monomeren N_0 angegeben. Die zahlenmäßige Verteilungsfunktion liefert gegenüber der Massenverteilung im Bereich geringer Polymerisationsgrade höhere und für hohe Polymerisationsgrade niedrigere Werte, weil viele kurze Ketten eine vergleichsweise kleinere Masse haben als eine geringere Zahl langer Ketten, Bild 3.22. Die Summenkurve $I(P_j)$ gibt an, wie viel Prozent der Gesamtmasse M_0 einen kleineren Polymerisationsgrad als P_j hat.

Allgemein kann man davon ausgehen, dass eine *enge* (E: narrow) Verteilung des Molekulargewichtes eine höhere Gleichmäßigkeit der Kennwerte bewirkt, einen engeren thermischen Erweichungsbereich, eine geringere Spannungsrissemp-

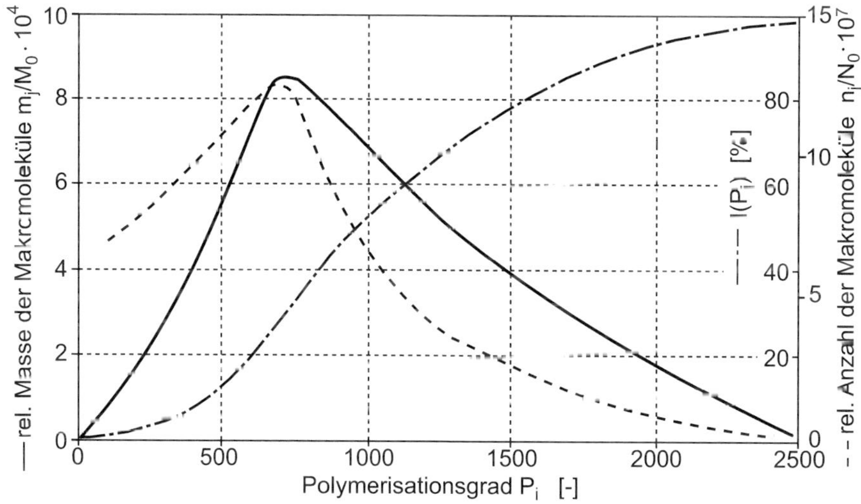

Bild 3.22 Verteilungsfunktionen des Molekulargewichts (schematisch) [9]

findlichkeit und eine bessere Chemikalienbeständigkeit. Eine *breite* (E: broad) Verteilung des Molekulargewichtes bringt Vorteile bei der Verarbeitung, weil die niedermolekularen Fraktionen als Schmiermittel angesehen werden können. Die Sprödigkeit des Polymer-Werkstoffs nimmt ab, weil die niedermolekularen Verbindungen zwischen den Makromolekülen als Weichmacher (s. Abschn. 4.2.2) wirken. Bei teilkristallinen Thermoplasten wird der Kristallisationsgrad erniedrigt, weil mehr Störungen des gleichmäßigen Aufbaus, z. B. durch die Enden verschieden langer Ketten, möglich sind. So ergibt sich bei Polyamid (PA) im Kristallit alle 2 nm ein Kettenende.

3.3.5.2 Mittelwerte für das Molekulargewicht

Da die Handhabung von Kurvendarstellungen aufwendig ist, gibt man zur Kennzeichnung der Größe der Makromoleküle Mittelwerte an. Der *Zahlenmittelwert* $\overline{M}_n$ (E: number average of molecular weight) wird aus der Zahl n_j der Makromoleküle eines jeden Polymerisationsgrades P_j bestimmt, indem für jeden Polymerisationsgrad das Produkt aus Anzahl und zugehörigem Polymerisationsgrad $n_j \cdot P_j$ gebildet und die Summe aus diesen Produkten auf die Gesamtzahl der monomeren Moleküle N_0 bezogen wird:

$$\overline{M}_n = \frac{\sum_{j=1}^{\infty} n_j \cdot P_j}{N_0} \tag{3.1}$$

Der *Massenmittelwert* $\overline{M}_w$ (auch $\overline{M}_m$) (E: mass average of molecular weight) ergibt sich entsprechend aus der Masse m_j der Makromoleküle eines jeden Polymerisationsgrades P_j nach folgender Gleichung:

$$\overline{M}_w = \frac{\sum_{j=1}^{\infty} m_j \cdot P_j}{M_0} \tag{3.2}$$

Bei sehr enger Verteilung des Molekulargewichts fallen Zahlenmittelwert $\overline{M}_n$ und Massenmittelwert $\overline{M}_w$ weitgehend zusammen. Bei breiter Verteilung ergibt sich für das Massenmittel ein deutlich höherer Wert, wobei die Abweichung vom Zahlenmittel mit der Breite der Verteilung zunimmt. Ausgehend von den Mittelwerten wird die *Molekulargewichtsverteilung* (E: molecular weight distribution) daher gerne durch das Verhältnis $\overline{M}_w / \overline{M}_n$ charakterisiert, das auch als „Einheitlichkeit" bezeichnet wird [22]. Dieses Verhältnis kann von ca. 2 für Kunststoffe aus Polyaddition und Polykondensation bis zu ca. 20 – 50 für stark verzweigte Kunststoffe variieren [23].

Zahlen- und Massenmittelwerte sind physikalisch eindeutig definierte Größen, deren genaue Bestimmung möglich, wenn auch manchmal aufwendig ist. Wegen

Ihrer Einfachheit ist die Messung der Lösungsviskosität weit verbreitet. Dabei wird der Kunststoff in einem geeigneten Lösemittel gelöst und die Viskosität der Lösung als Zeit zum Durchlaufen einer Kapillare bestimmt. Zwischen dieser Lösungsviskosität, als *Grenzviskosität* $[\eta]$[15] (E: intrinsic viscosity), extrapoliert auf den Kunststoffgehalt der Lösung = 0, und dem Molekulargewicht besteht folgende Beziehung:

$$[\eta] = K_\eta \cdot \bar{M}^a \tag{3.3}$$

K_η und a sind polymer- und lösemittelspezifische Konstanten, die aus einer Kalibrierung erhalten werden. Diese erfolgt, indem für jeden Kunststoff und das zugehörige Lösemittel an einer Reihe von Proben mit bekanntem, unterschiedlichem Molekulargewicht die Werte für n und $\bar{M}_w$ bestimmt werden; daraus erhält man die Konstanten K_η und a. Das erhaltene Molekulargewicht entspricht etwa dem Massenmittelwert $\bar{M}_w$. Eine Reihe von Kunststoffen lassen sich nur schlecht lösen. Eine Alternative stellt daher die Bestimmung des *Schmelzindexes MFR* (E: *M*old *F*low *R*ate) dar, bei der die Schmelzemenge bestimmt wird, die unter Einwirkung eines bestimmten Gewichtes durch eine definierte Düse fließt. Dieses gibt ebenfalls Hinweise auf das Molekulargewicht des Kunststoffs. Im Allgemeinen fließen Polymerschmelzen mit niedrigem Molekulargewicht leichter als solche mit hohem. Insgesamt wird die MFR-Messung allerdings nicht zur quantitativen Molekulargewichtsbestimmung herangezogen, sondern zur vergleichenden Beurteilung, ob z. B. bei der Nutzung oder Verarbeitung ein Molekulargewichtsabbau stattgefunden hat, oder ob das Material verwechselt wurde.

3.3.5.3 Beeinflussung der Eigenschaften

Molekulargewicht

Zur vereinfachten Erklärung des Molekulargewichtseinflusses sind in Tabelle 3.2 die Eigenschaften verschiedener „Polyethylene" dargestellt. Bei sehr kleinen Molekulargewichten $\bar{M}_w$ wie z. B. 60 g/mol, was einem Oligomeren entspricht, liegt der Stoff im gasförmigen Zustand vor. Erhöht man das Molekulargewicht, erhöht sich die Dichte, womit zunächst der flüssige und schließlich der feste Aggregatzustand erreicht wird. Feste Polyethylene weisen darüber hinaus mit steigendem Molekulargewicht zunehmende Festigkeiten auf.

15) Im Unterschied zur dynamischen Viskosität η (Pa · s) in Bild 3.24 ergibt sich die Viskositätszahl $[\eta]$ (cm^3/g) dadurch, dass Polymer-Werkstoffe in Lösungsmitteln gelöst werden. Aus der dynamischen Viskosität der Lösung η_L (Pa · s)und des Lösungsmittels η_{LM} (Pa · s) und der Konzentration der Lösung C (cm^3/g) ergibt sich nach folgender Beziehung die Viskositätszahl $[\eta]$, auch intrinsic viscosity genannt:

$$[\eta] = \lim_{C \to 0} \frac{\frac{\eta_L}{\eta_{LM}} - 1}{C} \; (g/cm^3) \tag{3.4}$$

$\overline{M}_w$ (g/mol)	Zugfestigkeit σ_{zB} (N/mm²)	Dichte ρ (g/cm³)	Zustand
1400 - 10000	3 - 10	0,92 - 0,96	fest
250 - 1400	2	0,87 - 0,93	fest
70 - 240	-	0,63 - 0,78	flüssig
60	-	-	gasförmig

Tabelle 3.2 Eigenschaften von Polyethylen (PE) mit unterschiedlichen, geringen Molekulargewichten bei Raumtemperatur

Der Einfluss des Molekulargewichts und seiner Verteilung auf das Eigenschaftsbild von Thermoplasten sei im Folgenden am Beispiel des linearen Polyethylen hoher Dichte (PE-HD) erläutert, Bild 3.23. Handelsübliche Polyethylene besitzen mittlere Molekulargewichte $\overline{M}_w$ von 10^4 bis $6{,}5 \cdot 10^6$ g/mol. Mit steigendem Molekulargewicht, gleichbedeutend mit steigender Kettenlänge, nehmen die Verschlaufungen der einzelnen Makromoleküle untereinander zu. Dadurch wird vor allem deren Beweglichkeit in der Schmelze, insbesondere ihr Abgleiten voneinander, behindert. Die *Viskosität* (E: viscosity) der Schmelze steigt an, so dass mit zunehmendem Molekulargewicht eine Spritzgussverarbeitung erschwert wird, während das Extrudieren und Blasformen durch den größeren Zusammenhalt der Makromoleküle erst möglich ist. Ein in der Schmelze leicht fließendes und daher für komplizierte Spritzgussteile geeignetes PE-HD hat einen Massenmittelwert $\overline{M}_w$ von 10^5 g/mol, eines zum Blasen von Behältern $5 \cdot 10^5$ g/mol.

Durch die zunehmenden Verschlaufungen und die größere Länge der Ketten wird deren Beweglichkeit behindert und die Kristallitbildung erschwert, so dass mit höheren Molekulargewichten der kristalline Teil gegenüber dem amorphen abnimmt. Damit einher geht die Abnahme der Dichte, da eine kristalline Molekülanordnung den Zustand größter Packungsdichte darstellt. Da bei dieser Struktur zudem die intermolekularen Nebenvalenzkräfte optimal wirken können, bedeutet eine Abnahme der Kristallinität aufgrund steigenden Massenmittels eine Abnahme von Elastizitätsmodul und Abrieb.

Die Bruchdehnung weist in Abhängigkeit vom Molekulargewicht ein Maximum auf. Solange die Bruchfestigkeit der einzelnen Ketten noch nicht erreicht ist, wird durch zunehmende Kettenlänge die Abgleitstrecke der Moleküle untereinander und damit die Bruchdehnung des Kunststoffs erhöht. Bei höheren Molekulargewichten gleiten immer weniger Ketten voneinander ab, da die Zahl kurzer Ketten abnimmt. Gleichzeitig werden die eingeleiteten Kräfte so groß, dass die Festigkeit der Hauptvalenzbindungen erreicht wird. Es resultieren Kettenbrüche, und die Bruchdehnung wird reduziert.

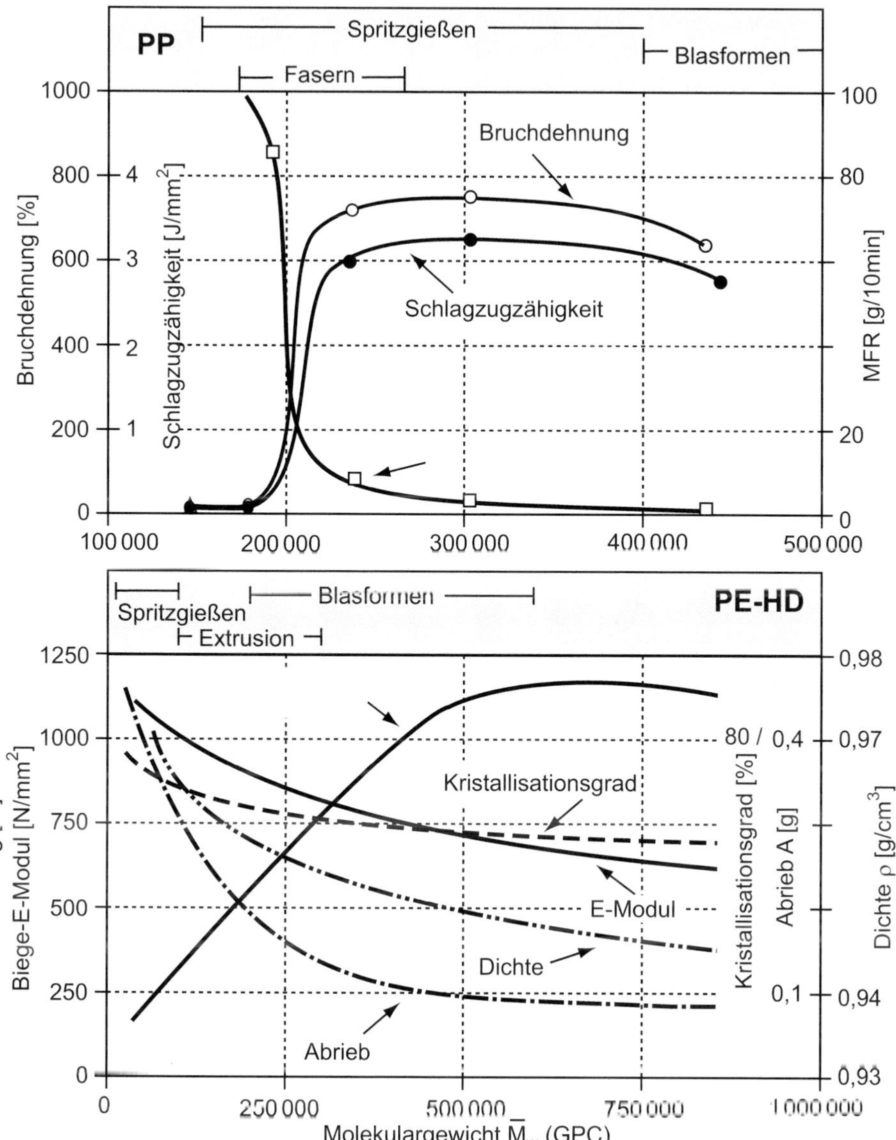

Bild 3.23 Einfluss des Massenmittelwertes $\overline{M}_w$ des Molekulargewichts auf die Eigenschaften von Polymer-Werkstoffen [19]
oben: Polypropylen (PP)
unten: lineares Polyethylen (PE-HD)

Bild 3.23 oben zeigt für Polypropylen (PP) die Abhängigkeit der Reißdehnung und der Schlagzugzähigkeit, die die mechanischen Eigenschaften und besonders die Zähigkeit der Werkstoffe charakterisieren. Auffallend ist der abrupte steile Abfall hin zu niedrigerem Molekulargewicht als $\overline{M}_w$ = 200 000 g/mol, der mit einem deutlichen Anstieg der Fließfähigkeit, ausgedrückt durch den MFR-Wert, einhergeht. Dem Verarbeiter würde das leichte Fließen deutliche Vorteile bei der Formfüllung, dem Anwender aber Nachteile wegen der erhöhten Sprödigkeit bringen. Von besonderer Bedeutung ist ein derartiges Verhalten für den Abbau des Molekulargewichts während der Verarbeitung, durch Mehrfachverarbeitung beim Recycling und durch thermische Belastung beim Gebrauch.

Bei der Produktion von Kunststoffen wird i. A. gezielt ein bestimmtes mittleres Molekulargewicht eingestellt, wobei Kompromisse zwischen verschiedenen Eigenschaften eingegangen werden müssen. Zum einen muss die Polymerschmelze gut verarbeitbar sein, zum anderen werden möglichst hohe Werte für E-Modul und Festigkeit sowie Zähigkeit angestrebt. Eine derartig große Variation bestimmter Eigenschaften bei gleichem chemischem Aufbau infolge unterschiedlicher Molekulargewichte ist nur bei Thermoplasten möglich. Geht man davon aus, dass bei Duroplasten und Elastomeren im Idealfall ein einziges Makromolekül vorliegt, ist dessen Molekulargewicht irrelevant, nämlich nahezu unendlich groß. Bei der Bildung vernetzter Polymere können die Ausgangsstoffe monomer sein, aber auch bereits selbst aus häufig vergleichsweise kurzkettigen Makromolekülen bestehen. Daher kann das Molekulargewicht der zu vernetzenden Ausgangsprodukte variieren, beim UP-Harz z. B. das der oligomeren ungesättigten Polyestermoleküle. Sie copolymerisieren mit Styrol zum festen vernetzten Werkstoff, der mit steigendem Molekulargewicht der ursprünglichen Polyestermoleküle zunehmende Zähigkeit und Chemikalienbeständigkeit aufweist.

Einen größeren Einfluss auf die Eigenschaften vernetzter Kunststoffe besitzt die Netzkettenlänge, die durch die Anzahl der Kettenglieder zwischen zwei Vernetzungsstellen gekennzeichnet ist. Liegen im ungesättigten Polyesterharz beispielsweise viele vernetzungsfähige Doppelbindungen pro Kettenlänge vor, entstehen eng vernetzte Werkstoffe hoher Steifigkeit, Sprödigkeit und Chemikalienbeständigkeit. Bei gleicher Anzahl von Doppelbindungen im Ausgangsstoff unterscheiden sich die entstehenden Duroplaste dadurch, wie viele der Doppelbindungen tatsächlich mit Styrol reagieren und somit eine Vernetzungsstelle erzeugt haben. Die Formstoffeigenschaften können in Abhängigkeit dieses sog. Aushärtegrades stark unterschiedlich sein. (Die Bezeichnung „Vernetzungsgrad" wird in Zusammenhang mit beiden geschilderten Effekten verwendet, d. h. zur Kennzeichnung der räumlichen Dichte der Vernetzungsstellen bzw. dem Anteil der vernetzten Stellen.)

Seitenketten

Das Vorhandensein von *Seitenketten* (E: side chain) führt zu Produkten mit vergleichsweise geringeren Dichten. Gegenüber dem wenig verzweigten PE-HD mit einer Dichte von ca. 0,96 g/cm^3 hat das PE-LD, das über viele Kurz- und Langkettenverzweigungen verfügt, z. B. eine Dichte von 0,93 g/cm^3; des Weiteren redu-

PE-TYP	Molekülstruktur (schematisch)	Verzweigungsgrad pro 1000 C-Atome	Kristallinität (%)	Schmelz- (Kristallisations-) Bereich (°C)	Dichte (g/cm³)	Festigkeit	Dehnung, Zähigkeit	max. Einsatztemperatur (°C)
PE-LD		hoch, 20 - 40 Lang- und Kurzkettenverzweigungen	40 - 55	100 - 110 (80 - 95)	0,915 - 0,935	geringer	höher	ca. 90
PE-LLD		mittel, 15 - 30 Kurzkettenverzweigungen bis C_6	55 - 65	120 - 130 (105 - 115)	0,92 - 0,94	mittel	mittel, teilweise sehr hoch	ca. 95
PE-HD		gering, 1 - 10 Kurzkettenverzweigungen, meist C_1	70 - 75	125 - 135 (115 - 120)	0,93 - 0,97	höher	geringer	ca. 100

Tabelle 3.3 Struktur und Eigenschaften verschiedener PE-Arten [24]

zieren sich Kristallinität und Festigkeit, während die Zähigkeit erhöht wird, Tabelle 3.3.

Aufgrund der Seitenketten weisen verzweigte Makromoleküle eine starke Strukturviskosität auf, d. h. bei hohen Scherraten, wie sie bei der Verarbeitung auftreten, sinkt die Viskosität, und die Verarbeitbarkeit wird vereinfacht.

Dies ist in Bild 3.24 anhand von PE-LD gegenüber den weniger verzweigten Kunststoffen PE-LLD (lineares Polyethylen), dem kaum verzweigten PE-HD und mPE (Metallocen-Polyethylen) dargestellt. Erschwerend kommt bei Metallocen-PE die enge Molekulargewichtsverteilung hinzu, die den Einfluss der Schergeschwindigkeit reduziert [24].

Die unterschiedliche Abhängigkeit der Viskosität von der Schergeschwindigkeit bedeutet, dass die Materialien auf Verarbeitungsanlagen nicht beliebig gegeneinander ausgetauscht werden können.

Größeres Interesse gewinnen Langkettenverzweigungen wegen einiger besonderer Eigenschaften. *Langkettenverzweigungen* (E: long-chain branches) gibt es bei teilkristallinen, aber auch bei amorphen Kunststoffen. Sie zeichnen sich durch verschiedene Effekte aus:

- bei schneller Scherbeanspruchung z. B. im Spritzguss, wird die Viskosität überproportional erniedrigt, was eine ausgesprochene Strukturviskosität bedeutet,

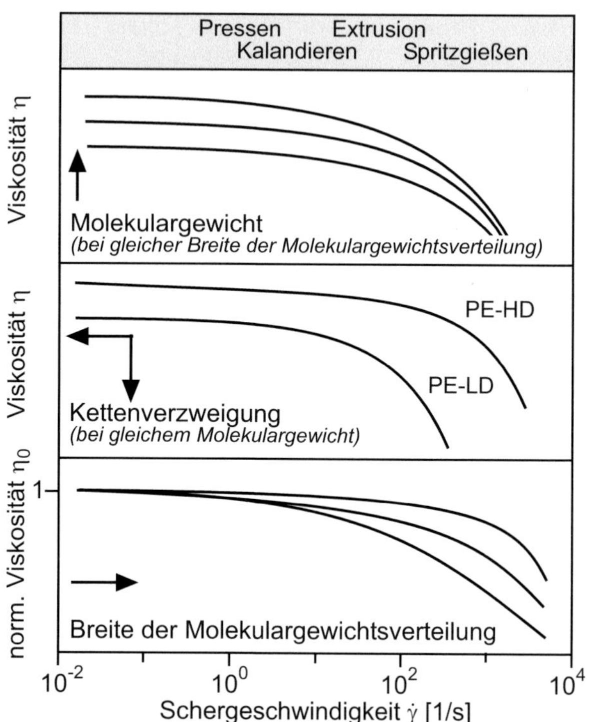

Bild 3.24 Einfluss der Schergeschwindigkeit auf die Viskosität von PE-HD und PE-LD [24]

- bei einer Dehnbeanspruchung tritt dagegen eine Fließverfestigung auf; besonders dünne Wanddicken bis hin zu Zellwänden in Schäumen werden stabiler und können dünner ausgeführt werden,
- die Strukturviskosität und Fließverfestigung führen zu einer stärkeren Orientierungsneigung, was besonders im Spritzguss negativ sein kann,
- die Dehnbarkeit des Materials wird erhöht, dadurch können z. B. Tiefziehmaterialien stabiler und stärker ausgezogen werden,
- durch die Verzweigung wird die Gleichmäßigkeit einer kristallinen Struktur behindert, so dass die Materialien weniger steif und wärmeformbeständig sind.

Bimodale Polymere

Ein besonderes Material sind bimodale Polymere, die im Prinzip aus zwei fein gemischten Gruppen mit unterschiedlichen mittleren Molekulargewichten bestehen.

Bild 3.25 zeigt am Beispiel von Polyethylenen mit unterschiedlichen Molekulargewichten deren Auswirkung auf die Eigenschaften im Gebrauch und bei der Verarbeitung. PE mit Molekulargewichten $\overline{M}_w < 400$ g/mol neigen zum Migrieren und

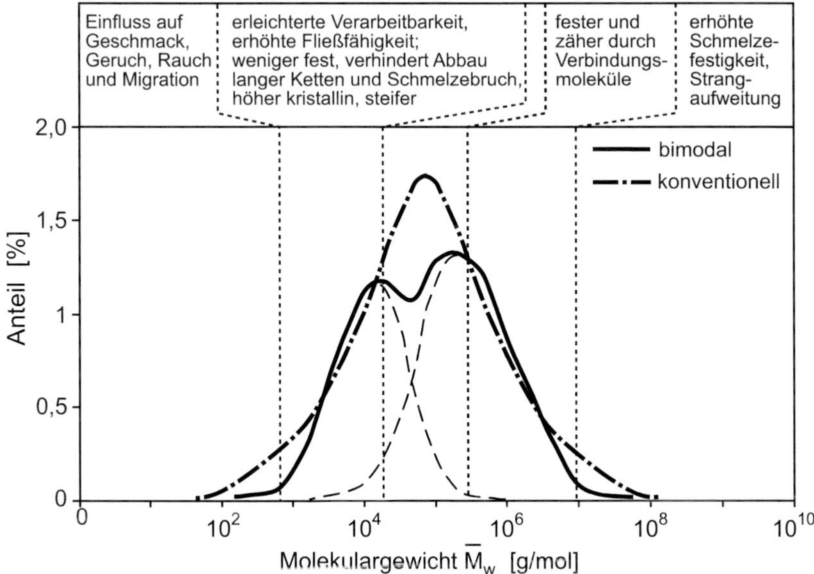

Bild 3.25 Konventionelle und bimodale Verteilung bei PE und deren Auswirkung auf die Eigenschaften im Gebrauch und bei der Verarbeitung [24]
Die dünnen Linien geben den theoretischen Verlauf für jede einzelne Komponente des bimodalen PE wieder

beeinflussen den Geschmack und den Geruch. Mit $10^3 < \overline{M}_w < 10^4$ g/mol wird die Fließfähigkeit der Schmelze erleichtert. Die Moleküle relaxieren schnell und vermeiden damit eingefrorene Orientierungen, zudem kristallisieren sie leichter und regelmäßiger als lange Ketten. Makromoleküle mit $10^5 < \overline{M}_w < 10^7$ g/mol sorgen für eine größere Schmelzfestigkeit und bilden mit zunehmender Länge mehr Verbindungsmoleküle zwischen den Kristalliten, wodurch die Zähigkeit und die Spannungsrissbeständigkeit erhöht wird.

Bimodale Polymere haben zwei Verteilungsmaxima jeweils im nieder- und im hochmolekularen Bereich und keine einheitliche glockenförmige Verteilung wie ein herkömmliches Material. Mithilfe besonderer Katalysatoren mit zwei aktiven Zentren werden sie entweder gleichzeitig polymerisiert und dabei vollständig gemischt, oder in einem zweistufigen Reaktor werden Polymere mit zwei unterschiedlichen Molekulargewichten nacheinander polymerisiert. Eine weitere Möglichkeit besteht darin, Materialien mit unterschiedlichen Molekulargewichten, soweit sie kompatibel sind und z.B. gemeinsam kristallisieren, im Extruder zu Extruderblends zu mischen [24].

Die nieder- und hochmolekularen Komponenten weisen jeweils für sich eine relativ enge Molekulargewichtsverteilung auf, wobei sich ihre Maxima um einen Faktor >10 unterscheiden sollten. Dadurch kommt ihr Charakter in beiden Bereichen deutlich zum Tragen. Die niedermolekularen Anteile (Homopolymere) bilden gleichmäßige hochkristalline Strukturen, während die hochmolekularen Makromoleküle als Copolymere mit 1-Olefinen in diese Kristallite eingebunden werden. Da die Kristallithöhe durch die niedermolekularen Ketten im Zusammenwirken mit Kurzkettenverzweigungen der Copolymere geringer gehalten wird, verlaufen die höhermolekularen Ketten durch mehrere Kristallite und erhöhen so die Zahl der Verbindungsmoleküle zwischen den Kristalliten. Die niedermolekularen Ketten bewirken mit ihrer hohen Kristallinität die Steifigkeit und geringe Kriechneigung des Materials, die höhermolekularen copolymeren Ketten mit ihrer höheren Flexibilität die Zähigkeit und die Spannungsrissbeständigkeit. Bimodale Polyethylene weisen daher höhere Werte für die Zähigkeit, Festigkeit, Steifigkeit und den Rissausbreitungswiderstand auf. In der Schmelze erleichtern niedermolekulare Anteile das Fließverhalten, während hochmolekulare Makromoleküle die Schmelzefestigkeit erhöhen und gleichzeitig aber auch die Strangaufweitung verstärken. Diese Eigenschaften dürften beim Herstellen von Rohren und Blaskörpern vorteilhaft sein. Die für den Einsatz häufig noch wichtigere Verbindungstechnik des Schweißens scheint ebenfalls gewährleistet zu sein.

4 Struktur der Polymer-Werkstoffe

4.1 Homogene Polymer-Werkstoffe

Als homogen werden Polymer-Werkstoffe bezeichnet, die makroskopisch an allen Stellen die gleichen Eigenschaften haben, d. h. Unterschiede in den Eigenschaften, auch bedingt durch verschiedene Makromolekülarten, sind makroskopisch nicht feststellbar. Es bedeutet nicht, dass nur ein Aggregatzustand, fest, gummielastisch oder schmelzeförmig, vorliegen darf. Die Makromoleküle eines Thermoplasten können gleichzeitig im festen Zustand als Kristallilte und im zähflüssigen (gummielastischen) bzw. im glasig erstarrten Zustand als dazwischenliegende ungeordnete amorphe Bereiche vorliegen. Es handelt sich dann um einen zweiphasigen[16] homogenen Polymer-Werkstoff [25].

4.1.1 Amorpher Zustand

Der amorphe Zustand der Polymer-Werkstoffe ist gekennzeichnet durch das Fehlen von Fernordnungen[17], d. h. in submikroskopischen Bereichen gibt es, bedingt durch die strukturelle Anordnung der einzelnen Ketten, keinen gleichbleibenden Abstand und keine regelmäßige Anordnung und Orientierung der Makromoleküle.

Da die Struktur der Makromoleküle im festen (glasig erstarrten) und geschmolzenen Zustand sehr ähnlich ist, spricht man auch von einer unterkühlten oder ein-

[16] Unter *Phase* wird eine Stoffmenge mit homogenen physikalischen und chemischen Eigenschaften verstanden. Phasen sind deutlich voneinander abgegrenzt und i. A. optisch unterscheidbar. Die Grenzfläche zwischen Phasen ist gleichzeitig die Grenzfläche physikalischer und damit mechanischer Eigenschaften, s. 32.

[17] Unter *Fernordnung* versteht man eine über die nächsten Nachbarn hinausgehende Ordnung der Makromoleküle bezüglich ihres Abstandes voneinander, ihrer Anordnung und Orientierung. Der Begriff *Nahordnung* bezeichnet derartige Ordnungszustände, wenn sie sich nur auf die unmittelbaren Nachbarn erstrecken, wobei man davon ausgeht, dass diese Ordnungszustände durch die Wärmebewegung ständig abgebaut und erneuert werden. Die übliche Anwendung des Begriffs Fernordnung auf den festen Zustand und der Nahordnung auf den flüssigen Zustand lässt sich auf Polymer-Werkstoffe nur bedingt übertragen, da der entropieelastische Zwischenzustand und die Übergangsbereiche nicht erfasst werden.

gefrorenen Schmelze[18] im Gegensatz zur kristallinen Struktur, bei der die Abkühlung aus der Schmelze eine neue Ordnung der Makromoleküle zueinander entstehen lässt. Da bei den amorphen Polymer-Werkstoffen keine Fernordnungen in der Größenordnung der Lichtwellen (Wellenlänge 0,4 bis 0,75 µm) vorhanden sind, gibt es auch keine Änderung des Brechungsindex innerhalb des Werkstoffs und keine diffuse Streuung. Homogene amorphe Polymer-Werkstoffe ohne Farb- und Füllstoffe sind daher transparent.

In amorphen Polymeren bilden die Makromoleküle sowohl in der Schmelze wie auch nach dem Abkühlen im festen Zustand *Knäuel* (E: coils). Diese Knäuel sind im Schmelze- und im Glaszustand, aber auch als isolierte Knäuel in nicht chemisch auf sie einwirkenden Lösemitteln etwa gleich groß. Da die Dichte eines einzelnen Makromoleküls im Knäuelzustand etwa ein Hundertstel der Dichte normaler Kunststoffe ausmacht, ist anzunehmen, dass sich die Makromoleküle vielfältig durchdringen. Dabei können die Makromoleküle in sich verfilzt oder aber auch an bestimmten Stellen miteinander vernetzt sein, Bild 4.1. Zwischen den Vernetzungen bei schwach vernetzten Elastomeren liegen Haupt-Kettenabschnitte mit 1000 Atomen, bei eng vernetzten Duroplasten mit bis zu 20 Atomen. Normalerweise bestehen diese sich durchdringenden Knäuel nur aus einer Polymerenart. Es können sich aber auch Netzwerke unterschiedlicher Polymerenarten durchdringen, was aber nur durch besondere Manipulationen gelingt, da sich unterschiedliche Polymere meistens entmischen. Man nennt sie dann *interpenetrierende Netzwerke* (E: interpenetrating network).

Wenn die Ketten eine bestimmte Länge bzw. Anzahl an Grundbausteinen (Monomereinheiten) erreichen, ca. 270 bei PE oder 680 bei PS, ist es nicht zu vermeiden, dass einzelne Abschnitte *Verschlaufungen* oder *Verhakungen* bilden (E: entanglements). Die kritische Anzahl von Grundbausteinen wird bei handelsüblichen Polymeren immer erreicht. Die Kettenlängen zwischen den Verhakungen sind so groß, dass die jeweiligen Abschnitte sich wiederum weitgehend wie individuelle Ketten verhalten. Während Verschlaufungen bei amorphen Polymeren beim Erstarren weitgehend erhalten bleiben, behindern und verzögern sie in kristallisierenden Bereichen die Ordnung der Ketten. In strömenden Schmelzen wird durch sie die Viskosität deutlich erhöht.

Beim Abkühlen steigt die Viskosität der amorphen Schmelzen an. Die Kettensegmente können sich nicht mehr frei bewegen. Dazu brauchen sie genügend über den gesamten Werkstoff gleichmäßig verteilte Leerstellen von etwa der Größe eines Atoms, die man auch *freies Volumen* (E: free volume) nennt. Das freie Volumen, berechnet aus der Dichte im festen und im geschmolzenen Zustand, beträgt

---

18) Der Unterschied zwischen einer *Schmelze* und einer *unterkühlten, eingefrorenen Schmelze* besteht u. a. darin, dass in der Schmelze ganze Makromolekülsegmente Platzwechsel vornehmen können, sog. Makrobrownsche Bewegungen

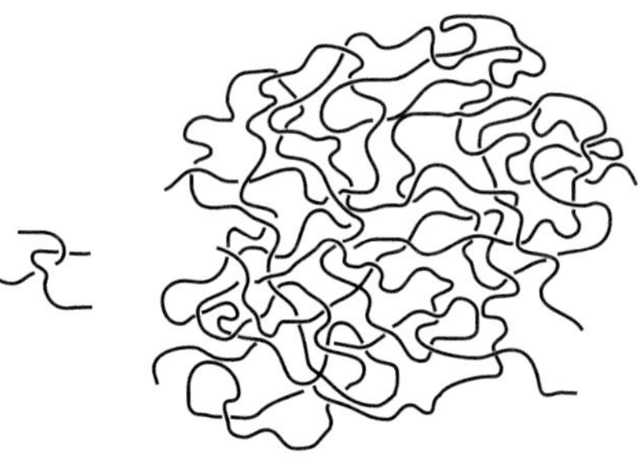

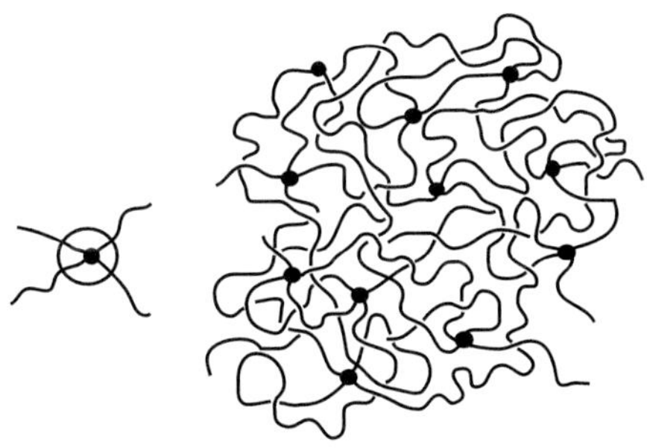

Bild 4.1 Einander durchdringende Knäuel-Strukturen [27]
links: amorphe, unvernetzte Thermoplaste mit Verschlaufungen
rechts: leicht vernetzte Elastomere mit Vernetzungspunkten

beim Glasübergang etwa 2,5 Vol.-%. Nur wenn das freie Volumen größer als 2,5 Vol.-% ist, können sich die Makromoleküle ausreichend bewegen. Die an sich immer gegebene Drehbarkeit um einfache C-C-Bindungen ist dann möglich. Somit bestimmt das freie Volumen die Beweglichkeit und damit die Erweichung der Polymeren.

Im gummielastischen Zustand können sich die Makromolekülsegmente zwar bewegen und ihre Gestalt relativ leicht ändern, werden aber durch die verschieblichen Verschlaufungen noch zusammengehalten, zwischen denen sich die Kettenabschnitte frei bewegen können. Der gummi- oder entropieelastische Zustand ist dadurch gekennzeichnet, dass die Knäuel und damit die Kettenabschnitte unter Last gestreckt werden und eine weniger wahrscheinliche Form annehmen, die Entropie wird erniedrigt. Nach der Entlastung versuchen die Makromoleküle, wieder den Zustand größter Entropie, die Knäuelform, anzunehmen. Dieses Verhalten unterscheidet sich deutlich vom energieelastischen Zustand, bei dem Atomabstände und Valenzwinkelverzerrungen elastisch zurückfedern, sich die Knäuelform aber kaum ändern kann.

4.1.2 Kristalliner Zustand

Thermodynamisch gesehen kann man das System teilkristalliner Thermoplaste als nicht abgeschlossenes System behandeln, d.h. Energieaustausch mit der Umgebung ist zugelassen. Der Zustand dieses Systems kann durch die freie Enthalpie gekennzeichnet werden. Je niedriger deren Wert ist, umso stabiler ist sein Zustand. Eine Zustandsänderung, z.B. ein Übergang vom schmelzeförmigen, amorphen in den festen, kristallinen Zustand oder auch eine Nachkristallisation kann durch die Änderung der freien Enthalpie ΔG beschrieben werden, die sich zusammensetzt aus der Änderung der inneren Enthalpie ΔH und der Entropie ΔS, sowie der Temperatur T nach der Gleichung:

$$\Delta G = \Delta H - T \cdot \Delta S \tag{4.1}$$

Die Entropie eines Systems hängt von der Anzahl der Realisierungsmöglichkeiten, d. h. von der Wahrscheinlichkeit möglicher Zustände ab. Die zunehmende Parallelisierung der Ketten im Kristallit und die damit verbundene Zunahme des Ordnungszustands führen zu einer Abnahme der Entropie. Die Entropie eines freien Makromoleküls ist dabei größer als die eines an einem Ende in einem Kristallit fixierten Makromoleküls. Da ein bewegliches Kettenstück jedoch nicht als Ganzes, wie z. B. die Atome in Metallen, sondern nur abschnittsweise die Kristallitgitterplätze einnehmen kann, ist die damit verbundene Entropieänderung der einzelnen Molekülabschnitte nicht gleich. Bei der Kristallisation ändern sich nicht nur die Entropie der sich gerade anlagernden Moleküleinheiten, sondern auch die übriggebliebenen, noch nicht kristallisierten Molekülteile. Die Größe der Entropieänderung hängt dann noch von den Bewegungsmöglichkeiten der nicht kristallisierten Kettenabschnitte, deren freier Länge oder möglichen Fixierungen ab. Das System teilkristalliner Thermoplaste wird dann am stabilsten sein, wenn ΔG einen möglichst niedrigen Wert erreicht. Die innere Enthalpie ΔH ergibt sich aus der inneren Energie ΔU und der vergleichsweise geringen Volumenarbeit $p \cdot \Delta V$ [27]:

$$\Delta H = \Delta U + p \cdot \Delta V \tag{4.2}$$

p ist der Druck, der normalerweise als Atmosphärendruck konstant ist, V ist die Volumenänderung während der Umwandlung des gesamten Systems. Diese Volumenänderung hängt von der Schwingungsweite (thermisch angeregte Schwingung) und den sich durch unterschiedliche Konfigurationen und Konformationen ergebenden Hohlräumen zwischen den Makromolekülen ab.

Die innere Energie U setzt sich erstens aus einem innermolekularen Anteil, der der potentiellen Energie in Abschn. 3.1 entspricht, zweitens einem intermolekularen Anteil, der die Wechselwirkungen zwischen den Makromolekülen berücksichtigt, und drittens aus einem kinetischen Anteil, der die Schwingungsenergie beinhaltet, zusammen.

Die innermolekulare Energie der Makromoleküle ist je nach ihrer Konstitution und der Konfiguration als gestreckte Kette oder schraubenförmige Helix am niedrigsten. Der intermolekulare Anteil ist bei der Parallellagerung im Kristallit am geringsten. Eine vollständige Parallellagerung ist jedoch normalerweise bei Polymeren nicht möglich.

Teilkristalline Thermoplaste bestehen aus kristallinen und amorphen Bereichen. Letztere ergeben sich aus den Faltungsbögen der in die Kristallite zurücklaufenden Ketten, von Kristallit zu Kristallit durchlaufenden Ketten und freien Kettenenden (s. Bild 4.12). In diesen amorphen Bereichen sind die Enthalpie und die Entropie deutlich größer als in den kristallinen Bereichen. Da sowohl die Enthalpie als auch die Entropie – wenn auch unterschiedlich stark – von der Temperatur abhängen, wird ein kristallisationsfähiger Polymer-Werkstoff in Abhängigkeit von der Temperatur den Zustand einnehmen, der die niedrigste freie Enthalpie aufweist.

Ob Kunststoffe kristallisieren können, d.h. sich gleichmäßig parallel anordnen können, hängt von ihrem molekularen Aufbau ab. Am besten kristallisieren unverzweigte Molekülketten mit keinen oder möglichst wenigen, dafür aber regelmäßig angeordneten Seitengruppen. Beispiele sind lineares PE, PTFE und isotaktisches PP, Bild 4.2. Dagegen kristallisieren eine Reihe technischer Kunststoffe wegen unregelmäßiger Substituenten schlecht oder gar nicht, wie z.B. das ataktische PVC, PMMA und PS. Duroplaste und die meisten Elastomere können sich wegen ihrer Vernetzung nicht kristallin anordnen.

Eine kristalline Anordnung bedeutet ein Minimum an innerer Energie[19] zwischen zwei aufeinander wirkenden Makromolekülen, das entsprechend Bild 3.9 erreicht wird, wenn der Abstand zwischen den Ketten zu einem Gleichgewichtszustand zwischen anziehenden und abstoßenden Bindekräften führt. Dieser Zustand ergibt sich bei der Parallellagerung der Ketten.

Die einfachste Kettenstruktur weist Polyethylen mit der in Bild 2.2 gezeigten, ebenen Zickzack-Form der Makromoleküle auf. Die in der Ebene zickzackförmigen Ketten ordnen sich, wie Bild 4.2 oben zeigt, in einer orthorhombischen kristallinen Form an, so dass jede beliebige Kette von vier gleichweit entfernten Ketten umgeben ist, die ihrerseits um die Längsachse um 82° gegen die zentrale Kette gedreht sind. Der Abstand der C-Atome in der Kette beträgt 0,154 nm, der Valenzwinkel 109°, der C-H-Abstand 0,11 nm. Aber auch komplizierte Makromoleküle können regelmäßige kristalline Strukturen bilden, wie Polyethylenterephthalat (PET) in Bild 4.2 unten.

Eine vollständig gestreckt kettige Anordnung der Makromoleküle über ihre ganze Länge tritt jedoch unter üblichen technischen Bedingungen nicht auf. Schon bei der Bildung erster Keime bei der Abkühlung ruhender oder wenig stark bewegter Schmelze, z.B. im Spritzgießwerkzeug oder bei der Extrusion, ist aus thermodynamischen Gründen (s. Abschn. 4.1.2.1) eine kompakte, gefaltete Form der Keime als Beginn der Lamellenbildung günstig.

Für diese Form spricht auch die Knäuelgestalt des ungestörten Makromoleküls. Es ist leichter vorstellbar, dass ein in sich verschlungenes Knäuel in eine Lamellenstruktur als in eine vollständig gestreckt-kettige Form übergeht.

---

19) Innere Energie, s.a. S. 45.

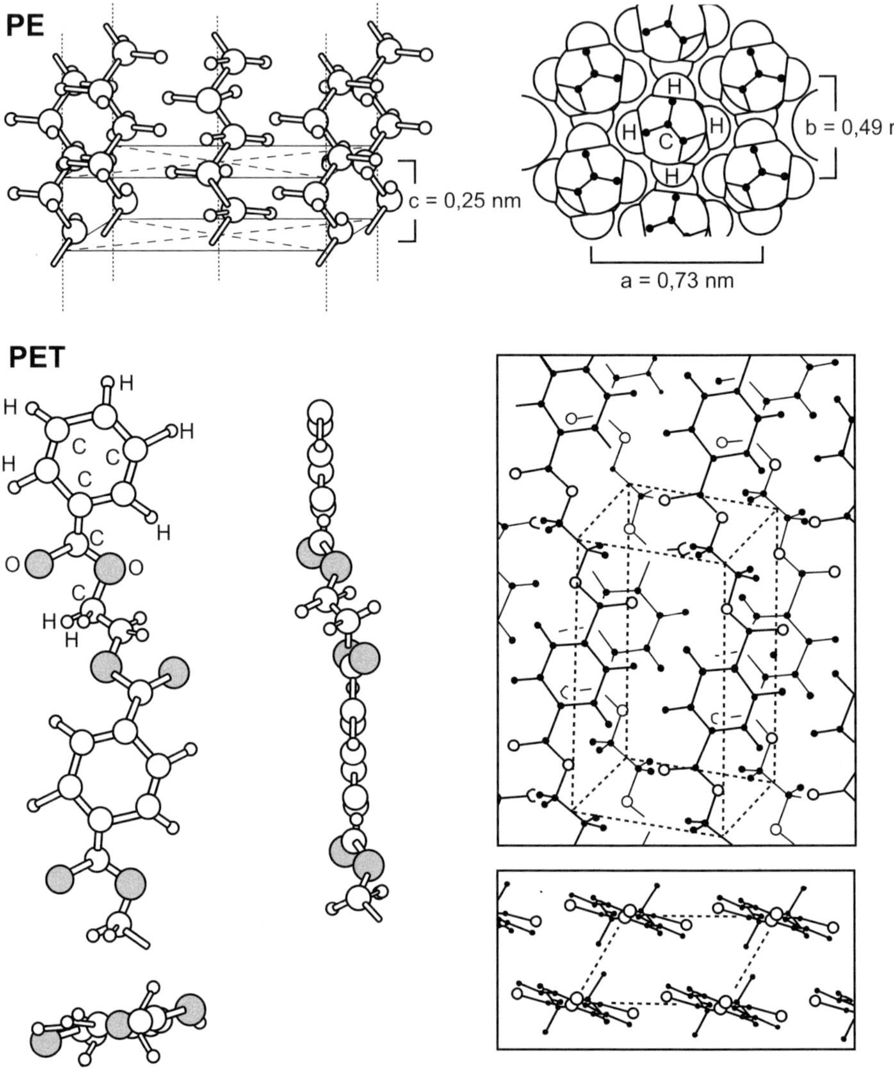

Bild 4.2 Kristalline Strukturen von Polyethylen (PE) [28] und Polyethylenterephthalat (PET) [18]

oben: PE links: orthorhombische[20] Elementarzelle, schematisch
rechts: Schnitt in Richtung a b, Atome mit Van-der-Waals-Radius

unten: PET links: gestrecktes Molekül
rechts: trikline[21] Elementarzelle

---

20) *Orthorhombische* Systeme umfassen alle Kristallformen, die sich auf drei zueinander senkrechte, aber ungleichwertige Achsen beziehen lassen.

21) *Trikline* Systeme umfassen alle Kristallformen, die sich auf drei ungleiche, unter schiefen Winkeln sich schneidende Achsen beziehen lassen.

Bevorzugt bilden sich daher lamellenförmige Anordnungen parallel verlaufender Ketten mit gleichbleibendem Abstand voneinander. Die Länge der sich wiederholenden Gittereinheiten in Kettenrichtung beträgt zwischen 0,25 nm (PE), 0,65 nm (PP), 0,8 nm (PA 6), 1,73 nm (PA 66, POM) und 1,95 nm (PTFE). Bei gemessenen Lamellendicken von 15 nm bei PE beträgt die Zahl der Wiederholeinheiten ca. 60, beim PA 66 nur 3,5 bis 4. Da Makromoleküle ein Vielfaches an Länge aufweisen, müssen sie entweder nach einer Faltung in die Lamelle zurückkehren oder in eine andere Lamelle übergehen. Bei PE sind mindestens sechs Strukturelemente für einen Bogen notwendig. Diese Bögen oder auch die Übergänge in eine andere Lamelle schließen eine gleichmäßige kristalline Anordnung der Makromoleküle in diesen Bereichen aus. Diese Bereiche sind daher amorph.

Die Höhe der Faltungen kann in einem großen Bereich schwanken, wobei 1 bis 10 nm überwiegen. Sie hängt in besonderem Maße von der Temperatur und dem Druck bei der Kristallisation ab. Bei Drücken über 2500 bar können Makromoleküle sogar gestreckt-kettig kristallisieren und einige µm Höhe aufweisen.

Das Nebeneinander von kristallinen und amorphen Bereichen ergibt *teilkristalline* Polymer-Werkstoffe. Bei PE und einigen anderen Thermoplasten lassen sich die amorphen Bereiche abätzen, da geeignete Ätzmittel nur in die amorphen, lockeren Bereiche eindringen können und diese zudem schneller angreifen als kristalline Anordnungen, besonders wenn sie oberflächennah vorliegen, Bild 4.11, Bild 4.19 und Bild 4.20. Die verbleibenden Kristallite sind spröde. 100% kristalline Kunststoffe gibt es unter normalen technischen Bedingungen nicht.

Den Anteil an kristallinen Strukturen nennt man den *Kristallisationsgrad* (E: degree of crystallinity). Da die Grenze zwischen „kristallin" und „amorph" fließend ist, kann der Kristallisationsgrad nur unscharf angegeben werden. Zudem hängt er vom Messverfahren ab. Er kann als Gewichts(K_w)- und als Volumen(K_v)-Anteil angegeben werden. Beide Größen können mithilfe der Gesamtdichte ρ des Materials und der Dichte des Polymeren im idealkristallinen Zustand ρ_K näherungsweise ineinander umgerechnet werden[22]:

$$K_W - K_V \cdot \rho_k / \rho \qquad (4.3)$$

Üblicherweise werden Kristallisationsgrade gewichtsbezogen[23] angegeben. Die meisten Auswertungen von Kennwerten des Kristallisationsgrades für teilkristalline Thermoplaste gehen von einem 2-Phasenmodell aus, nach dem es perfekte kristalline und ebenso eindeutige amorphe Bereiche gibt. In Wirklichkeit dürften aber unterschiedliche Gitterdefekte, Fehlstellen und Übergänge amorph/kristallin

22) Eine genauere Umrechnung ist in Anlehnung an die in Bild 4.73 angegebene Formel zum Umrechnen von Fasergewichts- in Faservolumenanteile möglich.

23) Da die Dichte der kristallinen Phase höher ist als die der amorphen, sind die Werte für den gewichtsbezogenen Kristallisationsgrad höher als für den volumenbezogenen.

bis zu einigen Prozent betragen. Eine scharfe Trennung ist daher eine vereinfachte Annahme.

In Abhängigkeit von der Struktur und der Kristallform weisen teilkristalline Thermoplaste unterschiedliche übliche Kristallisationsgrade auf, Tabelle 4.1. Des Weiteren ist die Kristallisation mit einer Dichteänderung verbunden.

Das Breitenwachstum der Lamellen ist meistens begrenzt. Es bilden sich viele kleine Kriställchen, die primären Kristallite, die häufig zu radialsymmetrischen Überstrukturen von 5 µm bis wenigen mm Durchmesser, den sog. *Sphärolithen* (E: spherulites), zusammengefasst werden (s. Abschn. 4.1.2.3). Die Eigenschaften der Kunststoffe hängen dann stärker von der Größe und dem Anteil dieser Überstrukturen ab als von dem Verhalten der sie bildenden Einzelkristalle.

Das systematische Wissen über die Struktur, die Form und die Größe der Kristallite weist noch erhebliche Lücken auf, dennoch können aus ihrer Erscheinungsform wichtige Aussagen zum werkstofflichen Verhalten und über die Vorgänge bei der vorausgegangenen Verarbeitung gemacht bzw. Schlüsse auf eine Steuerung des Verarbeitungsprozesses gezogen werden, was bei amorphen Polymer-Werkstoffen dementsprechend häufig viel schwieriger ist. Wichtig ist dabei, dass der Zusammenhang zwischen Verarbeitung und Formstoffeigenschaft gesehen wird.

Polymer-Werkstoff	übliche Kristallisationsgrade (%)	Dichte (g/cm³)		
		ρ_k kristallin	ρ_a amorph	ρ üblich
Polyamid (PA 66)	35 - 45	1,24	1,07	1,14
Polyamid (PA 6)		1,23	1,08	1,14
Polyoxymethylen (POM)	70 - 80	1,54	1,25	1,41
Polyethylenterephthalat (PET)	30 - 40	1,50	1,33	1,38
Polybutylenterephthalat (PBT)	40 - 50	–	–	1,3
Polytetrafluorethylen (PTFE)	60 - 80	2,35	2,00	2,1
Polypropylen (PP), überwiegend isotaktische Ketten	70 - 80	0,95	0,85	0,905
Polypropylen (PP), größerer Anteil ataktischer Ketten	50 - 60	0,95	0,85	0,896
Polyethylen hoher Dichte (PE-HD)	70 - 80	1,0	0,85	0,95
Polyethylen niedriger Dichte (PE-LD)	45 - 55	1,0	0,85	0,92

Tabelle 4.1 Übliche Kristallisationsgrade und Dichten im vollständig kristallinen, amorphen und üblichen teilkristallinen Zustand verschiedener Thermoplaste [29,30]

4.1.2.1 Keimbildung

Eine Kristallisation erfordert zunächst eine Keimbildung. Keime aus Kettenabschnitten des aufgrund thermisch bedingter Molekülbewegungen kristallisierenden Polymers werden als *homogene, primäre* oder *athermische Keime*[24] (E: homogeneous nuclei); Keime aus fremden Substanzen, Gehäusewänden, zugesetzten Nukleierungsmitteln, aber auch aus nicht vollständig aufgeschmolzenen Kristalliten werden als *heterogene, sekundäre, tertiäre* oder *thermische Keime*[24] (E: heterogeneous nuclei) bezeichnet. Keimgrößen betragen 2 - 10 nm, die Zahl der Keime liegt bei 1 - 10^{12} pro cm^3.

Mit abnehmender Temperatur nimmt die thermodynamische Treibkraft der Kristallisation zu, parallel aber wird die Viskosität der Schmelze immer größer und die Beweglichkeit der Kette geringer (kinetischer Faktor). Diese gegensätzliche Wirkung bei Temperaturerniedrigung hat ein Maximum der Keimbildungs- und Wachstumsgeschwindigkeit zwischen T_m und T_g zur Folge, Bild 4.3 und Bild 4.6.

Bei allen Betrachtungen ist zu berücksichtigen, dass die Keimbildung während der Herstellung innerhalb eines Formteiles bei durchaus deutlich unterschiedlichen thermischen und rheologischen Bedingungen stattfinden kann. Die Bildung des Keimes lässt sich thermodynamisch mit folgender Gleichung beschreiben [29]:

$$\Delta G = V \cdot \Delta G_c + O \cdot \sigma_s \qquad (4.4)$$

ΔG ist die auf den Keim als Ganzes bezogene, freie Keimbildungsenthalpie, je niedriger sie wird, umso stabiler ist der Keim. ΔG_c ist die den Parallelanlagerungsprozess der Makromoleküle kennzeichnende, freie Kristallisationsenthalpie pro Volumeneinheit, die sich aus der Differenz der Enthalpie der Moleküle im festen kristallinen Zustand minus der Enthalpie der nur nahgeordneten Makromoleküle im geschmolzenen Zustand ergibt. Dieser Wert ist normalerweise negativ, da einmal die Temperatur im festen Zustand niedriger als die der Schmelze ist und zum anderen, da für die Moleküle der geordnetere Zustand der energetisch günstigere ist (ΔG_c wird kleiner). σ_s ist die Oberflächenspannung. Sie ist immer positiv. V ist das Volumen und O die Oberfläche des Keims.

Im Anfangsstadium überwiegt, wie Bild 4.3 zeigt, der Einfluss der Oberflächenspannung. Mit wachsender Keimgröße nimmt er jedoch im Vergleich zur volumenbezogenen Kristallisationsenthalpie ab. Wenn sich eine bestimmte Anzahl von Ketten mehr oder weniger zufällig an verschiedenen Orten unter für die Keimbildung günstigen Bedingungen zusammengelagert und ΔG ein Maximum erreicht hat, liegt ein Maximum an Instabilität vor. Entweder löst sich der Keim

[24] *athermische Keime* liegen zu Beginn der Kristallisation vor, ihre Zahl ändert sich nicht mehr *thermische Keime* entstehen mit bestimmter Geschwindigkeit, ihre Zahl nimmt während der Kristallisation zu

wieder auf, oder er wächst unter Anlagerung weiterer Ketten und wird entsprechend der Abnahme der freien Keimbildungsenthalpie stabiler. Die Keimgröße im Zustand der maximalen Instabilität nennt man die kritische Keimgröße K_{krit}. Ein Keim ist wesentlich kleiner (< $^1/_{10}$) als ein einziges Polyethylen-Makromolekül mit ca. 1000 nm^3, so dass nur ein Teil des Makromoleküls zur Keimbildung benötigt wird.

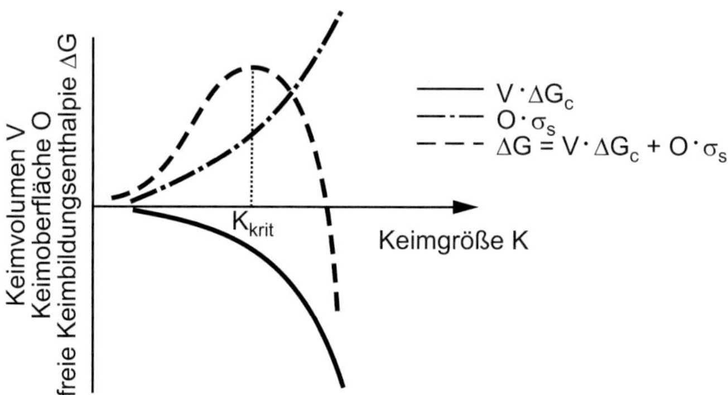

Bild 4.3 Änderung der freien Keimbildungsenthalpie ΔG als Funktion der Keimgröße bei einer Temperatur unterhalb des Schmelzpunktes
Das Kurvenmaximum kennzeichnet die kritische Keimgröße, den Zustand maximaler Instabilität. In dem Maße, wie ΔG unter gleichzeitigem Anlagern weiterer Makromoleküle an den Keim wieder abnimmt, stabilisiert sich der Keim.
O = Keimoberfläche, V = Keimvolumen, σ_s = Oberflächenspannung,
ΔG_c = freie Kristallisationsenthalpie

Ein Keim oberhalb K_{krit} ist umso stabiler, je geringer das Produkt von Oberflächenspannung × Oberfläche im Vergleich zur freien Kristallisationsenthalpie × Volumen ist. Es wird bei einer Kristallisation daher eine möglichst geringe Oberfläche angestrebt, die z. B. im würfelförmigen Kristall am ehesten erreicht wird. Die freie Kristallisationsenthalpie erreicht dagegen ihren günstigsten Wert (minimale inter- und innermolekulare Energie), wenn die einzelnen Makromoleküle in ganzer Länge gestreckt, zickzackförmig oder als Helix parallel zu anderen angeordnet sind. Es gibt zwischen dem Bestreben nach einer dem anfänglich geringen Volumen angepassten Kristallitdicke in Kettenrichtung, die beim Polyethylenmolekül z. B. durch Kettenfaltung erreicht werden kann, und der vollkommenen Streckung der einzelnen Makromoleküle eine optimale Kristallithöhe, die sog. kritische Keimbildungslänge.

Beim Abkühlen von Schmelzen falten sich die Makromolekülabschnitte lamellenförmig zu *Faltungskeimen* (E: folded chain nuclei), bei denen die Ketten statistisch ein- und austreten, Bild 4.4. Ergeben sich dagegen Parallellagerungen von verschiedenen Makromolekülabschnitten über gewisse Längen, nennt man diese *Fransenkeime* (E: fringed chain nuclei).

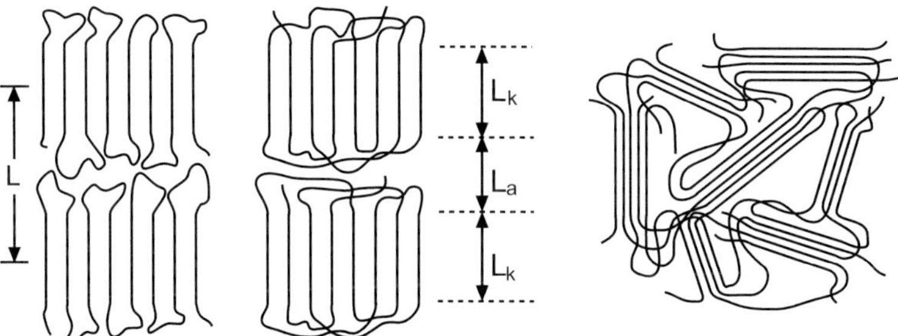

Bild 4.4 Polymerkeime
links: Faltungskeime mit benachbartem und entferntem Wiedereintritt der Ketten [31]
rechts: Fransenkeime mit durch mehrere Keime laufenden Makromolekülen [27]
L_k = kristalliner Anteil der Faltung, L_a = amorphe Schicht zwischen zwei Faltungen,
L = Langperiode (Röntgenkleinwinkelstreuung)

Besonders bei langen, im Schmelzezustand amorph durchdrungenen Makromolekülen können sich die Ketten nicht vollständig zu Faltungen ordnen. Würden sie sich vollständig falten, bestände kein mechanischer Zusammenhang zwischen den einzelnen Kristalliten, und es entstünde kein belastbarer Werkstoff. Die *Verbindungsmoleküle* (E: tie molecules) sind daher unbedingt notwendig. Zudem wird für die Keimbildung zunächst nur ein Abschnitt des Makromoleküls gebraucht. Andererseits kann man sich eine räumlich unregelmäßige Anordnung von Fransenkristallen bei hohen Kristallisationsgraden bis 80 % im kompakten Kunststoff nicht vorstellen. Wahrscheinlich wird der aus den Keimen wachsende Kristall einen aus beiden Elementen gemischten Aufbau aufweisen, wobei die Faltungen überwiegen.

In Strömungen richten sich die Makromoleküle aus, wobei sich die Knäuel meistens insgesamt verstrecken. Dieses gilt besonders bei überwiegenden Scherströmungen, wenn die Schmelze an der Werkzeugwand haftend strömt. Unter besonderen Bedingungen verformt sich die Schmelze aber auch dehnend, sie wird gestreckt. Tritt dabei gleichzeitig eine Beschleunigung auf, wie das in häufig vorkommenden Düsen der Fall ist, wird das vordere Ende der Moleküle erfasst und wegen der schnelleren Strömung im vorderen Bereich gestreckt. Die Fließgeschwindigkeit der längssteifen Makromoleküle entspricht daher im vorderen, verengten Bereich etwa dem der Schmelze. An ihrem hinteren Ende tritt gegenüber der dort wegen des noch größeren Strömungsquerschnitts langsamer fließenden Schmelze eine mäßige Scherung ein. Lagern sich genügend Ketten parallel, entstehen *strömungsinduzierte Keime*, an die sich im Bereich der Scherung meistens Faltungen anordnen, Bild 4.5.

Das Strecken von Makromolekülen gelingt nur bei schlanken Polymeren wie z. B. PE. Diese haben wiederum das Bestreben, sich möglichst schnell wieder zu verknäueln, so dass strömungsinduzierte gestreckt-kettige Keime schwer aufrecht zu

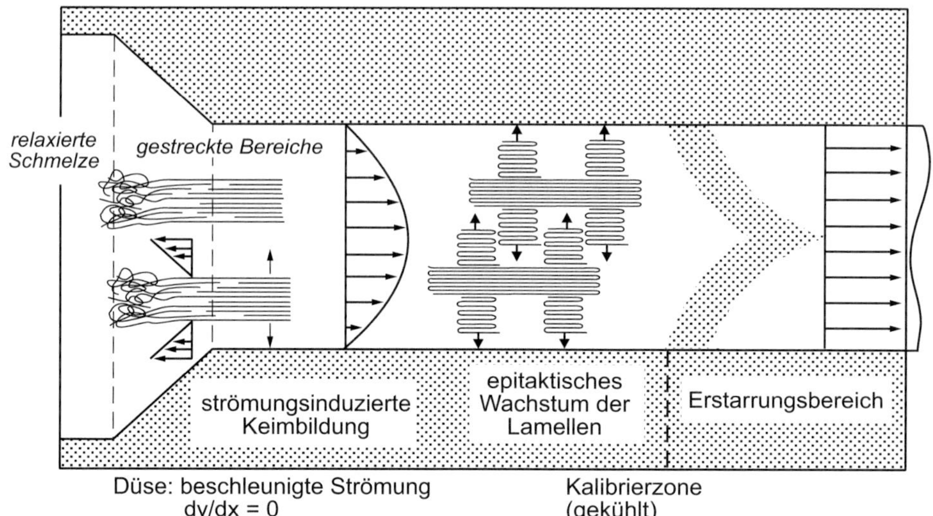

Bild 4.5 Strömungsinduzierte Keimbildung in der Düse mit anschließend zu Shish-Kebab aufwachsenden Lamellen bei der Extrusion eigenverstärkter Profile (s. a. S. 114) [32]

erhalten sind. Man erreicht das durch besonders niedrige Schmelzetemperaturen und damit hochviskose Schmelzen und gleichzeitig erhöhte Drücke sowie durch eine permanente, leichte Beschleunigung der Strömung.

Die Dicke der Faltungen und der daraus wachsenden Lamellen nimmt mit der Keimbildungstemperatur und dem Druck zu. Bis zu Drücken von 2500 bar, die bei den meisten schmelzebasierten Verarbeitungsverfahren nicht erreicht werden, dominieren Faltungskeime, zwischen 2500 bis 5000 bar nimmt die Zahl der gestreckten Ketten zu. Ab 5000 bar bilden auch flexible Makromoleküle *druckinduzierte gestreckt-kettige Keime*. Obwohl dadurch die enorme Kettenfestigkeit, die höher als bei Stahl ist, zumindest in Kettenrichtung ausgenutzt werden könnte, war es bisher nicht möglich, Formteile auf diese Weise sinnvoll herzustellen. Zum einen erfordern derartige Drücke gewaltige maschinelle Anlagen, zum anderen erhält man meist spröde, anisotrope Teile.

Um eine stabile Keimbildung zu initiieren, muss die Schmelze unter die Schmelztemperatur abgekühlt werden. Je tiefer die Unterkühlung ist, umso günstiger sind die thermodynamischen und umso ungünstiger die kinetischen Bedingungen, d. h. mit zunehmenden ΔG_c (Gln. 4.4) wird schneller eine kritische Keimgröße erreicht, die Zahl der Keime nimmt zu, andererseits werden die Makromoleküle unbeweglicher und frieren bei Erreichen der Glasübergangstemperatur ein, Bild 4.6.

Eine optimale Wachstumsgeschwindigkeit liegt zwischen den Grenzen Glasübergangstemperatur T_g + 30 K und der Schmelztemperatur T_m - 10 K, das ist gleich-

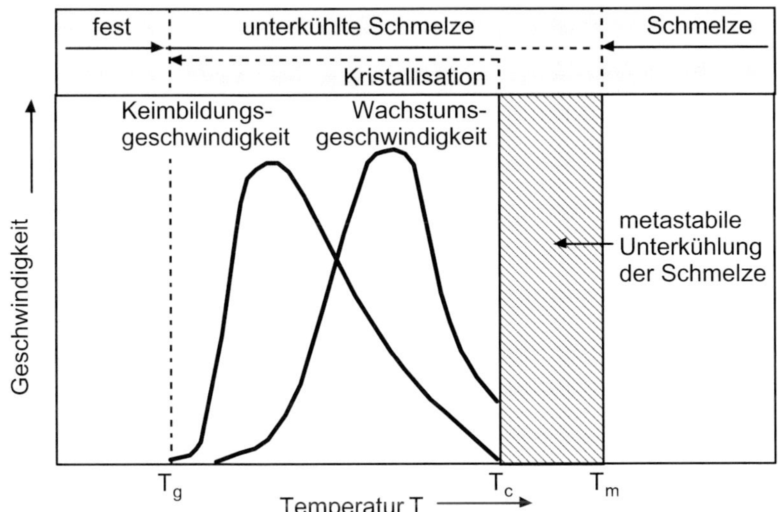

Bild 4.6 Temperaturabhängigkeit der Keimbildungs- und der Kristallitwachstumsgeschwindigkeit beim Abkühlen aus der Schmelze, s. a. Bild 4.31 [11]
T_g = Glasübergangstemperatur,
T_c = Kristallisationstemperatur, T_m = Schmelztemperatur

bedeutend mit (0,8 bis 0,87) T_m in K [80]. Dies entspricht ca. $(T_m + T_g)/2$, wobei die Schmelztemperatur mit zunehmenden Druck steigt, z.B. bei PE mit $T_{m(p)} = T_m (1 + 0{,}02\ p)$ [30].

Die Schmelz- und die Kristallisationstemperatur sind bei unendlich großen Kristalliten und gegen Null gehender Temperaturänderungsgeschwindigkeit zwar identisch, dieses sind jedoch technisch irreale Situationen, weil beide Phänomene in dieser Form nicht auftreten. Die Kristallisation unterscheidet sich zudem vom Schmelzvorgang dadurch, dass ihr ein Keimbildungsprozeß vorgeschaltet ist und dieser sich deutlich vom eigentlichen Kristallitwachstum unterscheidet, Bild 4.6 [11]. In der zunächst noch vollständig amorphen und damit viskoseren Schmelze bilden und lösen sich bei geringfügiger Unterkühlung zunächst die Keime. Mit zunehmender Unterkühlung wird die Keimbildung schneller und erreicht in der Nähe der Glasübergangstemperatur ein Maximum. Durch die Keimbildung steigt die Viskosität an, so dass die Kettenbeweglichkeit abnimmt. Infolgedessen verlagert sich die maximale Kristallitwachstumgsgeschwindigkeit zu höheren Temperaturen, wobei die Viskositätsabnahme durch die Keimbildung ausgeglichen wird. Wenn die Keime überkritisch werden und stabil sind, wachsen sie zu Kristalliten.

4.1.2.2 Kristallwachstum

Kristallisiert ein niedermolekularer oder atomarer Stoff, so ist die Änderung der Energie und Entropie für jedes Molekül gleich groß. Bei Makromolekülen lagern

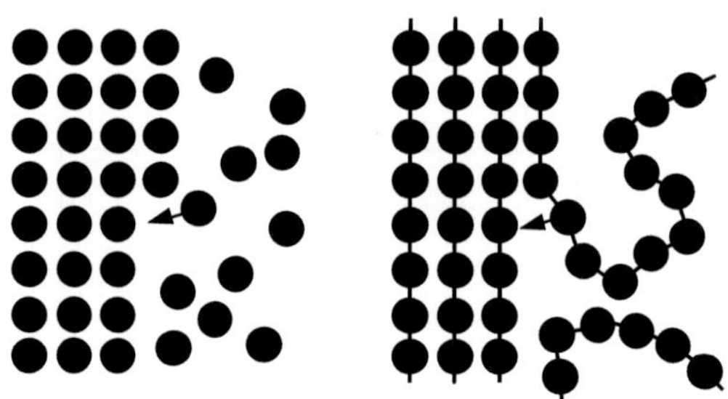

Bild 4.7 Schematische Darstellung der Elementarverlagerung bei der Kristallisation [35]
links: niedermolekularer oder atomarer Stoff (Metall)
rechts: Makromolekül

sich die Kettenabschnitte nacheinander auf die bevorzugten Kristallit-Plätze, wobei jeder Platzwechsel eines Kettenabschnittes durch inner- und intermolekulare Bindungskräfte auf nachfolgende Abschnitte wirkt, Bild 4.7.

Dabei ändert sich nicht nur die Entropie und die innere Energie der sich gerade anlagernden Kettenabschnitte, sondern auch die der noch freien Kettenbereiche in der Nähe der Kristallitoberfläche im Übergang amorph-kristallin. Bild 4.8 zeigt für die Kristallisation aus einem Faltungs- und einem Fransenkeim mit frei herausragenden Ketten die Änderung der freien Enthalpie ΔG in Abhängigkeit vom Kristallisationsgrad.

Zu Beginn des Kristallwachstums, der Keimbildungsphase, steigt die freie Enthalpie an. Der Zustand maximaler freier Enthalpie ist der instabilste. Mit zunehmendem Kristallwachstum nimmt die freie Enthalpie wieder ab, der Keim wird stabiler. Im Fall der Keimbildung durch Fransenmizellen mit frei herausragenden Ketten (ausgezogene Kurve) fällt die freie Enthalpie kurz vor der vollständigen Kristallisation des gesamten Volumens nochmals stark ab, da die Beeinflussung der sich gerade parallellagernden Ketten durch die noch nicht geordneten folgenden Kettenstücke umso geringer wird, je kürzer diese sind. Im häufigeren Fall der Kristallbildung mit Faltung[25] (gestrichelte Linie) werden mit zunehmender Kristallisation die Kettenschlaufenenden immer stärker verspannt, so dass die freie Enthalpie nach Durchlaufen eines Minimums zum Ende hin wieder ansteigt. Da die Prozesse in der Umgebung des Minimums freier Enthalpie sehr langsam verlaufen, treten in diesem Zustand auch nur langsame Änderungen ein. Eine weitere Kristallisation nach dem Minimum kann nur durch zusätzliche Einflüsse von außen erfolgen.

[25] *Faltungsbögen* erfordern energetisch ungünstigere gauche-Stellungen der Bindungsachsen. Mit zunehmender Kristallisation (Verkürzung der Faltungsbögen) ergeben sich zusätzliche Valenzwinkelverzerrungen.

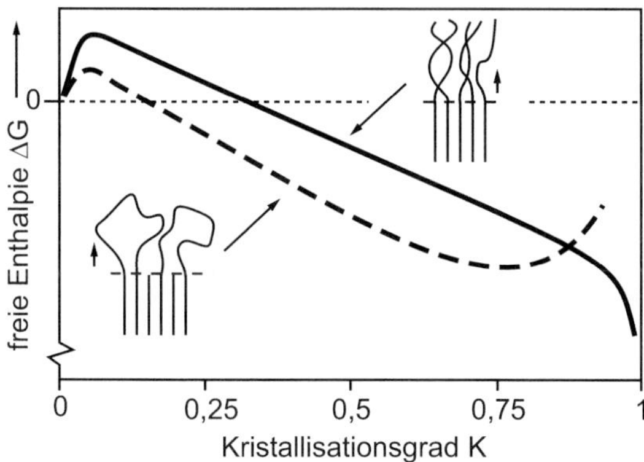

Bild 4.8 Änderung der freien Enthalpie ΔG als Funktion des Kristallisationsgrades bei Faltungen und Fransenmizellen [29]

Dazu kommt der Umstand, dass ein langes, bewegliches Kettenmolekül nicht als Ganzes, sondern nur segmentweise eine bestimmte Lage einnehmen kann. Bei Raumtemperatur wird daher im festen Polymer fast nie der Zustand niedrigster freier Enthalpie erreicht, d. h. Polymer-Werkstoffe befinden sich normalerweise in einem langdauernden metastabilen Zustand, der auch als gehemmter Nicht-Gleichgewichtszustand bezeichnet wird [9, 41].

Da die Kristallisation mit Abschluss der Fertigung des Formteiles i. A. nicht abgeschlossen ist, erfolgt danach ein sich über lange Zeiträume (Wochen bis Monate) erstreckender Nachkristallisationsprozess, s. a. Bild 4.14. In der Praxis werden daher Formteile, von denen eine hohe Maßhaltigkeit gefordert wird, in Werkzeugen mit erhöhter Temperatur gespritzt, um den Ketten wegen ihrer höheren Beweglichkeit von vorneherein die Möglichkeit zur schnellen und möglichst vollständigen Kristallisation zu geben. Dadurch können auch zunächst vorhandene kleine und gestörte Kristallite in größeren Einheiten mit einem höheren Ordnungsgrad umgewandelt werden. Kristalline Strukturen, die sich erst bei bestimmten Temperaturen bilden, schmelzen auch bei diesen gleichen Temperaturen. Bei bestimmten Polyurethan-Elastomeren kann so das Ende des entropieelastischen Bereichs und somit die thermische Einsatzgrenze um mehr als 100 °C zu höheren Temperaturen verschoben werden.

Kristallisationsfähige Makromoleküle bilden Kristallite mit wieder in die Faltung eintretenden und in andere Lamellen verlaufenden Ketten. Obwohl die Kinetik noch nicht eindeutig geklärt ist, ergibt sich schon aufgrund der im vorangegangenen Abschnitt diskutierten thermodynamischen Betrachtungen, dass bestimmte Höhenabmessungen bevorzugt sind. Der kristalline Anteil derartiger Faltungsblöcke beträgt bis 80 – 85 %. Die Störungen und nichtkristallinen Bereiche sind neben den Faltungsbögen an der Oberfläche (nicht geordnete Grenzschicht), Bild 4.9, auf Defekte im Kristallinneren zurückzuführen, Bild 4.10. Defekte im Kristallinneren

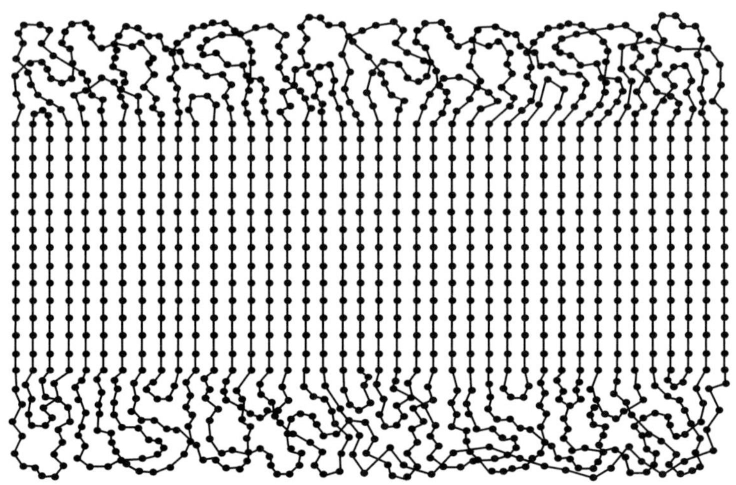

Bild 4.9 Modell für nicht geordneter Grenzschichten eines Einkristalls

können durch Kettenenden, Faltungen und Kinken[26] hervorgerufen werden. Statistisch ergibt sich z.B. für ein Polyamid mit einem Molekulargewicht $\overline{M}_w \sim 15\,000$ g/mol ein durchschnittlicher Abstand der Kettenenden von 2 nm [5].

Bereits in der Schmelze, dem Zustand größter Beweglichkeit der Ketten, sind Nahordnungen, d.h. Parallellagerungen oder Faltungen von wenigen kurzen Kettenabschnitten möglich, Bild 4.10.

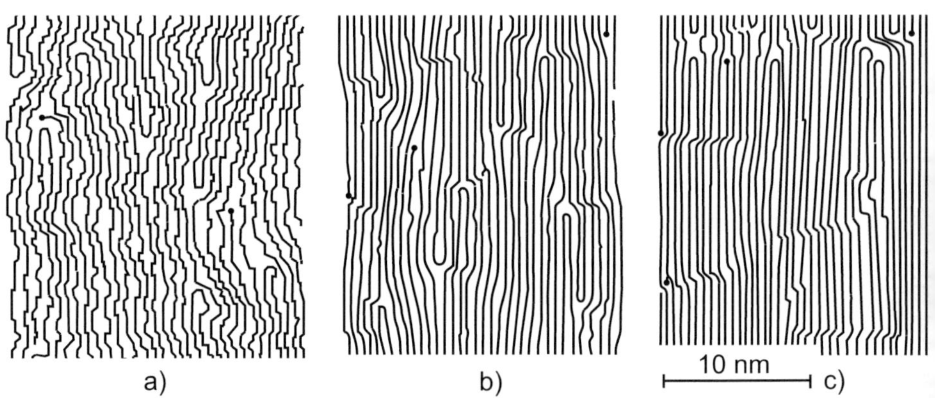

Bild 4.10 Modell für Nahordnung von kristallisierbaren Makromolekülen [42]
a) in der Schmelze
b) kurz unterhalb der Kristallisationstemperatur mit zunehmender Parallellagerung
c) im tief abgekühlten Zustand

[26] *Kinken* = seitliche Verschiebung der Kettenrichtung um weniger als den Kettendurchmesser

Der größte Teil liegt allerdings ungeordnet (amorph) vor. Die Nahordnungen ergeben jedoch bereits eine genügend große Anzahl von Primärkeimen, die beim Abkühlen thermodynamisch stabil werden und weiterwachsen können. Die Kinkenkonzentration soll dabei bei Polyethylen (PE) von etwa 25% der CH_2-Gruppen kurz oberhalb des Schmelzpunktes (Bild 4.10 a) mit dem Erstarren auf 0,5% abnehmen (Bild 4.10 b).

Die ungeordnete (amorphe) Grenzschicht ist in Bild 4.12 dargestellt. Die amorphe Zwischenschicht, hervorgerufen durch die Faltungsbögen und die Verbindungsmoleküle, lässt sich bei Polyethylen mit Tetrachlorkohlenstoff (CCl_4) entfernen. Untersuchungen an diesem nahezu hundertprozentig kristallinen Material haben jedoch gezeigt, dass es mechanisch außerordentlich spröde ist und dass die gewünschte hohe Zähigkeit der Polymer-Werkstoffe die amorphen Bereiche notwendig macht. Beim Ätzen von Polymeren nutzt man die unterschiedliche Diffusionsgeschwindigkeit der Ätzmittel in der amorphen und der kristallinen Phase, wobei in der kristallinen Phase die Eindringgeschwindigkeit in Kettenrichtung noch etwas geringer ist als senkrecht dazu. Durch die gezielte selektive Entfernung der amorphen Phase werden Überstrukturen sehr viel deutlicher erkennbar. In Bild 4.11 werden zum einen die Konturen feinkörniger PE-Sphärolithe und reihenförmig angeordneter Kristallite nach dem Abätzen mit Tetrachlorkohlenstoff (CCl_4) deutlich, zum anderen die räumliche Anordnung der Sphärolithe aus dem Kernbereich einer PE-Probe nach dem Ätzen ebenfalls mit (CCl_4).

Es ist jedoch anzunehmen, dass nicht alle gefalteten Ketten in die Kristallite zurücklaufen, wie dies in Bild 4.9 dargestellt ist. Es ist vielmehr wahrscheinlich, dass auch einige Ketten von einem zum anderen Kristallit verlaufen und die dazwischen liegenden amorphen Bereiche bilden, Bild 4.12 b. Dass alle Ketten von einem zum anderen Kristallit verlaufen und sich dann als amorphe Bereiche

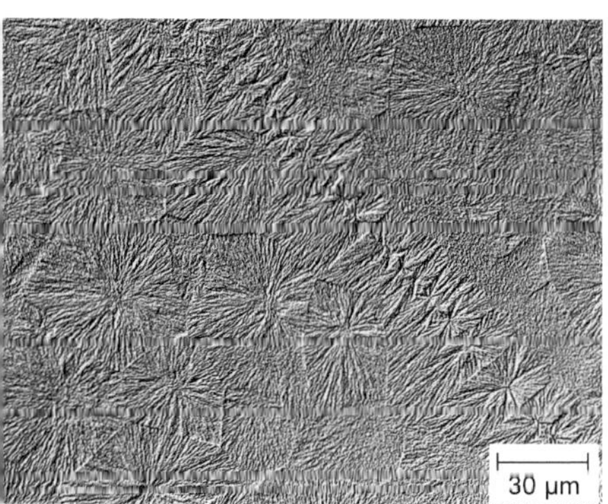

Bild 4.11 Sichtbarmachung von kristallinen Strukturen [36]
links: feinkörnige PE-Sphärolithe nach dem Ätzen mit $H_2SO_4/HNO_3/KMnO_4$ Auflicht-Differential-Interferrenz Kontrast
rechts: PE-Sphärolithe nach dem Ätzen mit CCl_4

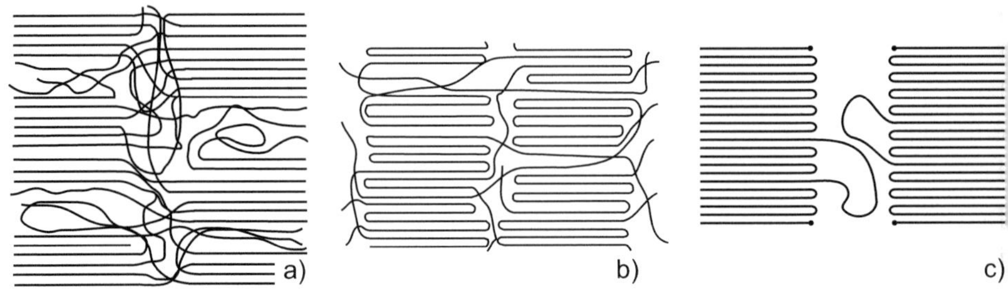

Bild 4.12 Modelle für nichtkristalline Bereiche zwischen den Kristalliten [37]
a) von Kristallit zu Kristallit durchlaufende Ketten
b) durchlaufende und gefaltete, rücklaufende Ketten
c) Schlaufen aus gefalteten Ketten

zwischen Kristallite legen, Bild 4.12 a, ist wenig wahrscheinlich, zumal amorphe Anordnungen eine sehr viel größere Querschnittsfläche benötigen als kristalline.

Es ist vielmehr anzunehmen, dass sich die weitgehend linearen Kettenabschnitte im Inneren der Kristallite anlagern. In den amorphen Zwischenschichten befinden sich die aus den Kristalllamellen herausragenden Molekülschlaufen, die in andere Lamellen verlaufende Molekülabschnitte, Verzweigungsstellung und – falls vorhanden – chemische Vernetzungsstellen.

Bild 4.13 zeigt, wie sich ein einzelnes Makromolekül, das im geschmolzenen Zustand einmal ein Knäuel war, in mehreren Lamellen und amorphen Bereichen anordnen kann. Der Zusammenhalt der amorphen Grenzschichten verschiedener Faltungsblöcke wird durch die Anzahl der durchlaufenden Ketten und die wechselseitigen Kettenverschlaufungen bestimmt. Trotzdem sind diese amorphen Grenzschichten häufig als Schwachstelle anzusehen, Bild 4.25.

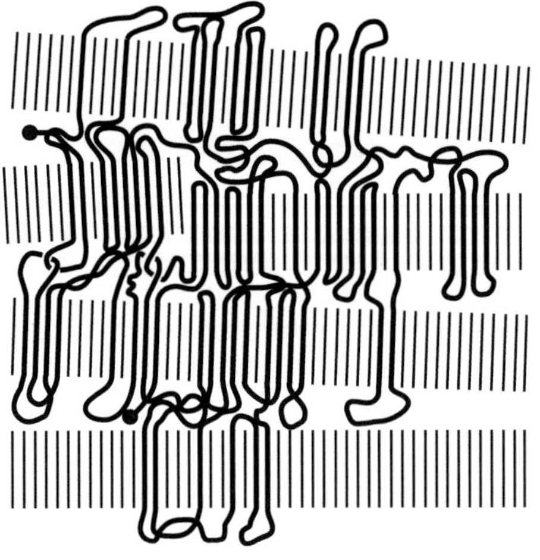

Bild 4.13 Anordnung eines einzelnen PE-Makromoleküls in mehreren kristallinen Lamellen und amorphen Zwischenbereichen [38]

Parallel zu den Ketten ist das Wachstum durch Anlagerung von weiteren Ketten bei günstigen Kristallisationsbedingungen nahezu unbegrenzt, so dass sich z. B. bei Polyethylen regelrecht breite Schichten bilden. Unter normalen Bedingungen entstandene Lamellen weisen eine sehr viel ungleichmäßigere Anordnung der Lamellen auf.

Der reale kristalline Aufbau von teilkristallinen Kunststoffen ist kompliziert und in seiner Wirkung auf die Eigenschaften des Kunststoffs selbst überraschenderweise kaum erforscht. Beim Abkühlen einer kristallisierbaren Schmelze beginnen sich die ersten Makromoleküle parallel zu lagern (siehe auch Bild 4.3). Man spricht von einer wachsenden mesomorphen Schicht, Bild 4.13 a. Bei genügender molekularer Beweglichkeit beginnen sich die Ketten im Inneren zu parallelisieren und dann zunehmend die Oberflächenbereiche zu ordnen. Eine geringe Unterkühlung unter die Kristallisationstemperatur führt zu einem langsamen Wachstum und einer perfekten Lamellenbildung. Bei einer starken Unterkühlung kommt es zu einem schnelleren Wachstum verbunden mit Störstellen und somit kleineren Kristalliten.

Es entstehen Faltungen, bei denen einige Makromoleküle mehrere Faltungen durchlaufen können, diese also praktisch verbinden, Bild 4.13 a. Diese Verbindungsmoleküle nennt man Tie-Moleküle. Die Höhe der Faltungen hängt von den energetischen Gegebenheiten (s. Abschn. 4.1.2.1) ab. Sie kann durch einen erhöhten Spritzdruck gesteigert werden. Dadurch werden größere Anteile der Makromoleküle parallel gelagert, so dass die wechselseitige Anziehung steigt und damit auch die mechanischen Eigenschaften. Derartige Faltungen werden entweder zentralsymmetrisch bei weitgehend ruhenden Schmelzen zu Sphärolithen (Bild 4.18 f) oder bei bewegter Schmelze zu parallelen Faltungsstrukturen geordnet (Bild 4.15 f).

Sphärolithe wachsen mit weitgehend gleicher Geschwindigkeit, bis sie sich berühren. Sind es gleichzeitig wachsende Sphärolithe, wird die Berührungslinie etwa eine Gerade sein, bei zeitlicher Differenz, ungleicher Größe und entsprechenden noch nicht nukleierter Masse dagegen gebogen.

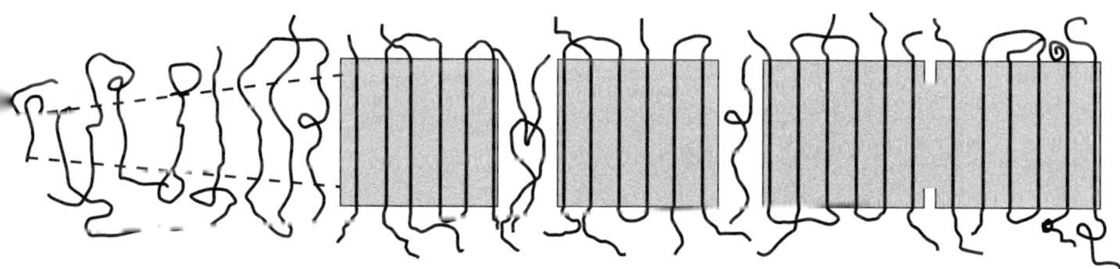

Bild 4.13 a Entstehen von Kristall-Lamellen aus der Schmelze [38a]

Die Faltungen sind die eigentlichen Ergebnisse der Kristallisation. Eine genügend hohe Kristallisationsrate wird bei einer Temperatur zwischen 30 °C über der Glasübergangstemperatur und > 10 °C unter der Schmelztemperatur erreicht. Beide Temperaturen steigen mit zunehmendem Druck, ca. 25 °C je 1000 bar. Je niedriger die Kristallisationstemperatur ist, umso höher ist die Zahl der Keime und umso feiner die Sphärolithgröße.

Die Faltungshöhe kann durch Druck in der Schmelze deutlich gesteigert werden und diese Erscheinung kann auch unter dem Rasterelektronenmikroskop optisch abgeschätzt und beim Aufschmelzen im DSC durch eine Verschiebung des Schmelzmaximums zu höheren Temperaturen ebenfalls indirekt ermittelt werden.

Dagegen ist man noch nicht in der Lage, die Anzahl und Lage der Tie-Moleküle zwischen den Faltungen bzw. den aneinanderstoßenden Sphärolithen zu bestimmen, obwohl letztere häufig die Versagensursache sind, besonders bei gleichzeitiger Einwirkung von Lösemitteln.

Beim Kristallisieren teilkristalliner Kunststoffe bilden sich Faltungen verbunden durch die amorphen Tie-Bereiche zwischen ihnen. Die Übergangsbereiche zwischen den kristallinen und den amorphen Bereichen sind zunächst metastabil. Ihre Dicke beträgt ungefähr 3 nm. Durch Erwärmen nahe dem Schmelzbereich findet eine weitere Ordnung der kristallinen Bereiche und ein Wachstum der Lamellenhöhe statt. Verzweigungen und Seitenketten der Makromoleküle stören die gleichmäßige Anordnung in den Lamellen.

Die Dichte oder Zahl der Tie-Moleküle nimmt mit zunehmendem Molekulargewicht der Makromoleküle zu. Ihre Bestimmung zwischen den Faltungen bzw. den aneinanderstoßenden Sphärolithen ist bisher kaum zuverlässig möglich, obwohl letztere häufig die Versagensursache sind, besonders bei gleichzeitiger Einwirkung von Lösemitteln.

In diese Zwischenbereiche könnten Nanoteilchen (s. Abschn. 4.3.3) eingelagert werden und die Beweglichkeit der Makromoleküle einschränken, ebenso wie eine Strahlenvernetzung (s. Kap. 1, Neue Verarbeitungstechniken). Die Lamellenhöhen betragen 10 bis 30 nm, die der amorphen Zwischenbereiche aber nur 1 bis 10 nm.

Wenn die Lamellendicke sehr klein ist, setzen die Lamellen den Tie-Molekülen nur einen geringen Widerstand bei einer Beanspruchung bzw. einer Bewegung durch die Kristalle oder bei deren Zerteilung entgegen. Anders ist es bei höheren Lamellendicken, bei denen der Widerstand gegen Verformung größer ist, zudem nimmt die Zahl der Tie-Moleküle ab [38b].

Eine genaue Bestimmung der Lamellendicke, der Dichte der Tie-Moleküle und deren Dicke ist wegen der geringen Abmessungen kaum möglich. Es bieten sich verschiedene Messmethoden an wie TEM- und REM-Mikroskopie, AFM, SAXS und DSC, die aber voneinander abweichende und nicht unbedingt konstante Ergebnisse bringen [38c].

Das Ausmaß der Kristallisation ist u. a. von den Verarbeitungsbedingungen abhängig, wobei auch nach erfolgter Formteilherstellung die Kristallisation fortschreiten kann. In Bild 4.14 ist als Beispiel der Einfluss der Werkzeugoberflächentemperatur bei der Verarbeitung und einer nachträglichen Lagerung der Formteile bei erhöhter Temperatur auf die Schwindung[26a] und Nachschwindung von Polyoxymethylen (POM) dargestellt. Teilkristalline Thermoplaste gelten wegen des oben gesagten i. A. als weniger maßbeständig als amorphe.

Entsprechend dem Kristallisationsgrad ändern sich die von ihm abhängigen Materialeigenschaften mit der Zeit. Mit wachsendem Kristallisationsgrad

- nehmen zu: Dichte, Elastizitätsmodul, Zugfestigkeit (Streckgrenze), Härte, Abriebfestigkeit, Beständigkeit gegen Lösemittel, Wärmeleitfähigkeit und Schmelzwärme;
- nehmen ab: mechanische Dämpfung, Schlagzähigkeit, Bruchdehnung (Verstreckbarkeit), Volumen, Kompressibilität, thermische Ausdehnung, Beständigkeit gegen Spannungsrissbildung, Quellung, Permeation von Gasen und Dämpfen und Lichtdurchlässigkeit.

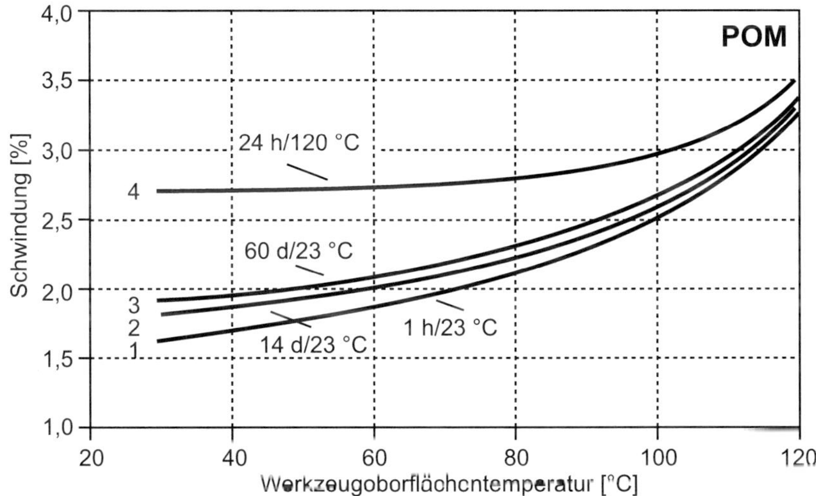

Bild 4.14 Verarbeitungsschwindung und Nachschwindung von Polyoxymethylen (POM) in Abhängigkeit von der Werkzeugoberflächentemperatur, Lagerzeit und -temperatur, Wanddicke 1,5 mm
1) Verarbeitungsschwindung, gemessen 1 Stunde nach Herstellung
2) Nachschwindung nach 14-tägiger Lagerung bei Raumtemperatur
3) Nachschwindung nach 60-tägiger Lagerung bei Raumtemperatur
4) Nachschwindung nach 24-stündiger Temperung bei 120 °C

[26a)] Schwindung ist eine Volumenänderung ohne Entfernung von Material und äußerer Krafteinwirkung ähnlich der Schrumpfung (s. S. 266) als Bewegung orientierter Makromoleküle in energetisch günstigeren Zustand, meistens mit Änderung der Abmessungen und Gestalt.

4.1.2.3 Kristalline Überstrukturen

Lamellenstruktur

Die verschiedenen Ordnungsmöglichkeiten der teilkristallinen Thermoplaste in Lamellenform ergeben das in Bild 4.15 dargestellte Modell am Beispiel einer gepressten PE-Probe. Die einzelnen Punkte der Ketten kennzeichnen jeweils die chemischen Grundbausteine. Die einzelnen Molekülketten liegen in einigen Bereichen parallel geordnet als Kristallite vor und laufen dann durch die amorphen Bereiche in den nächsten Kristallit bzw. mehr oder weniger stark gefaltet wieder zurück.

Der Form des gefalteten Idealkristalls kommt der Zustand E am nächsten. Derartige Kristallitstrukturen bilden sich aus Faltenkeimen, vor allem aus verdünnten Lösungen, aber auch aus Schmelzen. Wird ein zunächst überwiegend amorphes Material unterhalb der Kristallit-Schmelztemperatur und oberhalb der Erweichungstemperatur der amorphen Phase getempert, so lagern sich zunehmend Ketten parallel, wie dies im Bereich U vorliegt.

Die gegenläufigen Pfeile rechts unten sollen eine Verbindung kennzeichnen, die durch Aneinanderlagern der Zustände E und U zustande gekommen ist, aber noch keine optimale intermolekulare Bindung erreicht hat, so dass es bei einer mechanischen Beanspruchung zu Abgleitungen kommen

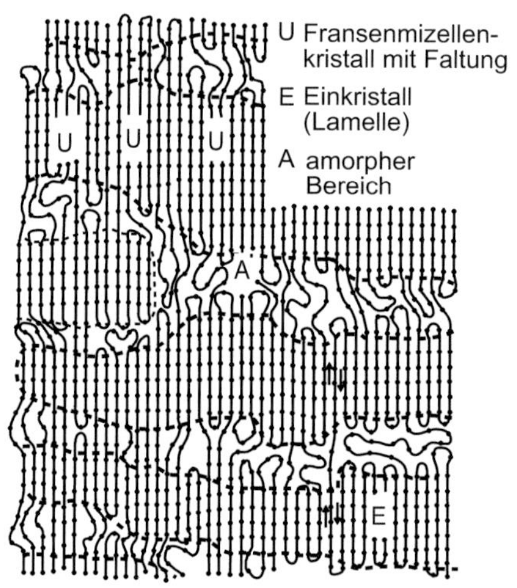

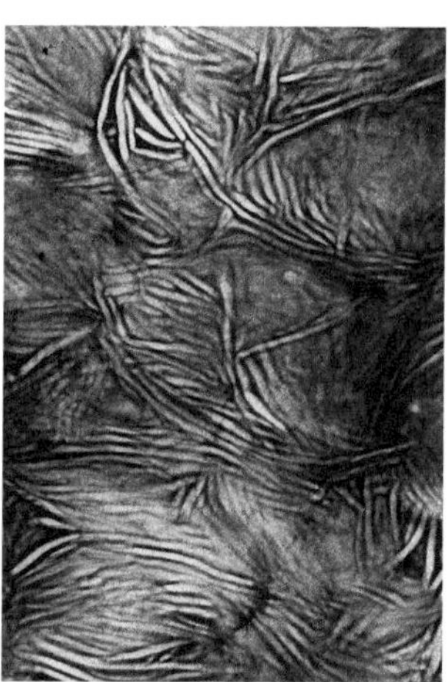

Bild 4.15 Lamellenstruktur in teilkristallinen Thermoplasten
links: Modell für verschiedene Kristallitanordnungen [39]
rechts: Anordnung der Lamellen von gepressten PE-HD-Proben [40]
kristalline Bereiche sind hell, amorphe dunkel,
Lamellendicke ca. 25 nm, Kristallisationsgrad = 80 %,
$\overline{M}_W = 3 \cdot 10^5$ g/mol
(kontrastierter Ultradünnschnitt in Chlorsulfonsäure und Uranylacetat)

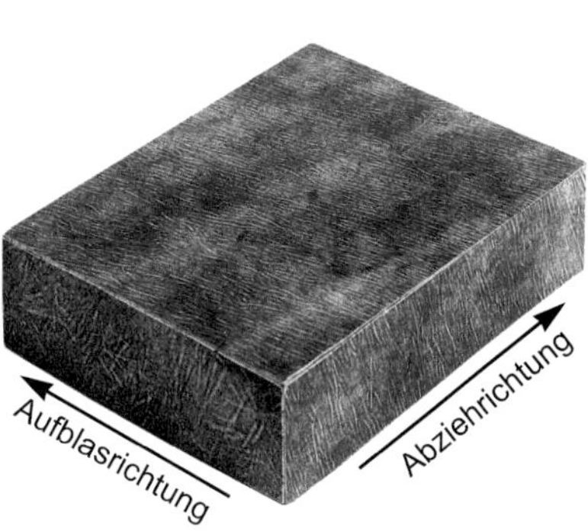

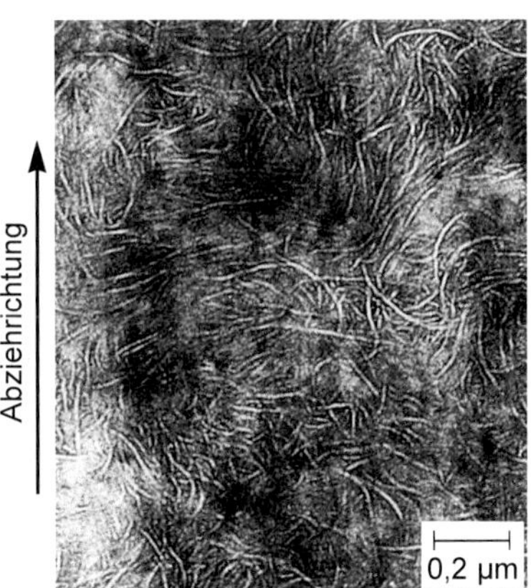

Bild 4.16 Blasfolie aus PE-LD [40]
rechts: Element mit Aufblasverhältnis 1 : 2
links: Aufsicht Aufblasverhältnis von 1 : 5 in Abziehrichtung (kontrastierter Ultradünnschnitt)

Die Lamellenflächen sind mehr oder weniger gekrümmt, was darauf zurückzuführen ist, dass die weniger dichten und damit mehr Platz in Anspruch nehmenden, amorphen Zwischenschichten eingeordnet werden müssen.

In Bild 4.16 rechts ist die Feinstruktur einer Blasfolie aus PE-LD mit einem Aufblasverhältnis von 1:2 dargestellt. Die aus der Ringdüse austretende Schmelze wurde durch Überdruck im Innern des Schlauches auf das Doppelte aufgeblasen und gleichzeitig in Schlauchrichtung abgezogen. Man erkennt, dass die weiß erscheinenden Kristalllamellen praktisch senkrecht zur Abzugsrichtung stehen und damit anzeigen, dass die Kettenmoleküle ihre Vorzugsorientierung, die sie in der Schmelze beim Verlassen der Ringdüse in der Abzugsrichtung besaßen, prinzipiell beibehalten haben. Erst bei einem Aufblasverhältnis von 1:5 tritt eine ausreichende Desorientierung der Kristall-Lamellen ein, die zu gebrauchsfähigen Folien mit gleichen Eigenschaften in allen Richtungen in der Fläche führt.

Fasern

Beim Herstellen von Fasern werden die Polymere durch drei Effekte orientiert:

- Schmelzeströmung innerhalb der Kapillare (Scherströmung),
- Ausziehen der kristallisierenden Schmelze außerhalb der Düse (Dehnströmung),
- Nachverstrecken der kristallisierten Faser.

Während eine aus der Schmelze mit einer Geschwindigkeit von 35 m/s gezogene thermoplastische Polyesterfaser (PET) noch nahezu amorph ist, wird sie bei 100 m/s hochkristallin. Dabei läuft die Verfestigung durch die Kristallbildung um

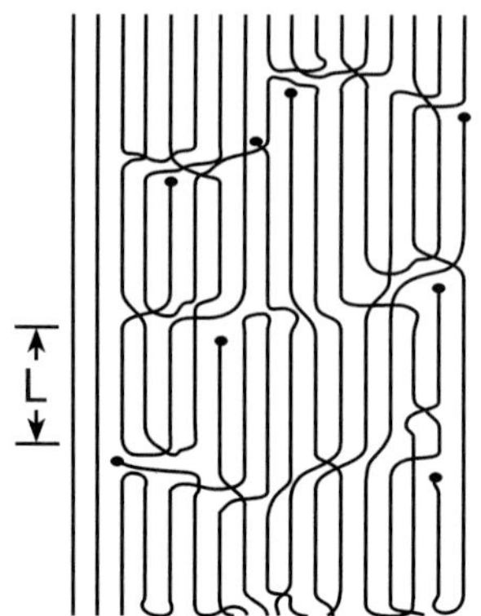

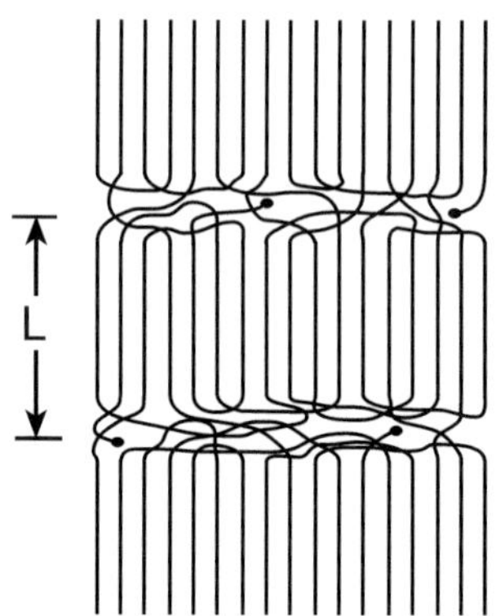

Bild 4.17 Morphologie von Fasern [11]
links: kaltverstreckte Probe
rechts: kaltverstreckte und getemperte Probe
die Langperiode L vergrößert sich beim Tempern

Größenordnungen schneller ab als in isotropen Schmelzen und ebenfalls schneller als die Relaxation (Rückbildung) der in der Schmelze orientierten Makromoleküle. In der Kapillare herrscht überwiegend Scherströmung, die Orientierung ist daher deutlich geringer als beim folgenden Ausziehen unter Dehnströmung, die den größten Anteil der Orientierung bewirkt. Beim Nachverstrecken werden ganze Lamellenabschnitte aus ihrer ursprünglichen Lage gelöst und in Faserrichtung orientiert (s. a. Bild 6.34). Eine nachfolgende Temperung soll die Struktur ordnen, fixieren und elastische Verstreckungen, die zu Formänderungen der Faser führen könnten, auflösen, Bild 4.17. Maximale Verstreckungen, evtl. auch in mehreren Teilschritten, betragen bis zum 30-fachen der Ausgangslänge.

An verstreckten Fasern, bestehend aus kristallinen Lamellen und dazwischen liegenden amorphen Bereichen, wurden die in Tabelle 4.2 angegebenen Elastizitätsmoduln senkrecht und parallel zur Faserachse gemessen. Der als makroskopischer Elastizitätsmodul E_M angegebene Wert gilt für die ganze Faser, der Kristallit-Elastizitätsmodul E_k bezieht sich auf einzelne Faltungsblöcke ohne amorphe

	parallel zur Faserrichtung (N/mm^2)		senkrecht zur Faserrichtung (N/mm^2)	
	E_M	E_k	E_M	E_k
Polyethylen (PE)	2400	240 000	2000	3800
Polypropylen (PP)	7000	42 000	2300	3000
Polyoxymethylen (POM)	23 000	54 000	4800	800

Tabelle 4.2 Makroskopische Matrix-(E_M) und Kristallit-(E_k) Elastizitätsmoduln von Einzelfasern [41];
Faserrichtung = Kettenrichtung

Bereiche. Dabei ist die Richtung der Ketten in den Kristalliten gleich der der Faserrichtung.

Die Werte für die kristallinen Bereiche sind weit höher als die Werte für die gesamte Faser. Bei Belastung in Faserrichtung verformen sich zunächst die weicheren, amorphen Bereiche, was diese verringerte Gesamtsteifigkeit bewirkt.

Sphärolithe

In den meisten Fällen ordnen sich die beim Abkühlen aus der Schmelze entstehenden, etwa 15 - 100 nm dicken Faltungsblöcke zu größeren polyedrischen[27] Einheiten, den sog. Sphärolithen.

Sphärolithe sind zentralsymmetrische Überstrukturen aus zahlreichen Faltungsblöcken mit in den kristallinen Bereichen überwiegend tangential zum Radius angeordneten Makromolekülen. Übliche Sphärolithdurchmesser betragen 0,1 - 1 mm. Typische Sphärolith-Strukturen, wie sie im polarisierten Licht zu erkennen sind, zeigt Bild 4.18.

Auffallend sind bei einigen Sphärolithen im polarisierten Licht sog. Malteserkreuze und konzentrische Ringe, die bei anderen wiederum fehlen. Die Malteserkreuze weisen auf die zentralsymmetrische Anordnung der Faltungsblöcke hin. Ringe werden bei PE, PP und PVDF beobachtet, keine Ringe zeigen sich bei PA, PB, POM, PET und PBT. Bei PE, PVDF und bestimmten PP-Typen sind beide Erscheinungen möglich.

Bilden sich die Sphärolithe garbenförmig in einer Ebene, wie Bild 4.19 für β-Polypropylen zeigt, treten keine Lichtablenkungen und damit keine Ringe auf. Die meisten Aufnahmen für polarisiertes Durchlicht werden an 10 bis 15 mm dicken Mikrotomschnitten gemacht, so dass die Ebenen mit Faltungen dominieren.

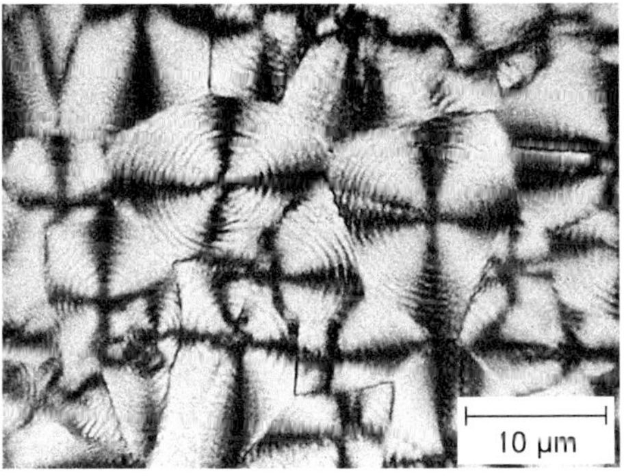

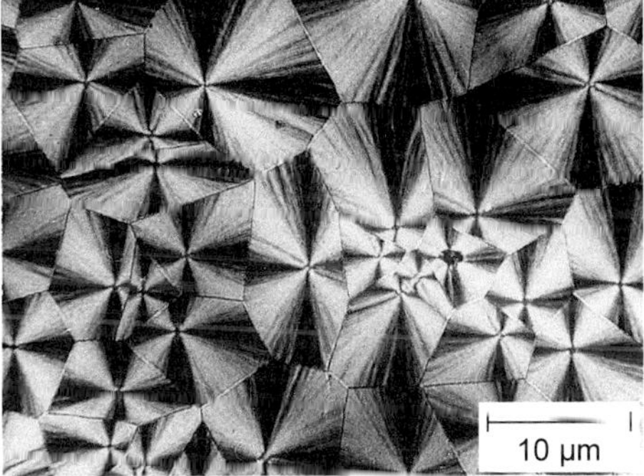

Bild 4.18 Mikrotomdünnschnitt von sphärolithisch kristallisiertem Polyethylen (PE) mit und ohne ringförmige Struktur im polarisierten Licht

---

27) Ein *Polyeder* ist ein von vielen ebenen Flächen begrenzter Körper, annähernd kugelsymmetrisch

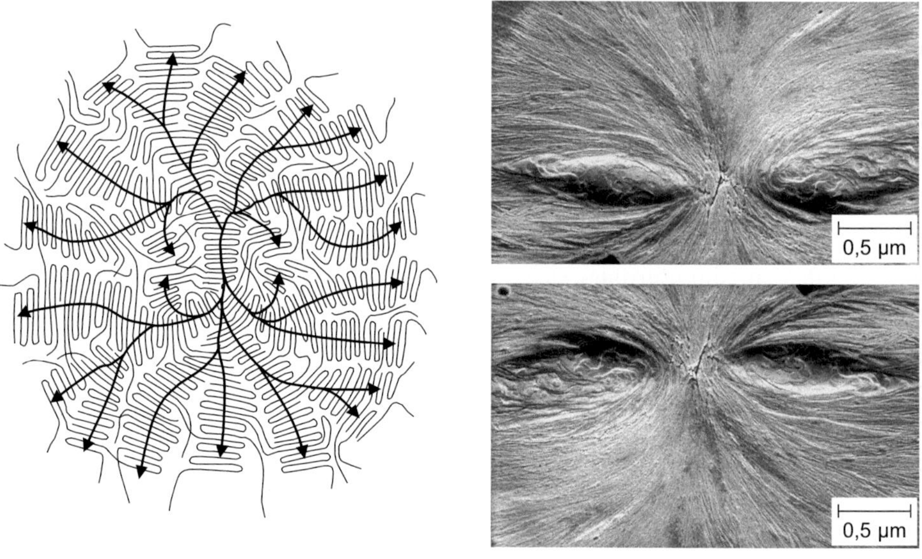

Bild 4.19 Garbenförmiger Sphärolith eines β-Polypropylen-Sphärolith
links: Schema
rechts: REM-Aufnahme mit $H_2SO_4/HNO_3/KMnO_4$ mit geätzter Schnittoberfläche, unterschiedliches Erscheinungsbild durch Drehung des Bildes um 180°

Geätzte Schnittoberflächen eben gewachsener Sphärolithe von PP und POM zeigen deutlich das radiale Wachstum der Faltungsebenen, Bild 4.20.

Im polarisierten Licht wird durch eine gekreuzte 90°-Stellung von Polfiltern das durch den 1. Filter durchgelassene, in einer Richtung schwingende Licht durch

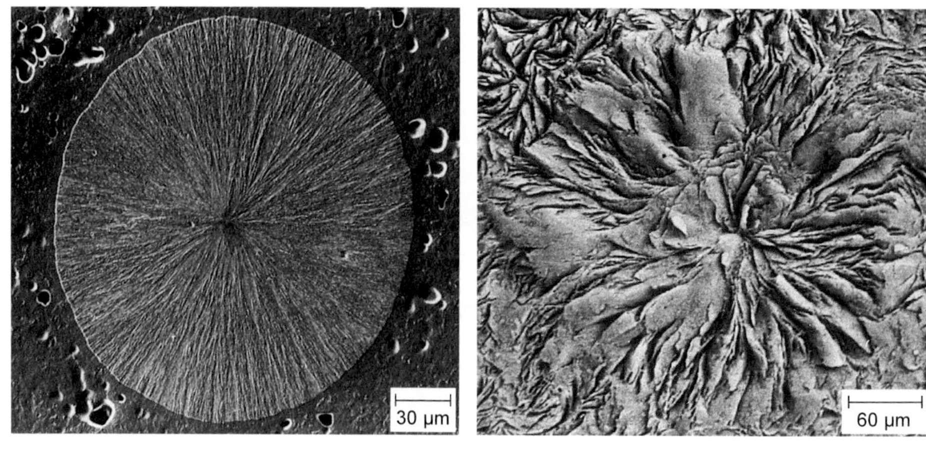

Bild 4.20 Geätzte Schnittoberfläche von Sphärolithen mit radialer Anordnung der Lamellen
links: PP mit H_2SO_4 /HNO_3 /$KMnO_4$ geätzt
rechts: POM in 37%iger HCl, 90 s bei Raumtemperatur geätzt

den 2. Filter vollständig abgeschirmt. Durch eine zwischen die Filter eingebrachte Probe kann die Lichtrichtung, die durch den 1. Filter entstanden ist, abgelenkt (depolarisiert) werden, so dass die nicht in die Abschirmrichtung schwingende Lichtkomponente durch den 2. Filter hindurchlaufen kann. So werden Strukturen im polarisierten Licht erkennbar.

Die im polarisierten Licht sichtbaren Ringstrukturen können einer schraubenförmigen Anordnung der gefalteten Kristallite zugeordnet werden, wobei die Ganghöhe der Schraube gerade dem Abstand gleicher Ringe entspricht, Bild 4.21.

Die in Bild 4.18 sichtbaren Ringe ergeben sich dadurch, dass in Richtung der Lamellennormalen, d. h. parallel zu den Molekülen, keine Depolarisation des polarisierten Lichts stattfindet, es erscheinen dunkle Ringe. Im Gegensatz dazu ergeben sich senkrecht dazu, d. h. senkrecht zu den Molekülachsen, wegen der Depolarisation die Aufhellungen.

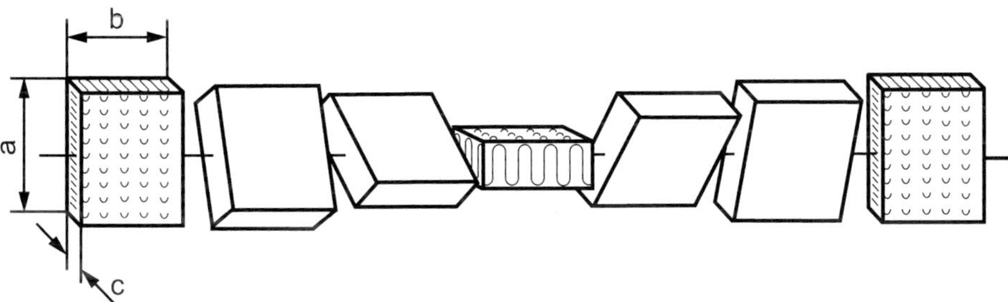

Bild 4.21 Schraubenförmige Anordnung der gefalteten kristallinen Bereiche im Sphärolith, schematisch

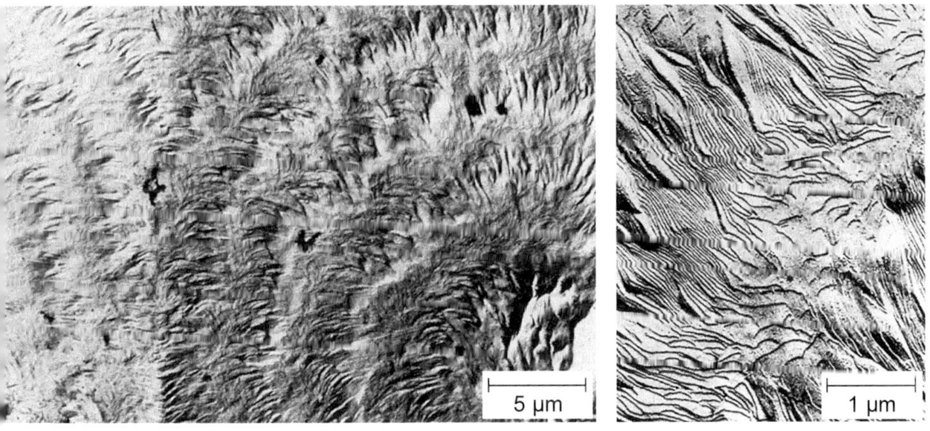

Bild 4.22 Schraubenförmige Anordnung der Faltung im Sphärolith, Oberflächenabdruck eines Polyethylens (PE-HD) [44]
(Elektronenmikroskopische Aufnahme)

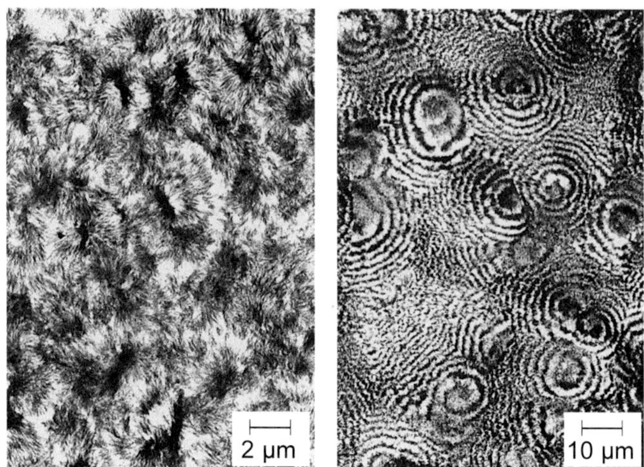

Bild 4.23 Sphärolithe in Polyethylen (PE)
links: verzweigtes PE-LD rechts: lineares PE-HD
(Mikrotomschnitt im polarisierten Licht)

Die elektronenmikroskopischen Aufnahmen von Oberflächenabdrücken in Bild 4.22 lassen deutlich die schraubenförmige Anordnung der Kristallite erkennen. In den glatten Bereichen liegen die Faltungsblöcke parallel zur Bildebene, d.h. die Ketten verlaufen senkrecht zu ihr.

Bei der Bildung von Lamellen stören vor allem Seitenketten, Substituenten und Kettenenden einen regelmäßigen Aufbau der kristallinen Bereiche. Inwieweit sie als Störstellen in die Kristallite eingebaut oder in amorphe Deck- und Zwischenschichten abgedrängt werden, ist nicht vollkommen geklärt.

Wie sehr Verzweigungen den gleichmäßigen Aufbau von Sphärolithen stören können, zeigt Bild 4.23 am Vergleich von verzweigtem und linearem Polyethylen (PE).

In vergleichweise ruhenden Schmelzen bildet sich eine Vielzahl von Sphärolithen. Je stärker die Unterkühlung ist, umso mehr Sphärolithe beginnen sich zu bilden und umso feiner ist deren Struktur. Ähnlich wie bei den Metallen hat die Größe der Sphärolithe einen deutlichen Einfluss auf das makroskopische Verformungsverhalten. Mit abnehmender Sphärolithgröße (bei den Metallen: Korngröße [45]) nehmen Streckspannung, Festigkeit, Bruchdehnung und Zähigkeit zu. Durch Zugabe z.B. von Indigo als Kristallisationsbeschleuniger (Keimbildner) wird die Zahl der Kristallisationskeime und damit die Zahl der Sphärolithe erhöht und gleichzeitig deren Größe verringert. Bild 4.24 zeigt links für isotaktisches Polypropylen (PP) das Abnehmen der Bruchdehnung in Abhängigkeit der Sphärolithgröße. Im rechten Teilbild sind Spannungs-Dehnungs-Diagramme für das gleiche Polypropylen dargestellt. Die Größe der Sphärolithe wurde durch 1% Indigo verkleinert, wodurch die Bruchdehnung auf das Vielfache angehoben wurde [46].

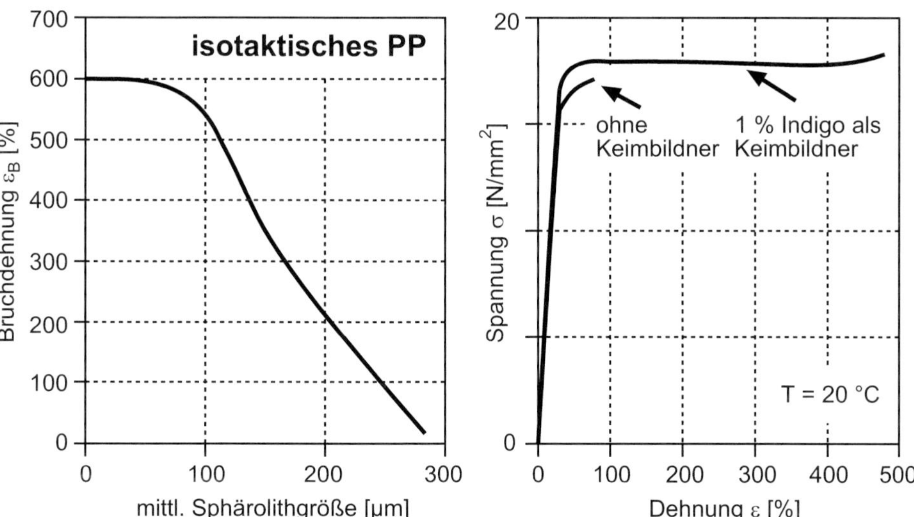

Bild 4.24 Verformungsverhalten von isotaktischem Polypropylen (PP) [46]
links: Bruchdehnung in Abhängigkeit von der mittleren Sphärolithgröße
rechts: Spannungs-Dehnungs-Kurven, Keimbildner bedingen viele und daher kleine Sphärolithe

Sphärolithe wachsen zentralsymmetrisch und treffen sich an den Sphärolithgrenzen, an denen schmale amorphe Bereiche mit durchlaufenden Verbindungsmolekülen in ähnlicher Weise Schwachstellen darstellen wie die amorphen Kristallitdeckschichten der Faltungen. Bei zunehmender mechanischer Belastung oder einem Einwirken von Lösemitteln reißen zunächst die Zwischenbereiche zwischen den Sphärolithgrenzen und den schraubenförmig angeordneten Faltungsblöcken, Bild 4.25.

Die mit zunehmender Kristallisation verbundene Dichteerhöhung bewirkt, dass innerhalb des Polymer-Werkstoffs von den Sphärolithzentren ausgehend Schwindungsvorgänge stattfinden, die zwischen den Sphärolithen Zugspannungen hervorrufen. Diese Spannungen steigen mit wachsender Sphärolithgröße und dadurch

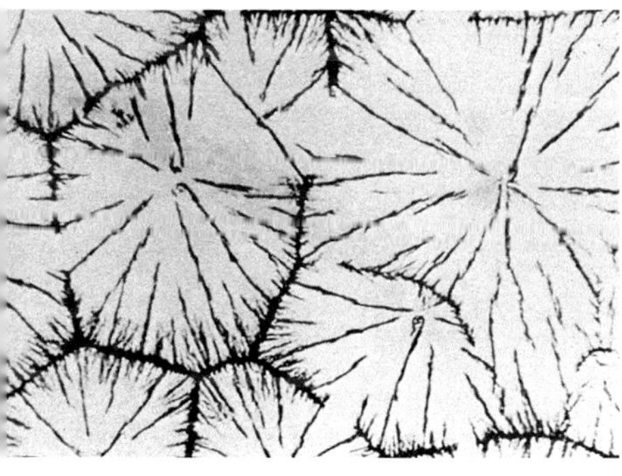

Bild 4.25 Rissbildung in den amorphen Bereichen entlang der Sphärolithgrenzen und der interlamellaren Faltungsblöcke in Polypropylen (PP) [nach Keith und Padden] (Lichtmikroskopische Aufnahme)

bedingter zunehmender Schwindung. Da nur relativ wenige Kettenmoleküle von einem Sphärolith zum anderen laufen, können diese Zugspannungen besonders bei großen Sphärolithen zu Rissen führen. Risse und hohe Zugspannungen an den Sphärolithgrenzen setzen besonders die Schlagzähigkeit und die Bruchdehnung herab und begünstigen die Spannungsrissbildung.

Wegen der Dichteunterschiede zwischen kristallinen und amorphen Bereichen ergeben sich bei Nachtemperungen rund um die Sphärolithe Vertiefungen, wie sie in Bild 4.26 für eine Polypropylen-Blasfolie dargestellt sind.

Derartige Vertiefungen an den Sphärolithgrenzen führten verschiedentlich zu Annahmen, dass allein die Sphärolithgrenzen als die Schwachstellen des Verbundes anzusehen sind und beanspruchungsbedingte Risse jeweils nur entlang der Sphärolithgrenzen verlaufen. Durch Netzmittel ausgelöste Spannungsrisse in einem linearen Polyethylen (PE-HD) lassen jedoch erkennen, dass auch Risse quer durch Sphärolithe laufen. Bild 4.27 zeigt einen durch 5%-ige Lösung ausgelösten Spannungsriss (s. Abschn. 6.1.3), der sowohl durch Sphärolithe, als auch entlang der Sphärolithgrenzen verläuft.

Wie sehr die Verarbeitungstemperaturen die kristalline Struktur und damit die Eigenschaften eines Formteils beeinflussen können, zeigt Bild 4.28. Bei einem schadhaften Druckknopf ist die äußere, auf Verschleiß beanspruchte Fügefläche weniger kristallin und damit weicher und verschleißempfindlicher.

Bild 4.26 Oberflächen einer Polypropylen-Blasfolien nach dem Tempern (4 Stunden bei 100 °C getempert) (REM-Aufnahme)

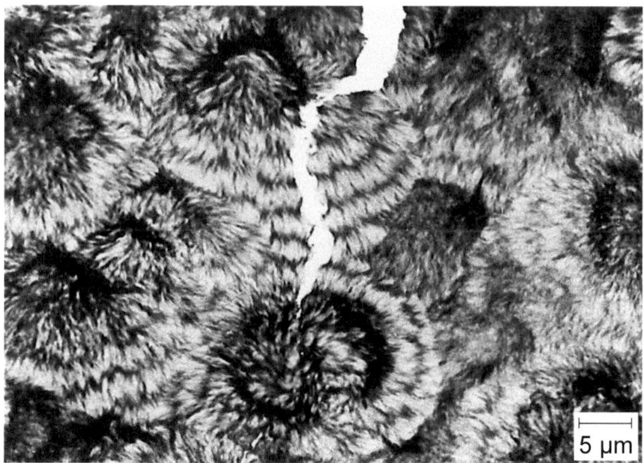

Bild 4.27 Spannungsriss in kristallisiertem Polyethylen (PE-HD)
(Elektronenmikroskopische Aufnahme des Dünnschnittes)

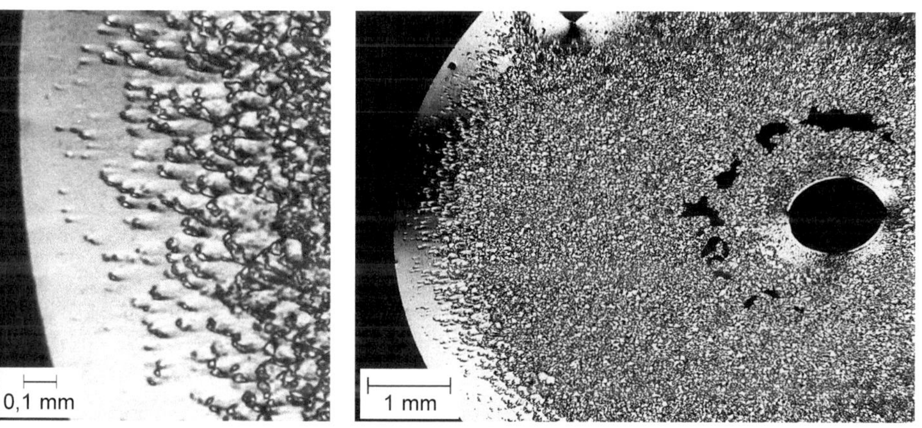

Bild 4.28 Schnitt durch einen Druckknopf aus Polyamid 66 (PA 66) mit amorpher, reibungsbeanspruchter Randzone und Lunker mit Ausschnittsvergrößerung (links)
(Mikrotomschnitt im polarisierten Licht, ≈ 0,01 mm dick)

Ursache für die dargestellte Struktur ist, dass die Kunststoffschmelze an zwei Stellen Kontakt mit dem Werkzeug hat, an der Gleitfügefläche und rund um den inneren Stift. Wegen seines geringen Durchmessers von weniger als 1 mm kann der Dorn weder gekühlt noch geheizt werden. Dass um ihn herum gut kristallisiertes Gefüge zu finden ist, deutet darauf hin, dass der Stift durch die wiederholt beim Fertigen eingedrungene heiße Schmelze ausreichend erwärmt wurde. Die eigentliche Werkzeugwand wurde dagegen stark gekühlt, so dass sich keine ausreichende Kristallisation ausbilden konnte. Zudem deuten die Lunker darauf hin, dass der Anguss des zu kalten Werkzeugs zu schnell eingefroren ist und keine

Kunststoffmasse mit dem Nachdruck zum Ausgleich der durch die Kristallisation geschwundenen Masse und dadurch entstandenen Lunker erfolgen konnte.

Da äußerlich nicht zu erkennen ist, ob ein Material ausreichend gut kristallisiert ist, ist die Versuchung groß, durch niedrigere Werkzeugtemperaturen, aufgrund der schnelleren Abkühlung, Zeit im Verarbeitungszyklus zu sparen, zumal Material- und Maschinenkosten festliegen.

Wegen des unterschiedlichen Schmelzverhaltens der Sphärolithe können diese im Schmelzbereich unterschiedlich erweichen und verformt werden. Bild 4.29 zeigt beispielhaft die unterschiedlichen Strukturen in einer Schweißnaht eines PP mit einer Warmgastemperatur von 310 °C und einer Schweißgeschwindigkeit von 4 mm/s.

Die Detailvergrößerung des Fügebereichs zeigt fünf unterschiedliche Strukturbereiche:

- Zusatzwerkstoff (1)
- transkristalline[28] Front (2)
- mittlere Sphärolithe (3)
- deformierte Sphärolithe (4)
- Grundwerkstoff (5)

} rekristallisierte Schicht

Die rekristallisierten Schichten waren beim Schweißen aufgeschmolzen und sind wieder erstarrt.

Im *Grundwerkstoff* war die maximale Temperatur während des Schweißprozesses so niedrig, dass keine Änderung der Sphärolithstruktur durch rheologische Vorgänge aufgetreten ist. Der Bereich der *deformierten Sphärolithe* stellt den Übergangsbereich zwischen Schmelzeschicht und Grundwerkstoff dar. Die Temperatur lag im Bereich des Kristallitschmelzpunktes. Kleine Kristallite waren aufgeschmolzen, große aber noch fest. Daher waren die Sphärolithe deformierbar. In dieser Zone werden die Sphärolithe in Richtung der wirkenden Schubspannung verformt. In der *Zone der mittleren Sphärolithe* bilden sich unterschiedlich große Sphärolithe aus vollständig aufgeschmolzenem Grundwerkstoff. Im Anschluss an die deformierten Sphärolithe folgt ein schmaler Bereich mit sehr geringem Sphärolithdurchmesser, in Richtung Fügeebene nimmt der Sphärolithdurchmesser zu. Der Zone mittlerer Sphärolithe folgt ein schmaler Bereich mit sehr heller Struktur, die *transkristalline Front*, deren dreieckige Form auf das richtungsorientierte Wachstum dieser Zone hinweist, der linke Rand der transkristallinen Front markiert die Fügeebene. Der Kontakt zwischen Zusatzwerkstoff und Grundwerkstoff erzeugt die hohe Keimdichte. Der *Zusatzwerkstoff* kühlt nahe der Fügeebene

[28] *Transkristalline Fronten* sind orientierte Kristallwachstumsfronten in Form von Streifen senkrecht auf einer Oberfläche

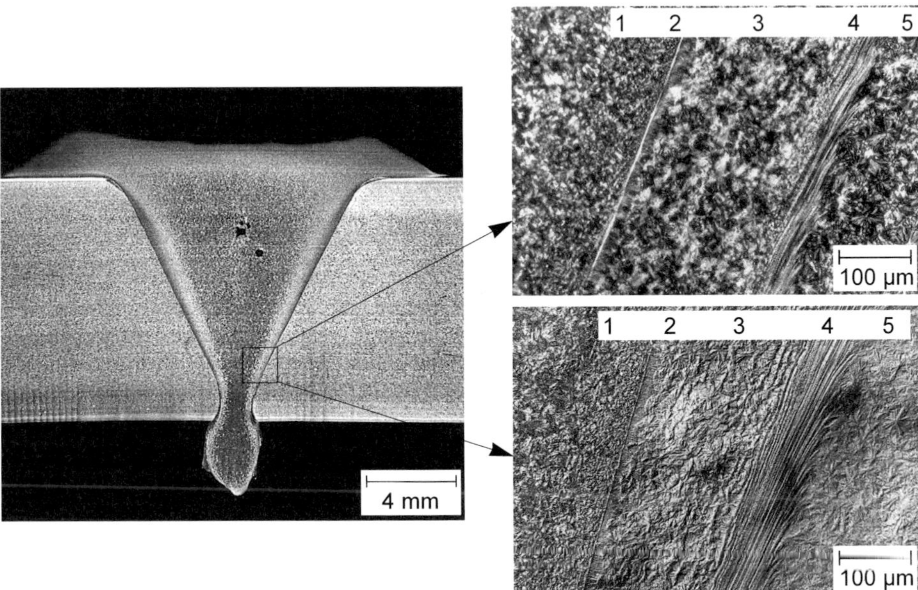

Bild 4.29 Gesamtansicht und strukturelle Ausbildung der Fügeebene einer Warmgasschweißverbindung eines Polypropylens (PP) [47]
links und rechts oben: Mikrotomschnitt im polarisierten Licht
rechts unten: Anschliff geätzt mit H_2SO_4 / HNO_3 / $KMnO_4$ (Differential-Interferenz-Kontrast-Aufnahme)

schneller als im Nahtzentrum und bildet eine feinsphärolithische Struktur, die in Richtung Nahtzentrum gröber wird. Die verschiedenen Strukturen weisen deutlich unterschiedliche Eigenschaften auf.

Shish-Kebab-Strukturen

Die strömungsinduzierte Keimbildung, wie in Bild 4.5 dargestellt, führt zu einer *Shish-Kebab-Struktur*, bei der im Inneren mehrere gestreckte Molekülketten mit insgesamt ca. 5 bis 10 nm Durchmesser, sog. Shishs, die Festigkeits- und Steifigkeitsträger bilden, die von ringförmigen Faltungen umgeben sind. Diese Faltungen sind ineinander geschachtelt. Die zwischen den Faltungen wirkenden Verbindungsmoleküle halten die Faltungen zusammen, Bild 4.30.

Die gestreckt-kettigen Moleküle im Inneren machen einen Anteil von ca. 1 bis 3 % aus. Mit ihrem E-Modul von etwa 300 000 N/mm^2 gegenüber etwa 1000 N/mm^2 bei normaler Spritzgießverarbeitung erreicht man bei Shish-Kebab-Strukturen E-Moduln für das gesamte Formteil von 4000 bis 20 000 N/mm^2. Die Festigkeit steigt auf das 5-fache.

Da diese Verstärkungswirkung ausschließlich durch eine Beeinflussung der Strukturen in der schmelzflüssigen Phase erreicht wird, nennt man sie *Eigenver-*

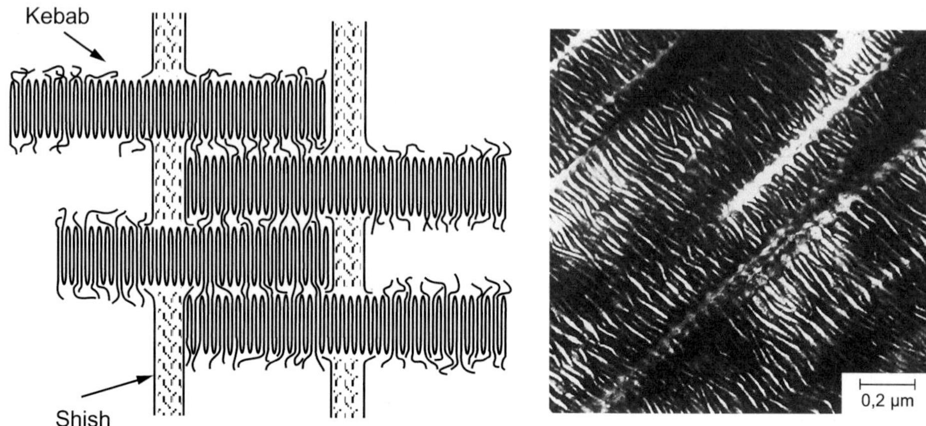

Bild 4.30 Aufbau kompakter Shish-Kebab-Strukturen
links: Schema
rechts: Schnitt durch spritzgegossenes, eigenverstärktes PE-Formteil (TEM-Aufnahme J. Petermann)

stärkung (E: self-reinforcement). Neben der Erhöhung von Festigkeit und Steifigkeit wird vor allem auch die Verschleißfestigkeit des PE erhöht, Tabelle 4.3

Eine nennenswerte Eigenverstärkung wird nur beim PE erreicht, weil die schlanken Ketten am leichtesten zu orientieren sind. Einer Eigenverstärkung förderlich sind dabei ein etwas erhöhtes Molekulargewicht und ein möglichst linearer Kettenaufbau und wenig Seitenketten. Gewisse Erfolge gibt es auch beim PP. Die Entorientierung der gestreckten Ketten wird dadurch vermieden, dass bei sehr niedrigen Temperaturen die Viskosität hochgehalten und durch einen bei der Verarbeitung wirkenden Nachdruck eine Schmelzpunkterhöhung über die momentane Verarbeitungstemperatur der Schmelze eingestellt wird, mit dem Vorteil, dass die Schmelze über den gesamten Querschnitt gleichmäßig fest wird, s. a. S. 15 und 92. Dadurch werden zudem die üblichen, abkühlungsbedingt unterschiedlichen Strukturen über den Querschnitt vermieden.

	Zug		tribologische Eigenschaften*)	
	E-Modul (N/mm^2)	Festigkeit (N/mm^2)	Verschleißk. (10^{-6} mm^3/Nm)	Reibungszahl (-)
normal, Spritzguss	1100	30	33,5	0,26
eigenverstärkt, Spritzguss	8300	110	21,6	0,22
eigenverstärkt, Extrusion	18000	> 160	–	–

*) Tribosystem: PE-HD/Stahl, Stift-Scheibe, R_z = 2,8 µm, v = 0,5 m/s, p = 8,8 N/mm^2, T_U = 23 °C

Tabelle 4.3 Mechanische und tribologische Eigenschaften von eigenverstärktem Polyethylen (PE) [48]

Flüssigkristalle

Eine Besonderheit stellen Polymere mit hochgeordneten, steifen, kristallinen Bereichen innerhalb der flüssigen Phase dar. Sie werden als *Flüssigkristalle* (E: Liquid Crystal Polymers, LCP) bezeichnet und unterscheiden sich damit deutlich von dem ungeordneten Zustand üblicher Makromoleküle im Schmelzezustand.

LCP bilden einen flüssigkristallinen Zwischenstatus zwischen dem flüssigen und dem festen Zustand, der mit *mesomorph* bezeichnet wird. Die steifen kristallinen Bereiche in einer Molekülkette werden „*mesogene*" Bereiche genannt. Ein LCP, das nur aus mesogenen Bereichen in der Hauptkette besteht, ist thermoplastisch nicht verarbeitbar, da es theoretisch erst bei 400 bis 600 °C, d. h. oberhalb der Zersetzungstemperatur, schmilzt. Durch den gezielten Einbau von Störstellen zwischen den mesogenen Bereichen solcher Moleküle kommt man zu „thermotropen", bei 250 bis 400 °C schmelzbaren Hauptketten-LCP [33].

In Seitenkettenpolymeren sind die mesogenen Bereiche in den Seitenketten angeordnet und über bewegliche Zwischenglieder (Spacer) quer an leicht schmelzbare Makromoleküle angepfropft. Mesogene sind in der kristallinen Schmelze im elektrischen Feld unter Bildung von Doppelbrechungen ausrichtbar und zur Speicherung elektro-optischer, einfrierbarer und durch Aufschmelzen wieder löschbarer Informationen anwendbar.

LCP sind als dünnflüssige Schmelze besonders für die Herstellung filigraner Formteile mit geringen Wanddicken im Spritzguss geeignet. Dabei orientieren sich die Moleküle in Scher- oder Dehnströmungen, woraus eine hohe Anisotropie der Eigenschaften und eine Selbstverstärkung in Orientierungsrichtung folgen.

LCP zeichnen sich durch Flammwidrigkeit, Dimensionsstabilität bei hohen Temperaturen, geringe thermische Ausdehnung und chemische Beständigkeit aus.

4.1.2.4 Schmelz-und Kristallisationstemperatur

Die Schmelztemperatur[29] T_m der Kristallite hängt direkt von der kristallines Sequenz L_k der gefalteten Ketten ab, Bild 4.4 und 4.17.

$$T_m = T_m^0 \left(1 - \frac{2 \cdot \gamma}{\Delta H_m \cdot \rho \cdot L_k} \right) \quad (4.5)$$

mit T_m^0 als Gleichgewichtsschmelztemperatur, die den Schmelzpunkt eines vollkommen (perfekten), unendlich großen Kristalls kennzeichnet, bei dem die Schmelz- und Kristallisationstemperatur gleich sind. γ ist die Grenzflächenspannung zwischen der vollständigen kristallinen und der amorphen Phase (der Wert

[29] Die Begriffe Schmelztemperatur und Schmelzetemperatur sind zu unterscheiden. Die *Schmelztemperatur* gibt die Temperatur an, bei der Kunststoff schmilzt, die *Schmelzetemperatur* die aktuelle Temperatur der Schmelze oder Masse. Die Schmelzetemperatur ist immer höher als die Schmelztemperatur.

dürfte gering sein, Messungen liegen kaum vor), ΔH_m die Schmelzenthalpie des idealen Kristallits und ρ die Dichte. Neben diesen Konstanten hat vor allem die kristallin vorliegende Sequenz L_k einen Einfluss (s. a. Bild 4.4 und 4.17), wobei sich L aus der Länge der kristallin vorliegenden Sequenzen L_k nach folgendem Zusammenhang ergibt: $L_k = K_v \cdot L$ mit K_v = volumenbezogener Kristallisationsgrad.

In vielen Fachbeiträgen werden die Begriffe Schmelz- und Kristallisationstemperatur nicht sorgfältig getrennt, obwohl sie sich deutlich unterscheiden und unterschiedlichen Vorgängen zuzuordnen sind. Je nachdem, ob man einen Kunststoff bis in den Schmelzezustand erwärmt (Einsatz als Werkstoff), oder ihn aus dem schmelzflüssigen Zustand abkühlt (Spritzgießen) interessiert die Schmelztemperatur oder die *Kristallisationstemperatur* (E: crystallization temperature). Obwohl beide Temperaturen den Übergang fest/flüssig kennzeichnen, stimmen ihre Werte nicht überein. In Tabelle 4.4 sind entsprechende Werte aufgelistet, die mittels DSC erhalten wurden. Besondere Merkmale, die sich in einer Änderung der Enthalpie bemerkbar machen, können mithilfe der Differenzkalorimetrie (DSC) registriert werden. Hierzu gehören Glasumwandlungen, Kristallisieren, Schmelzen, Härten, chemische Umwandlungen, Entorientierungen und andere.

Die Schmelztemperatur (E: melting o. fusion temperature) kennzeichnet die Umwandlung von festen, teilkristallinen Strukturen in einen amorphen, flüssigen Zustand. Der Prozess selbst ist endotherm, d. h. neben dem Erwärmen wird zusätzlich Energie für das Aufschmelzen der Kristallite benötigt. Der Vorgang selbst erstreckt sich über einen größeren Temperaturbereich, Bild 4.31. Zunächst schmelzen die dünnen und weniger perfekten Kristallite, dann kommt die Hauptmenge mehr oder weniger gleichmäßiger Kristallite, die auch mit ihrem Maximum die Schmelztemperatur bestimmt. Inwieweit die danach noch angezeigten Schmelzvorgänge sich auf noch dickere Lamellen beziehen oder nur apparative

	T_m (°C)	T_g (°C)	T_{vcmax} (°C)	v_{max} (nm/s)	K_{max} (%)
PE-HD	135	- 125	46	0,707	80
PP	170	20	77	0,556	65
PET	255	80	193	0,447	54
PA 66	264	90	167	0,544	70
PA 6	223	78	145	0,278	50

Tabelle 4.4 Kristallisations- und Schmelzkennwerte [30]
T_m = Schmelztemperatur, T_g = Glasübergangstemperatur
T_{vcmax} = Temperatur der maximalen Kristallisationswachstumsgeschwindigkeit, s. a. Bild 4.6
v_{max} = max. Kristallisationswachstumsgeschwindigkeit
K_{max} = max. Kristallisationsgrad

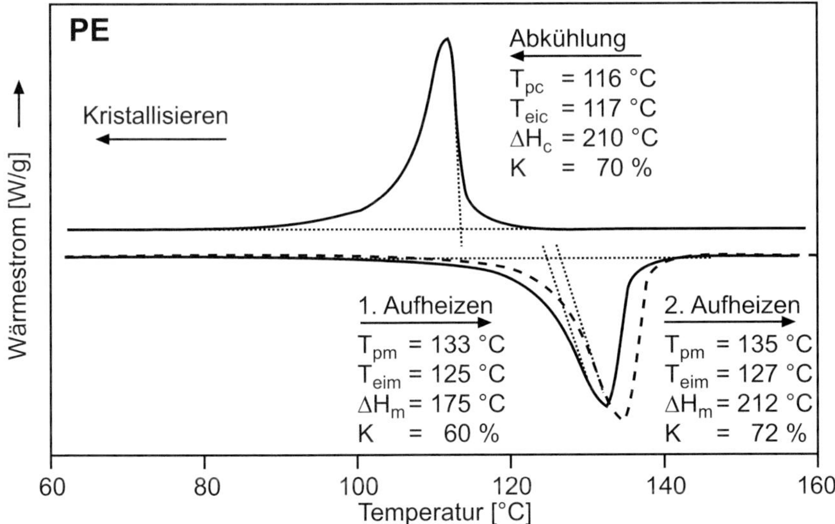

Bild 4.31 Schmelz- und Kristallisationsverlauf eines PE im DSC [49]
T_p = Peakmaximum, ΔH = Enthalpie
T_{ei} = extrapolierte Anfangstemperatur, K = Kristallisationsgrad
Index: m = Schmelzen, c = Kristallisieren

Trägheitseffekte sind, die auf Aufheizgeschwindigkeit, Probengröße und Wärmeleitung zurückzuführen sind, ist offen.

Das erste Aufheizen linearer PE-Proben in der DSC zeigt das Schmelzen der Probe mit allen Einflüssen durch die Verarbeitung. Diese Einflüsse verschwinden bei genügend hoher Erwärmung in den Schmelzbereich hinein. Wird danach mit konstanter Geschwindigkeit abgekühlt, kristallisiert die Probe unter nahezu idealen Bedingungen. So erhöht sich z. B. der Kristallisationsgrad von 60 auf 72 %. Wird die Probe jetzt ein zweites Mal aufgeheizt, verschiebt sich die Schmelzkurve zu höheren Temperaturen und zeigt eine größere Peakfläche (höheren Kristallisationsgrad), Bild 4.31.

Die Kristallisation unterscheidet sich vom Schmelzen schon alleine dadurch, dass sie durch eine Keimbildung eingeleitet werden muss. Die Kristallbildung ist exotherm, also mit einer Wärmeabfuhr verbunden, da kristalline Anordnungen einen Zustand niedriger Energie darstellen. Wegen der notwendigen Wärmeabfuhr findet die Kristallisation bei einer niedrigeren Temperatur als das Schmelzen statt. Die Unterschiede beim Schmelzen und Kristallisieren dürfen bei der Herstellung eines Formteils im Werkzeug, aber auch bei der Nutzung nicht außer acht gelassen werden wegen:

- ungleicher Temperaturverteilung und Einwirkdauer,
- Nebeneinander von Schmelze- und Festzustand bei der Verarbeitung,

- schlechte und unterschiedliche Wärmeleitung (Metall/Kunststoff bis 1000:1; Kunststoff fest > Schmelze; kristallin > amorph; in Kettenrichtung > senkrecht),
- druckabhängige Schmelz- und Kristallisationstemperatur,
- Anisotropie und Orientierungen,
- Unterschiedliche thermische Ausdehnung/Kontraktion bedingen thermische Eigenspannungen.

Insofern können die hier dargestellten Erscheinungen zum Verständnis der komplexen technologischen Prozesse bei der Verarbeitung und des Verhaltens der Kunststoffe in Bauteilen in der Nutzungsphase notwendige, aber keineswegs ausreichende Informationen liefern.

4.1.3 Vernetzter Zustand

4.1.3.1 Duroplaste

Allgemeines

Duroplaste, die nur einen vergleichsweise kleinen Teil der Kunststoffe ausmachen, unterscheiden sich sowohl in ihrem chemischen Aufbau als auch hinsichtlich der Verarbeitungstechnik deutlich von den Thermoplasten. Wichtige Vertreter der Duroplaste sind z. B. ungesättigte Polyesterharze (UP), Epoxidharze (EP), Phenolharze (PF), Melamin- (MF) und Harnstoffharze (UF), Acrylatharze und Siliconharze. Verwendung finden sie vor allem als faserverstärkte Kunststoffe im Apparate- und Sportgerätebau sowie im Flugzeugbau und in der Raumfahrt, als Gießharze und Isolierstoffe in der Elektrotechnik und Elektronik sowie als Beschichtungen und Mörtelgrundstoffe im Bauwesen. Sie alle haben gemeinsam, dass der ganze Formstoff praktisch ein großes, vernetztes „Makromolekül" darstellt. Bei den Thermoplasten liegen dagegen lange, einzelne Molekülketten vor.

Duroplaste sind aufgrund dieses Aufbaus vergleichsweise steif und spröde sowie temperatur- und medienbeständig. Allerdings sind sie nicht schmelzbar, da sich bei entsprechender Wärmezufuhr zwar die physikalischen Bindungen lösen können, die chemischen aber ein Abgleiten der Ketten voneinander ausschließen. Es gibt also einen Erweichungsbereich, der ein Absinken der Steifigkeit auf $^1/_{100}$ durchaus bewirken kann, ohne dass das Material schmilzt. Die Hauptvalenzbindungen können wie bei den Thermoplasten thermisch zersetzt werden. Dies bedingt grundsätzlich andere Vorgehensweisen bei der Verarbeitung.

Während die Formgebung von Thermoplasten einen physikalischen, d. h. mit dem Aufschmelzen und Abkühlen verbundenen Prozess darstellt, entsteht bei den Duroplasten der eigentliche Werkstoff aus den Komponenten Harz und Härter sowie weiteren Zusätzen in einer chemischen Reaktion erst während der Verarbeitung. Die Herstellung von Formteilen setzt sich daher aus der physikalisch bestimmten Formgebung und dem überwiegend chemisch ablaufenden Werkstoffentstehungsprozess zusammen.

Reaktion

Die Entstehung duroplastischer Formstoffe geschieht im Prinzip nach den gleichen Prinzipien wie bei den Thermoplasten. Ausgangsstoffe sind entweder Monomere oder sog. Oligomere, die bereits aus mehreren Grundbausteinen aufgebaut sind. Voraussetzung für die Bildung eines dreidimensionalen *Netzwerks* (E: network) ist das Vorhandensein von mehr als 2 funktionellen (reaktionsfähigen) Gruppen pro Molekül, da ansonsten lineare, unvernetzte Ketten entstehen.

Ungesättigte Polyesterharze und Acrylate *vernetzen* (E: crosslink) in einer radikalischen Polymerisation. Der *Härter* (E: hardener) ist zumeist ein Peroxid und dient hier als Radikalbildner, auch „Katalysator“ genannt; er wird daher in geringen Konzentrationen um 1 % dosiert. Bild 4.32 veranschaulicht diese Art der Härtung an ungesättigtem Polyesterharz, das in linearen, oligomeren Ketten vorliegt, die jeweils etliche Doppelbindungen enthalten. Das UP-Harz ist in Styrol gelöst, das

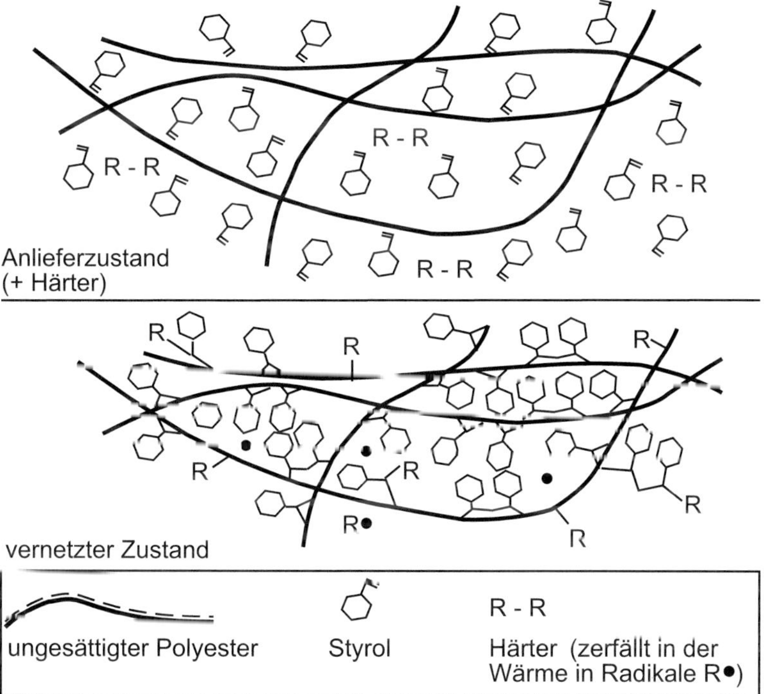

Bild 4.32 Härtung von UP-Harz
Styrol dient als Lösemittel und bewirkt mithilfe des Härters R-R die Vernetzung durch Aufbrechen der Doppelbindung und Reaktion mit den Ketten

gleichzeitig als Lösemittel und Reaktionspartner dient und mit dem Harz reagiert. Der Härter R-R zerfällt unter Energiezufuhr (z. B. Wärme oder UV-Licht) oder aber bei Zugabe eines *Beschleunigers* (E: accelerator) und startet durch Aufbrechen der Doppelbindungen die Härtungsreaktion. Die Styrolmoleküle bilden dabei kurze Ketten zwischen den UP-Harz-Molekülen aus.

Radikalische Vernetzungsreaktionen verlaufen meist schnell. Die Reaktionsgeschwindigkeit kann in weitem Maße durch die Härtermenge beeinflusst werden. Demgegenüber muss bei Vernetzungsreaktionen, die als Polyaddition und Polykondensation ablaufen, die Härtermenge genau auf die Harzmenge abgestimmt sein, da diese in stöchiometrischem Verhältnis miteinander reagieren (z. B. 1 : 1). Epoxide reagieren meist in Polyadditionsreaktionen (s. Bild 3.21), Phenolharze in Polykondensationsreaktionen (s. Bild 3.19).

Die Art der Reaktion hat einen deutlichen Einfluss auf den Fertigungsprozess. Da Epoxidharze i. A. langsamer reagieren als ungesättigte Polyesterharze, sind die Härtungszeiten bei EP-Harzen mit vergleichbarer Vernetzungsdichte länger. Bei Polykondensationen, wie den Härtungsreaktionen der Phenolharze, wird Wasser frei, das durch Entlüften während der Fertigung abgeführt werden muss.

Kalt- und Warmhärtung

Viele Duroplaste lassen sich bei Raumtemperatur härten. Dafür ist meist neben Harz und Härter ein Beschleuniger notwendig, der die Härtungsreaktion durch Aktivierung des Härters einleitet. Für sehr große Bauteile kommt meist nur die *Kalthärtung* (E: room temperature cure) in Frage, da entsprechend große Öfen für eine *Warmhärtung* (E: elevated temperature cure) nicht vorhanden sind. Es ist aber zu beachten, dass durch eine Härtung bei Raumtemperatur meist keine vollständige Aushärtung ermöglicht wird. So empfiehlt sich fast immer eine *Nachhärtung* (E: post cure) kaltgehärteter Teile bei erhöhten Temperaturen. Erfahrungsgemäß liegt die optimale Nachhärtetemperatur im Bereich der maximal erreichbaren Glasübergangstemperatur des jeweiligen Duroplasten. In der Praxis werden allerdings Bauteile auch absichtlich unterhärtet, z. B. um eine zu hohe Sprödigkeit zu vermeiden, wenn auch vor allem die chemische Beständigkeit darunter leidet.

Mithilfe der Warm- oder Heißhärtung kann man höher vernetzende Duroplaste härten. Es entstehen höher wärmeformbeständige und steifere Formstoffe. Dazu werden spezielle Beschleuniger eingesetzt, die erst ab einer bestimmten Anspringtemperatur wirksam werden. Vorteilhaft ist dabei, dass fertig gemischte Harz-Härter-Beschleuniger-Massen bei Raumtemperatur, zumindest in gewissen Grenzen, lagerstabil sind. Die Warmhärtung erfolgt häufig auch als *Stufenhärtung* (E: step cure), d. h. stufenweise bei verschiedenen Temperaturen, um die temperaturbedingte Schwindung und damit Spannungsentstehung besser zu kontrollieren.

Härtungsverlauf

Der Härtungsverlauf vom Ausgangsstoff, dem meist flüssigen oder verflüssigbaren Harz, zum festen Formstoff ist – neben der Schwindung – durch einen Viskositätsanstieg und durch Temperaturerhöhung gekennzeichnet. Letztere beruht darauf, dass die chemische Bildung neuer Bindungen mit einer Wärmeabgabe, der sog. „Exothermie" verbunden ist. In Bild 4.33 ist der Verlauf der Temperatur und der Viskosität bei einer Kalthärtung, d.h. Härtung bei Raumtemperatur, dargestellt.

Die Viskosität nimmt durch die Temperaturerhöhung zwischenzeitlich ab, was für die Verarbeitung von Vorteil ist, da dann durch das Mischen oder Auftragen des Harzes entstandene Blasen entweichen können und Füll- und Verstärkungsstoffe besser benetzt werden. Nach einer Weile ist eine Grenzviskosität erreicht, ab der das Harz schlecht fließt und daher nicht mehr verarbeitet werden kann. Dieser sog. *Gelpunkt* (E: gel point) kann auch durch Angabe einer Grenztemperatur definiert werden. Häufig spricht man auch von der sog. „*Topfzeit*" (E: potting time).

Der chemische Umsatz, bei dem der Gelpunkt erreicht wird, ist von Harz zu Harz unterschiedlich. Bei ungesättigten Polyesterharzen (UP) haben am Gelpunkt nur ca. 5–10% der reaktionsfähigen Doppelbindungen reagiert, während es bei Epoxiden bereits 60–70% der Epoxidgruppen sind. Dies erklärt sich aus dem unterschiedlichen molekularen Aufbau. UP-Harze besitzen vergleichsweise lange Ketten mit vielen Doppelbindungen; schon wenn nur wenige von ihnen vernetzt sind, sinkt die molekulare Beweglichkeit drastisch. Demgegenüber sind die üblichen EP-Moleküle kurz und besitzen je nur zwei Epoxidgruppen, so dass die Viskosität bei der Vernetzung erst steigt, wenn sich bereits sehr viele Epoxidharzmoleküle miteinander vernetzt haben. Die bis zum Gelpunkt aufgetretene Schwindung kann durch Nachfließen des Harzes kompensiert werden, so dass sich nur

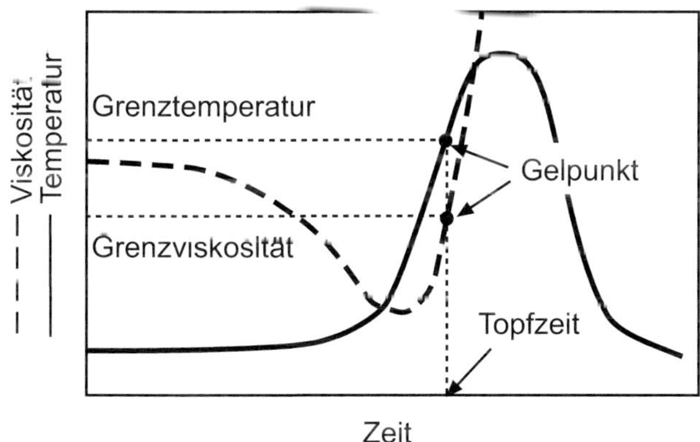

Bild 4.33 Temperatur- und Viskositätsverlauf bei einer Kalthärtung

30 – 40 % der Schwindung tatsächlich auswirken. So erklärt sich die gute Maßhaltigkeit der Epoxidharze.

Eine weitere Veranschaulichung des Härteverlaufs bietet das sog. *TTT-Diagramm (Time-Temperature-Transition)*, das die verschiedenen Zustandsbereiche eines Duroplasten während der Härtung und die Einflüsse von Zeit und Temperatur charakterisiert, Bild 4.34. Härtet man ein Harzsystem bei einer festen Temperatur, kann aus dem zugehörigen TTT-Diagramm der zeitliche Härtungsverlauf entlang einer horizontalen Linie (Isotherme) verfolgt werden: Der Schnittpunkt der Isotherme mit der (im größten Teil des Diagramms) weiter links liegenden Kurve stellt den Gelpunkt, derjenige mit der zweiten Kurve den Glasübergang dar. So kann man für eine vorgegebene Härtungstemperatur abschätzen, wie lange das Harzsystem verarbeitbar ist und nach welcher Zeit es in den Glaszustand übergeht. Eine vollständige Aushärtung erhält man nur bei hohen Temperaturen, zu lange Härtung bei hoher Temperatur führt zum thermischen Abbau. Bei zu niedrigen Temperaturen kann das Harzsystem schon bei nur geringer Aushärtung, d.h. vor dem Erreichen des Gelpunkts, einfrieren. Wird das Harz sehr lange bei der maximalen Glastemperatur beansprucht, wird es ebenfalls langsam thermisch oder thermo-oxidativ abbauen.

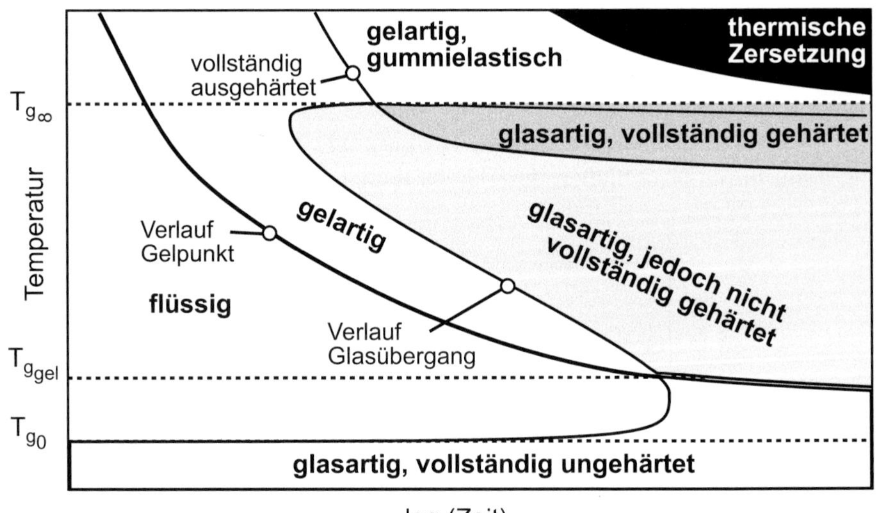

Bild 4.34 TTT-(Time-Temperature-Transition)-Diagramm eines Duroplasten [50]
Glasübergangstemperaturen:
$T_{g\infty}$ = max. T_g
T_{g0} = vollständig ungehärtet
$T_{g_{gel}}$ = Einfrieren vor Gelieren

Aushärtegrad

Der *Aushärtegrad* (E: degree of cure) ist eines der wichtigsten Charakterisierungsmerkmale von Duroplasten. Theoretisch bedeutet ein 100 %-iger Aushärtegrad, dass alle reaktionsfähigen Gruppen des Harzes (und Härters) reagiert haben; in der Praxis ist dies jedoch nur annähernd zu erreichen, da nie alle Vernetzungspartner „zueinander finden". Dennoch ist ein maximal möglicher Aushärtegrad anzustreben, damit die optimalen Eigenschaften wie z. B. hohe Steifigkeit, Festigkeit und Wärmeformbeständigkeit gewährleistet sind. Wie hoch diese Werte sind, ist jedoch vom Harztyp abhängig. Bild 4.35 veranschaulicht links ein vollständig ausgehärtetes Harz mit vielen Vernetzungsstellen.

Es besitzt eine hohe Glasübergangstemperatur, Steifigkeit und Beständigkeit. Mit demselben Harz erreicht man geringere Steifigkeiten und Beständigkeiten, wenn es nicht vollständig ausgehärtet wird, z. B. bei niedrigeren Temperaturen, Bild 4.35 Mitte. Dies ist aber unerwünscht, da die noch freien reaktiven Gruppen einerseits die Aufnahme von Medien begünstigen und damit besonders die chemische Beständigkeit herabsetzen. Außerdem kann das Material nachträglich weiter aushärten, was eine kontinuierliche Veränderung der mechanischen und thermischen Eigenschaften sowie eine Nachschwindung verursacht. Ein vollständig ausgehärteter, schwach vernetzender Duroplast ist zur Erfüllung dieses Anforderungsprofils besser geeignet, Bild 4.35 rechts.

Eine gute Charakterisierungsmöglichkeit des Aushärtegrades stellt die Glasübergangstemperatur dar. Sie steigt, vom unausgehärteten Werkstoff ausgehend, im Laufe der Härtung an und erreicht ihre maximale Höhe bei vollständiger Aushärtung. Erst wenn bei der Nachhärtung die Glasübergangstemperatur überschritten

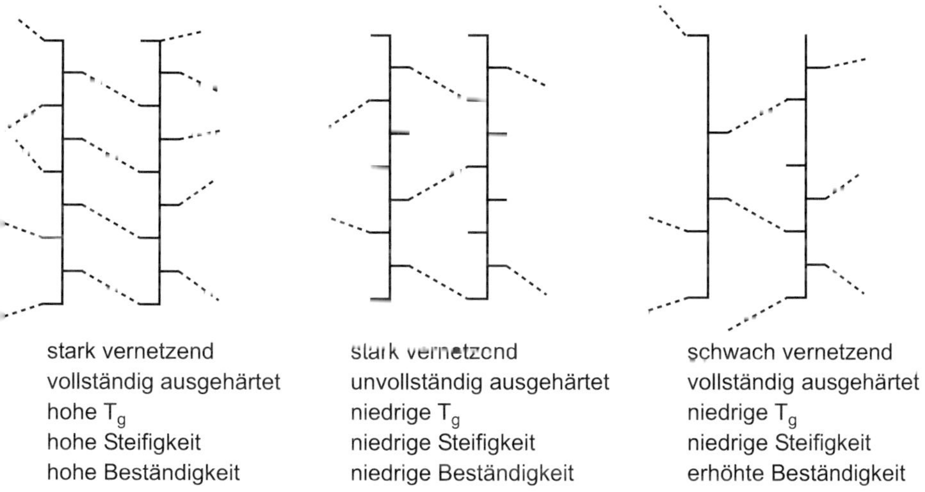

Bild 4.35 Schematische Darstellung unterschiedlicher Vernetzungszustände

ist, sind die nicht gebundenen Moleküle beweglich genug, um reaktionsfähige Stellen zu finden.

4.1.3.2 Elastomere

Kunststoffe unterschiedlicher chemischer Zusammensetzung weisen elastomeres Verhalten auf. Hierzu gehören Kautschuke sowie vernetzte synthetische Polymer-Werkstoffe. Die Molekülketten dieser Werkstoffe bilden ein Netzwerk, dessen Vernetzungspunkte und Länge der Netzketten statistisch verteilt sind. Die *Vernetzungsdichte* (E: crosslink density), die Zahl der Kettenverschlaufungen und auch die der intramolekularen Verbindungen werden durch das Molekulargewicht der Netzwerkketten bestimmt. Die *Vernetzungspunkte* (E: crosslinks) stellen kovalente, ionische oder nebenvalente Bindungen zweier oder mehrerer Molekülketten dar, wobei die kovalenten Verknüpfungen irreversibel, die ionischen und die nebenvalenten dagegen reversibel sind.

Unter elastomerem mechanischen Verhalten versteht man eine große Verformbarkeit des polymeren Netzwerkes einschließlich der Verhakungen und Verschlaufungen in Form einer Kettenstreckung und die Fähigkeit zur schnellen Rückstellung nach Entfernen der Beanspruchung. Die nutzbare Verformbarkeit der Elastomere ist sehr viel größer als die üblicher Thermoplaste und Duroplaste. Sie beträgt bis zu einigen hundert Prozent Dehnung. Die bei Verformung vorliegende höhergeordnete Anordnung der Ketten stellt eine Abnahme der Entropie dar, weshalb sich Elastomere beim Dehnen erwärmen und beim Kontrahieren abkühlen. Damit sich die Ketten vollständig zurückformen können, sollten die Ketten nicht voneinander abgleiten und ein viskoses Fließen hervorrufen können. Die Verformung und Rückstellung ist nur möglich, wenn die Kettensegmente eine hohe Beweglichkeit aufweisen, was nur oberhalb der Glasübergangstemperatur des Werkstoffs möglich ist. Dabei werden die Kettenbeweglichkeit und damit die Flexibilität durch kurze Netzketten oder kristallisationsfähige Kettenbereiche reduziert und die Steifigkeit erhöht.

Das Verformungsverhalten der meisten Elastomere ist nichtlinear und weitgehend inkompressibel. Im Zugversuch zeigen die Spannungs-Dehnungs-Kurven zwar keine ausgeprägte Streckgrenze, jedoch einen Wendepunkt, Bild 4.36. Ausgehend von einer Anfangssteifigkeit des Elastomers (Phase I) setzen bei Erreichen einer kritischen Dehnung Gleitprozesse ein, die den weiteren Anstieg der Spannung verringern (Phase II). Dabei werden die Kettensegmente zwischen den Vernetzungspunkten in Belastungsrichtung ausgerichtet. Bei weiterer Erhöhung der Dehnung kann es in Abhängigkeit vom molekularen Aufbau des Elastomers zur sog. Dehnungskristallisation der Kettensegmente kommen (Phase III). Die ausgerichteten, gespannten und z. T. kristallisierten Segmente führen zu einer Verfestigung, die sich in einem Ansteigen der Spannungs-Dehnungs-Kurve bis zum endgültigen Bruch äußern.

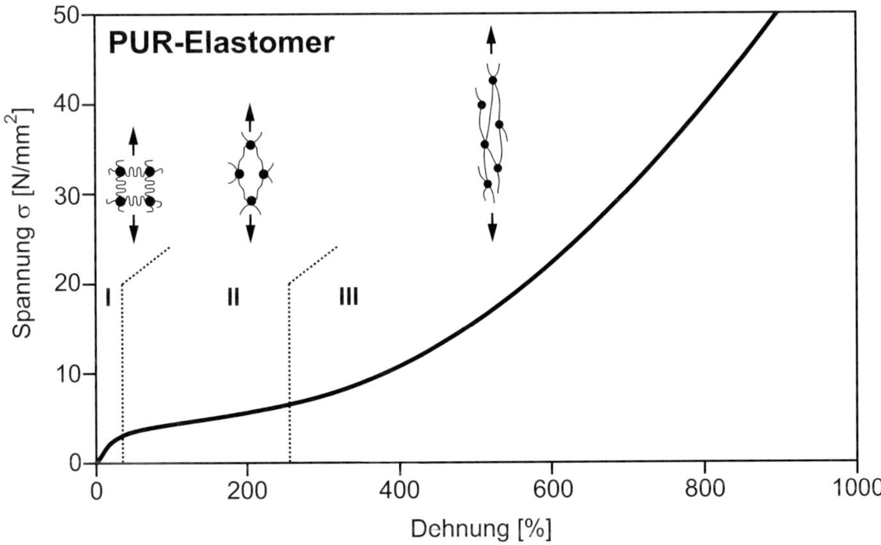

Bild 4.36 Spannungs-Dehnungs-Diagramm eines PUR-Elastomers

Bei sehr hohen Dehnungsgraden und schon fast völlig gestreckten Segmenten kann die weitere Deformation nur durch Verzerrung der Valenzwinkel und Bindungsabstände realisiert werden. Mit zunehmender kristalliner Anordnung erhöht sich somit der Anteil der Energieelastizität.

Thermoplastische Elastomere (E: thermoplastic elastomers) unterscheiden sich im Wesentlichen von vernetzten herkömmlichen Elastomeren dadurch, dass die Vernetzungspunkte keine kovalenten Verknüpfungen sind, sondern z. B. aus kristallisierten Kettenabschnitten bestehen. Diese können durch Wärmezufuhr aufgeschmolzen werden, was eine thermoplastische Verarbeitung ermöglicht und somit i. A. einen Kostenvorteil darstellt.

4.2 Heterogene Polymer-Werkstoffe

Heterogene Polymer-Werkstoffe bestehen aus mindestens zwei, chemisch verschiedenen organischen Stoffen, von denen mindestens einer ein kohärenter, zusammenhängender Polymer-Werkstoff ist. Die häufig zu makroskopischen Einheiten zusammengefassten Stoffe können chemisch oder physikalisch untereinander gebunden sein. Die Eigenschaften der heterogenen Polymer-Werkstoffe werden entscheidend von den einzelnen Komponenten bestimmt. Die wichtigste Gruppe sind die Polymerblends.

Polymerblends sind kompakte Werkstoffsysteme aus mehreren Komponenten, deren Eigenschaften makroskopisch differenzierbar sind. Alternierend oder statistisch aufgebaute Copolymere sind daher keine Blends, weil die unterschiedlichen Eigenschaften makroskopisch nicht differenzierbar sind. Erst wenn die Kettenabschnitte hinreichend groß sind und wie eigenständige Makromoleküle wirken, kann man von Blends sprechen.

Ungefähr 10% aller Thermoplaste und 75% aller Elastomere werden zu Blends verarbeitet. Während Blends ursprünglich überwiegend zur Verbesserung der Zähigkeit und der Verarbeitbarkeit dienten, sind weitere Eigenschaftsverbesserungen wie Erhöhung von Wärmeformbeständigkeit, Spannungsrissbeständigkeit, Lackierbarkeit, Galvanisierbarkeit, Brandverhalten usw. möglich. Als Polymere überwiegen in der Anwendung allerdings die kautschukmodifizierten Styrolpolymerisate.

Beim Blenden von polymeren Komponenten können unterschiedliche Änderungen gegenüber den Eigenschaften der Ausgangskomponenten auftreten. Sie können linear interpolierbar, eigenschaftserniedrigend oder -erhöhend sein, Bild 4.37. Die häufig benutzte Bezeichnung „synergistisch“, die eine Eigenschaftsverbesserung gegenüber den Ausgangskomponenten bezeichnet, ist insofern nicht eindeutig, als auch erniedrigte Eigenschaften wünschenswert sein können.

Beim Mischen von Polymeren ist zwischen homogenen = mischbaren, heterogenen = unmischbaren und begrenzt mischbaren Systemen zu unterscheiden, wobei die heterogenen Systeme eindeutig überwiegen. Unmischbare Blends können durch *Verträglichmacher* (E: compatilizers) begrenzt mischbar gemacht werden. Derartige Substanzen bestehen aus Copolymeren mit je einem Ende, das jeweils mit einer der beiden Komponenten des Blends mischbar ist und sich in ihr verankert. Dadurch entstehen feste Bindungen zwischen verschiedenen, nicht verträglichen Polymeren.

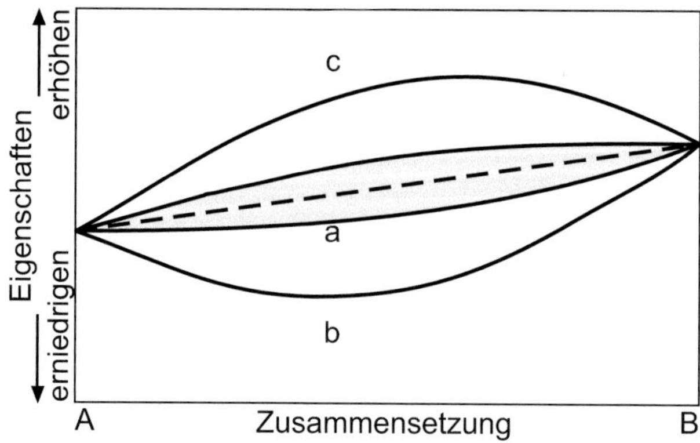

Bild 4.37 Eigenschaftsänderungen beim Blenden von Komponenten
a) interpolierend, b) erniedrigend, c) erhöhend

Blends können aus zwei kontinuierlichen Phasen oder einer kontinuierlichen und einer darin dispergierten Phase bestehen. Da Komponenten mit unterschiedlichen Eigenschaften zusammengebracht werden, ist bei mischbaren Strukturen immer nur eine Glasübergangstemperatur erkennbar, bei nicht mischbaren dagegen zwei. Mischbare Blends zielen daher auf eine einzelne, bestimmte Eigenschaftsverbesserung, wie eine leichtere Verarbeitbarkeit bei noch erhöhter Temperaturbeständigkeit, nicht mischbare Blends zielen dagegen stärker auf unterschiedliche Eigenschaftsziele, wie hohe Temperaturbeständigkeit verbunden mit einer besonderen Zähigkeit bei tiefen Temperaturen.

Neben dem Blenden von Polymeren können Polymere durch die Zugabe von Additiven und Hilfsstoffen verarbeitungs- und anwendungsgerecht modifiziert werden. Polymere werden nur in Ausnahmefällen als reine Stoffe eingesetzt.

4.2.1 Kautschukmodifizierte Styrolpolymerisate

4.2.1.1 Aufbau

Die Erhöhung des mechanischen Arbeitsaufnahmevermögens (Schlagfestigkeit) von Styrol-Co- und Homopolymerisaten erfolgt durch eine Modifizierung mit 5 - 20 % Kautschukpartikeln. Dabei wird innerhalb der Polymerisate eine möglichst gleichmäßige Verteilung von Kautschukpartikelchen (Butadienkautschuk, Acrylesterkautschuk oder beide) angestrebt. Bild 4.38 zeigt als Beispiel ein kaut-

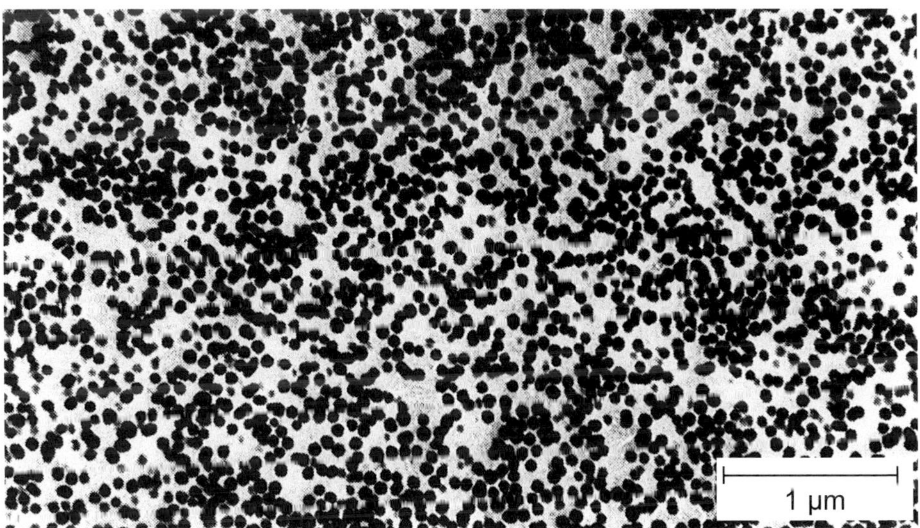

Bild 4.38 Feinverteilte Butadien-Kautschuk-Partikel (BR) in Styrol-Acrylnitril Copolymerisat (SAN) = Acrylnitril-Butadien-Styrol-Copolymerisat (ABS) [51] (Elektronenmikroskopische Aufnahme eines Ultradünnschnitts, ~ 0,1 µm)

schukmodifiziertes Styrol-Acrylnitril-Copolymerisat (SAN), das als Acrylnitril-Butadien-Styrol-Copolymerisat (ABS) bezeichnet wird.

Wird unvernetztes Polybuten in Styrol gelöst und die Lösung polymerisiert, bilden sich Homopolystyrol und Butadienkautschuk mit gepfropftem, d. h. durch Hauptvalenzen gebundenem Polystyrol. Da die Komponenten weitgehend unverträglich sind, kommt es zu einer Entmischung, bei der sich im kohärenten Polystyrol (PS) gleichmäßig verteilte Kautschukpartikelchen bilden, die ihrerseits im Inneren wiederum Polystyrol enthalten. Bild 4.39 zeigt einen Schnitt durch Teilchen eines schlagfesten Polystyrols (SB).

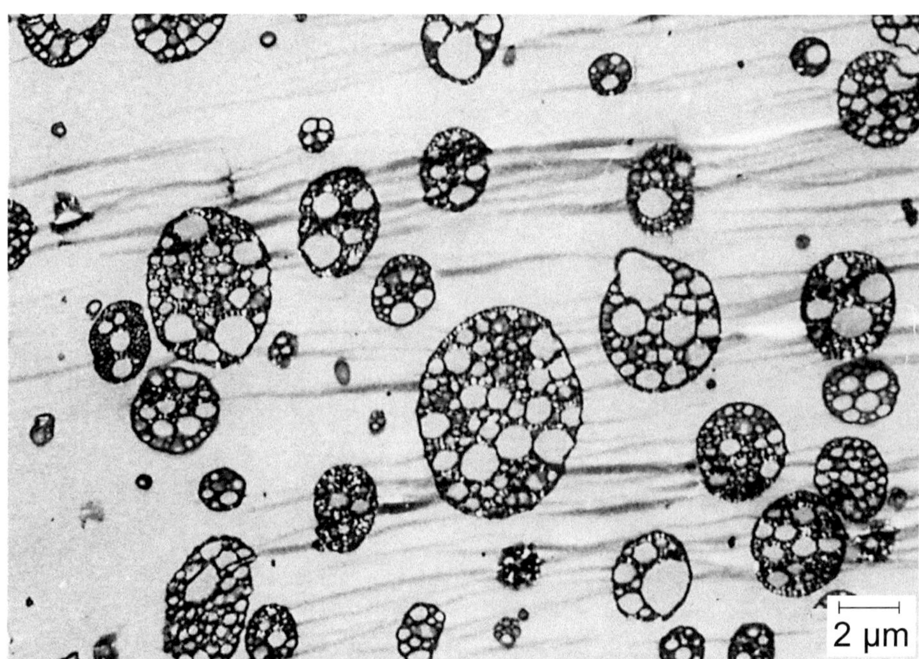

Bild 4.39 Aufbau und Kautschuk-Butadien-Teilchenstruktur eines durch Lösungspolymerisation hergestellten, schlagfesten Polystyrols (SB) [51] (Elektronenmikroskopische Aufnahme eines Ultradünnschnitts, ~0,1 µm)

Wegen ihres unterschiedlichen Elastizitätsmoduls bezeichnet man das Polystyrol als Hart- und den Kautschuk als Weichkomponente. Während die Polymerisation des SB als Ganzes in einem Schritt in Lösung erfolgt, wird das ABS in einer Emulsion polymerisiert. Die aufzupfropfenden Styrol-Acrylnitril-Monomere werden zunächst mit einer wässrigen Kautschukdispersion gemischt und polymerisieren dort. Diese gepfropfte Dispersion und eine getrennt hergestellte Dispersion eines SAN werden vermischt, gemeinsam ausgefällt und aufbereitet. Durch dieses aufwändige Verfahren erzielt man, wie Bild 4.40 belegt, eine feinere

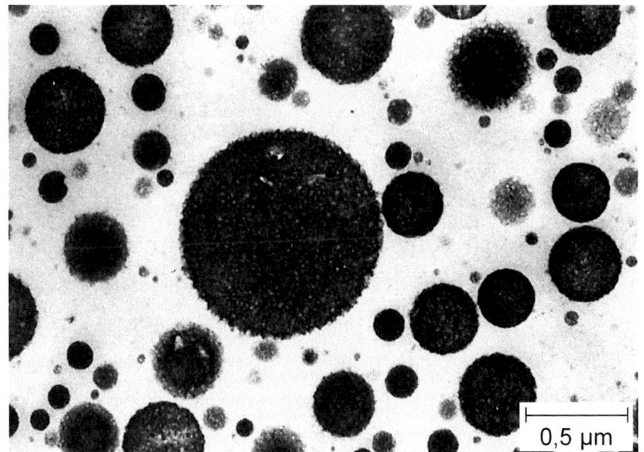

Bild 4.40 Schnitt durch ein Acrylnitril-Butadien-Styrol-Copolymerisat (ABS), schwarze Kugeln = gepfropfte Kautschukpartikel [51]
(Elektronenmikroskopische Aufnahme eines Ultradünnschnitts, ~0,1 µm)

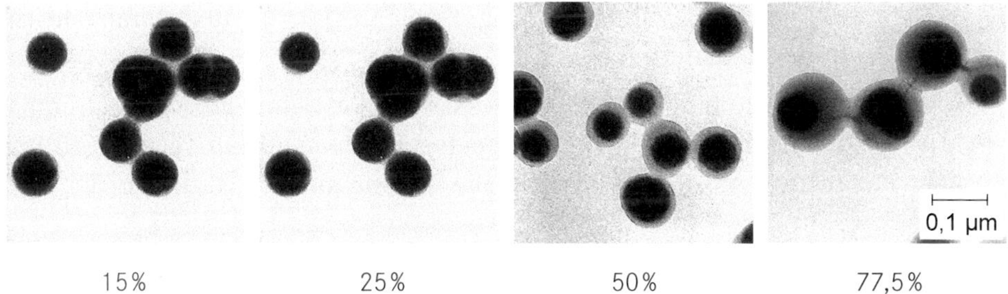

15% 25% 50% 77,5%

Bild 4.41 In Emulsion gepfropfte Kautschukteilchen mit vorwiegend an der Oberfläche befindlicher Pfropfkomponente [51]
Pfropfgrad = Verhältnis von SAN zu Kautschuk (massenbezogen)
(Direktdurchstrahlungsaufnahme im Elektronenmikroskop)

Verteilung der Hartkomponenten in den Kautschukteilchen als beim schlagfesten Polystyrol. Abhängig vom Vernetzungsgrad[30] des Kautschuks erfolgt die Pfropfung mehr im Kautschukteilchen selbst oder an dessen Oberfläche (stark vernetzt), Bild 4.41.

Bild 4.41 zeigt das bevorzugt an der Oberfläche des Kautschukteilchens durch Pfropfung angelagerte SAN, an dem dann die später zugegebene Hartphase (SAN) durch intermolekulare Nebenvalenzbindungen fest verankert wird. Während Blends mit Butadienkautschuk besonders zähe und glänzende, aber auch wenig UV-beständige Systeme ergeben, kann durch Austauschen des Butadien-

[30] Unter *Vernetzung* wird die intermolekulare, chemische Verbindung von Makromolekülen verstanden. Der *Vernetzungsgrad* gibt das Verhältnis der Menge (mol) vernetzter Grundbausteine zu den insgesamt vorhandenen Grundbausteinen an.

kautschuks mit Acrylesterkautschuk, z.B. beim ASA, ein besonders alterungsbeständiger Blend erzeugt werden.

4.2.1.2 Crazebildung

In kautschukmodifizierten Styrolpolymerisaten spielt die sog. Crazebildung eine große Rolle. Die Normalspannungsfließzonenbildung, auch Craze genannt, tritt im Gegensatz zur Schubspannungsfließzonenbildung nur senkrecht zur maximalen Zugspannung weit unterhalb der Festigkeit des Materials auf, Bild 6.30.

Crazebildung (E: crazing) erfolgt mit oder ohne Einwirkung von lösenden Chemikalien. Es ist zwischen der Crazebildung, ausgehend von Materialoberflächen (häufig unter Einwirkung von Medien) und einer medienfreien Crazebildung im Inneren von kautschukmodifizierten Styrolcopolymerisaten zu unterscheiden.

Zwischen nahezu ebenen, leicht keilförmig zueinander verlaufenden Begrenzungsflächen werden Fibrillen von einigen 10 nm Durchmesser (PE-Einzelkettendurchmesser ca. 0,1 nm) bis zu 20 mm auseinandergezogen, wobei die Tiefe bei oberflächeninitiierten Crazes einige Zehntel mm in das Material hinein betragen kann. Bei kautschukmodifizierten Styrolcopolymeren wird die Ausdehnung durch eingelagerte Kautschukteilchen begrenzt.

Zwischen den um 100 bis 400 % verstreckten Fibrillen befinden sich Hohlräume von 10 bis 20 nm. Die Dichte der verstreckten Polymersubstanz beträgt 40 bis 60 % der Dichte des kompakten Materials. Die Bildung und das Wachstum der Cra-

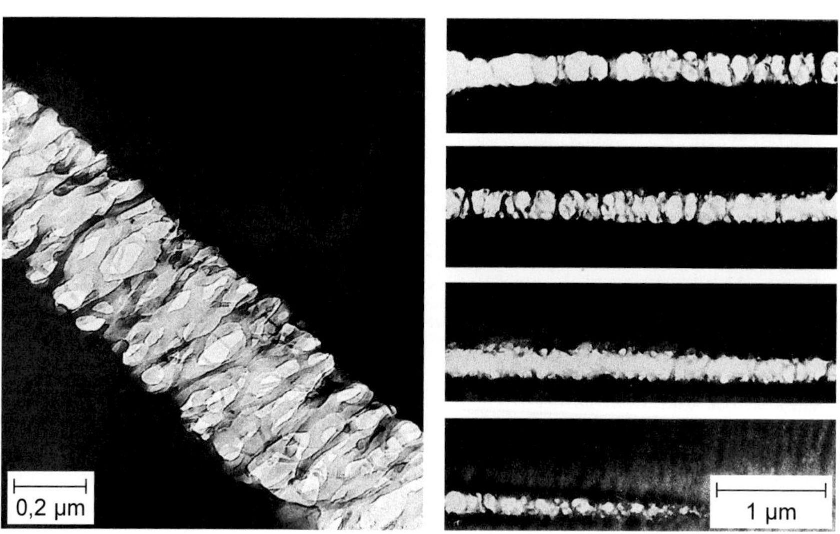

Bild 4.42 Crazestruktur [52]
links: Schnitt durch einen Craze in PS
rechts: Verlauf eines Crazes senkrecht zur Oberfläche
(Elektronenmikroskopische Aufnahme von Dünnschnitten)

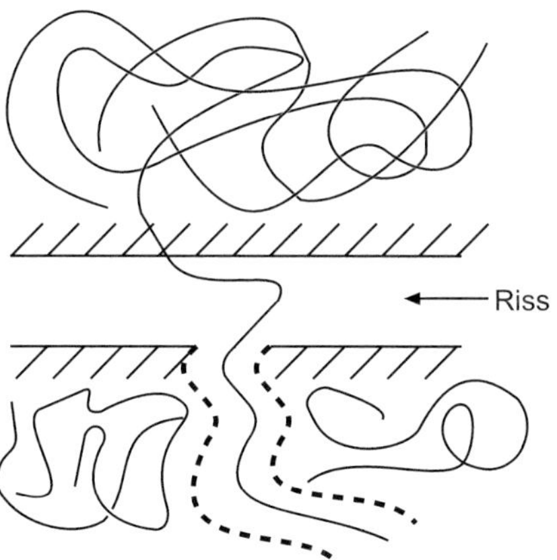

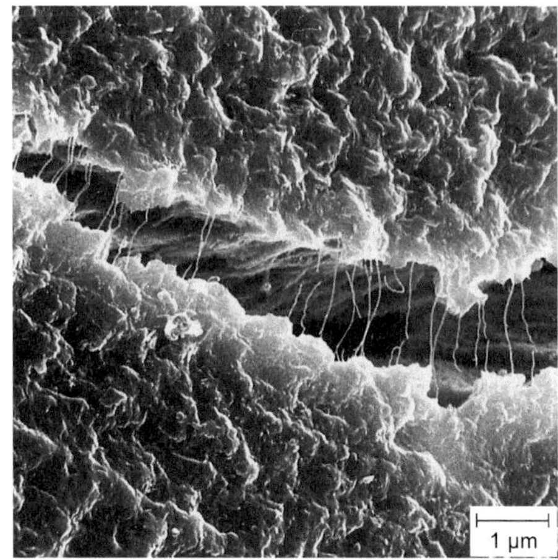

Bild 4.43 Entschlaufen von rissüberbrückenden Molekülen mit einem Beispiel bei PP [53]
rechts: keine einzelnen Makromoleküle, sondern Fibrillen (REM-Aufnahme)

zes kann in drei Abschnitte eingeteilt werden: Vorcrazebildung, Crazebildung und Übergang in Rissbildung. Die Aufsicht auf einen Craze in Polystyrol und der Verlauf eines Crazes, von der Oberfläche ausgehend, sind in Bild 4.42 dargestellt.

Die Bildung von Crazes beginnt mit dem Entschlaufen von einzelnen Molekülen oder Molekülbereichen. Die Trennebene überspannende Molekülbereiche werden entsprechend dem Reptationsmodell aus dem gegenüberliegenden Ufer herausgezogen, Bild 4.43.

Die Beweglichkeit der Moleküle kann auf zweierlei Art gefördert werden. Zum einen erweichen Lösemittel die Nebenvalenzbindungen. Dieses erfolgt umso stärker, je geringer die Grenzflächenspannung zwischen Lösemittel und Fibrillenmaterial ist, d.h. je ähnlicher die Oberflächenspannungen beider Partner sind. Zum anderen wird durch einen mehrachsigen Zugspannungszustand die Glasübergangstemperatur abgesenkt bzw. die Verstreckbarkeit erleichtert.

Einen mehrachsigen Zugspannungszustand kann man experimentell nicht realisieren, wohl aber die Umkehrung, einen allseitigen Druckspannungszustand, Bild 4.44. Durch die Volumendilatation wird das freie Volumen des Polymeren erhöht und damit die molekulare Beweglichkeit. Die Hohlräume erweitern sich und leiten die Fibrillenbildung ein, Bild 4.45 [55].

Die Bildung von Crazes, besonders die Entschlaufung und Verstreckung der Makromoleküle, kann auf verschiedene Art behindert und damit die Spannungsrissbeständigkeit verbessert werden, und zwar durch

- Vernetzungen und Kurzkettenverzweigungen,
- Erhöhung des Molekulargewichts,

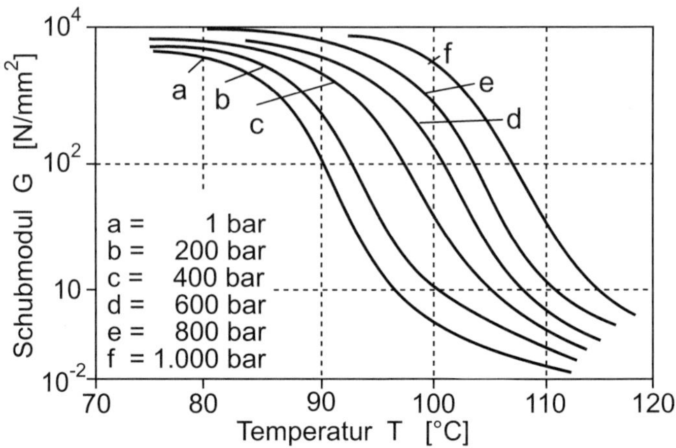

Bild 4.44 Einfluss eines hydrostatischen Drucks auf die Erweichung von PVC [54]

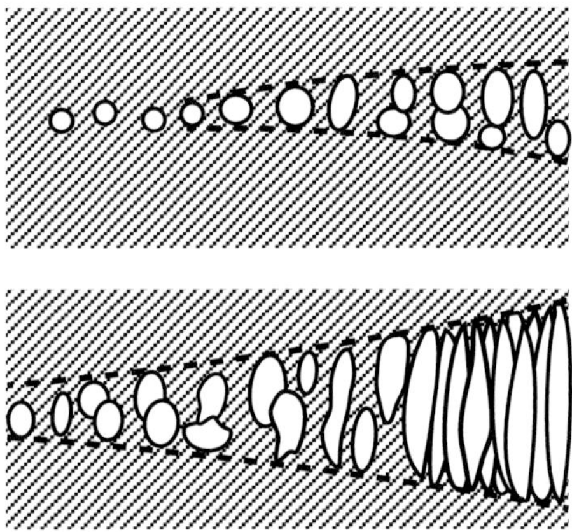

Bild 4.45 Umwandlung von freiem Volumen in Crazes [55]

- Erhöhung und Verfeinerung der Kristallinität,
- Versteifung der Kettensegmente,
- geringere Benetzungs- und Diffusionsfähigkeit des Mediums,
- Erniedrigung der Kettenbeweglichkeit durch Temperatursenkung,
- Verringerung des freien Volumens durch langsame Abkühlung,
- Erniedrigung von Zugeigenspannungen in der Oberfläche.

Die Craze-Länge auf der Oberfläche strebt bei gegebenen Belastungs- und Umgebungsbedingungen jeweils einem von der auftretenden Zugspannung und gegebenenfalls vom einzuwirkenden Netzmittel abhängigen Endwert zu, so dass immer einander ähnliche Crazes beobachtet werden.

Der Craze selbst weist einen deutlich erniedrigten Elastizitätsmodul, eine hohe Bruchdehnung und eine hohe mechanische Dämpfung auf. In Bild 4.46 sind für

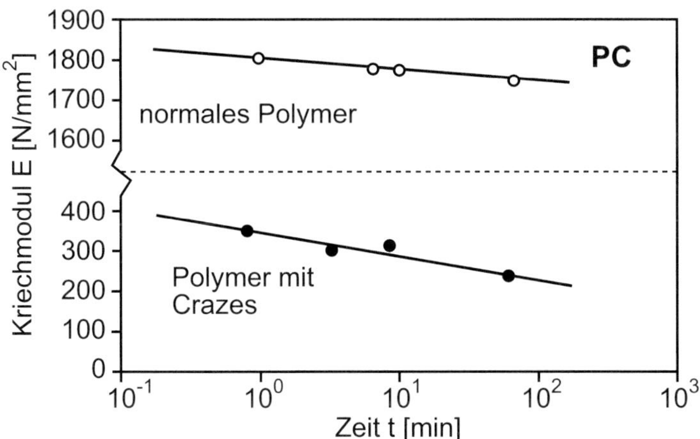

Bild 4.46 Kriechmodul von verstrecktem (Craze) und nicht verstrecktem Polycarbonat (PC) bei einer Zugspannung von 44 N/mm² in Abhängigkeit von der Zeit [56]

die unverstreckte Polymersubstanz und für den Craze eines Polycarbonats (PC) der zeitabhängige Elastizitätsmodul, der sog. Kriechmodul, bei einer Spannung von 44 N/mm² dargestellt. Die Werte für das unverstreckte Material sind mehr als viermal so hoch wie die für den Craze, der außerdem eine deutlich höhere Kriechneigung zeigt.

Die Aufweitung der Crazes bei einer steigenden Belastung erfolgt nicht durch Umwandlung von weiterem, ungestörtem Polymer-Werkstoff in Craze-Substanz, sondern durch Dehnung der bereits vorhandenen Fibrillen.

Die Spannung, bei der ein erster Craze mit bloßem Auge sichtbar wird, nennt man nicht ganz korrekt „Riss"-Spannung. Sie steigt mit der Dehngeschwindigkeit und nimmt mit steigender Temperatur ab. Die Zeit vom Anlegen der Spannung bis zum ersten Auftreten des Crazes wird als Induktionszeit bezeichnet.

Ist die auftretende Zugspannung (Eigen- und/oder Lastspannung) hoch, wird an mehr Schwachstellen in der Oberfläche die zur Craze-Bildung notwendige Spannungshöhe erreicht. Es bilden sich viele kleine Crazes. Bei niedriger Spannung bilden sich dementsprechend weniger Crazes, die dann mit der Belastungszeit länger wachsen, bis die gleiche Entspannung an der Polymer-Werkstoffoberfläche erreicht ist wie bei vielen kleinen Crazes.

Bild 4.47 zeigt die Zeitdehnlinien von Polymethylmethacrylat (PMMA). Bei hoher Zugbeanspruchung ergeben sich viele kleine Crazes bereits nach kurzer Belastungszeit. Je niedriger die Beanspruchung ist, umso länger dauert es bis zur Bildung von Crazes. Bei relativ hohen Spannungen bestimmt überwiegend die Festigkeit des Polymeren die Crazebildung, im mittleren und niedrigen Span-

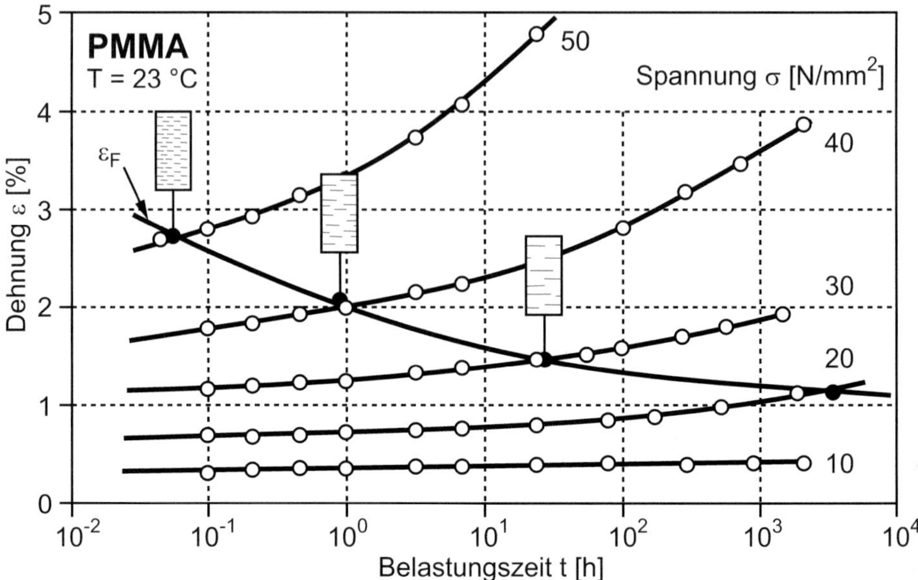

Bild 4.47 Einfluss der Belastungshöhe und -zeit auf die Länge und Anzahl der Crazes bei Polymethylmethacrylat (PMMA) [57]
ε_F = Dehnung, bei der erste Crazes auftreten

nungsbereich tritt die Wirkung der Chemikalien stärker in Erscheinung. Durch die zwischen die Makromoleküle eindringenden und damit die intermolekularen Bindungen herabsetzenden Netzmittel

- sinkt die auslösende Spannung,
- vermindert sich die Zahl der Crazes um 1 bis 2 Größenordnungen,
- steigt die Wachstumsgeschwindigkeit erheblich,
- werden die Crazes breiter und tiefer als ohne Netzmittel,
- durch Weichmachung an der Rissspitze wird dort die molekulare Entschlaufung erleichtert.

Über die Wirkung von gasförmigen Substanzen auf die Craze-Bildung ist wenig bekannt. Feuchtigkeits- und Kohlendioxidmengen in der Luft wirken spannungsrissfördernd. Spannungsrissbildung ist keine Korrosion, da die Polymere nicht chemisch geändert werden.

Da die Crazes mechanische Schwachstellen bilden, führen sie bei neuerlicher Belastung zu einer Abnahme des Arbeitsaufnahmevermögens (Fläche unter dem Spannungs-Dehnungs-Diagramm) des Polymer-Werkstoffs, wie Bild 4.48 für PMMA erkennen lässt.

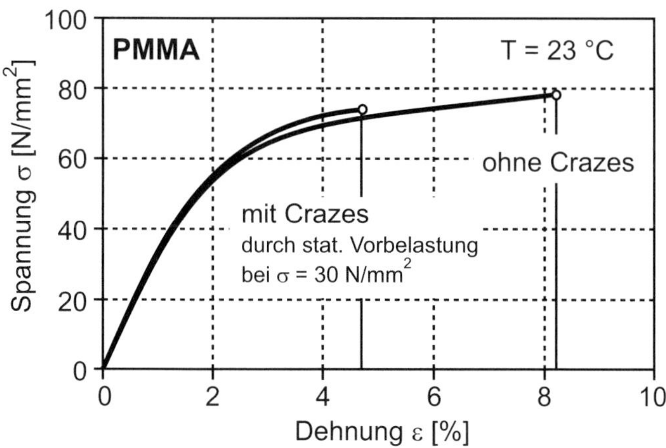

Bild 4.48 Spannungs-Dehnungs-Diagramm von Polymethylmethacrylat (PMMA) mit und ohne Crazes [57]

Zum Vergleich wurden die Spannungs-Dehnungs-Diagramme mit und ohne Craze-Bildung aufgetragen, Die Craze-Bildung der einen Probe wurde durch eine längere statische Vorlast bei 30 N/mm² erzeugt, Bild 4.48. Der stärkere Anstieg der σ-ε-Kurve der vorbelasteten Probe kurz vor dem Bruch ist auf Verformungsbehinderungen durch die Crazes des sich sonst stärker duktil verformenden PMMA zurückzuführen.

Einen zu einem Riss aufreißenden Craze zeigt Bild 4.49. Die Rissbildung kann in der Mitte der Fibrillen, aber auch in den Randbereichen erfolgen.

Neben der fibrillären kann es auch zu einer folienförmigen Crazebildung kommen, wenn sich bei einem gleichmäßigen Dehnungsvorgang an der Oberfläche folienförmige Verstreckungen auf einer Unterlage mit den Kennzeichen eines verformungsarmen Gewaltbruchs ergeben. Bild 4.50 zeigt einen geöffneten Craze in PS mit einer ebenen Bruchfläche und einzelnen, duktil gezogenen Folien und Fäden.

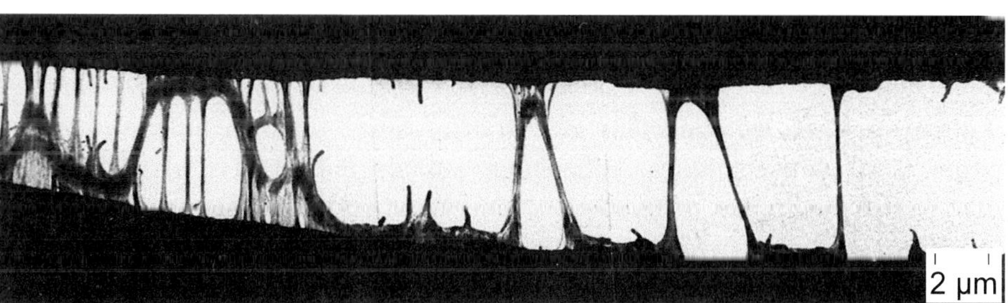

Bild 4.49 Aus einem Craze (Normalspannungsfließzone) entstehender Crack (Riss) [58]
(Elektronenmikroskopische Aufnahme)

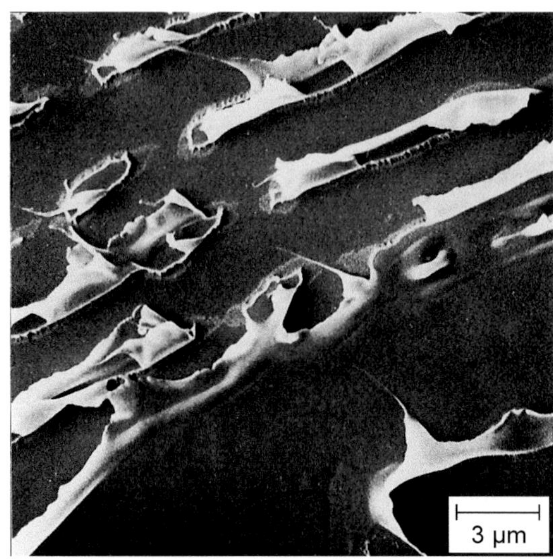

Bild 4.50 Geöffneter Craze in PS mit überwiegend folienförmigen Verstreckungen [59] (REM-Aufnahme)

4.2.1.3 Wirkungsmechanismus der Zähigkeitserhöhung

Polystyrole sind spröde Kunststoffe mit Bruchdehnungen von ca. 2 %, kautschukmodifizierte, schlagfeste Polystyrole dagegen erreichen Werte von > 20 %. Während die meisten duktilen Kunststoffe durch Scherverformung versagen, gibt es auch bei einigen die Crazebildung unter Einwirkung von Zugspannung (siehe Abschn. 6.1.4). Beide unterscheiden sich vor allem dadurch, dass bei Scherdeformation keine Volumenänderungen auftreten, während Crazebildung durch die dabei entstehenden Mikrohohlräume mit einer Volumenvergrößerung verbunden ist.

Durch die Modifizierung von Styrol-Co- und Homopolymerisaten mit Kautschukpartikelchen wird das mechanische Arbeitsaufnahmevermögen, die Schlagzähig- oder Schlagfestigkeit erheblich erhöht. Man spricht daher auch von schlagfest- oder schlagzäh-modifizierten Styrolpolymerisaten. Die Wirkung des Kautschuks in schlagfest-modifiziertem Styrolpolymerisat beruht dabei auf der Crazebildung, wobei gilt:

- Zwischen Kautschuk und Hartphase herrscht eine feste chemische Bindung.
- Kautschuk weist mit ungefähr $20 \cdot 10^{-5}\,°C^{-1}$ einen deutlich höheren thermischen Längenausdehnungskoeffizienten auf als Polystyrol (PS) und Styrol-Acrylnitril (SAN) mit 6 bis $8 \cdot 10^{-5}\,°C^{-1}$. Dadurch ergibt sich aufgrund der Abkühlung im energieelastischen Bereich bei der Verarbeitung ein allseitiger Zug des Kautschukteilchens auf die umgebende Hartphase.
- Die Querkontraktionszahl von Kautschuk beträgt nahezu 0,5; die der Hartphase etwa 0,35. Bei einer von außen angreifenden Zugspannung wird durch die stärkere Querkontraktion des Kautschuks eine verstärkte zusätzliche Zugbeanspru-

chung des Kautschuks auf die Hartphase ausgeübt, die ihre größten Werte unter 90° zur Zugbeanspruchung erreicht.

- Der Elastizitätsmodul des Kautschuks ist mit 2 bis 5 N/mm² erheblich niedriger als der der Hartphase mit mehr als 3000 N/mm². Senkrecht zur Zugspannungsrichtung ergibt sich daher eine Kerbspannungskonzentration in der Hartphase rings um die Einbettung, die in der Äquatorialebene unmittelbar am Übergang zum Kautschuk am größten ist und mit zunehmender Entfernung exponentiell abfällt.

Der Spannungszustand in der Hartphase in der Äquatorebene am Übergang zum Kautschukpartikelchen ist in Bild 4.51 dargestellt. Wegen der größeren thermischen Kontraktion des Kautschuks bewirkt das Kautschukpartikel nach der Verarbeitung eine radiale Zugeigenspannung σ_r und in tangentialer Richtung senkrecht aufeinander zwei Druckeigenspannungskomponenten σ_{t1} und σ_{t2}, Bild 4.51 links.

Bei einer zusätzlich wirkenden, einachsigen Zugspannung σ_1 (mittlere Darstellung) bleibt zwar die Richtung der unter 90° dazu wirkenden Zugeigenspannung σ_r und Druckeigenspannung σ_{t2} gleich, ihr Betrag erhöht sich jedoch deutlich. Die tangentiale Gesamtspannung σ_{t1} wird, wenn σ_1 hinreichend groß ist, positiv, so dass jetzt in zwei Richtungen Zugspannungen herrschen.

Aufgrund dieses Spannungszustandes tritt unmittelbar am Übergang Kautschuk/Hartphase in der Hartphase eine Volumenaufweitung ein, die noch erheblich verstärkt wird, wenn sich bei einer bauteilgegebenen Querdehnungsbehinderung

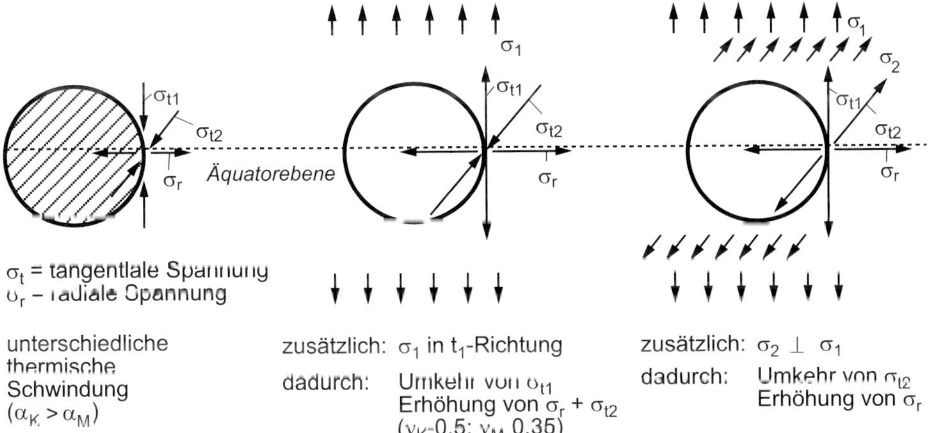

Bild 4.51 Spannungszustand um Kautschukpartikel in der Hartphase
links: ohne äußerlich angreifende Kräfte nach thermischer Abkühlung
mitte: bei einer äußerlich in Scheitelrichtung wirkenden Zugspannung σ_1
rechts: bei einer zusätzlichen Zugspannung σ_2 oder Verformungsbehinderung unter 90°
Index: K = Kautschuk, M = Matrix

eine Verminderung von σ_{t2} oder bei einer zweiachsigen Zugbeanspruchung durch eine zusätzliche Zugspannung σ_2 senkrecht zur bereits aufgebrachten Zugspannung σ_1 ein dreiachsiger Zugspannungszustand ergibt. Durch die Volumendilatation wird das freie Volumen der Hartphase erhöht, und dadurch wird die Erweichungstemperatur (Glasübergangstemperatur) erniedrigt sowie die molekulare Beweglichkeit erhöht. Ein dreiachsiger Zugspannungszustand ist versuchstechnisch allerdings schwer zu realisieren. Umgekehrt lässt sich die Abhängigkeit der Glasübergangstemperatur vom hydrostatischen Druck eindeutig nachweisen, wie Bild 4.44 für PVC zeigt.

An der Äquatorebene der Kautschukpartikelchen entstehen unmittelbar in der Hartphase am Übergang die günstigsten Bedingungen für eine Verstreckung der Hartphase. Bei genügend hoher äußerer Beanspruchung bilden sich daher ringförmig um die Kautschukpartikel Crazes. Diese Craze-Bildung ist wegen der Brechung des Lichtes innerhalb der Crazes und an der Grenzfläche zwischen verstreckter und unverstreckter Hartphase mit einer scheinbaren Weißfärbung des Materials verbunden. Man spricht daher von einem *Weißbruch* (E: stress whitening). In Bild 4.52 und Bild 4.53 sind derartige Crazes dargestellt.

In Bild 4.53 ist deutlich zu erkennen, dass die Crazes überwiegend im Äquatorbereich beginnen und wegen der schnell abklingenden Kerbspannung häufig nur eine geringe Strecke in die Hartphase einlaufen. Die häufig genannte Erscheinung eines Rissstoppereffekts der Kautschukelemente verkennt die Ursache der Entstehung der Crazebildung und das schnelle Abklingen der Kerbspannung mit zunehmender Entfernung von Kautschuk/Hartphase-Übergang.

Erstreckt sich die Craze-Bildung, wie in Bild 4.53, über den gesamten Probenquerschnitt, beginnt der Polymer-Werkstoff unter Ausbildung einer Streckgrenze in mehreren Ebenen hintereinander zu fließen und durch irreversible Verformung Energie umzusetzen und damit „schlagzäh“ zu werden.

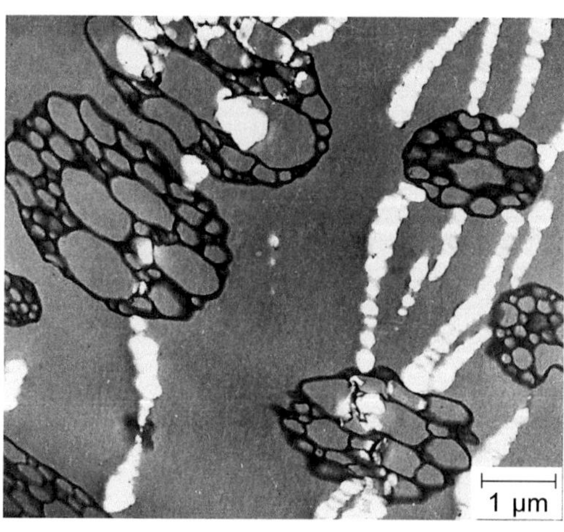

Bild 4.52 Crazes in einem schlagfesten Polystyrol (SB) mit Angabe der Zugspannungsrichtung, durch Jod/Schwefelgemisch ausgelöst [51] (TEM-Aufnahme)

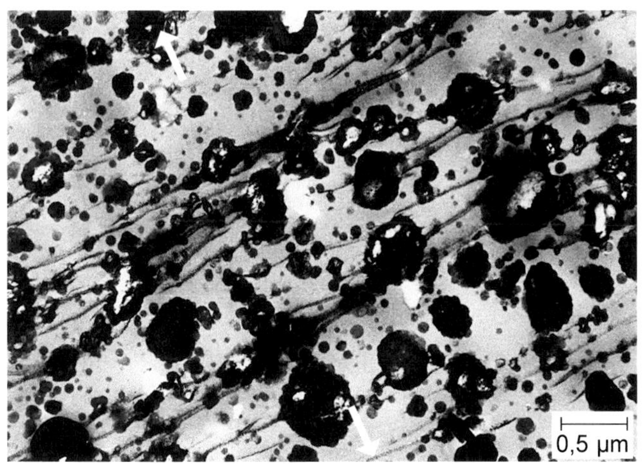

Bild 4.53 Crazes in Acryl-Butadien-Styrol (ABS) durch Zugspannung ausgelöst [51] (TEM-Aufnahme)

Viele kleine Kautschukteilchen bedeuten, dass an vielen Stellen zugleich die zur Craze-Bildung notwendige Spannung aufgebracht werden muss, so dass die Streckgrenze daher besonders hoch liegt, Bild 4.54 a.

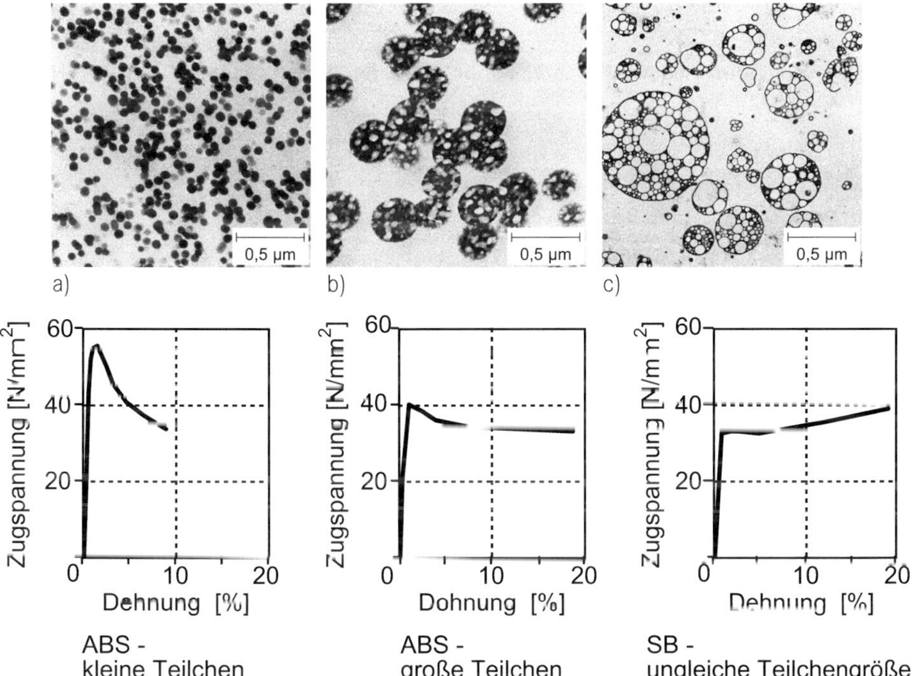

Bild 4.54 Einfluss der Kautschukpartikelgröße auf das Verformungsverhalten [51] (TEM-Aufnahme)

Es entstehen viele kleine Crazes. Gleichzeitig treffen die Crazes sehr viel schneller wieder auf Kautschukpartikel, so dass die Bruchdehnung der Gesamtsubstanz kleiner bleibt. Das verstreckte Volumen und damit die Arbeitsaufnahme ist geringer als bei größeren Kautschukpartikelchen. Man spricht von einem hochfesten, halbschlagzähen ABS. Spannungs-Dehnungs-Diagramme für größere Kautschukpartikel sind in Bild 4.54 b und c dargestellt. Bei deutlich größeren als den in Bild 4.54 a dargestellten Partikeldurchmessern entstehen wenige, sich weit verstreckende Crazes.

Dieser Einfluss der Teilchengröße kann durch Unterschiede in der Vernetzung, der Propfung und den mechanischen Eigenschaften der Hartkomponente überdeckt werden. So müssen die Kautschukteilchen in einem schlagzäh-modifizierten Polystyrol wegen der im Kautschukpartikel eingelagerten Hartkomponente vielfach größer sein als in einem ABS, Bild 4.54 c. Die Wirkung der eingelagerten Kautschukkomponente als Craze-Auslöser geht verloren, wenn der Kautschuk beim Abkühlen bei −30 bis −40 °C seine Einfriertemperatur erreicht. Seine Querkontraktionszahl erniedrigt sich dann auf etwa die Werte der Hartphase ($\nu \sim 0{,}35$), und die ringförmige Spannungserhöhung verschwindet wegen der Angleichung der Elastizitätsmoduln von Kautschuk und Hartphase nahezu vollständig.

Mit zunehmendem Kautschukgehalt steigt die Zähigkeit und nehmen die Steifigkeit und der Glanz ab. Je größer die Kautschukteilchen sind, umso höher ist die Zähigkeit und umso niedriger sind die Streckgrenze, die Steifigkeit und der Glanz. Wenn die Größe der Kautschukteilchen unter die Lichtwellenlänge sinkt, wird das Material zunehmend transparent, wobei die Teilchen kugelförmig, aber auch plättchenförmig sein können, Bild 4.55.

Bei Temperaturen oberhalb der Erweichungstemperatur des Kautschuks bilden sich zunächst wenige, schnell wachsende Crazes. Steigt die Temperatur, nimmt die zur Craze-Bildung notwendige Spannung ab und die Zahl der Crazes zu. Bei weiter steigender Temperatur nehmen die viskosen Verformungsanteile der Hart-

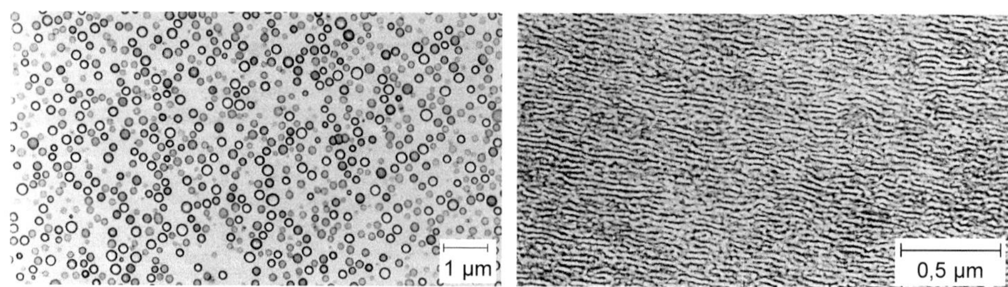

Bild 4.55 Transparentes schlagfestes Polystyrol (SB) mit feinverteilter Kautschukphase [60]
(TEM-Aufnahme)

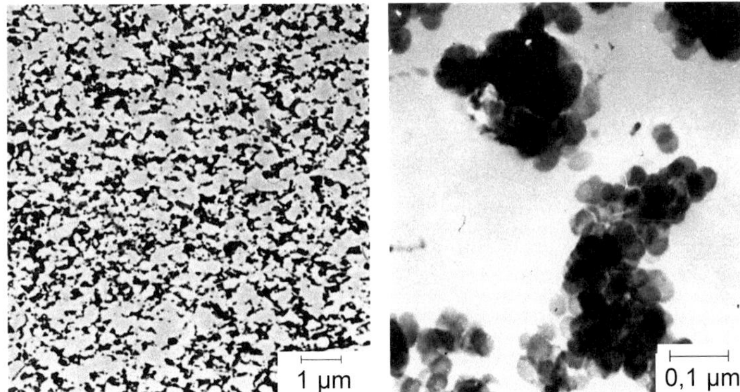

Bild 4.56 PVC mit aneinandergereihten Kautschuk-Partikeln [Hoechst AG] (TEM-Aufnahme)

phase stärker zu, d.h. die Kriechneigung wächst. Gleichzeitig werden die die Crazes auslösenden Spannungszonen und damit die Crazes selbst verkleinert, bis ihr Entstehen und Wachsen vom Fließen der gesamten Probe überdeckt wird.

Während bei kautschukmodifizierten Styrolpolymerisaten mit einer festen chemischen Bindung zwischen Kautschuk und Hartphase die Craze-Bildung die Ursache für die Zähigkeit ist, sind bei den meisten anderen Kautschuk-modifizierten Kunststoffen (Thermoplaste und Duroplaste) keine ähnlich festen Bindungen vorhanden. Bei mechanischer Belastung führt dann eine Scherverformung innerhalb der Kautschukanlagerungen zu einer erhöhten Energieaufnahme. In solchen Fällen ist es dann günstig, wenn Elastomer-/Kautschukteilchen (5 – 12 %) aneinandergereiht in Scherrichtung liegen, wie in Bild 4.56 für PVC.

4.2.2 Weichmachung

Ungefüllte Thermoplaste und Duroplaste weisen Elastizitätsmoduln in der Größenordnung von etwa 200 bis 4000 N/mm² auf, Elastomere von etwa 2 bis 600 N/mm². Elastomere erfordern normalerweise wegen des bei der Verarbeitung ablaufenden chemischen Vernetzungsprozesses eine – verglichen mit Thermoplasten – aufwändigere Verarbeitungstechnik.

Um Kunststoffe im Gebrauch (z.B. Folien, Spielzeug), aber auch bei der weiteren Verarbeitung (z.B. Schäume) deformierbar und flexibel zu machen, werden sie weichgemacht. Dieses geschieht entweder durch die Zugabe von physikalisch wirkenden Weichmachern (*äußere Weichmachung*, E: external plasticization) oder durch chemisch eingebundene molekulare Gruppen, die die Kettenbeweglichkeit erhöhen (*innere Weichmachung*, E: internal plasticization). Es handelt sich meist um niedermolekulare Flüssigkeiten (bis 40 % Anteil) oder höhermolekulare Polymerweichmacher (weniger als 5 %). Neben dieser gewollten Weichmachung kann auch durch eindiffundierendes Wasser die Flexibilität erhöht werden. Dieses ist besonders bei Polyamiden der Fall, die wegen der vorhandenen Wasserstoffbrücken bis zu 10 % Wasser aufnehmen können. Ein Mischen oder Lösen in Lösemitteln bezeichnet man nicht als Weichmachung, weil das schnelle Verdunsten keine gleichbleibende Gebrauchstauglichkeit sichert. Aus molekularer Sicht bedeutet eine Weichmachung eine Erhöhung der Beweglichkeit von Kettensegmenten, die sich in einer Änderung vieler Eigenschaften bemerkbar macht, wie der Erhöhung von Bruchdehnung und Zähigkeit und einer Erniedrigung des E-Moduls, der Härte und der Glasübergangstemperatur. Am häufigsten wird die Weichmachung bei Polyvinylchlorid (PVC) angewendet.

4.2.2.1 Äußere Weichmachung

Unter äußerer Weichmachung versteht man das Mischen von Makromolekülen mit niedermolekularen, meist teureren Weichmachermolekülen mit Molekulargewichten zwischen 350 und 450 g/mol oder mit Oligomeren, sog. *Polymer-Weichmachern* (E: polymer plasticiziers) mit Molekulargewichten von 2000 bis 4000 g/mol. Die Wirksamkeit der Weichmacher ist umso größer, je kleiner die Weichmachermoleküle sind. Kleinere Weichmachermoleküle neigen wegen ihres höheren Dampfdrucks wiederum zu größerer Flüchtigkeit, der unerwünschten Weichmacherwanderung.

Weichmacher besitzen mindestens eine polare Gruppe, die in den meisten Fällen durch Sauerstoffatome in Estergruppen gebildet wird. Neben Sauerstoff ist häufig noch Phosphor und Schwefel vorhanden. Außer diesen polaren Gruppen enthalten die Weichmacher noch weitere unpolare Molekülteile, die entweder durch Induktion polarisiert werden können, wie z. B. Benzolringe (C_6H_4) in Bild 4.57 links, oder aber ihren unpolaren Charakter beibehalten wie aliphatische Gruppen, z. B. CH_2-Verbindungen, Bild 4.57 rechts.

In Bild 4.57 links ist die Wirkungsweise für ein Trikresylphosphat (TKP)-Molekül schematisch dargestellt, das einen starken polaren Charakter aufweist. Wegen der freien Drehbarkeit der Benzolringe kann man sich die Wirksamkeit des TKP-Weichmachers etwa in Form des dargestellten Paraboloids veranschaulichen. Die in ihrer Wirkungsweise vergleichbaren (hier nicht dargestellten) Phthalsäureester machen heute wegen ihrer wirtschaftlich günstigen Herstellbarkeit, verbunden mit guten technischen Eigenschaften etwa 75 % des Marktes aus. Die geringere Polarität des in Bild 4.57 rechts dargestellten Dioctylsebazats (DOS) ergibt sich durch eine geringere Polarisierbarkeit der aliphatischen CH_2-Ketten. Sie behalten ihren unpolaren Charakter bei und schirmen den Dipol am anderen Ende ab, so dass die Wirkung in eine Richtung beschränkt bleibt.

Bedingt durch den abweichenden polaren Charakter ergeben sich Unterschiede in der Wirkungsweise der Weichmacher. Während die vom Typ des in Bild 4.57

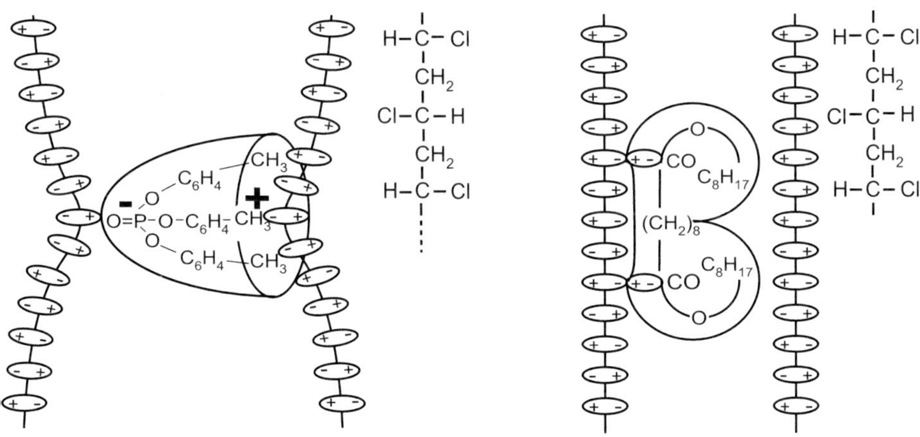

Bild 4.57 Weichmachung zwischen zwei PVC-Makromolekülen [61]
links: mit Übertragungswirkung: Trikresylphosphat (TKP)-Molekül
rechts: mit Trennwirkung: Dioctylsebazat (DOS)-Molekül

links dargestellten polarisierten Weichmachers einen zweiseitigen Dipolcharakter aufweisen und daher beide Enden mit den stark polaren PVC-Dipolen in Wechselwirkung treten können, wird bei den in Bild 4.57 rechts wiedergegebenen Weichmachern mit einer nicht polarisierbaren Gruppe nur eine Seite physikalisch gebunden. Durch das Auseinanderschieben der Ketten und die Unterbrechung der Nebenvalenzbindungen wird die Beweglichkeit der Kettensegmente in der Nähe der Weichmacher stark erhöht, das PVC wird „weichgemacht“. Dies nennt man Trennwirkung.

Die Übertragungswirkung ergibt sich dadurch, dass die polarisierten Weichmachermolekülteile die Anziehungskraft der PVC-Dipole über Entfernungen übertragen, die sonst für die Anziehung zu groß wären.

Dabei ist es wichtig, dass Weichmacher sich leicht einarbeiten lassen, ohne auszudiffundieren, gleichmäßig im Kunststoff verteilt werden und fest an den Makromolekülen anhaften, ohne zu agglomerieren. Typisch für starke polare Weichmacher ist, dass sie sich schlecht vom völlig unpolaren Benzin extrahieren lassen, während die Extrahierbarkeit, z. B. durch polares Benzol, dagegen häufig gut möglich ist. Weichmacher mit Trennwirkung enthalten sowohl polare als auch unpolare Gruppen und lassen sich daher durch Benzin extrahieren [61].

In geringem Maße werden neben den beschriebenen niedermolekularen Weichmachern auch Oligomere, sog. Polymer-Weichmacher, z. B. Polyester und Perbunane, als äußere Weichmacher verwendet. Die Weichmacherwirkung beruht auf den unpolaren, aliphatischen, zwischen den Estergruppen angeordneten Zwischengliedern, die die Wirksamkeit eines Teiles der PVC-Dipole durch Abschirmung aufheben [61]. Ihr Hauptvorteil liegt in der sehr geringen Neigung zum Ausschwitzen (Wandern).

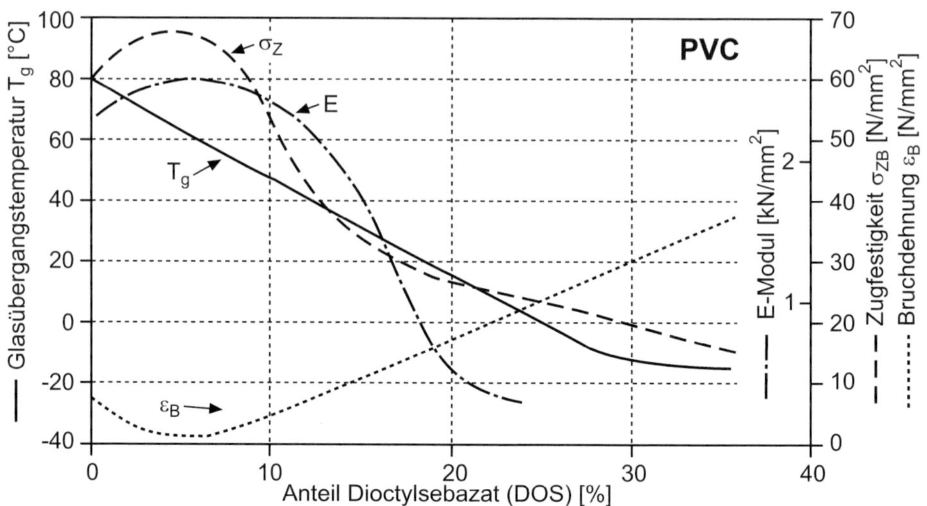

Bild 4.58 Einfluss einer äußeren Weichmachung mit Trennwirkung mit Dioctylsebazat (DOS) auf die Zugeigenschaften und den Glasübergang von Polyvinylchlorid (PVC)

PVC-Ketten enthalten in unregelmäßiger Anordnung Dipole (HCl-Gruppen). Wegen der amorphen Struktur können nicht alle Dipole einen Partner finden. Die nicht fixierten Kettensegmente können sich daher bei Anregung in gewissen Bahnen frei bewegen und sind daher Weichmachermolekülen zugänglich. Werden dem PVC nur eine geringe Menge (< 10 %) dipolhaltiger Weichmacher zugegeben, lagern sie sich zunächst an die nicht gebundenen Dipole an und behindern die Bewegungsmöglichkeiten der PVC-Makromoleküle, das Material wird steifer und versprödet.

Bei höherem Weichmachergehalt wird der auf intermolekularen Nebenvalenzkräften beruhende Zusammenhang zwischen den Ketten durch zwischengelagerte Weichmachermoleküle und die damit einhergehende Vergrößerung des Kettenabstandes gelockert und dadurch die Beweglichkeit der Ketten erhöht. Der Einfluss der Weichmacherzugabe auf die Zugfestigkeit σ_{zB}, den Elastizitäts-Modul E, die Bruchdehnung ε_B und die Glasübergangstemperatur T_g sind in Bild 4.58 dargestellt. Erst bei einer Weichmacherzugabe von mehr als 10 % ergibt sich die gewünschte Weichmachung.

Der Unterschied zwischen den Weichmachern mit Übertragungs- und mit Trennwirkung besteht vor allem darin, dass die Weichmacher mit Übertragungswirkung in der Kälte weniger schnell verspröden und in der Wärme weniger schnell erweichen, weil die Beweglichkeit ihrer Moleküle wegen der doppelten Bindung an das PVC-Molekül und der unpolaren Gruppen weniger temperaturabhängig ist. Bild 4.59 zeigt die unterschiedliche Auswirkung beider Weichmachertypen auf die Temperaturabhängigkeit des Torsionsmoduls von Suspensions-Polyvinylchlorid (S-PVC).

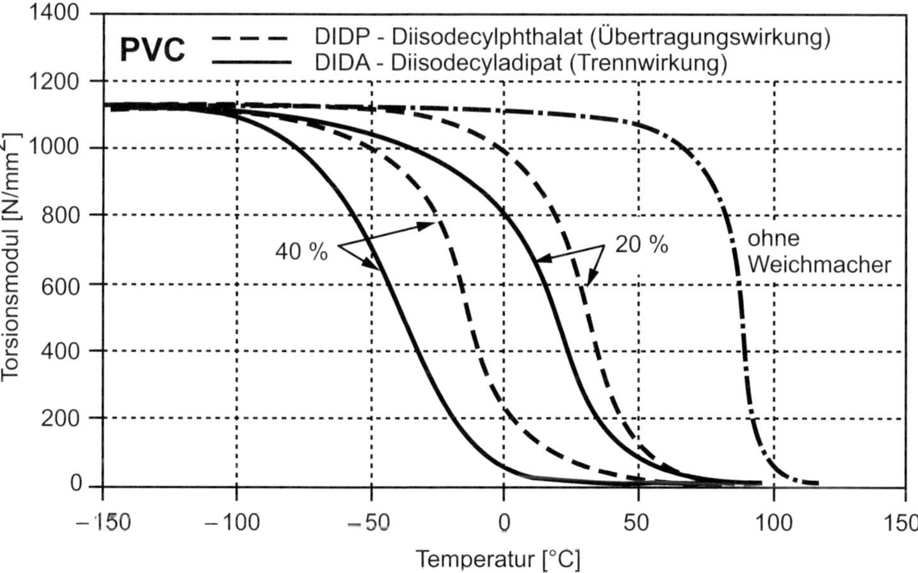

Bild 4.59 Einfluss verschiedener Weichmacher-Typen und -Anteile auf den Torsionsmodul nach DIN 53445 von Suspensions-Polyvinylchlorid (S-PVC)

4.2.2.2 Innere Weichmachung

Die Erweichungstemperatur eines Polymeren hängt primär von der Flexibilität der Ketten und sekundär von den zwischen den Ketten wirkenden Kräften ab [17]. Beide Effekte macht man sich bei der inneren Weichmachung durch das Einpolymerisieren einer zweiten Komponente zunutze. In Bild 4.60 ist die Glasübergangstemperatur T_g eines Butadien-Styrol-Copolymerisats in Abhängigkeit vom Styrolanteil aufgetragen. Das copolymerisierte Butadien bewirkt eine leichtere Drehbarkeit der C-C-Bindungen der Hauptkette und erniedrigt die Wirkung intermolekularer Bindungen. Mit zunehmendem Styrolgehalt erhöht sich die sterische Behinderung durch die raumfüllenden Benzolringe, wodurch die Glasübergangstemperatur T_g angehoben wird.

Eine zweite Möglichkeit der inneren Weichmachung besteht in der Copolymerisation mit einer zweiten Komponente mit raumfüllenden Seitengruppen, die gezielt die Abstände zwischen den einzelnen Makromolekülen erweitern. Durch die damit verbundene Verringerung der Wirkung der intermolekularen Kräfte wird die Kettenbeweglichkeit erhöht. PVC hart (ohne Weichmacher) besitzt z. B. eine Glasübergangstemperatur von 80 °C. Durch Copolymerisieren von Vinylchlorid mit Acrylsäuremethylester entsteht ein sog. innerlich weichgemachtes PVC mit einer niedrigeren Erweichungstemperatur. Die Glasübergangstemperatur T_g von Polyacrylsäuremethylester beträgt 8 °C. Bild 4.60 rechts veranschaulicht den Weichmachungsvorgang.

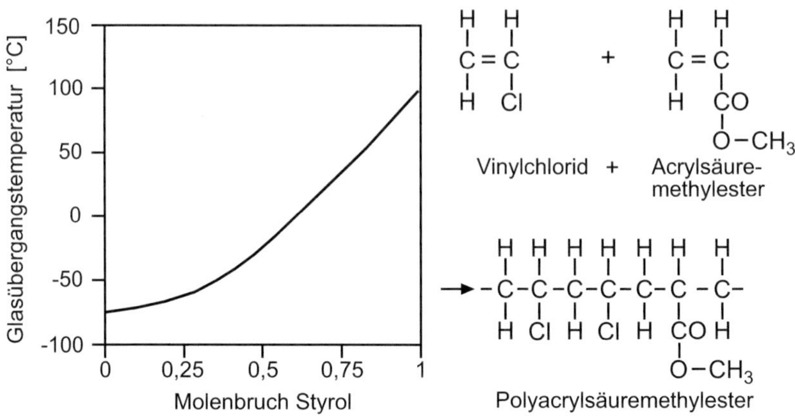

Bild 4.60 Innere Weichmachung
links: Glasübergangstemperatur T_g von Butadien-Styrol-Copolymerisat (SB) in Abhängigkeit vom Molenbruch[31] des Styrols [62]
rechts: Vinylchlorid-Acrylsäuremethylester-Copolymerisat

■ 4.3 Heterogene Verbundwerkstoffe

Heterogene Verbundwerkstoffe bestehen aus mindestens zwei chemisch unterschiedlichen Stoffen, von denen einer ein kohärenter Polymer-Werkstoff ist. Der oder die anderen Stoffe können organisch oder anorganisch sein. Sie unterscheiden sich meistens erheblich in ihrem Verformungsverhalten vom kohärenten Polymer-Werkstoff. Die zum *Verbundwerkstoff* (E: composites) zusammengefassten Komponenten sind i. A. physikalisch, selten chemisch, untereinander gebunden. Die Herstellung von Verbundwerkstoffen erfolgt normalerweise unter dem Gesichtspunkt gezielter Eigenschaftsänderung und/oder Verbilligung.

4.3.1 Faserverstärkte Kunststoffe

Die wichtigsten heterogenen Verbundwerkstoffe sind die glasfaserverstärkten Polymer-Werkstoffe, an denen sich die grundsätzlichen Probleme einer Faserverstärkung aufzeigen lassen [63]. Voraussetzung für hochfeste und hochsteife Fasern ist ein möglichst eng gepacktes, kontinuierliches Netzwerk starker Bindungen. Wegen der erwünschten geringen Dichte eignen sich hierfür Elemente der ersten beiden Reihen des Periodensystems, z. B. Bor (B), Kohlenstoff (C), Stickstoff (N),

[31] Der *Molenbruch* gibt das Verhältnis der Anzahl der Styrolmoleküle zur Gesamtsumme der Styrol- plus Butadienmoleküle an

Sauerstoff (O) und Silizium (Si). Die hochfesten, kovalenten Bindungen müssen dabei nicht dreidimensional angeordnet sein. Bei Fasern mit überwiegend eindimensionaler Kraftübertragung genügen ein- oder zweidimensionale Molekülstrukturen in Faserachse. Kennwerte für das als kohärente Matrix Verwendung findende ungesättigte Polyesterharz (UP) und Polyamid 6 (PA 6, trocken) und für die als Verstärkungsmittel eingelagerten anorganischen Glasfasern sind in Tabelle 4.5 zusammengestellt.

Die Steifigkeits- und Festigkeitskenngrößen von Kunststoff und Verstärkungsmaterial unterscheiden sich etwa um den Faktor 20 bis 30, ebenso wie die thermische Ausdehnung. Die Werte für die Bruchdehnung bzw. Streckdehnung liegen bei den drei Werkstoffen in vergleichbarer Größenordnung. Da bei gleicher Dehnung Verbundwerkstoffe Spannungen im Verhältnis ihrer E-Moduln aufnehmen, ergibt sich hiermit eine nahezu ideale Paarung, wenn das Festigkeits- und E-Modulverhältnis etwa gleich ist. Der Durchmesser der einzelnen Glasfasern beträgt etwa 10 mm. Sie werden als Kurzglasfasern in Längen von 0,1 bis 0,5 mm und Langfasern von 5 mm für die Thermoplastverstärkung oder als Fasern von ca. 50 mm Länge für SMC (Sheet Molding Compound) bzw. als endlose Fasern für die Verarbeitung mit duroplastischen Gießharzen verwendet, aber auch für endlos verstärkte Thermoplaste als glasmattenverstärkte Thermoplaste (GMT).

Ausgangsmaterial für die drei wichtigsten Glasfaserverstärkungen sind die Spinnfäden, die aus mindestens 200 Elementarfasern zusammengefasst sind und zu Geweben, Rovings (30 – 60 Spinnfäden) oder Matten weiterverarbeitet werden, Bild 4.61. Matten bestehen aus 50 mm langen, regellos in der Ebene angeordneten oder aus endlosen, schlingenförmig gelegten Spinnfäden.

Für die Weiterverarbeitung müssen die Glasfasern bei der Herstellung mit sog. Schlichten ausgerüstet sein. Diese enthalten Haftvermittler, polymere Filmbildner und Netzmittel. *Haftvermittler* (E: coupling agents) verbessern die Haftung der organischen Matrix auf der anorganischen Glasfaser. Die Wirkung der Haftver-

	PA 6 (trocken)	UP-Harz	Glasfaser
Zugfestigkeit (N/mm^2)	80	60	1200 – 1.500
Elastizitätsmodul (N/mm^2)	3000	4000	75 000
Querkontraktionszahl	0,4	0,35	0,18
Dehnung (%) bei Streckspannung bzw. Bruch	5	2 – 8	2
thermischer Ausdehnungskoeffizient (1/°C)	$100 \cdot 10^{-6}$	$100 \cdot 10^{-6}$	$4{,}6 \cdot 10^{-6}$
Erweichungs- bzw. Schmelztemperatur (°C)	75/220	40 – 140	600
Dichte (g/cm^3)	1,14	1,25	2,52

Tabelle 4.5 Eigenschaften von PA 6 (trocken), UP-Harz und Glasfasern

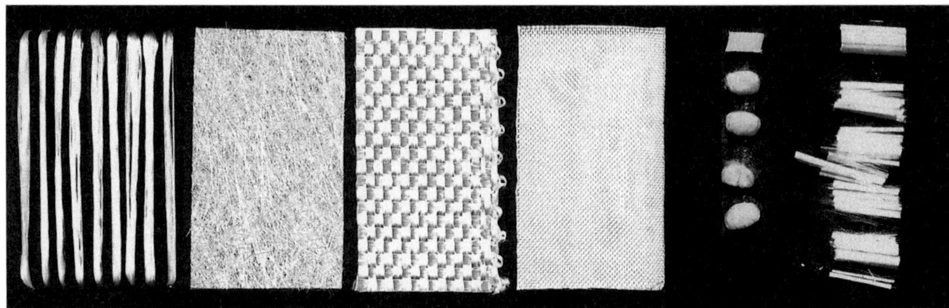

Bild 4.61 Die wichtigsten Glasfaserverstärkungen
links: für Gießharze: Rovinggewebe, Glasfilamentgewebe, Matte, Roving
rechts: für Thermoplaste: Granulatkörner mit Kurzglasfasern (~ 0,22 mm lang), Langfasern (~ 5 mm lang)

mittler beruht darauf, dass ihre organische Gruppe mit der Matrix reagiert, während eine anorganische Gruppe über Wasserstoffbrücken an die OH-Gruppen enthaltenden Glasoberflächen gebunden ist [64]. Zwischen die OH-Gruppen von Haftvermittler und Glas kann sich Wasser schieben. Aus oberflächenenergetischen Gründen schlägt sich auf der Glasfaser während des Herstellungsprozesses Feuchtigkeit nieder. Da Wasser mit 72 mN/m eine höhere Oberflächenspannung als alle Polymer-Werkstoffe hat, wird ergibt sich der größte Energiegewinn und damit das thermodynamisch stabilste System, wenn sich Wasser auf der Oberfläche anlagert [65].

Wegen seiner niedrigen Viskosität ist Wasser jedoch nicht in der Lage, nennenswerte Kräfte in dem Verbundsystem zu übertragen. Aufgabe der Haftvermittler ist es, den Wasserfilm zu verdrängen bzw. ihn auf weitgehend monomolekularen, kaum verschiebbaren Wasserschichten zwischen Haftvermittler und Glasoberfläche zu beschränken. Der Filmbildner dient zum Schutz der scheuerempfindlichen Glasfasern bei der Weiterverarbeitung. Es ist daher nicht sinnvoll, Glasfasern nur mit Haftvermittlern zu versehen. Zur besseren Benetzung der Glasfasern dienen die Benetzungshilfsmittel.

Die wichtigsten Verstärkungsfasern sind Glasfasern, Kohlenstoff-Fasern und Aramidfasern. Es gibt eine Reihe von Sondertypen, die für spezielle Anwendungen entwickelt wurden. Die wichtigsten Eigenschaften sind in Tabelle 4.6 zusammengestellt.

Faser	Dichte	Zugfestigkeit	Elastizitätsmodul		Bruchdehnung	Wärmeausdehnungskoeffizient		Wärmeleitzahl	elektr. spez. Widerstand	Feuchtigkeitsaufnahme
	ρ	$\sigma_{\parallel zB}$	$E_{\parallel}$	$E_{\perp}$	ε_B	$\alpha_{\parallel}$	$\alpha_{\perp}$	λ	ρ_e	20 °C, 65 % r. F.
	(g/cm³)	(N/mm²)	(kN/mm²)		(%)	(10^{-6} °C^{-1})		(W/mK)	(Ω cm)	(%)
E-Glas	2,5	2400	73	73	3,0	5	5	1	10^{14} - 10^{15}	≤0,1
C-Faser HM	1,96	1750	500	5,7	0,35	- 1,5	15	-	10^{-3} - 10^{-4} leitend	≤0,1
HT	1,78	3600	240	15	1,5	- 1	10	17		
HST	1,75	5000	240	-	1,5	- 1	10	17		
Aramid HM	1,45	3000	130	5,4	2,1	- 4	52	0,04 - 0,05	10^{15}	≤3,5

Tabelle 4.6 Eigenschaften von Glas-, Kohlenstoff- und Aramidfasern im Vergleich
HM = hochsteif, HT = fest, HST = hochfest
II = in Faserrichtung, ⊥ = senkrecht zur Faser

Glasfasern

Textilfaser ist der Sammelbegriff für aus geschmolzenem Glas gesponnene feine Fasern für textile Zwecke mit gleichmäßigem, annähernd rundem Querschnitt. Hergestellt wird Textilglas vor allem aus hochwertigem, meist alkalifreiem E-Glas. Die relativ hohen Festigkeiten und E-Modulwerte sind eine Folge der starken kovalenten Bindungen zwischen Silizium und Sauerstoff im dreidimensionalen Netzwerk des Glases. Aufgrund ihrer amorphen Struktur sind Glasfasern im Gegensatz zu Kohlenstoff- und Aramidfasern isotrop, Bild 4.62.

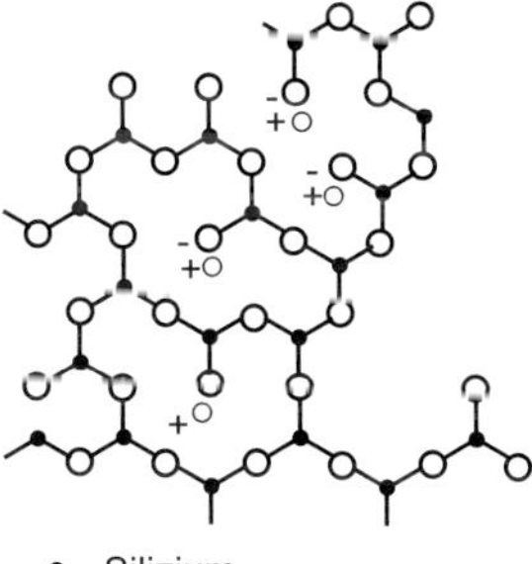

Bild 4.62 Glasfaser, Struktur und REM-Aufnahme [66]

Die Durchmesser der Glasfasern für die Verstärkung von Kunststoffen betragen bei Garnen für Gewebe meist 9, 11 oder 13 μm, bei Textilglasrovings und den daraus hergestellten Matten, Rovings und Rovinggeweben 11, 14, 17 bzw. 24 μm.

Glasfasern sind isotrop, d. h. ihre Werkstoffkennwerte in Faserrichtung sind gleich denen quer zur Faserrichtung:

Festigkeit	frisch gezogen	3500 N/mm^2
	real	1500 N/mm^2
Steifigkeit (E-Modul)		~ 75 000 N/mm^2
Wärmeausdehnungskoeffizient		~ $5 \cdot 10^{-6}\,°C^{-1}$
	zum Vergleich:	
	Stahl	~ $12 \cdot 10^{-6}\,°C^{-1}$
	Kupfer	~ $17 \cdot 10^{-6}\,°C^{-1}$
	Aluminium	~ $21 \cdot 10^{-6}\,°C^{-1}$
	Kunststoffe	$80 - 200 \cdot 10^{-6}\,°C^{-1}$

Der Elastizitätsmodul von Glasfasern ist ungefähr so groß wie der von Aluminium und ein Drittel von Stahl; die Zugfestigkeit übertrifft die der meisten organischen und anorganischen Faserstoffe und liegt teilweise bedeutend höher als die von Stahl. Durch die vergleichsweise geringe Dichte $\rho \sim 2{,}5\ g/cm^3$ ergeben sich besonders hohe gewichtsbezogene Festigkeitswerte. Textilglas lässt sich bis zum Bruch um ca. 3 % dehnen. Die Dehnung ist dabei elastisch, d. h. Textilglas hat kein viskoelastisches Verhalten wie andere synthetische Faserstoffe. Die thermischen Eigenschaften übertreffen die der anderen Textilfasern. Selbst Dauerbeanspruchungen bis 250 °C mindern die mechanischen Eigenschaften nicht. Textilglas ist unbrennbar und deshalb feuersicher. Bei den vielen möglichen Verstärkungsarten hängen die Endeigenschaften in hohem Maße von der Art, dem Anteil und der Orientierung der Glasfasern bzw. den Glasfaserprodukten ab.

Aramidfasern

Aramidfasern sind lineare, organische Polymere mit hoher Festigkeit und Steifigkeit, bei denen kovalente Bindungen entlang der Faserachse bei möglichst enger Packungsdichte orientiert sind. Die Moleküle untereinander sind durch Wasserstoffbrückenbindungen verbunden. Ringe in den Ketten verleihen ihnen hohe Steifigkeit. Die regelmäßige Anordnung der Phenylen-Ringe und der Aramidgruppen mit den Wasserstoffbrückenbindungen bewirken eine hohe Steifigkeit und gleichzeitig eine hohe Packungsdichte. Die Orientierung der kristalliinen Überstrukturen führt zu einer fibrillären, leicht spleißenden Struktur, Bild 4.63. Das Aramidfilament hat einen kreisrunden Querschnitt und ist an der Oberfläche leicht strukturiert. Der Durchmesser liegt bei etwa 12 μm. Die Dichte ist mit 1,45 g/cm^3 im Vergleich zu den übrigen Verstärkungsfasern niedrig.

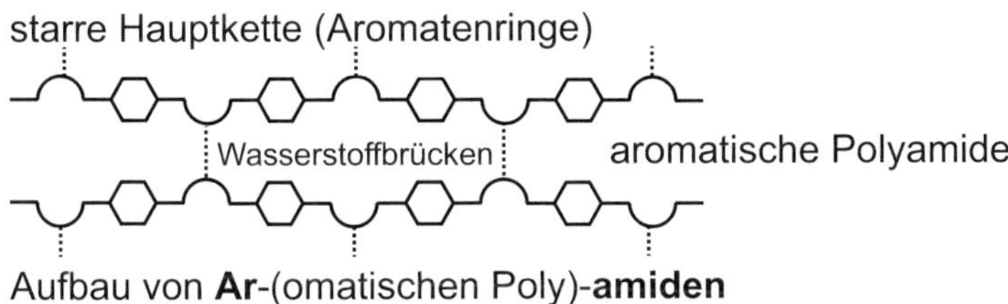

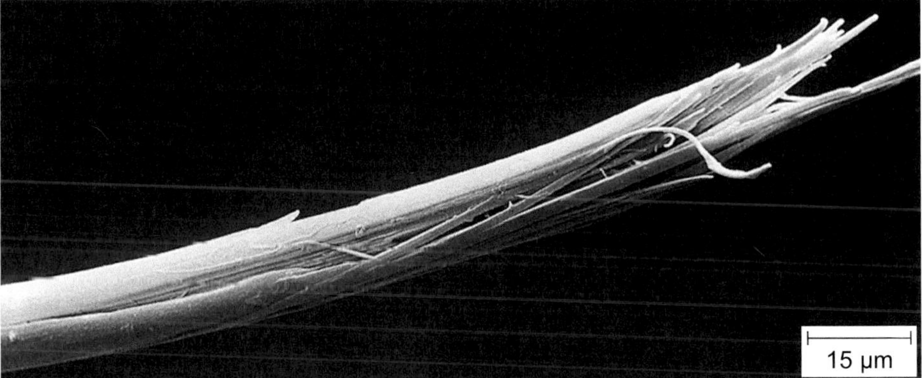

Bild 4.63 Geschnittene Aramidfaser mit starkem Spleißen [66]

Aramidfasern sind die leichtesten Verstärkungsfasern und haben eine hohe Zugfestigkeit. Sie sind stark anisotrop, d.h. die Werkstoffeigenschaften in Faserrichtung unterscheiden sich deutlich von denen quer zur Faser. So ist wie bei Kohlenstoff-Fasern z.B. der Elastizitätsmodul senkrecht zur Faser viel kleiner als in Faserrichtung, ähnlich verhält es sich mit den Festigkeiten. Die Druckfestigkeit in Faserrichtung ist mehrfach niedriger als die Zugfestigkeit (vergleichbar mit Seilen). Bei der Konstruktion von Bauteilen aus aramidfaserverstärktem Kunststoff ist auf diese Druckempfindlichkeit in Faserrichtung besonders zu achten.

Kohlenstoff-Fasern

Kohlenstoff-Fasern bestehen zu über 90% aus Kohlenstoff und haben Durchmesser zwischen 5 und 10 µm. Elastizitätsmodul und Festigkeit können in weiten Bereichen variieren. Für die Herstellung von Kohlenstoff-Fasern nach dem technisch wichtigsten Verfahren wird das Ausgangsprodukt Polyacrylnitril (PAN) zu einem „precursor" gereckt, um eine hohe Orientierung der Moleküle entlang der Faserachse zu erzielen. Anschließend werden diese Fasern unter mechanischer Spannung bei 240 bis 300 °C einer sog. Stabilisierungsbehandlung an Luft unterworfen, wobei das PAN dehydriert (Abspalten von Wasserstoff) und gleichzeitig durch Zyklisierung der Nitrilgruppen in ein Leiterpolymeres umgewandelt wird, Bild 4.64 oben.

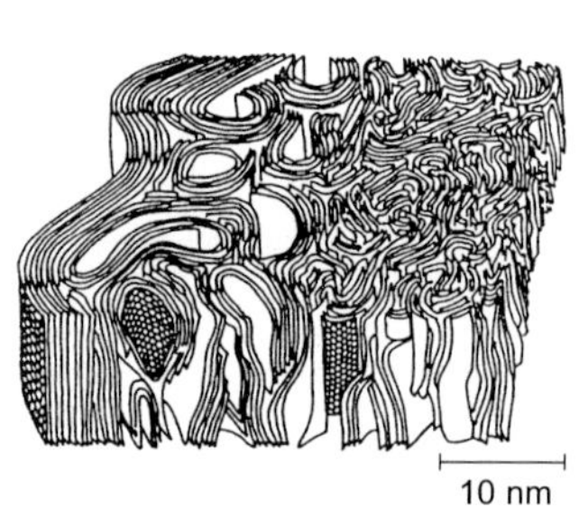

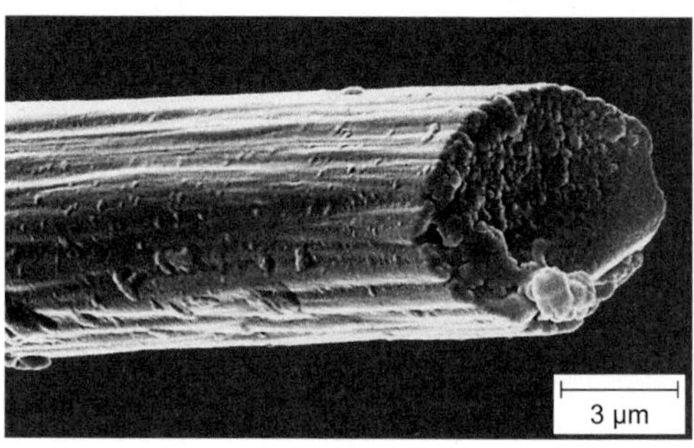

Bild 4.64 Kohlenstoff-Faser, chemischer Aufbau, Mikrostruktur und REM-Aufnahme [66, 67]

In einer zweiten Stufe wird das Leiterpolymere durch Pyrolyse (Verkokung) bei Temperaturen bis max. 1600 °C unter Inertgas zu graphitischen Schichten umgelagert. Als Folge der starken Vorreckung des Ausgangspolymeren und der einwirkenden Zugspannung weisen die Kohlenstoffschichten eine hohe Ausrichtung parallel zur Faserachse auf. Die sich so ausbildende Mikrostruktur bewirkt die hohen Festigkeiten und Steifigkeiten.

Kohlenstoff-Fasern haben im Gegensatz zu den Kunststoffen ein progressives Spannungs-Dehnungs-Verhalten, d. h. mit zunehmender Belastung steigt der E-Modul. Sie sind hochfest bei hohem Elastizitätsmodul bis zu Temperaturen von 2500 °C (σ_{IIF} = 1500 – 3500 N/mm²; E_{IIF} = 180 000 – 500 000 N/mm²), außerordentlich korrosionsbeständig, gut elektrisch und thermisch leitend, sehr leicht (ρ = 1,6 – 2,0 g/cm³) und als Implantate gut körperverträglich.

C-Fasern sind im Gegensatz zu Glasfasern stark anisotrop ($E_{II}/E_{\perp}$ = 28; $\sigma_{II} \cong \sigma_{\perp}$). Die Anisotropie erstreckt sich auch auf den Wärmeausdehnungskoeffizienten, der in Faserrichtung und quer dazu sehr unterschiedlich ist (α_{IIF} = – 0,1 bis – 1,5 · 10^{-6} °C^{-1} (negativ !) $\alpha_{\perp F}$ = 15 · 10^{-6} °C^{-1}). C-Fasern sind normalerweise äußerst spröde und bei der Verarbeitung knickempfindlich. Die Kohlenstoff-Faser selbst ist fast dauerschwingfest. Die dynamischen Eigenschaften der Laminate sind oft besser als die aller anderen Werkstoffe (z. B. Aluminium, Stahl).

4.3.2 Füll- und Verstärkungswirkung (mit Prof. Dr.-Ing. J. Kabelka)

Das Verstärken und Füllen von Polymer-Werkstoffen erfolgt durch Zugabe einer zweiten Komponente zum Grundwerkstoff, der Matrix. Eine Verstärkung liegt vor, wenn die betrachteten mechanischen Festigkeits- und Steifigkeitsgrößen des Verbundwerkstoffs höher sind als die entsprechenden Werte des unverstärkten Polymer-Werkstoffs, wobei andere Eigenschaften oder auch die gleiche Eigenschaft, allerdings in anderer Richtung, erniedrigt werden können. Führt die zweite Komponente nicht zu einer Verstärkung, sondern u. U. zu einer angestrebten Verbilligung des Werkstoffs auf einem z. B. niedrigeren mechanischen Niveau, eventuell verbunden mit einer Erleichterung der Verarbeitungseigenschaften, spricht man von Füllstoffen. *Füllstoffe* (E: filler) sind feste, anorganische oder organische Materialien, die in Kunststoffen dispergiert werden. „Inaktive Füllstoffe" strecken teurere Polymere und verbilligen daher den Kunststoff, sie werden auch „Extender" genannt. „Aktive Füllstoffe" verbessern bestimmte mechanische Eigenschaften, sie werden daher auch als „verstärkende Füllstoffe" bezeichnet.

Eine eindeutige Unterscheidung der Verstärkungs- oder Füllstoffe ist jedoch nicht immer möglich, da ein- und dieselbe zugefügte Komponente einige Kennwerte erhöhen, andere aber erniedrigen kann. Ein typisches Beispiel sind Glaskugeln, die in Polybutylenterephthalat (PBT) eingebettet die Zug- und Biegefestigkeit, die Bruchdehnung und die Kriechneigung erniedrigen, die Druckfestigkeit und sämtliche Elastizitätsmoduln aber erhöhen, wie Tabelle 4.7 zeigt.

Eine notwendige Voraussetzung für eine Verstärkungswirkung ist ein höherer Elastizitätsmodul, eine höhere Festigkeit, eine Bruchdehnung, die ungefähr der Streckdehnung der Matrix entspricht und eine günstige geometrische Orientierung der zugefügten Komponente. Ist der Elastizitätsmodul dagegen niedriger, kann allenfalls eine Verringerung der Eigenspannung, aber keine Verstärkung erreicht werden.

	Festigkeit (N/mm²)			Elastizitätsmodul (N/mm²)		
	kurzglasfaserverstärkt	glaskugelverstärkt	unverstärkt	kurzglasfaserverstärkt	glaskugelverstärkt	unverstärkt
Biegung (3-Punkt)	180	82	85	9000	4030	2500
Zug	125	51	60	10000	4300	2600
Druck	155	73	72	-	3900	-

Tabelle 4.7 Festigkeit und Elastizitätsmodul von glasfaser- und glaskugelverstärktem (30 Gew.-%) und unverstärktem PBT

Die Versteifungswirkung hängt davon ab, inwieweit Kräfte über das Verstärkungsmaterial übertragen werden können. Der Vergleich eines PBT ohne und mit 20 % Zusätzen in Form von Glasfasern mit ~ 10 µm Durchmesser und ~ 200 µm Länge sowie mit Glaskugeln mit 50 µm Durchmesser zeigt bei einer Torsionsbeanspruchung im energieelastischen Bereich der Matrix etwa eine Verdopplung der Steifigkeit bei der Zugabe der Glasfasern und eine Erhöhung von etwa 60 % bei Glaskugeln. Im gummielastischen Bereich, in dem die Steifigkeit der Matrix auf etwa ein Zehntel absinkt, erreicht man eine Verfünffachung bei Faserzugabe, während die Versteifung durch die Glaskugeln mit zunehmender Matrixerweichung auf den Matrixwert absinkt.

Fasern können bei Zugbeanspruchung und bei entsprechender Orientierung auch bei Schub Kräfte aufnehmen und weiterleiten, Kugeln dagegen wirken nur unter Druck nennenswert versteifend. Da die Steifigkeit von Glas kaum abfällt, ist die Versteifungswirkung gegenüber der reinen Füllung im gummielastischen Bereich besonders deutlich erkennbar, Bild 4.65.

Füll- und Verstärkungsstoffe sind gekennzeichnet durch die geometrische Form und die mechanischen Eigenschaften. Die geometrische Form lässt sich in drei unterschiedliche Grundtypen einteilen:

- **eindimensional**

  Beispiel: Fasern (Glas, Kohlenstoff, organisch natürlich und synthetisch), Wollastonit

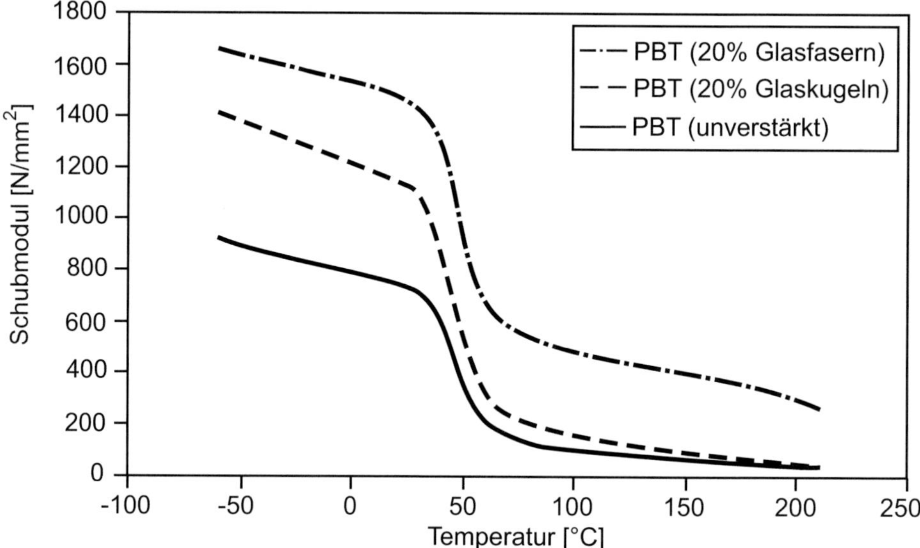

Bild 4.65 Vergleich der Versteifungswirkung von Kurzglasfasern und Glaskugeln in PBT in Abhängigkeit von der Temperatur

Vorteil: bewährte Verstärkungsmittel (insbesondere Glas); Kennwertverbesserung, geringe Schwindung

Nachteil: Anisotropie, Querverbund geschwächt, deutliche Orientierungen in strömenden Schmelzen

- **zweidimensional**

  Beispiel: Glimmer, Silikate, Talkum, Graphit

  Vorteil: preisgünstig, merkliche Kennwertverbesserung, verminderte Schwindung

  Nachteil: gewisse Ansiotropie, senkrecht zur Plättchenebene geschwächt, Bindenahtschwäche

- **dreidimensional**

  Beispiel: Glaskugeln, Kreide, Metall- und Keramikpulver, Silikate

  Vorteil: wenig Verarbeitungsschwierigkeiten, gute Oberfläche, keine Anisotropie, Kreide sehr billig, E-Modul erhöht, thermische Ausdehnung erniedrigt

  Nachteil: Zugfestigkeit und Zähigkeit erniedrigt

Eine Verstärkungswirkung hängt außer von der geometrischen Form von der Art der Beanspruchung und den Materialeigenschaften ab. Während ein kugelförmiger Füllstoff die Druckfestigkeit erhöht und die Zugfestigkeit erniedrigt, wird durch eine Faserverstärkung die Zug- und Druckfestigkeit erhöht. Bei ungefüllten und kugelverstärkten Kunststoffen ist die Druckfestigkeit immer höher als die Zugfestigkeit. Bei faserverstärkten Kunststoffen ist es umgekehrt, wobei es sich um ein einzigartiges Phänomen handelt, das besonders stark bei Endlosfasern auftritt.

Verstärken ist das Erhöhen der Festigkeit eines Grundwerkstoffs durch Einbetten von Verstärkungsmaterial, dabei müssen [68]:

- die Verstärkungsfasern (Index F) eine höhere Festigkeit

$$\sigma_{BF} > \sigma_{BM}$$

- und eine höhere Steifigkeit als die Matrix (Index M) haben,

$$E_F > E_M$$

- die Matrix soll nicht vor den Fasern brechen (Index B).

$$\varepsilon_{BM} > \varepsilon_{BF}$$

Da die Zugfestigkeit am einfachsten zu bestimmen ist, wird ihr i. A. bei der Bestimmung von Festigkeitskennwerten der Vorzug gegeben. Der geläufige Ausdruck „glaskugelverstärkte/-gefüllte Thermoplaste" trägt daher nur einer Festigkeitsbetrachtung bei Zugbeanspruchung Rechnung. Zweifellos kommt eine beanspruchungsorientierte Betrachtungsweise den wirklichen Verhältnissen näher.

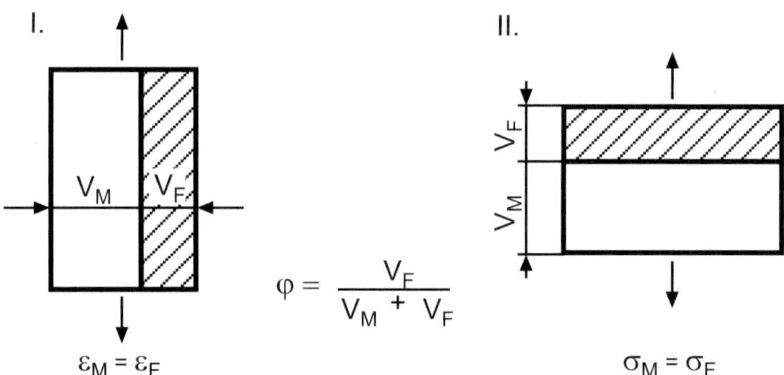

Bild 4.66 Modell eines Verbundes aus zwei unterschiedlich steifen Komponenten
I: parallel, II: seriell belastet
V = Volumen der Komponenten, φ = Faservolumenanteil
ε = Dehnung; σ = Spannung
Index: M = Matrix; F = Faser, Füllstoff

Eine einheitliche Aussage über die Verstärkungs- und die Versteifungswirkung ist nicht möglich. Dabei ist zu berücksichtigen, dass die Elastizitätsmoduln normalerweise bei sehr geringen Beanspruchungen ($\varepsilon \sim 0{,}1\,\%$) weit unter den praktischen Einsatzbelastungen eines fertigen Bauteils bestimmt werden. So werden die das Gesamtverformungsverhalten stark bestimmenden Grenzflächen zwischen beiden Komponenten nicht wie bei der Festigkeitsprüfung bis zu ihrer Versagensgrenze beansprucht, auch wenn bei einer ein- oder zweidimensionalen geometrischen Gestaltungsorientierung und einer genügenden Haftung zwischen Matrix und Verstärkungsmittel eine höhere Belastung möglich ist. Die resultierende Verstärkung hängt von den Eigenschaften aller Komponenten und dem Volumenanteil ab.

Die Versteifungswirkung lässt sich an einem Modell veranschaulichen, das aus zwei Komponenten mit unterschiedlichen E-Moduln zusammengesetzt ist und auf Zug belastet wird, Bild 4.66, wobei die Teile entweder parallel (I) oder seriell (II) geschaltet sind. Bei vollkommener Haftung kann man im ersten Fall gleiche Dehnung und im zweiten Fall gleiche Spannung in den Verbundteilen voraussetzen.

Aus dem E-Modul der Matrix E_M und dem des Verstärkungsmaterials E_F ergeben sich die E-Moduln des Verbundes wie folgt:

$$E_I = \varphi \cdot E_F + (1 - \varphi)\, E_M \qquad (4.6)$$

$$E_{II} = \frac{E_M \cdot E_F}{\varphi \cdot E_M + (1 - \varphi) E_F} \qquad (4.7)$$

Wenn $E_F > E_M$ ist, stellt E_I die obere und E_{II} die untere Grenze des Verbund-E-Moduls dar, der sich aus beiden Komponenten ergeben kann. Je mehr sich die Verbundstruktur dem Fall I nähert, umso besser werden die Eigenschaften des Verstärkungsmittels ausgenutzt. Der höchste E-Modul ergibt sich bei unidirektional orientierten, faserartigen Verstärkungselementen. Im Gegensatz dazu können kugelförmige Partikel nur eine geringe Erhöhung der Verbundsteifigkeit bewirken.

Die Verstärkungswirkung lässt sich mittels folgender Gleichung beschreiben, wobei die Partikelsteifigkeit unendlich hoch angenommen wird [69]:

$$E = E_M \left(1 + \frac{15(1 - \nu_M)\varphi}{(8 - 10 \cdot \nu_M)(1 - \varphi)} \right) \tag{4.8}$$

mit ν_M als Querkontraktionszahl der Matrix und φ als dem Füllstoffanteil. Eine Gegenüberstellung der Gleichung 4.6 mit Messwerten von mit verschiedenen Sorten Kalziumkarbonat ($CaCO_3$) gefülltem UP-Harz zeigt Bild 4.67. Eine Zumischung steiferer Partikel bewirkt eine Zunahme des E Moduls, Partikel, die weicher sind als die Matrix, erniedrigen normalerweise den resultierenden E-Modul.

Erfolgt die Härtung (Polymerisation) duroplastischer Werkstoffe exotherm, kann nach obiger Definition auch durch eine zweite Komponente mit einem niedrigeren Elastizitätsmodul als dem der Matrix eine Verstärkungswirkung erreicht werden.

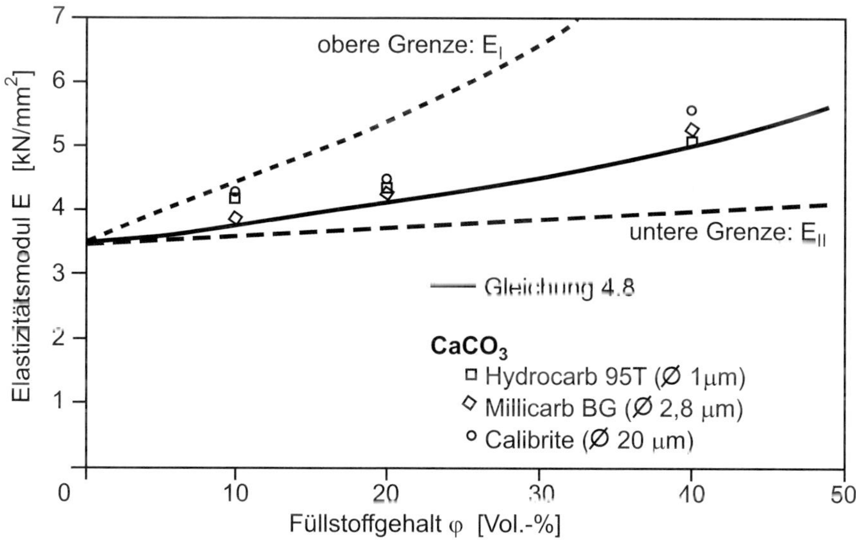

Bild 4.67 Elastizitätsmodul für unterschiedliche in UP-Harze eingemischte Füllstoffe und Füllstoffanteile
(E_M = 3,4 kN/mm², ν_M = 0,4, E_F = 26 kN/mm², ν_F = 0,27)

Es können nämlich Eigenspannungen dadurch reduziert werden, dass die entstehende Wärmemenge je Volumeneinheit wegen des geringeren Matrixanteils verringert wird und zusätzlich Wärme von den Füllstoffen aufgenommen und abgeleitet werden kann.

4.3.2.1 Belastung in Faserrichtung

Das grundsätzliche mechanische Verhalten faserverstärkter Kunststoffe lässt sich an einer einzelnen, in eine Matrix eingebetteten Faser aufzeigen. Bild 4.68 zeigt schematisch eine auf Zug beanspruchte Matrix mit eingebetteter Faser. Die Matrix ist bestrebt, sich entsprechend der einwirkenden Kraft zu dehnen. Wegen des höheren Elastizitätsmoduls der Faser ist deren Dehnung verglichen mit der Matrix geringer. Es entsteht eine zunehmende Verschiebung zwischen Matrix und Faseroberfläche zum Faserende hin. Die dadurch hervorgerufenen Schubspannungen steigen zum Faserende hin an, nehmen aber mit zunehmendem radialen Abstand von der Faseroberfläche ab. Voraussetzung ist ein fester Verbund zwischen Faser und Matrix.

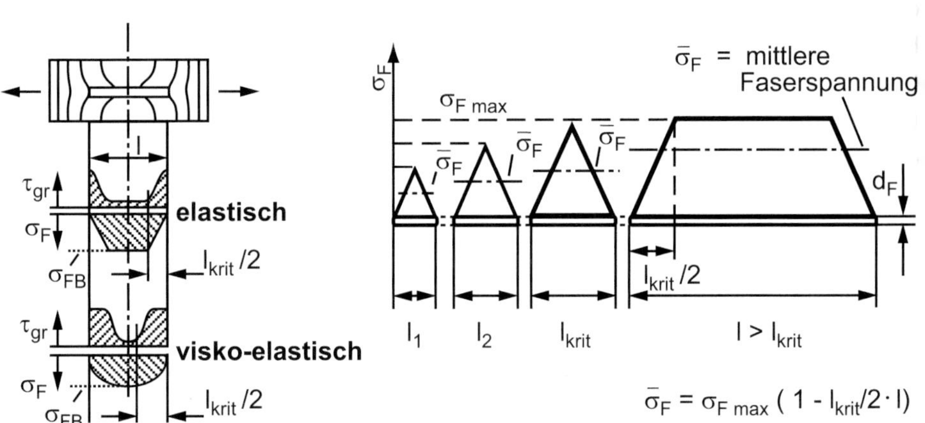

Bild 4.68 Spannungsverteilung entlang und in einer Faser in elastischer und visko-elastischer Matrix bei Zugbeanspruchung auf die Matrix in Faserrichtung, vollständige Haftung zwischen Faser und Matrix

Ausgehend davon, dass nur über die Stirnseite und die Fasergrenzfläche[32] eingeleitete Spannungen die Faser belasten, wird die Faserspannung σ_F zu:

[32] Eine *Grenzfläche* ist eine geometrische Grenze zwischen zwei Phasen, eine *Grenzschicht* bildet eine eigene Phase.

$$\sigma_F = \frac{F_{(x=0)}}{A_F} + \frac{\pi \cdot d_F}{A_F} \int_0^x \tau_x \, dx \qquad (4.9)$$

mit A_F = Faserquerschnitt und $F_{(x=0)}$ = Kraft im Faseranfang (Stirnseite).

Die Spannungsspitzen in der Nähe des Faserendes betragen bei einer elastischen Matrix das Mehrfache der mittleren Grenzflächenschubspannung. Bei viskoelastischem Verformungsverhalten der Matrix sind die Spannungsspitzen geringer.

Da die einwirkenden Schubspannungen jedoch die Grenzflächen- bzw. Matrixschubfestigkeit nicht überschreiten können, stellt sich bei steigender Last die in Bild 4.69 dargestellte Schubspannungsverteilung entlang der Grenzfläche und Zugspannungsverteilung in der Faser ein. Von der Fasermitte erfolgt ein progressiver Anstieg, der bei vollständiger Haftung (Grenzflächenschubfestigkeit > Matrixschubfestigkeit) bei zunehmender äußerer Kraft in eine Waagerechte übergeht, sobald die Fließspannung der Matrix erreicht ist.

Ein Schubspannungsfließen der Matrix um eine einzelne Faser herum ist nur bei sehr guter Haftung vorstellbar, Bild 4.70 rechts. Im allgemeinen tritt vor Erreichen der Schubspannungsfließgrenze im Bereich der größten Grenzflächenschubbeanspruchung, d.h. an den Faserenden beginnend, ein reibungsbehaftetes Gleiten ($\mu \sim 0{,}15$ bis 0,3) in der Grenzfläche auf, Bild 4.69 unten, das nur eine Übertragung geringerer Kräfte erlaubt. Entsprechend geringer wird auch die in die Fasern eingeleitete und damit übertragbare Kraft bzw. entsprechend länger

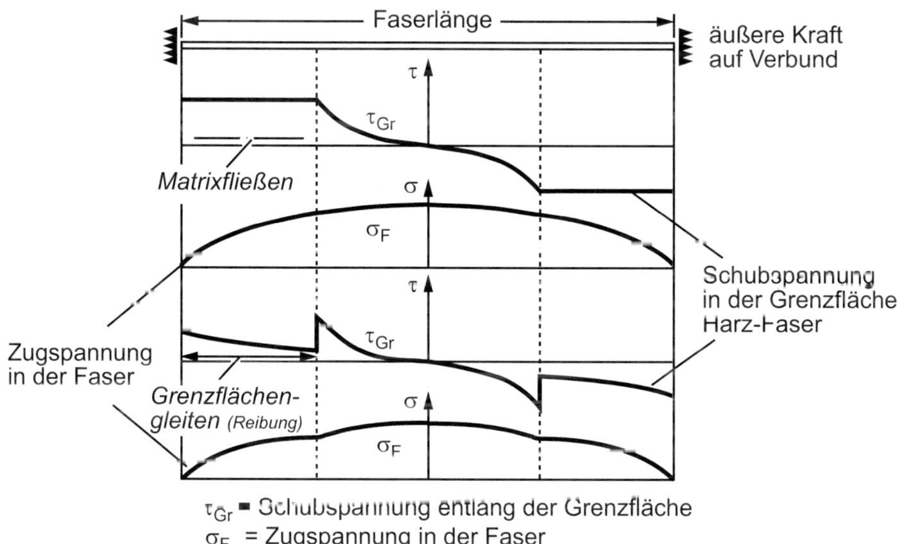

Bild 4.69 Spannungsverteilung entlang und in einer Faser mit Schubspannungsfließen der Matrix (oben) und Grenzflächengleiten (unten) jeweils beginnend am Faserende [70]

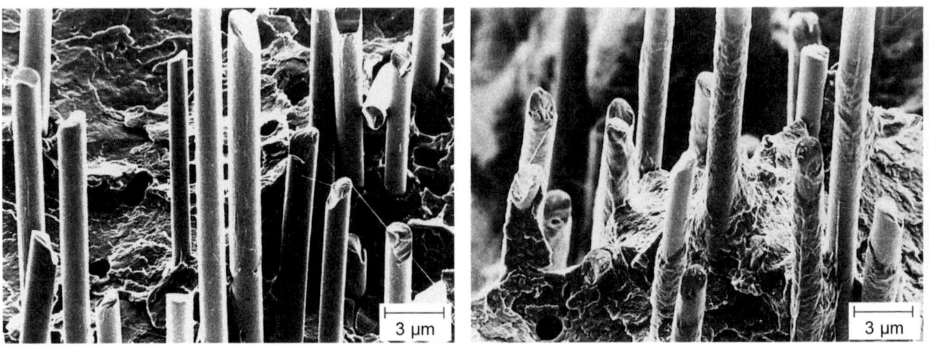

Bild 4.70 Bruchfläche eines GF-PP (20 Gew.-%)
links: Grenzfläche mit mäßiger Haftung
rechts: teilweise Matrixgleiten mit sehr guter Haftung [71]
(REM-Aufnahme)

müssen die Krafteinleitungsstrecke und damit die Faserlänge sein, um die Faserfestigkeit voll auszunutzen.

Aus Gleichsetzung von Faserfestigkeit und über die Grenzfläche in die Faser eingeleitete Kraft wird die sog. *kritische Faserlänge* l_{krit} (E: critical fiber length) berechnet zu:

$$l_{krit} = \frac{\sigma_{FB} \cdot d_F}{\tau_B \cdot 2} \qquad (4.10)$$

Dabei sind σ_{FB} die Faserbruchfestigkeit, d_F der Faserdurchmesser und τ_B die Grenzflächen- bzw. Matrixschubfestigkeit. Die kritische Faserlänge hängt zudem von der Quantität der Haftung ab, Bild 4.70.

Der Ansatz ist jedoch unzureichend, da nicht die Schubfestigkeit τ_B, sondern die tatsächlich auftretende Schubspannungsverteilung entlang der Faseroberfläche die Höhe der übertragenden Kräfte bestimmt. Diese zeigen besonders bei überwiegend elastischer Matrix große Unterschiede zwischen Maximal- und Minimalwerten, Bild 4.68. Beim Schubspannungsfließen in der Matrix, aber auch im Fall des Herausziehens der Faser mit Grenzflächengleiten, werden diese Unterschiede allerdings geringer, Bild 4.69. Hinzu kommt, dass die zum Faserende hin abnehmende Faserspannung wegen der geringer werdenden Faserquerkontraktion eine zur Matrixbruchfläche hin abnehmende Radialspannung in der Matrix bewirkt, die die Reibkräfte verringert. Ein weiterer wesentlicher Effekt ergibt sich dadurch, dass es sich meistens um viele nahezu parallel liegende Fasern handelt, die die unterschiedlich starke Verformung der Matrix so ausgleichen, dass die berechneten kritischen Längen mit den realen Verhältnissen *kurzglasfaserverstärkter* (E: short glass fiber reinforced) Thermoplaste recht gut übereinstimmen. Ein konstanter Spannungswert über die Faserlänge ist jedoch nicht möglich.

Am einfachsten lässt sich die kritische Faserlänge für den reinen Versagensfall durch Ausmessen der Restfaserlängen von gebrochenen, möglichst in Zugspannungsrichtung verstärkten Proben bestimmen, vorausgesetzt, einige Fasern im Verbund sind überkritisch lang. Die maximal auftretende Faserlänge ist dann die kritische. Überkritische Faserlängen führen beim Bruch zum reinen Faserbruch oder zum kombinierten Faser-Auszugs-Bruch. Bei ihnen ist das Verhältnis der maximal beanspruchten Faserlänge zur Krafteinleitungsstrecke größer und damit die Ausnutzung der vollen Faserfestigkeit über die Faserlänge besser. Solange die Faserlänge geringer als die kritische ist, führt eine Verlängerung der Faser zu einer Festigkeitssteigerung, Bild 4.71. Wird die kritische Faserlänge, wie beim PA 6-GF, erreicht, ist die weitere Festigkeitszunahme mit zunehmender Glasfaserlänge geringer, wobei sich die Festigkeit mit zunehmender Faserlänge dem Fall mit endlosen Fasern nähert.

Wie bei der Faserlänge existiert auch beim Fasergehalt ein kritischer Wert, der überschritten werden muss, um eine Erhöhung der Festigkeit der Matrix zu erreichen. Bei genügend langen, unidirektional orientierten Fasern, deren Bruchdehnung ε_{BF} kleiner als die Bruchdehnung der Matrix ε_{BM} ist, Bild 4.72, ergibt sich die Verbundfestigkeit σ_{BV} wie folgt:

$$\sigma_{BV} = \varphi \, \sigma_{BF} + (1 - \varphi) \, \sigma_M^* \qquad (4.11)$$

wobei σ_M^* die Spannung in der Matrix beim Bruch der Fasern bezeichnet.

Es geht aus Bild 4.72 hervor, dass Gleichung 4.9 die Verbundfestigkeit nur bei $\varphi \geq \varphi_{min}$ beschreibt. Bei $\varphi < \varphi_{min}$ muss die Matrix selbst die ganze Last nach dem Faserbruch übertragen. Bei $\varphi = \varphi_{krit}$ ist die Verbundfestigkeit gleich der Festigkeit

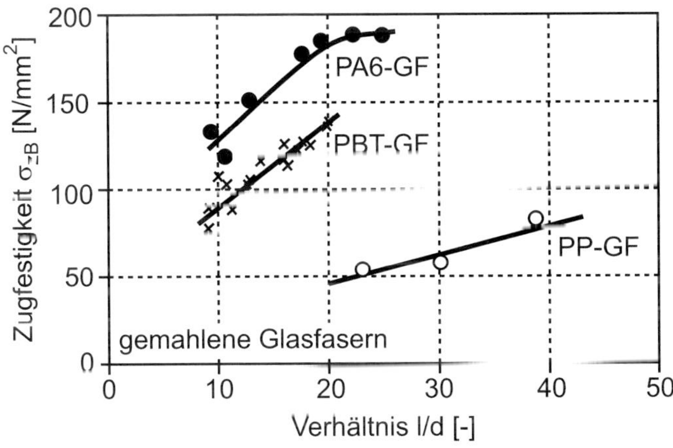

Bild 4.71 Einfluss des Verhältnisses von Glasfaserlänge zu Durchmesser (l/d) auf die Festigkeit von glasfaserverstärkten Thermoplasten [70]
gemahlene Glasfasern (E: milled fibers)

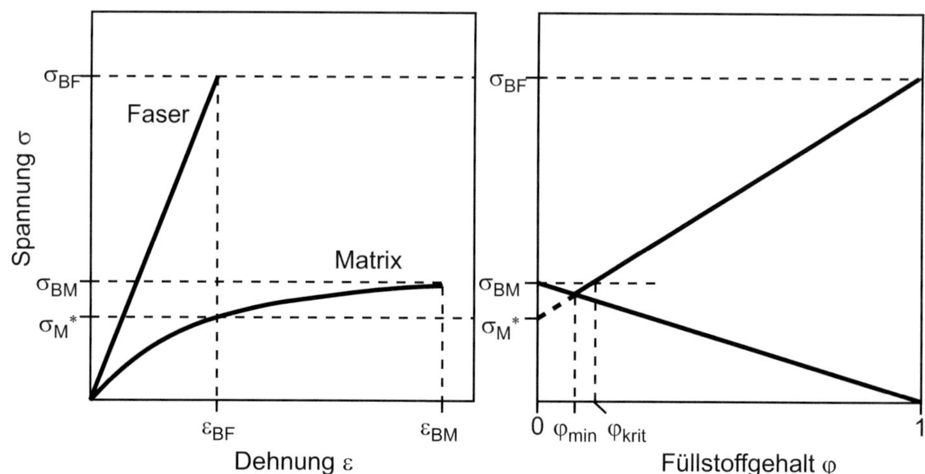

Bild 4.72 σ-ε-Diagramme von Matrix und Faser (links) und resultierender Verlauf der Festigkeit des UD-Verbundes als Funktion des Faservolumenanteils φ (rechts)
Index: B = Bruch, F = Faser, M = Matrix

der unverstärkten Matrix, so dass erst bei höheren Werten von $\varphi > \varphi_{krit}$ eine Einbettung von festen Fasern in die Matrix eine Verstärkung bewirkt. φ_{krit} ergibt sich aus:

$$\varphi_{krit} = \frac{\sigma_{BM} - \sigma^*_M}{\sigma_{BF} - \sigma^*_M} \tag{4.12}$$

Bei glasfaserverstärktem UP-Harz (mit $\sigma_{BM} = 60\ N/mm^2$; $\sigma^*_M \sim 30\ N/mm^2$ und $\sigma_{BF} = 1000\ N/mm^2$) ergibt sich ein kritischer Fasergehalt von $\varphi_{krit} \sim 3$ Vol.-% = 5 Gew.-%. Das gilt für den Fall vollkommen ausgerichteter, also endloser Fasern. Bei Fasern endlicher Länge hängt eine Verbesserung der Festigkeit deutlich von den unterschiedlichen Matrixeigenschaften ab. Bild 4.73 zeigt die Abhängigkeit der Zugfestigkeit σ_{zB} vom Glasfasergehalt mit dem vergleichsweise festen PA 6 als Matrix.

Eine in eine Matrix eingebettete Faser ruft in gleicher Weise, wie sie zu einer Verstärkung führt, eine Kerbspannungskonzentration am Faserende hervor. Solange der Fasergehalt eine bestimmte Größe nicht erreicht hat, überwiegt besonders bei spröder Matrix die Kerbwirkung, und die Matrix wird geschwächt. Der Effekt wird verstärkt, wenn wegen der geringeren Bruchdehnung überkritisch langer Fasern zunächst die Fasern stärker zum Tragen kommen, nach deren Versagen aber die Matrix die Kräfte übernimmt.

Diese Kerbspannungskonzentrationen führen dazu, dass ein geringerer Anteil von Fasern zunächst einen Abfall der Festigkeit des Verbundes bewirkt. Wird PA 6-GF bis zum Gleichgewicht im Normalklima bei 23 °C und 50 % rel. Feuchte „luft-

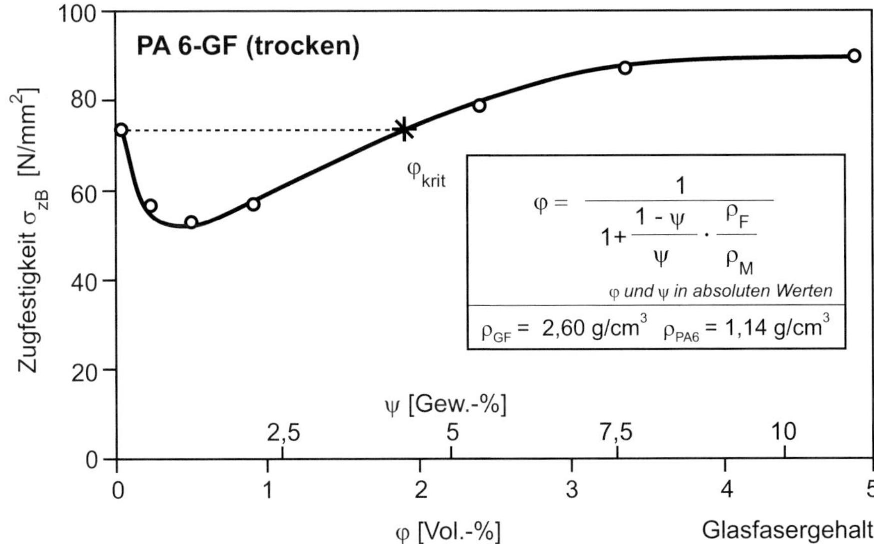

Bild 4.73 Zugfestigkeit σ_{zB} von trockenem, glasfaserverstärktem Polyamid 6 (PA 6-GF), in Abhängigkeit vom Glasfasergehalt
φ = Glasfaservolumenanteil (E: glass fiber volume content) (Vol.-%)
ψ = Glasfasergewichtsanteil (E: glass fiber mass content) (Gew.-%)
$\psi > \varphi$, da die Dichte der Glasfaser ρ_{GF} größer als die Dichte der Matrix ρ_M ist

feucht“ oder im Wasser bis zur Sättigung „nass“ konditioniert, prägt sich wegen der höheren Kriechneigung und des verstärkten Kerbspannungsabbaus der Abfall der Festigkeit weniger stark aus.

An Proben aus Platten entsprechend Bild 4.80 wurden verschiedene mechanische Kennwerte parallel und senkrecht zur Hauptorientierung der Glasfasern bestimmt, Bild 4.74. Eine vollständig eindeutige Faserorientierung ist wegen der komplexen Strömungsverhältnisse im Werkzeug nicht zu erreichen. Während parallel zur Faserorientierung die Zugfestigkeit und der Elastizitätsmodul mit steigendem Glasgehalt zunehmen, verringern sich die Arbeitsaufnahme und die Bruchdehnung. Senkrecht zur Faserorientierung nimmt nur der Elastizitätsmodul zu. Die geringfügige Steigerung der Festigkeit ist im Wesentlichen auf den geringen Anteil der in Lastrichtung orientierten Fasern zurückzuführen. Bei vollständiger Orientierung senkrecht zur Zugbeanspruchung liegt die Verbundfestigkeit bei Zugbeanspruchung immer unter der Festigkeit der unverstärkten Matrix. Bei Druckbeanspruchung gibt es kein Minimum der Festigkeit, sie steigt vielmehr je nach Faserorientierung mehr oder weniger stark an.

Eine Steifigkeitserhöhung tritt, wie Bild 4.74 zeigt, selbstverständlich schon bei kleinsten Faseranteilen auf. Eine dem kritischen Faservolumen für die Verbundfestigkeit entsprechende Erscheinung gibt es hierbei nicht.

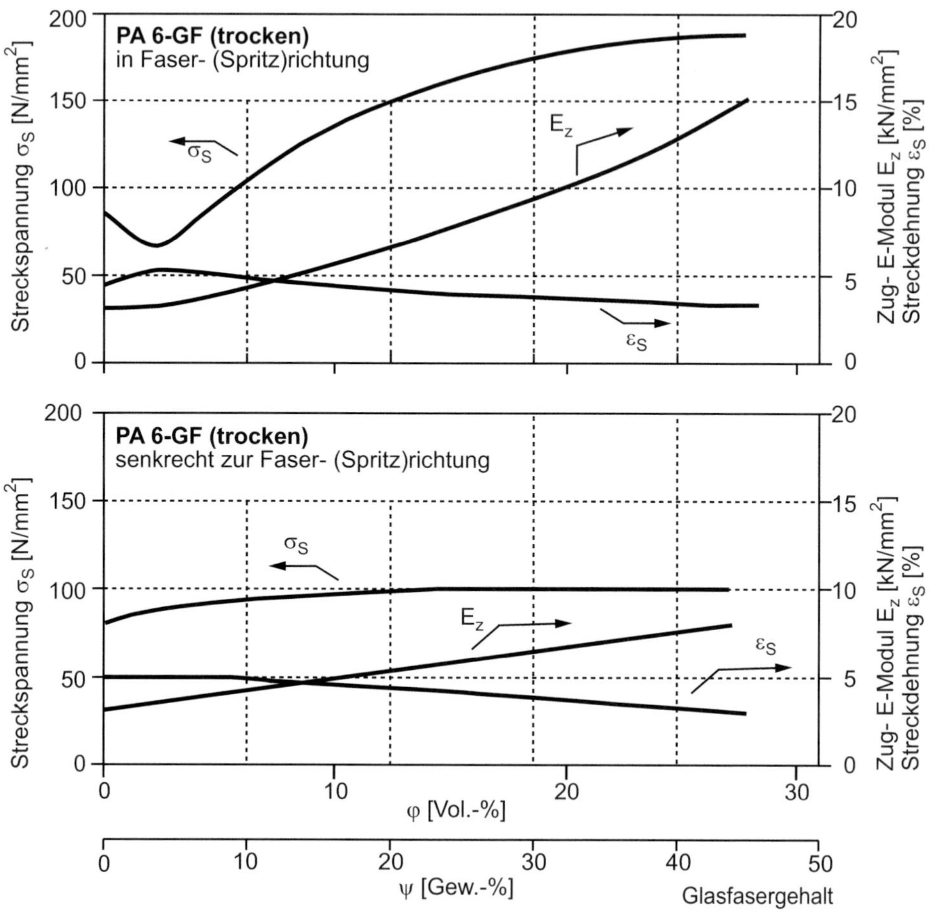

Bild 4.74 Mechanische Eigenschaften von PA 6-GF (trocken) in Abhängigkeit vom Glasfasergehalt (Proben aus Platten in Bild 4.80)
oben: in Faser- (Spritz-)richtung
unten: senkrecht dazu
Prüfgeschwindigkeit: 50 mm/min bei ψ = 0; 5 mm/min bei ψ > 0

Die obere Grenze des Glasfasergehalts bei Kurzglasfasern wird durch die Verarbeitungstechnik gesetzt. Sie liegt bei den Thermoplasten bei max. 60 Gew.-%. Bei größeren Glasfasergehalten ist eine Umhüllung der Fasern nicht mehr gewährleistet, was bei dünnflüssigen Schmelzen teilkristalliner Thermoplasten noch eher gegeben ist als bei den höher viskosen amorphen. Außerdem nimmt dann der Maschinenverschleiß bei der Verarbeitung stark zu. Um dennoch eine glatte Oberfläche zu erreichen, muss die Werkzeugtemperatur hoch sein.

Für langfaserverstärkte Gießharze liegt der maximale Fasergehalt bei Mattenlaminaten um ca. 55 Gew.-%. Die Verarbeitung von Gießharzen mit größeren Glasgehalten ist nur durch sehr hohe Pressdrücke zu erreichen, die wegen der hohen

Verbundstoff	Einheit	unverstärkt	Kurzfaser	Matte	Rovinggewebe	Glasfilamentgewebe	unidirekt. Rovinggewebe
Glasgehalt	Gew.-%	0	15 - 50	30 - 35	55 - 60	60 - 70	70 - 75
	Vol.-%	0	7 - 32	17 - 20	37 - 42	42 - 53	53 - 59
		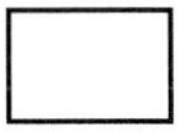			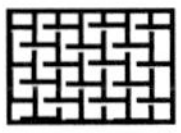	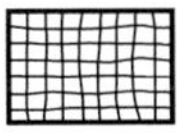	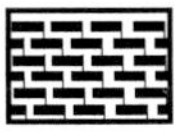
Matrix			PA	UP/EP	UP/EP	UP/EP	UP/EP
Dichte	g/cm^3	1,1 - 1,3	1,37	1,4 - 1,5	1,7 - 1,9	1,7 - 2,0	1,9 - 2,1
Zugfestigkeit	N/mm^2	40 - 75	190[I] 100[II]	80 - 125	250 - 300	350 - 400	500 - 850[I] 35[II]
Bruchdehnung	%	2 - 3,5	2 - 3	0,8 - 2,5	1,5 - 3,0	1,5 - 3,0	1,0 - 2,5
Zug-E-Modul	N/mm^2	3000 - 4500	16 000[I] 8000[II]	6000 - 10 000	14 000 - 20 000	18 000 - 25 000	30 000 - 45 000[I] 12 000[II]

Tabelle 4.8 Einfluss der Glasfaserverstärkung auf die mechanischen Eigenschaften des Verbundwerkstoffs

[I] II zur Verstärkungsrichtung

[II] ⊥ zur Verstärkungsrichtung

Flächenpressung zu einer Schädigung der sich kreuzenden Glasfasern führen und die Festigkeit des Verbundes wieder herabsetzen. Bei Geweben liegt der entsprechende Wert um ca. 70 Gew.-%. Bei einachsiger Verstärkung mit Rovings ohne sich kreuzende Fasern ergibt sich aufgrund der geometrischen Verhältnisse (dichteste Packung, runder und gleicher Querschnitt) eine theoretische obere Grenze des Glasgehalts von etwa 90 Gew.-%, Tabelle 4.8.

Ein wesentlicher Vorteil größerer Faserlängen liegt in der Erniedrigung der Kriechneigung. Dieses macht sich besonders bei unterschiedlich langen Kurzglasfasern bemerkbar (z. B. 5 mm statt 0,2 mm, s. a. Bild 4.61).

4.3.2.2 Belastung senkrecht zur Faserrichtung

Bei der Beanspruchung senkrecht zur Faser ist zwischen den Verhältnissen an der Einzelfaser und den durch den Faserverbund hervorgerufenen Bedingungen zu unterscheiden. Auf den Verbund im Scheitel der einzelnen Fasern wirken verschiedene Einflüsse:

- Haftung zwischen Faser und organischer Matrix (Schwachstelle),
- Lastspannung, Störspannnung und evtl. Eigenspannung,
- durch Dehnungsvergrößerung hervorgerufene zusätzliche Spannungen (wenn mehrere Fasern vorhanden sind).

Die kritische Beanspruchung bei allen faserverstärkten Werkstoffen ist eine Zugspannung senkrecht zur Faserachse auf die Grenzfläche Faser/Harz. Zum einen entsteht aufgrund der geometrischen Form der Faser und der unterschiedlichen Elastizitätsmoduln am Scheitel der Faser eine die Grenzfläche zusätzlich belastende Spannungskonzentration, die ihren Höchstwert in oder nahe der Grenzfläche erreicht, Bild 4.75 oben. Andererseits rufen mehrere parallel liegende Fasern eine Dehnungsvergrößerung des dazwischen liegenden Harzes hervor, Bild 4.75

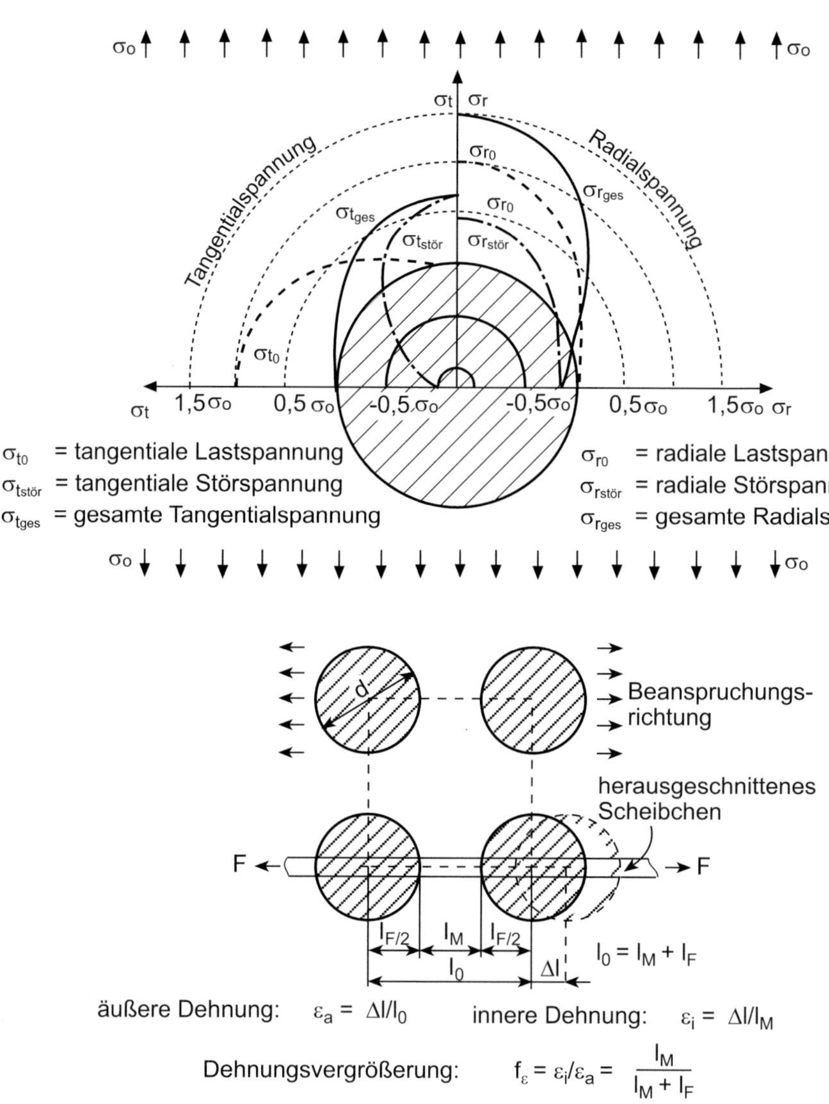

Bild 4.75 Belastungen bei Zugbeanspruchung senkrecht zur Faserrichtung
oben: Spannungskonzentration am Scheitel einer Faser [65]
unten: Dehnungsvergrößerung der Matrix [72]

unten. Ausgehend von dem Modellfall der quadratischen Anordnung der Fasern ergibt sich nach Bild 4.71 bei einer in der gezeigten Richtung wirkenden Kraft, dass das Harz zwischen den Fasern wegen des höheren Elastizitätsmoduls der Glasfasern viel stärker gedehnt wird als die äußerlich messbare Dehnung beträgt.

Man spricht von einer mikroskopischen Dehnungsvergrößerung des Gießharzes zwischen den Fasern, die das 4- bis 10-fache der äußeren Dehnung beträgt.

Durch die Spannungskonzentration[33] und die Dehnungsvergrößerung ergeben sich daher für den besprochenen Querverbund Belastungen, die bei relativ geringer äußerer Beanspruchung zu einem Versagen führen. Neben der Querzugfestigkeit wird auch die Bruchdehnung des Verbundes entsprechend herabgesetzt. Auch wenn die in Kraftrichtung verlaufenden Fasern ihre Tragfunktion weiterhin vollständig übernehmen können, führt das Versagen des Querverbundes zu einer irreversiblen Schädigung, die bei einem glasfaserverstärkten UP-Gewebelaminat an dem Knick im Spannungs-Dehnungs-Diagramm in Bild 4.76 zu erkennen ist. Die Zugfestigkeit des Verbundes bei ausschließlich senkrecht zur Zugrichtung eingebetteten, endlosen Fasern beträgt maximal ein Drittel der Zugfestigkeit des

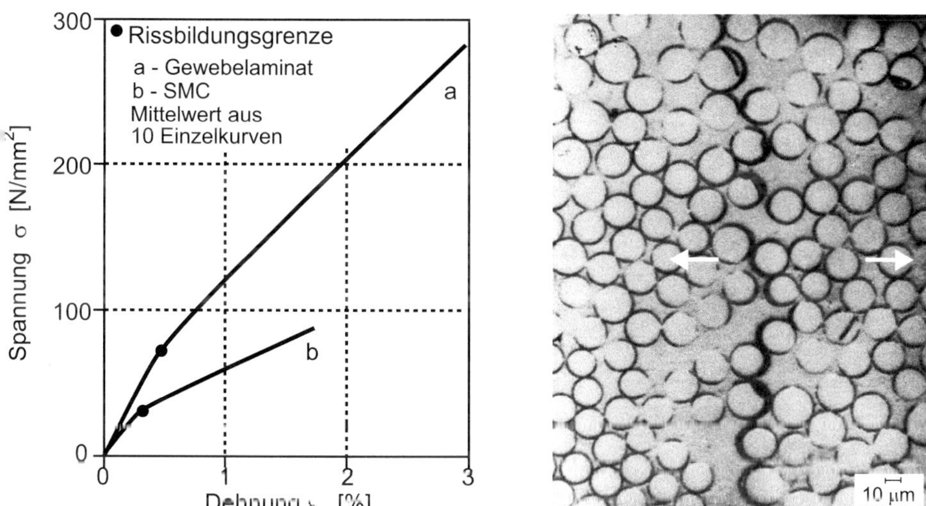

Bild 4.76 Knick im Spannungs-Dehnungs-Diagramm eines UP-Glasfaser-Laminats, hervorgerufen durch Ablösung des Gießharzes von der Faser aufgrund von Zugspannungen senkrecht zum Querverbund
links: Schädigungsgrenze bei Gewebelaminat und SMC [70, 73]
rechts: erste Ablösung, Zugspannung in Pfeilrichtung (Lichtmikroskopische Aufnahme)

[33] Sie beträgt z. B. im Scheitelbereich bei einer Einzelglasfaser in unendlich ausgedehnter Matrix je nach Elastizitätsmodul der Matrix 140 – 200 % der äußerlich einwirkenden Spannung.

unverstärkten Gießharzes. Derartige Ablösungen sind auch in glasfaserverstärkten Thermoplasten zu beobachten.

Aus der gerichteten Form der Glasfasern und den unterschiedlichen Eigenschaften von Fasern und Harzen ergibt sich eine ausgeprägte Abhängigkeit der Eigenschaften von der Orientierung der Verstärkungsfasern. Eine erhöhte Festigkeit, Steifigkeit und Maßhaltigkeit (geringe thermische Ausdehnung) wird vor allem in Faserrichtung erreicht. Senkrecht zur Faserrichtung werden zwar Elastizitätsmodul und Maßhaltigkeit erhöht, Zugfestigkeit und Bruchdehnung nehmen dagegen ab. Bei glasfaserverstärkten Gießharzen ergibt sich bei Rovings nur in einer Richtung eine Verstärkungswirkung, bei einem Gewebelaminat ausgeprägt in den zwei aufeinander senkrechten Vorzugsorientierungen der Glasfasern. Bei einem Mattenlaminat gibt es in der Ebene keine Richtungsabhängigkeit der Eigenschaften.

Zu den bedeutenden Verbundkunststoffen gehören die sog. Sheet Molding Compounds (SMC), die nahezu 40% aller faserverstärkten Duroplaste ausmachen. SMC ist ein flächenförmiges, verarbeitungsfähiges Halbzeug mit den Hauptkomponenten UP-Harz, Glasfasern (12 - 50 mm) und Füllstoff sowie Schwundkompensatoren, Härter, Initiator, Eindickmittel und Pigmenten als weitere Zusatzstoffe, Bild 4.77. Somit wirkt eine Vielzahl von Einflussfaktoren auf sein Verhalten. SMC-Prepreg stellt ein Halbzeug dar, das im Warmpressverfahren zu Bauteilen mit zum Teil sehr komplexen Geometrien verarbeitet wird. Aufgrund der Fließvorgänge im Presswerkzeug stellen sich ausgeprägte Faserorientierungen ein, die eine lokale Anisotropie der Werkstoffeigenschaften hervorrufen und die Maß- und Formhaltigkeit beeinflussen. Das Fließverhalten wird durch die Werkzeugbedeckung beeinflusst.

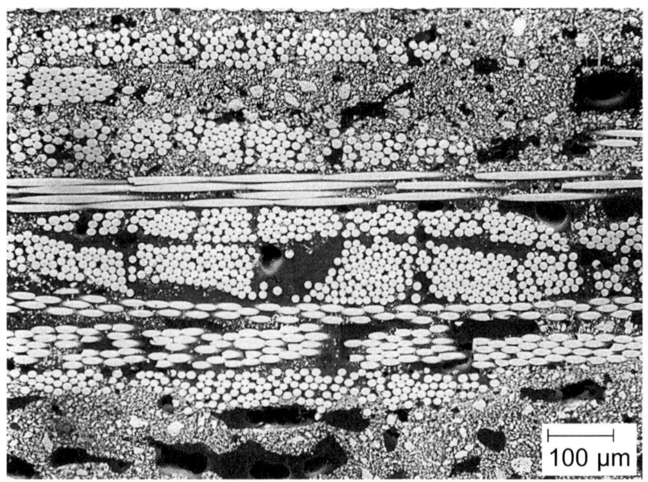

Bild 4.77 Typische SMC (Sheet Molding Compound)-Strukturen [74]

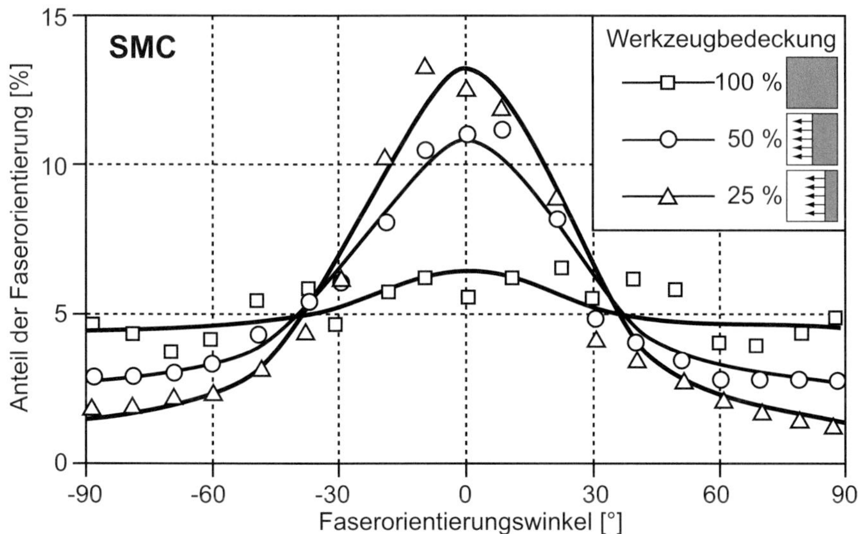

Bild 4.78 Verteilungsfunktion der aufgrund des einachsigen Fließens entstandenen Faserorientierungen von SMC [74]
Eine Werkzeugbedeckung von 25% bedeutet, dass 75% der Werkzeugfläche durch fließendes Material gefüllt werden muss.

Eine aufgrund des einachsigen Fließens entstandene Faserverteilung ist in Bild 4.78 dargestellt. 25% bedeutet, dass ein Viertel des Werkzeuges mit dem Halbzeug bedeckt wird, das beim Pressen in den freigewordenen Bereich fließt.

Bild 4.78 zeigt, dass schon das Prepreg-Halbzeug selbst eine schwache anfängliche Anisotropie in der Faserverteilung aufgrund der Halbzeugherstellung aufweisen kann, die sich durch Fließen bei unvollständiger Bedeckung verstärkt. Die Faserorientierung wirkt sich unmittelbar auf das mechanische Verhalten aus, Bild 4.79.

In Faserrichtung nehmen Festigkeit und Steifigkeit zu, der Knick im Spannungs-Dehnungs-Diagramm wird weniger deutlich ausgeprägt.

Bei kurzglasfaserverstärkten Thermoplasten ist keine vollständige Orientierung der Glasfasern zu erreichen. Die Fasern stellen sich bevorzugt in Strömungsrichtung ein, wobei Dehnströmungen stärker orientieren als Scherströmungen.

Scherströmungen wirken besonders rand- und oberflächennah, Dehnströmungen im Platteninneren senkrecht zur Füllrichtung, wie in den Teilbildern 1 und 3 aus dem Bild 4.80, deutlich erkennbar ist. Die Strömungsverhältnisse sind kompliziert und die Richtungen wechseln häufig, so dass sich eine scharf markierte Orientierungsänderung einstellt, wenn z.B. in einem Plattenwerkzeug auf die noch flüssige Schmelze zwischen schon erstarrten Randschichten ein zu einer Querdehnströmung führender Nachdruck ausgeübt wird.

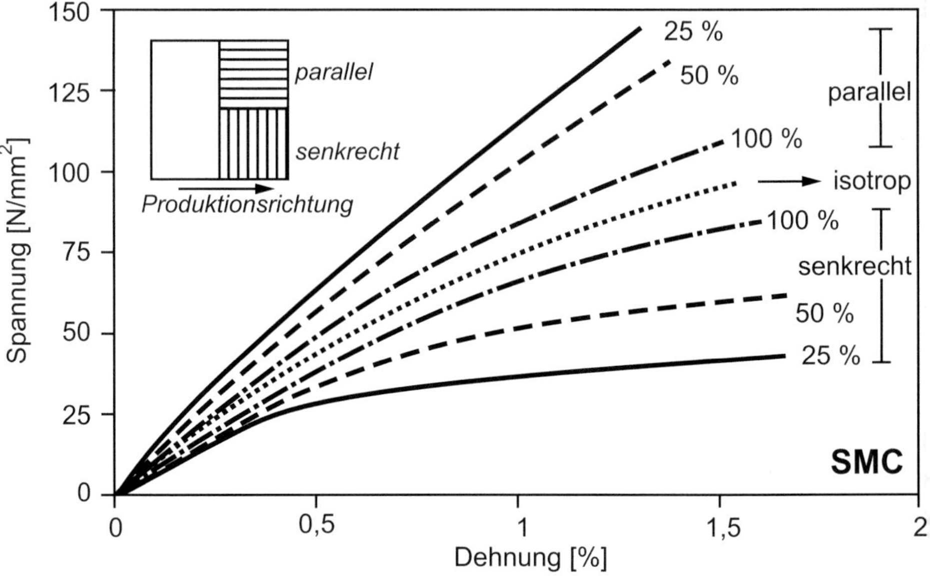

Bild 4.79 Spannungs-Dehnungs-Diagramm von SMC bei unterschiedlicher Werkzeugbelegung parallel und senkrecht zur Fließrichtung [74]

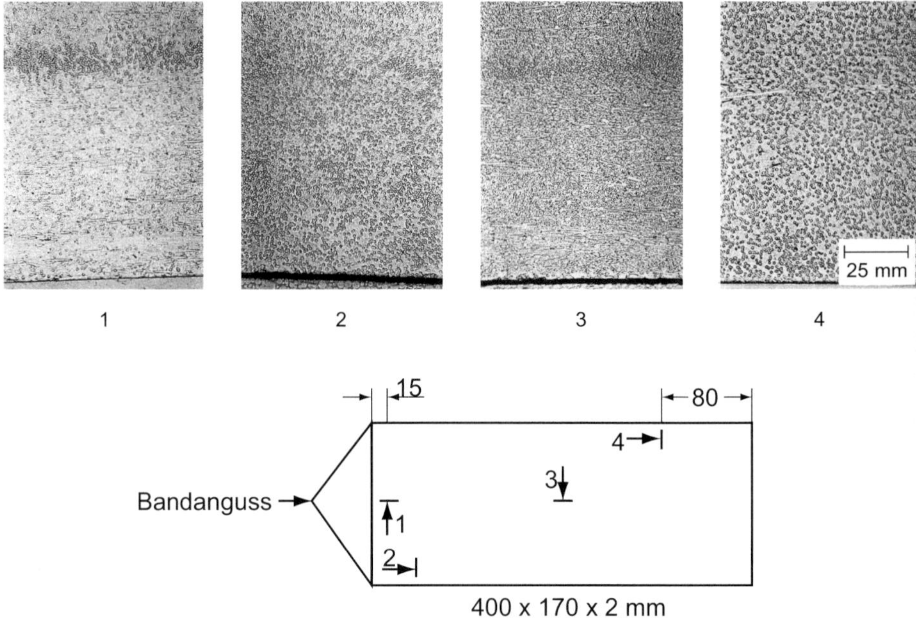

Bild 4.80 Glasfaserorientierung in einer Platte aus PA6-GF 35 mit Bandanguss über die Schmalseite

Langfaserverstärkte Thermoplaste

Von der Entwicklung langfaserverstärkter Thermoplaste verspricht man sich

- Vorteile in der Verarbeitungstechnik (kein chemischer Prozess),
- geringere Emissionen,
- niedrigere Komponentenkosten,
- hohe Lagerfähigkeit,
- zäheres Material,
- höhere Schadenstoleranz,
- direktes Anbinden von Spritzgießelementen (Hybridbauweise),
- Umformen durch Spritzgießdruck.

Die Vorstellung, durch Verwendung von Thermoplasten einige Probleme vermeiden zu können, die von Duroplasten her bekannt sind, hat sich nur teilweise realisiert, da neue zusätzliche Probleme berücksichtigt werden müssen:

- schlechtere Haftung zwischen Faser und Matrix,
- von Verarbeitungsbedingungen abhängige, kristalline Struktur,
- geringere Formbeständigkeit in der Wärme,
- die Empfindlichkeit gegenüber oberflächenaktiven Substanzen, die Spannungsrisse auslösen können,
- geringere Steifigkeit,
- deutlich stärkere Kriechneigung,
- schlechtere Oberflächenqualität, geringere Härte, schlechtere Lackierbarkeit.

Hochleistungs-Faserverbund-Kunststoffe bestehen bis zu 80 Gew.-% aus Verstärkungsfasern. Eine Verringerung der Materialkosten der Matrixwerkstoffe trägt daher nur bedingt zur Senkung der Gesamtkosten eines Hochleistungs-Faserverbund-Kunststoffs bei. Kostensteigernd ist im Wesentlichen der zusätzliche Verfahrensschritt über den Halbzeugstatus.

Langfaser-Thermoplast-Verbunde können zum einen aus flächig verstärktem Halbzeug mit nur begrenzt fließfähiger Gewebe- oder Gelegeverstärkung bestehen, zum anderen gibt es stärker fließfähige Mattenverstärkungen oder langfaserverstärkte Granulate (bis 25 mm), letzteres weist besonders bei dem nur mäßig haftenden, dafür aber sehr preiswerten Polypropylen mit höherer kritischer Faserlänge eine höhere Verstärkungswirkung auf als bei einer Kurzfaserverstärkung (0,2 mm), Bild 4.81.

Die wichtigsten Produkte sind die genadelten, glasmattenverstärkten Thermoplaste (GMT), die aus 2 Glasmattenlagen und meistens einer Polypropylenmatrix bestehen und LFT (Langfaserverstärkte Thermoplasten). Durch die Nadelung werden die Glasfasern der Matten einerseits in der Dicke zusammengehalten, ande-

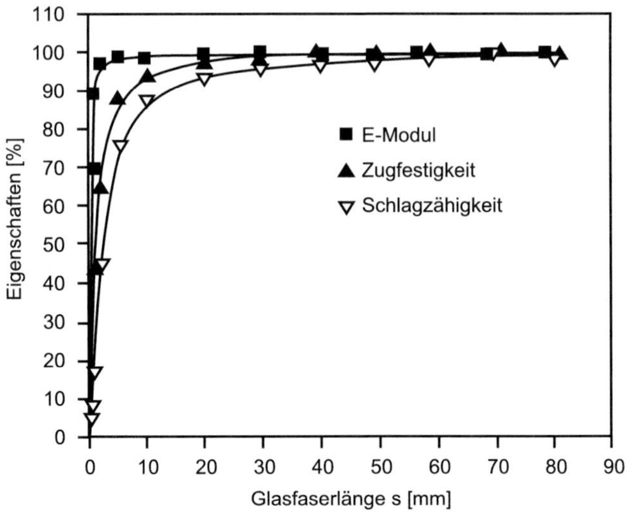

Bild 4.81 Einfluss der Glasfaserlänge auf mechanische Eigenschaften auf Thermoplastverbunde [75]

rerseits gebrochen, so dass sie leichter fließfähig sind. GMT werden als Halbzeug über der Schmelztemperatur der Matrix (bei PP 200 – 220 °C) erwärmt und in Stahlwerkzeugen bei 50 bis 80 °C unter 150 bis 250 bar Druck zu Formteilen gepresst. Bei den LFT unterscheidet man zwischen einem G-LFT, das aus einem stäbchenförmigen Granulat von 12,5 oder 25 mm Länge mit Glasfasern besteht. Bild 4.82 zeigt die Glasfaserlängenverteilung eines kurzglasfaserverstärkten Polyamids und eines langglasfaserverstärkten Polypropylens. Beim D-LFT, dem Direktverfahren, wird glasfaserhaltiges Extrudat direkt in einem geöffneten Werkzeug einer vertikal schließenden Presse umgeformt [76].

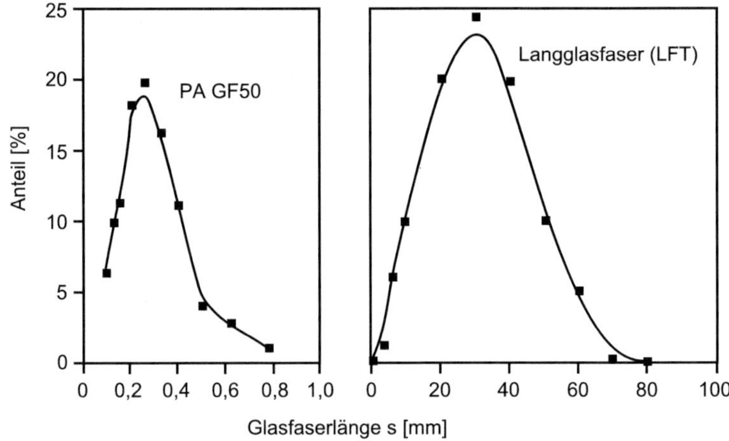

Bild 4.82 Faserlängenverteilung in verschiedenen verstärkten Thermoplasten [75]

Der höheren Gleichmäßigkeit bei einer Mattenverstärkung steht beim D-LFT der vereinfachte Verarbeitungsprozess gegenüber, der den Weg über die Halbzeugstufe vermeidet und im extrudierten, gut fließfähigen Zustand bei Drücken bis 15 bar verpresst werden kann. Die Ablage aus dem Extruder führt zu einer stärkeren Schwankung der Eigenschaften, ermöglicht aber bei dem niedrigeren Druck das gemeinsame Verpressen von Folien und anderen flächigen Dekormaterialien.

Die Kontaktierung von thermoplastischer Matrix mit Glasfasern ist wegen der wesentlich höheren Viskosität deutlich schwieriger als mit den niederviskosen, noch nicht polymerisierten Reaktionsharzen. Die erheblich höhere Schmelzviskosität der Thermoplaste kann durch eine erhöhte Temperatur erniedrigt werden, dabei besteht allerdings die Gefahr des thermischen Abbaus.

Langfaser-Thermoplaste LFT (E: long fiber thermoplastics) können zum einen als Halbzeuge (E: semi-finished material) mit unterschiedlicher, flächiger Glasfaserverstärkung oder im Strangablegeverfahren (E: extrusion compression molding) zunächst breitbandig extrudiert, evtl. schichtweise abgelegt, oder als Strang auf die Werkzeugoberfläche aufgebracht im Pressverfahren (E: compression molding) zu Bauteilen geformt werden [76].

Eine etwa gleiche Menge wird im Spritzgießverfahren entweder auf Basis von Langfasergranulat LFG (E: long fiber granulate) oder im Direktverfahren D-LFT (E: direct process) als fertig compoundiertes Material direkt im Spritzgießverfahren zu Formteilen verarbeitet. Beim GMT handelt es sich um ein plattenförmiges, üblicherweise 3,7 mm dickes Halbzeug, in welchem lange (12,5 - 100 mm) bzw. endlose Glasfasern in regelloser Form in einer thermoplastischen Matrix (meistens PP) mit 15 - 40 Gew.-% Faseranteil angeordnet sind. Varianten sind gerichtet eingebrachte Rovings. Derartiges Halbzeug kann aber auch mit einer das Fließ- und Verformungsverhalten begrenzenden Gewebeverstärkung bestehen.

Der zweistufige Weg über das Halbzeug bedeutet ein qualifiziertes Ausgangsprodukt und eine gleichmäßigere Verstärkung im Fertigprodukt. Allerdings ist eine zweimalige Erwärmung des Materials notwendig mit der Gefahr des thermooxidativen Abbaus.

Bei den Direktverfahren überwiegen zwei Verfahren. Entweder wird ein flaches Extrudat direkt in die Presse eingebracht oder als Strang ausreichend bedeckend abgelegt und anschließend gleich verpresst oder es wird im Direktspritzgießverfahren Granulat mit kürzeren oder längeren Glasfasern direkt aufbereitet und ins Werkzeug gespritzt. Es entfällt das zweimalige Aufheizen der Matrix, dafür werden die Glasfasern im Gegensatz zu den Halbzeugverfahren im Compoundier- und anschließenden Spritzgießprozess, sowohl im Schneckenzylinder als auch im Werkzeug selbst, auf bis zu weniger als ein Fünftel der Ausgangslänge gebrochen. Die verbleibende Glasfaserlänge ist mit im Mittel 2 bis 5 mm trotzdem deutlich länger als sogenannte Kurzglasfasern mit 0,2 mm Faserlänge. Faserlängen im fertigen Formteil können Variationen von mehr als einer Zehnerpotenz betragen. Längere Fasern neigen grundsätzlich weniger zur Ausrichtung in Fließrichtung als kurze Fasern. Bei den komplexen Strömungen, Scher- und Dehnströmungen, wird dadurch die starke Festigkeitsminderung senkrecht zur Faser reduziert. Dennoch wird bei weitem nicht die Gleichmäßigkeit der aus Halbzeug gefertigten Produkte erreicht.

4.3.3 Nanoskalige Verbundwerkstoffe

Nanoskalige Verbundwerkstoffe (E: nanocomposites) enthalten Füllstoffe, die mindestens in einer Dimension < 100 nm sind und eine spezifische Wirkung auf Grund der Nanoskaligkeit zeigen, wobei wegen der geringen Abmessungen die Bestimmung der Durchmesser und deren statistische Verteilung nicht einfach ist. Wegen des erhöhten Oberflächen-Volumen-Verhältnisses und der Kleinheit der Partikel gibt es eine starke Interaktion mit der umgebenden Matrix. Somit können vergleichsweise geringe Mengen an Nanopartikeln eine deutliche Wirkung zeigen. Einstellige Anteile sind daher durchaus üblich. Sind bei teilkristallinen Thermoplasten die Grundstrukturen, die Lamellen und die amorphen Zwischenbereiche, ähnlich groß wie die Nanopartikel, kommt es zu einer Stabilisierung des Werkstoffs. Folgen sind je nach Wirkmechanismen z.B. höhere Steifigkeit, Verschleißfestigkeit und geringere Kriechneigung, aber auch leichteres Fließverhalten z.B. im Schmelzezustand.

Die größte Schwierigkeit bei der Einarbeitung von Nanopartikeln in Matrixmaterialien ist deren Kleinheit. Die gleichmäßige Verteilung ist etwa umgekehrt proportional zur Partikelgröße und gelingt mit üblichen Fertigungsverfahren nicht ausreichend. Das Interesse an nanoskaligen Verbundwerkstoffen ist daher reduziert.

Teilchen, die nützliche chemische und physikalische Reaktionen bewirken können, können ihre Potenz ebenso gut bei unerwünschten Reaktionen entfalten. Isoliert vorliegende Nanopartikel können durchaus toxisch wirken. In Verbundwerkstoffen sind Freisetzungen ohne größere Energiezufuhr oft nicht möglich. Die Gefährdungspotentiale sind in Tabelle 4.9 zusammengestellt.

4.3.4 Funktionale Füllstoffe

Kunststoffe sind elektrische Isolatoren mit einem Durchgangswiderstand von $10^{12} - 10^{16}\ \Omega$ cm. Es existieren nur wenige Kunststoffe, die intrinsisch, d.h. ohne Zugabe von Füllstoffen elektrisch leitfähig sind. Diese Kunststoffe weisen jedoch keine ausreichende Alterungs- und Verarbeitungsbeständigkeit auf, so dass die

Fragen	Wichtung	SWNT	MWNT	Nano-Clay	CdS	ZnO	TiO_2	Dendimere	Fullerene	Nano-Pharma
Gibt es Hinweise auf Schadwirkungen?	35 %	+	+	–	+	±	–	±	+	–
Sind Nanopartikel reaktiver als die Grobsubstanz?	15 %	+	±	–	±	±	±	±	+	–
Ist die Grobsubstanz toxisch?	5 %	–	–	–	+	–	–	–		–
Ist die Substanz biologisch abbaubar?	10 %	–	–	+	–	–	–	–	±	+
Neigen die Nanopartikel zur Agglomeration?	5 %	+	+	+	+	+	+	±	+	+
Sind kontaminierte Flächen einfach zu reinigen?	10 %	+	+	–	+	±	±	–	–	±
Können die Nanopartikel der Gesundheit schaden?	10 %	+	±	–	+	±	–	+	+	–
Können die Nanopartikel der Umwelt schaden?	10 %	±	±	–	±	±	–	+	+	–

+ = ja
– = nein
± = eventuell

Potentielle Gefahren:
hoch
mittel
niedrig

SWNT = Single Wall nanotubes; MWNT = Multi Wall Nanotubes;
CdS = Calciumsulfid; Dendrimere = hyperverzweigte Polymere;
Fullerene = kugel-, netz- und rohrförmige Kohlenstoffatomnetzwerke

Tabelle 4.9 Einschätzung des Gefährdungspotentials verschiedener Nanopartikel nach Gibbs, 2005 [77]

elektrische Leitfähigkeit bei Kunststoffen in den überwiegenden Fällen durch Eincompoundieren von metallischen Füllstoffen erreicht wird.

Durch die Variation von Art und Menge der Füllstoffe können Kunststoffe mit Leitfähigkeiten (Inverser Widerstand $S = 1/\Omega$) von $10^4 - 10^{-10}$ S/cm hergestellt werden. Die elektrische Leitfähigkeit kann nur zustande kommen, wenn der Abstand zwischen den Füllstoffen < 10 nm wird bzw. sich die Füllstoffe gegenseitig hinreichend oft berühren. Ab einer Mindestkonzentration an Füllstoffen kann sich dadurch ein sog. Perkolationsnetz ausbilden. Unterhalb dieser Mindestkonzentration ist der Kunststoff ein Isolator, oberhalb weist er eine Leitfähigkeit auf. Als Füllstoff weit verbreitet ist Ruß, andere leitfähige Füllstoffe sind u. a. Metallpulver, Metallflocken und -fasern, metallisierte Keramiken und mineralische Stoffe.

Wichtige Anwendungen, für die möglichst hohe Leitfähigkeiten erforderlich sind, sind die Abschirmung von elektronischen Geräten gegen elektromagnetische Wellen und die Erzeugung von Leitklebeverbindungen als Alternative zum Löten bei elektronischen Bauelementen.

Definiert geringe Leitfähigkeiten werden gefordert, um elektrostatische Aufladungen zu vermeiden, die in der Elektronikproduktion die wichtigsten Versagensursachen darstellen und in allen explosionsgefährdeten Bereichen zu vermeiden sind. Die Leitfähigkeit sollte ca. 10^{-9} S/cm betragen, um die Ableitung von elektrischen Ladungen zu ermöglichen und gleichzeitig eine ausreichende elektrische Isolierfähigkeit z. B. bei einem Gehäuse eines elektrischen Gerätes zu sichern.

Da durch den Verarbeitungsprozess leicht Füllstoff-Entmischungen aber auch -Konzentrationen auftreten können, die die elektrische Leitfähigkeit deutlich beeinflussen können, ist ein Zielbereich mit geringer Abhängigkeit vom Füllstoffgehalt wünschenswert, Bild 4.83.

Durch die Zugabe von Füllstoffen ergeben sich einige Nachteile, wie eine Erhöhung der Viskosität der Schmelze und eine Erniedrigung der Zähigkeit des festen Materials, eine mögliche Inhomogenität der elektrischen Eigenschaften und eine Zunahme des elektrischen Widerstands bei Temperaturerhöhung durch die thermische Ausdehnung der Matrix.

In Tabelle 4.10 sind die wichtigsten thermischen Kennwerte für wärmeleitende Füllstoffe und damit gefüllte Kunststoffe im Vergleich zu klassischen Metallen dargestellt. In vielen praktischen Anwendungen, bei denen das zeitlich dynamische Aufheiz- und Abkühlverfahren von Relevanz ist, müssen neben der Wärmeleitfähigkeit praktisch v. a. auch zusätzlich die Wärmekapazitäten und Dichten zusammengefasst in der Kenngröße Temperaturleitfähigkeit Berücksichtigung finden [79].

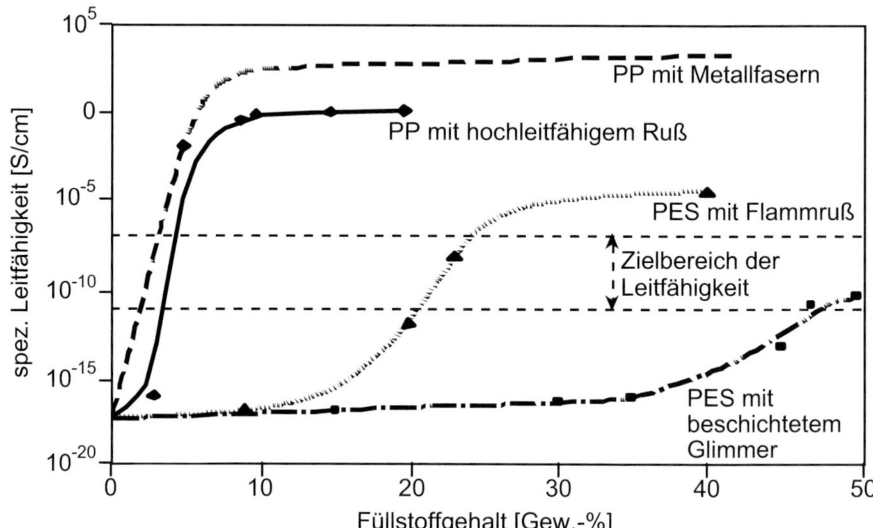

Bild 4.83 Zielbereiche der elektrischen Leitfähigkeit von gefüllten Kunststoffen zur Vermeidung der elektrostatischen Aufladung [78]

Werkstoffe	Wärmeleit-fähigkeit [W/mK]	Dichte [g/cm³]	E-Modul [10^3 N/mm²]	Wärmeaus-dehnungs-koeffizient (-40 bis ca. 40 °C) [10^{-6} 1/K]	Wärme-kapazität [J/gK]	Temperatur-leitfähigkeit [10^{-6}mm²/s]
Al_2O_3 (>99,8 %)	17 bis 30	3,92	370	8,2	880	4,9 - 8,7
AlN	180 bis 220	3 - 3,3	320	4,5 bis 4,6	700 - 760	71,7 - 96,5
BN (hexagonal)	II : 400 ⊥ :2	2,25	90	II : 7.51 ⊥ : 0.71	825	215,5
Kupfer - rein	395	8,96	130	17	380	116
Aluminium (Al99,5)	210 bis 220	2,70	69	23,5	900	88,5
Kohlenstofffaser	17	1,6 - 2	400 bis 600	II : - 0,1 bis - 1,5 ⊥ : 15	710	~ 13,3
Aramidfaser	0,04 - 0,05	1,45	II : 130 ⊥ : 5,4	II : -4 ⊥ : 52	k. A.	k. A.
Glasfasern (E-Glas)	0,8 - 1,4	2,6	73	5	800	0,67
Stahlfasern (Edelstahl)	15 - 25	7,8	210	ca. 15	500	3,8 - 6,4
Graphit (expandiert)	II : 250 bis 500 ⊥ : 3 bis 4	0,02 bis 2	10 bis 20	3 bis 5	710	~ 176
Polyamid PA6 Ultramid® B3S	0,33	1,13	3,4 (tr.) 1,2 (lf.)	80	1700	0,17
Polyamid PA6-GF30 Ultramid® B3EG6	0,36	1,4	9,5 (tr.) 6,2 (lf.)	II : 23 ⊥ : 65	1500	0,17
Epoxidharz	0,52	1,1 bis 1,25	2,0 bis 3,6	60 - 70	1400	0,30 - 0,33
PA6 + 40 Vol.-% Al_2O_3 (sphärisch)	1 - 2	2,25	~ 10 (tr.)	II : ~ 36 ⊥ : ~ 40	~ 1000	~ 0,8
PA6 + 40 Vol.-% Kupferplättchen	~ 6 - 12 (anisotrop)	4,1	~ 15 (tr.)	k. A.	~ 500	~ 3 - 6
PA6 + 40 Vol.-% h-BN (Plättchen)	~ 1 - 6 (anisotrop)	1,6	k. A.	II : ~ 10 - 20 ⊥ : ~ 100	~ 900	~ 0,7 - 4,2

Tabelle 4.10 Typische thermische Werkstoffkennwerte verschiedener Füllstoffmaterialien, Kunststoffe und gefüllter Kunststoffe [79]

Interessant ist die sehr viel geringere Temperaturleitfähigkeit von Kunststoffen verglichen mit Metallen. Die Temperaturleitfähigkeit α ergibt sich aus der Wärmeleitfähigkeit λ dividiert durch die spezifische Wärmekapazität c_p und die Dichte ρ. Bei Werten für die Dichte von ρ = 0,95 g/cm^3 für PE und 7,5 g/cm^3 für Eisen und für die spez. Wärmekapazität von 2,3 J/g · K für PE und 0,5 J/g · K für Eisen ergeben sich bei Wärmeleitfähigkeiten von 0,35 W/m · K für PE und 81 W/m · K für Stahl die Temperaturleitfähigkeiten von PE von 0,16 · 10^{-6} m^2/s gegenüber Stahl von 21,6 · 10^{-6} m^2/s, also ist die Temperaturleitfähigkeit bei Stahl 135 mal so schnell, bei Kupfer ist sie ca. 730 mal so schnell.

Das bedeutet, dass die Wärme in Kunststoffen besonders bei der Verarbeitung nur sehr langsam ausgetragen wird, was aber funktionale Füllstoffe erheblich steigern können.

Die Wärmeleitfähigkeit steigt mit zunehmender Füllstoffgröße, zunehmendem Aspektverhältnis (Länge zu Durchmesser), günstiger Füllstoffgrößenverteilung (bimodale Verteilung), aber auch verbesserter Füllstoff-Matrix-Anbindung. Trotz objektiv ähnlicher Formulierungen sind in der Literatur sehr unterschiedliche Ergebnisse zu beobachten. Durch die Fließbedingungen im Werkzeug ergeben sich Anisotropien der Wärmeleitfähigkeit, die gezielt genutzt werden können. Kommerziell sind WLF-Kunststoffe mit Wärmeleitfähigkeiten bis zu ca. 20 Wm^{-1}K^{-1} verfügbar [6, 79].

Hinzu kommt die geringere Wärmekapazität, also des Wärmeinhaltes der Kunststoffschmelze. Bereits ein geringfügig höherer Austrag durch die höhere Wärmeleitfähigkeit der gefüllten Kunststoffe führt zu einer stärkeren Temperaturverringerung und damit verändertem Erstarrungsverhalten der Schmelze.

Funktionale Füllstoffe zur Erhöhung der Temperatur- und Wärmeleitfähigkeit sind nicht immer niedrigpreisig: Bornitrid (BN) mit einer Wärmeleitfähigkeit λ von ca. 100 W/m·K kosten ca. 100,00 €; Aluminiumoxid mit λ = 10 – 30 W/m · K ca. 3,50 €; Kupfer mit λ = 380 W/m · K je nach aktuellen Materialkosten ca. 15,00 €; Titanoxid (TiO) mit λ = ca. 10 W/m · K ca. 3,50 €; Siliziumdioxid (SiO_2) mit λ = 1 – 12 W/m · K ca. 1,50 € – 6,00 €; Siliziumkarbid mit λ = ca. 80 W/m · K ca. 20,00 € und Aluminiumnitrid (AlN) mit λ = 200 W/m · K ca. 25,00 € [80]. Dazu kommen der Aufwand für die Einarbeitung und der höhere Verschleiß von Werkzeug und Maschine bei der Fertigung. Dass sich für so funktional gefüllte Thermoplaste wegen der höheren Temperaturleitfähigkeit ein anderes thermisches Management im System Kunststoffschmelze und Werkzeug ergibt, erklärt sich von selbst und ist gerade z. B. bei der Simulation des Verarbeitungsprozesses zu beachten.

Die Verwendung von nanoskaligen Füllstoffen zur Wärmeleitfähigkeitserhöhung in Compositsystemen konnte bislang die Erwartungen und vorherberechneten Eigenschaften nicht erfüllen. Selbst die hohen Eigenleitfähigkeiten von Carbon

Nanotubes (CNT) von über 3000 $Wm^{-1}K^{-1}$ können die Volumenwirkung der Matrix bei den für den teuren Füllstoff angestrebten niedrigen Füllgraden von unter 10 Vol.-% nicht eliminieren [81].

Der Einfluss der *magnetisierbaren Füllstoffe* (insbesondere Ferrite und Seltene Erden) auf die magnetischen Eigenschaften ist neben dem Füllstoff/-anteil auch von der Kunststoffmatrix und je nach Füllstoff z. T. auch deutlich von der Ausrichtung der Füllstoffpartikel abhängig. Die Höhe und Homogenität der erzielbaren magnetischen Eigenschaften gefüllter Kunststoffe hängt vom Werkstoffsystem, durch thermisch und strömungsbedingte, lokale Unterschiede im Füllstoffanteil und in der Füllstofforientierung aber auch deutlich von der Konstruktion von Anguss und Bauteil sowie von der Prozessführung bei der Verarbeitung ab [82].

Magnetisierbare Füllstoffe werden zur Erzeugung weich- und hartmagnetischer (dauermagnetischer) Funktionen in duro- und thermoplastischen sowie elastomeren Matrixsystemen eingesetzt. Die resultierende magnetische Permeabilität μ[34], die mit der „magnetischen Leitfähigkeit" eines Werkstoffes umschrieben werden kann, hängt neben dem Füllstoff und Füllstoffgehalt maßgeblich vom Kontakt der Partikel ab.

Für weichmagnetisch modifizierte Kunststoffe kommen z. B. FeNi oder FeCo sowie Eisenoxidverbindungen (Ferrite) zum Einsatz. Erzielbare Werte weichmagnetisch modifizierter Kunststoffe liegen typischerweise lediglich im Bereich von $\mu = 20$ und ermöglichen daher insbesondere in Verbindung mit den geringen Wirbelstromverlusten Anwendungen im Bereich hochfrequenter Wechselfelder (Induktivitäten, Antennen).

Kunststoffgebundene Dauermagnete entstehen durch Verwendung hartmagnetischer Füllstoffe, vorwiegend Ferrite (SrFeO, BaFeO) und Seltene Erden (NdFeB, SmCo, SmFeN).

Im Gegensatz zur Koerzitivfeldstärke[35], die weitgehend rein füllstoffspezifisch ist, hängt die magnetische Remanenz[36] näherungsweise linear vom Füllstoffgehalt ab, bei magnetisch anisotropen Füllstoffsystemen zudem von der durch Strömung und/oder magnetfeldinduzierten Ausrichtung der Füllstoffpartikel während der Formteilherstellung in flüssiger Phase. Kunststoffgebundene Dauermagnete werden in einfachen Haftmagneten (Schilder, Kühlschrankdichtung), zunehmend aber auch in der Sensorik und Antriebstechnik eingesetzt [82].

---

34) Die *magnetische Permeabilität* μ (auch magnetische Leitfähigkeit) bestimmt die Durchlässigkeit von Materie für magnetische Felder.

35) Als *(magnetische) Koerzitivfeldstärke* bezeichnet man die magnetische Feldstärke, die notwendig ist, um eine ferromagnetische Substanz vollständig zu entmagnetisieren. Je höher die Koerzitivfeldstärke ist, desto besser behält ein Magnet seine Magnetisierung, wenn er einem Gegenfeld ausgesetzt wird.

36) Unter *(magnetischer) Remanenz,* auch Restmagnetismus genannt, versteht man jene magnetische Flußdichte, die ein vorher durch ein externes Magnetfeld magnetisiertes Teilchen nach Entfernen des äußeren Feldes beibehält.

5 Thermisch-Mechanische Zustandsbereiche

Zur Kennzeichnung des mechanischen Verhaltens eines Materials in Abhängigkeit von der Temperatur benutzt man gerne eine sinusförmige Schwingungsbeanspruchung. Die geringe, weit unter der üblichen Beanspruchung liegende aufgebrachte mechanische Beanspruchung, d. h. die Spannung oder Deformation, hat ein entsprechendes Antwortsignal, die Deformation bzw. Spannung zur Folge, das hinsichtlich Amplitude und Phasenverschiebung ausgewertet wird. Bei einem elastischen Werkstoff tritt keine Phasenverschiebung auf, bei einem linear-viskoelastischen Werkstoffverhalten kann sie durch den Winkel δ gekennzeichnet werden, Bild 5.1. Bei nichtlinear-viskoelastischem Material ändert sich das Verhältnis lastabhängig [49].

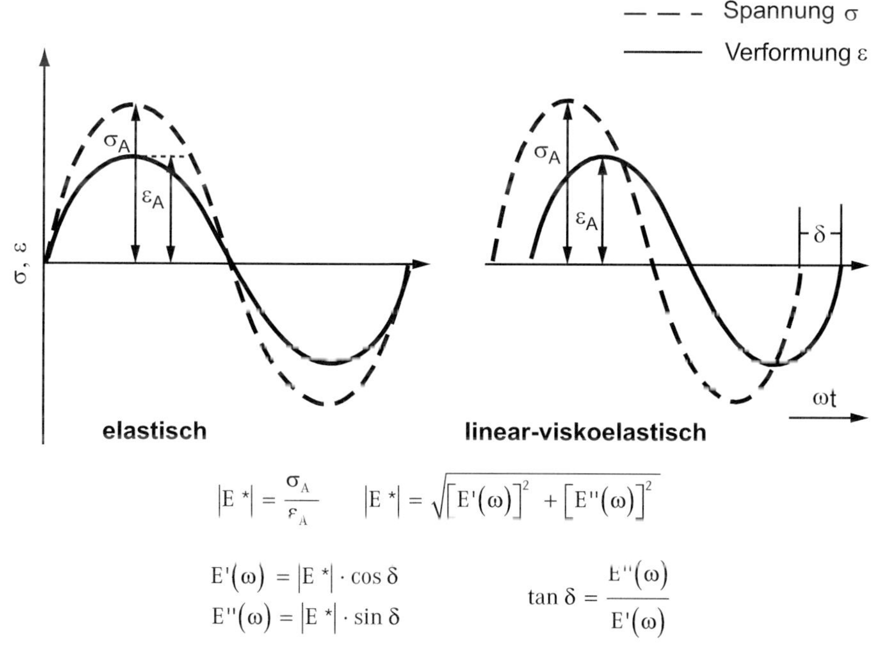

$$|E^*| = \frac{\sigma_A}{\varepsilon_A} \qquad |E^*| = \sqrt{[E'(\omega)]^2 + [E''(\omega)]^2}$$

$$E'(\omega) = |E^*| \cdot \cos\delta \qquad \tan\delta = \frac{E''(\omega)}{E'(\omega)}$$

$$E''(\omega) = |E^*| \cdot \sin\delta$$

Bild 5.1 Sinusförmige Schwingungsbelastung σ und Antwortsignal ε eines elastischen (links) und eines linear-viskoelastischen (rechts) Werkstoffs

Aufgrund der in Bild 5.1 dargestellten Kurven lassen sich einige Kennwerte ableiten: Der *komplexe Modul* $E^* = \sigma_A/\varepsilon_A$ (E: complex modulus) wird als Quotient zwischen Spannungs- und Verformungsamplitude bestimmt und kennzeichnet die Materialsteifigkeit.

Der *Speichermodul E'* (E: storage modulus) kennzeichnet die Steifigkeit eines viskoelastischen Werkstoffs und ist proportional zur maximal während der Belastungsperiode elastisch gespeicherten Arbeit. Er entspricht in etwa dem E-Modul bei einmaliger, zügiger, niedriger Belastung und reversibler Verformung und damit weitgehend den in Tabellen angegebenen E-Modul-Werten. Da sich der komplexe Modul vom Speichermodul vor allem durch die nichtelastische Komponente unterscheidet, sind die Unterschiede umso geringer, je weniger diese sich auswirken, so dass $E^* = E'$ gesetzt werden kann. Nur im Glasübergangsbereich, wo pro Schwingung ein Maximum an nichtelastischer Verformung wirkt, macht sich dieses in einem um wenige °C früher erfolgenden Abfall bemerkbar.

Der *Verlustmodul E''* (E: loss modulus) ist proportional zur Arbeit, die während einer Belastungsperiode im Material dissipiert wird. Er kennzeichnet die z. B. in Wärme umgewandelte Energie und ist ein Maß für die bei einer Schwingung nicht wiedergewinnbare, umgewandelte Schwingungsenergie.

Der *Phasenwinkel* δ (E: phase angle) kennzeichnet die Phasenverschiebung zwischen der Spannung und der Verformung. Der *Verlustfaktor* tan δ (E: loss factor) kennzeichnet das Verhältnis zwischen Verlust- und Speichermodul. Dieser wird üblicherweise als ein Maß für die Energieverluste bezogen auf die wiedergewinnbare Energie benutzt. Er kennzeichnet die mechanische Dämpfung oder innere Reibung eines viskoelastischen Systems. Der Verlustfaktor ist dimensionslos [–]. Ein hoher tan δ-Wert kennzeichnet ein Material mit hohem nichtelastischem Verformungsanteil, ein niedriger Wert ein elastisches Material, der Wert 0 einen vollkommen elastischen Werkstoff.

In Bild 5.2 werden schematisch typische Kurven eines amorphen Thermoplasten dargestellt und deren Verlauf beschrieben. Bei niedrigen Temperaturen sind die Moleküle so unbeweglich, dass sie den schwingend einwirkenden Belastungen nicht folgen können und steif bleiben. Man sagt, die Mikrobrownschen Bewegungen sind erstarrt, d. h. es sind keine Gestaltsänderungen von Makromolekülabschnitten, besonders durch Drehung um die C–C-Bindung, möglich und die Molekülverschlaufungen wirken wie feste Vernetzungspunkte. Bei hohen Temperaturen werden die Molekülabschnitte leicht beweglich und können den Belastungen mühelos folgen. Die Verschlaufungen bleiben weitgehend fest, können aber gelegentlich verrutschen und gelöst werden. Bei Duroplasten und Elastomeren wirken zusätzlich noch chemische Vernetzungen, die bei allen Temperaturen erhalten bleiben.

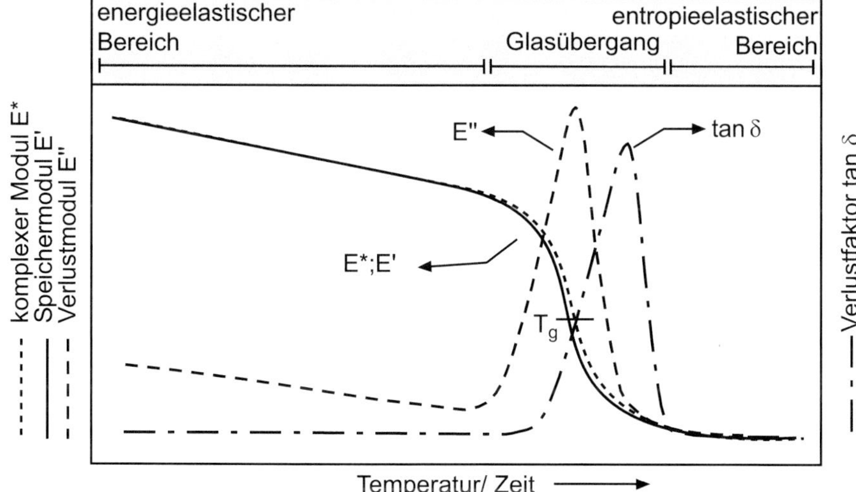

Bild 5.2 Komplexer Modul E*, Speichermodul E', Verlustmodul E" und Verlustfaktor tan δ eines amorphen Thermoplasten in Abhängigkeit von der Temperatur, ermittelt durch Dynamisch-Mechanische-Analyse (DMA) z. B. im Torsionsschwingversuch

Den Zustand bei tiefen Temperaturen nennt man Glaszustand oder energieelastischen Zustand, den bei hohen Temperaturen gummi- oder entropieelastischen Zustand. Der Übergang vom Glaszustand in den gummielastischen Zustand wird als *Glasübergang* (E: glass transition) bezeichnet. Wenn die durch Erweichen ermöglichten Molekülbewegungen den schwingenden Belastungen gerade folgen können, wird pro Schwingungsbewegung das mögliche Maximum an innerer Reibung und nichtelastischer Verformung umgesetzt. Der Verlustmodul als Maß für diese dissipierte Energie erreicht ebenfalls ein Maximum. Der Speichermodul fällt im Glasübergang bei der Erwärmung auf ein Tausendstel bis Zehntausendstel seines ursprünglichen Wertes. Da der Verlustfaktor durch Division des Verlustmoduls durch den Speichermodul bestimmt wird, unterdrückt der Abfall des Speichermoduls zunächst den Anstieg des Verlustfaktors, so dass dieser sein Maximum erst bei höheren Temperaturen als der Verlustmodul erreicht.

Thermoplaste (E: thermoplastics) sind nichtvernetzte Kunststoffe, die bei niedrigen Temperaturen hartelastisch und fest sind und bei hohen Temperaturen schmelzen. Dazwischen liegt der entropie- oder gummielastische Bereich. Bei *amorphen* (E: amorphous) Thermoplasten ist der gummielastische Zustand wegen der geringen Steifigkeit und Festigkeit für konstruktive Anwendungen nicht nutzbar. Bei *teilkristallinen* (E: semicrystalline) Thermoplasten ist der Abfall deutlich geringer, da die kristallinen Bereiche bis zum Aufschmelzen fest bzw. hart bleiben und nur die amorphen Bereiche erweichen. Die Höhe des Abfalls hängt vom Kristallisationsgrad ab. Trotzdem ist dieser Bereich für den konstruktiven Einsatz geeignet, auch wenn sich einige mechanische Eigenschaften gegenüber dem hartelastischen Zustand deutlich ändern.

Bei den *Elastomeren* (E: elastomers) wird der gummielastische Bereich, der unterhalb der Raumtemperatur bereits ausgeprägt ist, für die praktische Anwendung genutzt. Eine Belastbarkeit bei hoher Verformung setzt den festen Zusammenhalt des Materials durch weitmaschige chemische Vernetzungen oder besonders feste physikalische Bindungen voraus. Bei mechanischer Beanspruchung werden die Ketten durch Entknäuelung gestreckt, die Rückstellkraft ergibt sich aus dem entropiegetriebenen Bestreben der Kettensegmente, den geknäuelten Zustand einzunehmen [25].

Duroplaste (E: thermosets) sind engmaschig vernetzte Kunststoffe mit einem ausgeprägten hartelastischen Bereich. Da die Vernetzungen dominieren, führt die Erweichung der physikalischen Bindungen zwischen den Ketten zu einem geringeren Abfall als bei den anderen Kunststoffen, so dass der konstruktiv einsetzbare Bereich zumindest bei den sehr stark vernetzten Duroplasten erst durch die beginnende thermische Schädigung begrenzt wird. Bei weniger stark vernetzten Duroplasten ist die Glasübergangstemperatur oft die Einsatzgrenze.

5.1 Energieelastischer Bereich

Der *energieelastische Zustand* (E: elastic energy state) ist durch eine elastische Verformung der Polymer-Werkstoffe bei Belastung gekennzeichnet, die auf reversiblen Änderungen der Atomabstände und der Valenzwinkel von chemischen Bindungen beruht. Die Atome führen geringe Wärmeschwingungen um die Ruhelage aus. Umlagerungen von ganzen Kettenteilen, die die Voraussetzung für viskose Verformung sind, sind selten. Die Polymer-Werkstoffe sind spröde und hart.

Charakteristische Schubmoduln[37] betragen zwischen 10^2 und 10^4 N/mm^2. Thermoplaste und Duroplaste liegen bei Raumtemperatur (23 °C) gewöhnlich im energieelastischen Zustand vor. Mit steigender Temperatur fällt der Modul zunächst geringfügig infolge der Wärmeausdehnung und der damit verbundenen Abstandsvergrößerung der Atome ab. Zusätzlich können sich bestimmte Kettensegmente evtl. auch fremder, zugefügter Polymere umlagern.

Erkennbar sind diese Umlagerungen an einem stärkeren Abfall des Moduls über einen bestimmten Temperaturbereich, dem sog. *Nebenerweichungsbereich* (E: β-

[37] Die übliche Torsionsbeanspruchung einer Flachprobe ergibt keinen eindeutigen Schubspannungszustand und wird daher auch gerne mit dem nicht genau definierten Begriff Torsionsmodul gekennzeichnet, ohne auf die Art der Belastung hinzuweisen.

transition), auch Nebendispersion genannt (s. Bild 5.16, β-Übergang bei PA 6 und Kautschuk-Erweichen bei ABS[38]). Zu Beginn des Nebenerweichungsbereichs sind die Platzwechsel noch nicht möglich, sie sind eingefroren; am Ende des Bereichs werden Platzwechsel jedoch mit verminderter Behinderung möglich[39]. Im Bereich dazwischen treten jedoch noch Behinderungen auf, die überwunden werden müssen. Diese Behinderungen führen zu einer Erhöhung des mechanischen Verlustfaktors. Die Platzwechselprozesse ermöglichen es den Makromolekülen, Spannungsspitzen bei schlagartiger Beanspruchung abzubauen. Frieren diese Umlagerungsmöglichkeiten aber ein, versprödet der Polymer-Werkstoff.

Der Nebenerweichungsbereich kennzeichnet daher beim Erwärmen den Beginn einer erhöhten Zähigkeit, bzw. beim Abkühlen den Beginn einer extremen Versprödung. Im Anschluss an den Nebenerweichungsbereich setzt sich der energieelastische Bereich fort, da die Bewegungsmöglichkeiten der Hauptkette in größeren Segmenten weiterhin behindert sind.

Strenggenommen ist rein elastisches Verhalten bei Polymer-Werkstoffen nicht gegeben. Zusätzlich zur elastischen Verformung tritt zeit-, temperatur und beanspruchungsabhängig ein mehr oder weniger starker viskoelastischer und viskoser Verformungsanteil auf. Solange die Verformung (je nach Polymer-Werkstoff) unterhalb von 0,1 bis 1 % bleibt, kann jedoch bei kurzzeitiger Belastung mit ausreichender Genauigkeit mit reversiblen Verformungen gerechnet werden, auch wenn Rückverformungen einer gewissen zeitlichen Verzögerung (Relaxation)[40] unterliegen.

Bild 5.3 zeigt den Schubmodul eines teilkristallinen PA 6. Die übliche Auftragung des Torsionsmoduls[37] mit logarithmierter Ordinate (im Bild links) täuscht ein relativ temperaturunabhängiges Verhalten des Werkstoffs im energieelastischen Bereich vor und ergibt um bis zu 20 °C höhere Glasübergangstemperaturen als bei linearer Ordinate (im Bild rechts). Erst hier wird das reale Verhalten deutlicher erkennbar, Bild 5.3.

Deutlich erkennbar ist der Einfluss von Feuchtigkeit auf das mechanische Verhalten in Abhängigkeit von der Temperatur. Während oberhalb von 0 °C der Wassergehalt einen Weichmachereffekt bewirkt, friert das Wasser unterhalb ein und versteift das Material.

---

38) Da der Kautschuk im ABS nur die zugegebene Komponente ist, wird er als Nebenerweichungsbereich angesehen, obwohl er für sich gesehen einen Glasübergang darstellt.

39) Strenggenommen ist die hier dargestellte Temperaturabhängigkeit ein Relaxationsphänomen. Mit steigender Temperatur werden die Relaxationszeiten, die die Gleichgewichtseinstellungen sich umlagernder Molekülgruppen kennzeichnen, kürzer. Das Maximum des mechanischen Verlustfaktors und dementsprechend die größte Änderung des Moduls liegen an der Stelle, an der die Relaxationszeit mit dem reziproken Wert der Beanspruchungsfrequenz übereinstimmt.

40) Unter Relaxation versteht man die verzögerte Wiederherstellung eines durch eine äußere Einwirkung gestörten Gleichgewichts.

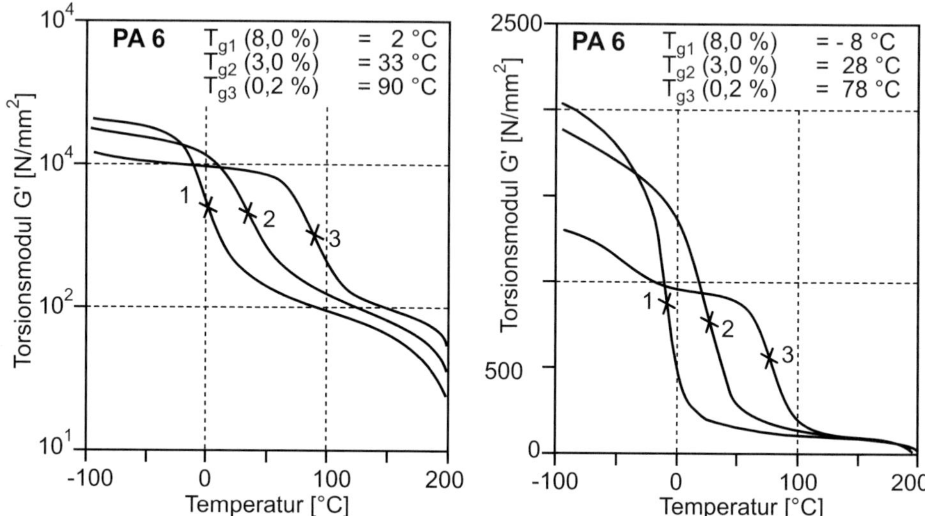

Bild 5.3 Torsionsmodul G' von PA 6 mit Glasübergangstemperatur T_g mit logarithmierter (links) und linearer Ordinate (rechts) [83]
1 = nasse Probe (Lagerung bis zum Gewichtsausgleich in Wasser)
2 = luftfeucht konditionierte Probe (Lagerung bis zur Gewichtskonstanz im Normklima mit 23 °C und 50% rel. Luftfeuchte)
3 = trockene Probe
Die %-Angaben beziehen sich auf den Wassergehalt in Gew.-%

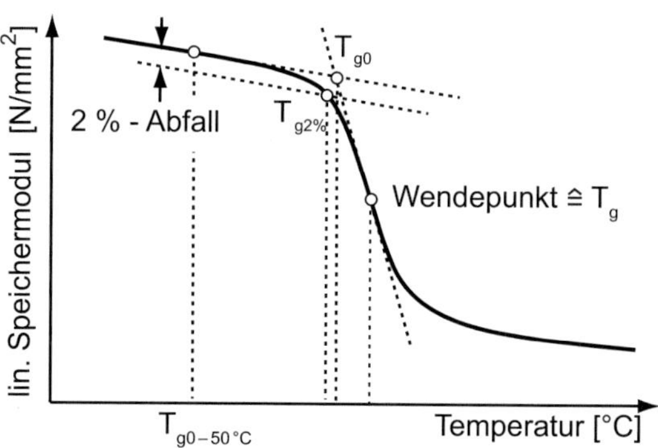

Bild 5.4 Auswertung der Speichermodul-Temperaturkurve nach DIN 65583 (1994)

$T_{g2\%}$	Beginn des Glasübergangs nach der 2%-Methode
T_{g0}	Beginn des Glasübergangs nach der Tangentenmethode
2%-Abfall	Modulabfall von 2%, ausgehend vom Modul bei T_{g0} - 50 °C
T_g	Glasübergangstemperatur

Da der Erweichungsvorgang fließend beginnt, ist die Bestimmung der *thermischen Einsatzgrenzen* (E: thermal application limits) von Kunststoffen eines der größten Probleme bei der Auslegung von Bauteilen. Es gibt eine Vielfalt von genormten Prüfverfahren, die zu deutlich voneinander abweichenden Ergebnissen führen,

Bild 7.3. Die häufig genannte *Glasübergangstemperatur* T_g (E: glass transition temperature) als Wendepunkt der Modulkurve liegt bereits deutlich im erweichten Zustand, Bild 5.4. Eine sinnvolle Vorgehensweise ist die Bestimmung des Schnittpunktes der Tangenten an die Modulkurve im energieelastischen und im Erweichungsbereich als T_{g0}. Ein weiterer genormter Vorschlag empfiehlt das Anlegen einer Tangente an die Schubmodulkurve bei T_{g0} - 30 °C bzw. einer Parallelen im Abstand von - 2 %, deren Schnittpunkt mit der Modulkurve zur Temperatur T_g - 2 % führt.

An die Speichermodulkurve wird bei T_{g0} - 50 °C eine Tangente gelegt. Wo diese Tangente die Tangente durch die Glasübergangstemperatur T_g schneidet, liegt T_{g0}. Wo die um 2 % gesenkte Parallele zur Tangente durch T_{g0} - 50 °C die Tangente durch T_g schneidet, liegt $T_{g2\%}$.

Die Problematik des Verfahrens liegt darin, dass die Diagramme im energieelastischen Bereich selten gerade sind, vielmehr leicht gebogen, so dass das Anlegen einer Tangente nur willkürlich erfolgt, weshalb die Temperatur von + 30 °C vorgegeben ist. Während das bei vielen technischen Thermoplasten durchaus sinnvoll erscheint, wäre bei PP eine Temperatur von - 30 °C sinnvoll. Die Problematik der thermischen Einsatzgrenze wird im Abschn. 7.2.1 ausführlich behandelt.

5.2 Gummi- oder entropieelastischer Bereich

Oberhalb des Erweichungs- und unterhalb des Schmelzbereichs liegt der sog. *entropieelastische Zustandsbereich* (E: elastic entropy application range), innerhalb dessen der Elastizitätsmodul ebenfalls nur wenig von der Temperatur abhängt.

In diesem Temperaturbereich lassen die Rotations- und Umlagerungsmöglichkeiten von Kettensegmenten und Seitenketten (die Mikrobrownschen Bewegungen) es zu, dass die Moleküle unter Belastung eine gestreckte Gestalt annehmen können. Die Streckung bedeutet eine unwahrscheinlichere Gestalt und damit eine Abnahme der Entropie. Infolge der Wärmebewegung streben die Kettensegmente jedoch die geknäuelte Form (Zustand größter Entropie) an. Dadurch entsteht eine elastische Rückstellkraft. Da die Polymer-Werkstoffe in diesem Zustand einen gummiähnlichen Charakter aufweisen, wird dieser Zustand auch als gummielastisch bezeichnet.

Diese Entropie- oder Gummielastizität lässt sich in einem einfachen Versuch leicht anschaulich zeigen. Wird ein Polymer-Werkstoff, z. B. ein Gummiband, im entropie- oder gummielastischen Zustand auf Zug beansprucht und gedehnt, hat es unter Temperatureinwirkung das Bestreben, sich zusammenzuziehen und zwischen den Vernetzungspunkten zu verknäueln, im Gegensatz zum energieelastischen Bereich, in dem es sich zusätzlich ausdehnen würde. Der mit zunehmender Temperatur erfolgende Anstieg des Schubmoduls G eines Duroplasten, z.B. UP-Harz, im entropieelastischen Bereich (in Bild 2.3 dargestellt) ist ebenfalls auf diese Effekte zurückzuführen.

Der Schubmodul im entropie- oder gummielastischen Bereich beträgt 0,1 bis 100 N/mm². Der Abstand zwischen den Verbindungspunkten der Ketten (bei Thermoplasten Verschlaufungen oder Kristalliten, bei Duroplasten Vernetzungsstellen) ist wesentlich kleiner als die Kettenlänge zwischen diesen Punkten. Infolge der Beweglichkeit der Ketten ist die Bruchdehnung der Polymer-Werkstoffe im entropieelastischen Bereich deutlich größer als im energieelastischen Bereich. Besonders bei unvernetzten Polymer-Werkstoffen überlagert sich der Entropieelastizität zeit-, temperatur- und belastungsabhängig ein viskoses Fließen.

Die Beweglichkeit und die Umlagerungsmöglichkeiten der Makromoleküle im gummielastischen Bereich beeinflussen eine Reihe von Materialeigenschaften. Neben den mechanischen Kenngrößen sind dies auch thermisches und strukturelles Verhalten. In Bild 5.5 sind die spez. Wärmekapazität c_p, die angibt, wie viel Energie aufgewendet werden muss, um 1 g eines Stoffs um 1 °C zu erwärmen,

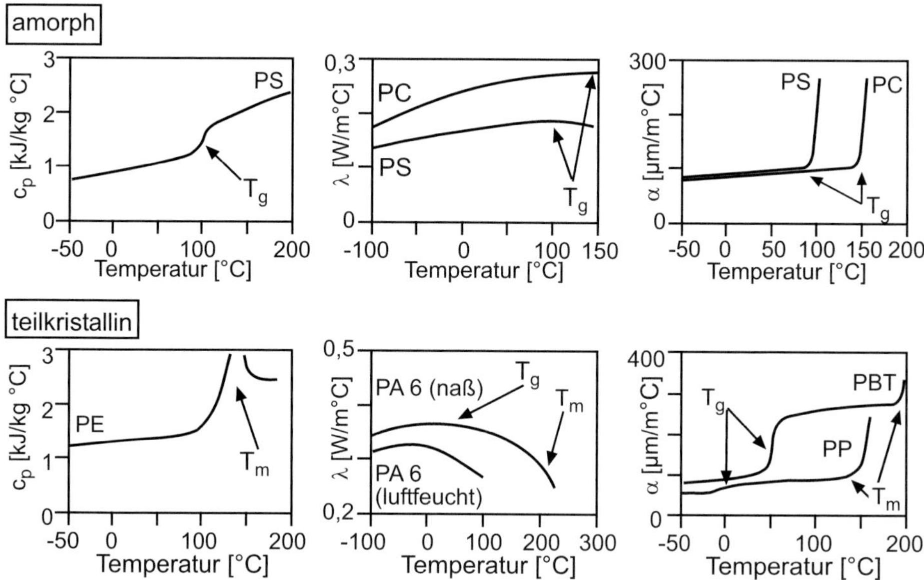

Bild 5.5 Temperaturabhängigkeit der spezifischen Wärmekapazität c_p, der Wärmeleitfähigkeit λ und des linearen thermischen Längenausdehnungskoeffizienten α in Abhängigkeit von der Temperatur
T_g = Glasübergangstemperatur, T_m = Schmelztemperatur

sowie die Wärmeleitfähigkeit λ und der lineare thermische Längenausdehnungskoeffizient α amorpher und teilkristalliner Kunststoffe in Abhängigkeit von der Temperatur angegeben. Dabei ist zu berücksichtigen, dass die Messverfahren zur Bestimmung der beiden letzteren Größen mit relativ großen Unsicherheiten behaftet sind.

Die Wärmeleitfähigkeit ist bei sehr niedrigen Temperaturen wegen der geringen Molekülbeweglichkeit sowie im Schmelzezustand wegen des größeren Kettenabstandes geringer. Unterhalb und um die Glasübergangstemperatur herum ist der Wert am höchsten. In Molekülkettenrichtung ist sie wiederum höher als senkrecht dazu, ebenso in Richtung stark orientierter Moleküle im Vergleich zu isotroper (in alle Richtungen gleicher) Molekülorientierung.

Die thermische Ausdehnung ist unterhalb der Glasübergangstemperatur wegen der beschränkten Molekülbeweglichkeit deutlich geringer als oberhalb. Die Koeffizienten liegen zwischen 20 und 300 µm/m °C, wobei der Wert umso niedriger ist, je fester die molekulare Bindung ist. Am niedrigsten ist der Ausdehnungskoeffizient daher in Kettenrichtung und am höchsten senkrecht dazu, niedriger beim Vorhandensein von Wasserstoffbrücken als bei Dipol-Dipol-Bindungen oder gar bei Dispersionsbindungen. Ein weiterer Einfluss ergibt sich durch die thermische Vorgeschichte beim Herstellen von Formteilen. Molekülorientierungen, Eigenspannungen und kristalline Zustände werden durch die vielfältigen rheologischen Einflüsse, den Druck in der Schmelze und die ungleichen Abkühlungsbedingungen stark beeinflusst, so dass eine gleichmäßige Schwindung beim Abkühlen kaum möglich ist und Formteile leicht zum Verzug neigen. Zudem werden diese Erscheinungen beim Abkühlen eingefroren. Beim erneuten Erwärmen über den Glasübergang hinaus kommen sie dann wieder zur Wirkung, es handelt sich dabei z. B. um die Schwindung beim Entspannen von Eigenspannungen, Entorientierungen der Ketten oder Dichteerhöhungen durch Nachkristallisation oder Nachhärtung. In Bild 5.6 oben ist für Polybutylenterephthalat (PBT) die thermische Längenänderung aufgetragen. Bei Abkühlen aus dem entropieelastischen Zustand nehmen die Schwingungsweite und damit auch die Größe der Leerstellen ab.

Bei weiterer Temperaturabnahme wird ein Punkt erreicht, an dem die Rotations- und Umlagerungsbewegungen der Kettensegmente unmöglich werden. Eine weitere Längenabnahme beruht dann nur noch auf der Abnahme der Schwingungsweite der Moleküle, ähnlich wie innerhalb kristalliner Bereiche. Bezogen auf die Temperatur wird die Abnahme des Ausdehnungskoeffizienten daher deutlich geringer, während die Zahl und Größe der Leerstellen unterhalb der Einfriertemperatur praktisch konstant bleibt.

Aus der Längenänderung der Probe kann der *mittlere thermische Längenausdehnungskoeffizient* $\overline{\alpha}(\Delta T)$ (E: mean thermal expansion coefficient) für einen bestimmten Temperaturbereich oder der *differentielle thermische Längenausdehnungs-*

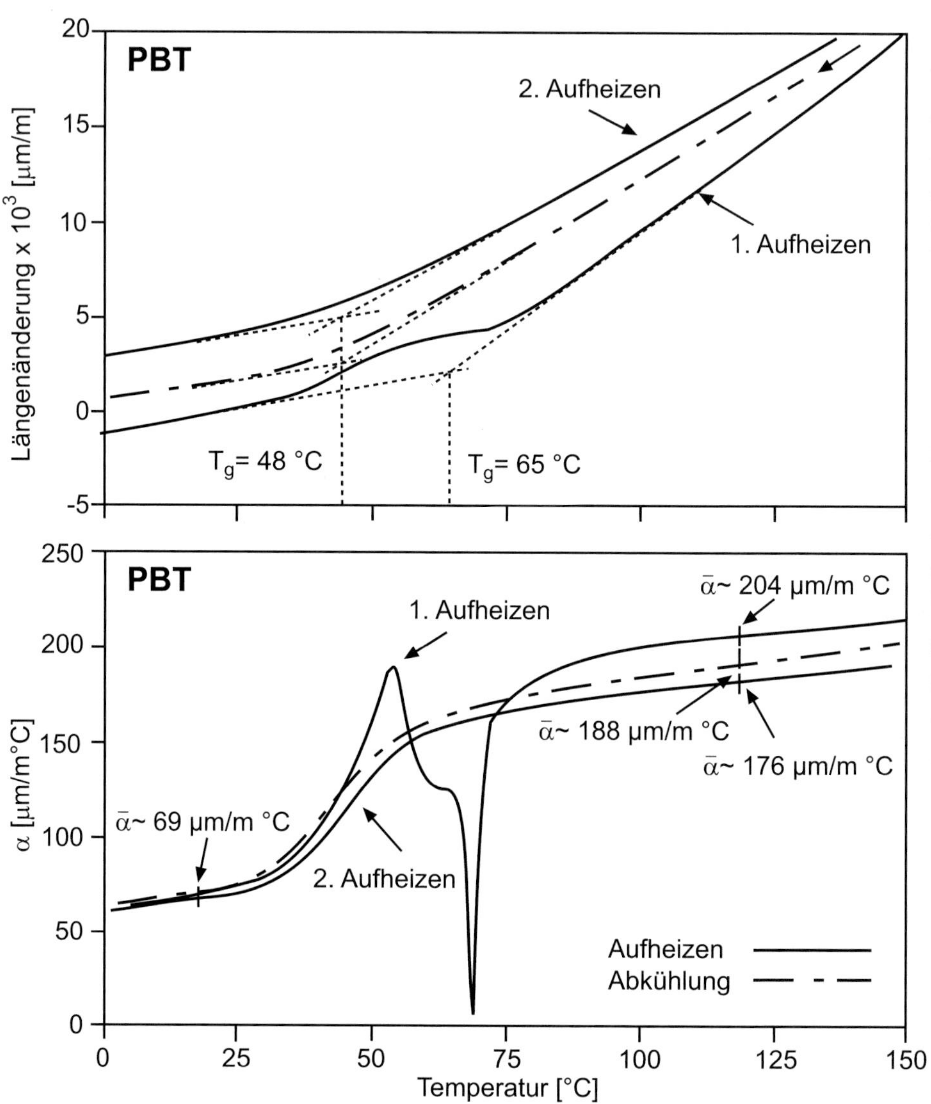

Bild 5.6 Längenänderung und thermischer Ausdehnungskoeffizient α als Funktion der Temperatur bei PBT; 1. Aufheizen, definiertes Abkühlen und 2. Aufheizen
Normalstempel, Heizrate 3 °C/min, 20 g Auflast[41]
T_g = Glasübergangstemperatur, größte Änderung der Eigenschaften
$\overline{\alpha}$ = mittlerer thermischer Längenausdehnungskoeffizient

[41] Als Auflast wird eine konstante Kraft bezeichnet, die über einen Messstempel auf die Probe wirkt. Der thermische Ausdehnungskoeffizient wird mit geringen Auflasten gemessen, um den direkten Kontakt zwischen Messstempel und Probe zu sichern. Beim Erweichen können die Messergebnisse durch eine zusätzliche Verformung verfälscht werden.

koeffizient $\alpha(T)$ (E: differential thermal expansion coefficient) bei einer bestimmten Temperatur berechnet werden.

Die Steigung der Längenänderung über der Temperatur kennzeichnet den Längenausdehnungskoeffizienten, dessen Größe von der Kühl- bzw. Aufwärmgeschwindigkeit unabhängig ist, allerdings verlagert sich der Übergang, die Glasübergangstemperatur, mit zunehmender Abkühlgeschwindigkeit zu höheren Temperaturwerten. Für den Zusammenhang gilt:

$$T_g = T_0 + o \cdot \log(v_K / v_{K0}) \quad \text{mit } o = 3\ K \tag{5.1}$$

T_g und T_0 sind die Glastemperaturen bei den Abkühlgeschwindigkeiten v_K bzw. v_{K0}, o eine Konstante.

In der ersten Aufheizkurve in Bild 5.6 unten ist der Verlauf des Längenausdehnungskoeffizienten im Glasübergangsbereich durch überlagerte Effekte, z. B. Entorientierung, Nachkristallisation usw. beeinflusst. Nach kontrollierter Abkühlung mit konstanter Kühlrate wird in der 2. Aufheizkurve das materialspezifische Verhalten mit einem ungestörten Glasübergang gemessen.

Die Temperatur der größten Änderung wird Glasübergangstemperatur T_g genannt. Diese kann durch Verarbeitungseinflüsse, die sich beim 1. Aufheizen noch auswirken, verschoben werden, so dass die eigentlichen Materialeigenschaften erst beim 2. Aufheizen erfasst werden, wenn die Verarbeitungseinflüsse durch das 1. Aufheizen eliminiert werden.

Eine Messung des thermischen Längenausdehnungskoeffizienten sollte die unterschiedliche Ausdehnung unter- und oberhalb des Glasübergangs berücksichtigen, ebenso die Unterschiede zwischen Kristallisations- und Schmelztemperatur und damit berücksichtigen, ob die Formteiländerungen beim Erwärmen oder die Schwindung beim Erstarren beurteilt werden soll.

	energieelastisch	entropieelastisch
reversible Verformung	gering (< 1%)	sehr groß (> 100%)
E-Modul	hoch	klein (1/100 - 1/1000)
Temperaturänderung beim Verstrecken	Abkühlung	Erwärmen
Längenänderung unter Last beim Erhitzen	Ausdehnung	Kontraktion

Tabelle 5.1 Materialverhalten im energie- und entropieelastischen Zustand

Der lineare Längenausdehnungskoeffizient α beträgt etwa ein $^1/_3$ *des Volumenausdehnungskoeffizienten* β (E: volume expansion coefficient). Der Volumenausdehnungskoeffizient β ergibt sich etwa aus der Summe des zweifachen linearen

Längenausdehnungskoeffizienten in Kettenorientierungsrichtung α_{II} und des einfachen senkrecht $\alpha_{\perp}$ dazu:

$$2\alpha_{\perp} + \alpha_{II} \cong \beta \tag{5.2}$$

Ein Vergleich des Materialverhaltens im energie- und im entropieelastischen Zustand ergibt – etwas vereinfacht für den technischen Maßstab – Unterschiede, die in Tabelle 5.1 dargestellt sind.

5.3 Glasübergang

Der *Glasübergangsbereich* (E: glass transition range) ist der Übergang vom energie- in den entropie-/gummielastischen Bereich, beim Abkühlen aus der Schmelze auch Einfrierbereich oder beim Erwärmen Erweichungsbereich genannt.

Der Name „Glasübergangsbereich" leitet sich daraus ab, dass amorphe Polymer-Werkstoffe bzw. die amorphen Bereiche in teilkristallinen Thermoplasten im energieelastischen Bereich angeblich einen dem Glas ähnlichen spröden Zustand aufweisen und diesen beim Erweichen verlieren, d. h. in den zähen Zustand übergehen. Die Glasübergangsbereiche erstrecken sich je nach Kunststoff über einen mehr oder weniger großen Temperaturbereich. Aufgrund der daraus resultierenden Auswerteproblematik ergeben sich auch unterschiedliche Angaben. In Tabelle 5.2 sind mechanisch (DMA)[42] und thermodynamisch (DSC)[43] definierte Kennwerte miteinander verglichen, Bild 5.7.

Im Erweichungsbereich können im Gegensatz zum energieelastischen Bereich zunehmend Kettensegmente Umlagerungen oder Rotationsbewegungen ausführen. Die Rotationsbewegungen von Kettensegmenten eines knäuelförmigen Makromoleküls zeigt Bild 5.8. Damit diese Umlagerungen möglich sind, müssen genügend Hohlräume (freies Volumen)[44] im Polymer-Werkstoff vorhanden sein, in denen sich die Kettensegmente umlagern können. Diese Vorstellung des freien Volumens ermöglicht eine anschauliche Erklärung für den Erweichungsbereich [85].

---

[42] *DMA* = Dynamisch-Mechanische Analyse z. B. im Torsionsschwingversuch, Kurvenstufe = Modulabfall, s. a. Bild 5.2

[43] *DSC* = Differential Scanning Calorimetry durch Bestimmung der Umwandlungswärme in Abhängigkeit von der Temperatur; Kurvenstufe = Änderung der spez. Wärmekapazität c_p

[44] Das *freie Volumen* wird durch Messen des spezifischen Volumens von total amorphen Polymer/Monomer-Mischungen bei verschiedenen Konzentrationen bestimmt. Mit steigendem Polymergehalt nimmt das spezifische Volumen zunächst linear ab. Extrapoliert auf den Massenanteil von 100 % des Polymeren ergibt sich ein spez. Volumen ν_1. Bei experimentellen Messungen mit zunehmendem Polymeranteil der Mischung wird die Viskosität der Mischung so hoch, dass sich die Kettenelemente nicht mehr frei bewegen können. Es bleiben Hohlräume. Das gemessene spez. Volumen ν_a eines erstarrten, amorphen Polymeren ist höher als das extrapolierte ν_1. Das freie Volumen ergibt sich als $(\nu_a - \nu_1)/\nu_a$ [84].

Material	DMA-Kurven, T [°C]				DSC-Kurven, T [°C]			
	T_{eig}	T_{mg}	T_{efg}	ΔT	T_{eig}	T_{mg}	T_{efg}	ΔT
Thermoplaste								
PS	112	118	124	12	107	111	116	9
SB	-85[I]/ 88[II]	-79/ 101	-72/ 112	13/ 24	-	-	-	-
ABS	-87[I]/ 104[II]	-78/ 113	-71/ 120	16/ 16	- 106	- 111	- 116	- 10
PC	148	154	160	12	146	151	156	10
PVC	67	77	87	20	76	80	90	14
PMMA	104	112	119	15	105	111	117	12
PEI	201	210	218	17	212	216	221	9
PES	206	216	225	19	220	224	227	7
PA 6 (tr.)	52	72	90	38	79	86	97	18
Duroplaste								
EP kalth.	61	76	91	30	62	73	81	19
EP heißh.	188	200	212	24	-	-	-	-
UP kalth.	60	82	103	43	-	-	-	-
UP heißh.	125	146	166	41	-	-	-	-
VE	103	113	125	22	107	113	115	8
Elastomere								
NR	-68	-54	-39	29	-61	-58	-56	5
EPDM	-105/ -32	-90/ -24	-76/ -16	29/ 16	- -38	- -29	- -20	- 18
TPU (C64D)	-28	-2	24	52	-44	-12	2	46
TPU (C85A)	-36	-27	18	18	-47	-37	-30	17

[I] Kautschukphase [II] Hartphase

Tabelle 5.2 Glasübergangstemperatur (T_{mg}), Beginn (T_{eig}) und Ende (T_{efg}) des Erweichungsbereichs, sowie deren Differenz $\Delta T = T_{efg} - T_{eig}$, gemessen als Stufe im Torsionsmodul in der DMA und in der DSC, s. a. Bild 5.7

Rein geometrisch verhindern Kettenenden, Faltungen, Verschlaufungen und seitliche Versetzungen eine dichtest mögliche Packung der Ketten, wie es Bild 5.9 zeigt. Dadurch entstehen sog. Leerstellen, die die Größe kleiner Atome erreichen. Die Zahl und die Größe der Leerstellen nehmen mit steigender Temperatur zu.

Das *freie Volumen* (E: free volume) ist das Volumen der Leerstellen dividiert durch die Summe aus dem Volumen der Leerstellen plus dem Volumen der Moleküle bei

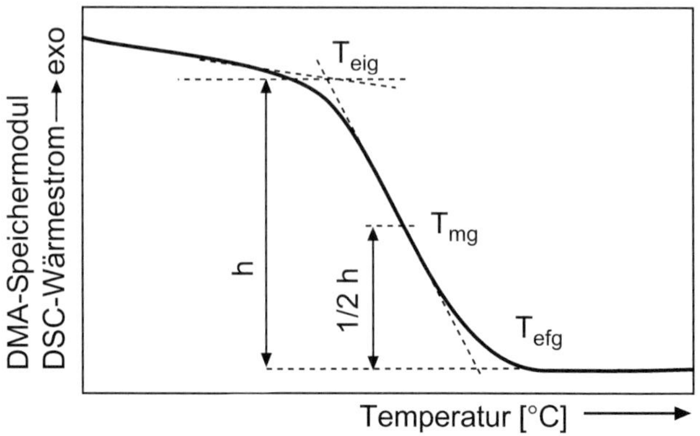

Bild 5.7 Tangentenkonstruktionen zur Auswertung des Glasübergangs als „halbe Höhe" aus einer DMA- und DSC-Messung mit linearer Abszisse

T_{eig} = Extrapolierte Anfangstemperatur, Onsettemperatur; Schnittpunkt der Wendetangente mit der von Temperaturen unterhalb des Glasübergangs extrapolierten Tangente

T_{mg} = Mittenpunktstemperatur, Glasübergangstemperatur; Temperatur des Mittenpunktes der Wendetangente (halbe Stufenhöhe zwischen T_{eig} und T_{efg}), projiziert auf die Messkurve

T_{efg} = Extrapolierte Endtemperatur; Schnittpunkt der Wendetangente mit der von Temperaturen oberhalb des Glasübergangs extrapolierten Tangente

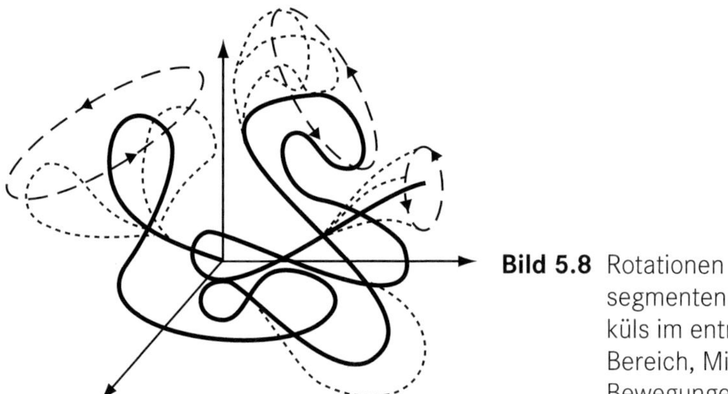

Bild 5.8 Rotationen von Kettensegmenten eines Makromoleküls im entropieelastischen Bereich, Mikrobrownsche Bewegungen [86]

der Glasübergangstemperatur. Das Volumen der Moleküle bei der Glasübergangstemperatur ist die Summe des Volumens der Moleküle bei 0 K und dem Schwingungs-Dehnvolumen der Moleküle bei der Glasübergangstemperatur.

Solange die Größe der Leerstellen nicht 2,5 % des Gesamtvolumens erreicht hat, sind Bewegungen von Kettensegmenten nur möglich, wenn die benachbarten Ketten Ausweichbewegungen, sog. kooperative Platzwechsel, durchführen [85]. Dabei

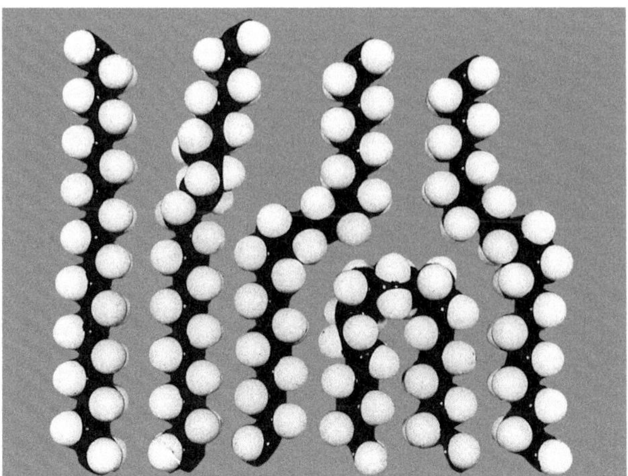

Bild 5.9 Leerstellen in einer durch Faltungen und Kinken[45] gestörten Packung eines Kettenbündels

geht man von folgenden Voraussetzungen aus: es sind erstens eine große Anzahl von Hohlräumen vorhanden, sie sind zweitens gleichmäßig über den Kunststoff verteilt und drittens wird die für die Umlagerung notwendige temperaturabhängige Größe der Hohlräume in einem relativ engen Temperaturbereich, dem Erweichungsbereich, erreicht.

Die Umlagerungen sind im energieelastischen Bereich nicht, im entropieelastischen Bereich dagegen leicht möglich. Im Erweichungsbereich muss zusätzlich Arbeit aufgewendet werden, um die noch behinderte Umlagerung zu bewirken. Wenn die Molekülbewegungen durch Erweichen den schwingenden Belastungen gerade folgen können, wird pro Schwingungsbewegung das mögliche Maximum an innerer Reibung und nichtelastischer Verformung umgesetzt, der Verlustmodul als Maß für diese dissipierte Energie erreicht damit ebenfalls ein Maximum. Der Speichermodul fällt im Glasübergang bei der Erwärmung auf ein Tausendstel bis Zehntausendstel seines ursprünglichen Wertes, Bild 5.10.

Die einzelnen Makromoleküle können umso mehr (d. h. bei umso geringeren Temperaturen) ihre thermischen Bewegungen in die Leerstellen durchführen, je weniger fest die Moleküle durch intermolekulare Kräfte aneinander gebunden oder durch sperrige Seitengruppen oder Vernetzungen in ihren Bewegungsmöglichkeiten behindert sind. Daher weisen eng vernetzte Duroplaste eine höhere Erweichungstemperatur auf als weit vernetzte. Zwischen kristallin angeordneten Makromolekülen innerhalb der Kristallite ist die intermolekulare Bindung so groß, dass Mikrobrownsche Bewegungen unterhalb des Schmelzpunktes nicht möglich sind. Es besteht daher für die kristallinen Bereiche bis zum Aufschmel-

---

45) *Kinke* = seitliche Verschiebung der Kettenrichtung um weniger als den Kettendurchmesser

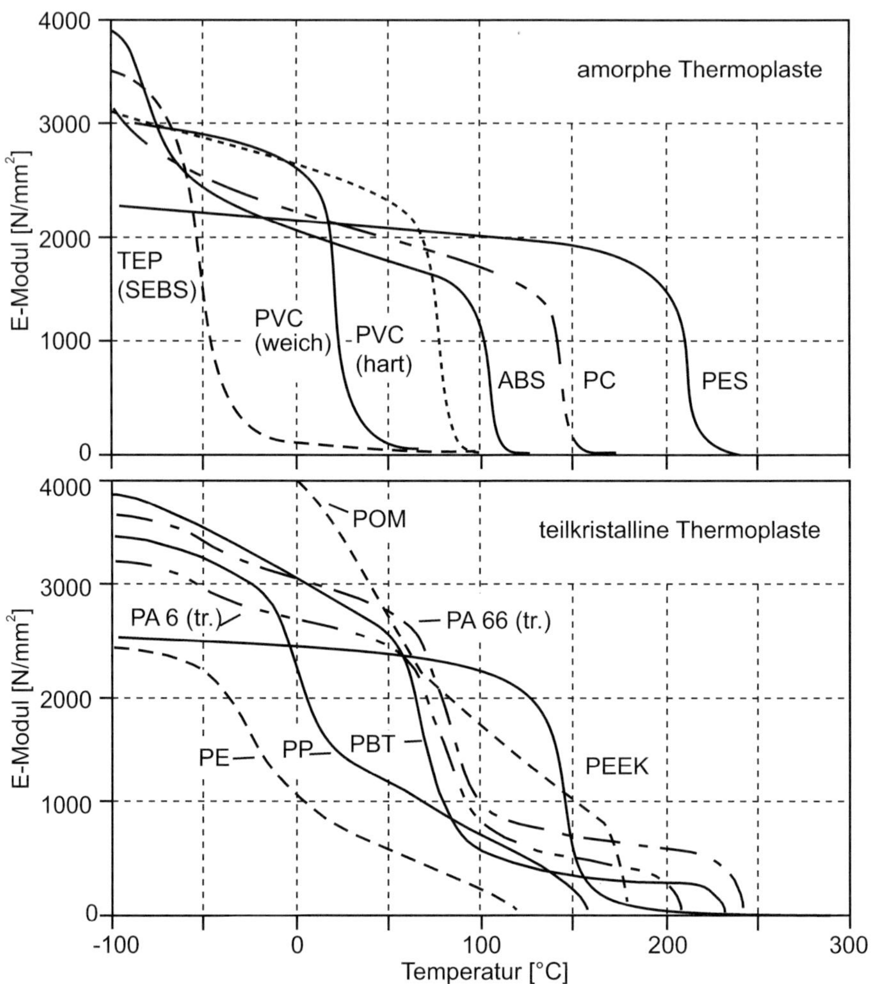

Bild 5.10 E-Modulkurven amorpher und teilkristalliner Thermoplaste
DMA-Messung, Heizrate 5 °C/min, 1 Hz

zen eine reine Energieelastizität ohne Glasübergang und entropieelastischen Zustand.

Einen Erweichungsbereich gibt es daher nur für amorphe Phasen. Bei teilkristallinen Kunststoffen (Thermoplasten) besteht oberhalb der Erweichung des amorphen Bereichs ein Nebeneinander eines energieelastischen (kristallinen) und eines entropieelastischen (amorphen) Zustands (s. a. Bild 2.3). Das Absinken des Moduls im Erweichungsbereich der amorphen Phase hängt vom Kristallisationsgrad ab. Bei hochkristallinen Thermoplasten wirkt sich dieser Erweichungsbereich praktisch kaum aus.

■ 5.4 Fließbereich

Oberhalb des entropie- und gummielastischen Bereichs beginnt bei weiterer Temperaturerhöhung der Schmelzbereich als Übergang in den *Fließbereich* (E: flow range), in dem die Kunststoffe als Schmelze vorliegen. Durch zunehmende Beweglichkeit der Makromoleküle können die Verschlaufungen und Nahordnungen leichter gelöst werden und die Moleküle voneinander abgleiten. Die mit einer Schwerpunktverlagerung gekennzeichnete Bewegung der Makromoleküle wird auch als Makrobrownsche Bewegung bezeichnet. Dennoch bestehen die Polymerschmelzen weiterhin aus verknäuelten und einander durchdringenden Makromolekülen, die infolge der thermisch bedingten Bewegungen ihre Lage und ihre Form ständig ändern. Die Verhakungen setzen eine gewisse Molekülllänge voraus, die bei handelsüblichen Polymeren gegeben ist. Wegen ihrer Längsorientierung bewegen sich die Makromoleküle schlangenartig durch die sie umgebende Schmelze und lösen dabei die Verhakungen bzw. bilden sie wieder neu, Bild 5.11. Diese Art der Längsdiffusion wird als *Reptation* (E: long range motion) bezeichnet. Sie spielt bei der Craze-Bildung eine wichtige Rolle (s. Abschn. 4.2.1.2).

Bei teilkristallinen Thermoplasten erfolgt das Schmelzen der kristallinen Bereiche nachdem die amorph angeordneten Makromoleküle schon völlig erweicht sind. Da die Schmelztemperatur von der Lamellenhöhe der Kristallite abhängt und diese je nach Polymeren durchaus unterschiedlich ist, ergibt sich von der ersten bis zur letzten feststellbaren Schmelzreaktion ein Temperaturbereich von ca. 15 °C, Tabelle 5.3. Bei besonders festen Bindungen bleiben gewisse Ordnungen bis über die Schmelztemperatur hinaus erhalten.

Bei hohen Molekulargewichten weist der nun auch bei teilkristallinen Thermoplasten weitgehend als amorphe Schmelze vorliegende Kunststoff wegen der vielen, wenn auch leicht verschieblichen Verhakungen und Verschlaufungen noch einen beachtlichen Zusammenhalt auf, so dass der Kunststoff für umformende Vorarbeitungsverfahren (Hohlkörperblasen, Folien- und Faserherstellung, Schweißen usw.) geeignet bleibt.

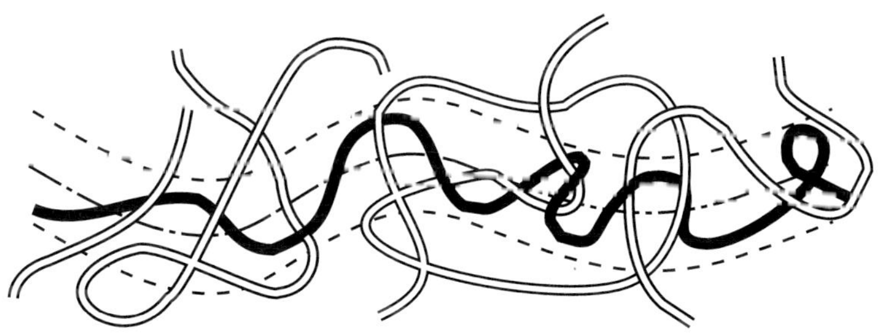

Bild 5.11 Diffusionsraum eines Makromoleküls in einer Schmelze [31]

Material	Schmelzen, T [°C]				Kristallisieren, T [°C]			
	T_{eim}	T_{pm}	T_{efm}	ΔT	T_{efc}	T_{pc}	T_{eic}	ΔT
PE-LLD	118	127	130	12	107	112	115	8
PE-LD	98	105	110	12	82	85	90	8
mPE	120	129	133	13	103	108	110	7
PE-HD	127	133	135	8	112	115	117	5
PP	154	165	170	16	112	115	120	8
POM	159	166	169	10	140	143	146	6
PA 12	158	171	173	15	141	144	147	6
PA 6	209	221	225	16	184	189	193	9
PA 66	255	262	265	10	228	231	235	7
PBT	218	223	226	8	199	194	186	13
PPS	217	282	286	69	243	238	231	12

Heiz-/Kühlrate: 10 °C/min

Tabelle 5.3 Schmelz- und Kristallisationsbereiche bei Thermoplasten gemessen in der DSC

T_p = Peakmaximum, $\Delta T = T_{ef} - T_{ei}$

T_{ei} = extrapolierte Anfangstemperatur, T_{ef} = extrapolierte Endtemperatur

Index: m = Schmelzen, c = Kristallisieren

Beim Abkühlen ergibt sich ein ähnlicher Vorgang, wobei der Prozess sich dadurch unterscheidet, dass dem eigentlichen Kristallisieren ein Keimbildungsprozess vorgeschaltet ist. Während beim Schmelzen den Kristalliten zusätzliche Energie zugeführt werden muss, muss beim Abkühlen Kristallisationswärme abgeführt werden. Das führt dazu, dass die Kristallisationstemperatur je nach Abkühlgeschwindigkeit durchaus bis zu 30 °C unterhalb der Schmelztemperatur liegen kann, wobei der Einfluss eines äußerlich wirkenden Druckes nicht berücksichtigt ist.

Das Kristallisieren erfolgt normalerweise bei der maschinellen Verarbeitung unter Drücken von einigen 100 bar, während das Aufschmelzen mehr oder weniger bei Umgebungsdruck bzw. wenigen 10 bar erfolgt. Da Polymerschmelzen kompressibel sind, wird die Kristallisationstemperatur unter Einwirkung eines Druckes angehoben und die Differenz zwischen Schmelz- und Kristallisationstemperatur geringer. Bei PE-HD beträgt diese Abhängigkeit:

$$T_{m/c(p)} \approx T_0 + 0{,}02 \cdot p \qquad (5.3)$$

mit $T_{m/c(p)}$ = druckabhängige Schmelz-/Kristallisationstemperatur in °C, T_0 = Temperatur bei 1 bar und p = Druck in bar [88].

5.5 Einfluss der Molekülstruktur auf die Erweichungs- und Schmelztemperatur

Die Erweichungstemperatur amorpher Thermoplaste, Elastomere und Duroplaste und die Schmelztemperatur teilkristalliner Thermoplaste werden vor allem durch die Struktur der Polymere bestimmt. Auch bei völlig identischer chemischer Zusammensetzung können sich sehr unterschiedliche Erweichungs- und Schmelztemperaturen ergeben. Ein nur aus Kohlen- und Wasserstoff aufgebautes Ethylen-Propylen-Mischpolymerisat weist z.B. eine Erweichungstemperatur von -50 °C, ein aus gleichen Atomen aufgebautes PS dagegen eine Erweichungstemperatur von 100 °C auf. Die Schmelztemperatur des PE-HD beträgt 135 °C und die des PP 175 °C, beide sind ebenfalls nur aus Kohlenstoff- und Wasserstoffatomen aufgebaut. Es sind im Wesentlichen vier Strukturmerkmale zu unterscheiden, welche die Erweichungs- und Schmelztemperatur beeinflussen:

- Sperrige Seitengruppen behindern die freie Drehbarkeit um die C-C-Bindungen der Hauptkette und die gegenseitige Bewegung der Ketten untereinander, z.B. beim Polystyrol, Bild 5.12.

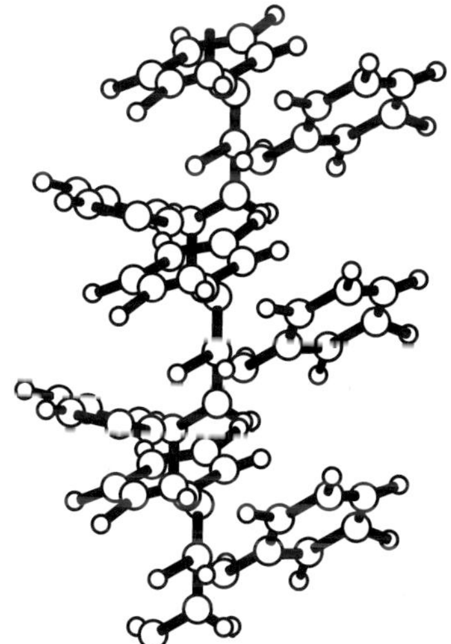

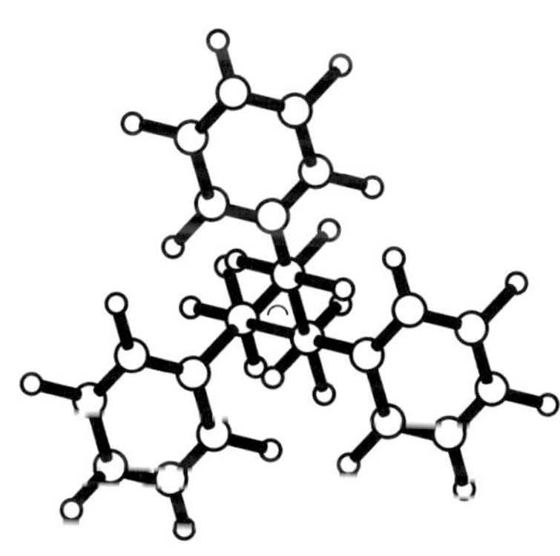

Bild 5.12 Polystyrolmolekül (PS) [89]

- Gruppierungen, die starke intermolekulare Kräfte aufeinander ausüben, z.B. Wasserstoffbrückenbindungen in Polyamiden, die durch die doppelt gestrichelten Linien in Bild 5.13 gekennzeichnet sind.

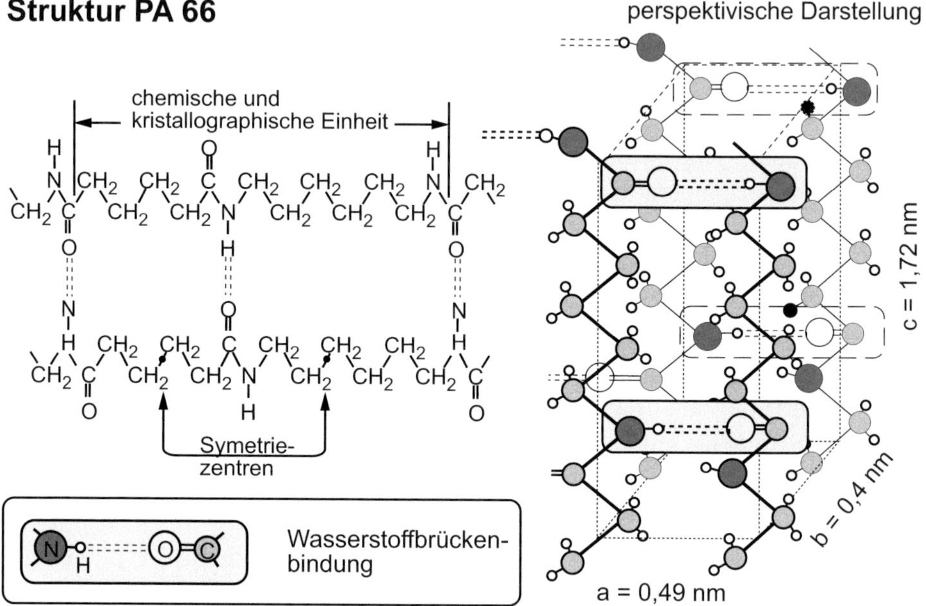

Bild 5.13 Wasserstoffbrückenbindung in Polyamid 66 (PA 66) bei einer kristallinen Anordnung der Ketten

- Hauptvalenzbindungen, die mit höherem Vernetzungsgrad zu einer erhöhten Behinderung der Molekülbewegungsmöglichkeiten führen, an der Netzwerkstruktur eines Melaminharzes dargestellt in Bild 5.14.

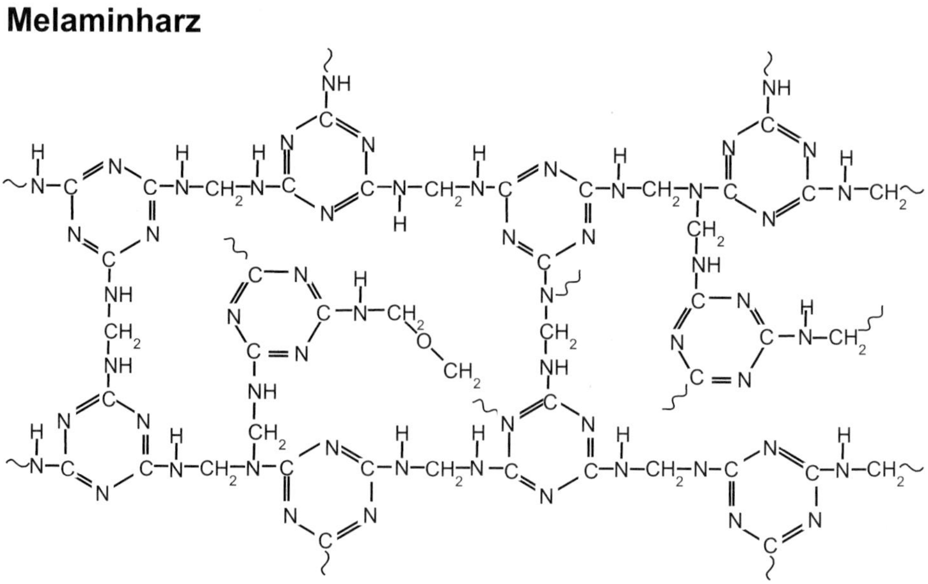

Melaminharz

Bild 5.14 Netzwerkstruktur durch Hauptvalenzbindungen bei Melaminharz [87]

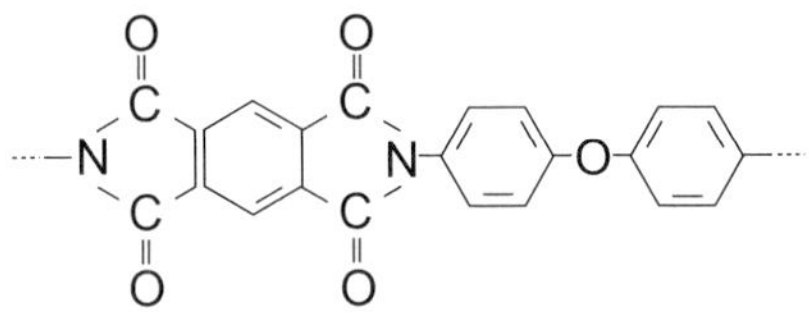

Polyimid

Dauerwärmebeständigkeit: 250 °C

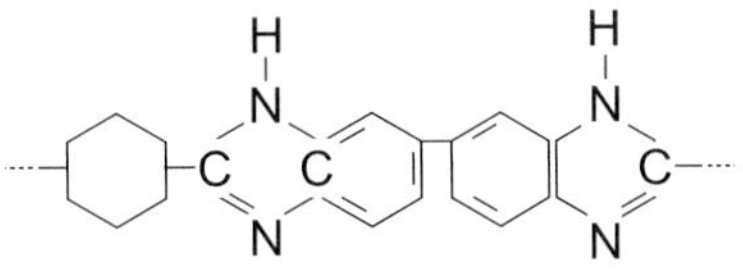

Polybenzimidazol

Dauerwärmebeständigkeit: 350 °C

Bild 5.15 Konformität wärmebeständiger Polymer-Werkstoffe mit Ringen in der Hauptkette [87]

- Ringe in der Hauptkette, die deren Drehbarkeit behindern oder sog. Leiterstrukturen, die sie völlig ausschließen. Bild 5.15 zeigt zwei verschiedene Beispiele.

Der Einfluss der Kettenstruktur auf die Schmelztemperatur für einige teilkristalline Thermoplaste ist in Tabelle 5.4, der Einfluss auf die Erweichungstemperatur für einige amorphe Kunststoffe in Tabelle 5.5 dargestellt.

Kettenstruktur	T_m [°C]	Strukturmerkmal
PE-PP-Copolymerisat (30/70) $-CH_2-CH_2-CH(CH_3)(CH_3)-CH_2-CH(CH_3)(CH_3)-CH_2-CH_2-CH_2-CH_2-CH_2-CH(CH_3)(CH_3)-CH_2-$	(ca. 60)	gering kristallin
PE $-CH_2-CH_2-CH_2-CH_2-CH_2-CH_2-CH_2-CH_2-$	130	teilkristallin (K ~ 70 %)
PP $-CH_2-CH(CH_3)-CH_2-CH(CH_3)-CH_2-CH(CH_3)-CH_2-CH(CH_3)-CH_2-CH(CH_3)-$	165	teilkristallin Seitengruppen (K ~ 65 %)
POM $-CH_2-O-CH_2-O-CH_2-O-CH_2-O-CH_2-O-CH_2-O-$	170	teilkristallin (K ~ 75 %)
PET 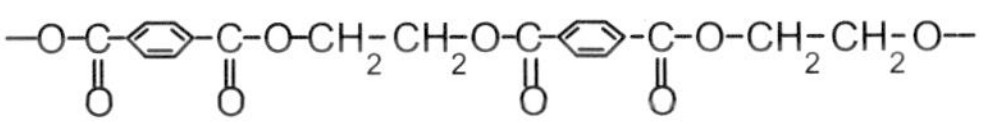 $-O-C(=O)-C_6H_4-C(=O)-O-CH_2-CH_2-O-C(=O)-C_6H_4-C(=O)-O-CH_2-CH_2-O-$	255	teilkristallin Ringe in der Kette (K ~ 35 %)
PA 66 $-NH-C(=O)-(CH_2)_4-C(=O)-NH-(CH_2)_6-NH-C(=O)-(CH_2)_4-C(=O)-NH-$	260	teilkristallin Wasserstoff-brückenbindungen (K ~ 40 %)

Tabelle 5.4 Einfluss der Kettenstruktur auf die Schmelztemperatur T_m teilkristalliner Thermoplaste [49, 87]
K = Kristallisationsgrad

Nach DIN 7724 werden die Polymer-Werkstoffe aufgrund ihres strukturellen Aufbaus und des Temperaturverlaufs des im Torsionsschwingversuch nach DIN EN ISO 6721-1 gemessenen Schubmoduls[46] und des mechanischen Verlustmoduls (Dämpfung) eingeteilt in Thermoplaste, Duroplaste, Elastomere und Thermoelaste. Der Begriff Thermoelaste ist eine willkürliche Spezifizierung der Elastomere und technisch überflüssig.

Die in der Norm vorgesehene logarithmische Auftragung der Moduln verfälscht die Auswertung besonders der Glasübergangstemperatur, die linear als halbe Stufenhöhe des Glasübergangsbereichs ausgewertet wird. Dadurch ergibt sich ein deutlich zu hoher Wert für T_g, Bild 5.3. Ebenso liegt das Maximum des Verlustfaktors $\tan \delta$ im Schnitt mindestens 10 °C oberhalb von T_g.

Die Glasübergangstemperatur kennzeichnet zwar die größte Eigenschaftsänderung, der Abfall der Formbeständigkeit in der Wärme als thermisch-mechanische Einsatzgrenze liegt aber bei deutlich niedrigeren Temperaturen, Bild 5.4.

Zur Kennzeichnung der verschiedenen Kunststoffarten (der amorphen und teilkristallinen Thermoplaste, Duroplaste und Elastomere) eignen sich eher der linear über der Temperatur aufgetragene Speichermodul G', der Verlustmodul G'' mit dem Maximum weitgehend am Glasübergang und, eher traditionell, der mechanische Verlustfaktor. Zur praktischen Nutzung wurde zusätzlich der Glasübergangsbereich und der konstruktiv nutzbare Bereich angegeben, Bild 5.16, Bild 5.17 und Bild 5.18.

46) Die übliche Torsionsbeanspruchung einer Flachprobe ergibt keinen eindeutigen Schubspannungszustand und wird daher auch gerne mit dem nicht genau definierten Begriff Torsionsmodul gekennzeichnet, ohne auf die Art der Belastung hinzuweisen.

Kettenstruktur	T_g [°C]	Strukturmerkmal
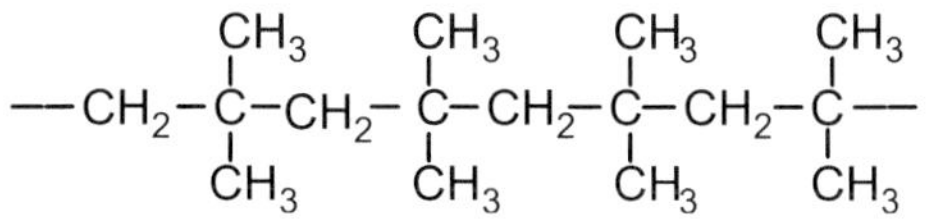 **PIB** $-CH_2-C(CH_3)(CH_3)-CH_2-C(CH_3)(CH_3)-CH_2-C(CH_3)(CH_3)-CH_2-C(CH_3)(CH_3)-$	- 70	ohne sperrige oder polare Gruppen
PS 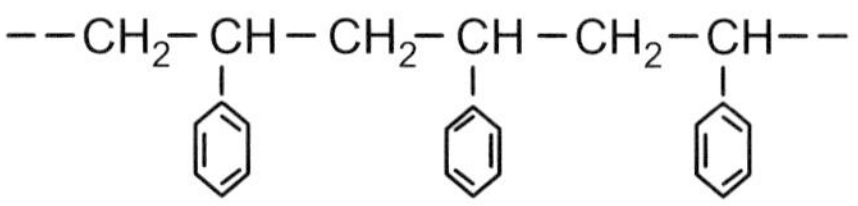 $--CH_2-CH-CH_2-CH-CH_2-CH--$	90 - 100	sperrige Seitengruppen
UP 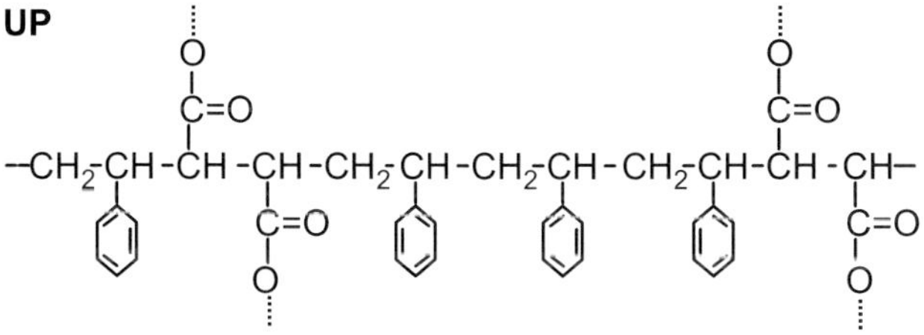 $-CH_2-CH-CH(C{=}O)(O)-CH(C{=}O)(O)-CH_2-CH-CH_2-CH-CH_2-CH-CH(C{=}O)(O)-CH(C{=}O)(O)-$	70 - 150	sperrige Seitengruppen engmaschige Vernetzungen
PMMA 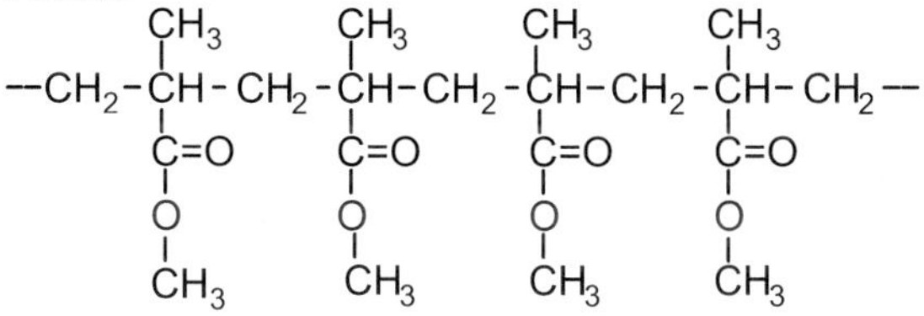 $-CH_2-CH(CH_3)(C{=}O-O-CH_3)-CH_2-CH(CH_3)(C{=}O-O-CH_3)-CH_2-CH(CH_3)(C{=}O-O-CH_3)-CH_2-CH(CH_3)(C{=}O-O-CH_3)-CH_2-$	80 - 90	polare Gruppen
PVC 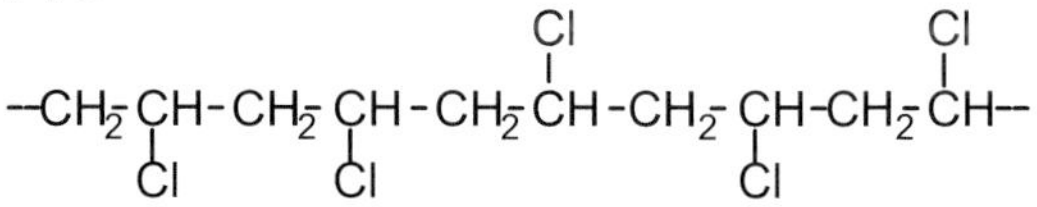 $-CH_2-CH(Cl)-CH_2-CH(Cl)-CH_2-CH(Cl)-CH_2-CH(Cl)-CH_2-CH(Cl)-$	80 - 110	polare Gruppen ataktisch
PC 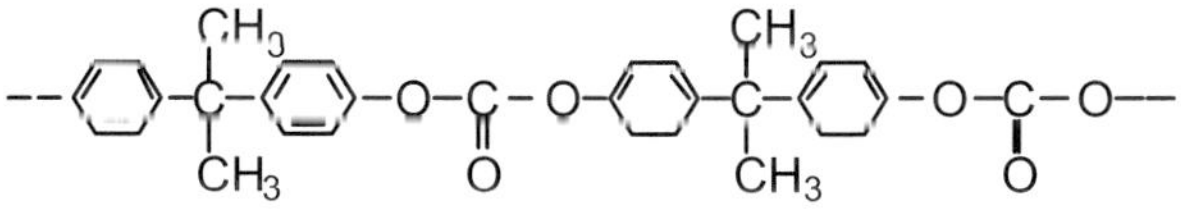 $--C_6H_4-C(CH_3)(CH_3)-C_6H_4-O-C(O)-O-C_6H_4-C(CH_3)(CH_3)-C_6H_4-O-C(O)-O--$	145	Ringe, polare Gruppen

Tabelle 5.5 Einfluss der Kettenstruktur auf das Erweichungsverhalten amorpher Polymer-Werkstoffe [49, 87]
T_g = Glasübergangstemperatur

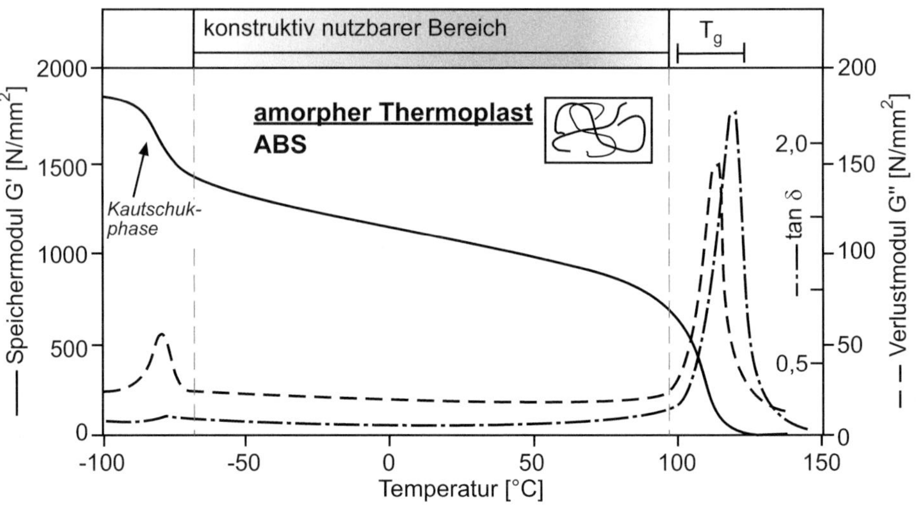

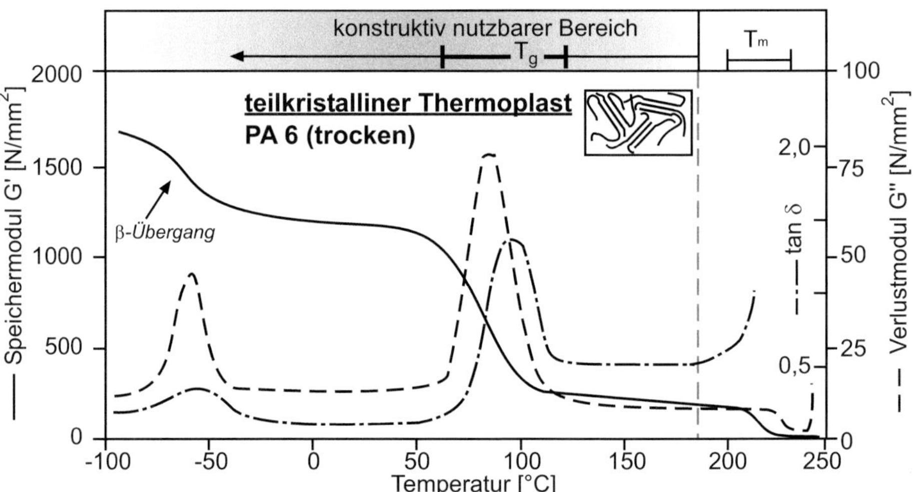

Bild 5.16 Thermisch-mechanisches Verhalten von Thermoplasten
β-Übergang = Sekundärübergang (Erweichen der $-CH_2-$ Kettensegmente); (nach Altstädt)

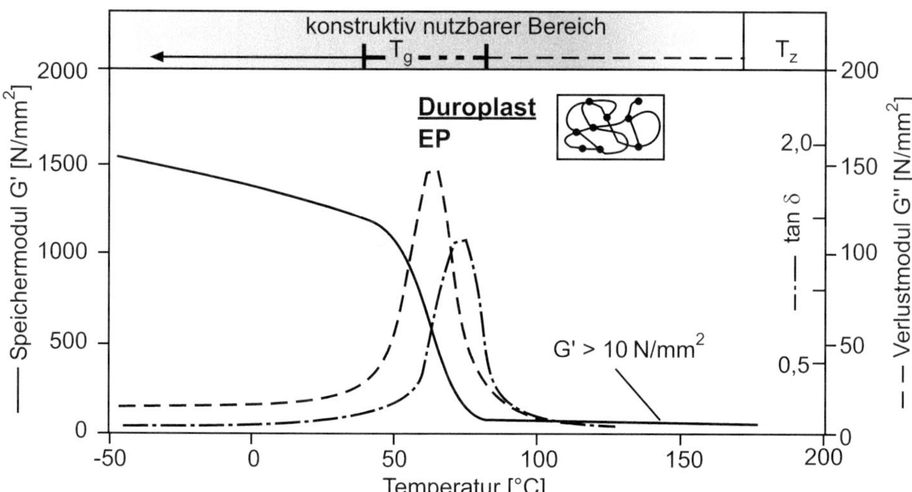

Bild 5.17 Thermisch-mechanisches Verhalten eines Duroplasten (Epoxidharz) T_z = thermische Zersetzung (nach Altstädt)

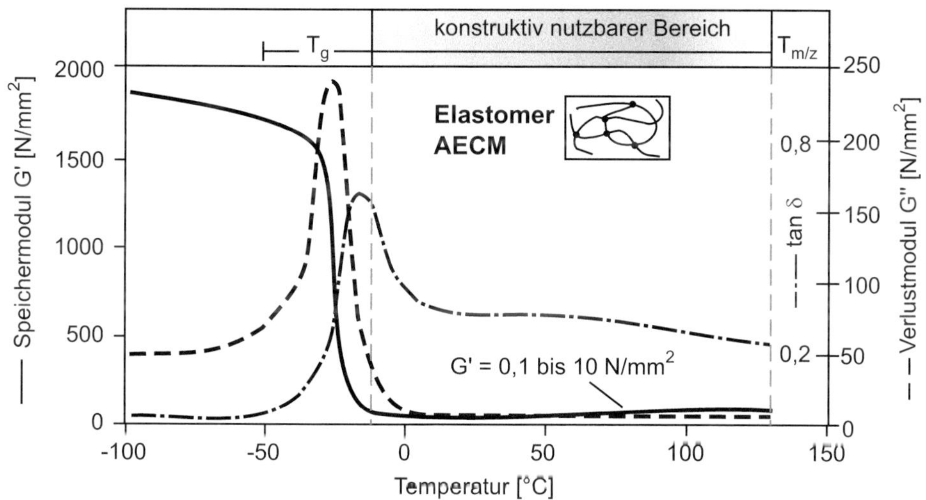

Bild 5.18 Thermisch-mechanisches Verhalten eines Elastomeren (Ethylen-Acrylester-Kautschuk); (nach Altstädt)

6 Mechanisches Verhalten

6.1 Allgemeines Verformungsverhalten

Die Eigenschaften der Kunststoffe hängen in viel größerem Maße von der Temperatur, der Zeit, der Höhe und der Art der Belastung, UV-Strahlen und Chemikalien ab, als dies von den Metallen her bekannt ist. Da die Elastizitätsmoduln der Kunststoffe etwa zwei Größenordnungen niedriger sind als die der Metalle, die Festigkeiten aber nur etwa eine Größenordnung, ist der Konstrukteur in viel stärkerem Maße gezwungen, zusätzlich zur Festigkeitsrechnung auch eine Verformungsbetrachtung durchzuführen. Zur Spannungs- und Verformungsanalyse stehen dem Ingenieur die Formeln der Elastizitätstheorie zur Verfügung. Allerdings ist die Voraussetzung, dass die Kunststoffe sich entsprechend dem Hookeschen Gesetz ($\sigma = \varepsilon \cdot E$) verhalten, also eine lineare Abhängigkeit der Verformung von der Belastung zeigen, nur in Ausnahmefällen erfüllt. Wollte man daraus den Schluss ziehen, allgemein übliche, unter der Voraussetzung rein elastischer Verformung abgeleitete Berechnungsformeln nicht anwenden zu können, wären selbst einfache Formteile nicht mehr zu berechnen.

Das mechanische Verhalten von Werkstoffen ist durch die Art und Stärke ihrer Reaktionen auf einwirkende Kräfte und erzwungene Deformationen gekennzeichnet. Diese Reaktionen hängen bei den Kunststoffen von der Temperatur, der Geschwindigkeit und der Höhe der Belastung ab.

Das besondere Verhalten der Kunststoffe wird dadurch bestimmt, dass die Makromoleküle auf die Beanspruchung nicht nur spontan reagieren. Vielmehr sind die einzelnen Molekülketten bestrebt, durch Umlagerungen die aufgeprägten Spannungen bis zu einem Gleichgewichtswert abzubauen [86]. Die Beanspruchung der einzelnen Ketten beim Aufbringen einer Belastung und ihre molekularen Umlagerungsmöglichkeiten sind statistisch ungleichmäßig. Die Geschwindigkeit dieser Umlagerungsprozesse hängt außer von der Höhe der Beanspruchung bzw. der Beweglichkeit, die durch physikalische oder chemische Bindungen, sperrige Seitengruppen, behinderte Drehbarkeit der Hauptkette usw. bestimmt wird, ab. Auch erhöhte Temperatur erleichtert bei Wärmezufuhr durch die vergrößerte Schwingungsbewegung und zunehmende Leerstellengröße die Umlagerungsprozesse der Moleküle.

Neben materialspezifischen Parametern, wie Molekulargewicht, Verzweigungs- und Vernetzungsgrad, Kettenbeweglichkeit und Umgebungsparametern, z.B. Feuchtigkeit, Chemikalien, Temperatur, Belastungsgeschwindigkeit, Art und Höhe der aufgebrachten Spannungen, hat auch die thermisch-mechanische Vorgeschichte oft entscheidenden Einfluss auf das Verformungsverhalten. Eigenspannungen, Orientierungen, Kristallisationsgrad usw. können sich bei einer späteren Beanspruchung, besonders bei einer Temperaturerhöhung, bemerkbar machen. Außerdem können sich diese Effekte während der Einsatzdauer ändern. In der Praxis erweisen sich daher Zeit und Temperatur als die wichtigsten Parameter für das Verformungsverhalten.

Wenn die Beanspruchungszeit, verglichen mit der Dauer der molekularen Umlagerung, schnell abläuft, verhalten sich Kunststoffe spröde und starr. Haben die Molekülketten genügend Zeit zur Einstellung eines Gleichgewichtswertes für die Spannungen, reagieren Kunststoffe zäh und weich, so dass bei ein- und derselben

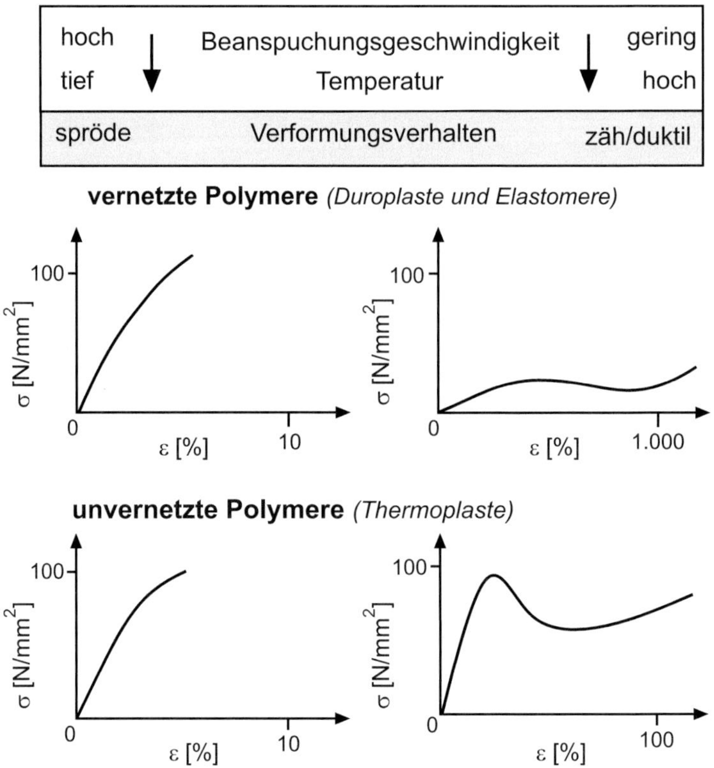

Bild 6.1 Mechanisches Verhalten verschiedener Kunststoff-Typen [86]

Anwendung bei verschiedenen Temperaturen oder Beanspruchungsgeschwindigkeiten sprödes oder zähes Verhalten vorliegen kann.

Sprödes (E: brittle) Verhalten eines Kunststoffs wird wegen der nicht ausreichenden molekularen Umlagerungsmöglichkeiten durch hohe Belastungsgeschwindigkeiten und tiefe Umgebungstemperaturen hervorgerufen. *Zähes* (E: ductile) Verhalten ist dagegen bei erhöhter Temperatur und langsamer Beanspruchungsgeschwindigkeit gegeben. Bedingt durch ihren strukturellen Aufbau neigen Duroplaste besonders bei Raumtemperatur mehr zum spröden Verhalten, Thermoplaste, und dabei besonders die teilkristallinen, neigen im überwiegenden Maße zum zähen Verhalten, jedoch gibt es auch eine Reihe ausgesprochen spröder Thermoplaste, wie die amorphen Kunststoffe Polystyrol (PS) und Styrol-Acrylnitril-Copolymerisat (SAN). Elastomere sind zu den zähen Polymer-Werkstoffen zu rechnen. Einen allgemeinen Überblick des Verformungsverhaltens gibt Bild 6.1.

Die molekularen und übermolekularen Strukturen[47] bestimmen unmittelbar die Werkstoffeigenschaften. Die Verarbeitung, die äußeren Beanspruchungsbedingungen, wie z. B. Wärme und aggressive Chemikalien und die zeitabhängige Alterung (Eigenschaftsänderungen aller Art) beeinflussen vorrangig die physikalische, aber auch die chemische Struktur und darüber hinaus wiederum die Werkstoffeigenschaften des Fertigteils, Bild 6.2. Kunststoff-Fertigteile müssen fertigungs-, werkstoff-, beanspruchungs- und nutzungsgerecht konstruiert werden, wobei alle vier Kriterien nahezu gleichrangig sind.

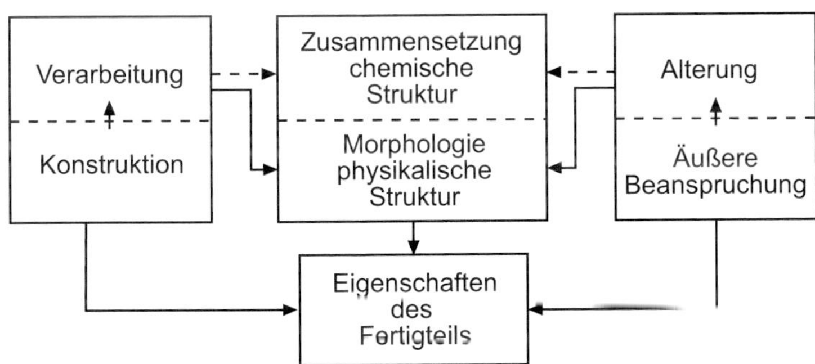

Bild 6.2: Einflüsse auf die Eigenschaften von Kunststoff-Fertigteilen [86]

6.1.1 Mechanische Eigenschaften

Bei der Verformung von Kunststoffen unter der Einwirkung einer äußeren Kraft kann man drei Verformungsanteile unterscheiden, die sich überlagern:

---

47) *Morphologie* (E: morphology) = Erscheinungsbild übermolekularer Strukturen von Polymeren
Struktur (E: structure) = physikalischer und chemischer Aufbau der Makromoleküle im Hinblick auf das Gesamtgefüge.

- spontan *elastische* (E: elastic) Verformung (spontan reversibel),
- zeitabhängig *viskoelastische oder relaxierende* (E: viscoelastic o. relaxed) Verformung (zeitabhängig reversibel),
- zeitabhängige *viskose* (E: viscous) Verformung (zeitabhängig irreversibel).

Die Verformungserscheinungen sind durch die im Kunststoff ablaufenden molekularen Verformungs- und Schädigungsmechanismen charakterisiert, Bild 6.3. Die *rein elastische* Verformung ist auf spontane Abstandsänderung von Atomen und Valenzwinkelverzerrung der besonders festen chemischen Bindungen zurückzuführen. Bei der zeitabhängigen *viskoelastischen* oder *relaxierenden* Verformung benötigen die Moleküle oder Molekülgruppen eine gewisse Zeit, um durch Molekülumlagerung eine den einwirkenden Spannungen entsprechende Verformung einzustellen.

Der Kunststoff reagiert auf eine aufgeprägte Beanspruchung also mit einer gewissen Zeitverzögerung, gekennzeichnet durch die Relaxationszeit τ. Relaxation ist das durch eine verzögerte Gleichgewichtseinstellung bedingte Abklingen einer Messgröße. Da die Beanspruchung eine Spannung oder eine Dehnung sein kann, bezeichnet man den sich einstellenden Entspannungsvorgang als Dehnungs- oder Spannungsrelaxation. Die Dauer dieses Vorgangs kennzeichnet die *Relaxationszeit* τ (E: relaxation time). Reale Zeiten bewegen sich zwischen wenigen und einigen hundert Stunden.

Wird ein Körper deformiert, baut sich in ihm zunächst eine relativ hohe Spannung auf, die aber im Laufe der Zeit immer weiter abklingt (*Spannungsrelaxation*). Auch hier bewirken die langen und verknäuelten Kettenmoleküle durch Umlagerungen die verzögerte Einstellung des Gleichgewichts. Neben der Spannungsrelaxation gibt es die *Dehnungsrelaxation*. Aufgeprägte Spannungen führen zu einer

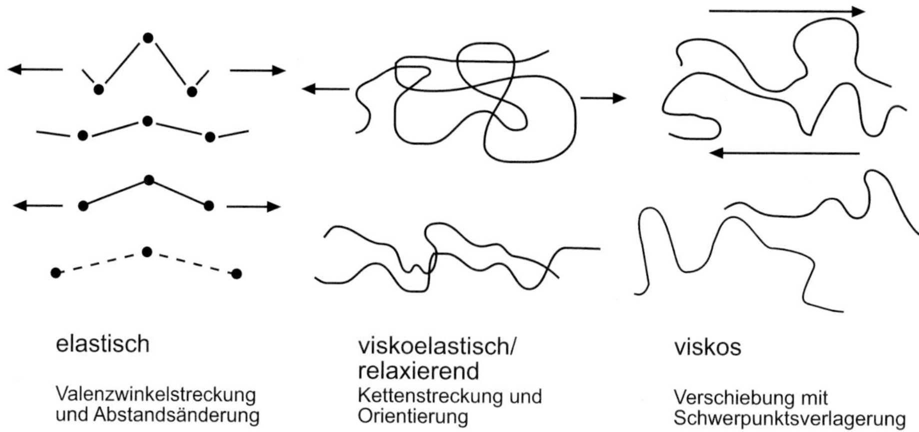

Bild 6.3 Molekularer Hintergrund des unterschiedlichen Verformungsverhaltens von Polymer-Werkstoffen

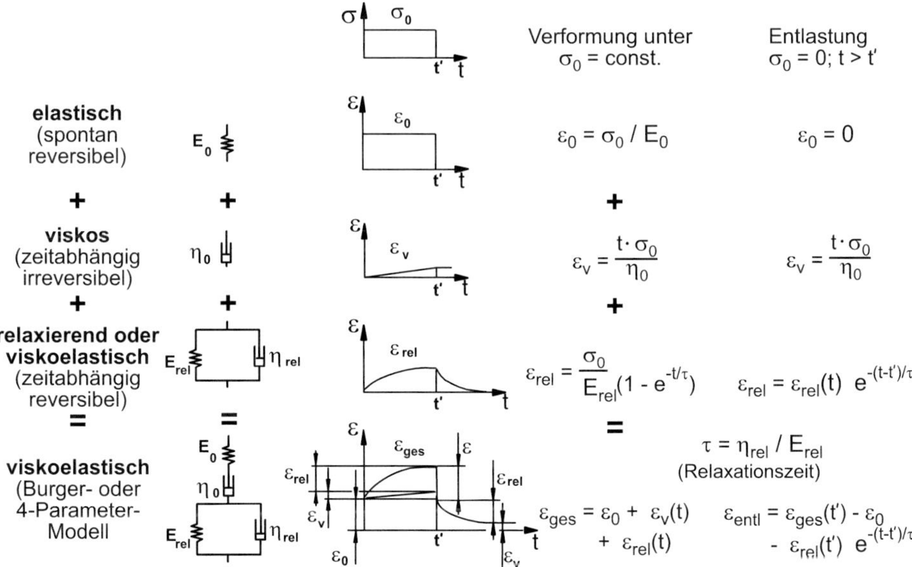

Bild 6.4 Beschreibung des Verformungsverhaltens von Kunststoffen mit dem 4-Parameter-Modell
Index: 0 = elastisch, v = viskos, rel = relaxierend, entl = Entlastung

zeitabhängigen Verformung, auch *Retardation* oder *Kriechen* (E: creep) genannt, Bild 6.4.

Unter Einwirkung einer konstanten Spannung stellen sich eine spontane elastische, eine zeitabhängig reversible (relaxierende) und eine nicht reversible Verformung ein, die additiv überlagert werden. Ein großer Teil der Verformung geht nach dem Entfernen der Beanspruchung wieder zurück, der elastische Verformungsanteil sofort, der relaxierende zeitabhängig verzögert.

Die formale Unterscheidung aufgrund der Beanspruchung in Relaxation (ε = const.) und Retardation (σ = const.) hat für die praktische Anwendung weniger Bedeutung, da es sich bei der Relaxationszeit nicht um eine definierte Zeit, sondern um ein meist nicht bekanntes Zeitspektrum handelt, exakte Relaxationszeitkurven kaum vorliegen und nur schwer zu messen sind. Eine konstante Dehnung bei nachlassender Spannung kann nur in einer nahezu unendlich steifen Einspannvorrichtung aufrecht erhalten werden. Eine zunehmende Dehnung bei konstanter Spannung lässt sich dagegen verhältnismäßig leicht und sicher messen. Daher wird häufig übergeordnet der Begriff Relaxation verwendet und wie hier von einem relaxierenden Verformungsanteil gesprochen. Zudem überlagern sich häufig beide Vorgänge, wie z. B. beim Belasten einer Rolle, deren Auflagefläche sich zeitabhängig vergrößert, wodurch gleichzeitig die Spannung abnimmt. Normalerweise wird bei der Spannungsrelaxation durch die abnehmende Spannung im Vergleich zur Dehnungsrelaxation mit konstanter Spannung die Beanspruchung der Bauteile geringer.

Dieses Materialverhalten kann im Prinzip durch das sog. 4-Parameter-Modell aus hintereinander- und parallelgeschalteten Federn und Dämpfern dargestellt werden, Bild 6.4. Es besteht aus einer *Feder* (E: spring) mit dem kennzeichnenden E-Modul E_0 und einem dazu in Serie geschalteten *Dämpfer* (E: dashpot) mit der Viskosität η_0. Dazu kommt ein Parallelelement aus einer Feder E_{rel} und einem Dämpfer η_{rel}. Der übliche, nach Norm bestimmte E-Modul entspricht etwa dem Wert von E_0, da er bei sehr niedrigen Belastungen und relativ zügig (Versuchsdauer < 1 min) gemessen wird. Das Verformungsverhalten unter konstanter Last σ_0 ergibt sich somit für die einzelnen Anteile:

elastisch:
$$\varepsilon_0 = \frac{\sigma_0}{E_0} \tag{6.1}$$

viskoelastisch/relaxierend[48]:
$$\varepsilon_{rel} = \frac{1}{E_{rel}}\left(1 - e^{-t/\tau}\right) \cdot \sigma_0 \quad \text{mit} \quad \tau = \eta_{rel}/E_{rel} \tag{6.2}$$

viskos:
$$\varepsilon_v = \frac{t \cdot \sigma_0}{\eta_0} \tag{6.3}$$

zur Gesamtverformung:

$$\varepsilon_{ges} = \varepsilon_0 + \varepsilon_v(t) + \varepsilon_{rel}(t) \tag{6.4}$$

$$\varepsilon_{ges}(t) = \left(\frac{1}{E_0} + \frac{t}{\eta_0} + \frac{1}{E_{rel}}\left(1 - e^{-\frac{t}{\tau}}\right)\right) \cdot \sigma_0 \tag{6.5}$$

Bei Kunststoffen ist es üblich, auch das zeitabhängige Verhältnis von Spannung zur Dehnung $\sigma_0/\varepsilon_{ges}(t)$ als Elastizitätsmodul und zwar als *Kriechmodul* E_c (E: creep modulus) zu bezeichnen. Da ε_{rel} und ε_v mit der Zeit zunehmen, bedeutet das für den Kriechmodul, dass er zeitabhängig abnimmt. Obwohl der E-Modul als materialinhärente Eigenschaft immer gleichbleiben sollte, hilft man sich so, den Einfluss der Zeit zu berücksichtigen.

$$E_c = \frac{\sigma_0}{\varepsilon_0 + \varepsilon_v(t) + \varepsilon_{rel}(t)} \tag{6.6}$$

Wird nach einer Belastungsdauer t die Spannung entfernt, so formt sich die Probe sofort um den elastischen Verformungsanteil ε_0 und zeitlich verzögert um den relaxierenden Anteil ε_{rel} zurück. Der viskose, irreversible Verformungsanteil ε_v ist

[48] Die Retardationszeit ist die Zeit, für die $\varepsilon_{rel} = 0{,}632 \cdot \sigma_0 / E_{rel}$ gilt, d. h. wenn $\tau = t$ in Gln. 6.2 ist.

bei Elastomeren vernachlässigbar, bei Duroplasten nimmt er mit zunehmendem Vernetzungsgrad ebenfalls stark ab. Es stellt sich folgende Rückformkurve ein:

$$\varepsilon_{ges}(t > t') = \varepsilon_{ges}(t') - \varepsilon_0 - \varepsilon_{rel}(t') \cdot e^{-\frac{(t-t')}{\tau}} \tag{6.7}$$

Das Verformungsverhalten bei Be- und Entlastungen von Polyoxymethylen (POM) ist in Bild 6.5 dargestellt. Zur Übersichtlichkeit wurde die Verformung zunächst über eine Messzeit von 10 h gespreizt aufgetragen und anschließend über 1000 h, in gleicher Weise wurde die Entlastung dargestellt. Da solche Zeitstandversuche nur unter Belastung durch die Messeinrichtungen durchgeführt werden können, muss dieses bei der Auswertung berücksichtigt werden.

Da die dargestellten Belastungen oberhalb der Grenze des linear-viskoelastischen Verhaltens liegen, sind E_{rel}[49] und η_0 keine Konstanten, sondern spannungsabhängig, Bild 6.5.

Bild 6.4 ermöglicht eine rein modellmäßige Einteilung der Verformung und auch eine klare Abgrenzung der folgenden Begriffe: ε_0 kennzeichnet das *elastische* (E: elastic) Verhalten, ε_v das *viskose* (E: viscous) oder *plastische* Verhalten, das auch mit *Fließen* (E: plastic flow) bezeichnet wird, ε_{rel} das *viskoelastische* (E: viscoelastic) Verhalten, bei dem zwar ein Kriechen, aber kein Fließen auftritt. Eine

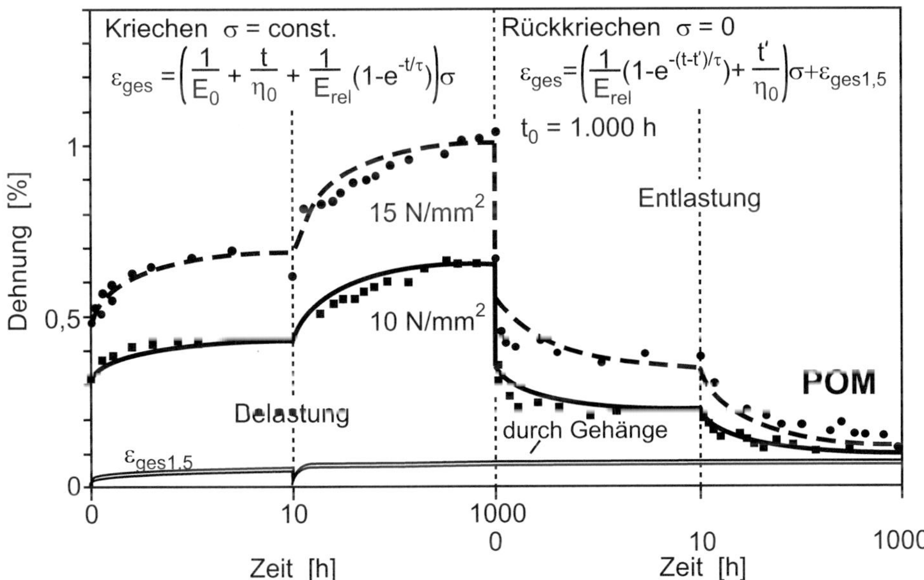

Bild 6.5 Verformungsverhalten von POM bei Be- und Entlastung
Belastung durch Einspannvorrichtung: 1,5 N/mm²

[49] $E_{rel} = \sigma_0/\varepsilon_{rel}$ mit ε_{rel} als endgültigen Wert der relaxierenden Verformung.

überlagerte Verformung aus ε_0 und ε_v wird als *elastisch-viskos* (E: elastic-viscous) oder *elastisch-plastisch* (E: elastic-plastic) bezeichnet.

Nur die viskose bzw. elastisch-viskose Verformung ist durch ein irreversibles *Fließen* (E: yield) gekennzeichnet, während das viskoelastische Verhalten nur ein reversibles *Kriechen* (E: creep) beinhaltet. Diese Definition wird nicht immer konsequent angewendet, wie sich schon aus der obigen Definition des Kriechmoduls $E_c = \sigma_0/\varepsilon_{ges}(t)$ ergibt, da $\varepsilon_{ges}(t)$ einen Fließanteil enthält und nicht nur Kriechanteile.

Ein prinzipiell gleiches Verhalten ergibt sich, wenn statt der Spannung eine konstante Verformung aufgebracht wird. Beim verzögerten Einstellen der Verformung bei einer vorgegebenen Spannung spricht man von *Retardation* (E: retardation) oder Verformungsrelaxation. Wird dagegen eine bestimmte Deformation vorgegeben, aus der eine zunächst große, aber allmählich kleiner werdende Spannung resultiert, so spricht man von einer Spannungsrelaxation oder einfach *Relaxation* (E: relaxation). Entsprechend dieser Definition wird das zeitabhängige Verhältnis zwischen Spannung und Dehnung auch als Relaxations- bzw. Retardationsmodul bezeichnet. Der *Relaxationsmodul* (E: relaxation modulus) ist stets kleiner als der *Retardations-* oder *Kriechmodul* (E: retardation modulus), ebenso ist die Relaxationszeit immer kleiner als die Retardationszeit.

6.1.1.1 Linear-viskoelastisches Verhalten

Die additive Überlagerung einzelner Verformungsanteile ist nur bis zu bestimmten Beanspruchungshöhen zulässig.

Darüber hinaus ergeben sich mit zunehmender Belastungshöhe Abweichungen. Die Grenze, bis zu der die Vorgänge mathematisch und physikalisch korrekt erfasst werden können, ist das Ende des *linear-viskoelastischen* (E: linear viscoelastic) Bereichs. Von einem linear-viskoelastischen Verhalten der Kunststoffe kann man nur so lange sprechen, wie das Boltzmannsche Superpositionsprinzip gilt, Bild 6.6 [87].

Fassung 1: Wenn die Verformung ε_{10} allein die Spannung $\sigma_1(t)$ hervorruft und die Verformung ε_{20} die Spannung $\sigma_2(t)$, dann ruft $\varepsilon_{10} + \varepsilon_{20}$ die Gesamtspannung $\sigma_1(t) + \sigma_2(t)$ hervor.

Fassung 2: Wenn die Spannung σ_{10} allein die Verformung $\varepsilon_1(t)$ hervorruft und die Spannung σ_{20} die Verformung $\varepsilon_2(t)$, dann ruft $\sigma_{10} + \sigma_{20}$ die Verformung $\varepsilon_1(t) + \varepsilon_2(t)$ hervor.

Das durch stärkere nichtelastische Verformungsanteile gekennzeichnete Verhalten oberhalb dieser Grenze heißt *nichtlinear-viskoelastisch* (E: nonlinear viscoelastic). In diesem Belastungsbereich wird eine analytische Darstellung der Zusammenhänge von Last, Verformung und Zeit zunehmend komplizierter und

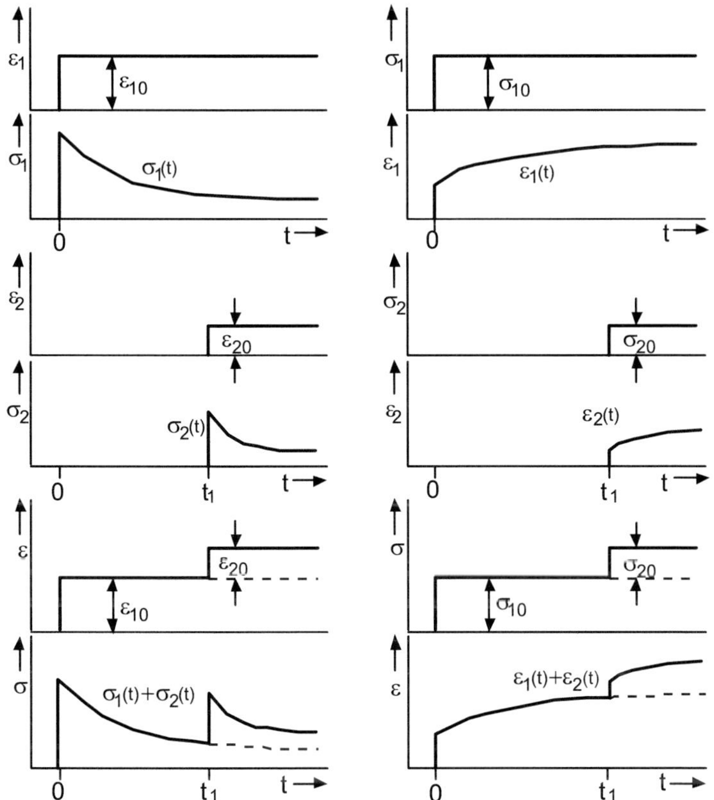

Bild 6.6 Veranschaulichung des Boltzmannschen Superpositionsprinzips [87]
links: Fassung 1; rechts: Fassung 2

ist in geschlossener Form nicht möglich. Leider werden die meisten konstruktiven Anwendungen in diesem Bereich belastet, was die Berechnung und Gestaltung von Bauteilen erschwert und nur noch näherungsweise ermöglicht.

Die Grenze der elastischen und linear-viskoelastischen Verformung liegt bei den meisten Thermoplasten und Elastomeren weit unterhalb der Bemessungsgrenzwerte, Bild 6.7.

Die Grenze der elastischen Verformung ergibt sich bei Abweichungen vom linearen Verlauf im üblichen σ-ε-Diagramm (Abzugsgeschwindigkeit = const.), die Grenze der linear-viskoelastischen Verformung bei Abweichung im isochronen σ-ε-Diagramm (Zeit = const.). Eine Vorschrift für die Größe der Abweichung gibt es nicht. Normalerweise wird nach Inaugenscheinnahme bei normaler Darstellung entschieden. In Bild 6.7 gilt als Ende der elastischen und linear-viskoelastischen Verformung 1 % Abweichung von der Steigung durch den Nullpunkt, je nachdem, ob das Diagramm geschwindigkeits- oder zeitkonstant aufgenommen und dargestellt ist.

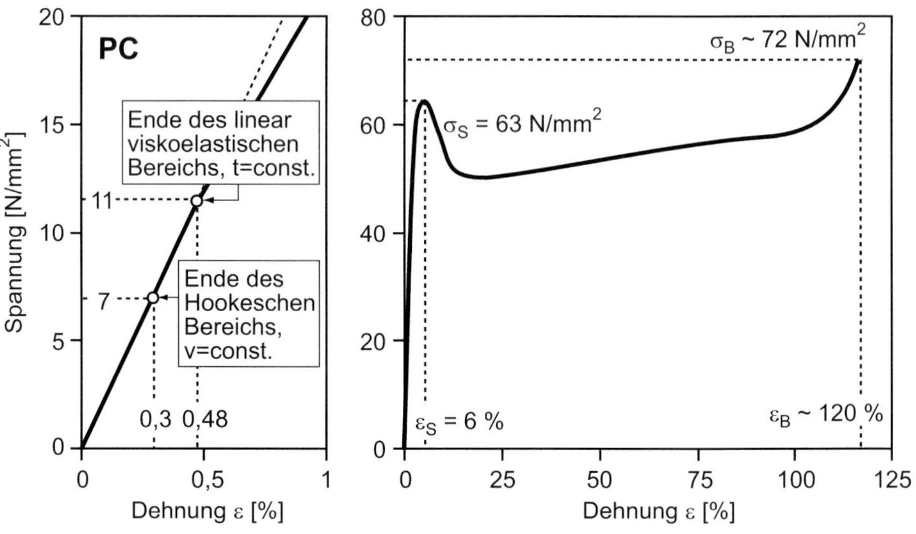

Werkstoff	σ_0 (N/mm²)	σ_{lv} (N/mm²)	σ_S (N/mm²)	E (N/mm²)
PP	1,5	2,5	35	1450
PA 66 lf.	3	5	50	1300
PBT	3	5	55	2600
POM	5	7	65	2900
ABS	5	7	45	2400
PC	7	11	63	3700
SAN	7	10	71[1)]	3700

[1)] σ_B = Zugfestigkeit, keine Streckgrenze

Bild 6.7 Spannung am Ende der elastischen (σ_0) und linear-viskoelastischen (σ_{lv}) Verformung und bei der Streckgrenze (σ_S) bei Polycarbonat (PC) und anderen Thermoplasten

In das Diagramm oben links ist die aus einem isochronen Spannungs-Dehnungs-Diagramm ermittelte Grenze der linearen Viskoelastizität eingetragen.

6.1.1.2 Festigkeitskennwerte

Die Kennwerte von Kunststoffen hängen in hohem Maße von den Fertigungs- und den Prüfbedingungen ab. Daher ist beim Vergleich und einer daraus abgeleiteten Werkstoffauswahl auch bei ähnlichen Kunststoffen Vorsicht geboten.

Aus der Vielzahl möglicher Messwerte sollte eine begrenzte Anzahl aussagekräftiger Kennwerte und -funktionen gewählt werden, die nach ebenfalls definierten Prüfbedingungen ermittelt werden. Ebenso sollten die Probekörperform und die Fertigungsparameter der Proben definiert sein.

Die hierzu entwickelten Normen sind die Basis der Datenbank CAMPUS (**C**omputer **A**ided **M**aterial **P**reselection by **U**niform **S**tandards) von verschiedenen Kunststoffherstellern. Ziel der Probekörperherstellung und -prüfung nach CAMPUS ist der Vergleich der Werkstoffeigenschaften unter einheitlichen Bedingungen für Probekörpergeometrie, Werkzeugprinzip, Fertigungs- und Prüfbedingungen auf der Basis der internationalen Normen.

Für die Dimensionierung ergeben sich folgende Festigkeitskennwerte, Bild 6.8:

- *Streckspannung* σ_S (E: yield stress), als diejenige Zugspannung, bei der die Steigung der Spannungs-Dehnungs-Kurve erstmals den Wert Null annimmt,
- *Zugfestigkeit* σ_B (E: tensile strength) als die Spannung bei Höchstkraft im Zugversuch,
- *x %-Dehnspannung* $\sigma_{x\%}$ (E: x %-offset yield stress) als diejenige Zugspannung, bei der die Spannungs-Dehnungs-Kurve vom anfänglich linearen Verlauf um x % Dehnung abweicht,
- *Bruchspannung* σ_R (E: stress at failure) beim Reißen, wenn keine Streckspannung oder x %-Dehnspannung besteht, bzw. ermittelt werden kann.

Die x %-Dehnspannung kann als Dimensionierungskennwert verwendet werden, wenn die Spannungs-Dehnungs-Kurve eines Werkstoffs keine ausgeprägte Streckspannung aufweist und der Bruch erst bei hohen Dehnungswerten erfolgt, also auch bei ausgeprägt nichtlinearem Werkstoffverhalten. Alle Kurzzeit-Bemessungskennwerte können den Spannungs-Dehnungs-Diagrammen entnommen werden, Bild 6.8. Der wichtigste Festigkeitskennwert ist die *Zugfestigkeit* σ_{zB} (E: tensile strength) mit einem eindeutigen, über den Querschnitt gleichmäßigen und daher am besten überschaubaren Spannungszustand.

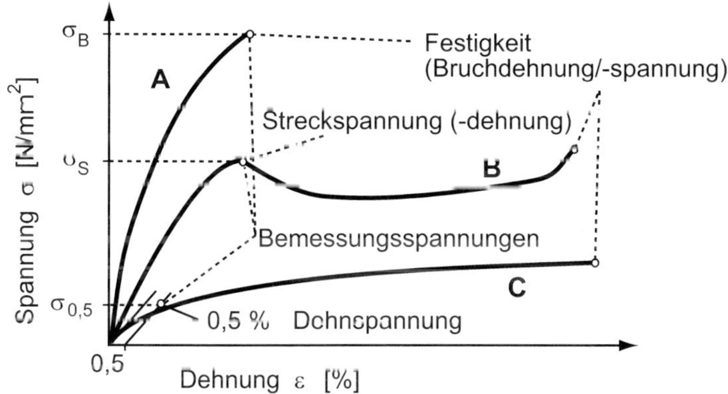

Bild 6.8 Bemessungskennwerte aus Spannungs-Dehnungs-Kurven im Zugversuch
A: spröde Kunststoffe
B: zähe Kunststoffe mit Streckgrenze
C: zähe Kunststoffe ohne Streckgrenze

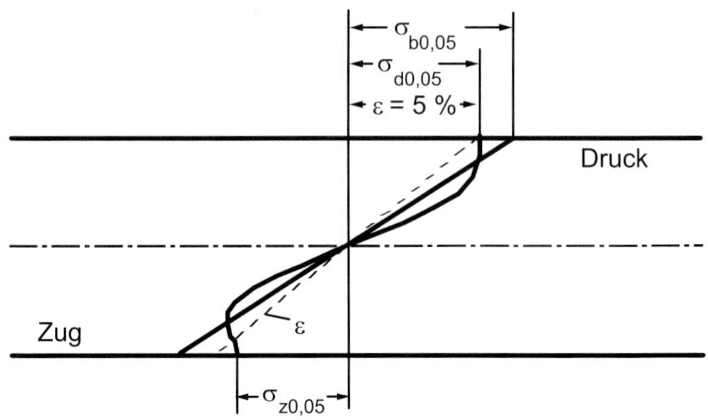

Bild 6.9 Dehnungs- und Spannungsverteilung bei Biegebelastung
$\varepsilon_{b0,05}$ = 1140 N/mm², Biege-E-Modul bei 5% Randfaserdehnung
$\sigma_{b0,05}$ = 57,1 N/mm², nach Elastizitätstheorie berechnet gemäß Biegeversuch
$\sigma_{d0,05}$ = 41,5 N/mm², aus Druckversuch
$\sigma_{z0,05}$ = 35,0 N/mm², aus Zugversuch

Neben den Kennwerten aus dem Zugversuch werden immer wieder auch solche aus dem Biegeversuch gewünscht mit der Begründung, dass die Biegebeanspruchung eine häufige Belastungsart in der Praxis sei. Mehrere Argumente spechen gegen die zusätzliche Angabe der *Biegefestigkeit* σ_{bB} (E: bending strength). Der Spannungs-Dehnungs-Verlauf über dem Querschnitt ist nur bei kleinen Dehnungen linear. Bei höheren Lasten liegt zwar eine lineare Dehnungsverteilung über die Höhe des Biegekörpers vor, die Spannungsverteilung ist jedoch entsprechend den Spannungs-Dehnungs-Diagrammen für Zug und Druck leicht S-förmig, Bild 6.9. Dieser nichtlineare Spannungsverlauf wird bei der üblichen Berechnung der Randfaserspannung aus dem Biege- und Widerstandsmoment ($\sigma_b = M/W$) nicht berücksichtigt. Man erhält eine fiktive Biegespannung σ_{bB}, die deutlich über der im Zugversuch ermittelten Streckspannung σ_S liegt.

Die nach Norm errechnete Biegefestigkeit ist also zumindest bei Thermoplasten unrealistisch hoch. Bei der Anwendung von Biegefestigkeitswerten bei der Berechnung von Formteilen wird dieser Fehler wieder kompensiert, aber nur, wenn die Wanddicke der Prüfkörperdicke entspricht. Entsprechendes gilt auch für den E-Modul.

Wie sehr die an identischen Materialien gemessenen σ-ε-Diagramme bei Zug-, Druck- und Biegebelastung voneinander abweichen, zeigt Bild 6.10.

Die *Druckfestigkeit* σ_{dB} (E: compression strength) wird wegen der Knickgefahr an kurzen Prüfkörpern gemessen. Dabei führen die mangelnde Parallelität und Ebenheit der beanspruchten Oberflächen und die in die Probekörper hineinwirkende mehrachsige Verformungsbehinderung (Druckkegel, Auflagereibung) häufig zur Verfälschung der Ergebnisse. Andererseits sind Kerben und kleine Risse im

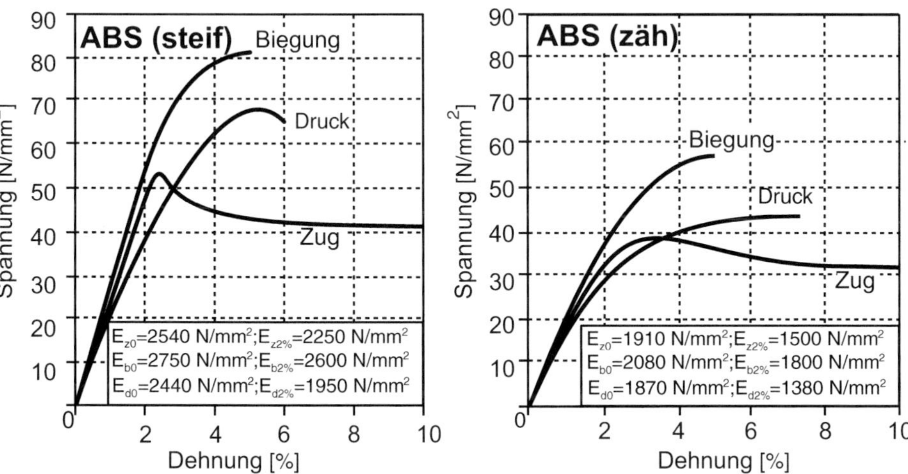

Bild 6.10 Spannungs-Dehnungs-Diagramm für ein steifes (links) und ein hochzähes (rechts) Acrylnitril-Butadien-Styrol-Copolymerisat (ABS) unter (d) Druck-, (z) Zug- und (b) Biegebelastung
E_0 = E-Modul durch den Nullpunkt
$E_{2\%}$ = Sekantenmodul zwischen 0 und 2 % Verformung

Gegensatz zur Zugbelastung unerheblich, weil sie sich unter Druck schließen. Die Druckfestigkeit der Kunststoffe ist daher immer höher als die Zugfestigkeit. Eine Ausnahme bilden die langfaserverstärkten Kunststoffe, besonders die Duroplaste, bei denen die Faserfestigkeit dominiert.

Die Schubfestigkeit τ_B (E: shear strength) kann definiert an zylindrischen Probekörpern unter Torsionsbeanspruchung gemessen werden. Ein Beulen ist jedoch bei normalen Thermoplasten wegen deren niedriger Steifigkeit praktisch nicht zu vermeiden. Die Schubfestigkeit τ_B wird daher besser aus der Zugfestigkeit σ_{zB} mittels der Schubspannungsversagenshypothese mit $\tau_B = 0{,}5\ \sigma_{zB}$ bestimmt. Ist der Spannungszustand genau bekannt, kann auch nach der Gestaltänderungshypothese (Huber, von Mises, Hencky) mit $\tau_B = 0{,}58\ \sigma_{zB}$ gerechnet werden. Daher gilt generell:

Schubfestigkeit	<	**Zugfestigkeit**	<	**Druckfestigkeit**	<	**Biegefestigkeit**
(E: shear strength)		(E: tensile strength)		(E: compression strength)		(E: flexural strength)

Ein weiterer Grund spricht gegen die Notwendigkeit einer Angabe mehrerer Festigkeitskennwerte. Unterschiedliche Geometrien und Herstellbedingungen von Probekörpern können, z. B. durch Molekül- oder Verstärkungsmittelorientierung, zu einer Festigkeitsanisotropie führen, die wesentlich größer ist als z. B. der Unterschied zwischen der Zug- oder Druckfestigkeit am gleichen Probekörper.

Viel wichtiger als ein zweiter Festigkeitskennwert wären deshalb z. B. längs und quer zur Fließrichtung der Schmelze bei der Werkzeugfüllung gemessene Kennwerte. Mit der Angabe der Zugfestigkeit liegt man immer auf der sicheren Seite, da sie (außer bei faserverstärkten Kunststoffen) niedriger als die Druck- und Biegefestigkeit ist. Deshalb und wegen der überschaubareren Versuchstechnik wird sie bevorzugt.

6.1.1.3 Verformungskennwerte

Den im vorherigen Abschnitt für die Dimensionierung definierten Festigkeitskennwerten können entsprechende Verformungskennwerte zugeordnet werden, Bild 6.8 und Bild 6.11:

- *Streckdehnung* ε_S (E: yield strain) bei der Streckspannung σ_S,
- *Bruchdehnung* ε_B (E: strain at failure) bei der Bruchspannung σ_B,
- *Elastizitätsmodul* E_0 (E: youngs modulus) beschreibt den Zusammenhang zwischen Spannung und zugeordneter Verformung, im linearen Bereich gilt das Hookesche Gesetz, E = const.,
- *Sekantenmodul* E_s (E: secant modulus) kennzeichnet den Widerstand gegen Verformung am Belastungspunkt,
- *Tangentenmodul* E_t (E: tangent modulus) kennzeichnet das Steifigkeitsverhalten am Lastpunkt bei zusätzlicher Belastung,
- *Kriechmodul* E_c (E: creep modulus) ist für zeitabhängige Belastungen definiert als das Verhältnis zwischen Spannung und der zeitabhängig sich einstellenden Verformung, $E_c = \sigma/\varepsilon_{ges}(t)$, s. a. Bild 6.4.

Die Verformung von Kunststoffen ergibt sich aus der additiven Überlagerung des elastischen, relaxierenden und viskosen Anteils. Da die beiden letzteren zeit- und belastungsabhängig sind, verhält sich ein Kunststoff umso linearer bzw. elastischer, je schneller er belastet wird. Bei normaler statischer Beanspruchung ist die Grenze, bei der mit zunehmender Spannung das Spannungs-Dehnungs-Diagramm vom linearen Verhalten abweicht, sehr niedrig. Besonders bei erhöhten Temperaturen ist selbst bei niedriger Verformung keine Linearität mehr gegeben.

Aus messtechnischen Gründen wird der Elastizitätsmodul nicht als Tangente durch den Nullpunkt, sondern als Sekante zwischen 0,05 % und 0,25 % Dehnung ausgewertet. Eine geringe Mindestbelastung ist die Voraussetzung für das spielfreie Funktionieren der Messgeräte. Bei der E-Modul-Messung wird erst ab einer Dehnung von 0,25 % gemessen. Damit wird $E_0 = (\sigma_{0,25} - \sigma_{0,05})/(\varepsilon_{0,25} - \varepsilon_{0,05})$. Diese Festlegung ist für die Kunststoffe besonders bei ausgeprägt nichtlinearem Verformungsverhalten nötig, um einen Materialvergleich zu ermöglichen. Damit ist das Elastizitätsverhalten aber nicht ausreichend gekennzeichnet. Es werden daher drei Elastizitätsmoduln definiert, Bild 6.11.

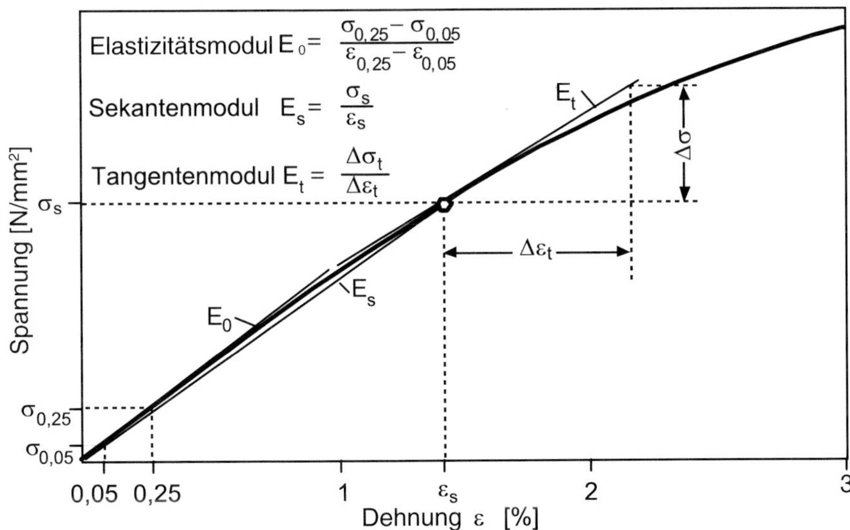

Bild 6.11 Definition verschiedener Elastizitätsmoduln zur Kennzeichnung des Verformungsverhaltens von Kunststoffen, hier PA 66 lf.

Der Konstrukteur verwendet den normgerecht gemessenen *Elastizitäts-* oder *Nullpunktsmodul* E_0 ohnedies nur zum Werkstoffvergleich bzw. zur Werkstoffauswahl. Da Konstruktionen aus Kunststoff i. A. über ε = 0,25 % beansprucht werden, wird für die Berechnung solcher Bauteile der *Sekantenmodul* E_s eingeführt. Unter dem Sekantenmodul wird formal der Quotient aus der durch die Belastung erzeugten Spannung σ und der dabei auftretenden Dehnung ε verstanden, $E_s = \sigma_s/\varepsilon_s$. Er nimmt also mit zunehmender Belastung ab. Mithilfe dieser Vereinfachung wird versucht, auf vereinfachte Weise das nichtlineare Werkstoffverhalten bei Verformungsberechnungen zu berücksichtigen. Eine dritte Möglichkeit ergibt sich durch den sog. *Tangentenmodul* E_t, der die Steigung des Spannungs-Dehnungs-Diagramms an einem bestimmten Punkt kennzeichnet. Er ist für die Praxis i. A. von geringerer Bedeutung und nur zur Kennzeichnung des Weiteren Verformungsverhaltens, z. B. durch Beulung, von vorbelasteten Bauteilen nützlich.

Für die geschilderten Vorgänge spielt selbstverständlich neben der Zeit und der Höhe der Belastung die Einsatztemperatur eine maßgebliche Rolle, insbesondere hinsichtlich ihrer relativen Lage zur Glasübergangstemperatur T_g. Bei einer Einsatztemperatur oberhalb von T_g verhalten sich die Kunststoffe duktil und zäh, unterhalb dagegen spröde. Dieses gilt insbesondere bei teilkristallinen Thermoplasten, deren amorphe Phase erweichen kann, ohne dass der durch die kristallinen Bereiche fest zusammengehaltene Werkstoff seine Gebrauchstauglichkeit verliert.

Die Dehnungen sind an die Spannungen gebunden. In Bild 6.8 sind die den definierten Festigkeiten zugeordneten Dehnungen angegeben. Für die Auslegung von

Bauteilen eignen sich die *Bruchdehnung* bei spröden Kunststoffen, die *Streckdehnung* bzw. die *0,5 % Dehnung* bei zähen Werkstoffen ohne Streckgrenze. Die *Bruchdehnung* bei zähen Kunststoffen liegt weit oberhalb zulässiger Verformungen, ihr Wert ist dennoch für die Bewertung von Kunststoffen von Interesse, da ihr Abstand zur Streckdehnung die Verformungsreserve bei kritischer Belastung angibt und damit eine Schadenstoleranz. Hohe Verformungen kennzeichnen gemeinsam mit der dabei auftretenden Last die *Zähigkeit* (E: toughness) eines Werkstoffs. Auch wenn die Verformung alleine keine hohe Energieabsorption kennzeichnen kann, ist diese jedoch bei einer kleinen Dehnung nicht möglich. Die Streckdehnung kennzeichnet eine eindeutige Belastungsgrenze. Oberhalb dieser Grenze treten zwar strukturell interessante Phänomene auf, die bauteilbestimmende Gestalt wird jedoch durch die hier eintretende Verstreckung so geändert, dass die geometrischen Festlegungen nicht mehr eingehalten werden können.

Ohne Belastung ergibt sich zunächst keine Verformung, auch wenn eine nicht messbare Verformung durchaus nicht den Rückschluss auf fehlende Belastung zulässt. Bei mehrachsiger Beanspruchung können der Belastungsdehnung entgegenwirkende Querverformungen die angezeigte Dehnung erheblich reduzieren. Die Bewertung von Kunststoffen nach *zulässigen Dehnungen* (E: allowable strain) ist häufig sogar einfacher als nach zulässigen Spannungen, da die Dehnungskennwerte viel weniger empfindlich auf Einflussparameter reagieren als Spannungen/Festigkeiten. In Bild 6.12 sind Spannungs-Dehnungs-Diagramme für einen amorphen Thermoplasten, schlagfestes Polystyrol (SB), und einen teilkristallinen Thermoplasten, Polyamid 66 trocken (PA 66), aufgetragen. Während die Streckspannung mit zunehmender Belastungsgeschwindigkeit und noch mehr mit sinkender Temperatur deutlich steigt, ändert sich in allen Fällen die Streckdehnung nur unwesentlich. Daraus abgeleitete zulässige Dehnungswerte sind daher sinnvoller und viel einfacher zu handhaben als parameterabhängig ermittelte zulässige Spannungen. Ein weiteres Argument für die Dehnungsbetrachtung ergibt sich daraus, dass Beanspruchungen an Bauteilen am besten mit Dehnmessstreifen erfasst werden können.

Zudem muss berücksichtigt werden, dass Bauteile aus Metallen viel häufiger auf zulässige Spannungen als auf Überschreiten zulässiger Verformungen hin dimensioniert werden müssen. Da das Verhältnis der Festigkeiten zwischen Metallen und Kunststoffen im Mittel ca. 10, das der E-Moduln aber 100 beträgt, ist eine Auslegung gegenüber zulässigen Verformungen bei Kunststoffen von viel größerer Bedeutung. Den meisten stahlgeschulten Ingenieuren fehlt zudem das Gefühl für Verformungsbetrachtungen, die der Kunststoffingenieur kennen muss.

Ein erhebliches Problem stellt aber das Fehlen einer geeigneten und erprobten Dehnungsversagenshypothese dar, so dass zulässige Vergleichsdehnungen kaum zuverlässig ermittelt werden können. Dehnungshypothesen werden sinnvoll

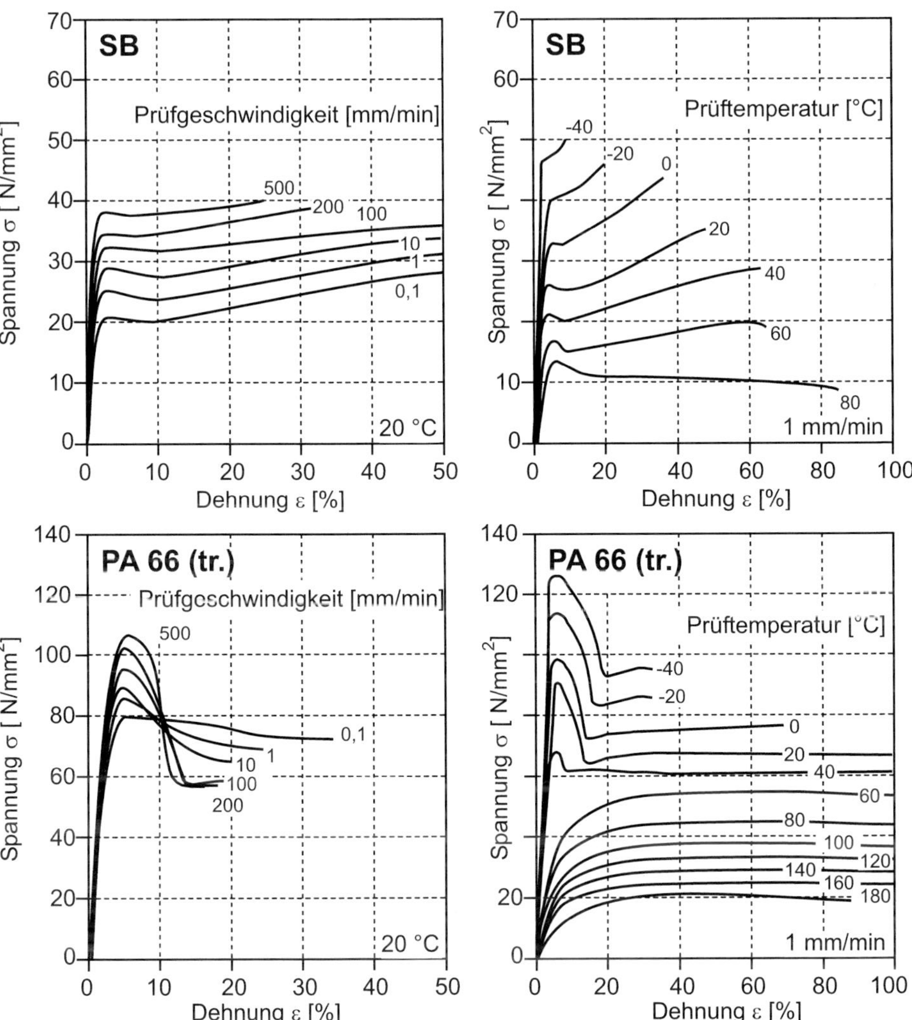

Bild 6.12 Spannungs-Dehnungs-Kurven in Abhängigkeit von Belastungsgeschwindigkeit und Temperatur
oben: schlagfestes Polystyrol (SB) (amorpher Thermoplast)
unten: Polyamid 66 trocken (PA 66) (teilkristalliner Thermoplast)

verwendet bei eingeprägten Verformungen (z. B. Wärmedehnung), duktilem Verformungsverhalten (Kriechen, Fließen) und Kenntnis des Verformungszustandes aufgrund von Messungen (auch Spannungen werden mittels Verformungen bestimmt). Zu nennen ist die *Hauptdehnungshypothese* (E: maximum strain hypothesis), die die größte Schubverzerrung γ_{max} bewertet, aus der wiederum eine Vergleichsdehnung ε_V berechnet werden kann: $\varepsilon_V = \gamma_{max}/1 + \nu$. Zudem kann nach

Huber-v. Mises-Hencky analog zur Vergleichsspannung eine Vergleichsdehnung abgeleitet werden.

Bedeutung gewonnen hat bisher in der Kunststofftechnik die kritische Dehnung nach Menges, der einen maximal zulässigen Hauptdehnwert $\varepsilon_V < \varepsilon_{krit}$ als Belastungsgrenze für Belastungen verschiedener Art definiert [57]. Als Näherungswert, besonders bei überwiegend einachsiger Verformung, ist die ansonsten durchaus umstrittene kritische Dehnung zu beachten.

6.1.1.4 Temperatur

Beim Bewerten von Kunststoffen für den konstruktiven Einsatz sind zwei wesentliche Temperaturen zu unterscheiden, die Glasübergangstemperatur und die Schmelztemperatur, s. a. Abschn. 5.3 und 5.4. Die Glasübergangstemperatur tritt in amorphen Molekülanordnungen in Erscheinung, besonders deutlich bei amorphen Thermoplasten, da bei ihnen außer Verschlaufungen keine weiteren dominierenden Zusammenhaltkräfte wirken, wie dieses bei teilkristallinen Thermoplasten in Form der Kristallite oder bei Duroplasten und Elastomeren in Form der Vernetzungpunkte der Fall ist, die den Zusammenhalt des Werkstoffs auch dann gewährleisten, wenn die amorphen Bereiche bei deren Glasübergangstemperatur erweichen. Kristalline Bereiche schmelzen stets oberhalb der Glasübergangstemperatur. Vernetzungen können nur thermisch irreversibel zerstört werden. Die Zersetzungstemperatur liegt mit wenigen Ausnahmen (z. B. Aramidfasern) über der Kristallitschmelztemperatur. Somit ergibt sich für ein und denselben Werkstoff.

Glasübergangs-temperatur	$<$	**Kristallisations-temperatur**	$<$	**Schmelz-temperatur**	$<$	**thermische Zersetzungs-temperatur**
(E: glass transition temperature)		(E: crystallization temperature)		(E: melting temperature)		(E: thermal degradation temperature)

In Bereichen kristalliner Anordnung der Makromoleküle wirken die physikalischen Bindekräfte optimal und können nur mit erhöhter Energie (Wärme) bei der Schmelztemperatur aufgelöst werden, während der Zusammenhalt zufällig günstig liegender Makromoleküle im amorphen Bereich bei deutlich geringerer Temperatur, der Glasübergangstemperatur, erweicht, Bild 6.13. Die Glasübergangstemperatur ist die Temperatur größter Änderung der Steifigkeit im nicht geschmolzenen Zustand. Solange die Schmelztemperatur nicht erreicht ist, liegt trotzdem ein fester Werkstoff vor. Sind die amorphen Bereiche erweicht, verhält sich der Werkstoff duktil.

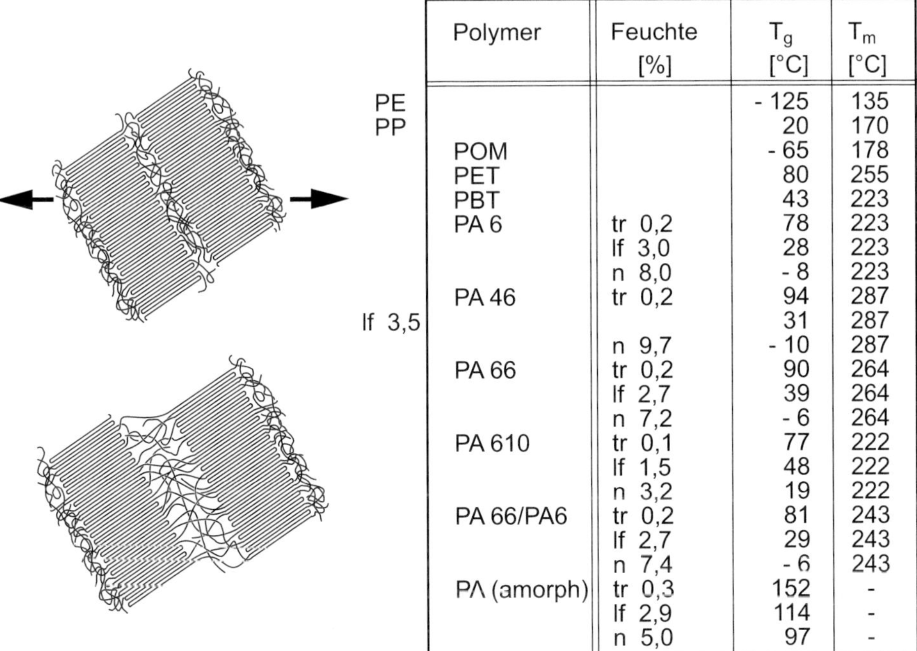

Polymer	Feuchte [%]	T_g [°C]	T_m [°C]
PE		- 125	135
PP		20	170
POM		- 65	178
PET		80	255
PBT		43	223
PA 6	tr 0,2	78	223
	lf 3,0	28	223
	n 8,0	- 8	223
PA 46	tr 0,2	94	287
	lf 3,5	31	287
	n 9,7	- 10	287
PA 66	tr 0,2	90	264
	lf 2,7	39	264
	n 7,2	- 6	264
PA 610	tr 0,1	77	222
	lf 1,5	48	222
	n 3,2	19	222
PA 66/PA6	tr 0,2	81	243
	lf 2,7	29	243
	n 7,4	- 6	243
PA (amorph)	tr 0,3	152	-
	lf 2,9	114	-
	n 5,0	97	-

Bild 6.13 Verformung der amorphen Phase eines teilkristallinen Thermoplasten oberhalb der Glasübergangstemperatur (T_g) [88]
T_m = Schmelztemperatur
tr = trockene Probe
lf = luftfeucht konditionierte Probe (Lagerung bis zur Gewichtskonstanz im Normklima mit 23 °C und 50% rel. Luftfeuchte)
n = nass (Lagerung bis zum Gewichtsausgleich in Wasser)

Unterhalb der Erweichungs- (Glasübergangs)-Temperatur sind die amorphen und die teilkristallinen Bereiche spröde und fest. Daraus folgt, dass amorphe Thermoplaste nur unterhalb der Erweichungstemperatur konstruktiv eingesetzt werden können, bei teilkristallinen halten die kristallinen Bereiche den Werkstoff dagegen auch bei höheren Temperaturen zusammen. Oberhalb der sich über einen großen Temperaturbereich erstreckenden Erweichung (einige 10 °C) wird der gleiche Werkstoff zäh und duktil. Bei räumlich vernetzten Duroplasten und besonders bei den weitmaschig vernetzten Elastomeren gilt Vergleichbares. Die chemischen Bindungen halten den Werkstoff zusammen, sind die physikalischen Bindungen erweicht, ist der Werkstoff zäh.

Je nach Temperatur kann ein- und derselbe Kunststoff unterschiedliche Spannungs-Dehnungs-Verläufe annehmen. Dieses kann bei teilkristallinen Thermoplasten sogar innerhalb eines relativ eng begrenzten Temperaturbereichs der Fall sein, Bild 6.14.

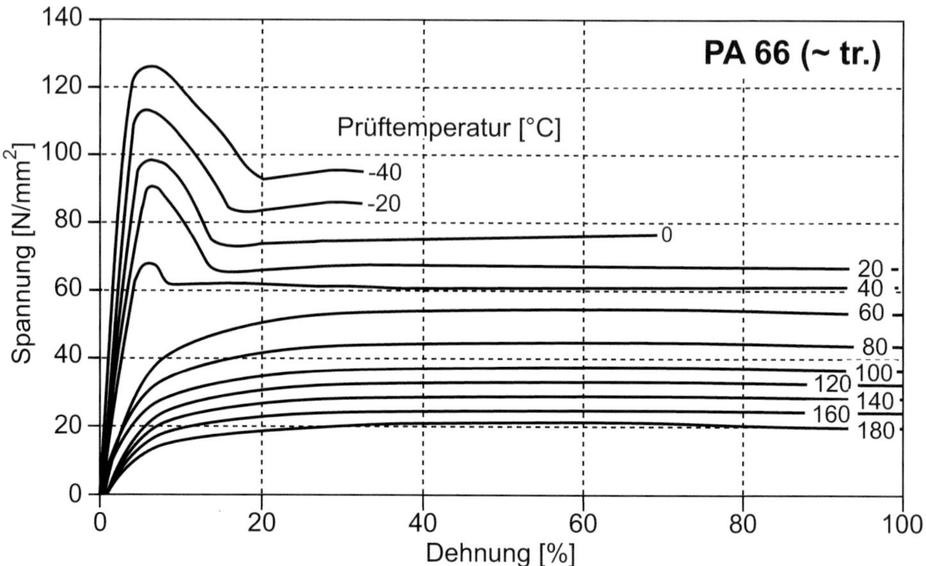

Bild 6.14 Spannungs-Dehnungs-Kurven von teilkristallinem PA 66 (nahezu trocken) bei unterschiedlichen Prüftemperaturen, v = 1 mm/min

Solange T_g der amorphen Phase (ca. 70 °C) über der Prüftemperatur liegt (amorphe Bereiche sind eingefroren), bildet sich eine Streckgrenze aus, im umgekehrten Fall verstreckt sich der Werkstoff gleichmäßig duktil. Dementsprechend liegt auch eine ausgeprägte Temperaturabhängigkeit sämtlicher Festigkeits- und Dimensionierungskennwerte vor, was Berechnungen, insbesondere bei instationären Temperaturverteilungen, sehr erschwert. Diesem Einfluss kann sich z.B. beim Polyamid der Feuchtigkeitseinfluss überlagern. Die Glasübergangstemperatur T_g der amorphen Phase schwankt je nach Feuchtigkeitsgehalt zwischen −8 und 90 °C, während die kristalline Phase erst oberhalb 220 °C (PA 6) bzw. 260 °C (PA 66) schmilzt. Dabei ändern sich nicht nur die Festigkeits- und Steifigkeitswerte, sondern das gesamte Verformungsverhalten.

Aufgrund zunehmender Belastungsgeschwindigkeit vermindern sich die zeitabhängigen, nichtelastischen Verformungsanteile, d.h. die Spannungs-Dehnungs-Diagramme werden steiler und damit steigt der Elastizitätsmodul, die Streckspannung und die Zugfestigkeit nehmen zu, andererseits fällt die Bruchdehnung ab, Bild 6.15 links und Bild 6.16 rechts.

Doch gilt grundsätzlich: der Einfluss der Temperatur auf die Festigkeits- und E-Modul-Werte ist bedeutend größer als der der Belastungsgeschwindigkeit. Deutlich wird dies bei einem Polyamid 66 luftfeucht, wenn bis 4 % Dehnung die Temperatur als Parameter mit der Belastungszeit verglichen wird, Bild 6.16.

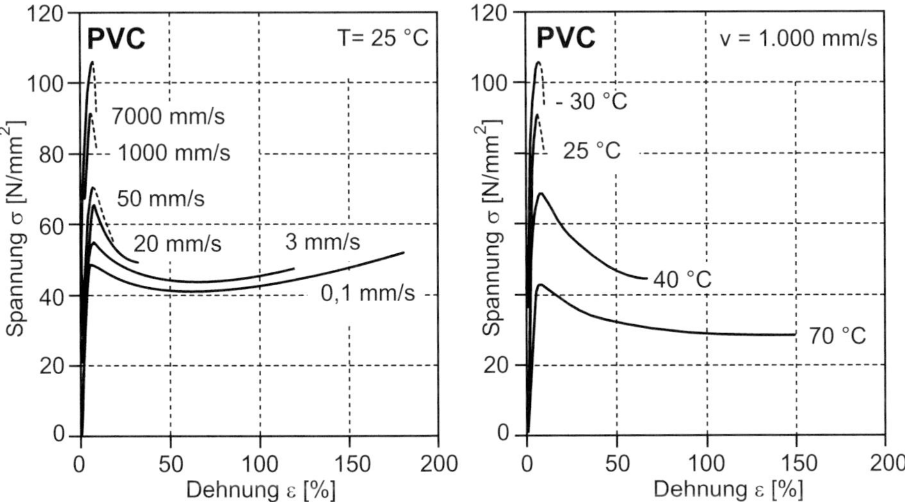

Bild 6.15 Spannungs-Dehnungs-Kurven von PVC, gemessen im Zugversuch [86]
links: bei 25 °C mit unterschiedlichen Belastungsgeschwindigkeiten
rechts: bei konstanter Belastungsgeschwindigkeit (1000 mm/s) bei unterschiedlichen Temperaturen

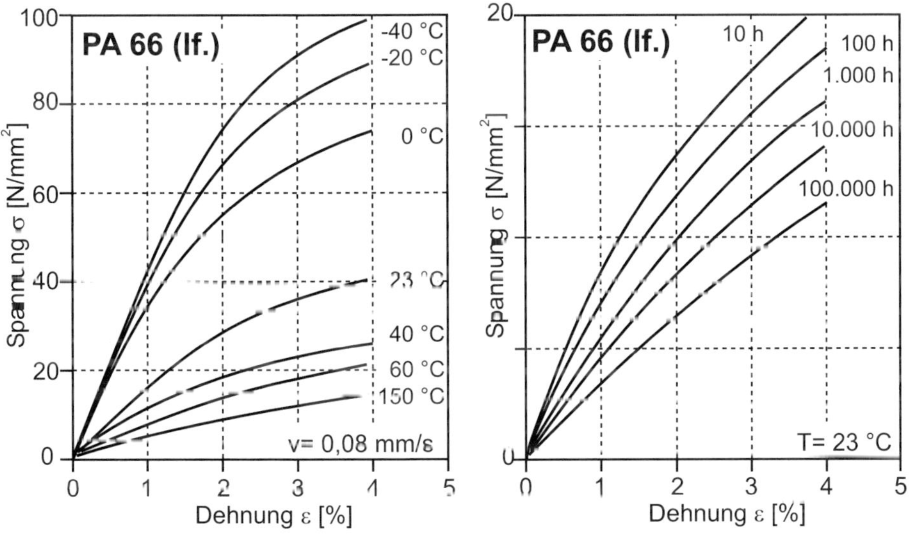

Bild 6.16 Ausschnitte bis 4 % Dehnung aus Spannungs-Dehnungs-Kurven von PA 66 luftfeucht für verschiedene Temperaturen und Zeiten
(Bruchdehnung ca. 20 – 40 %)

6.1.1.5 Wasseraufnahme

Die *Wasseraufnahme* (E: water absorption) ist besonders bei Polyamiden zu berücksichtigen, die als Werkstoffe für Maschinenelemente und thermisch und mechanisch hochbelastete Teile im Automobilbereich und der Elektrotechnik verwendet werden.

Wassermoleküle diffundieren in Polyamide ein und lagern sich überwiegend in den weniger dicht gepackten, amorphen Bereichen, begünstigt durch die Wasserstoffbrücken, an. Es sind drei Konditionierungszustände trocken, luftfeucht und nass definiert, Tabelle 6.1.

Diese Zustände ergeben sich, wenn das Material bis zur Gewichtskonstanz (d.h. es findet keine Änderung des Wassergehalts mehr statt) in einer definierten Umgebung gelagert wird.

Ein trockenes Teil mit 2 mm Wanddicke nimmt in normaler Umgebung in Monaten deren Feuchte an. Bei erhöhten Temperaturen wird der Vorgang erheblich beschleunigt. Kurzfristige, auch Tage dauernde Schwankungen der Feuchtigkeit in der Umgebung führen nur zu geringen Änderungen im Wassergehalt und damit der mechanischen Eigenschaften von Polyamid-Formteilen.

Deutlich erkennbar tritt durch die Aufnahme von Wasser eine Verschiebung der Glasübergangstemperatur zu tieferen Temperaturen ein. Während die Glasübergangstemperatur für trockenes PA 6 bei 78 °C festgestellt wird, beträgt sie nach einer Wasseraufnahme von 3% nur noch 28 °C und bei 8 Gew.-% Wasser sogar -8 °C, Bild 6.17.

Die Änderung von T_g mit der Wasseraufnahme gerade im Bereich der normalen Umgebungstemperatur macht sich auch in unterschiedlichen Formen der Spannungs-Dehnungs-Kurven und damit der Steifigkeit und Festigkeit für diese Feuchtezustände bemerkbar, Bild 6.18 und Bild 6.19.

Im Gegensatz zur Festigkeit und Steifigkeit nimmt die Zähigkeit mit dem Wassergehalt zumindest bis zum luftfeuchten Zustand zu. Kennwerte von Polyamiden müssen immer einen Hinweis auf den Feuchtigkeitsgehalt enthalten.

Zustand	Umgebung	Wassergehalt PA 6/PA 66 (Gew.-%)	Glasübergangstemperatur PA 6/PA 66 (°C)	Schmelztemperatur PA 6/PA 66 (°C)
trocken	keine Feuchte	< 0,2	78/90	223/264
luftfeucht	23 °C/50% rel. Feuchte	3/2,7	28/39	
nass	Wasser	8/7,2	-8/-6	

Tabelle 6.1 Einfluss des Wassergehalts auf die Glasübergangstemperatur und die Schmelztemperatur bei PA 6 und PA 66

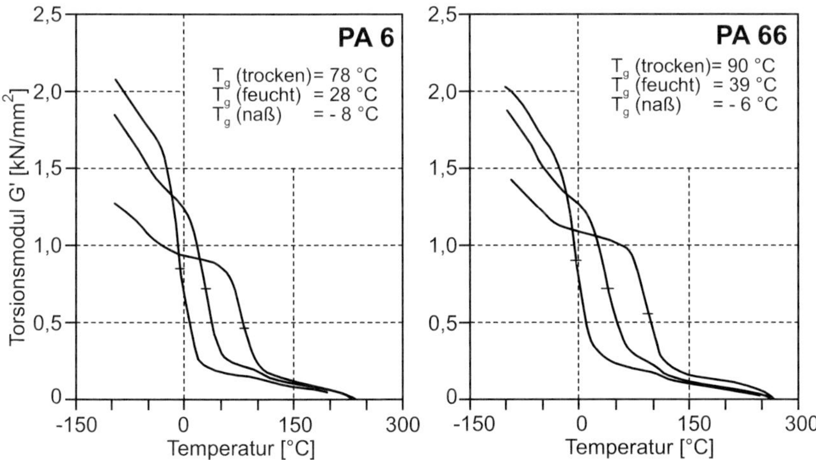

Bild 6.17 Torsionsmodul (geringe Belastung) von PA 6 und PA 66 mit Angabe der Glasüberübergangstemperatur T_g im trockenen, luftfeuchten und nassen Zustand

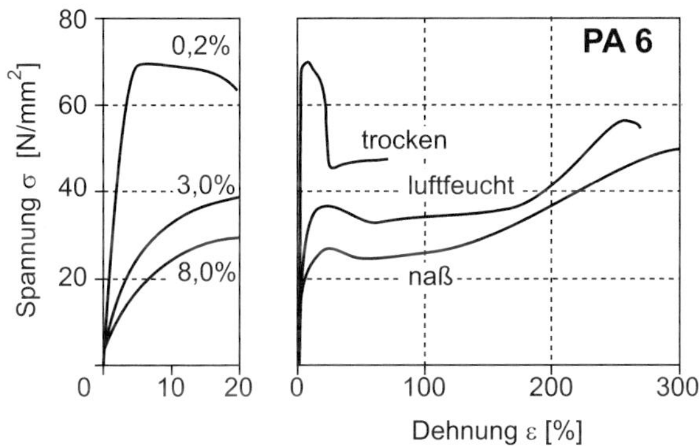

Bild 6.18 Spannungs-Dehnungs-Kurven von trockenem, luftfeuchtem und nassem PA 6

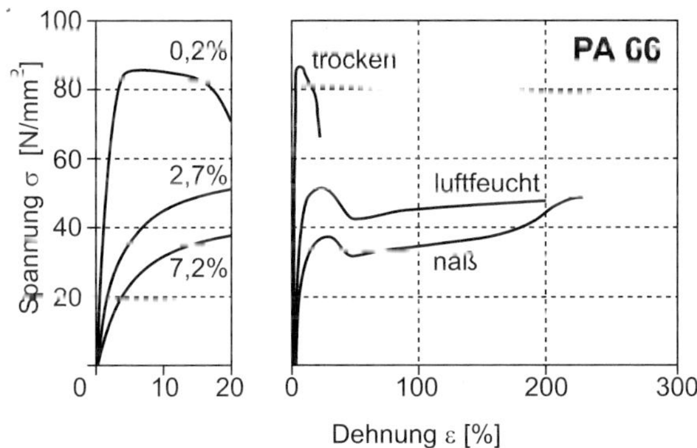

Bild 6.19 Spannungs-Dehnungs-Kurven von trockenem, luftfeuchtem und nassem PA 66

6.1.1.6 Zähigkeit

Als Arbeitsaufnahmevermögen eines Werkstücks wird die Energie bezeichnet, die man bis zu seinem Versagen aufbringen muss. Man erhält sie durch Integration der Kraft-Deformations-Kurve bis zum Versagenspunkt. Diese Energie, bezogen auf den Einheitsquerschnitt oder das Volumen des betreffenden Probekörpers, wird oft als *Zähigkeit* (E: toughness) bezeichnet.

Zum Begriff der Zähigkeit muss allerdings bemerkt werden, dass diese, wie man leicht erkennt, keine eindeutige Größe ist. Das Arbeitsaufnahmevermögen differenziert sehr viel besser als *Schlag- oder Kerbschlagzähigkeits*kennwerte (E: impact toughness o. notched impact toughness) zwischen zwei Materialien, da sich hinter gleicher Zähigkeit ein Werkstoffverhalten mit hoher Kraft und geringer Deformation wie auch umgekehrt verbergen kann. Um das Verhalten eines Materials hinreichend zu beschreiben, muss also außer seiner Zähigkeit mindestens eine weitere Kenngröße angegeben werden. Im Zugversuch wird das Arbeitsaufnahmevermögen des Probekörpers mithilfe der Reißenergie gemessen, Bild 6.20.

Eine große Fläche unter dem Spannungs-Dehnungs-Diagramm ist gleichbedeutend mit einem hohen mechanischen Arbeitsaufnahmevermögen. Aus einem fiktiven Dreieck aus der Anfangssteigung bis zur Maximalspannung σ_S und der dazugehörigen Dehnung ε_{el} ergibt sich das rein elastische Arbeitsaufnahmevermögen W_{el} des Werkstoffs.

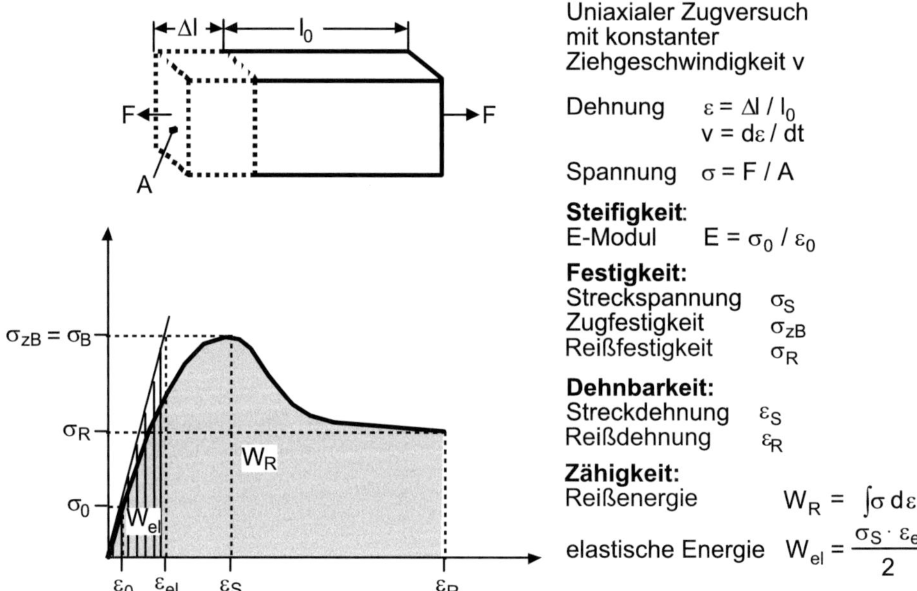

Bild 6.20 Begriffe und Kennwerte der mechanischen Eigenschaften von Kunststoffen am Beispiel des Zugversuches [86]

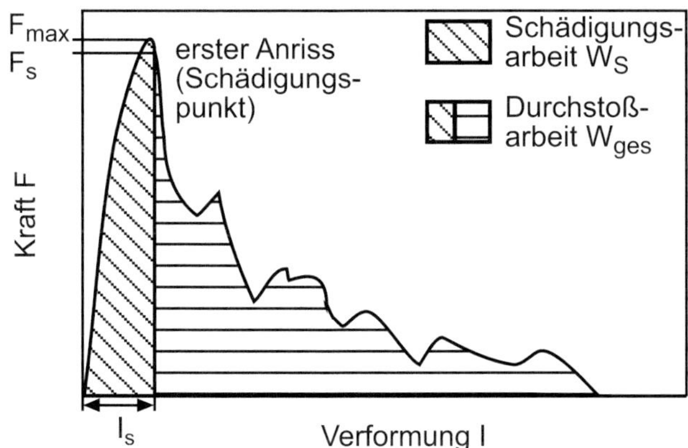

Bild 6.21 Aufteilung der Kraft-Verformungskurve beim Durchstoßversuch nach DIN 53443

Die Aussagekraft normaler Schlag- und Stoßversuche kann bei Aufnahme eines Kraft-Verformungs-Diagramms durch eine Unterteilung der integral vom Probekörper bis zum Bruch aufgenommenen Schlag- bzw. Durchstoßarbeit in die Anteile *Schädigungsarbeit* (E: damaging energy) und *Restverformungsarbeit* (E: residual deformation energy) erhöht werden, Bild 6.21.

Als Schädigungsarbeit wird diejenige Arbeit bezeichnet, die der Werkstoff bis zum Erreichen der Maximalkraft F_{max} und des ersten Anrisses aufgenommen hat. Dieses ist etwas mehr als die rein elastische Arbeit, da die Verformung bis zum ersten Anriss l_s auch einen nichtelastischen Verformungsanteil enthält. Der Energieanteil nach Erreichen der Maximalkraft wird als Restverformungsarbeit bezeichnet. Die Streckdehnung und damit auch die Verformung bis zur beginnenden Materialschädigung nimmt, z.B. bei PC, wie bei anderen Kunststoffen auch, in Abhängigkeit von der Temperatur deutlich ab. Eine größere temperaturbedingte Erweichung bedeutet also nicht unbedingt eine größere Arbeitsaufnahme, Bild 6.22.

Die weitverbreitete Schlag- und Kerbschlagzähigkeit, nach Norm geprüft, kann dagegen lediglich einen qualitativen Hinweis darauf geben, ob beim Versagen von Bauteilen unter Stoßbeanspruchung mit einem mehr oder weniger spröden oder duktilen Verhalten zu rechnen ist. Ein Vergleich verschiedener Kunststoffe untereinander wird dadurch erschwert, dass es mehr als 30 verschiedene Methoden mit unterschiedlichen Geometrie- und Prüfparametern gibt. Nicht jede Probenform führt bei jedem Kunststoff zum Bruch.

Bei der Zähigkeitsprüfung von Formmassen stellt man bei vielen Kunststoffen, insbesondere bei den Polymer-Blends, einen deutlichen Sprung im Arbeitsaufnahmevermögen als Funktion der Temperatur fest, Bild 6.23.

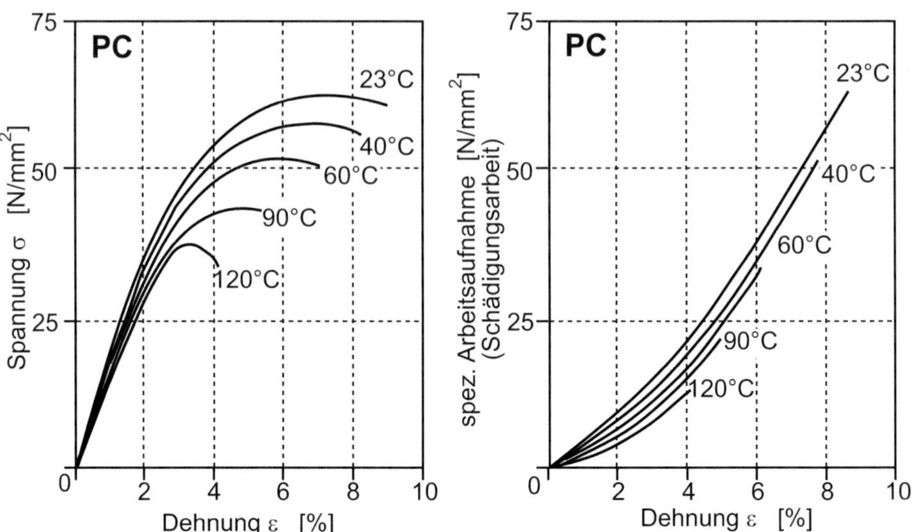

Bild 6.22 Isotherme Spannungs-Dehnungs-Diagramme und spez. Arbeitsaufnahmen von PC [89].
Die spezifische Arbeitsaufnahme ergibt sich aus dem Integral der Kraft F über dem Verformungsweg l zu $W = \int_0^{l_{max}} F \, dl$, s. a. Bild 6.21.

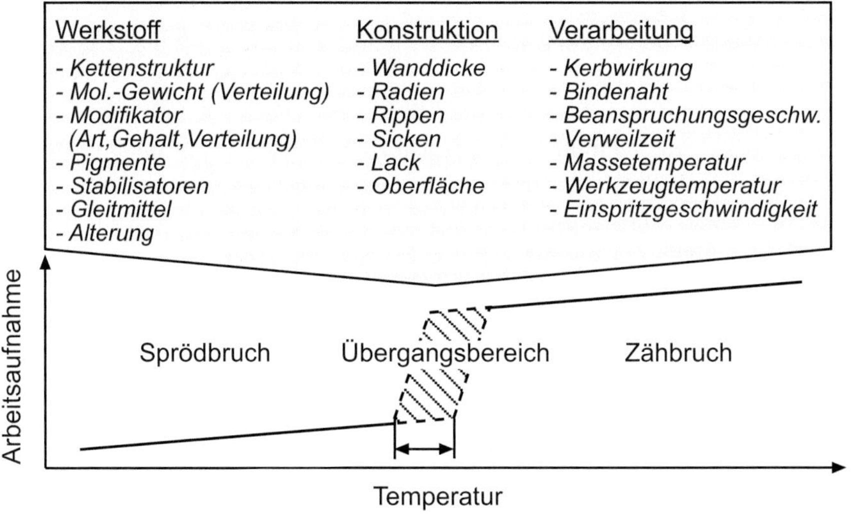

Bild 6.23 Einflussfaktoren auf die Temperaturlage des Spröd-Zäh-Übergangs bei Kunststoffen [90]

Die Temperaturlage dieses *Spröd-Zäh-Übergangs* (E: ductile-brittle-transition) ist jedoch keine reine *Werkstoff-* (E: material property), sondern eher eine *Formteileigenschaft* (E: component behavior), da sie außer durch Modifikationen am Kunststoff durch Geometrie- und Verfahrensparameter bei der Herstellung von Formteilen stark beeinflusst werden kann. Die Übertragung einer „Werkstoff-Versprödungstemperatur", die an einem Probekörper ermittelt wurde, auf ein reales Formteil z. B. einen Stoßfänger, ist aus diesen Gründen nur begrenzt möglich, da zumindest die Geometriefaktoren variieren. Stoßfänger aus identischen Kunststoffen können einen Spröd-Zäh-Übergang bei durchaus unterschiedlichen Temperaturen haben, wenn stoßgerecht konstruiert wurde (keine Spannungskonzentrationen, großflächige Verformungen). Zähigkeitsuntersuchungen an Formteilen müssen deshalb bei der von der Praxis vorgeschriebenen Temperatur und außerdem im Maßstab 1 : 1 durchgeführt werden.

Weitere Hinweise gibt die Bruchmechanik, die das Entstehen eines Risses bzw. den Widerstand des Werkstoffes dagegen sowie die dazu notwendige mechanische Beanspruchung kennzeichnet. Wegen der großen plastischen Verformbarkeit der Kunststoffe und der häufig auftretenden Mehrfachrissbildung ist die Anwendung bisher noch begrenzt, zumal sich die bruchmechanischen Kenngrößen auch nicht als Konstruktionskennwerte eignen.

6.1.2 Langzeitverformungsverhalten

Das in Bild 6.4 schematisch und in Bild 6.24 a auf Grund von Messergebnissen dargestellte Verformungsverhalten unter konstanter Last ergibt bei Raumtemperatur i. A. erst nach wenigen hundert Stunden einen in Abhängigkeit von der Zeit nahezu gleichmäßigen Anstieg des Gesamtverformungsverhaltens.

Dabei hängt die Verformung von Kunststoffen neben der Temperatur vor allem von der Höhe der Belastung und deren Dauer ab. Als besonders praktikabel hat sich ein Werkstoffmodell nach Findley erwiesen, das Verformungsverhalten in den getrennt zu bestimmenden elastischen Anteil ε_0 und einen nichtelastischen, temperatur-, zeit- und belastungshöhenabhängigen Anteil $\varepsilon_c(t)$ zu unterteilen, d. h. den viskosen und den relaxierenden Anteil im 4-Parameteransatz zusammenzufassen:

$$\varepsilon_{ges}(t) = \varepsilon_0 + \varepsilon_c(t) = \varepsilon_0 + A\left(\frac{\sigma}{\sigma_0}\right)^m \cdot \left(\frac{t}{t_0}\right)^n \tag{6.8}$$

mit σ_0 = Vergleichsspannung (= 1 N/mm²) und t_0 = Vergleichszeit (= 1 h) zum Dimensionsausgleich sowie A als Anpassungskoeffizient. In vereinfachter Form lautet der Findley-Ansatz:

$$\varepsilon_{ges}(t) = \varepsilon_0 + \varepsilon_c^{\,m} \cdot t^n \tag{6.9}$$

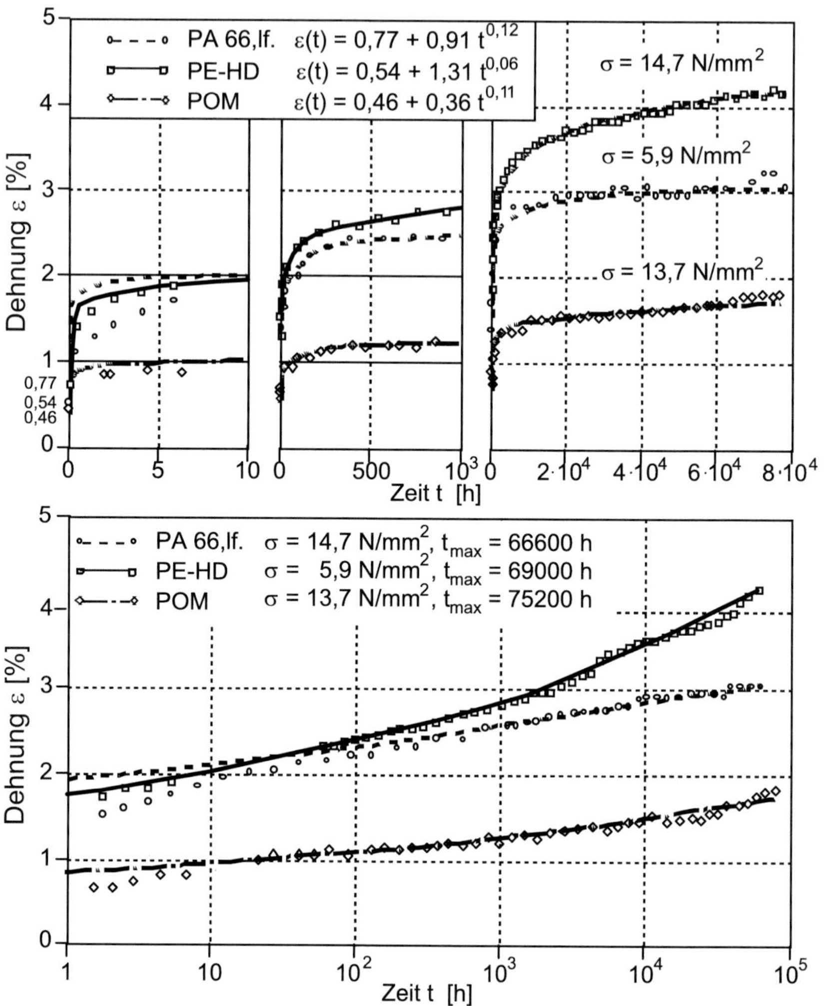

Bild 6.24 Kriechkurven von PA 66, PE-HD und POM mit linearer (oben) und logarithmischer (unten) Zeitachse bei einer Belastung von 25 % der Streckspannung Anpassung nach Findley-Ansatz: $\varepsilon_{ges}(t) = \varepsilon_0 + \varepsilon_c \cdot t^n$

Für die Anpassungen[50] einzelner Kriechkurven ohne Berücksichtigung der Spannungsabhängigkeit genügt es jedoch, $\varepsilon_c(t)$ als konstanten Wert ε_c anzunehmen, siehe Bild 6.24 b:

$$\varepsilon_{ges}(t) = \varepsilon_0 + \varepsilon_c \cdot t^n \tag{6.10}$$

[50] Je mehr Koeffizienten eingeführt werden, umso genauer lassen sich Kriechkurven anpassen, ohne dass die Aussagefähigkeit wirklich steigt. Der Findley-Ansatz hat den Vorteil, mit nur 3 Parametern ε_c, m und n, leicht zu handhaben, ausreichend genau und realitätsnah zu sein.

Für die Entlastung gilt:

$$\varepsilon_{entl}\,(t > t') = \varepsilon_c \cdot t^n - \varepsilon_{ges}\,(t - t')^n \qquad (6.11)$$

Während die Gesamtverformung $\varepsilon_{ges}(t)$ recht genau gemessen werden kann, ist das bei der zeitunabhängigen, elastischen Dehnung ε_0 manchmal etwas schwieriger, weil sich zu Prüfbeginn nichtelastische Verformungsanteile (Setzerscheinungen, partielle Molekülumlagerungen oder Nachkristallisation) mit Messungenauigkeiten wie dem Setzen oder Rutschen der Probe in der Einspannung überlagern.

ε_0 wird daher vorzugsweise aus dem Anfangs-Kurzzeit-E-Modul E_0 rechnerisch bestimmt: $\varepsilon_0 = \sigma/E_0$. Bild 6.24 zeigt Kriechkurven bei langer Belastungsdauer. Deutlich erkennbar ist die Problematik solcher unzureichender Anpassungen im vorderen Bereich bis zu einigen Stunden, besonders bei kurzzeitspreizender logarithmischer Zeitauftragung. Der Kriechvorgang stabilisiert sich nach 100 Stunden Belastungsdauer. Eine Extrapolation auf sehr lange Belastungszeiten ist daher sicher möglich, wenn die Kriechkurven zwischen 100 und 1000 h Messzeit präzise gemessen wurden.

Es gibt einige Kriechversuche, die über sehr lange Zeiten das Verformungsverhalten von Prüfkörper und Anwendungen registriert haben. Die Kurven bestätigen den Findley-Ansatz, dass das Kriechen im Laufe der Zeit abnimmt. Dieses ist insbesondere bei linearer Darstellung der Zeitachse erkennbar. Die Ergebnisse betreffen das Kriechen einer Zugprobe aus PE-LD (Lupolen® 1800 H) bei 5,9 und 7,8 N/mm² sowie einen Langzeitbelastungsversuch eines bauaufsichtlich zugelassenen Fischer-Dübels aus einem PA 6 (Ultramid® B3S) mit 10 mm Bohrungsdurchmesser und einer 7 mm Schraube in einem niederfesten Beton unter der Dauerlast von 1,6 kN, Bild 6.24b.

Die Verbindung der Versagenspunkte am Ende der Kriechkurven ist die sog. Zeitstandfestigkeit oder Bruchlinie, Bild 6.25. Bei einer Reihe von Thermoplasten tritt sie erst nach einer Verstreckung von mehreren 100 % auf und ist dann als praktische Einsatzgrenze irrelevant, da derartige Verformungen nicht zulässig sind.

Zeitstandfestigkeitskurven (E: creep strength time curve) interessieren den Konstrukteur daher nur bei spröden Kunststoffen mit geringer Bruchdehnung. Neben der Darstellung als Kriechkurven mit Linien konstanter Spannung im Dehnungs-Zeit-Diagramm wird das zeitabhängige Verformungsverhalten der Kunststoffe auch in abgeleiteten Diagrammen dargestellt, z. B. dem *Zeitstandschaubild* (E: creep strength-time curves), bei dem Linien gleicher Dehnung als sog. Zeitspannungslinien in einem Zeit-Spannungs-Diagramm aufgetragen werden und dem *isochronen Spannungs-Dehnungs-Diagramm* (E: isochronous stress-strain diagram) mit der Zeit als Parameter, Bild 6.25.

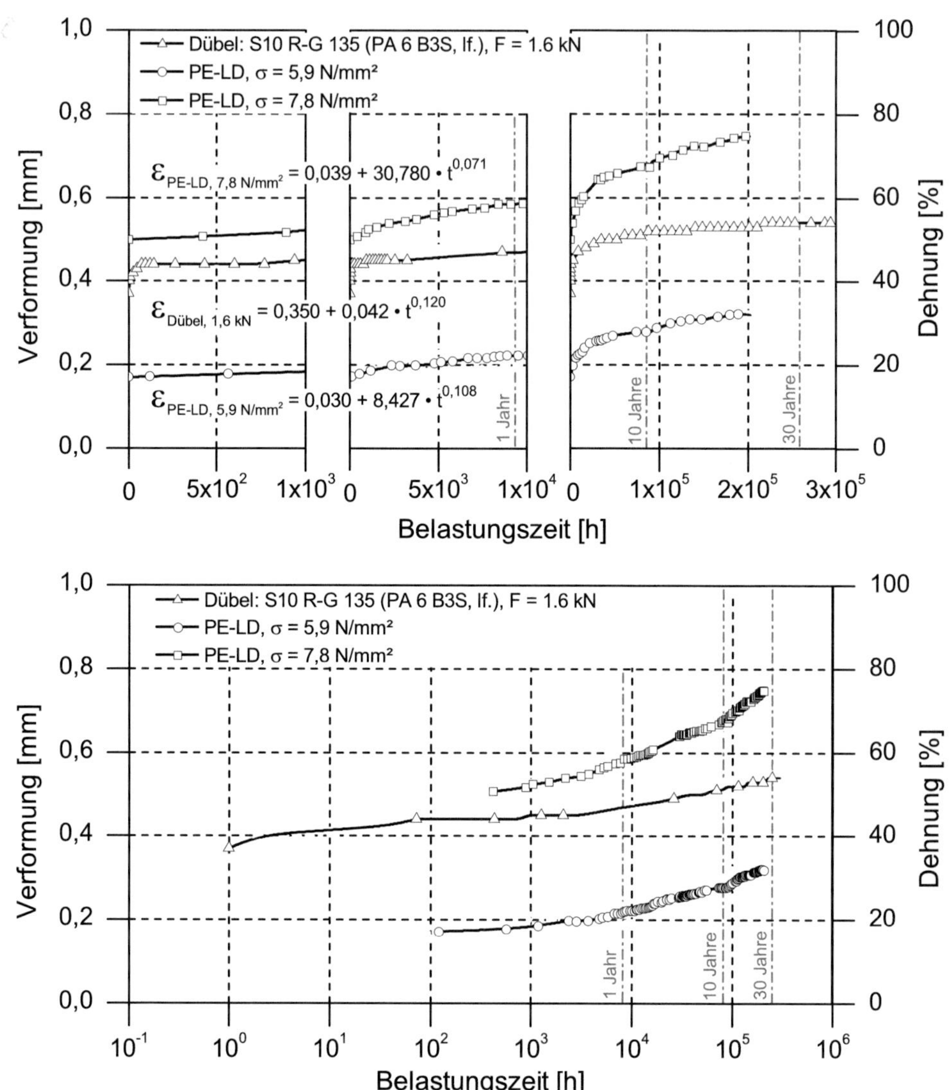

Bild 6.24 b Langzeitkriechversuche an PE-LD-Zugproben und einem Fischer-Dübel aus PA 6 (von Prof. Artur Fischer)
oben: lineare Zeitachse; unten: logarithmische Zeitachse

Die Zeitspannungslinien im Zeitstandschaubild werden bestimmt, indem die Schnittpunkte der unter bestimmter Last ermittelten *Kriechkurven* (E: strain creep curves) mit der entsprechenden Dehnordinate zeitgleich in ein Diagramm mit der Zugspannung als Ordinate übertragen werden. Der Vorteil des Diagramms liegt darin, dass bei einer zulässigen Dehnung leicht die dazugehörige Spannung bestimmt werden kann.

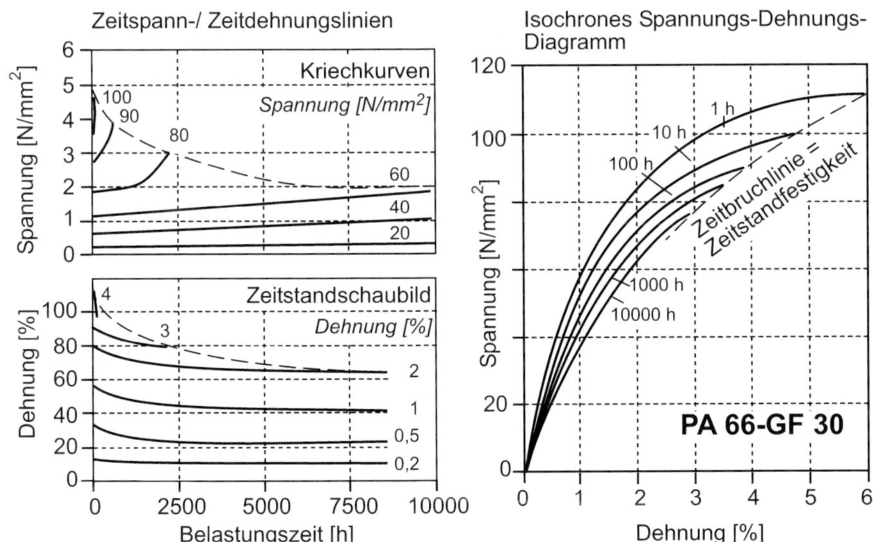

Bild 6.25 Darstellung des Zeitstandverhaltens von glasfaserverstärktem Polyamid 66 mit 30 Gew.-% Glasfasern (PA 66-GF 30) durch Zeitspannungslinien und isochrone Spannungs-Dehnungs-Kurven

Als sehr nützlich hat sich die isochrone (t = const.) Darstellung erwiesen, bei der die Kurven bei konstanter Belastungszeit aufgetragen werden, vergleichbar dem Spannungs-Dehnungs-Diagramm mit der an der Prüfmaschine direkt einstellbaren geschwindigkeitskonstanten ($\dot{\varepsilon}$ = const.) Belastung, Bild 6.26.

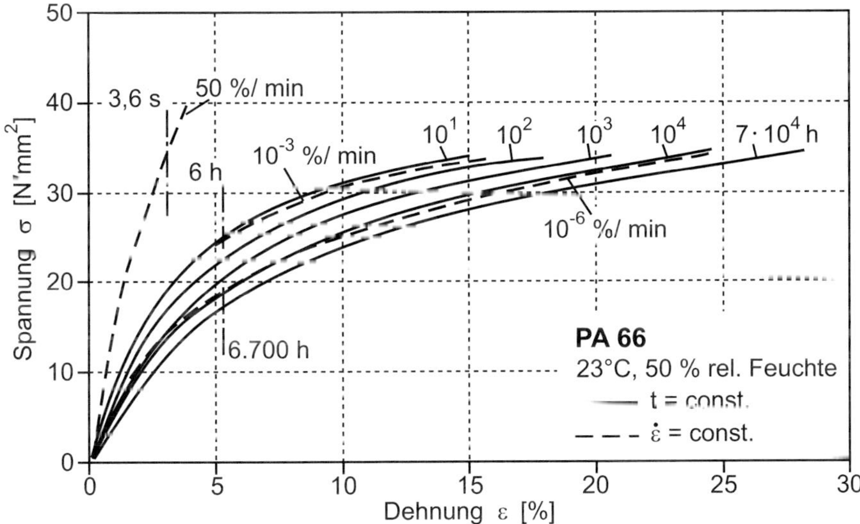

Bild 6.26 Spannungs-Dehnungs-Kurven in isochroner (t = const.) und geschwindigkeitskonstanter ($\dot{\varepsilon}$ = const.) Darstellung

Der Vorteil der isochronen Darstellung liegt darin, dass:

- die Messungenauigkeit bei niedrigen Lasten dadurch umgangen wird, dass der Nullpunkt als Fixpunkt festliegt, durch den die Diagramme verlaufen müssen (bei $\sigma = 0$ ist $\varepsilon = 0$),
- sich der Werkstoff linear-viskoelastisch verhält, solange die Kurven linear verlaufen (bei geschwindigkeitskonstanter Darstellung verhält sich der Werkstoff bei linearem Verlauf elastisch, was bei duktilen Thermoplasten kaum auftritt, Bild 6.11),
- die Darstellungen übersichtlich sind und sich leichter für kurze und lange Zeiten gleichzeitig darstellen und extrapolieren lassen.

Der bei einachsiger Belastung beobachtete stetige Verlauf der Bruchlinie wird bei Zeitstandversuchen an Rohren bei zweiachsiger Zugbeanspruchung nicht beobachtet. Kennzeichnend für diese Versuche ist, dass die als Ordinate angegebene Umfangszugspannung – auch Vergleichsspannung genannt – doppelt so groß ist wie die axiale Zugspannung. Die gemessenen Kurven zeigen den in Bild 6.27 dargestellten typischen Verlauf. Nach einer anfänglichen leichten Neigung knicken die Kurven plötzlich stark ab. Im Bereich des flachen Verlaufs treten Verformungsbrüche auf, die Rohre weiten sich an der Bruchstelle blasenförmig auf. Es kommt zu einer Verstreckung in Umfangsrichtung. Die dadurch erheblich verringerte Dichte an Hauptvalenzbindungen in Achsrichtung führt zum Aufreißen senkrecht zur Verstreckungsrichtung. Im Steilast sind es Sprödbrüche, die auf das Entstehen

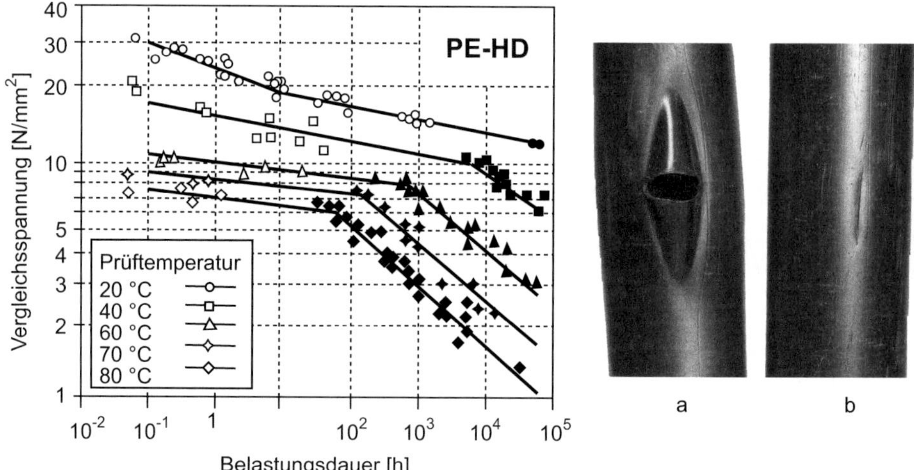

Bild 6.27 Zeitstand-Diagramm von Rohren aus Polyethylen (PE-HD)
Vergleichsspannung = Umfangsspannung = 2 · Längsspannung
a) Verformungsbruch im flachen Teil der Kurve
b) Sprödbruch im Steilast

einer Vielzahl von Fehlstellen im Polymer-Werkstoff während der Belastungszeit zurückgeführt werden. Diese Fehlstellen wachsen. Dadurch wird der Kunststoff an vielen Stellen gleichzeitig so geschwächt, dass eine gleichmäßige, verformungsbedingte Querschnittsänderung nicht mehr möglich ist.

6.1.3 Nichtlineares Verformungsverhalten

Das Verformungsverhalten von Kunststoffen wird gerne in spröde und zäh oder duktil unterschieden. Ein Kunststoff verhält sich *spröde* (E: brittle), wenn er fast verformungslos ohne Ausbildung einer Streckgrenze bricht, er verhält sich *zäh* (E: tough, ductile), wenn er vor dem Bruch eine Streckgrenze bildet und/oder sich mehr oder weniger stark irreversibel verformt.

Diese Verformung kann unter Ausbildung von *Scherbändern* (E: shear yielding) oder unter *Crazebildung* (E: crazing) ablaufen. Dabei kann sich ein Kunststoff bei ein- und derselben Anwendung spröde und zäh verhalten, je nachdem, wie schnell die Beanspruchung erfolgt und bei welcher Temperatur sie abläuft, Bild 6.15.

6.1.3.1 Amorphe Thermoplaste

Oberhalb des Bereichs der linearen Viskoelastizität (max. 0,5 % Dehnung) nehmen die irreversiblen Verformungsanteile überproportional zu. Die Steigung der Spannungs-Dehnungs-Diagramme und damit der Elastizitätsmoduln hängt dann nicht mehr nur von der Belastungszeit und der Umgebungstemperatur, sondern auch von der Belastungshöhe ab.

Typisch für das nichtlineare Verformungsverhalten amorpher Kunststoffe sind zwei Deformationsprozesse: die *Schubspannungsfließzonenbildung* (E: region of plastic deformation due to shear stress) oder *Scherverformung* und die *Normalspannungsfließzonenbildung,* auch *Craze* oder Spannungsriss genannt, wobei der Begriff Spannungsriss bevorzugt bei gleichzeitiger Einwirkung eines physikalisch wirkenden Netzmittels benutzt wird.

Die häufig beobachtete Schubspannungsfließzonenbildung kann nicht als generell auftretende Erscheinung angesehen werden. Die Schubspannungsfließzonen eines Acrylnitril-Butadien-Styrol-Copolymerisats (ABS) in Bild 6.28 ergeben sich unter einem Winkel von ungefähr 58° zur Richtung der angreifenden Zugspannung. Diese Abweichungen von 45° deuten darauf hin, dass es sich nicht um reines Schubspannungsversagen handelt. Die Schubspannung τ, die notwendig ist, um eine Fließzonenbildung einzuleiten, ist außer von der reinen Schubfestigkeit τ_B noch von den herrschenden Normalspannungen abhängig. Es gilt:

$$\tau = \tau_B - \mu \cdot \sigma_m \qquad (6.12)$$

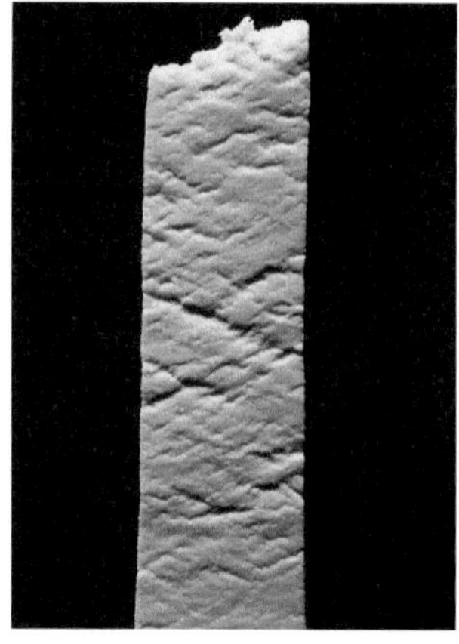

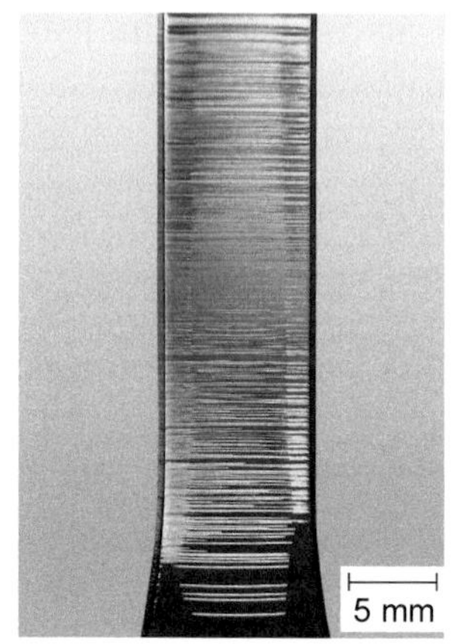

Bild 6.28 Verformungsverhalten amorpher Thermoplaste
links: Schubspannungsfließzonenbildung bei Acrylnitril-Butadien-Styrol-Copolimerisat (ABS)
rechts: Normalspannungsfließzonenbildung bei Polystyrol (PS) nach 115 N/mm² Belastung (Bruch bei 145 N/mm²)

Dabei ist $\sigma_m = \frac{1}{3}(\sigma_1 + \sigma_2 + \sigma_3)$ und μ eine Materialkonstante. Das heißt, die Bildung von Schubspannungsfließzonen wird durch eine beanspruchungsbedingte Volumenvergrößerung begünstigt [91].

Eine Scherverformung unterscheidet sich von einer Zugverformung, die bei höherer Belastung zu Crazes führen kann, auch dadurch, dass Scherverformungen volumenkonstant erfolgen, während die Zugverformung wegen der Querkontraktionszahl < 0,5 zu einer Volumenaufweitung führt, die anschließende irreversible Verformungen erleichtert. Schematisch sind die dabei ablaufenden Verformungen in Bild 6.29 dargestellt.

Es wird angenommen, dass die Enden kurzer Normalspannungsfließzonen bei höherer Belastung der Ausgangspunkt von Schubspannungsfließzonen sein könnten [92] oder von diesen in ihrem Wachstum begrenzt werden. Bei langen, über den Probenquerschnitt verlaufenden Normalspannungsfließzonen ist eine nachträgliche Schubspannungsfließzonenbildung nicht beobachtet worden.

6.1.3.2 Teilkristalline Thermoplaste

Das Verformungsverhalten teilkristalliner Thermoplaste wird besonders im unteren Lastbereich weitgehend durch die amorphen Bereiche bestimmt. Erst im oberen Lastbereich werden auch die kristallinen Bereiche stärker mit einbezogen.

Bei den größten Überstrukturen in teilkristallinen Thermoplasten, den Sphärolithen, sind eine homogene und eine inhomogene Verformung zu unterscheiden [46]. Als *homogen* (E: homogenous) bezeichnet man die reversible Verformung des

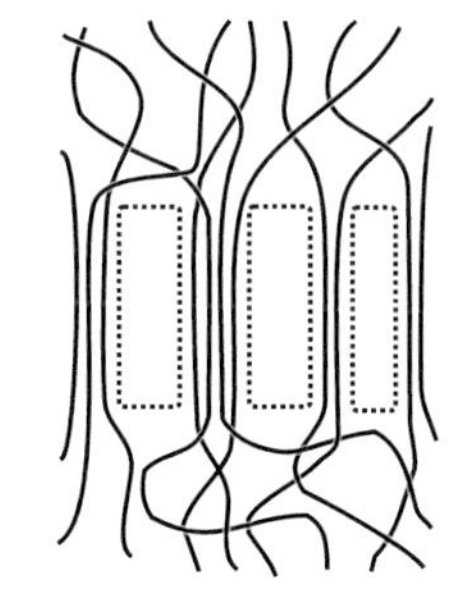
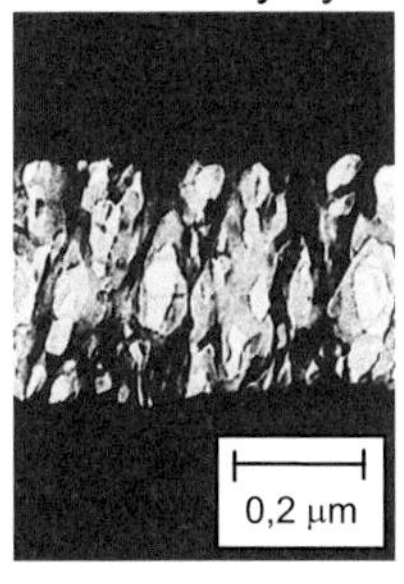

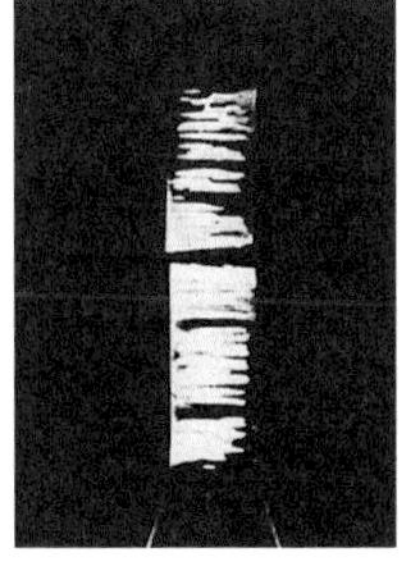

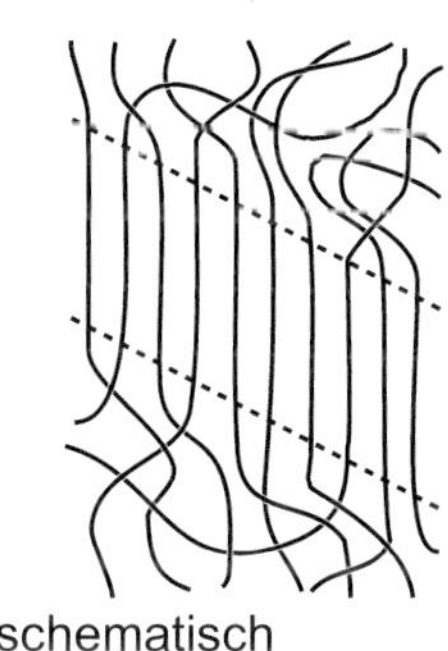
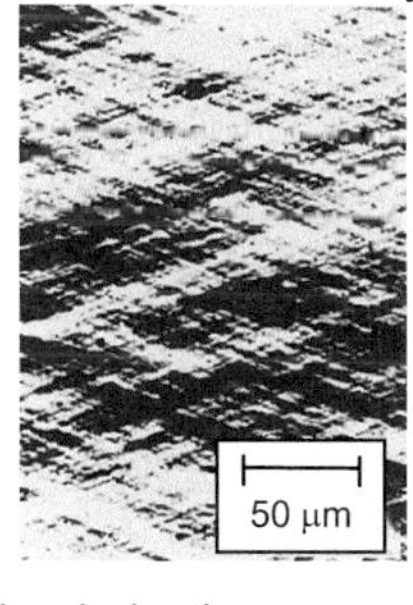

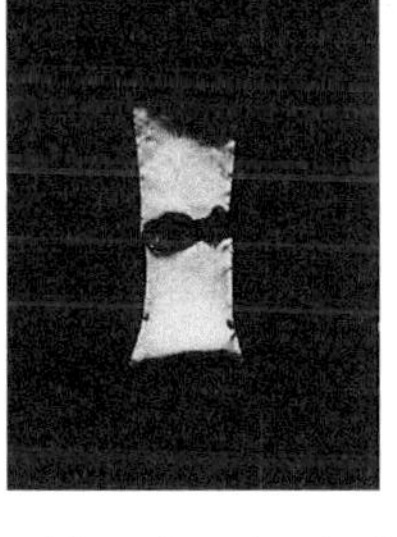

Bild 6.29 Verformungsmechanismen bei zur Craze-Bildung führenden Zugspannungen (oben) und Scherbandbildung (unten)
[nach Breuer, BASF]

annähernd kugelförmigen Sphäroliths zu einem Ellipsoid, bei der die Ausgangsstruktur weitgehend erhalten bleibt.

In Bild 6.30 a) ist ein Sphärolith im Ausgangszustand dargestellt, in b) ist der Sphärolith um 50 % gedehnt. Nach Entfernen der Belastung relaxiert der in diesem Fall um 40 % gedehnte Sphärolith und erreicht, wie c) zeigt, wieder den Ausgangszustand. Selbst nach einer Dehnung um 80 %, d) wird der Ausgangszustand nach e) nahezu wieder erreicht [93].

Bei der *inhomogenen* (E: inhomogenous) Verformung werden die senkrecht zur Zugrichtung liegenden Sphärolithbereiche irreversibel verstreckt, Bild 6.33 d) und e) im Detail, während die im Scheitelbereich gelegenen Teile wie bei der homogenen Verformung nur reversibel gedehnt werden, Bild 6.31.

In ein- und derselben Probe können homogene und inhomogene Verformungen auftreten. Liegen die inhomogen verformten seitlichen Sphärolithbereiche neben den homogen verformten Scheitelbereichen, sind die i. A. schwächeren, schmalen amorphen Bereiche zwischen den Sphärolithen häufig nicht in der Lage, die großen Deformationsunterschiede auszugleichen, die sich zwischen benachbar-

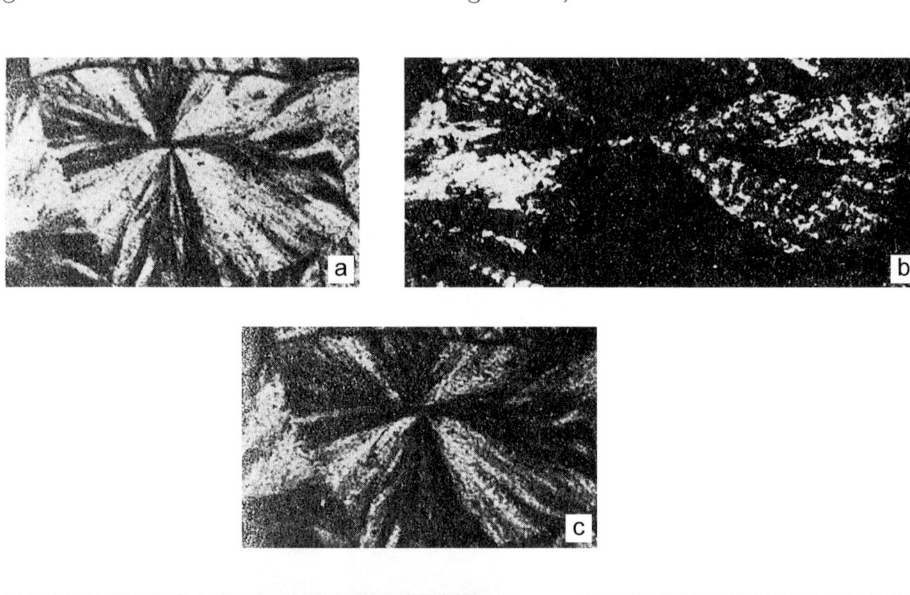

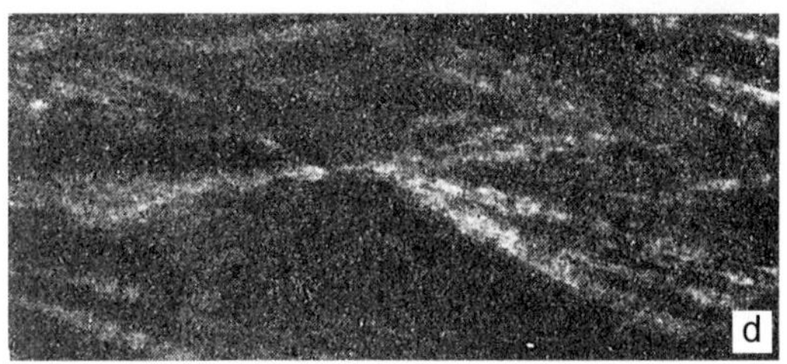

Bild 6.30 Verformung und Relaxation von Sphärolithen in dünnen Filmen aus Polybuten (PB)
a) Originalzustand b) um 50% gedehnt
c) relaxiert nach Dehnung um 40% d) um 80% gedehnt
e) relaxiert nach Dehnung um 80%
(Lichtmikroskopische Aufnahme im polarisierten Licht)

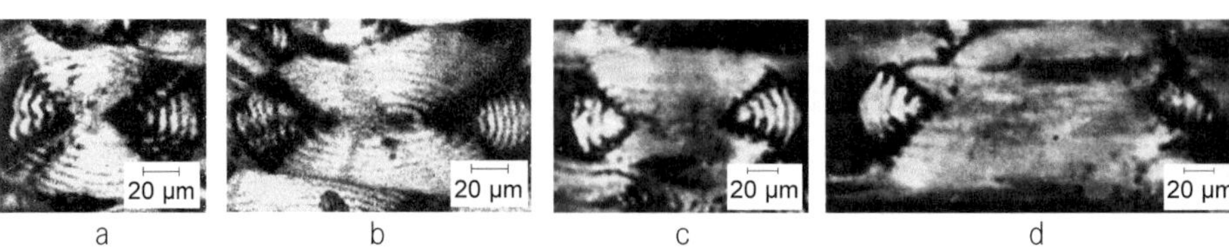

Bild 6.31 Verformung von Polyethylen-Sphärolithen in dünnen Filmen im polarisierten Licht [46]
a) unverformt b) homogen verformt
c) inhomogen verformt d) stark inhomogen verformt

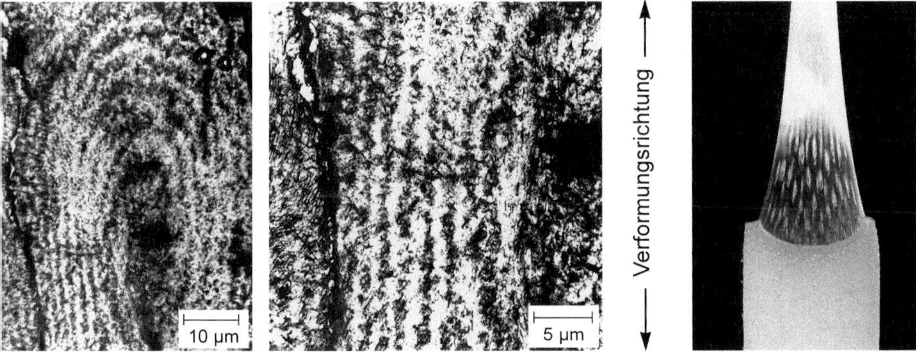

Bild 6.32 Mikrorissbildung zwischen Polyethylen-Sphärolithen im Bereich homogener Verformung
rechts: vergrößerter Ausschnitt [46]

ten gegeneinander versetzten Sphärolithen ergeben. Es kommt weit vor der inhomogenen Verformung aufgrund der hohen Scherung zu den in Bild 6.32 gezeigten Mikrorissen in Beanspruchungsrichtung und damit zu irreversiblen Schädigungen. Die Risse führen wegen der Lichtbrechung an den Bruchstellen zu einem sog. Weißbruch, wie er in Bild 6.35 besonders bei Polypropylen (PP) zu erkennen ist.

Bei einer lamellenförmigen Struktur, wie sie Bild 4.9, Bild 4.15 und Bild 6.33 zeigen und wie sie in ähnlicher Weise auch bei den die Sphärolithe bildenden Faltungsblöcken entsprechend Bild 4.19 und Bild 6.32 angenommen werden kann, wechseln sich kristalline und amorphe Bereiche ab. An verstreckten Fasern, bestehend aus kristallinen Lamellen und dazwischen liegenden, amorphen Bereichen, wurden die in Tabelle 4.2 angegebenen Elastizitätsmoduln senkrecht und parallel zur Faserachse gemessen.

Fällt die Kettenrichtung in den Faltungsblöcken mit der Belastungsrichtung zusammen, kann nach [34] angenommen werden, dass sich zunächst die weicheren, amorphen Bereiche verformen, wie es in Bild 6.33 dargestellt ist. Wenn die amorph angeordneten Ketten gestreckt sind b), beginnen sich die Lamellen so zu verschieben, dass sich ihre Ketten zunehmend in Richtung der Beanspruchung orientieren, c). Bei weiterer Belastung werden einzelne Faltungsblöcke aus den Lamellen herausgezogen, d). Es bilden sich einzelne, voneinander getrennte Fibrillen, e), die durchaus noch untereinander zusammenhängen können. Diese Auflösung in sog. Mikrofibrillen wird vielfach nicht bestätigt und für wenig wahrscheinlich gehalten, da interfibrillare Molekülketten den Zusammenhalt bewirken [95, 96].

Bild 6.33 zeigt links unten den Ultradünnschnitt durch einen PE-HD-Faden mit mehr oder weniger senkrecht zur Fadenrichtung verlaufenden Lamellen. Die starke Verzugsorientierung im Vergleich zu einer aus gleichem Material gepress-

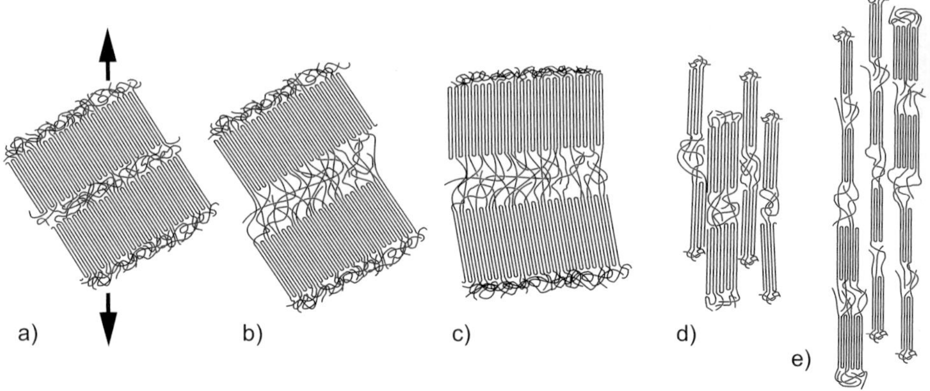

a) Ausgangszustand
b) Strecken der amorphen Bereiche
c) Verschiebung der kristallinen Lamellen
d) Auflösen in einzelne Faltungsblöcke
e) Bildung einzelner Mikrofibrillen

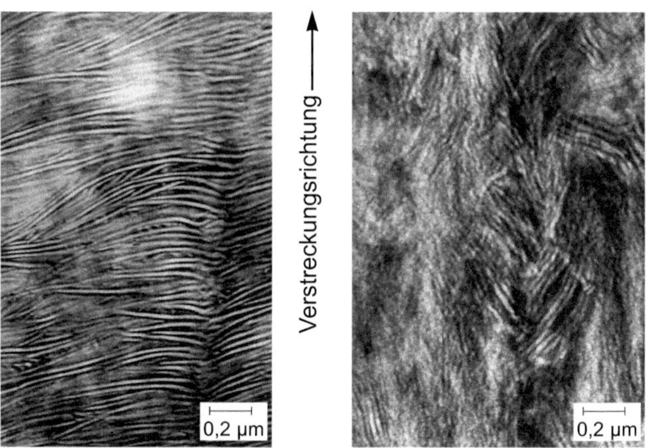

Bild 6.33 Verstrecken von Lamellen mit zwischengelagerten amorphen Bereichen
oben: Modellvorstellung [34, 88, 94]
unten: Elektronenmikroskopische Aufnahme eines Ultradünnschnittes [95]
links: Schnitt durch unverstreckten PE-HD-Faden, Fadenrichtung parallel zum Seitenrand mit Shish-Kebab-Struktur in der rechten Bildhälfte
rechts: sechsfach verstreckter Faden mit verschobenen Lamellen und deren Auflösung in einzelne Kristallitblöckchen

ten Probe, wie sie in Bild 4.15 rechts dargestellt ist, ist wahrscheinlich darauf zurückzuführen, dass beim Durchpressen durch die Düse und dem anschließenden Abziehen eine Vorzugsorientierung der Ketten auftritt. Darauf deutet auch die Shish-Kebab-Struktur hin, die bei beschleunigter Dehnströmung in der Düse entstehen kann. Die mittlere Lamellendicke beträgt 20 nm. Der sechsfach verstreckte Faden in Bild 6.33 unten rechts zeigt eine große Inhomogenität. Einzelne

Lamellenpakete sind schräg verschoben, andere beginnen sich schlierenhaft aufzulösen. Es überwiegt die Auflösung in einzelne Kristallitblöcke aus Zustand c) in Zustand d). Die Auflösung in einzelne Mikrofibrillen im Zustand e) ist nicht erkennbar.

In Bild 6.34 ist das Auflösen eines zusammenhängenden, lamellenförmig geschichteten Polyethylen in einzelne Makrofibrillen durch Verstrecken dargestellt. Im Gegensatz zu Bild 6.33 werden die Faltungsblöcke mit senkrecht zur Kraftwirkung liegenden Ketten vollständig umorientiert. Einzelne Abschnitte der Faltungsblöcke werden an Schwachstellen getrennt und so umgelagert, dass die Ketten in der Hauptschubspannungsrichtung liegen (B). In dieser Lage kommt es zu Verschiebungen und Abgleitungen. Es entstehen einzelne Blöcke (C) mit einer größeren Anzahl durchlaufender Ketten. Die lokal stark beschränkte Deformation in den Bereichen B und C ist von einer erheblichen Temperaturerhöhung begleitet, die Umlagerungs- aber auch Neuordnungsprozesse erleichtert. Wegen der schlechten Wärmeleitfähigkeit der Polymer-Werkstoffe und den starken Temperaturschwankungen des Verformungswiderstandes konzentrieren sich die Verschiebungen auf zwei eng begrenzte Bereiche, die Einschnürstellen. Gehalten von der großen Anzahl durchlaufender Ketten werden die einzelnen Blöcke in Beanspru-

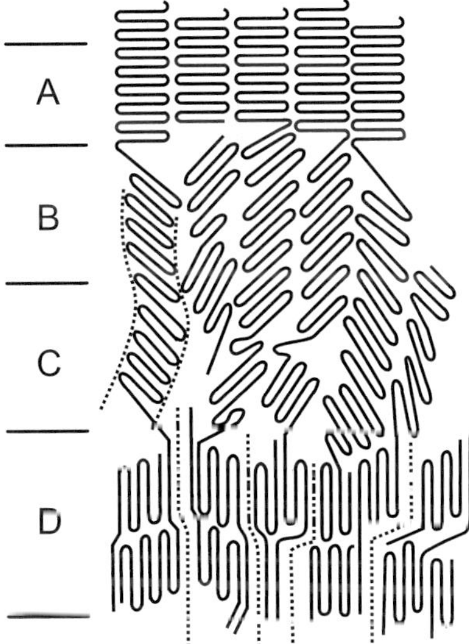

Bild 6.34 Umlagerung von Lamellen beim Verstrecken von Polyethylen-Kristallen zu Makrofibrillen [97]
rechts: Schematische Darstellung [88]
A nicht verformte Lamellen
B Neigung und Verschiebung der Lamellen
C Auflösen der Lamellen in einzelne Blöcke
D Um- und Zusammenlagerung der einzelnen Blöcke zu einer Makrofibrille

chungsrichtung gezogen. Nach der vollständigen Drehung lagern sie die neugeordneten Blöcke zu einer Makrofibrille D zusammen.

Die durch das Abgleiten und Drehen der Blöcke gebildeten starken Einschnürungen zeigt Bild 6.35. Der hohe Anteil der in Belastungsrichtung verlaufenden Ketten führt zu einer hohen Festigkeit der neuen Anordnung, die nur bei sehr viel höheren Belastungen weiter plastisch deformiert werden kann [98]. Die Festigkeit senkrecht zur Verstreckungsrichtung ist wegen fehlender, quer verlaufender Ketten und des i. A. nicht optimalen Kettenabstandes zur Ausbildung physikalischer Bindungen gering.

Die *Einschnürungen* (E: necking) bilden sich nur oberhalb einer kritischen Dehngeschwindigkeit aus, die mit sinkender Verstreckungstemperatur kleiner wird [99]. Dementsprechend kann eine Verformung mit Einschnürung durch Herabsetzen der Dehngeschwindigkeit oder durch Erhöhen der Temperatur in eine Gleichmaß-Dehnung der gesamten Probe übergehen. In den meisten Fällen kommt es wegen der komplizierten, sphärolithischen Überstruktur nicht zu einer vollständigen Auflösung in einzelne Makrofibrillen. Bild 6.35 zeigt im Zugversuch zerrissene Prüfstäbe. Deutlich sind beim Polypropylen (PP) und beim Polyamid 6 (PA 6) die verstreckten Bereiche zu erkennen. Inhomogene Sphärolithverformungen mit Rissbildung in den Sphärolithgrenzen reichen beim Polypropylen (PP) bis weit in

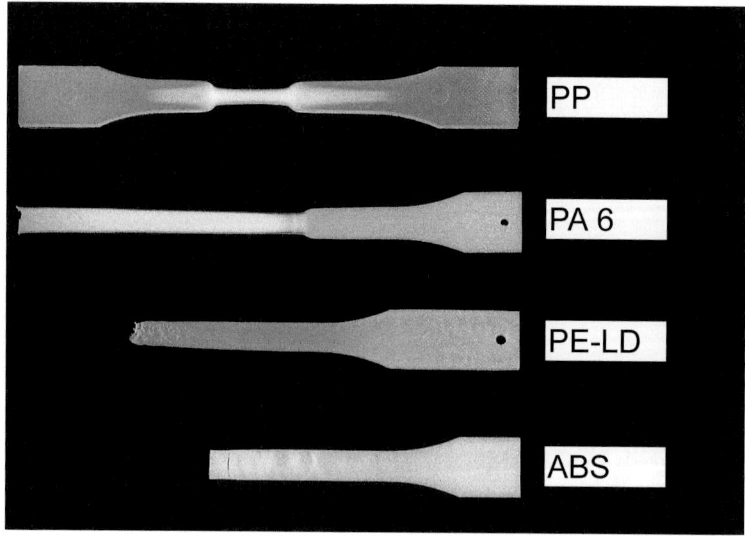

Bild 6.35 Zugproben aus

- hochkristallinem, isotaktischen Polypropylen (PP)
- Polyamid 6 (PA 6)
- niedrigkristallinem verzweigtem Polyethylen (PE-LD)
- amorphem Acrynitril-Butadien-Styrol-Copolymerisat (ABS)

die unverstreckten Bereiche hinein. Beim Polyethylen (PE-LD) verhindern die häufigen Verzweigungen und Verschlaufungen der Ketten, besonders bei hohen Molekulargewichten, eine vergleichbare Umorientierung der von vorneherein gestörten kristallinen Bereiche. Bei Acrylnitril-Butadien-Styrol-Copolymerisat (ABS) mit sperrigen Styrol-Gruppen und gepfropften Kautschukpartikeln (vgl. Bild 4.37 und 4.38) ist eine Verstreckung ausgeschlossen. Es kommt zu der in Bild 6.28 links dargestellten Schubspannungs-Fließzonenbildung, die sich bei PE-LD bereits andeutet.

Die Einschnürung beginnt an der Streckgrenze. Die Länge der eingeschnürten Zonen nimmt mit der Dehnung zu, wie Bild 6.36 schematisch zeigt.

Gezielt werden diese Deformationsvorgänge beim Herstellen von Folienbändchen aus Polypropylen (PP) ausgenutzt, bei denen verstreckte Folien senkrecht zur Verstreckrichtung zu Bändchen aufgerissen werden. Die Festigkeitssteigerungen sind durch Verstrecken im energieelastischen Bereich, auch Kaltverstrecken genannt, wegen des sehr viel höheren Verstreckgrades erheblich größer als durch Molekülorientierungen beim Warmumformen oder Spritzgießen, die sehr viel schneller relaxieren können, wie in Abschn. 6.2.1.1 beschrieben.

Dass Einschnürungen an Bauteilen zum Versagen führen können, zeigt Bild 6.37 für einen Lüfterflügel aus dem für diese Anwendung wegen der hohen Kriechneigung und geringen Steifigkeit weniger geeigneten PE.

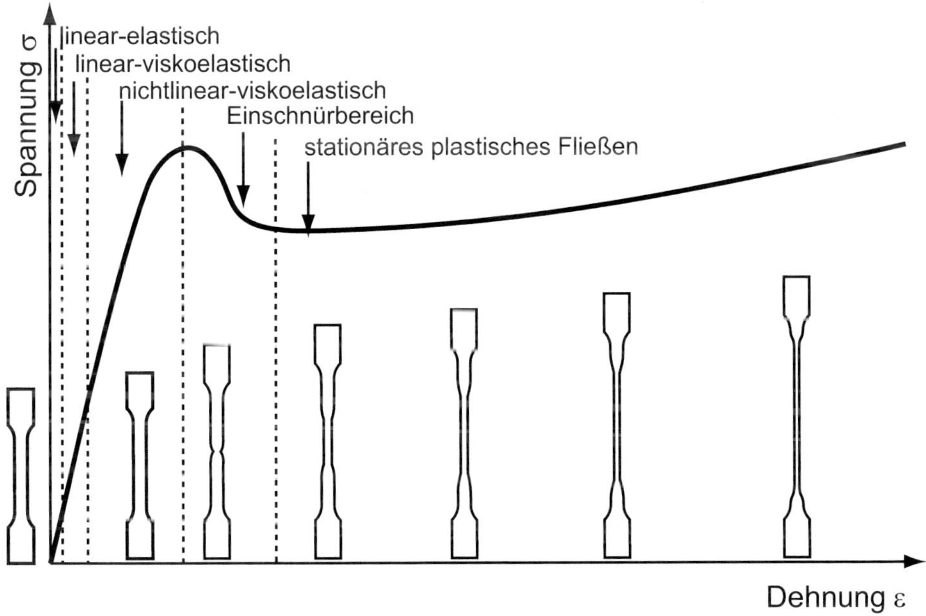

Bild 6.36 Spannungs-Dehnungs-Kurve eines teilkristallinen Thermoplasten mit schematischer Darstellung der Zugprobe in den verschiedenen Bereichen

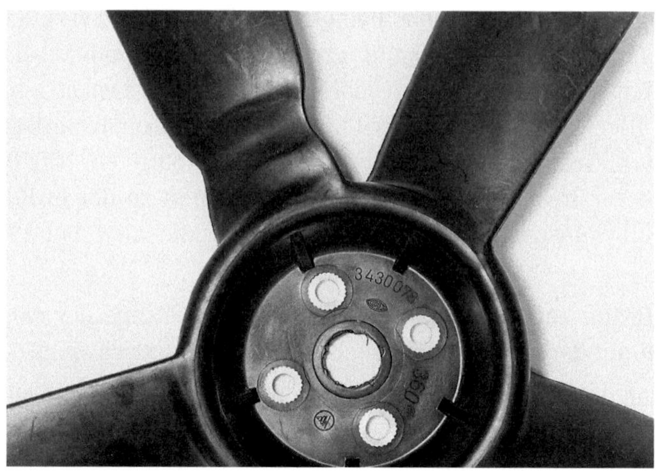

Bild 6.37 Einschnürung an einem Flügel eines PKW-Lüfters aus Polyethylen (PE)

6.1.4 Mehrachsige Beanspruchung (mit Prof. Dr.-Ing. J. Kabelka)

Das Versagen eines Kunststoffs bzw. des daraus gefertigten Formteils wird durch unterschiedliche Erscheinungen gekennzeichnet, z.B. den Beginn des plastischen Fließens, erhöhte Kriechverformung, katastrophalen Gewaltbruch, Versprödung, Crazebildung, Änderung der Transparenz und der Dichtigkeit aufgrund von Rissbildung etc. Dabei hängt die Bewertung häufig vom Einsatzgebiet ab. Es ist daher wichtig, die richtigen Kriterien für das Werkstoffversagen und deren Bedeutung genau zu definieren.

Die Kennwerte für die mechanische Belastbarkeit von Kunststoffen werden meistens an einfachen Probekörpern im einachsigen Zug-, Druck- oder Biegeversuch bestimmt. Selten wird wegen des vergleichsweise großen Aufwands und der schwierigen Versuchsführung (Rohrbeulen statt Materialbruch z.B. am tordierten Rohr) die Schubversagensgrenze gemessen. In der Konstruktionspraxis sind jedoch fast ausschließlich zwei- oder dreiachsig beanspruchte Bauteile zu dimensionieren. Es bedarf daher gesicherter Methoden, die Werkstoffanstrengungen durch den mehrachsigen Beanspruchungszustand durch eine sog. *Vergleichsspannung* σ_V (E: equivalent tension) oder *Vergleichsdehnung* ε_V (E: equivalent stress) auszudrücken, die dann mit dem im einachsigen Versuch bestimmten Kennwert verglichen wird. Ein Versagen tritt ein, wenn der Vergleichswert größer oder gleich diesem gemessenen Kennwert ist. Die mathematische Beschreibung aller möglichen Beanspruchungszustände, die zum Versagen führen, nennt man auch *Versagenskriterien* (E: failure criteria) oder *Versagenshypothesen* (E: failure theories). Sie berücksichtigt die Ursache des Versagens infolge unterschiedlichen Werkstoffverhaltens. Man unterscheidet:

- Spannungshypothesen
- Dehnungshypothesen
- Energiehypothesen

Ausgehend von verschiedenen Vorstellungen über die Versagensursachen sind im Laufe der Zeit eine Reihe von Versagenskriterien formuliert worden. Welches Kriterium das Verhalten der einzelnen Kunststoffe am besten beschreibt, kann nur aufgrund von Messergebnissen und Erfassen der Schädigungsmechanismen beurteilt werden. Da ein genau definierter, dreiachsiger Spannungszustand versuchstechnisch nur mit sehr großem Aufwand zu realisieren ist, begnügt man sich i. A. mit einer zweiachsigen Betrachtung des Versagens.

6.1.4.1 Unverstärkte Kunststoffe

Voraussetzung für die Anwendbarkeit der meisten klassischen Versagenskriterien ist, dass der Werkstoff als isotropes Kontinuum, also als Material mit gleichen Eigenschaften in allen Richtungen betrachtet werden kann. Allerdings kann das Materialverhalten bei Isotropie auch vom Vorzeichen der Belastung abhängen.

Wie aus Tabelle 6.2 jedoch hervorgeht, ist die Druckfestigkeit σ_{dB} von Kunststoffen – mit Ausnahme von faserverstärkten Kunststoffen in Faserrichtung – immer deutlich höher als die Zugfestigkeit σ_{zB}.

Das Versagen eines Kunststoffs bei einachsiger Beanspruchung wird durch drei Spannungswerte gekennzeichnet, in Bild 6.38 schematisch dargestellt:

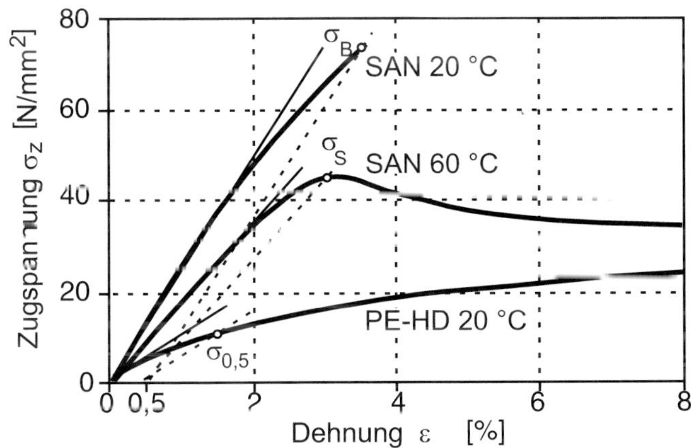

Bild 6.38 Bemessungsspannungen:
Bruchfestigkeit σ_B, Streckspannung σ_S und 0,5 %-Spannung $\sigma_{0,5}$
Die markierten Punkte ergeben sich als Schnittpunkte der Spannungs-Dehnungs-Kurven mit Parallelen zu ihrer Anfangssteigung durch ε = 0,5 % (viskoser + relaxierender Dehnungsanteil)

Kunststoff	Zug σ_{zB} (N/mm²)	Druck σ_{dB} (N/mm²)	Schub τ_B (N/mm²)	σ_{dB}/σ_{zB}	τ_B/σ_{zB}
duktile Kunststoffe					
PS	73	98	50	1,35	0,68
PVC	57	67	41	1,17	0,72
PVC	54	70	37	1,30	0,68
PVC	32	43	21	1,33	0,64
PC	45	54	27,5	1,20	0,61
PC	59	72	38	1,22	0,65
CAB	33	33	19	1,00	0,58
PE	11	14,5	9	1,34	0,86
PP	32	43	27	1,32	0,83
spröde Kunststoffe					
CA	40,5	50	40	1,23	0,98
PVCA	66	83	56	1,29	1,04
EP	78,5	104	51	1,33	0,65
EP	81,5	118	56	1,45	0,69
PMMA	59	83	40	1,40	0,67
PMMA	62	93	43	1,50	0,69
UP	44	131	44	3,00	1,00
PS	25,5	102	40	4,00	1,64
PS	25,5	104	42	4,10	1,57

Tabelle 6.2 Versagenspannungen verschiedener Kunststoffe [100]
σ_{zB} = Zugfestigkeit, σ_{dB} = Druckfestigkeit, τ_B = Schubfestigkeit
Werte ermittelt entsprechend Bild 2.5 und Bild 6.39

- *Bruchfestigkeit* σ_B bei weitgehend sprödem Trennbruch durch den Quotienten aus Bruchlast und ursprünglichem Querschnitt,
- beim deutlichen Verformungsbruch mit Streckgrenze durch die *Streckspannung* σ_S, das ist die Spannung, bei der die Spannungs-Dehnungs-Kurve das erste Mal die Steigung Null aufweist,
- beim deutlichen Verformungsbruch ohne Streckgrenze durch die *Spannung* $\sigma_{0,5}$, bei der der nichtelastische Dehnungsanteil 0,5 % beträgt, gekennzeichnet durch die Schnittpunkte der gestrichelten Gerade (Parallele zur Anfangssteigung der Spannungs-Dehnungs-Kurve durch $\varepsilon = 0{,}5\,\%$) mit der Spannungs-Dehnungs-Kurve [101]. Die Schnittpunkte fallen bei den beiden oberen, hier gewählten

Messkurven mit den beiden ersten, oben bezeichneten Bemessungskennwerten zusammen.

Die reine Zug-, Druck- bzw. Schubbeanspruchung kennzeichnenden Spannungszustände können als Mohrsche Spannungskreise dargestellt werden, Bild 6.39. Bei zweiachsiger Beanspruchung kennzeichnen an diese Kreise tangential angelegte Potenzialkurven, sog. Hüllkurven, den kritischen Versagenszustand nach der Mohrschen Festigkeitshypothese.

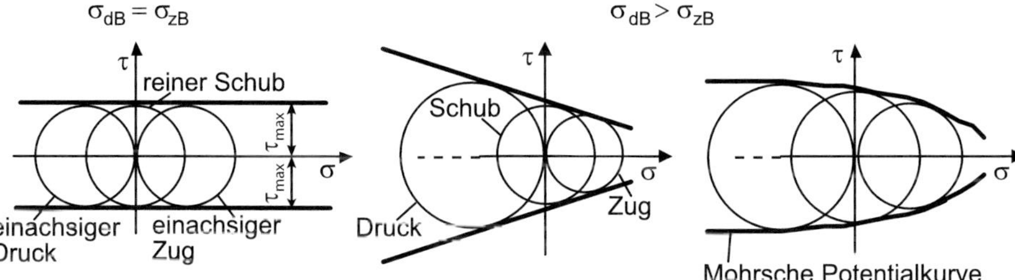

Bild 6.39 Schematische Darstellung der Mohrschen Hypothese im zweidimensionalen Spannungsraum

In der Bemessungspraxis werden diese Kurven mittels einfacher Funktionen beschrieben, bei spröden und duktilen Kunststoffen mit $\sigma_{dB} > \sigma_{zB}$ durch geneigte Geraden oder approximierte Parabeln und bei duktilen Kunststoffen mit $\sigma_{dB} = \sigma_{zB}$ durch Parallelen zur σ-Achse.

Im dreidimensionalen Spannungsraum werden die kritischen Spannungszustände durch die umhüllenden Flächen der sog. Bruchkörper charakterisiert, Bild 6.40.

Für das *parabolische Versagenskriterium* gilt:

$$\sigma_V = \frac{m-1}{2\,m}(\sigma_1 + \sigma_2 + \sigma_3) \pm \sqrt{\frac{(m-1)^2}{4\,m^2}(\sigma_1 + \sigma_2 + \sigma_3)^2 + \frac{1}{2\,m}\left[(\sigma_1 - \sigma_2)^2 + (\sigma_2 - \sigma_3)^2 + (\sigma_3 - \sigma_1)^2\right]} \tag{6.13}$$

mit $m = \sigma_{dB}/\sigma_{zB} < 3$ und σ_1, σ_2, σ_3 als Hauptnormalspannungen. Ähnlich ist das *konische Versagenskriterium*:

$$\sigma_V = \frac{1}{2\,m}\left[(m-1)(\sigma_1 + \sigma_2 + \sigma_3) - \frac{1+m}{\sqrt{2}}\sqrt{(\sigma_1 - \sigma_2)^2 + (\sigma_2 - \sigma_3)^2 + (\sigma_3 - \sigma_1)^2}\right] \tag{6.14}$$

Beide Kriterien stimmen für m = 1 mit dem Kriterium der größten Gestaltsänderungsarbeit überein, das auch als *HMH-Kriterium* (Huber, von Mises, Hencky) bekannt ist:

$$\sigma_V = \frac{1}{\sqrt{2}}\sqrt{(\sigma_1 - \sigma_2)^2 + (\sigma_2 - \sigma_3)^2 + (\sigma_3 - \sigma_1)^2} \quad (6.15)$$

Der wichtigste Unterschied zum HMH-Kriterium für m ≠ 1 liegt darin, dass nach dem parabolischen und konischen Versagenskriterium allseitiger Zug zum früheren Versagen des Kunststoffs führen kann, während allseitiger Druck in weit höherem Maße ertragen wird.

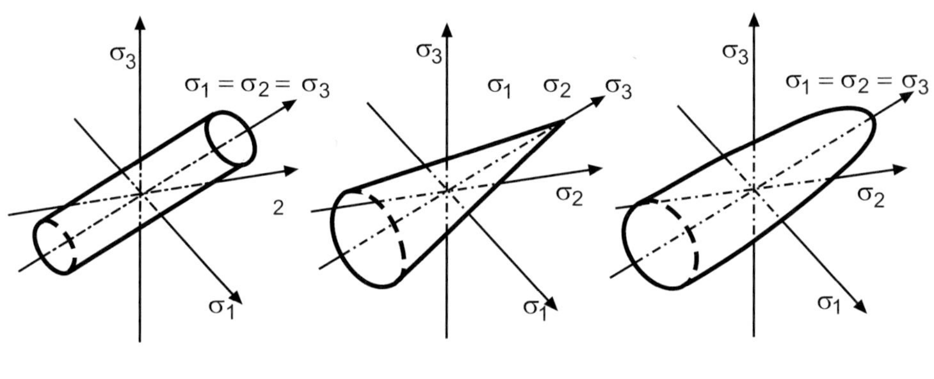

Bild 6.40 Bruchkörper zur schematischen Darstellung verschiedener dreidimensionaler Versagenskriterien [102]

- HMH-Kriterium (Zylinder)
- konisches Kriterium (Kegel)
- parabolisches Kriterium (Paraboloid)

Für den ebenen Belastungsfall sind in Bild 6.41 Messpunkte in zweidimensionaler (Auftragung für die drei oben beschriebenen Bruchkriterien (HMH-Kriterium, konisches und parabolisches Kriterium) dargestellt, deren elliptische Verbindungslinien quasi Schnitte durch diese Körper widerspiegeln.

6.1.4.2 Verstärkte Kunststoffe

Die wichtigsten verstärkten Kunststoffe sind die matten-, gewebe- und rovingverstärkten Gießharze. In den meisten Fällen werden sie in Form von dünnwandi-

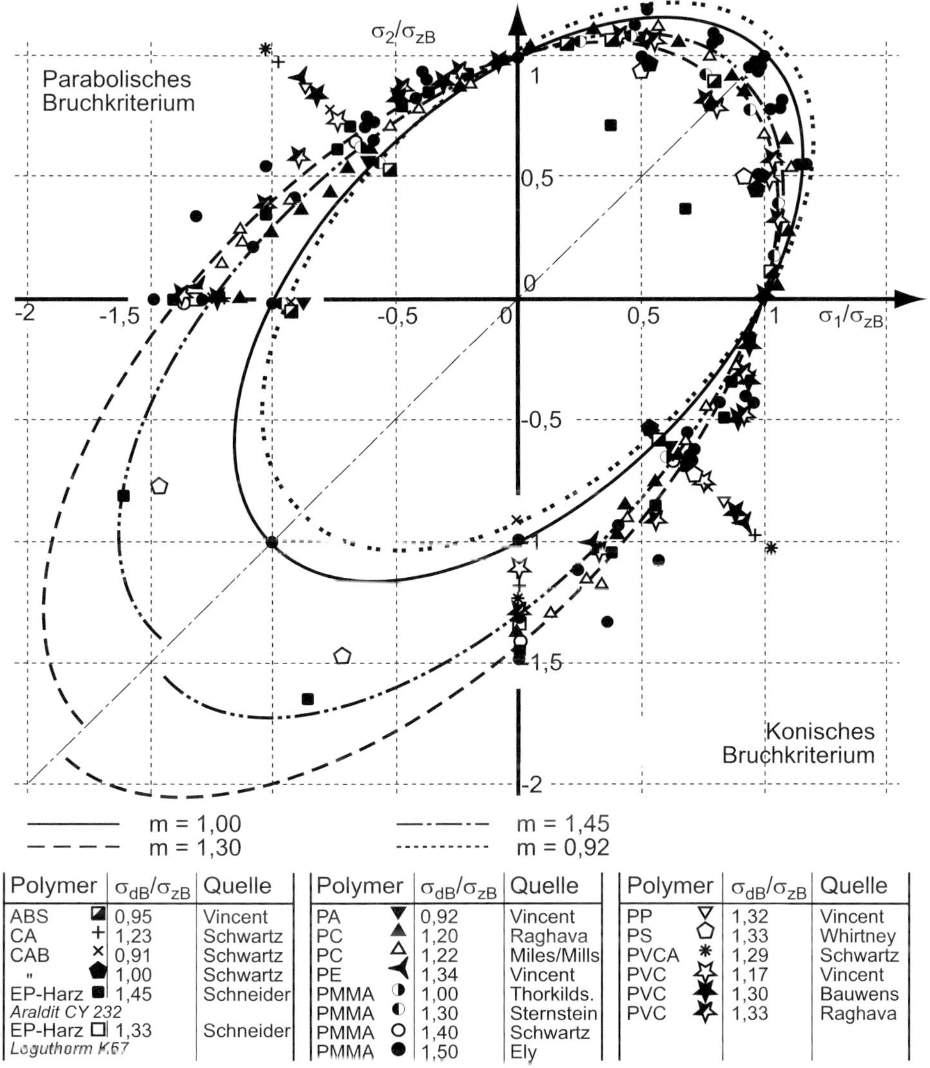

Polymer	σ_{dB}/σ_{zB}	Quelle
ABS ◪	0,95	Vincent
CA +	1,23	Schwartz
CAB ×	0,91	Schwartz
" ⬟	1,00	Schwartz
EP-Harz ■ *Araldit CY 232*	1,45	Schneider
EP-Harz □ *Legutherm K67*	1,33	Schneider

Polymer	σ_{dB}/σ_{zB}	Quelle
PA ▼	0,92	Vincent
PC ▲	1,20	Raghava
PC △	1,22	Miles/Mills
PE ◀	1,34	Vincent
PMMA ◑	1,00	Thorkilds.
PMMA ◐	1,30	Sternstein
PMMA ○	1,40	Schwartz
PMMA ●	1,50	Ely

Polymer	σ_{dB}/σ_{zB}	Quelle
PP ▽	1,32	Vincent
PS ⬠	1,33	Whirtney
PVCA ✱	1,29	Schwartz
PVC ☆	1,17	Vincent
PVC ★	1,30	Bauwens
PVC ✫	1,33	Raghava

Bild 6.41 Experimentell bestimmte Versagenswerte und berechnete Bruchkurven für verschiedene Kunststoffe [91, 100, 101, 103–111]
$\sigma_{1,2}$ = Hauptnormalspannung
σ_{zB} = Zugfestigkeit nach Bild 6.38
σ_{dB} = Druckfestigkeit entsprechend

gen, mehrschichtigen Konstruktionselementen verwendet, die in der Ebene in ein oder zwei Richtungen belastet werden. Der Werkstoff befindet sich dabei im ebenen Spannungszustand[51]. Bei einer Schädigungs- oder Festigkeitsanalyse wird die

[51] Unter ebenem *Spannungszustand* versteht man eine Beanspruchung, bei der die senkrecht zu einer Ebene wirkenden Spannungen entfallen.

Beanspruchung der einzelnen Schichten mithilfe analytischer Methoden, wie z. B. der „klassischen Laminattheorie", die gleiche Verformung der fest aufeinander haftenden Schichten in der Werkstoffebene voraussetzt, berechnet und danach ihre Schädigungs- oder Versagensgefahr bewertet.

Wie in Abschn. 6.3.3.2 beschrieben wird, ist das Auftreten einer Schädigung weit unterhalb des Bruchversagens typisch für diese Werkstoffgruppe. Zu den Vorgängen, die den Bruch bewirken, gehören das Reißen von Fasern, das Druckversagen von Fasern durch Ausknicken bei unzureichender Stützung durch die Nachbarbereiche, Kohäsivbruch der Matrix bzw. Adhäsivbruch der Matrix-Faser-Grenzfläche. In fast allen Fällen ist es jedoch möglich, das Festigkeitsverhalten eines *Laminats* (schichtweise aufgebauter Werkstoff, E: laminate) auf die Festigkeitseigenschaften eines UD-Verbundes (d. h. nur in einer Richtung verlaufende Fasern) zurückzuführen. Daher ist das Bruchkriterium für die unidirektional faserverstärkte Einzelschicht (UD-Schicht) das Kernstück einer Bruchanalyse bei Faserverbund-Bauteilen.

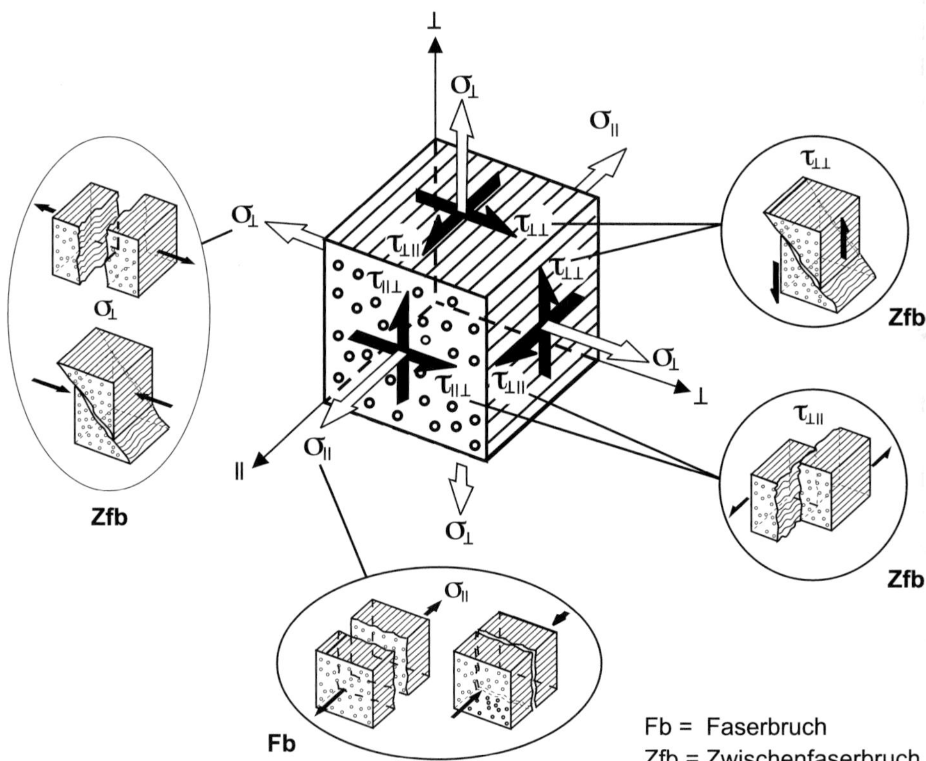

Bild 6.42 Räumlicher Spannungszustand und typische Bruchformen an einem UD-Verbund-Element [115]
∥ = Faserrichtung (längs); ⊥ = senkrecht zur Faserrichtung (quer)
⊥ = Dickenrichtung, ebenfalls senkrecht zur Faserrichtung

Eine UD-Schicht stellt einen sog. orthotropen[52] Werkstoff dar, der sich durch drei zueinander senkrechte Symmetrieachsen $O_{\parallel}$, $O_{\perp}$, $O_{\perp}$ (Faserlängs-, Faserquer- und Dickenrichtung) auszeichnet. Bild 6.42 zeigt die Normalspannungen σ und die Schubspannungen τ, die in einer UD-Schicht auftreten können. In den Bauteilen dominieren die in der Schichtebene wirkenden Spannungen $\sigma_{\parallel}$, $\sigma_{\perp}$ und $\tau_{\parallel\perp}$. Die übrigen Spannungen treten überhaupt nicht auf oder sind in dünnwandigen Konstruktionselementen um eine Größenordnung kleiner als die Spannungen in der Schichtebene.

Die Normalspannungen $\sigma_{\parallel}$ und $\sigma_{\perp}$ können entweder Zugspannungen (positive Werte) oder Druckspannungen (negative Werte) sein. Der Bruchwiderstand, d. h. die Festigkeit des Werkstoffs, ist bei verschiedenen Belastungsweisen unterschiedlich. Somit ergeben sich 4 Festigkeiten $R_{\parallel z}$, $R_{\parallel d}$, $R_{\perp z}$, $R_{\perp d}$[53]. Die Schubspannungen können entsprechend dem im Bild 6.43 angegebenen Richtungssinn positive Werte oder im entgegengesetzten Sinne negative Werte ergeben. Nur wenn die Schubspannungen den Winkel $\alpha = 0$ mit den Orthotropieachsen ($\parallel,\perp,\perp$) bilden, ist die entsprechende Schubfestigkeit $R_{\parallel\perp S}$ vom Beanspruchungssinn unabhängig. Weicht die Richtung der Belastung von den Orthotropieachsen ab, ist die Festigkeit vom Belastungssinn abhängig, wie es Bild 6.43 für den Fall $\alpha = 45°$ veranschaulicht.

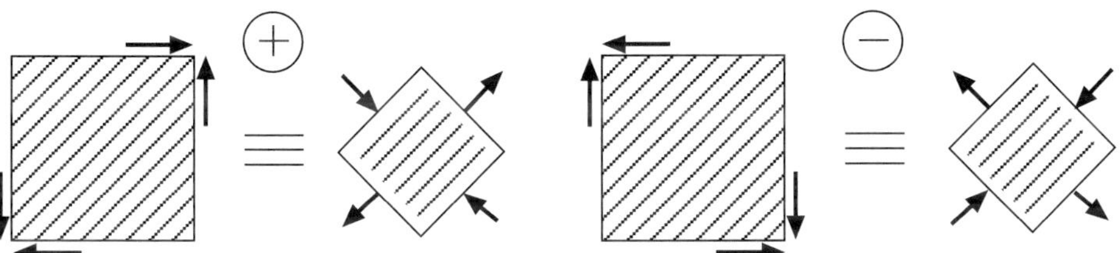

Bild 6.43 Einfluss des Richtungssinns der Schubspannung auf die Schubbelastung

Da in einer UD-Schicht unendlich viele verschiedene Spannungskombinationen auftreten können, ist es notwendig, eine analytische Formulierung zu verwenden, die es gestattet, die Festigkeit vorherzusagen, besonders wenn Festigkeitskenngrößen nur in den Hauptrichtungen des Werkstoffs vorliegen.

Da die Eigenschaften einer UD-Schicht stark richtungsabhängig sind, ist es unmöglich, wie im Falle eines isotropen Werkstoffs eine allgemein gültige Vergleichsspannung zu ermitteln. Ein Versagenskriterium ergibt sich dann in allgemeiner Form als Funktion von wirkenden Spannungen (σ, τ) und charakteristischen Festigkeitskenngrößen (R) [112, 113]:

---

52) *orthotrop* = rechtwinklig zueinander, ungleiche Eigenschaften.

53) Index: $\parallel$ = längs zur Faser, $\perp$ = quer zur Faser, z = unter Zug, d = unter Druck, s = unter Schub. Statt der Kennzeichnung σ_B wird hier die Bezeichnung R gewählt, da dadurch die Zahl der Indices reduziert werden kann.

$$F\,(\sigma_{II}, \sigma_{\perp}, \tau_{II\perp}, R_{IIz}, R_{IId}, R_{\perp z}, R_{\perp d}, R_{II\perp s}) = 1 \tag{6.16}$$

Da eine zunehmende Belastung bei einer UD-Schicht zum Bruch führt, muss die Funktion F im dreidimensionalen Raum σ_{II}, $\sigma_{\perp}$, $\tau_{II\perp}$ eine geschlossene Fläche darstellen. Sie wird daher meistens in Form eines Polynoms angegeben. Wenn man sich nur auf die linearen Elemente der Spannungen beschränkt, entspricht sie der Maximalspannungshypothese. Um das Werkstoffverhalten besser zu beschreiben, wird eine Funktion F mit Gliedern höherer Ordnung verwendet. Dazu benötigt man aber zusätzliche Festigkeitskennwerte, die experimentell gemessen werden müssen. Aus praktischen Gründen beschränkt man sich meistens auf das Polynom zweiter Ordnung. Das Festigkeitskriterium erhält dann eine Form, bei der die linearen Glieder der Schubspannung $\tau_{II\perp}$ entfallen, weil die Schubfestigkeit von deren Richtungssinn in Richtung der Orthotropieachsen unabhängig ist:

$$A_1\,\sigma_{II} + A_2\,\sigma_{\perp} + A_3\,\sigma_{II}^2 + A_4\,\sigma_{\perp}^2 + A_5\,\tau_{II\perp}^2 + A_6\,\sigma_{II}\,\sigma_{\perp} \leq 1 \tag{6.17}$$

Dieses Kriterium wird als „Tsai-Wu-Kriterium" bezeichnet [112]. Mit Ausnahme von A_6 lassen sich die anderen Koeffizienten aufgrund bei einachsiger Beanspruchung ermittelter Festigkeiten bestimmen. Für A_6 wird als näherungsweiser Wert empfohlen:

$$A_6 = \left(R_{IIz}\,R_{IId}\,R_{\perp z}\,R_{\perp d}\right)^{-\frac{1}{2}} \tag{6.18}$$

Für die anderen Koeffizienten gilt:

$$\begin{aligned} A_1 &= R_{IIz}^{-1} - R_{IId}^{-1} & A_2 &= R_{\perp z}^{-1} - R_{\perp d}^{-1} \\ A_3 &= \left(R_{IIz}\,R_{IId}\right)^{-1} & A_4 &= \left(R_{\perp z}\,R_{\perp d}\right)^{-1} \\ A_5 &= R_{II\perp s}^{-2} \end{aligned} \tag{6.19}$$

Die durch Gleichung 6.16 beschriebene Bruchfläche stellt ein Ellipsoid dar, das zur Ebene $\tau_{II\perp} = 0$ symmetrisch ist. Die Größe des Koeffizienten A_6 entscheidet über die Abweichung der Ellipsoidenhauptachse von den Koordinatenachsen σ_{II} und $\sigma_{\perp}$.

Das Tsai-Wu-Kriterium impliziert als Voraussetzung, dass der Werkstoff bei jedem beliebigen Spannungszustand durch den gleichen Bruchmechanismus versagt, was bei den Faserverbundkunststoffen aber nicht der Fall ist. Nachteile zeigt die Tsai-Wu-Bruchbedingung z. B. bei einer Schädigungsanalyse von Faserverbund-Kunststoffen, wenn erste Risse schon weit unterhalb des Bruchversagens auftreten, Bild 6.44.

Im Gegensatz zu Stahlteilen kann bei Faserverbund-Kunststoffen ein Überschreiten der Rissbildungsgrenze zugelassen werden, weil diese schon bei verhältnis-

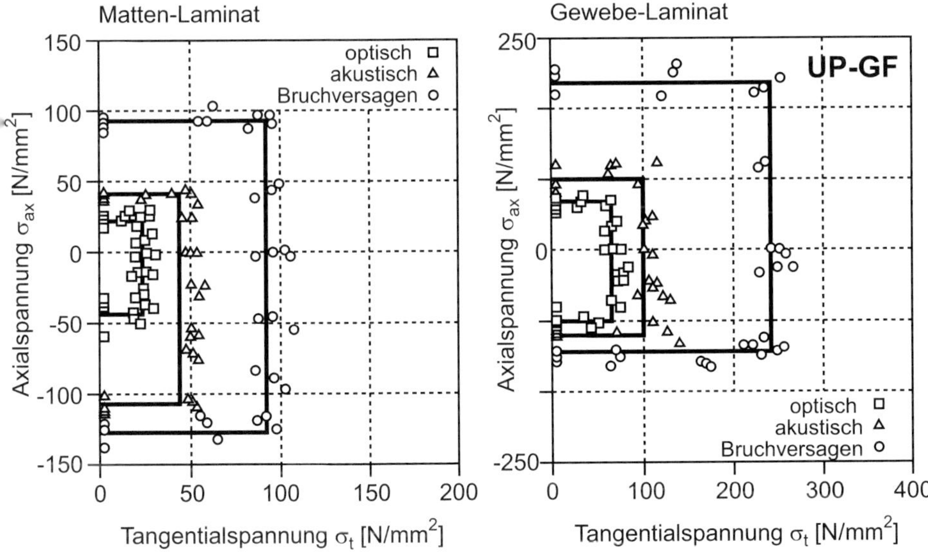

Bild 6.44 Optisch und akustisch gemessene Schädigungen und Bruchversagen an Rohren aus Matten- und Gewebelaminaten (UP-GF) unter zweiachsiger Beanspruchung [114]

mäßig niedrigeren Belastungen erreicht wird. Die ersten Risse verlaufen entlang der Fasern senkrecht zur einwirkenden Zugspannung als Matrix- oder Matrix-Faser-Grenzflächen-Brüche. Sie werden zusammenfassend als *Zwischenfaserbrüche* (E: failure between fibers) bezeichnet.

Solange eine bestimmte Rissdichte nicht überschritten wird, bleiben die Bauteile noch funktionsfähig. Erst wenn gehäuft Faserbrüche auftreten, verliert die Verbundstruktur ihre Tragfähigkeit. Aufgrund der Rissbildung wird lokal die Steifigkeit in der Verbundstruktur herabgesetzt, was zur Änderung des inneren Spannungsfeldes führt und sich in einem Abfall der Gesamtsteifigkeit des Verbundwerkstoffs äußert.

Zur exakteren Analyse dieser Form von Schädigung sind genaue Bruchhypothesen nötig, die auch den Einfluss der Rissbildungs- oder Bruchart berücksichtigen. Eine verbesserte Festigkeitshypothese hat z.B. Puck [115] vorgestellt, die eine genauere Beschreibung des Werkstoffverhaltens im Druckbereich im $\sigma_{\perp}$-$\tau_{\|\perp}$-Spannungsfeld ermöglicht, Bild 6.45.

Es zeigt sich, dass der Bruchvorgang bei verschiedenen Bruchmechanismen auf jeweils unterschiedlichem Beanspruchungsniveau verläuft und die Bruchfläche mit verschiedenen Funktionen in einzelnen Bereichen beschrieben werden muss. Die Gesamtbruchfläche ist nicht mehr ein „glattes" Ellipsoid. Sie wird aus mehreren Teil-Bruchflächen zusammengesetzt.

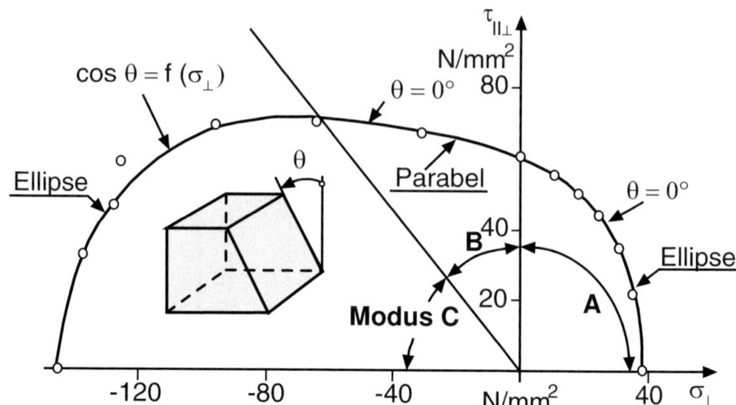

Bild 6.45 Festigkeitsgrenzkurve mit Messergebnissen und Bereichen verschiedener Brucharten bei einem Glasfaser/Epoxid-UD-Verbund im $\sigma_\perp$-$\tau_{\parallel\perp}$-Diagramm [115].

Die Untersuchungen haben aber auch gezeigt, dass der Einfluss von Schubspannungen $\tau_{\parallel\perp}$ bei hohen Werten der Spannung $\sigma_\parallel$ recht klein ist. Das verursacht ein „Abstumpfen" des ursprünglichen Ellipsoids an den größten Achsen. Die sich ergebende Bruchfläche wird in Bild 6.46 veranschaulicht.

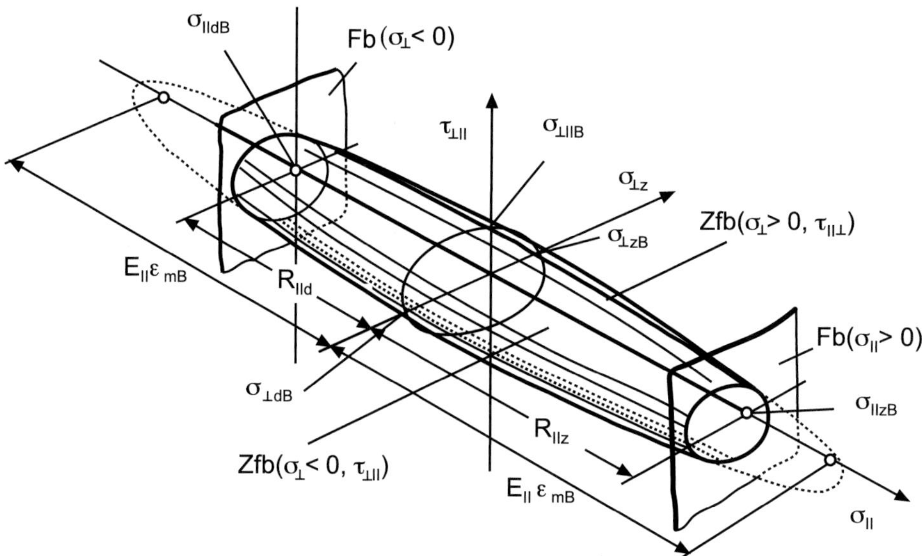

Bild 6.46 Schematische Darstellung des Bruchkörpers einer UD-Schicht mit Bereichen von Faserbruch (Fb) und Zwischenfaserbruch (Zfb) [115] (ε_{BM} = Matrixbruchdehnung)

6.2 Orientierungen und Eigenspannungen

6.2.1 Orientierungen

Technische Formgebungsprozesse erzwingen während der Verarbeitung, z. B. in der Schmelze beim Spritzgießen oder Extrudieren, im gummielastischen Zustand beim Warmumformen oder auch im festen Zustand beim Verstrecken *Molekülorientierungen* (E: molecular orientation), die reversibel oder aber auch irreversibel sein können. Derartige Orientierungen sind immer mit Formänderungen der Moleküle verbunden. Während bei Thermoplasten eine Formgebung ohne Orientierungseffekte nur mit erheblichem Aufwand möglich ist, erfolgt bei Duroplasten die Bildung der Ketten erst während und nach dem Formgebungsprozess, so dass kaum Orientierungen aufgebaut werden können. Bei weitmaschig vernetzten Elastomeren können die Molekülketten zwischen den Vernetzungspunkten verstreckt werden, Bild 6.47.

Es ist zwischen reversiblen und irreversiblen Molekülorientierungen zu unterscheiden. Reversible Molekülorientierungen bilden sich nach dem Aufheben der sie bewirkenden Kräfte bzw. Verformungen zurück, solange sie nicht durch Abkühlen eingefroren werden. Reversible Orientierungen dürfen nicht mit elastischen Verformungen verwechselt werden, da letztere nur auf Änderung der Valenzwinkel und der Valenzabstände beruhen. Im gummielastischen, und noch leichter im Schmelzezustand, lassen sich die Ketten wegen der mehr oder weniger schnellen Umlagerungsmöglichkeiten von Molekülabschnitten schnell orientieren. Wegen des Bestrebens nach Verknäuelung versuchen sich diese Orientierungen aber wieder zeitabhängig aufzulösen. Da Orientierungen auch mit irreversiblen Umlagerungen verbunden sind, kann der Ausgangszustand selten wieder erreicht werden. Die irreversiblen Umlagerungen sind umso größer, je höher die Temperatur und je länger die Einwirkzeit ist. Orientierungen sind mit Eigenspannungen verbunden, die wegen des niedrigen E-Moduls in diesen Zustandsbereichen aber nur gering sind.

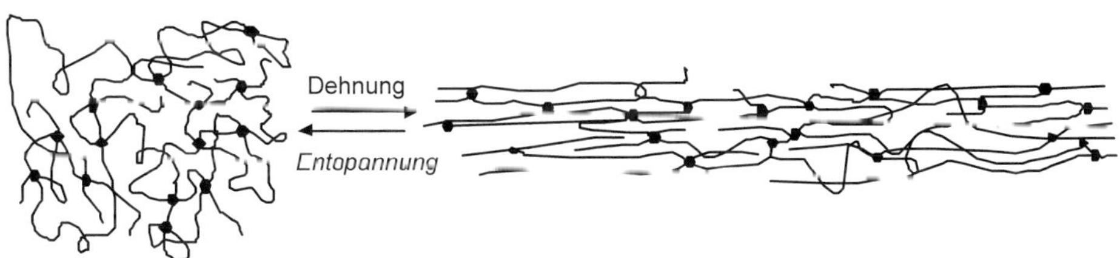

Bild 6.47 Verstrecken von Kettenabschnitten eines Knäuels zwischen Vernetzungspunkten bei Elastomeren [25]

6.2.1.1 Eingefrorene, irreversible Molekülorientierungen

Werden Molekülorientierungen oberhalb der Glasübergangstemperatur aufgebracht und schnell abgekühlt, frieren sie ein und werden irreversibel. Dadurch wird das Materialverhalten anisotrop, d. h. in Orientierungsrichtung nehmen Festigkeit, Steifigkeit und Wärmeleitung zu, Wärmeausdehnung und Bruchdehnung dagegen ab. Der Grad der Orientierung wird durch die Art der Strömung beeinflusst. *Dehnströmungen* (E: elongational flow) orientieren die Ketten etwa 100 mal so stark wie *Scherströmungen* (E: shear flow), Bild 6.48.

Dehnströmungen treten auf, wenn eine Schmelze gedehnt wird, z. B. in einer sich verengenden Düse schneller fließt. In einer beschleunigten Dehnströmung kann es sogar zur Streckung von Makromolekülen kommen. Die stets gleichzeitig auftretenden Scherströmungen überwiegen im wandnahen Bereich, wenn die in ein Werkzeug einströmende Schmelze an der kühleren Werkzeugwand anhaftet und in ihrem Inneren frei strömt. Eine Abkühlung der Schmelze erhöht die Viskosität, was wiederum die Molekülorientierung verstärkt und deren Rückbildung behindert. Der Einfluss der Schmelzetemperatur auf den Grad der Molekülorientierung geht aus Bild 6.48 hervor. Stäbe (50 · 6 · 4 mm) aus Polystyrol (PS) wurden bei gleichbleibender Werkzeugtemperatur, aber unterschiedlicher Schmelzetemperatur gespritzt. Je geringer die Differenz zwischen Schmelze- und Einfriertemperatur ist, desto mehr Orientierungen werden durch den Formgebungsprozess hervorgerufen.

Da die *Werkzeugtemperatur* (E: mold temperature) niedriger war als die Schmelzetemperatur, erfolgte die Abkühlung in den Randzonen am schnellsten. Das Innere der Probe wird durch die randnahen Kunststoffbereiche thermisch isoliert. Die Molekülorientierungen können sich stärker zurückbilden. Es werden weniger Orientierungen eingefroren. Je mehr und stärkere Orientierungen eingefroren wer-

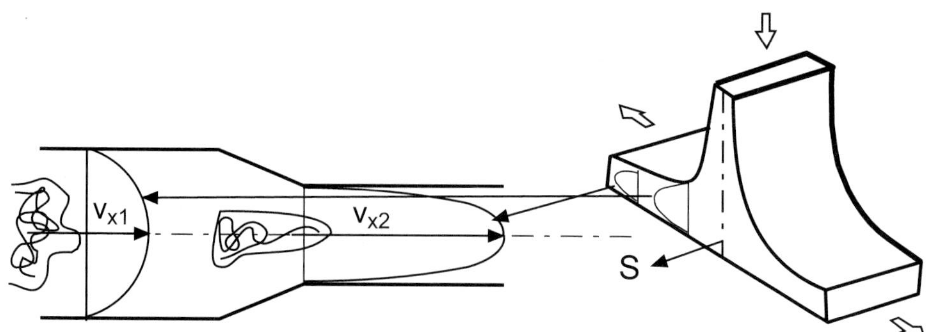

Bild 6.48 Düse und Staupunkt mit Dehnströmung im Inneren und Scherströmung im Werkzeug-Randbereich [116]
links: Düsengeometrie
rechts: S = Staulinie (Strömungsstillstand) einer Prallströmung

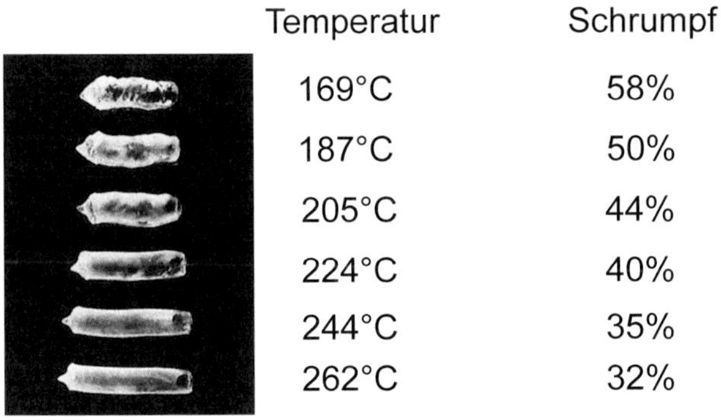

Temperatur	Schrumpf
169°C	58%
187°C	50%
205°C	44%
224°C	40%
244°C	35%
262°C	32%

Bild 6.49 Schrumpfung von Stäben aus Polystyrol (PS) nach Erwärmen über die Erweichungstemperatur, die bei verschiedenen Massetemperaturen spritzgegossen wurden [117]

den, desto größer ist die durch die Rückknäuelung bedingte Schrumpfung bei Wiedererwärmung über den Erweichungsbereich hinaus, Bild 6.49.

Die durch die *Entorientierung* (E: randomization) der Moleküle oberhalb der Einfriertemperatur hervorgerufenen geringen Spannungen bezeichnet man als *Orientierungsspannungen* (E: stress due to orientation). Wegen der geringen Wärmeleitfähigkeit der Kunststoffe ist die orientierte Zone bei normalen Verarbeitungstemperaturen nur auf die werkzeugwandnahen Bereiche beschränkt und daher sehr schmal. Hier herrschen ausschließlich Scherspannungen.

Fräst man nach dem Einfrieren der Orientierungen die dünnen, stark orientierten Randschichten ab, so ergibt sich beim Erwärmen in den gummielastischen Bereichen die in Bild 6.50 dargestellte Verformung der Proben. Die Schrumpfung

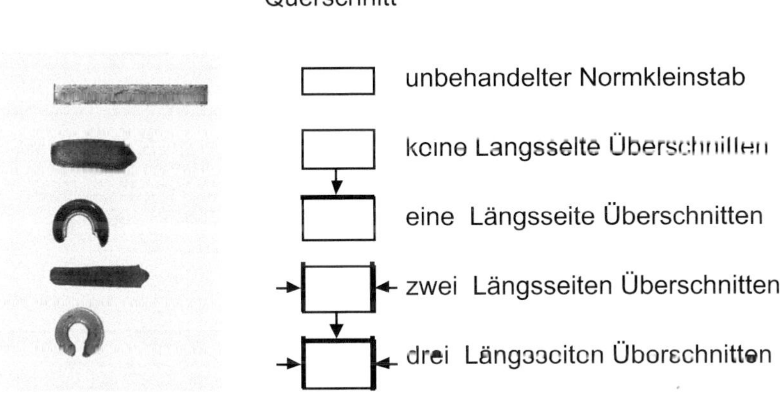

Bild 6.50 Verformung längsseitig überschnittener Stäbe (50 × 6 × 4 mm) aus Styrol-Acrylnitril-Copolymerisat (SAN) nach Erwärmung über die Erweichungstemperatur hinaus [117]

ist am stärksten, wenn keine Randzone entfernt wird. Ein Überschneiden von einer oder drei Längsseiten führt zu einem starken Verzug.

Eine Orientierung der Moleküle bedeutet eine größere Anzahl von Ketten je Querschnittsfläche und damit eine Erhöhung der Festigkeit und auch des E-Moduls. Senkrecht zur Orientierung nimmt die Festigkeit ab. In Bild 6.51 ist die Änderung der Schlagzähigkeit eines Polystyrols (PS) und eines Styrol-Acrylnitril-Copolymerisats (SAN) aufgrund einer Molekülorientierung in Abhängigkeit von der Lage des Probekörpers zur Fließrichtung der Schmelze aufgetragen. Den Zustand ohne jede Molekülorientierung bezeichnet man als Grundniveau (gestrichelte Linien in Bild 6.51).

Trotz Erhöhung der Temperatur der zu verspritzenden Kunststoffe bis an die Grenze der thermischen Belastbarkeit gelingt es nicht, wie Bild 6.52 für ein Styrol-Acrylnitril-Copolymerisat erkennen lässt, eine Orientierung in Spritzrichtung zu vermeiden. Die Werte liegen alle höher als das Grundniveau, wobei die stärksten Orientierungen bei den niedrigsten Massetemperaturen auftreten.

Bei höheren Temperaturen relaxieren sie während der Abkühlung leichter und schneller. Aus demselben Material gepresste Platten sind nahezu orientierungsfrei. Die an ihnen gemessenen Kennwerte ergeben das sog. Grundniveau der Eigenschaften.

Von Bedeutung ist die Anisotropie der Festigkeit bei mehrachsiger Beanspruchung. Dem Festigkeitsgewinn in Orientierungsrichtung steht ein Verlust senk-

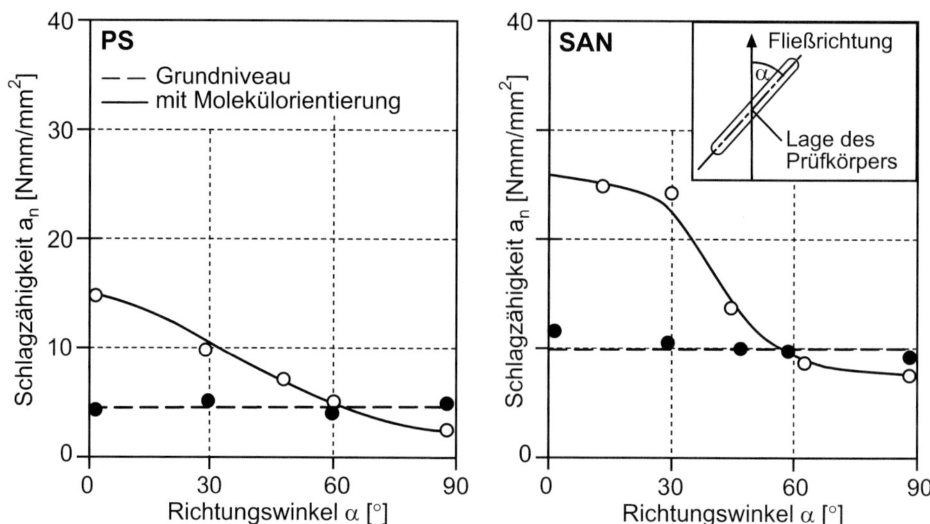

Bild 6.51 Einfluss der Fließrichtung auf die Schlagzähigkeit [117]
links: Polystyrol (PS)
rechts: Styrol-Acrylnitril-Copolymerisat (SAN)

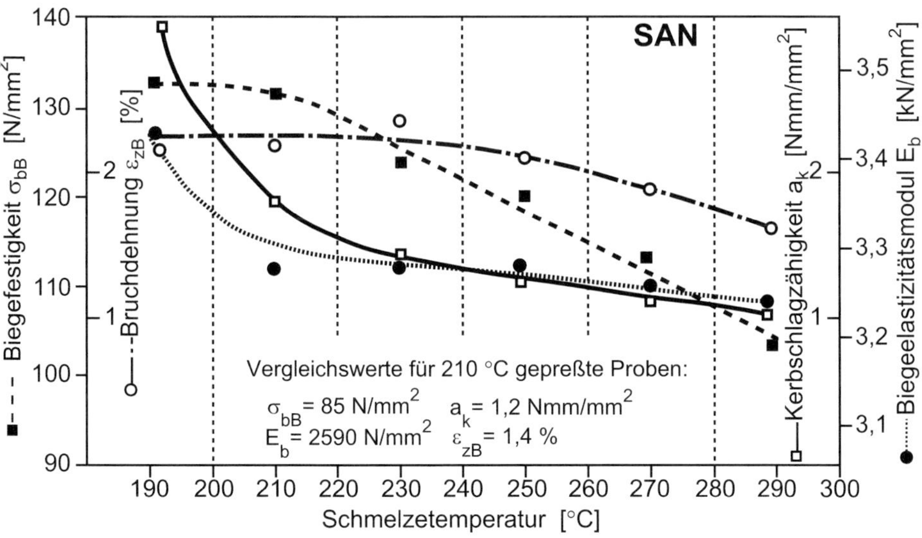

Bild 6.52 Einfluss der Schmelzetemperatur beim Spritzgießen auf mechanische Eigenschaften von Styrol Acrylnitril-Copolymerisat (SAN)

recht dazu gegenüber. Da Orientierungen häufig nicht vermeidbar sind, stellen sie i. A. eine wenig beeinflussbare Schwachstelle im Bauteil dar.

Als Auswirkung einer starken Orientierung zeigt Bild 6.53 den Bruch einer Behälterwand eines geblasenen Formteils aus PE-HD. Die linienförmigen, stark orientierten kristallinen Bereiche ergeben sich durch hohe Scherbeanspruchung beim Extrudieren. Der Bruch verläuft parallel zu den Orientierungen dieses bei zu niedrigen Temperaturen im gummielastischen Bereich geformten Blasteils.

Bild 6.53 Bruch entlang starker Orientierung in der Quetschnaht im Boden eines geblasenen Behälters aus hochmolekularem PE-HD (Mikrotomschnitt in polarisiertem Licht)

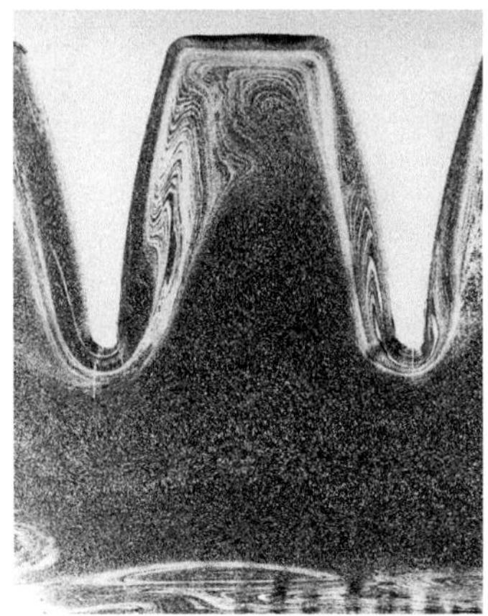
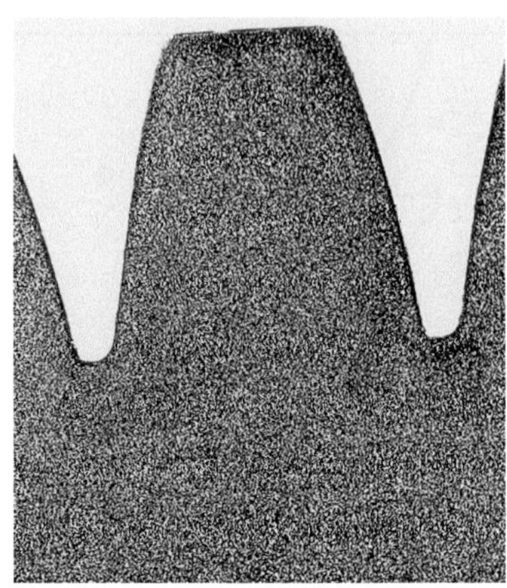

Bild 6.54 Schnitt durch die Zähne eines Zahnrades aus Polyamid 66 (PA 66)
links: zu niedrige werkzeugwandnahe Schmelzetemperaturen ergeben Fließlinien und gering kristalline Randzonen
rechts: einwandfreie Struktur
(Mikrotomschnitt in polarisiertem Licht)

Die *Orientierungen* (Fließlinien, E: flow lines) des mit zu kaltem Werkzeug oder zu geringer Massetemperatur gespritzten Zahnrades aus teilkristallinem PA 66 blieben in der Nähe der kalten Werkzeugoberfläche erhalten, Bild 6.54 links. Im Inneren des Formteils findet wegen der thermischen Isolierung durch den umgebenden Kunststoff dagegen eine Entorientierung statt. Die starken Fließlinien in Bild 6.54 links deuten auf eine hohe Viskosität der nahe der kalten Werkzeugwand zu stark abgekühlten Schmelze hin. Die schnelle Abkühlung führte zur Bildung vieler orientierter Kristallite. Ein Zahn eines bei richtigen thermischen Verhältnissen einwandfrei hergestellten Zahnrades ist in Bild 6.54 rechts dargestellt.

6.2.1.2 Schrumpfkräfte

Außer durch mehr oder weniger beeinflussbare Verarbeitungseinflüsse kann eine Molekülorientierung auch gezielt durch Recken im entropieelastischen Zustand und anschließendes Fixieren durch Einfrieren im energieelastischen Zustand erreicht werden.

Die Stärke der Schrumpfung beim Wiedererwärmen über die Erweichungstemperatur ist vom vorausgegangenen Reckgrad (= Molekülorientierungsgrad) abhängig. Bild 6.55 zeigt Ergebnisse an PS-Proben, die im entropieelastischen Bereich unterschiedlich stark gereckt und dann abgekühlt wurden. Die Schrumpfspannungen sind die flächenbezogenen Kräfte, die fest eingespannte, gereckte Zugproben bei Erwärmung auf die Spannelemente einer Zugprüfmaschine ausüben.

Mit zunehmender Erwärmung werden die molekularen Bewegungen möglich. Die Orientierungen versuchen sich zurückzubilden. Die auf die Spannelemente wir-

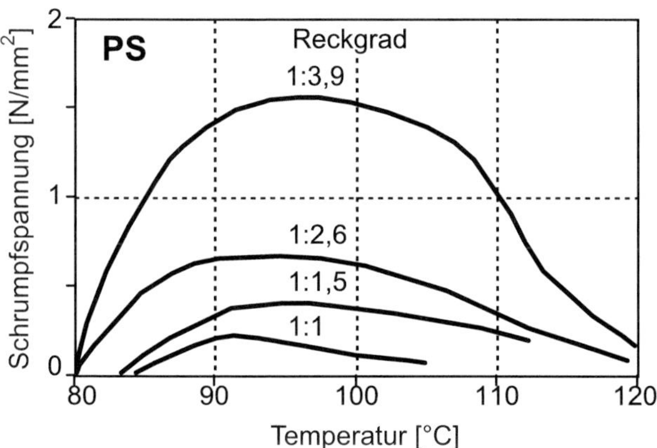

Bild 6.55 Schrumpfspannnungen in Abhängigkeit von der Temperatur von unterschiedlich stark gereckten, 0,5 mm dicken Platten aus PS [86]

kenden Kräfte steigen zunächst mit der Temperatur an, gleichzeitig nimmt deren Relaxation zu und damit nehmen die Schrumpfkräfte wieder ab, wie Bild 6.55 zeigt. Je höher der Reckgrad ist, desto höher ist die maximale Schrumpfspannung.

Praktisch ausgenutzt wird das Einfrieren von Orientierungen und das anschließende Auslösen der Schrumpfung bei den sog. Schrumpffolien. Das zu verpackende Formteil wird in die Folie eingehüllt, diese fixiert und erwärmt. Mit zunehmender Temperatur dehnt sich die Folie zunächst im energieelastischen Bereich, wie Bild 6.56 zeigt (negative Schrumpfung).

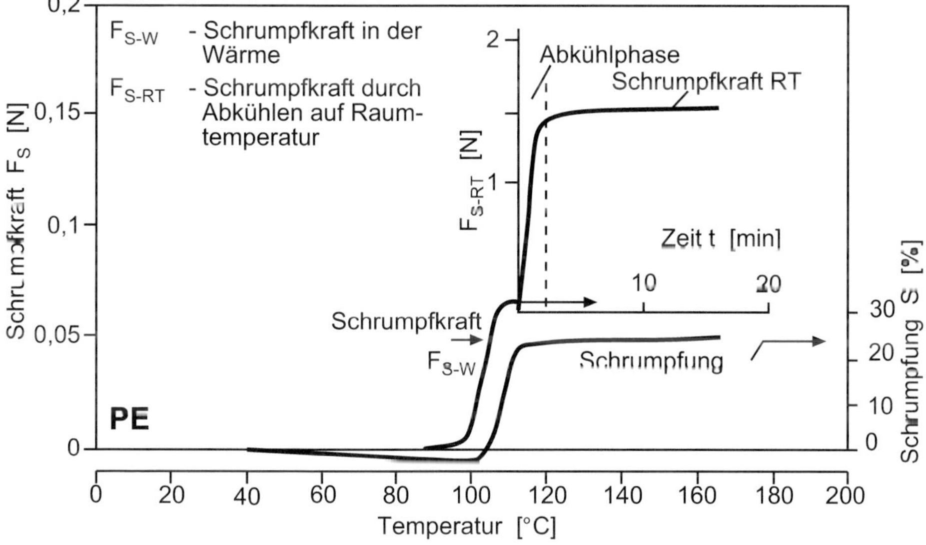

Bild 6.56 Schrumpfkräfte in Abhängigkeit von der Temperatur bei orientierten PE-Folienproben, 15 mm breit, 55 μm dick [118]

Beim Freiwerden der molekularen Bewegungsmöglichkeiten ab ~ 95 °C schrumpft die Folie durch Entorientierung der Makromoleküle und zieht sich zusammen. Nach Erreichen der maximalen Schrumpfung[26a], etwa bei 100 °C, erfolgt die Abkühlung und damit die Fixierung der Folie im energieelastischen Bereich. Mit der Abkühlung erfolgt gleichzeitig eine thermische Kontraktion der Folie. Es entstehen verstärkte Schrumpfkräfte $F_{S\text{-}RT}$. Wegen des im energieelastischen Bereich sehr viel höheren Elastizitätsmoduls sind diese Kräfte deutlich größer als die Schrumpfkräfte, die sich durch Auflösen der Molekülorientierungen im entropieelastischen Bereich ergaben. Diese gewährleisten allerdings ein festes Anliegen der Folie an das zu verpackende Teil, wodurch die thermischen Schrumpfkräfte erst voll zur Wirkung kommen.

Derartige Folien mit Dicken von 20 - 200 µm, je nach Art und Gewicht der Verpackung, werden im Folienblasverfahren oder mit Breitschlitzdüsen im Extrusionsverfahren hergestellt. Die gewünschte zweiachsige Orientierung wird beim Folienblasverfahren durch das gleichzeitige Recken in Abzugsrichtung durch eine Ziehvorrichtung und senkrecht dazu durch das Aufblasen erreicht. Bei der Breitschlitzextrusion folgt nach der Reckung in Extrusionsrichtung durch eine Abzugsvorrichtung eine getrennte Querreckung. Bevorzugt werden teilkristalline Thermoplaste, die sich wegen ihrer schlankeren molekularen Struktur leichter und stärker recken lassen. Innerhalb dieser Gruppe haben die Polyethylene (PE) die größte Bedeutung erlangt.

6.2.1.3 Füllstofforientierungen

Bei glasfaserverstärkten Gießharzen werden die zu Matten, Geweben und Rovings zusammengefassten und fest fixierten Verstärkungen schon beim Einlegen in die Form orientiert. Die Faserorientierungen werden der Richtung der zu erwartenden Belastung angepasst. Beim Pressen gefüllter und verstärkter Formmassen orientieren sich ein- und zweidimensionale Verstärkungsstoffe (Kurzfasern und Plättchen) aufgrund der Fließrichtung der Matrix[54] bevorzugt senkrecht zur Pressrichtung. Beim Spritzgießen kurzglasfaserhaltiger Thermoplaste (Faserlänge ~ 0,2 mm) oder Spritzpressen faserverstärkter Duroplaste werden die Fasern in Strömungsrichtung der Schmelze orientiert.

Die Abhängigkeit der Eigenschaften von der Faserorientierung ist wegen der i. A. sehr viel höheren Elastizitätsmoduln der Fasern erheblich stärker als bei Molekülorientierungen. Trotz vielfach höherer Beanspruchung erfolgt der Bruch des Stuhlbeins in Bild 6.57 infolge der starken Kurzglasfaser-Orientierung in Längsrichtung des Stuhlbeins. Das auf Biegung beanspruchte halbschalenförmige Bein versucht, sich aufzuwölben. Dadurch entstehen Zugspannungen senkrecht zur

---

54) der die Fasern zusammenhaltende Kunststoff

26a) s. S. 101 Schwindung - Schrumpfung

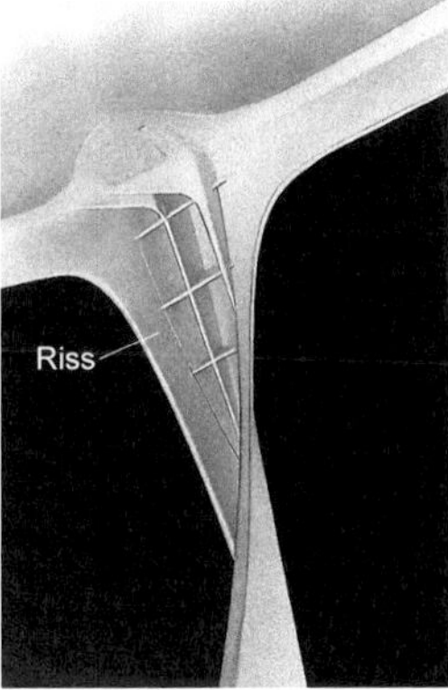

Bild 6.57 Riss entlang der Fluchtlinie von Verstärkungsrippen eines Stuhlbeines, hervorgerufen durch Zugspannungskonzentration senkrecht zur Glasfaserorientierung (PA 66-GF 35[55])
links: Stuhl
mitte: Riss im Stuhlbein entlang des Querrippenauslaufs
rechts: Glasfaserorientierung an Bruchstelle

Biegebelastung. Durch die Versteifungsrippen entsteht zudem eine Kerbwirkung, die rissauslösend ist. Abhilfe ist durch unterschiedlich weit auslaufende Rippen gegeben.

6.2.2 Eigenspannungen

Unter *Eigenspannungen* (E: residual stresses) versteht man Spannungen, die in einem Bauteil vorhanden sein können, ohne dass äußere Kräfte angreifen. Die Summe der die Eigenspannungen kennzeichnenden Kräfte und Momente muss gleich Null sein, d.h. die Eigenspannungen befinden sich in einem statischen Gleichgewichtszustand. Wegen des Relaxationsvermögens der Kunststoffe bauen sie sich jedoch zeit- und temperaturabhängig ab. Bei Kunststoffen, bei denen eindiffundierendes Wasser weichmachend wirkt, tritt zusätzlich eine Abhängigkeit der Eigenspannung vom Feuchtigkeitsgehalt auf

Die Eigenspannungen sind unmittelbar nach ihrer Entstehung am größten und für das Bauteil am gefährlichsten. Ob Eigenspannungen zum Bruch führen, hängt davon ab, ob im Laufe der vorgesehenen Lebensdauer die Summe aus von außen einwirkenden Belastungen und sich abbauenden Eigenspannungen zu jedem Zeitpunkt unterhalb der Zeitstand- oder Zeitfestigkeit[56] bleibt.

---

55) PA 66 ergibt gegenüber PA 6 auch bei Glasverstärkung eine höhere Steifigkeit.
Titandioxidhaltige Farbpigmente können die Glasfasern schädigen, helle Farben sind daher weniger gebrauchstauglich.

56) *Zeitstandfestigkeit* = Festigkeit bei statischer Belastung nach bestimmter Belastungszeit
Zeitfestigkeit = Festigkeit bei dynamischer Belastung

Entstehen die Eigenspannungen wie die Abkühlungs- und Nachdruck-Eigenspannungen in makroskopischen Bereichen, unabhängig von der Feinstruktur der Polymer-Werkstoffe, bezeichnet man sie als Eigenspannungen erster Art.

Treten die Eigenspannungen in mikroskopischen Bereichen auf, bezeichnet man sie als Eigenspannungen zweiter Art. Ebenso können sich strukturbedingte Eigenspannungen im makroskopischen Maßstab auswirken, wenn z. B. duroplastische Bauteile bei der Härtung wegen der thermischen Isolierung durch die Randschichten im Inneren einen höheren Polymerisationsgrad erreichen als in den randnahen Zonen. Der gleiche Effekt tritt auf, wenn Polymerisationsreaktionen durch an der Oberfläche eingelagerte Füllstoffe oder Pigmente katalytisch beeinflusst werden.

6.2.2.1 Wärme-Eigenspannungen

Zu Wärme-Eigenspannungen kommt es, wenn die thermisch bedingte Ausdehnung oder Schrumpfung behindert wird. Bei Kunststoffen treten Wärmespannungen auf:

- bei ungleicher Temperaturverteilung beim Abkühlen aus der Schmelze,
- beim Einwirken unterschiedlicher Temperaturen auf das Formteil,
- wenn ein Ausgleich von Ausdehnungen/Kontraktionen nicht möglich ist,
- bei Werkstoffkombinationen mit unterschiedlichen thermischen Ausdehnungskoeffizienten.

Dabei ist das unterschiedliche Verhalten der betroffenen Eigenschaften E-Modul, *thermischer Ausdehnungskoeffizient* (E: thermal expansion coefficient) und Verformungsverhalten zu berücksichtigen. Diese Kennwerte verhalten sich solange weitgehend konstant, wie die Temperaturänderungen sich nur auf einen Zustandsbereich erstrecken. Wird aber ein Übergangsbereich durchlaufen, ist mit erheblichen Eigenschaftsänderungen zu rechnen. Die auftretenden Spannungen ergeben sich für größere Temperaturbereiche in der Integralschreibweise:

$$\sigma_T = -\int_{T_1}^{T_2} E(T) \cdot \alpha(T) \cdot dT \qquad (6.20)$$

Von besonderer Bedeutung ist dabei der Glasübergang. Oberhalb dieses Bereichs nehmen der thermische Längenausdehnungskoeffizient α und das Relaxationsvermögen des Kunststoffs ε', ausgedrückt durch das Verhältnis der nichtelastischen $(\varepsilon_{ges} - \varepsilon_0)$ Verformung zur elastischen (ε_0) Verformung, deutlich zu im Gegensatz zum Abfall des E-Moduls, Bild 6.58. Damit treten hier größere temperaturbedingte Verformungen auf, die entstehenden Spannungen sind aber vergleichsweise gering, zumal die Verformungen leichter relaxieren.

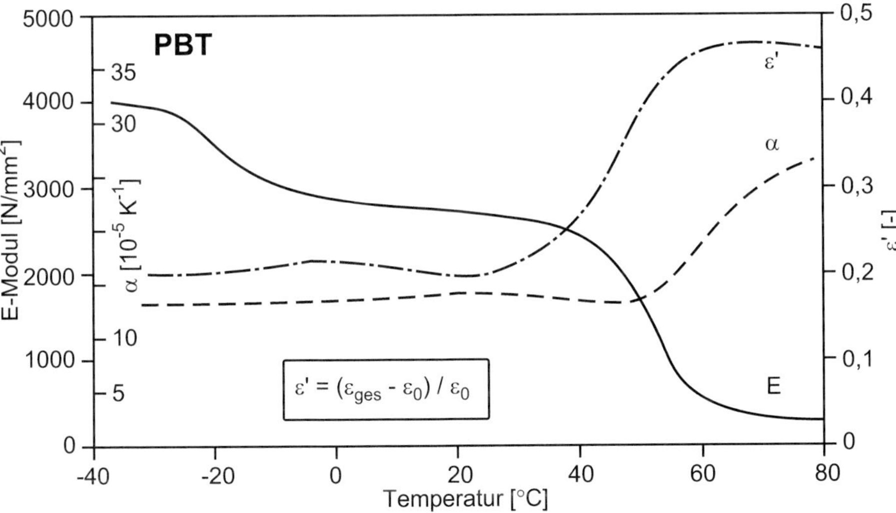

Bild 6.58 E-Modul E, thermischer Längenausdehnungskoeffizient α und nicht-elastischer Verformungsanteil ε' in Abhängigkeit von der Temperatur

Mit dem Glasübergang ändert sich der E-Modul beim Abkühlen am stärksten und hat damit den größten Einfluss auf die entstehenden Spannungen. Unterschiede in den Verformungen bei Temperaturänderungen im Zusammenwirken von unterschiedlichen thermischen Ausdehnungskoeffizienten und der geometrischen Gestaltung des Formteils werden dann zu Ursachen hoher Eigenspannungen, wenn der E-Modul hoch und das Relaxationsvermögen gering sind.

Bei der Verarbeitung von Thermoplasten wird das Formteil von Temperaturen weit oberhalb der Erweichungstemperatur auf Raumtemperatur abgekühlt. Die an der kalten Werkzeugwand oder in der Umgebungsluft nach dem Entformen schnell abkühlenden Außenzonen durchlaufen zuerst den Einfrierbereich, verbunden mit einer deutlichen E-Modulsteigerung. Die dadurch entstehenden steiferen, nur langsam relaxierenden, äußeren Schichten behindern die thermische Kontraktion der zeitlich verzögert abkühlenden, inneren Bereiche, so dass im Inneren Zug- und in den Außenschichten Druckeigenspannungen entstehen. In Bild 6.59 sind die Oberflächendruckeigenspannungen über der Werkzeugwand- bzw. Abschrecktemperatur aufgetragen. Diese Druckeigenspannungen wirken bei Zugbeanspruchung der Randzonen festigkeitssteigernd.

Ausgesprochen erwünscht sind Druckeigenspannungen bei spannungsrissempfindlichen Kunststoffen. Spannungsrisse entstehen durch Zusammenwirken von Zugspannungen und Netzmitteln. Sie können bei schlagartigen Beanspruchungen zum spröden Versagen eines aus einem zähen Kunststoff gefertigten Bauteils führen (s. a. Abschn. 4.2.1.2).

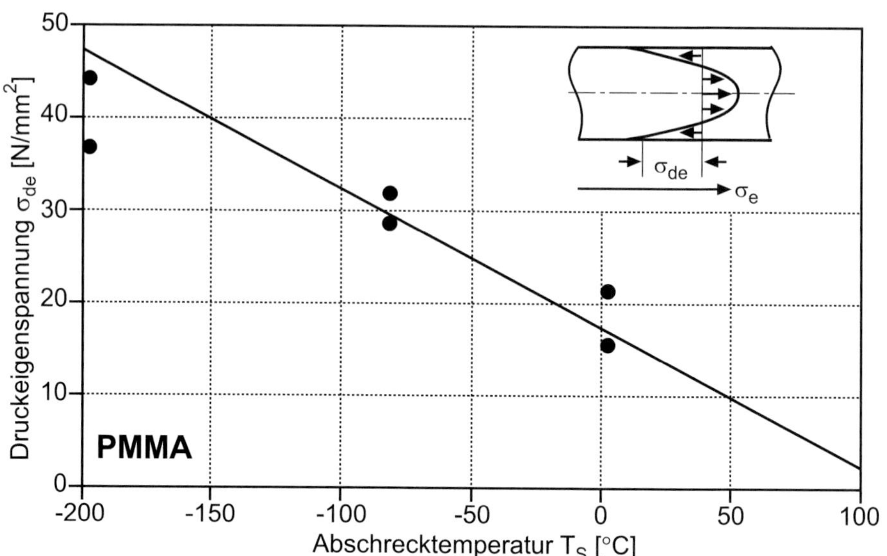

Bild 6.59 Druckeigenspannungen an der Oberfläche von abgeschreckten Stäben aus PMMA [119]
α = thermischer Längenausdehnungskoeffizient
T_S = Werkzeugwand- oder Abschrecktemperatur
σ_{de} = Druckeigenspannung
Normstab = 10 × 15 × 120 mm, Normkleinstab = 4 × 6 × 50 mm

Unter normalen Abkühlungsbedingungen überlagern sich bei teilkristallinen Thermoplasten mehrere Effekte. Durch die schnellere Abkühlung wird in den Außenschichten die Kristallisation behindert. In den inneren Zonen führt die verzögerte Abkühlung hingegen zu einer verstärkten Kristallisation, die eine beträchtliche Dichtesteigerung hervorruft. Die Dichteerhöhung = Volumenverringerung bewirkt zusätzliche Eigenspannungen. Durch Temperung unterhalb der Schmelztemperatur kann der Kristallisationsgrad der Außenschichten erhöht werden. Dadurch werden die Druckeigenspannungen und als Reaktion auch die Zugeigenspannungen im Inneren abgebaut. Gleichzeitig kann es durch Nachkristallisation und dem damit verbundenen Wachsen der Kristallite zu einer Dichteerhöhung und rund um die Sphärolithe zu den in Bild 4.26 dargestellten Vertiefungen kommen, die neben Oberflächenveränderungen zu mikroskopischen Zugeigenspannungen zwischen den Sphärolithen führen.

Die höchsten Abkühlungs-Eigenspannungen ergeben sich beim Spritzgießen von Thermoplasten in kalte Formen. Erheblich geringere Eigenspannungen treten bei Duroplasten auf, die nach dem Pressen in heißer Form in Luft abkühlen und bei Thermoplasten, die in Formen mit schlechter thermischer Leitfähigkeit, z. B. Holz- oder Gießharzformen, umgeformt werden.

6.2.2.2 Nachdruck-Eigenspannungen

Beim Spritzgießen wird nach dem eigentlichen Einspritzvorgang (*Spritzdruck*, E: injection pressure) noch ein *Nachdruck* (E: after pressure) durch die Spritzgießmaschine auf den noch weitgehend schmelzeflüssigen und daher stark elastisch komprimierbaren Kunststoff im Werkzeug aufgebracht. Der thermischen Kontraktion bei der Abkühlung wirkt daher beim Aufheben des Nachdrucks eine elastische Volumenvergrößerung der noch nicht erstarrten Bereiche entgegen. Wegen der rascheren Abkühlung der Außenzonen bewirkt die Aufhebung des Nachdrucks in den inneren Zonen eine größere Volumenänderung als in den teilweise bereits eingefrorenen und daher nicht mehr expandierenden Außenzonen. Nach dem Entformen entstehen daher an der Oberfläche Zug- und im Inneren Druckeigenspannungen. Diese Eigenspannungen überlagern sich den thermischen Abkühlungs-Eigenspannungen und es können daher bei höheren Nachdrücken insgesamt in der Außenzone Zugeigenspannungen entstehen, die z.B. eine Spannungsrissbildung begünstigen. Ähnlich wie die Abkühlungs-Eigenspannung können derartige Nachdruck-Eigenspannungen durch Tempern nahe der Erweichungstemperatur (durch Temperaturerhöhung begünstigte Relaxation) weitgehend beseitigt werden.

Beim Abkühlen von Formteilen in Werkzeugen durch Wärmeleitung sind ungleiche Temperaturen und damit Eigenspannungen, meistens verbunden mit Verzugserscheinungen, nicht zu vermeiden. Ein Ausweg wäre eine Fertigungstechnik besonders bei Thermoplasten, bei der die Temperatur der Schmelze im Werkzeug möglichst gleichmäßig gehalten wird und durch Einwirken eines Druckes die Kristallisationstemperatur, bei der der Kunststoff fest wird, über die Schmelzetemperatur angehoben wird, so dass zumindest das Nebeneinander von Schmelze und erstarrtem Material nicht mehr gegeben ist. Dieses lässt sich zumindest im Spritzprägeverfahren relativ leicht realisieren.

6.2.2.3 Einbettungs-Eigenspannungen

Bei verstärkten und gefüllten Kunststoffen sowie bei gezielt eingebrachten Einbettungen entstehen beim Abkühlen um die Einlagerung sog. Einbettungs-Eigenspannungen, wenn der thermische Ausdehnungskoeffizient der eingelagerten Teile geringer ist als der des Polymer-Werkstoffs. Bei dünnwandig überzogenen Metalleinsätzen können sie zum Aufreißen des Kunststoffs führen. Besonders kritisch sind die erste Zeit nach dem Abkühlen, bevor die Eigenspannungen relaxiert sind und ein zusätzliches Einwirken von spannungsrissfördernden Medien.

Eine Verringerung der Eigenspannungen kann auf zwei Arten erreicht werden. Einerseits kann durch langsames Abkühlen dem Entstehen der Eigenspannungen ein paralleles Relaxieren entgegenwirken, zum anderen kann durch Vorwärmen der eingelegten Teile die Differenz in der thermischen Kontraktion zwischen Teil und Kunststoff verringert werden.

6.2.2.4 Strukturbedingte Eigenspannungen

Unter strukturbedingten Eigenspannungen versteht man Eigenspannungen, die durch strukturelle Einflüsse wie z. B. chemische Härtungsreaktionen oder Kristallisation entstehen.

Härtungsreaktionen bei Duroplasten sind in der Regel mit einer Volumenkontraktion verbunden. Da der Härtungsablauf temperaturabhängig ist, werden bei äußerer Wärmezufuhr die Außenzonen zuerst gehärtet, so dass die Kontraktion der später aushärtenden, inneren Bereiche behindert wird und Druckeigenspannungen in der Außenzone und Zugeigenspannungen im Inneren entstehen. Weniger kritisch ist der umgekehrte Fall, wenn bei exothermer Reaktion wegen der geringen Wärmeleitfähigkeit der Kunststoffe die inneren Bereiche zuerst aushärten und die verbleibenden äußeren Zonen durch Nachfließen das Entstehen der Eigenspannungen weitgehend verhindern.

Bei Wärmezufuhr von außen lassen sich die Eigenspannungen gering halten, wenn die Härtung nicht in einem Schritt erfolgt, sondern nach einer Anhärtung dem noch teilweise viskosen Material zwischenzeitlich die Möglichkeit zum Abbau der Spannungen gegeben wird. Erst danach erfolgt die mit weiterer Volumenkontraktion verbundene Endaushärtung mit deutlich verminderter Eigenspannungsbildung.

Mit Erfolg wird diese schrittweise Härtung bei glasfaserverstärkten Gießharzen angewandt, bei denen neben thermisch bedingten noch zusätzlich härtungsbedingte Einbettungseigenspannungen auftreten. Dabei wird zunächst kalt angehärtet. In diesem Zustand haben die Gießharze, und dabei besonders die UP-Harze, wegen der noch geringeren Vernetzungsdichte ein hohes plastisches Verformungsvermögen. Schon aufgetretene Eigenspannungen werden abgebaut. Danach erfolgt bei erhöhter Temperatur die Nach- oder Aushärtung zur Erzielung der gewünschten mechanischen Eigenschaften und der von dem Aushärtungsgrad stark abhängigen Chemikalienbeständigkeit.

Während bei ausgehärteten Duroplasten und Thermoplasten generell durch Tempern unterhalb der Erweichungstemperatur Abkühlungs-, Härtungs- und Nachdruckeigenspannungen beschleunigt durch Relaxation abgebaut werden können, besteht bei teilkristallinen Thermoplasten und nicht vollständig ausgehärteten Duroplasten die Gefahr, dass durch die Nachkristallisation bzw. Nachhärtung zusätzliche Eigenspannungen entstehen. Zur Herstellung besonders eigenspannungsarmer Teile aus teilkristallinen Thermoplasten ist es daher vorteilhaft, durch erhöhte Formtemperaturen von vorneherein einen möglichst hohen und sich nicht mehr ändernden Kristallisationsgrad zu erreichen.

Bei Duroplasten besteht zusätzlich die Möglichkeit, durch Zugabe von Schrumpfkompensatoren der Schwindung durch die chemische Reaktion beim Härten entgegenzuwirken. Diese thermoplastischen Zusätze dehnen sich unter Temperatureinwirkung und/oder Bildung neuer Phasen aus. Dadurch kann eine teilweise oder vollständige Kompensation der Reaktionsschwindung erreicht werden. Eine geringfügige Schwindung erleichtert allerdings die Entformung. Da die Wirkung dieser Zusätze nur bei erhöhten Temperaturen erfolgt, müssen die Formteile bei erhöhten Temperaturen gefertigt werden. Verwerfungen aufgrund der thermischen Schwindung beim Abkühlen werden durch Fixieren auf Abkühlvorrichtungen weitgehend unterbunden.

7 Alterung und Stabilisierung

7.1 Alterung

Unter *Alterung* (E: ageing) versteht man die Gesamtheit aller im Laufe der Zeit in einem Material irreversibel ablaufenden chemischen und physikalischen Vorgänge (DIN 50035, Teil 1) [124]. Sind die Umweltbedingungen, wie erhöhte Temperaturen, Chemikalien und mechanische Belastungen bekannt, kann für Prüfzwecke eine verstärkte Einwirkung eines Faktors sinnvoll sein, um eine Zeitraffung zu erreichen. Diese Zeitraffung dient vor allem dem Materialvergleich und lässt normalerweise keine direkte Extrapolation auf ein Langzeitverhalten unter entsprechend schwächerem Angriff zu. Ausnahmen sind relativ einfach überschaubare Vorgänge, wie das Zeitstandverhalten oder die thermische Alterung, bei denen eine Extrapolation über eine Dekade möglich ist. Da in den meisten Fällen jedoch die natürlichen Alterungsbedingungen nicht differenziert erforschbar und vorhersehbar sind und in ihrer Komplexität auch nicht gerafft werden können, ist die Aussage für langzeitige Anwendung aufgrund von Kurzzeitversuchen problematisch [125, 126].

Häufig wird zwischen *innerer* und *äußerer Alterung* unterschieden [124]. Die innere Alterung, wie Abbau von Eigenspannungen, Nachkristallisation, Phasentrennung bei Mehrstoffsystemen, Weichmacherwanderung oder Ähnliches ist auf thermodynamisch instabile Zustände des Polymer-Werkstoffs zurückzuführen. Die äußere Alterung, wie Spannungsrissbildung, Ermüdungsrisse, thermooxidativer Abbau, Quellung oder Ähnliches beruht auf physikalischen oder chemischen Einwirkungen der Umgebung auf den Kunststoff.

Eine andere Möglichkeit besteht in der Unterscheidung nach *chemischen* und/oder *physikalischen Alterungs*vorgängen, die nicht immer eindeutig möglich ist, da häufig komplexe Wirkungen vorliegen [122,127]. Gleiche Ursachen, wie z.B. eine erhöhte Temperatur, können Effekte physikalischer (Nachkristallisation) und chemischer Art (Kettenspaltung) hervorrufen.

Typische physikalische Alterungserscheinungen sind Änderungen der Morphologie wie Nachkristallisation, Entorientierung und Abbau der Eigenspannungen, Bild 7.1.

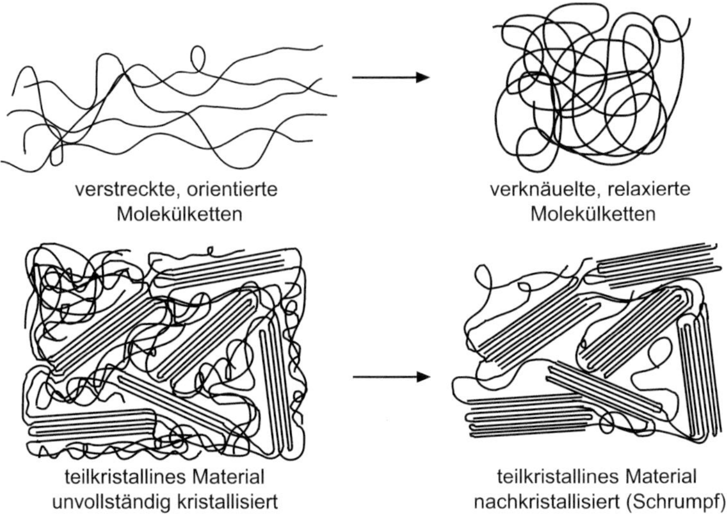

Bild 7.1 Effekte physikalischer Alterung von Kunststoffen
oben: Relaxation von Orientierungen
unten: Nachkristallisation

Physikalische Alterungserscheinungen erfolgen aber auch durch das Verdampfen oder die Migration flüchtiger Bestandteile sowie umgekehrt durch die Wasseraufnahme oder Quellung. Demgegenüber können chemische Effekte, wie z. B. die Einwirkung von Wärme, allein oder mit Sauerstoff, aber auch aggressiver Chemikalien und Strahlung, insbesondere UV-Strahlen, die chemische Struktur des Polymeren ändern. Bild 7.2 zeigt die Wirkung von Wärme mit und ohne Sauerstoff.

Zunächst kann eine Wärmezufuhr z. B. eine unvollständige Aushärtung bei Duroplasten fortsetzen und die Materialeigenschaften verändern, was meist mit einer Verbesserung verbunden ist. Sie kann aber auch bei sämtlichen Kunststoffen durch zu hohe und zu lange Temperatureinwirkung zu Kettenspaltungen und überlagerten Vernetzungen führen, die mittelfristig negative Auswirkungen haben. Die zusätzliche Einwirkung von Sauerstoff fördert den Kettenabbau, wobei es zur Einlagerung von Sauerstoff in die Molekülkette durch Bildung von thermisch instabilen Hydroperoxiden kommen kann. Daneben können UV-Licht, Ozon oder sonstige Medien die Oxidation von Kunststoffen unterstützen und beschleunigen sowie Kettenabbau bewirken. UV-Strahlen führen auch ohne erhöhte Temperaturen zur Versprödung, die z. B. bei schlagfestem Polystyrol in der Sonne nach Wochen, bei ABS nach wenigen Monaten einsetzt. Bei Polykondensaten können Wasser und Wärme zu einer Hydrolysereaktion führen [126]. Im Wesentlichen werden drei Arten des chemischen Abbaus unterschieden:

- *Depolymerisation* (E: depolymerization) mit Monomerbildung vom Kettenende her, z. B. wird POM in das monomere Formaldehyd depolymerisiert,

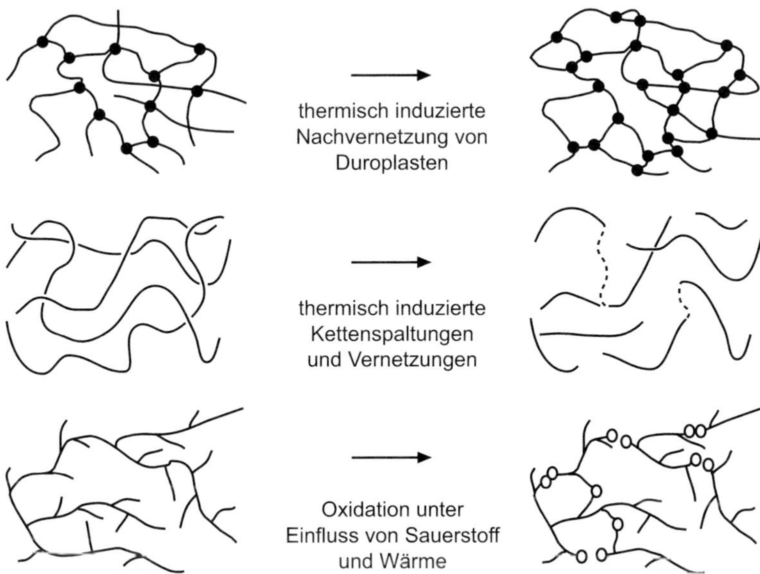

Bild 7.2 Effekte chemischer Alterungserscheinungen von Kunststoffen durch Wärme und Sauerstoff

- *Kettenspaltung* (E: chain scissions) an beliebigen Stellen der Polymerketten aufgrund von thermischem und thermo-oxidativem oder strahleninduziertem Angriff verbunden mit anschließenden
- *Vernetzungs-* (E: cross link) oder *Ringbildungsreaktionen* (E: cyclization),
- *Abspaltung* von Substituenten (E: elimination) und deren Eliminierung, z. B. die Dehydrochlorierung von PVC mit Bildung von Salzsäure und Doppelbindungen (-C=C-) in der Hauptkette.

Das Ausmaß der Alterung und die Art des Abbauvorganges hängen im Wesentlichen vom chemischen Aufbau des Werkstoffs, der Wanddicke des Bauteils bzw. zu prüfenden Probekörpers und den Umgebungsbedingungen ab. Die wichtigsten unmittelbar wahrnehmbaren und technologisch bedeutenden Alterungserscheinungen sind Veränderung der mechanischen, elektrischen und thermischen Eigenschaften, Kristallinität, Farbe (Vergilbung), Oberflächenstruktur (Risse), Vorschädigungen, chemische Beständigkeit etc. Abgesehen von der unterschiedlichen Eigenstabilität der einzelnen Kunststoffe gegenüber Alterungseinflüssen hängen das Ausmaß und die Art der Wirkung auch von Zusätzen wie Stabilisatoren, Füllstoffen und Weichmachern ab.

Versteht man unter Alterung also nur die zeitabhängigen, irreversibel ablaufenden Vorgänge, muss korrekterweise nicht immer eine Verschlechterung, sondern u. U. auch eine Verbesserung des Gebrauchswertes des Materials darunter verstanden werden. Eine Nachhärtung, Nachkristallisation oder Strahlungsvernetzung verbessern bestimmte gewünschte Eigenschaften des Werkstoffs und führen gleichzeitig zu einer Verschlechterung anderer Eigenschaften, z. B. ist die Erhöhung der chemischen Beständigkeit durch Vervollständigung der Aushärtung eines Duroplasten verbunden mit gleichzeitiger Versprödung.

7.2 Thermische Belastung

7.2.1 Formbeständigkeit in der Wärme

Die Problematik der Bestimmung thermischer Einsatzgrenzen als reine *mechanische Formbeständigkeit* wird deutlich bei den genormten Einpunkt-Schnellbestimmungsmethoden der sog. Formbeständigkeit in der Wärme, z. B. nach DIN EN ISO 75 oder Vicat. Diesen Methoden ist gemeinsam, dass Probekörper unter definierter Belastung mit einer bestimmten Aufheizgeschwindigkeit erwärmt werden und dabei die Deformation gemessen wird. Als Formbeständigkeitstemperatur wird die Temperatur definiert, bei der die Deformation einen bestimmten Wert erreicht hat.

In Bild 7.3 sind der temperaturabhängige Torsionsmodul und die nach drei genormten Methoden zur Bestimmung der Formbeständigkeit in der Wärme ermittelten Werte für PC und luftfeucht konditioniertes PA 6 dargestellt. Es gibt keinen erkennbaren systematischen Zusammenhang zwischen diesen Messgrößen. Für konditioniertes PA liegen die sog. Wärmeformbeständigkeiten zwischen 53 und 205 °C, beim PC zwischen 116 und 158 °C. Dies ist u. a. auch darauf zurückzuführen, dass die Spannungen wie auch die Grenzwerte der Verformung je nach Methode unterschiedlich sind [83].

Mit zunehmender Belastungshöhe wird der Einfluss der nichtelastischen Anteile größer. Zum einen sinkt das Verhältnis von Spannung zur Dehnung, meistens unter dynamischer, also wechselnder Belastung gemessen, zum anderen verlagert sich der Erweichungsbereich zu tieferen Temperaturen. Die $T_{g2\%}$-Methode nach Bild 7.4 eignet sich als thermische Einsatzgrenze bei kurzzeitiger Belastung auch für statische Belastung. Wie sehr sich die Glasübergangstemperatur T_g und die thermische Einsatzgrenze $T_{g2\%}$ zu niedrigeren Temperaturen verschieben, zeigt Bild 7.4 für ein amorphes ABS und für ein teilkristallines PBT.

Während beim ABS die empirische thermische Einsatzgrenze für dauernden Einsatz mit den Werten nach der 2%-Methode noch einigermaßen übereinstimmt, zeigen die Normprüfungen recht hohe Werte an. Beim PBT zeigen die 2%-Werte dagegen niedrigere Werte (um 40 °C) als in der Praxis üblich (< 100 °C) an. Der praktische Erfahrungswert für dauernde Belastung liegt bei 100 °C. Die nach

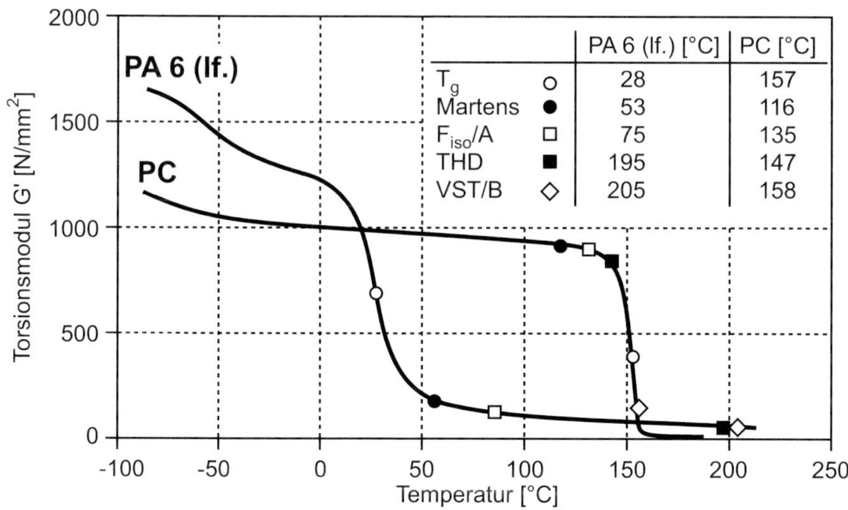

Bild 7.3 Torsionsmodul G' über der Temperatur und Formbeständigkeit in der Wärme [93]

T_g	Glasübergangstemperatur, definiert als halbe Höhe zwischen den Schnittpunkten der Tangenten ober- und unterhalb des Erweichungsbereichs mit der Tangente an den Steilabfall, s. a. Bild 5.4
Martens	DIN 53462: Temperatur, bei der sich unter 4-Punkt-Biegebeanspruchung (σ_b = 5 N/mm²) ein Belastungshebel (240 mm) um 6 mm gesenkt hat
VST/B	Vicat, Methode B; EN ISO 306/2004: Temperatur, bei der ein runder Eindringkörper (1 mm²) bei senkrechter Belastung (F = 50 N) 1 mm eingedrungen ist
F_{iso}/A	DIN EN ISO 75, Methode A: Temperatur, bei der sich eine Biegeprobe in einem Wärmebad bei mittig aufgebrachter Belastung (σ_b = 1,85 N/mm²) je nach Probendicke um einen bestimmten Betrag durchbiegt
THD	*T*ensile *H*eat *D*istortion, ASTM D 648-01: Temperatur, bei der sich eine Probe unter Zugbelastung (σ_z = 0,345 N/mm²) in einem Wärmebad um 2 % verformt

Norm gemessenen ISO 75-Werte lassen die enorme Abhängigkeit von der Höhe der Belastung erkennen. Zusammengestellt ergibt sich für die thermische Einsatzgrenze nach der $T_{g2\%}$-Methode für kurzeitige Belastungen eine deutliche Abhängigkeit von der einwirkenden Spannung, Bild 7.5.

Die Einsatzgrenzen von Kunststoffen werden nicht nur durch das thermische Erweichen (Formbeständigkeit in der Wärme), sondern auch durch den thermischen Abbau (Temperaturbeständigkeit) bestimmt. Da die Beanspruchungsspektren ebenso vielfältig sind wie die Stabilisierungsmöglichkeiten der Kunststoffe mittels Additiven, können oft nur mit mehr oder weniger jahrelanger Erfahrung ermittelte Richt-Grenztemperaturen als Näherungswerte bei der Auslegung von Bauteilen herangezogen werden, Tabelle 7.1. Eine direkte Übertragung von Ergeb-

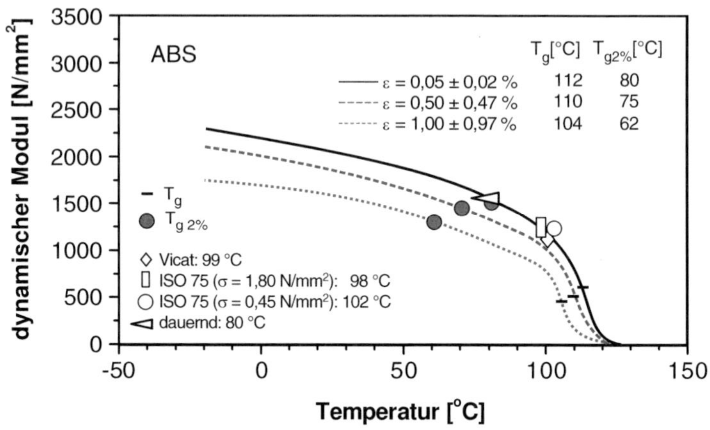

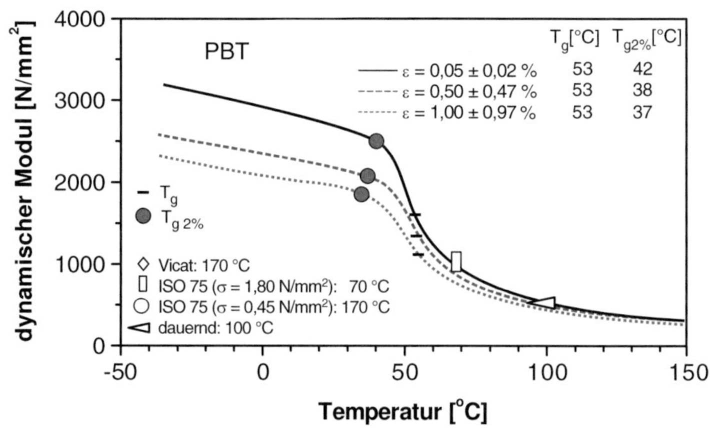

Bild 7.4 Einfluss einer steigenden Zug-Belastung im dehnungsgeregelten DMA-Versuch auf die Glasübergangstemperatur T_g und die thermische Einsatzgrenze $T_{g2\%}$ im Vergleich zur Werten aus den Normprüfungen nach Vicat, DIN EN ISO 75 und einem Wert aufgrund praktischer Erfahrung, Tabelle 7.1 [128].
ε gibt die jeweilige erzwungene Verformung bei der dynamischen Belastung an.
$T_{g2\%}$ siehe Bild 5.4.
oben: an einem amorphen ABS (®Terluran 877T)
unten: an einem teilkristallinen PBT (®Pocan B1501)

niswerten aus genormten Versuchen kann problematisch werden. Selbst die $T_{g2\%}$-Methode hat keinen Eingang in die allgemeine Normung gefunden.

Wird das langzeitige, temperaturabhängige Verformungsverhalten in die Betrachtung für eine große Einsatzdauer mit einbezogen, kann eine Grenze z. B. bei einer Gesamtverformung von 2% unter Berücksichtigung der Zeit, Temperatur und Spannung ermittelt werden. Bei den Verformungen werden der elastische, der viskose und der viskoelastische oder relaxierende Anteil berücksichtigt, Bild 7.6.

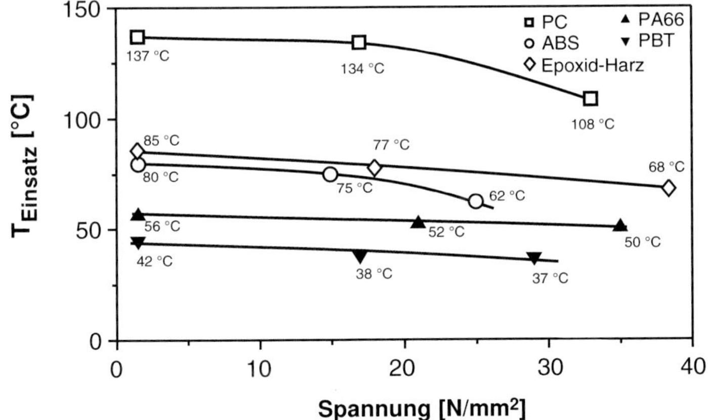

Bild 7.5 Einfluss der maximalen Spannung nach der der $T_{g2\%}$-Methode auf die thermische Einsatzgrenze [128]
PA66 (®Ultramid A3K, T_w = 40 °C, trocken), PBT (®Pocan B1501),
PC (®Makrolon 2805), ABS (®Terluran 877T), Epoxid-Harz (®L20-VE3261)

Derartige Diagramme können nur beim Vorliegen umfangreicher, langer Kriechkurven bei verschiedenen Temperaturen und Spannungen erstellt werden. Die Vorgabe einer zulässigen Gesamtverformungsgrenze geht davon aus, dass eine

Kunststoff	zul. Gebrauchstemperaturen in °C					
	Oberbach		Erhard		Ehrenstein	
	kurzzeitig	dauernd	kurzzeitig	dauernd	kurzzeitig	dauernd
PS	90	80	90	60	90	80
ABS	95	80	95	85	95	85
PC	135	100	135	100	135	100
PMMA	–	–	90	65	90	85
PEI	–	–	–	–	–	170
PELD	100	80	100	80	100	80
PEHD	125	100	110	90	100	90
PA6	150	80 ... 120	180	80	160	100
PA66	170	80 ... 120	200	90	160	100
PA46	–	–	–	–	160	110
POM	140	80 ... 120	150	100	140	80
PBT	–	–	170	120	160	100
PPS	–	–	–	–	300	200

Tabelle 7.1 Richtwerte für thermische Belastungsgrenzen verschiedener Kunststoffe [83]
kurzzeitig = einige Stunden; dauernd = mehrere Jahre

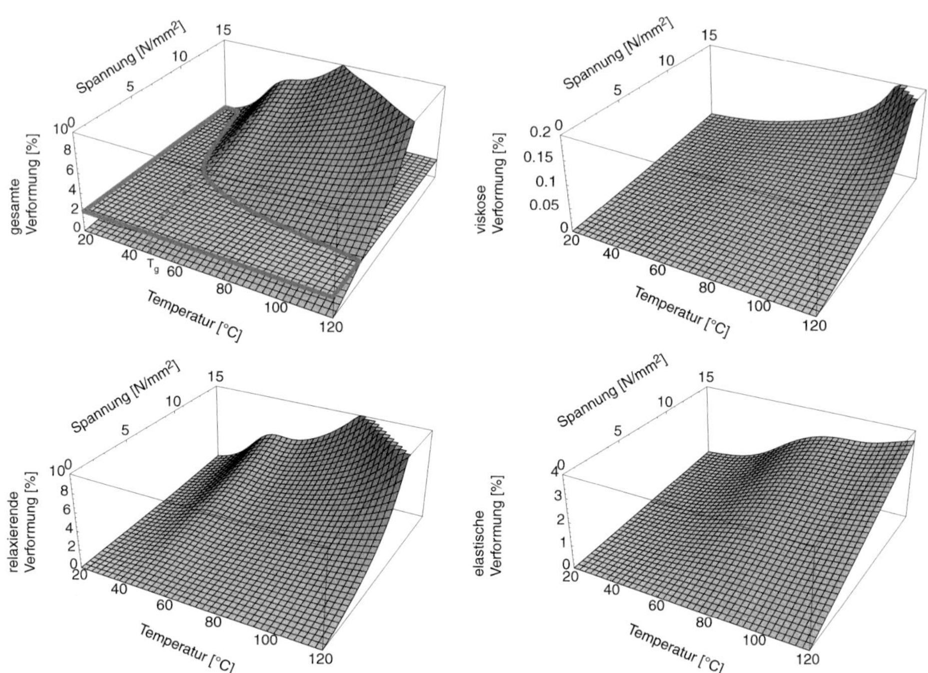

Bild 7.6 Einzelne Verformungsanteile und 2%-Verformungsgrenze (kritische Dehnung nach Menges) in Abhängigkeit von Spannung und Temperatur bei 5000 h Zugbelastung; PBT (®Ultradur B4500) [128]
oben: links: gesamte Verformung mit 2%-Grenze
rechts: viskose Verformung
unten: links: relaxierende Verformung
rechts: elastische Verformung

zulässige Dehnung als Bemessungsgrenze vertretbar ist. Dieses deckt sich mit den Überlegungen zu einer kritischen Dehnung als Richtwert nach Menges, Tabelle 7.2.

Kunststoff	Kritische Dehnung
amorphe, ungefüllte Thermoplaste Ausnahme: Polystyrol	0,8% 0,2%
teilkristalline Thermoplaste (oberhalb T_g, sonst siehe amorphe Thermoplaste)	2,0%
schlagzäh modifizierte Blends	0,8%

Tabelle 7.2 Kritische Dehngrenzen nach Menges als Richtwerte für eine Belastungsgrenze

7.2.2 Wärmebeständigkeit

Der Begriff *Wärmebeständigkeit* (E: thermal resistance, durability) beinhaltet die Gebrauchstauglichkeit von Kunststoffen unter Einwirkung von Wärme. Diese wird durch chemisch und physikalisch wirkende Alterungserscheinungen bestimmt. Der Begriff Formbeständigkeit in der Wärme (Abschn. 7.2.1) bezieht sich nur auf Verformungsverhalten unter Einwirkung von Temperatur und Belastung.

Während die temperaturbedingten Zustandsänderungen (energieelastisch, gummielastisch, Schmelze) reversibel sind, sind die chemischen Veränderungen bei moderaten Temperaturänderungen irreversibel. Dabei ruft eine langzeitige Einwirkung bei niedrigerer Temperatur häufig vergleichbare Veränderungen hervor wie eine kürzere Einwirkzeit bei hohen Temperaturen. Das bedeutet, dass Kunststoffe bei relativ hoher Temperatur nur kurzfristig eingesetzt werden können, während sie bei niedrigen Temperaturen längerfristiger wärmebeständig sind.

Von entscheidender Bedeutung für die Alterung sind die Temperatur und die Umgebungsatmosphäre, wobei vor allem der Sauerstoff einen großen Einfluss ausübt, Bild 7.7. Die Temperatur beschleunigt dabei den oxidativen Angriff. Eine Lagerung von PA 66 bei 140 °C, einer Temperatur, die unter oxidativen Bedingungen auch bei guter Stabilisierung nur kurzzeitig ertragen werden kann, zeigt ein stark unterschiedliches Verhalten in Luft und in inerter Stickstoffumgebung. Solange die Oxidation ausgeschlossen ist, steigt die Viskositätszahl zunächst an, was auf die Nachkondensation des Polyamids zurückzuführen ist. Im Laufe der Zeit ändert sie sich nicht mehr.

Im Unterschied dazu zeigt das gleiche Material in Luft einen Kettenabbau, bedingt durch die deutliche Oxidation. Wie aus Strukturuntersuchungen bekannt ist, überwiegt dieser an den Oberflächen, im Inneren dagegen überwiegen die Effekte, die bei einer Lagerung in sauerstofffreier Inertatmosphäre auftreten. Da die Angriffe zunächst an der Oberfläche deutlich versprödend wirken, fällt besonders die Bruchdehnung nach kurzer Zeit dramatisch ab. Die Streckspannung sinkt etwas weniger, entsprechend ihrer geringeren Empfindlichkeit gegenüber Rissen und Versprödungen in der Oberfläche [130].

7.2.3 Temperatur-Zeit-Grenzen

Bei der Ermittlung von Temperatur-Zeit-Grenzen nach DIN IEC 60216[57] oder UL 746 B[58] (Underwriters Laboratories) werden die Proben in einem zwangsbelüfteten Wärmeschrank bei mindestens drei verschiedenen Temperaturen unter-

[57] Leitlinien zur Bestimmung thermischer Langzeiteigenschaften von Elektroisolierstoffen

[58] Standard for Polymeric Materials – Long Term Property Evaluations

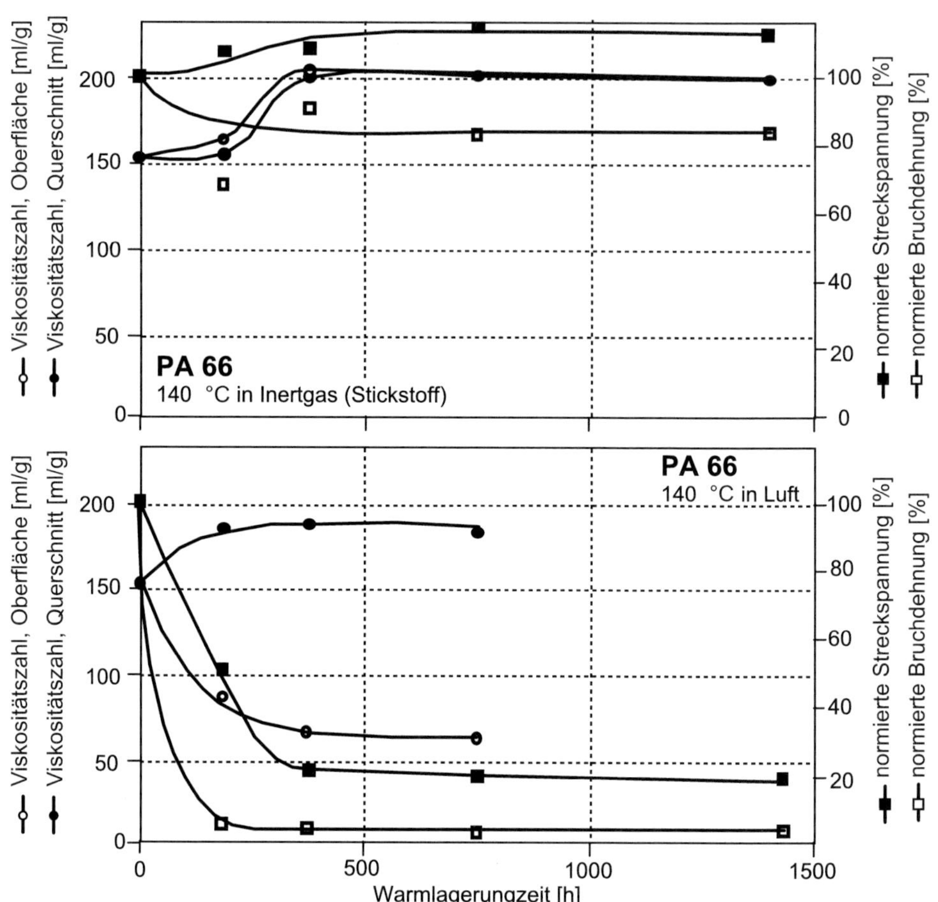

Bild 7.7 Änderungen von Viskositätszahl, Streckgrenze und Bruchdehnung eines Polyamids (PA 66) mit Wärmestabilisator nach Wärmealterung bei 140 °C in Luft und inerter N_2-Atmosphäre [129]

schiedlich lang gelagert. Vor und nach der Wärmelagerung wird ein Eigenschaftswert nach Angleichung an Raumtemperatur gemessen. In Abhängigkeit von der Temperatur wird die jeweilige Zeit ermittelt, bei der dieser Eigenschaftswert einen definierten Grenzwert erreicht hat. Die Temperatur-Zeit-Grenze ist die maximale Temperatur bei einer entsprechenden Zeit, bei der der Kunststoff einen Eigenschaftsgrenzwert nicht über- bzw. unterschreitet.

Die Auswertung solcher Versuche erfolgt durch Auftragen des Eigenschaftswertes über der Warmlagerungszeit (Eigenschaftskurve). Diese gibt Aufschluss darüber, wie sich die betrachtete Eigenschaft durch den Wärmeeinfluss in Abhängigkeit der Warmlagerungszeit verändert.

Trägt man die zum Eigenschaftswert gehörenden Warmlagerungszeiten logarithmisch über der Warmlagerungstemperatur auf, erhält man die Temperatur-Zeit-

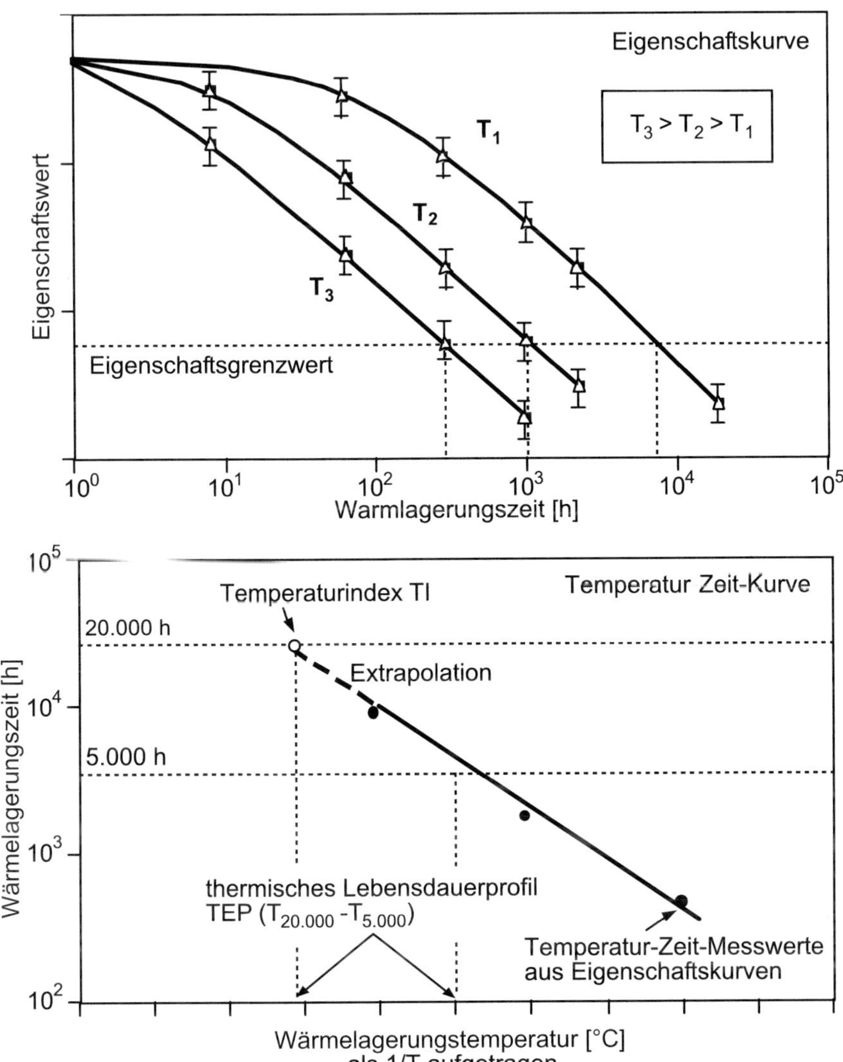

Bild 7.8 Eigenschaftskurve (oben) und Temperatur-Zeit-Kurve (unten)

Kurve, Bild 7.8. Der Eigenschaftsgrenzwert kann unterschiedlich definiert sein. Für niedrige Warmlagerungstemperaturen bzw. für die Dauergebrauchstemperatur wird die Zeit-Temperatur Kurve in Anlehnung an die Beziehung von Arrhenius bis zur entsprechenden Temperatur extrapoliert. Am Schnittpunkt mit der Grenzwertgeraden ist die Warmlagerungszeit bzw. Gebrauchszeit abzulesen, bei der der Eigenschaftsgrenzwert erreicht ist.

Mithilfe der Temperatur-Zeit-Kurve wird der sog. Temperaturindex TI ermittelt. Dabei wird aus dem Diagramm die Temperatur abgelesen, die einer Lagerdauer von 20 000 Stunden entspricht. Daneben ist ein thermisches Beständigkeitsprofil TEP (*T*hermal *E*ndurance *P*rofile) definiert. Hierbei werden die Temperaturen für 5000 und 20 000 Stunden Belastung angegeben.

Die Underwriters Laboratories (USA) wie auch die DIN IEC 216 beschreiben die Ermittlung von RTI-Werten (*R*elative *T*emperatur *I*ndex) für 3 Beanspruchungsarten: elektrische Beanspruchung, mechanische Beanspruchung ohne und mit Stoßbelastung. Die Angaben stellen ungefähre Temperaturgrenzen für den Langzeitgebrauch in Luft dar. Sie werden aus Eigenschafts-Lagerungszeit-Funktionen und Vergleichsbetrachtungen gewonnen. Falls diese aufwändigen Untersuchungen an einem aufgeführten Materialtyp nicht durchgeführt wurden, kann auf Antrag der sog. „*G*eneric *T*emperature *I*ndex" ohne Prüfung gelistet werden. Der GTI ist die Mindesttemperatur, der Materialien dieser Klassen erfahrungsgemäß standhalten. Der GTI liegt deshalb beachtlich unter dem RTI.

In Bild 7.9 sind für unverstärktes und verstärktes Polyamid 66 (PA 66) die Temperatur-Zeit-Grenzen angegeben. Die Einsatztemperaturen bzw. -zeiten werden durch Stabilisatoren erheblich verlängert. Die höheren Werte für das glasfaserverstärkte Material sind in dem höheren mechanischen Ausgangsniveau begründet. Bei einem Abfall auf einen bestimmten Wert liegen die sich dann ergebenden Festigkeiten noch über den Ausgangswerten des unverstärkten Materials, zumal die Eigenschaften der Glasfasern nur geringfügig von der Temperatur abhängen [83].

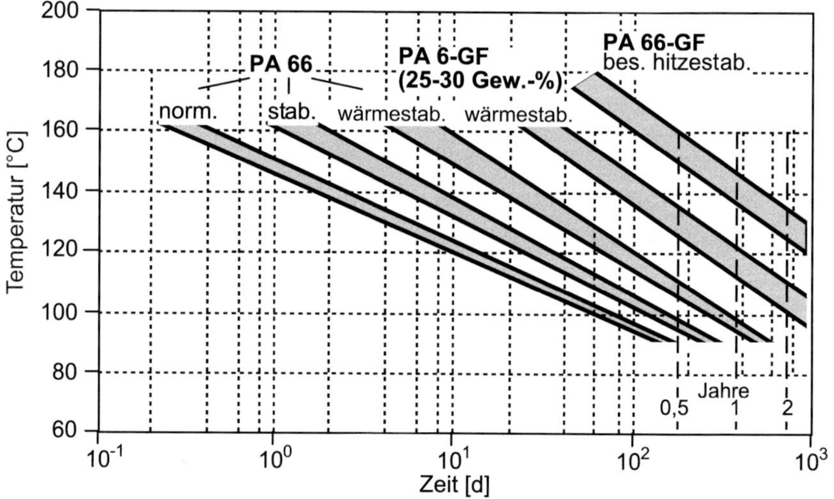

Bild 7.9 Temperatur-Zeit-Grenzen als Erfahrungswerte von Polyamid mit und ohne Glasfaserverstärkung [BASF]

7.2.4 Abbau während der Verarbeitung

Kunststoffe werden bei der Verarbeitung und beim Gebrauch besonderen, aber unterschiedlichen Beanspruchungen ausgesetzt. Bei der Verarbeitung sind es kurzfristig hohe Temperaturen, verbunden mit mechanischer Beanspruchung, beim Gebrauch sehr viel niedrigere und ungleich länger einwirkende Temperaturen. Bei der Verarbeitung befindet sich der Kunststoff im Schmelzezustand unter Sauerstoffmangelbedingungen, beim Gebrauch ist er dagegen fest, und es liegt Sauerstoffüberschuss vor.

Grundsätzlich ist bei Kunststoffen während der Verarbeitung zwischen drei Arten des Abbaus zu unterscheiden [131]:

- mechanisch,
- thermisch,
- thermo-oxidativ.

Der *mechanische Abbau* (E: mechanical degradation) erfolgt vor allem in den stark gescherten Randbereichen, aber auch bei beschleunigter Dehnströmung, wobei im Mittel die Beanspruchung in Kettenmitte am höchsten ist. Je länger die Ketten und je höher die Spannungen sind, umso eher kommt es zu Kettenbruch. Aus dieser Vorstellung folgt, dass es eine untere Grenze für das Molekulargewicht gibt, unterhalb derer kein weiterer mechanisch bedingter Abbau erfolgt [131].

Unter *thermischem Abbau* (E: thermal degradation) versteht man die meist statistisch über das ganze Volumen verteilten irreversiblen Änderungen oder Zerstörungen von chemischen Bindungen in Haupt- und Nebenketten unter Temperatureinwirkung, wodurch das Molekulargewicht verringert wird und niedermolekulare Abbauprodukte freigesetzt werden. Daneben sind nach vorausgegangener Kettenspaltung auch Vernetzungen zwischen den Ketten möglich. Ein rein thermisch bewirkter Kettenbruch bzw. die Öffnung einer Doppelbindung erfolgt dann, wenn die zugeführte Energie höher ist als die Bindungsenergie, siehe auch Tabelle 3.1.

Bei Anwesenheit von Sauerstoff findet Oxidation statt. Bei der Oxidation handelt es sich um eine Radikalkettenreaktion. Sie wird eingeleitet durch Radikale, die durch thermische oder mechanische Kettenspaltungen oder durch Einwirkung von Strahlung entstanden sind (Primärradikalbildung). Während der Oxidation finden Kettenspaltungen, Kettenvernetzungen und Kettenverzweigungen statt. Durch Temperaturerhöhung wird die Oxidation beschleunigt. Man spricht bei zusätzlicher Energiezufuhr durch Oxidation von thermo-oxidativem Abbau (E: thermal-oxidative degradation).

Bei der Verarbeitung wird zusätzlich zu dem im Kunststoff eingeschlossenen Sauerstoff weiterer Sauerstoff aus der Luft in die Schneckengänge eingezogen und gleichmäßig in der Schmelze verteilt. Er greift bei höheren Temperaturen beson-

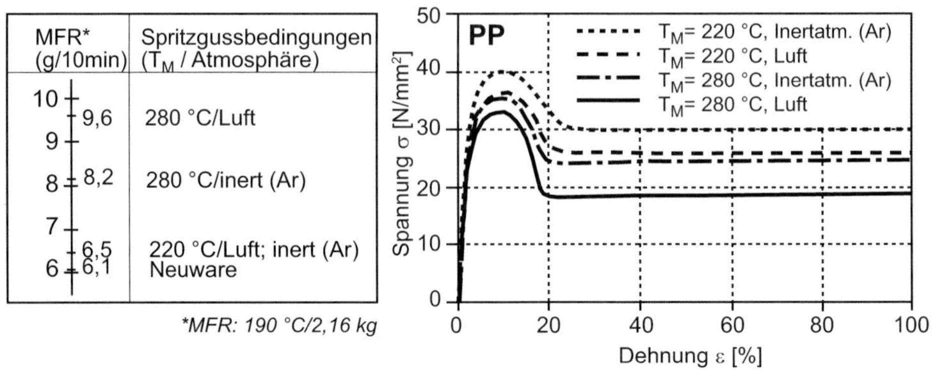

Bild 7.10 Einfluss der Verarbeitungsatmosphäre und -temperatur auf den Abbau von Polypropylen (PP) [132]

ders H-Atome der Hauptkette und der Seitengruppen an. Im festen Kunststoff kann Sauerstoff nur durch die amorphen Bereiche diffundieren. In den Kristalliten der teilkristallinen Thermoplaste befindet sich kein Sauerstoff, so dass in ihnen auch kein thermo-oxidativer Abbau möglich ist. Thermo-oxidativer Abbau findet nur in amorphen Bereichen statt.

Bild 7.10 zeigt am Beispiel von Polypropylen (PP) den Einfluss der Verarbeitungstemperatur und der -atmosphäre (Luft im Vergleich zu inerter Argonatmosphäre) in der Spritzgussmaschine, verglichen mit der unverarbeiteten Neuware. Als Kriterium für das Molekulargewicht wurde der Schmelzindex MFR bestimmt. Das höchste Molekulargewicht und damit den niedrigsten MFR-Wert hat die Neuware. Im Spritzgießprozess lassen sich zunächst bei einer Massetemperatur von 220 °C keine negativen Einflüsse durch die Anwesenheit von Sauerstoff feststellen. Bei 280 °C Massetemperatur ist eine deutlich höhere Schädigung in der Luftatmosphäre durch die stattfindende Oxidation zu erkennen.

Im Zugversuch, Bild 7.10 rechts, zeigt sich ebenfalls ein Einfluss der Verarbeitungsbedingungen. Das Spannungs-Dehnungs-Verhalten von Kunststoffen wird durch den molekularen Aufbau wie auch durch morphologische Strukturen bestimmt. In Bild 7.10 überwiegt bei den hohen Verarbeitungstemperaturen der molekulare Abbau. Niedrigeres Molekulargewicht führt zu geringeren Festigkeiten. Für 220 °C zeigt der Zugversuch, dass trotz gleichem MFR-Wert vermutlich eine Schädigung oder morphologische Änderung durch die oxidative Atmosphäre stattgefunden hat.

Ähnlich sind die Vorgänge beim Rezyklieren. So ergibt sich nach fünfmaligem Verspritzen von Polycarbonat (PC) unter normalen Spritzbedingungen, wie Bild 7.11 anhand der Spannungs-Dehnungs-Diagramme zeigt, bereits eine Versprödung durch erhöhte Temperaturen und Sauerstoff, die zu einer deutlichen Verringerung der Bruchdehnung führt. Nach zehnmaligem Verspritzen sind die

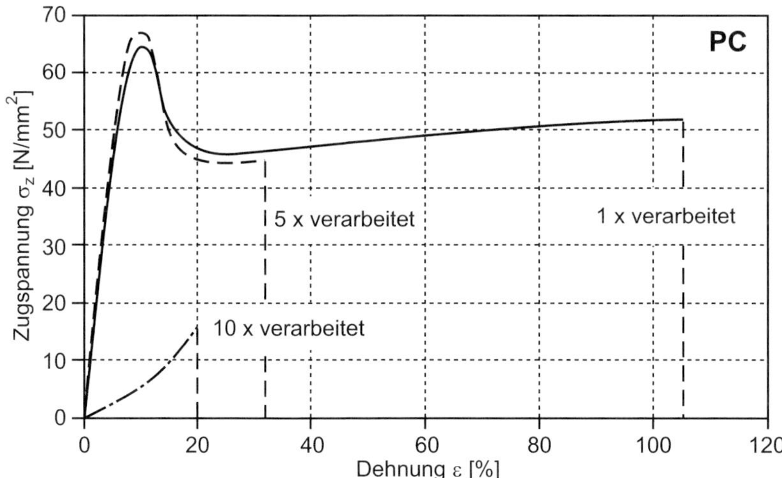

Bild 7.11 Spannungs-Dehnungs-Diagramm von Polycarbonat (PC) nach 1-, 5-, und 10-maligem Verspritzen [123]

Moleküle so geschädigt, dass sich das mechanische Verhalten vollständig geändert hat. Spritzgussabfälle dürfen daher nur in begrenzter Menge dem Neumaterial zugegeben werden. Sie sind andererseits auch häufig erwünscht, weil der chemisch-thermische Abbau zu einem niedrigeren Molekulargewicht und damit zu einer niedrigeren Viskosität der Schmelze führt, wodurch wiederum das Fließen erleichtert wird.

Bei hydrolyseempfindlichen Kunststoffen (wie z.B. PET) ist die Hydrolyse teilweise stärker als die Oxidation. Die Wärmebeständigkeit wird durch Wassereinwirkung oft stärker erniedrigt als durch reine Lufteinwirkung. Glasfaserverstärkte Polyesterharze (UP-GF) können in der Luft langzeitig bei 100 °C eingesetzt werden, ertragen jedoch wegen der Hydrolisierung in Wasser kaum Temperaturen über 60 °C. Bei Polyamid 66 (PA 66) liegen die Werte für Luft über 100 °C und für Wasser bei 60 °C, mit spezieller Stabilisierung bei 120 °C für Luft und 90 °C für Wasser.

■ 7.3 Stabilisierung

Alterungseffekte können durch die Erhöhung der Eigenstabilität des Werkstoffes oder durch Zugabe von Stabilisatoren verhindert bzw. verzögert werden. Die Verbesserung der Eigenstabilität kann durch Modifizierung der chemischen Struktur mittels Copolymerisation (z.B. PVC, PVDC) oder durch Blockierung der labilen Endgruppen (z.B. POM, PA 6) sowie durch vollkommenere Ordnungszustände, z. B. einen höheren Kristallisationsgrad, erfolgen. Am weitesten verbreitet und allgemein üblich ist die Einarbeitung von Stabilisatoren [133].

Stabilisatoren sind chemische Substanzen, die in den Abbaumechanismus, d. h. in den Radikalkettenmechanismus der Oxidation eingreifen und so beginnende Oxidationsreaktionen beenden oder zumindest verzögern. Die wichtigsten Stabilisatoren bieten Schutz gegen Oxidation, jedoch nicht gegen thermischen oder mechanischen Abbau.

Je nach Wirkmechanismus wird bei den Antioxidantien zwischen Radikalfängern (primäre Antioxidantien) und Hydroperoxidzersetzern (sekundäre Antioxidantien) unterschieden. Zu den Radikalfängern gehören u. a. Phenole, Lactone und sterisch gehinderte Amine. Zu den Hydroperoxidzersetzern gehören Phosphite und Phosphonite sowie Thiostabilisatoren. Die Wirkungsweise von Phosphiten und Phosphoniten ist im Wesentlichen auf die bei der Verarbeitung herrschenden, kurzzeitig wirkenden hohen Temperaturen beschränkt, daher werden sie auch als Verarbeitungsstabilisatoren eingesetzt, während die Phenole, Lactone und sterisch gehinderten Amine überwiegend als Langzeitstabilisatoren bei den langzeitig wirkenden, sehr viel niedrigeren Temperaturen Anwendung finden. Sehr häufig werden Kombinationen aus primären und sekundären Antioxidantien eingesetzt. Ein möglicher Stabilisator gegen thermo-oxidativen Abbau ist z. B. auch Vitamin E [133].)

Gegen die lichtinduzierte Oxidation werden neben den bereits genannten Antioxidantien auch UV-Absorber eingesetzt, die v. a. an der Oberfläche eine Initiierung der Oxidation durch UV-Licht verhindern. Dazu gehören neben den *Lichtschutzmitteln* (E: light stabilizers) und den UV-Absorbern auch die sterisch gehinderte Amine (HALS = **H**indered **A**min **L**ight **S**tabilisator). Füllstoffe, z. B. Ruß, behindern das Eindringen von Licht und wirken deshalb stabilisierend und können z. B. Polyethylene UV-Licht-beständig machen, was in natürlicher oder anderer Farbe auch mit Stabilisatoren nicht ausreichend möglich ist.

Da Stabilisatoren in deutlich unterschiedlichen Temperaturbereichen wirken sollen, müssen sie im Hinblick auf den speziellen Anwendungszweck entwickelt werden. Chemikalien und Umgebungseinflüsse können zur Stabilisatorextraktion führen, so dass bei Anwendungen mit Medienkontakt Stabilisatoren mit hohem Molekulargewicht eingesetzt werden. Obwohl es durchaus wissenschaftlich begründete Vorstellungen über einzelne Wirkungsmechanismen gibt, erfolgt die Auswahl der geeigneten Stabilisatoren für bestimmte Kunststoffe und Anwendungsgebiete überwiegend empirisch, wobei aufgrund zahlreicher Erfahrungen meist gute Vorhersagen über die Eignung von Stabilisatoren getroffen werden können [133]. Berücksichtigt werden sollte, dass mit dem Verbrauch der Stabilisatoren bei den chemischen Reaktionen während der Alterung abrupte Eigenschaftsänderungen einhergehen können, Bild 7.11.

Zur Beurteilung der Wirkung von Stabilisatoren werden stabilisierte Kunststoffe in Wärmeschränken gelagert und anschließend auf verschiedene Kennwerte geprüft, wobei häufig nur kurze Messzeiten angewandt werden. Von einem Rückschluss auf die Langzeitbeständigkeit und einer vergleichenden Bewertung unterschiedlich stabilisierter Polymere ist abzuraten, wenn die Messergebnisse nicht direkt auf den Einsatz und die Wirksamkeit von Stabilisatoren in der Praxis übertragen werden können [135]:

- Niedermolekulare phenolische Verbindungen sind unter den meisten Prüfbedingungen im Schmelzezustand flüchtig und wenig wirkungsvoll, während sie bei den deutlich tieferen Einsatztemperaturen zur Langzeitstabilität beitragen.
- Phosphonite und Phosphite bewirken bei hohen Temperaturen lange OIT-Zeiten[59] (OIT: **O**xidation **I**nduction **T**ime), sind jedoch bei den deutlich tieferen Gebrauchstemperaturen weniger effektiv.
- Bei hochmolekularen Antioxidantien (meist sterisch gehinderte Phenole) korrelieren die Messungen gut mit der Konzentration des Antioxidans, aber die Werte sind nicht auf ein Langzeitverhalten extrapolierbar.
- Lichtschutzstabilisatoren auf der Basis sterisch gehinderter Amine (HALS) sind bei Prüfbedingungen um 200 °C nicht als Radikalfänger aktiv. In Ofenalterungsversuchen bei 100 °C ist ihr Beitrag zur Langzeitstabilität jedoch beträchtlich [49, 134, 136].

Die vergleichsweise teuren Stabilisatoren sind i. A. in Konzentrationen von Bruchteilen eines Prozentes wirksam. Gewöhnlich wird ein System aus verschiedenen Stabilisatoren mit dem Ziel eines synergistischen Effekts eingesetzt, wobei dieses nicht zwingend ist [136].

59) *OIT-Messungen* zeigen die Stabilisatorwirkung im Schmelzezustand anhand der Zeit, die bis zur exotherm verlaufenden thermischen Oxidation vergeht

8 Kurzübersicht einiger Kunststoffe

Die Eigenschaften der Kunststoffe können gezielt durch Variationen beim Aufbau durch unterschiedliches Molekulargewicht, Kristallisation, Copolymerisation, Verstärkung, Stabilisierung usw. beeinflusst werden. Ebenso hat die Verarbeitung einen größeren Einfluss als bei anderen konventionellen Werkstoffen. Die hier angegebenen Eigenschaften und Kennwerte beziehen sich daher etwas verallgemeinert auf Standardmaterialien mit Betonung der anwendungstechnischen Sicht.

Aufgeführt werden neben dem *Gefüge*, den wichtigsten *Gebrauchseigenschaften*, der chemische *Aufbau* und eine Auswahl *physikalischer Kennwerte*. Die mechanischen Kennwerte wurden im statischen Zugversuch aufgrund von Prüfbedingungen nach ISO 527 bzw. vergleichbaren Normen ermittelt. Das *σ-ε-Diagramm* kennzeichnet das Festigkeits-, Verformungs-, Steifigkeits- und Energieaufnahme-Verhalten im Zugversuch. Die im Zugversuch gemessenen Kennwerte sind mit Ausnahme bei den langfaserverstärkten Materialien i.a. niedriger als die unter Druck- oder Biegebeanspruchung ermittelten. Der *Verlauf des E-Moduls* über der Temperatur wurde mittels Dynamisch-Mechanischer Analyse unter sehr geringen Lasten in Torsions- oder Biegebelastung gemessen. Abweichungen gegenüber den im statischen Zugversuch gemessenen Werten ergeben sich aufgrund der Unterschiede in der Belastungsart und der Höhe der Beanspruchung. Die angegebene Glasübertragungstemperatur Tg wurde mittels DSC (Heizrate 10 °C/min) gemessen und als Mittelpunktstemperatur ausgewertet. Tpm kennzeichnet die in der DSC gemessene Peaktemperatur des Schmelzbereichs. Die Angabe der *Einsatzgrenzen* erfolgt nach Literaturangaben verbunden mit eigenen Erfahrungen.

Ein direktes, hierfür geeignetes Messverfahren steht nicht zur Verfügung.

ABS – Acryl-Butadien-Styrol Pfropfpolymer

Gefüge: amorph, Blend **Preis (2007):** ≈ 1,90 – 2,40 €/kg

Eigenschaften: brilliante Oberfläche, steif, kratzfest, maßhaltig, schlagzäh, galvanisierbar, wenig witterungsbeständig

Erkennen: opak, brennt rußend mit leuchtender Flamme, süßlicher Styrolgeruch

Kennwerte:

ρ = 1,03 - 1,07 g/cm^3

E = 2200 - 3000 N/mm^2

σ_s = 45 - 65 N/mm^2

ε_s = 2,5 - 3 %

ε_B = 15 - 20 %

T_g = -85 °C/ 95 - 105 °C

Einsatzgrenzen:

kurzzeitig ~ 85 - 95 °C

dauernd ~ 75 - 85 °C

Aufbau:

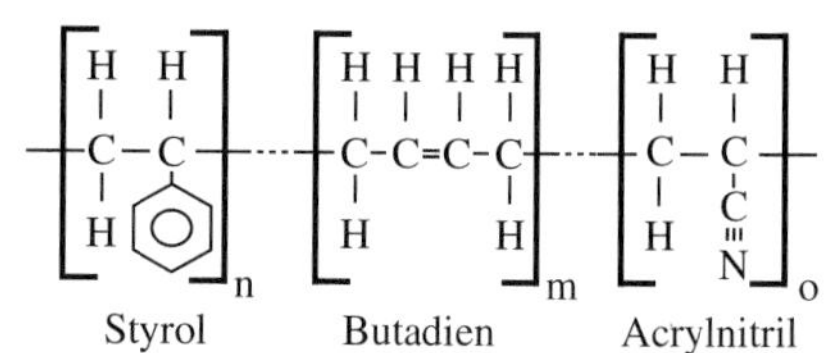

Mischungen:

- PA, - TPU, - PVC, - PC, - PSU, PUR

σ-ε-Diagramm:

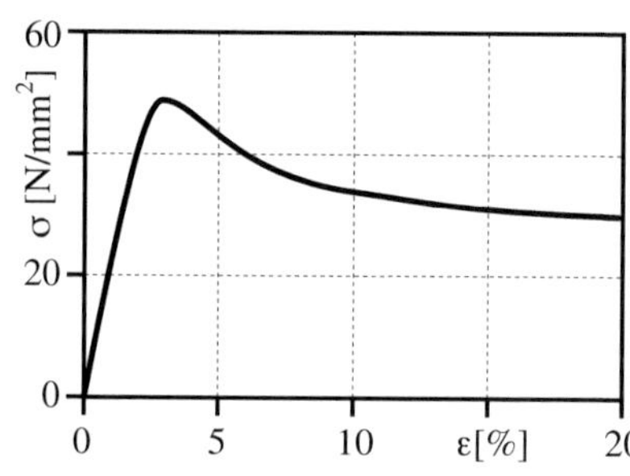

E-Modul (Temp):

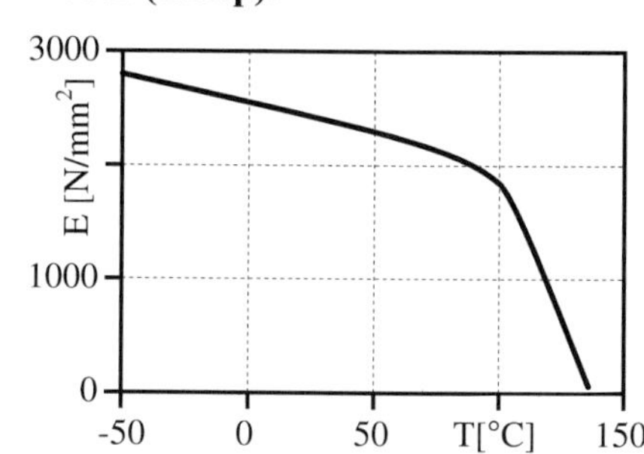

DSC-Diagramm:

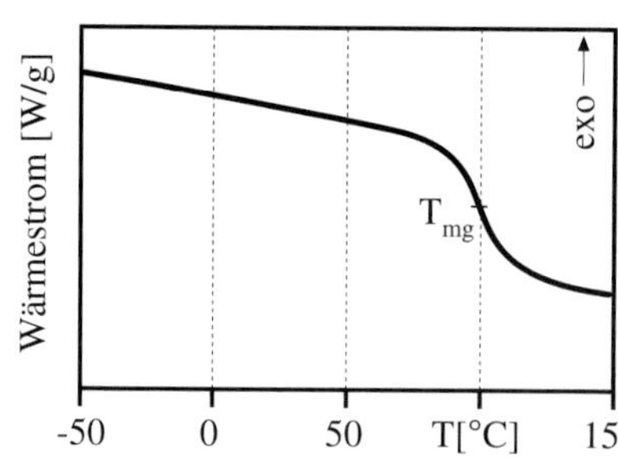

Ausdehnungskoeffizient (Temp):

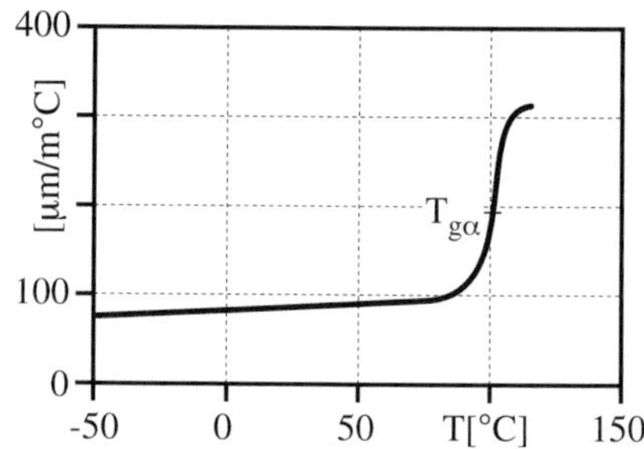

ASA – Acrylnitril-Styrol-Acrylester Pfropfcopolymer

Gefüge: amorph **Preis (2007):** ≈ 2,50 – 2,70 €/kg

Eigenschaften: zäh, steif, maßhaltig, hoher Glanz, witterungs- und chemikalienbeständiger als ABS

Erkennen: opak, brennt rußend mit leuchtender Flamme, süßlicher Styrolgeruch

Kennwerte:

ρ = 1,04 - 1,07 g/cm^3
E = 2300 - 2900 N/mm^2
σ_s = 40 - 55 N/mm^2
ε_s = 3,1 - 4,3 %
ε_B = 10 - 30 %
T_g = -40 °C / 95 °C

Einsatzgrenzen:

kurzzeitig ~ 85 - 95 °C
dauernd ~ 75 - 85 °C

Aufbau:

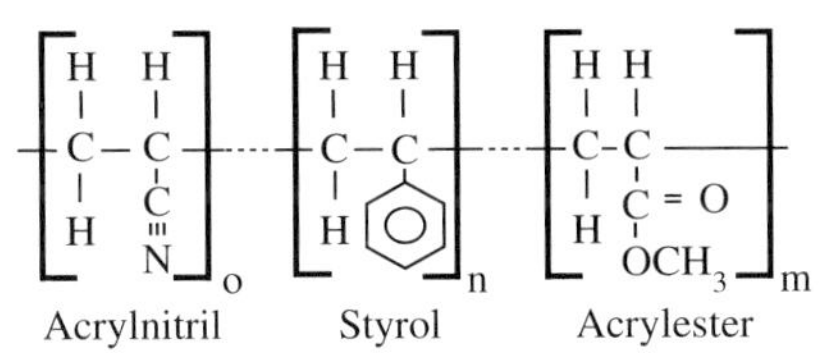

Mischungen:

- PC, - PVC, - PMMA

σ-ε-Diagramm:

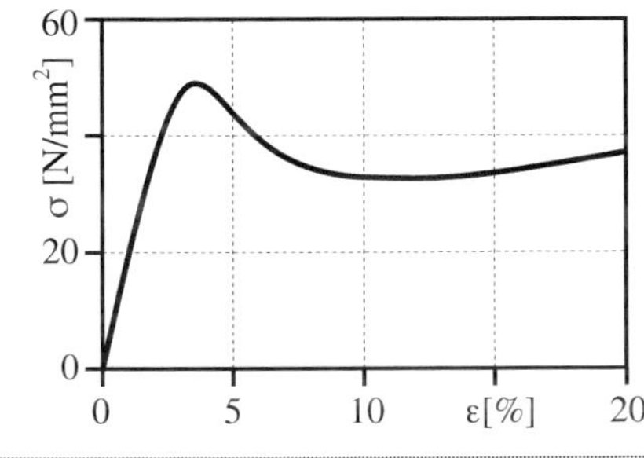

E-Modul (Temp):

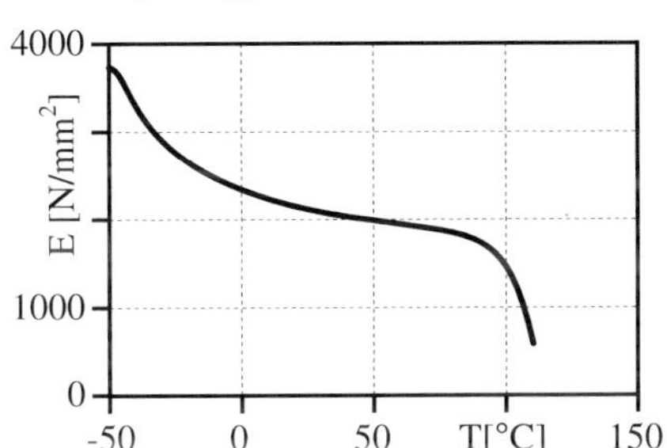

DSC-Diagramm:

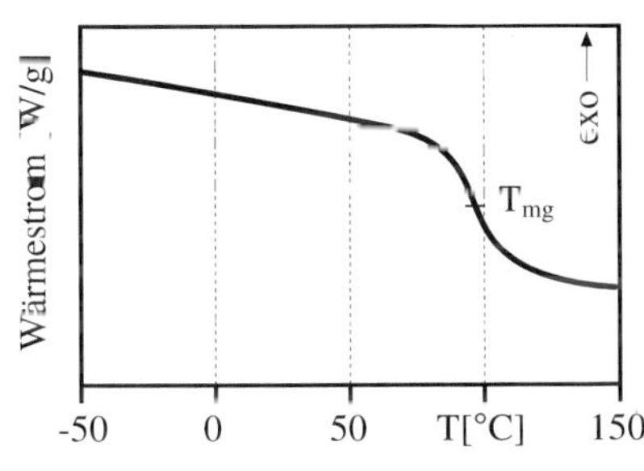

Ausdehnungskoeffizient (Temp):

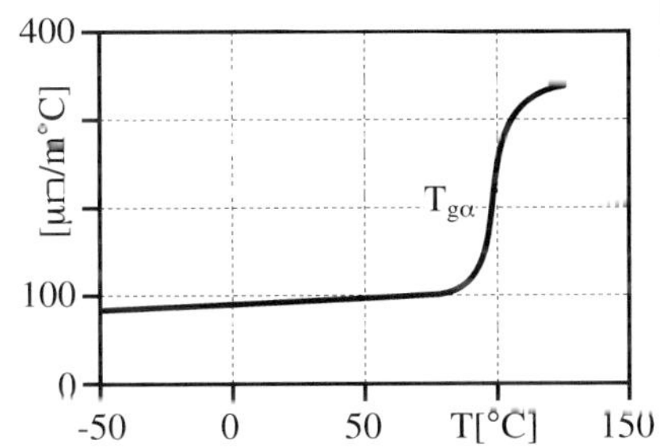

COC – Cycloolefin-Copolymer

Gefüge: amorph, Copolymer - linearen Polyolefinen u. Norbornen (cycl. Polyolefine)

Preis (2007): ≈ 3,00 – 8,00 €/kg

Eigenschaften: hohe Transparenz, geringe Wasseraufnahme, überwiegend steif und spröde, beständig gegen Säuren und Laugen, niedrige Dichte

Erkennen: fadenziehende Schmelze, leicht stechender Paraffingeruch, Zersetzungsschwaden pH-Wert = 4

Kennwerte*:

ρ = 1,02 g/cm^3
E = 2600 - 3200 N/mm^2
σ_B = 66 N/mm^2
ε_B = 3 - 10 %
T_g = 0 - 230 °C

Einsatzgrenzen:

kurzzeitig ~ 75 - 170 °C
dauernd ~ 65 - 100 °C

* *abhängig vom Norbornenanteil*

Aufbau:

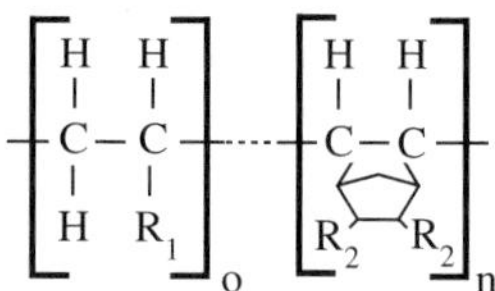

σ-ε-Diagramm:

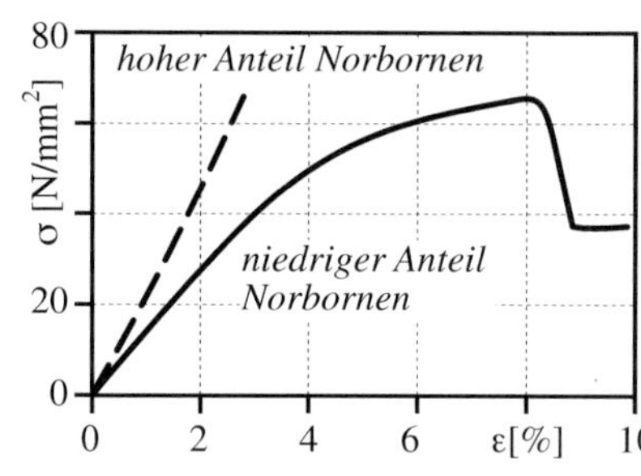

E-Modul (Temp):

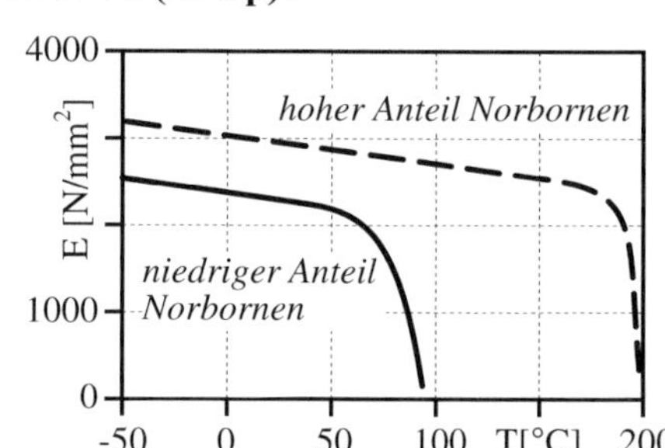

DSC-Diagramm:

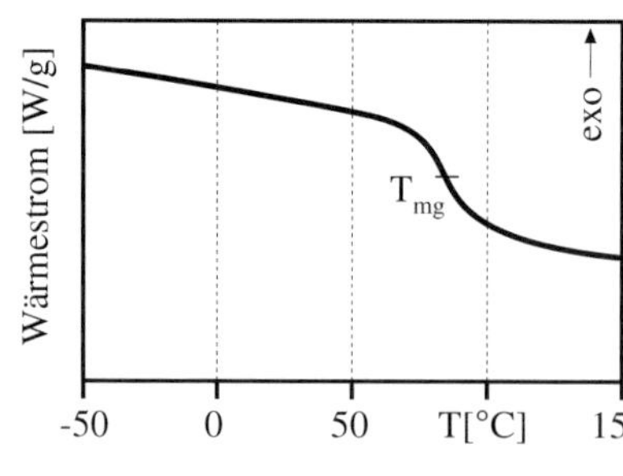

Ausdehnungskoeffizient (Temp):

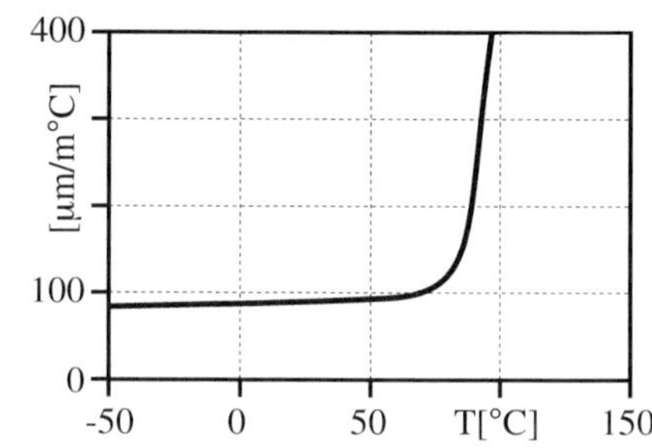

EP – Epoxidharz

Gefüge: amorph, vernetzt **Preis (2007):** ≈ 7,00 – 10,00 €/kg

Eigenschaften: große Variationsbreite, häufig verstärkt, zäh bis spröde, vielseitige Modifikationen möglich (z.B. elastifiziert), maßhaltig, haftfest, geringer Schwund, elektrisch isolierend

Erkennen: transparent bis opak, schmilzt nicht

Kennwerte*:

ρ = 1,17 - 1,25 g/cm^3
E = bis 4200 N/mm^2
σ_B = bis 100 N/mm^2
ε_B = ~ 1,5 - 20 %
T_g = ca. 70 - 200 °C

Einsatzgrenzen:
große Variation je nach Typ
dauernd ~ 60 - 180 °C (T_g beachten)

**für unverstärktes Material*

Aufbau:

$CH_2 - CH$ —···
\ /
O
Epoxidgruppe
+
Härter

Mischungen:
- Polysulfid-Kautschuk, - Teerprodukte

σ-ε-Diagramm:

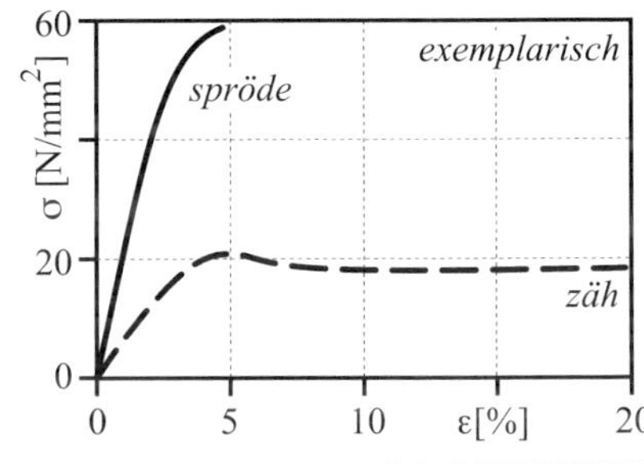

E-Modul (Temp):

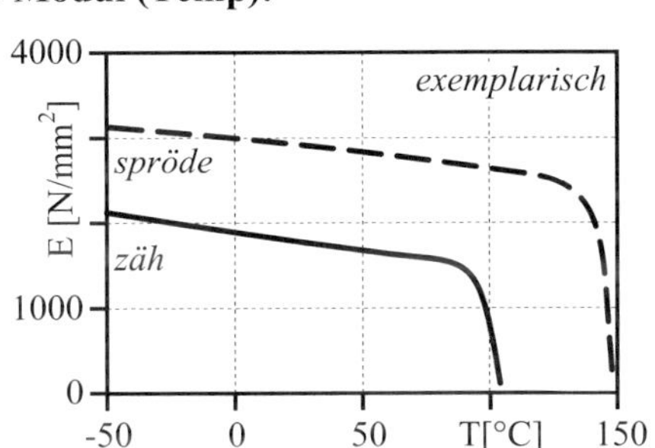

DSC-Diagramm:

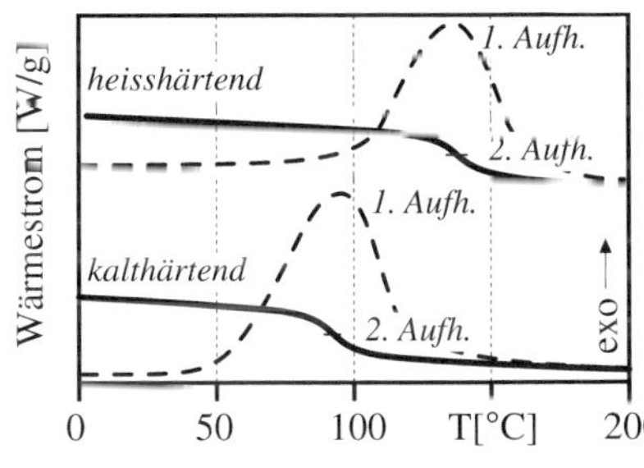

Ausdehnungskoeffizient (Temp):

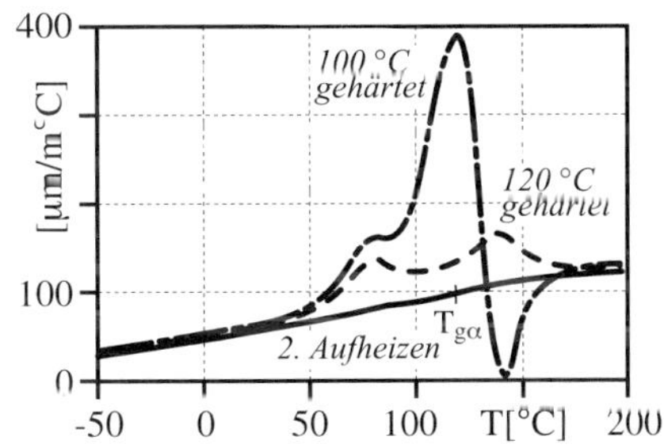

PA 11 – Polyamid 11

Gefüge: teilkristallin (35 - 45 %) **Preis (2007):** ≈ 8,00 – 11,00 €/kg

Eigenschaften: hochzähes PA, beständig gegen Lösemittel, Öle, Fette und Kraftstoffe, geringe Wasseraufnahme (luftfeucht 1,1 %, nass 1,8 %)

Erkennen: milchig weiß-gelb, brennt gelb mit bläulichem Rand, fadenziehend, tropfend, Geruch der Brandschwaden nach verbranntem Horn

Kennwerte:

ρ = 1,03 - 1,05 g/cm^3
E = 1400/1200/- N/mm^2
σ_s = 45/40/- N/mm^2
ε_s = 5 - 10/10 - 30/- %
ε_B = > 50 %
T_g =49/-/- °C
T_{pm} =185 °C

Einsatzgrenzen:
kurzzeitig ~ 140 °C
dauernd ~ 70 - 80 °C

Aufbau:

$$\left[NH-(CH_2)_{10}-CO \right]_n$$

Aminoundecansäure

Mischungen:
- Pa 6, PA 66

σ-ε-Diagramm:

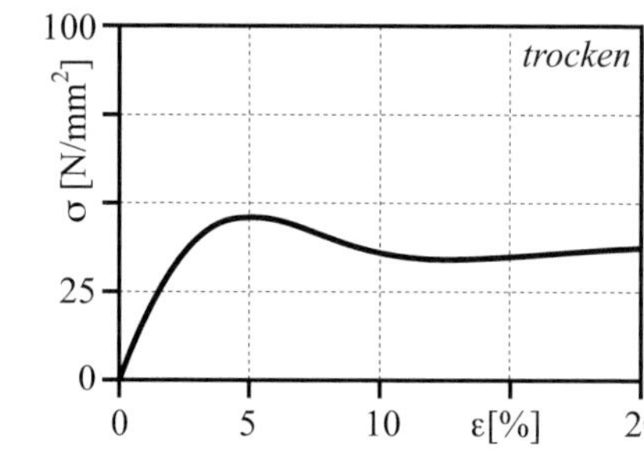

E-Modul (Temp):

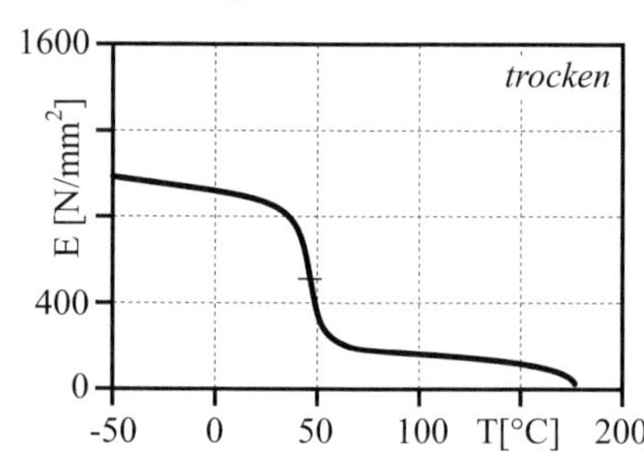

DSC-Diagramm:

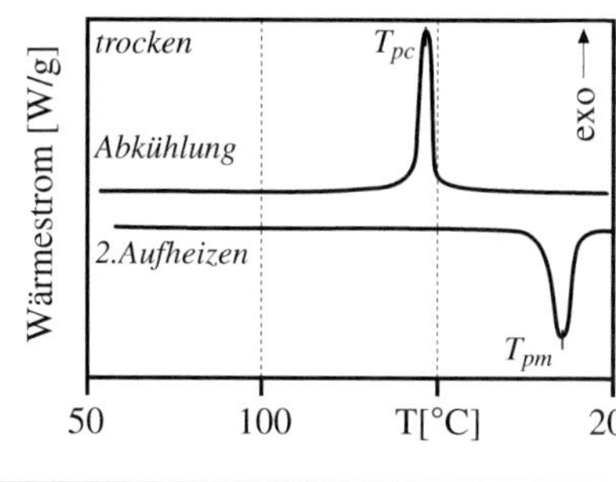

Ausdehnungskoeffizient (Temp):

—

PA 12 – Polyamid 12

Gefüge: teilkristallin (35 - 45 %) **Preis (2007):** ≈ 8,00 – 11,00 €/kg

Eigenschaften: geringe Dichte, geringste Wasseraufnahme der Polyamide (luftfeucht 0,7 %, nass 1,5 %), hochzäh, beständig gegen Kraftstoffe, Öle, Fette, Salzsäure u.a.

Erkennen: milchig weiß-gelb, brennt gelb mit bläulichem Rand, Geruch der Brandschwaden nach verbranntem Horn, fadenziehend, tropfend

Kennwerte:

ρ = 1,01 - 1,04 g/cm^3
E = 1400/1100/570 N/mm^2
σ_s = 50/40/- N/mm^2
ε_s = 4/12/- %
ε_B = ~ 200 %
T_g = 49/-/- °C
T_{pm} = 170 - 180 °C

Einsatzgrenzen:

kurzzeitig ~ 140 °C
dauernd ~ 70 - 80 °C

Aufbau:

$$\left[NH - (CH_2)_{11} - CO \right]_n$$

Laurinlactam

Mischungen:

- Pa 6, PA 66

σ-ε-Diagramm:

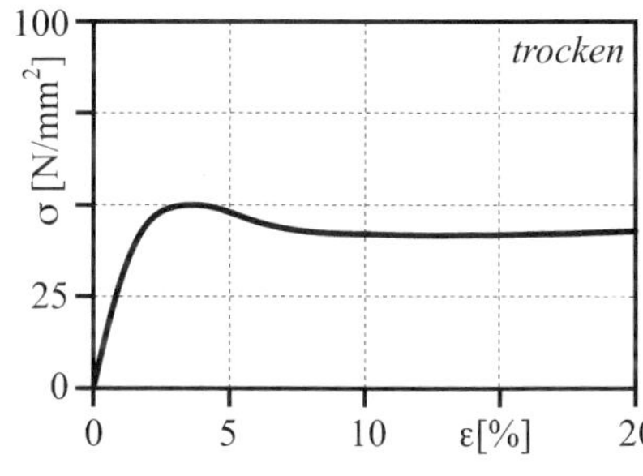

E-Modul (Temp):

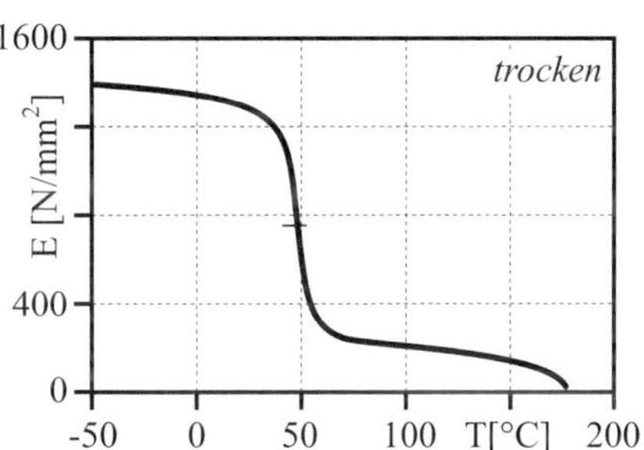

DSC-Diagramm:

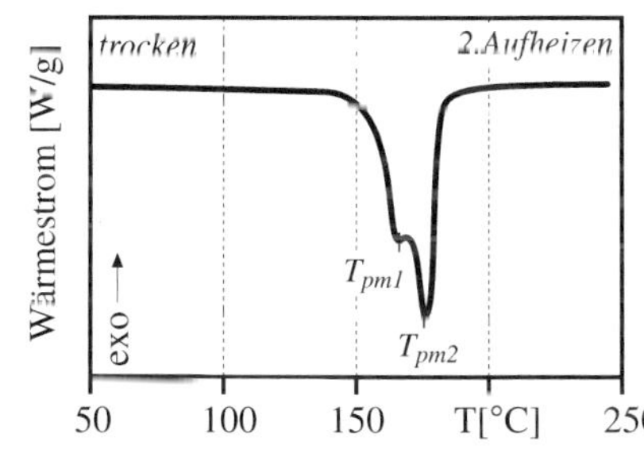

Ausdehnungskoeffizient (Temp):

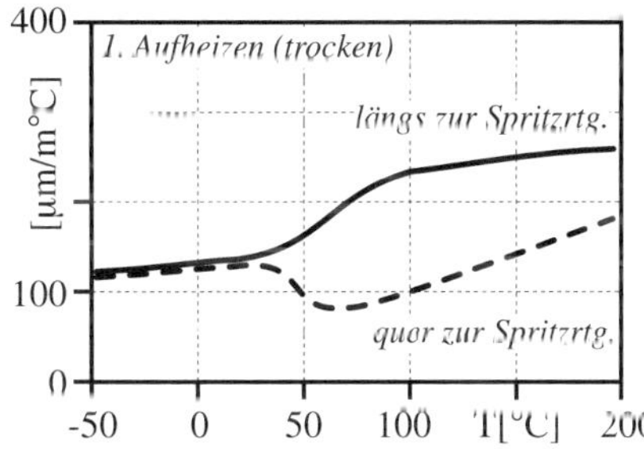

PA 46 – Polyamid 46

Gefüge: teilkristallin (60 – 70 %) **Preis (2007):** ≈ 7,00 – 9,00 €/kg

Eigenschaften: verschleißfest, besonders temperaturbeständig, geringe Kriechneigung, nimmt bis zu 12 % Wasser auf

Erkennen: milchig weiß-gelb, brennt gelb mit bläulichem Rand, Geruch der Brandschwaden nach verbranntem Horn, fadenziehend, tropfend

Kennwerte:

ρ = 1,18 -1,21 g/cm^3

E = 3300/1000/800 N/mm^2

σ_s = 100/55/- N/mm^2

ε_s = - / - / -

ε_B = 40/> 200/- %

T_g = ~ 94/31/-10 °C

T_{pm}= 285 - 290 °C

Einsatzgrenzen:

kurzzeitig ~ 180 °C

dauernd ~ 120 °C

Aufbau:

$$\left[NH-(CH_2)_4-NH-CO-(CH_2)_4-CO \right]_n$$

1,4 Diaminobuten u. Adipinsäure

σ-ε-Diagramm:

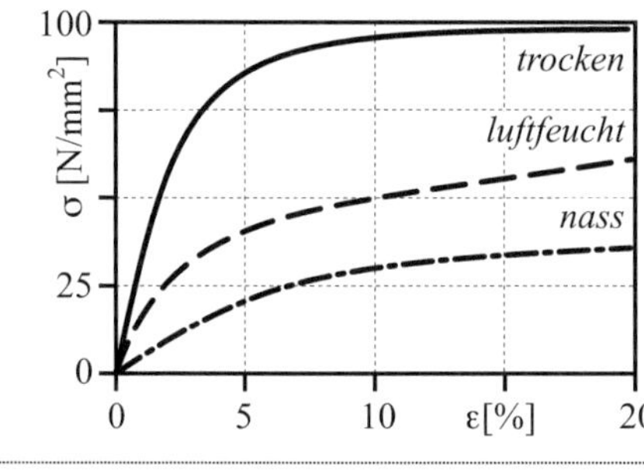

E-Modul (Temp):

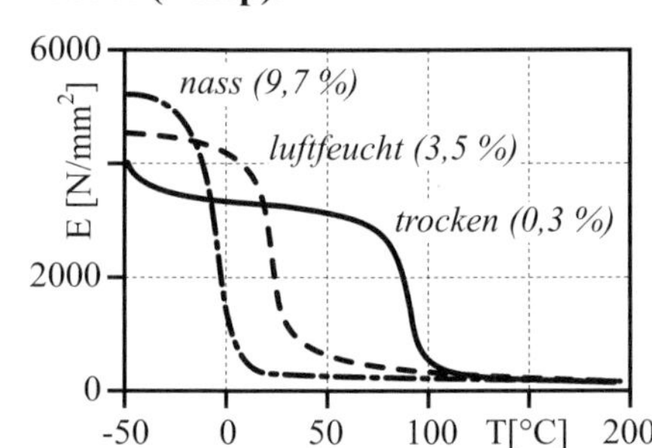

DSC-Diagramm:

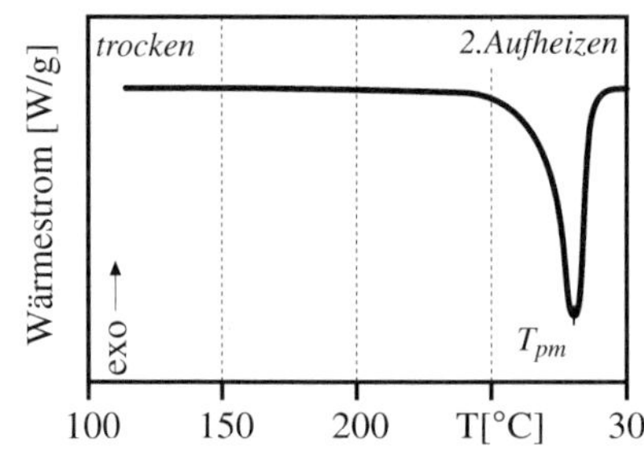

Ausdehnungskoeffizient (Temp):

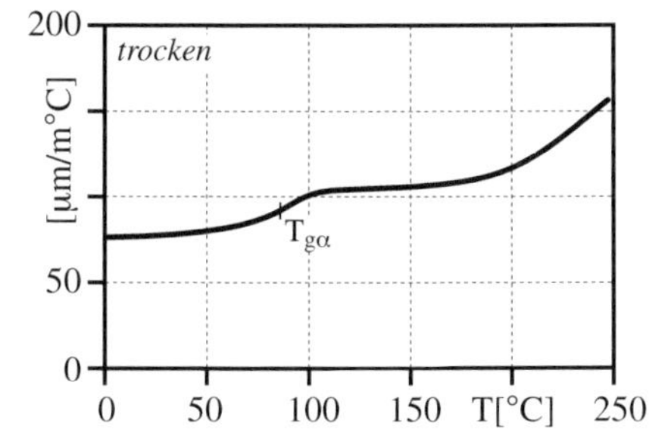

PA 6 – Polyamid 6

Gefüge: teilkristallin (30 - 40 %) **Preis (2007):** ≈ 2,60 – 2,90 €/kg

Eigenschaften: verschleißfest, zäh, vielseitig, eigenschaftstolerant, nimmt bis zu 9,5 % Wasser auf, häufig verstärkt

Erkennen: milchig weiß-gelb, brennt gelb mit bläulichem Rand, Geruch der Brandschwaden nach verbranntem Horn, fadenziehend, tropfend

Kennwerte:

ρ = 1,12 - 1,15 g/cm^3
E = 2800/1000/600 N/mm^2
σ_s = 80/45/- N/mm^2
ε_s = 4/25/- %
ε_B = 30/> 50/- %
T_g = ~ 78/28/-8 °C
T_{pm} = 225 - 235 °C

Einsatzgrenzen:

kurzzeitig ~ 140 - 160 °C
dauernd ~ 80 - 100 °C

Aufbau:

$$\left[-NH-(CH_2)_5-CO- \right]_n$$

ε - Caprolactam

Mischungen:

- PA66, PA 12, - PA11, - PE, - ABS, - ABR, - PPS, - PPE, - EPDM

σ-ε-Diagramm:

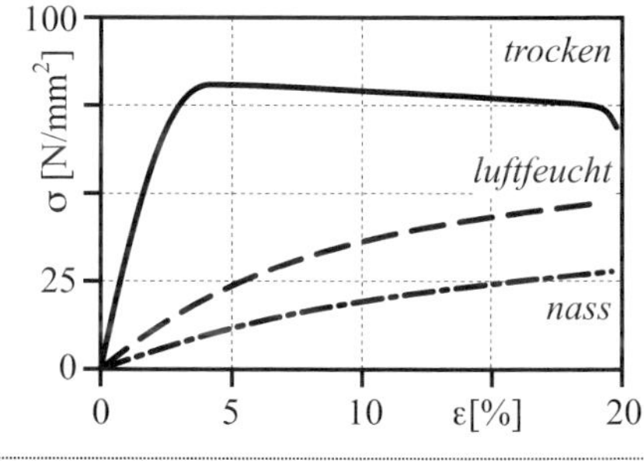

E-Modul (Temp):

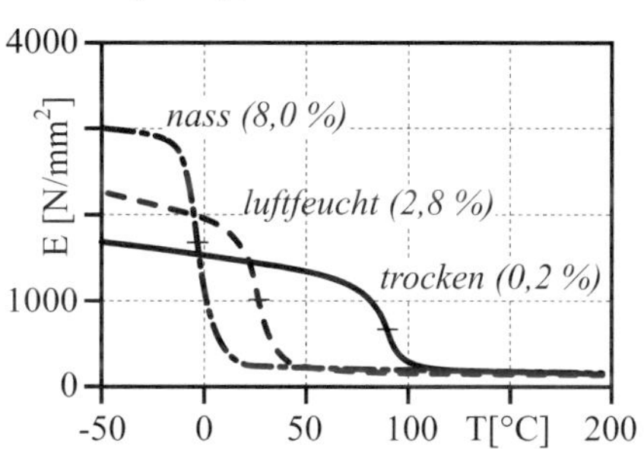

DSC-Diagramm:

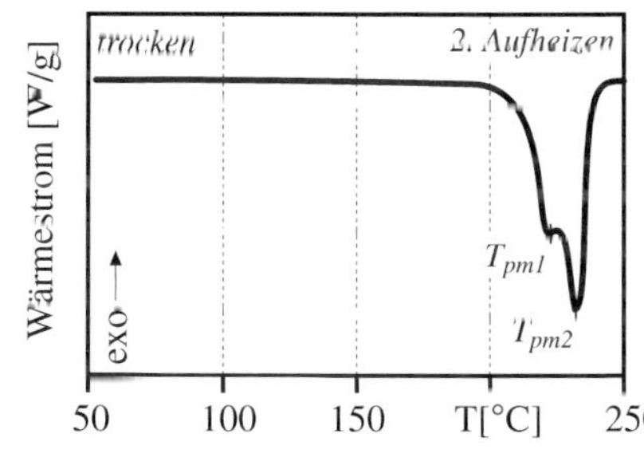

Ausdehnungskoeffizient (Temp):

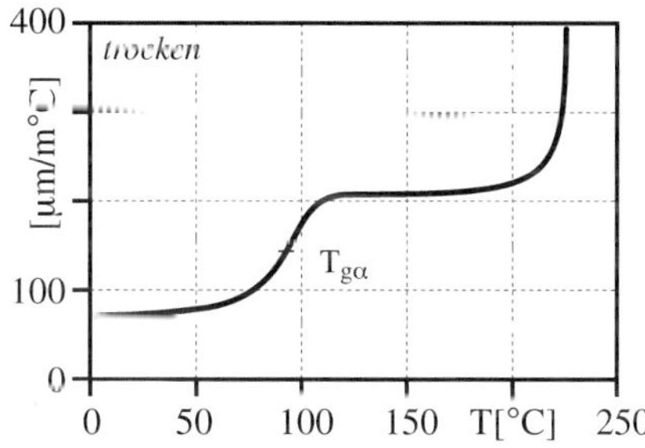

PA 610 – Polyamid 610

Gefüge: teilkristallin (30 - 40 %) **Preis (2007):** ≈ 6,50 – 7,50 €/kg

Eigenschaften: geringe Wasseraufnahme (3,3 %), gute Maßhaltigkeit

Erkennen: milchig weiß-gelb, brennt mit bläulichem Rand, Geruch der Brandschwaden nach verbranntem Horn, fadenziehend, tropfend

Kennwerte:

ρ = 1,07 - 1,09 g/cm³
E = 2200/1500/800 N/mm²
σ_s = 64/45/- N/mm²
ε_s = 4/15/- %
ε_B = > 50 %
T_g = 77/48/19 °C
T_{pm} = 210 - 220 °C

Einsatzgrenzen:

kurzzeitig ~ 140 - 160 °C
dauernd ~ 80 - 100 °C

Aufbau:

$$\left[NH-(CH_2)_6-NH-CO-(CH_2)_8-CO \right]_n$$

Hexamethylendiamin u. Sebacinsäure

Mischungen:

- PA66/6

σ-ε-Diagramm:

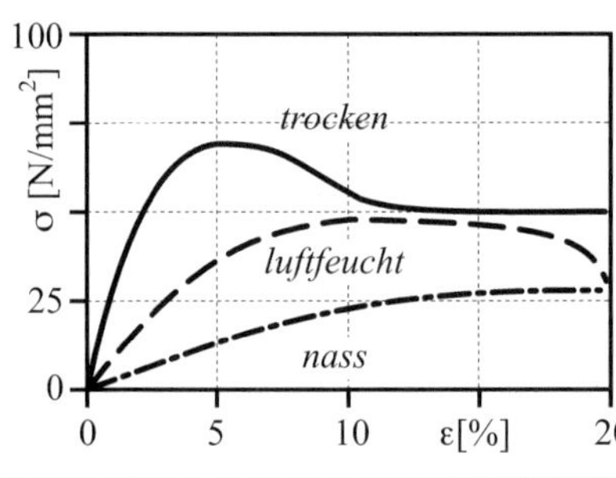

E-Modul (Temp):

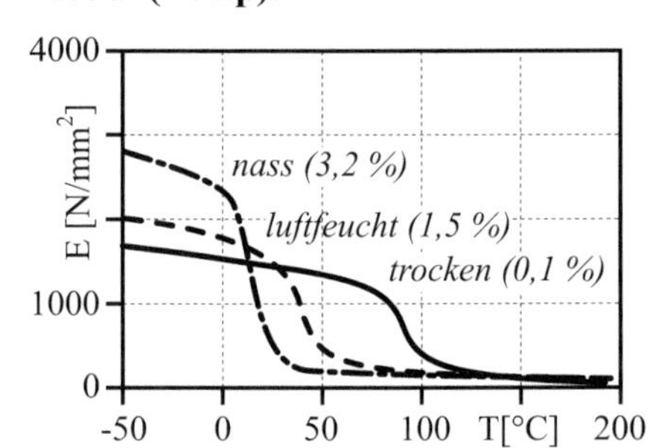

DSC-Diagramm:

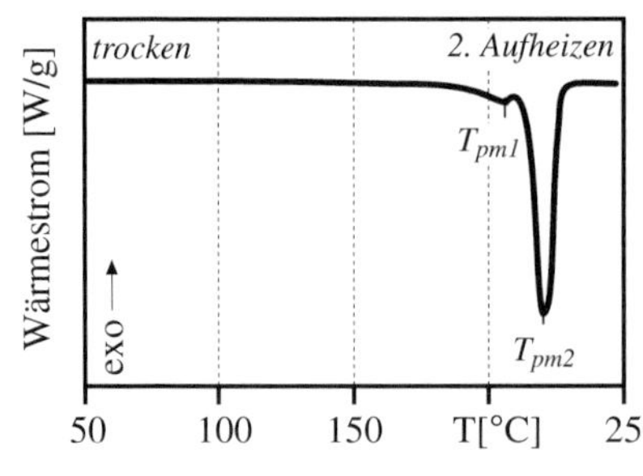

Ausdehnungskoeffizient (Temp):

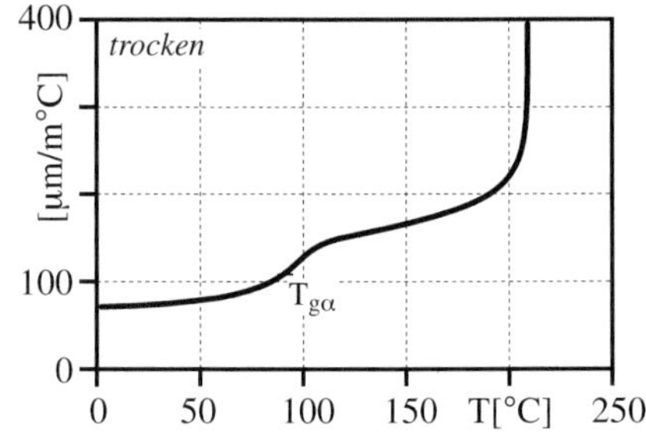

PA 6-3-T – amorphes Polyamid

Gefüge: amorph **Preis (2007):** ≈ 9,00 – 16,00 €/kg

Eigenschaften: geringe Verzugsneigung, hohe Zähigkeit, Wasseraufnahme bis zu 7,5 %

Erkennen: transparent, brennt gelb mit bläulichem Rand, Geruch der Brandschwaden nach verbranntem Horn, fadenziehend, tropfend

Kennwerte:

ρ = 1,12 - 1,15 g/cm^3
E = 2800/2700/2200 N/mm^2
σ_s = 90/85/65 N/mm^2
ε_s = 7/6/5 %
ε_B = 20 - > 50 %
T_g = 152/114/97 °C

Einsatzgrenzen:
kurzzeitig ~ 120 °C
dauernd ~ 80 °C

Aufbau:

$$\left[NH-(CH_2)_6-NH-CO-\langle\bigcirc\rangle-CO \right]_n$$

Hexamethylendiamin u. Terephthalsäure

σ-ε-Diagramm:

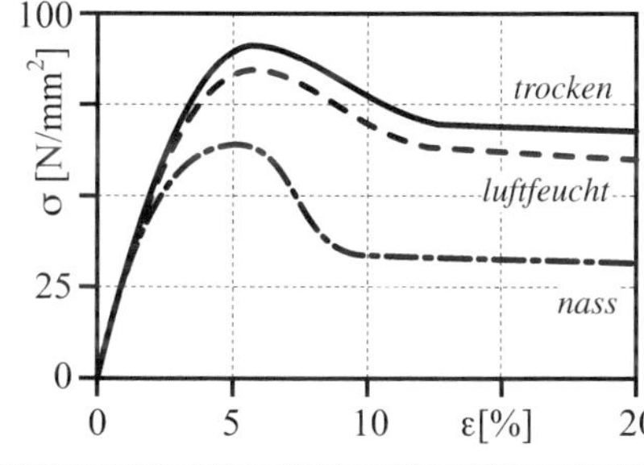

E-Modul (Temp):

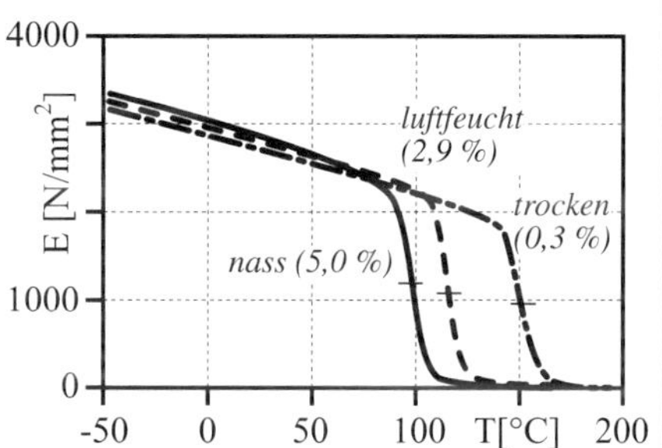

DSC-Diagramm:

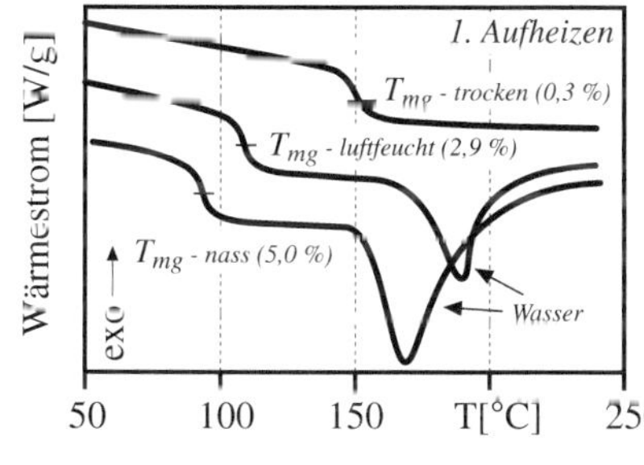

Ausdehnungskoeffizient (Temp):

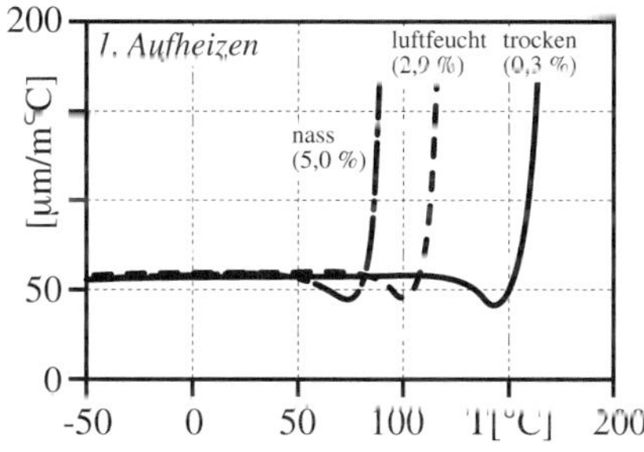

PA 66 – Polyamid 66

Gefüge: teilkristallin (35 - 45 %) **Preis (2007):** ≈ 3,10 – 3,40 €/kg

Eigenschaften: verschleißfest, zäh, alterungs- und wärmebeständig, verschleißfest, geeignet für Maschinenelemente, dünnflüssiger als PA 6, nimmt bis zu 8,5 % Wasser auf, häufig verstärkt

Erkennen: milchig weiß-gelb, brennt gelb mit bläulichem Rand, Geruch der Brandschwaden nach verbranntem Horn, fadenziehend, tropfend

Kennwerte:

ρ = 1,13 - 1,16 g/cm^3
E = 3000/1600/800 N/mm^2
σ_s = 85/60/- N/mm^2
ε_s = 5/20/- %
ε_B = 25/> 50/- %
T_g = ~ 90/39/-6 °C
T_{pm}= 225 - 265 °C

Einsatzgrenzen:

kurzzeitig ~ 140 - 170 °C
dauernd ~ 80 - 100 °C

Aufbau:

$$\left[NH-(CH_2)_6-NH-CO-(CH_2)_4-CO \right]_n$$

Hexamethylendiamin u. Adipinsäure

Mischungen:

- PA6, PA 12, - PA11, - PE, - ABS, - ABR, - PPS, - PPE, - EPDM

σ-ε-Diagramm:

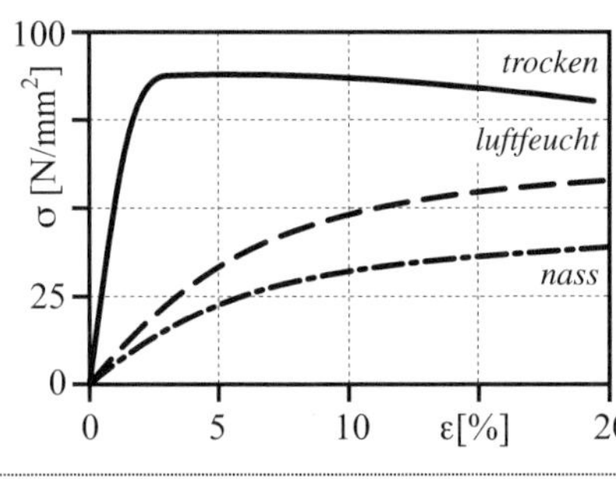

E-Modul (Temp):

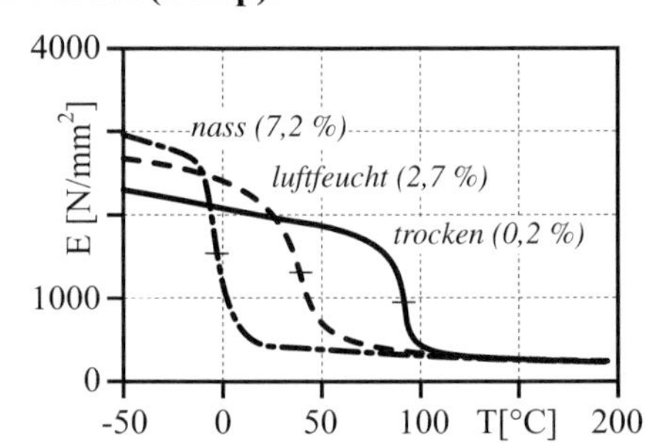

DSC-Diagramm:

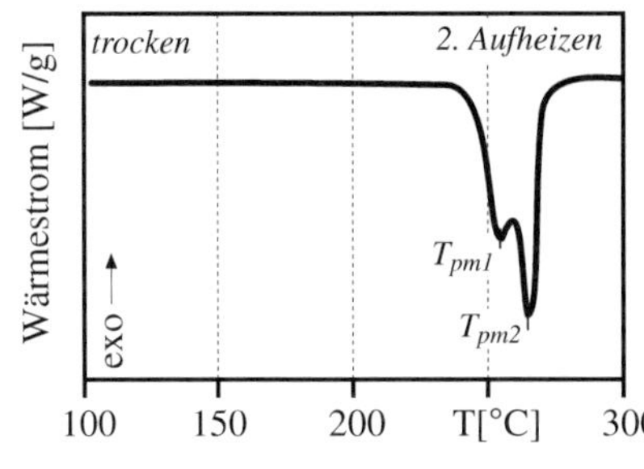

Ausdehnungskoeffizient (Temp):

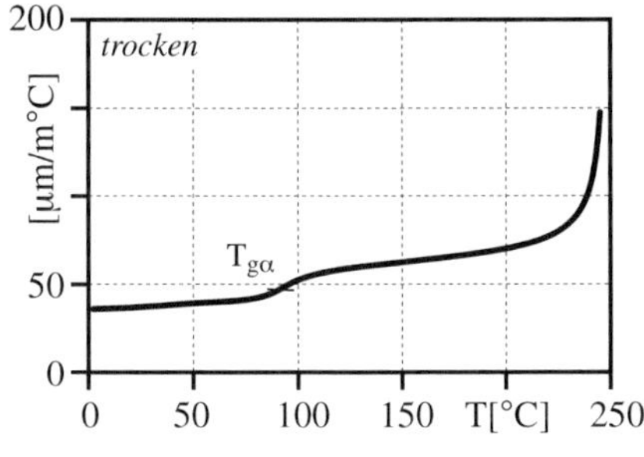

PAI – Polyamidimid

Gefüge: amorph, vernetzt **Preis (2007):** ≈ 8,00 – 11,00 €/kg

Eigenschaften: fest, steif, hart, geringe Zähigkeit, gleit- und verschleißfest, geringe Wärmeausdehnung, bedingt chemikalienbeständig, nimmt 3,5% - 4% Wasser auf

Erkennen: -

Kennwerte:
ρ = 1,38 – 1,40 g/cm^3
E = 4500 – 5200 N/mm^2
σ_S =
ε_S =
ε_B = 10 %
T_g = 250 °C – 275 °C

Einsatzgrenzen:
kurzzeitig 300 °C (je nach Typ)
dauernd 260 °C (je nach Typ)

Aufbau:

Mischungen:
- PTFE, PSU, PEI, PA, PPS, PC

σ-ε-Diagramm:

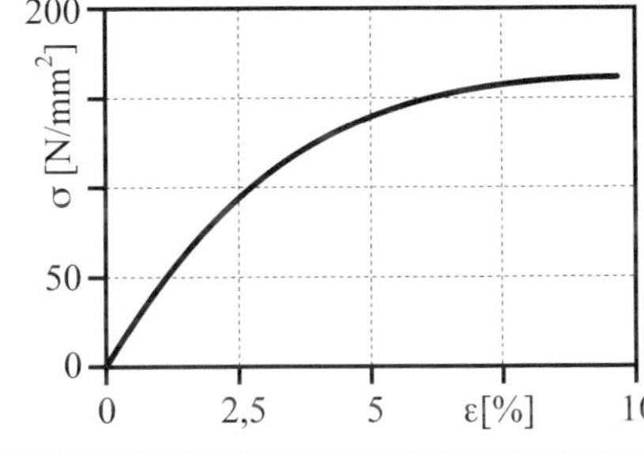

E-Modul (Temp):

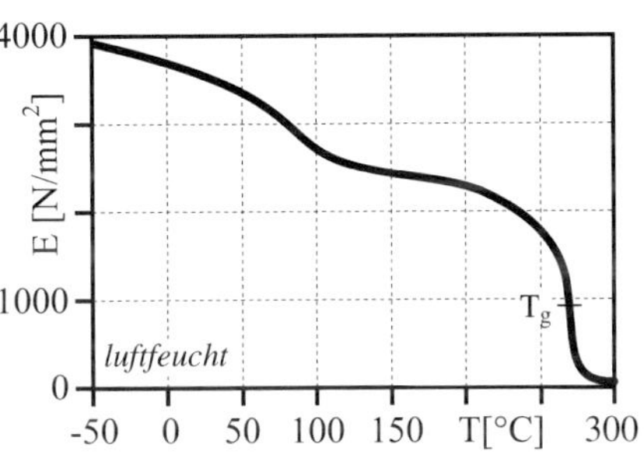

DSC-Diagramm:

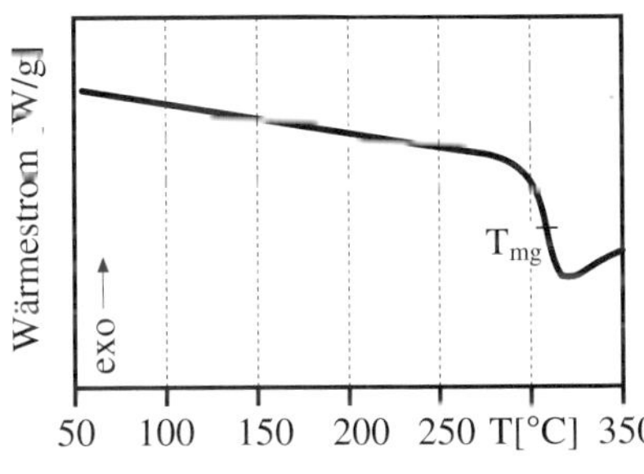

Ausdehnungskoeffizient (Temp):

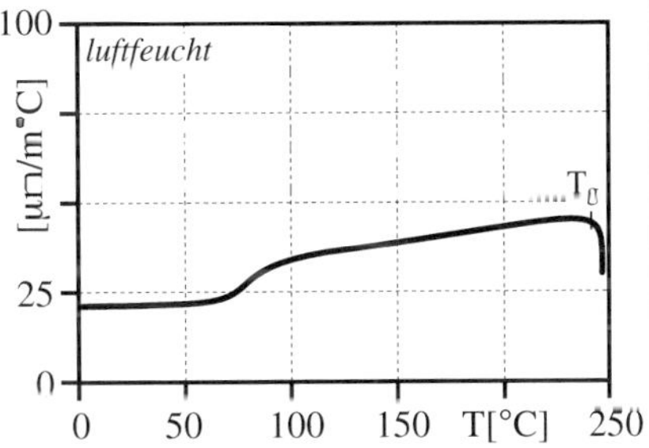

PB - Polybuten

Gefüge: teilkristallin (ca. 50 %) **Preis (2007):** ≈ 3,00 – 5,00 €/kg

Eigenschaften: nach Spritzgiessen weich und gummielastisch, nach ca. 7 Tagen steifer und duktil, geringe Dichte, spannungsrissbeständig, geringe Kriechneigung

Erkennen: brennt mit gelber Flamme, Blasenbildung und abtropfende Flamme

Kennwerte:

ρ = 0,89* / 0,91 – 0,94 g/cm^3
E = 240* / 600 – 700 N/mm^2
σ_s = 15 – 25 N/mm^2
ε_s = 10 %
ε_B = > 50 %
T_{pm}= 130 °C

Einsatzgrenzen:

kurzzeitig ~ 80 – 110 °C
dauernd ~ 60 – 60 °C

* *Werte direkt nach der Herstellung*

Aufbau:

$-[CH_2-CH(CH_2CH)]-$

Mischungen:

- PE, - PP, - PS

σ-ε-Diagramm:

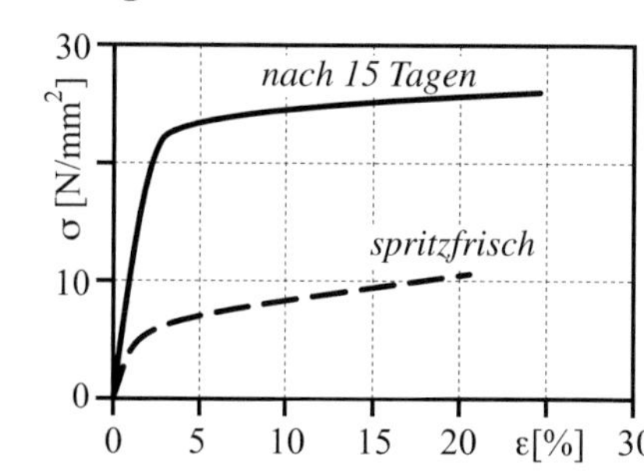

E-Modul (Temp):

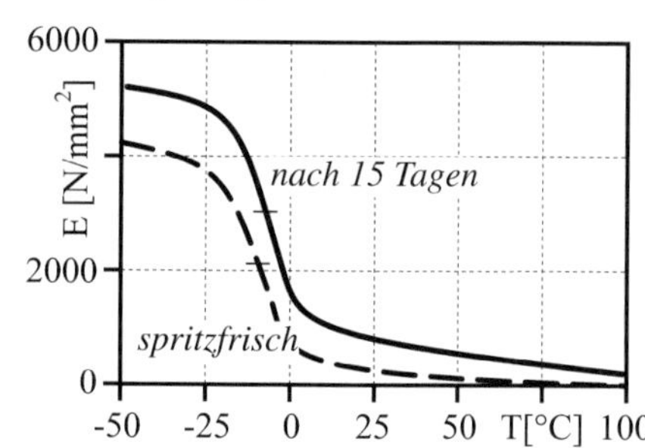

DSC-Diagramm:

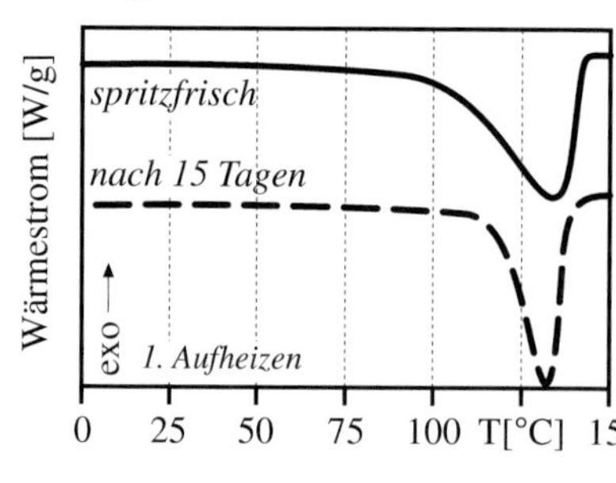

Ausdehnungskoeffizient (Temp):

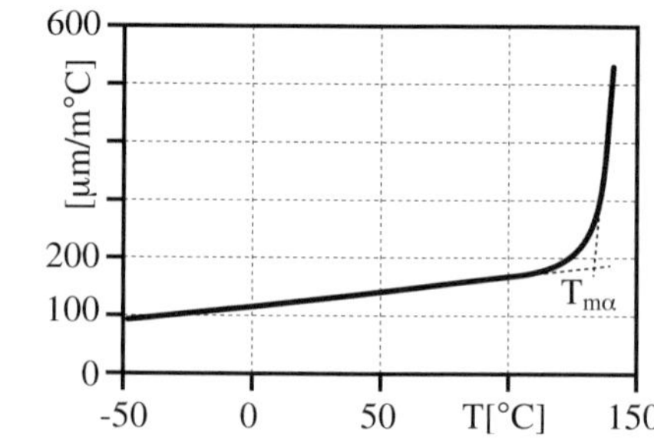

PBT – Polybutylenterephthalat

Gefüge: teilkristallin (40 - 50 %) **Preis (2007):** ≈ 3,00 – 3,20 €/kg

Eigenschaften: fest, steif, maßhaltig, gleit- und verschleißfest, etwas verarbeitungsempfindlich, häufig verstärkt

Erkennen: brennt rußend, leuchtend, tropfend, leicht süßlicher Geruch

Kennwerte:

ρ = 1,30 - 1,32 g/cm^3
E = 2500 - 2800 N/mm^2
σ_s = 50 - 60 N/mm^2
ε_s = 3,5 - 7 %
ε_B = 20 - > 50 %
T_g = 45 - 60 °C
T_{pm} = 220 - 230 °C

Einsatzgrenzen:
kurzzeitig ~ 160 °C
dauernd ~ 100 °C

Aufbau:

$$\left[-O-(CH_2)_4-O-\overset{O}{\overset{\|}{C}}-C_6H_4-\overset{O}{\overset{\|}{C}}- \right]_n$$

Häufig vorkommende Mischungen:
- ASA, - EPDM, - LCP, - PC, - PET

σ-ε-Diagramm:

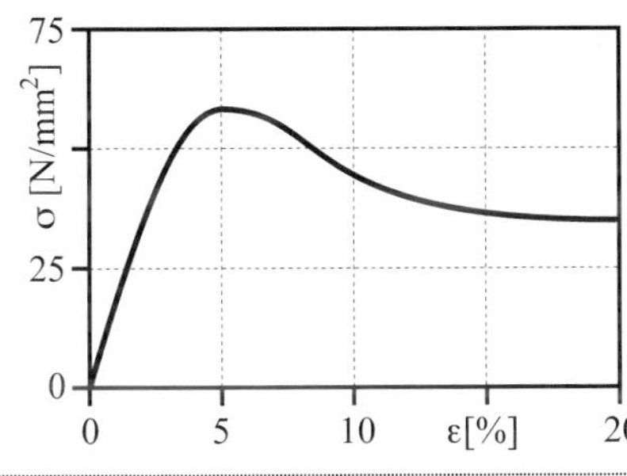

E-Modul (Temp):

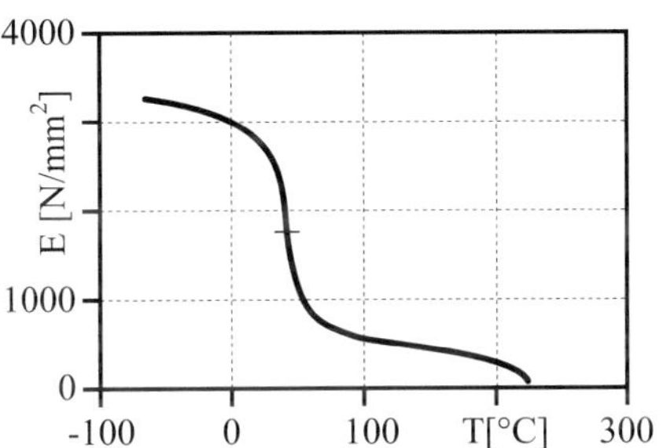

DSC-Diagramm:

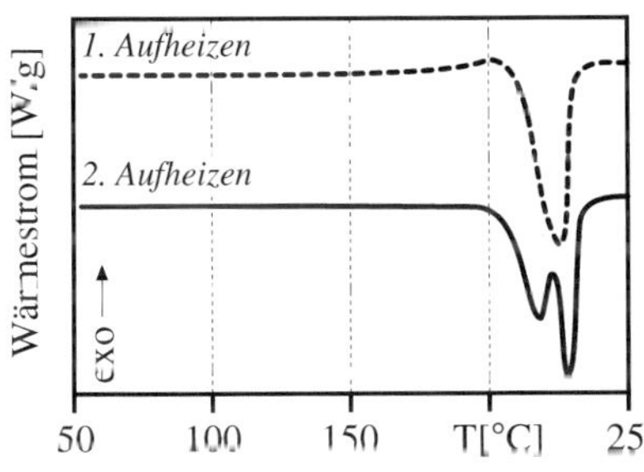

Ausdehnungskoeffizient (Temp):

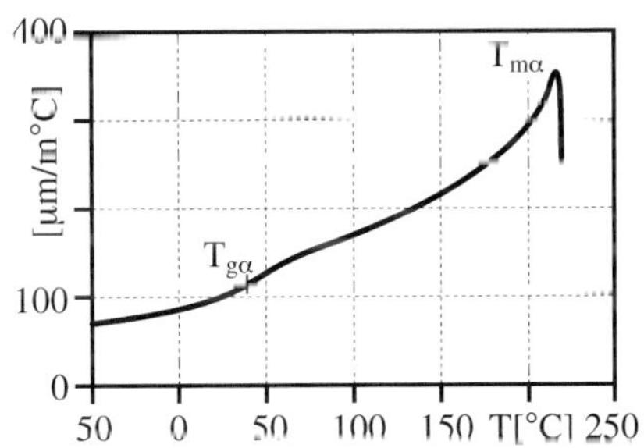

PC – Polycarbonat

Gefüge: amorph **Preis (2007):** ≈ 3,00 – 3,60 €/kg

Eigenschaften: maßhaltig, transparent, hoher Oberflächenglanz, schlagzäh, wärmeformbeständig, gute Isoliereigenschaften kerb- und spannungsrissempfindlich,

Erkennen: glasklar, brennt dunkelgelb, rußend, erlischt außerhalb der Flamme

Kennwerte:
ρ = 1,20 - 1,24 g/cm^3
E = 2200 - 2400 N/mm^2
σ_s = 55 - 65 N/mm^2
ε_s = 6 - 7 %
ε_B = 100 - 130 %
T_g = 145 °C

Einsatzgrenzen:
kurzzeitig ~ 135 °C
dauernd ~ 100 °C

Aufbau:

$$\cdots\left[O-C_6H_4-C(CH_3)_2-C_6H_4-O-C(=O)\right]_n\cdots$$

Mischungen:
- ABS, -ASA, -SEBS, -PBT, PET, - PPE, - SB, - PS, - PPE, - PP, - TPU

σ-ε-Diagramm:

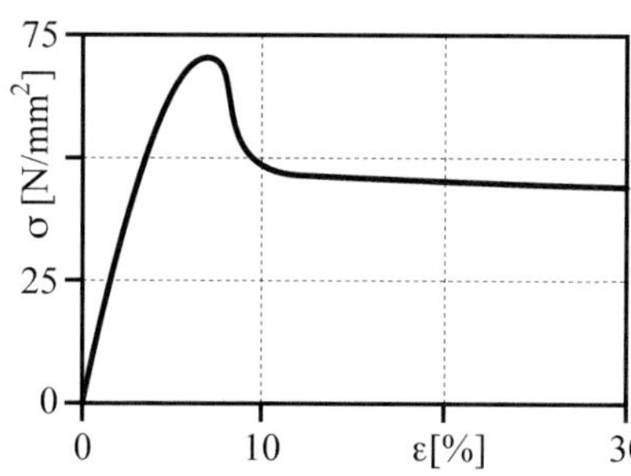

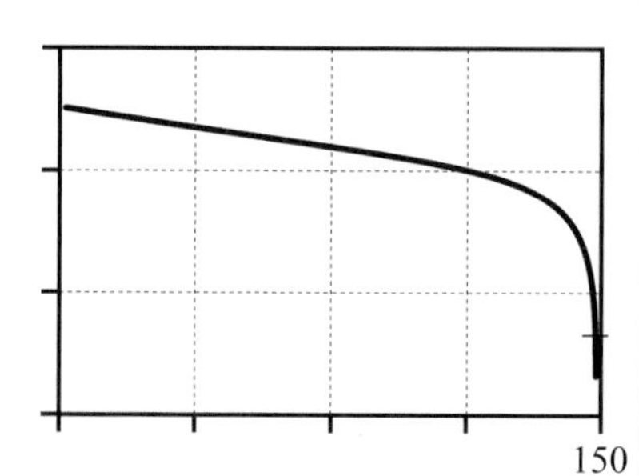

DSC-Diagramm:

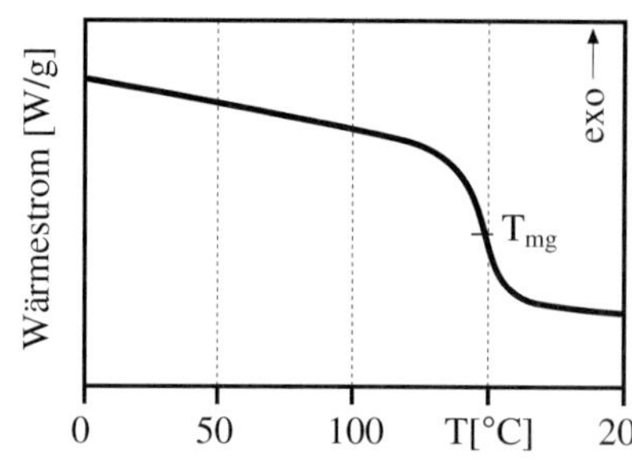

Ausdehnungskoeffizient (Temp):

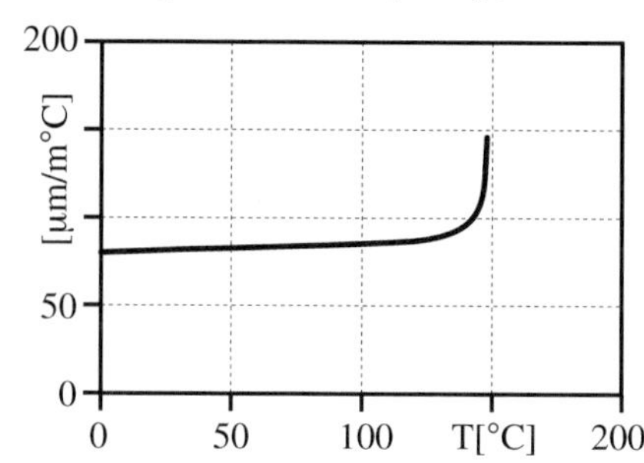

PC-ABS – PC-ABS-Blend

Gefüge: amorph, Blend **Preis (2007):** ≈ 3,20 – 4,00 €/kg

Eigenschaften: maßhaltig, wärmeformbeständig, schlagzäh, galvanisierbar

Erkennen: opak, brennt rußend mit leuchtender Flamme, süßlicher Styrolgeruch

Kennwerte:
ρ = 1,08 – 1,17 g/cm^3
E = 2000 – 2600 N/mm^2
σ_s = 40 – 60 N/mm^2
ε_s = 3,0 – 3,5 %
ε_B => 50 %
T_g = -85/105/145 °C
Einsatzgrenzen:
kurzzeitig ~ 115 – 130 °C
dauernd ~ 105 – 115 °C

Aufbau:

—

σ-ε-Diagramm:

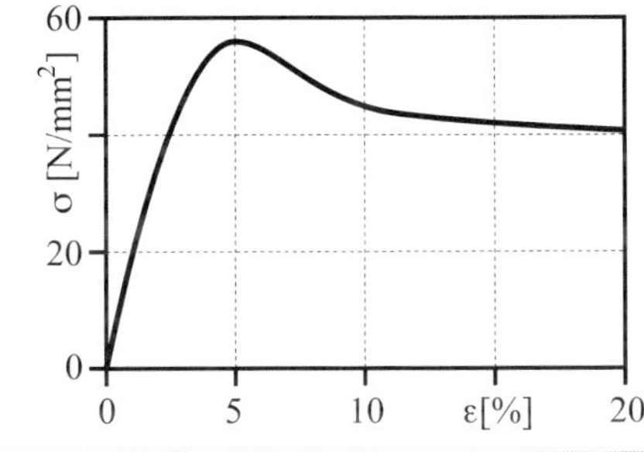

E-Modul (Temp):

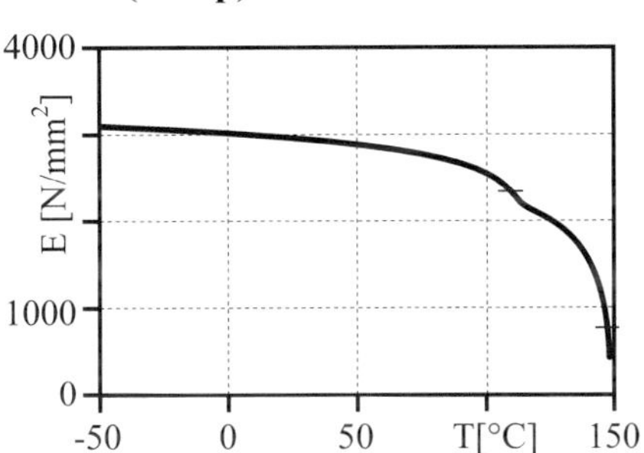

DSC-Diagramm:

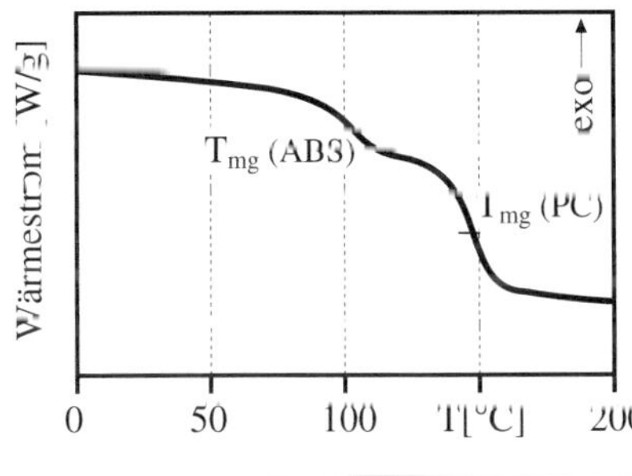

Ausdehnungskoeffizient (Temp):

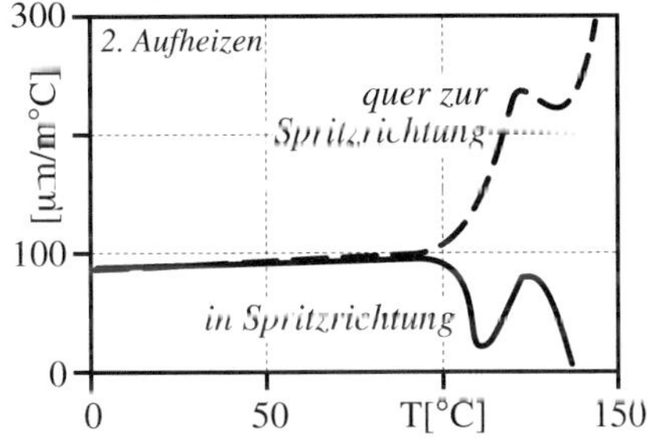

PEEK – Polyetheretherketon

Gefüge: amorph oder teilkristallin (~ 35 %) **Preis (2007):** ≈ 80,00 €/kg

Eigenschaften: fest, steif, spannungsrissbeständig (außer gegen Aceton), temperatur- und chemikalienbeständig, mit PEI vollständig mischbar

Erkennen: opak, schwer entflammbar, geringe Rauchentwicklung, schwacher Phenolgeruch

Kennwerte:
ρ = 1,32 g/cm³ (tkr.), 1,27 g/cm³ (am.)
E = 3700 N/mm²
σ_s = 100 N/mm²
ε_s = 5 %
ε_B = > 50 %
T_g = 145 °C
T_{pm} = 335 °C

Einsatzgrenzen:
kurzzeitig ~ 300 °C
dauernd ~ 250 °C

Aufbau:

$$\left[\left(\text{C}_6\text{H}_4 - \text{O} \right)_2 - \text{C}_6\text{H}_4 - \text{CO} \right]_n$$

Mischungen:
-PEI

σ-ε-Diagramm:

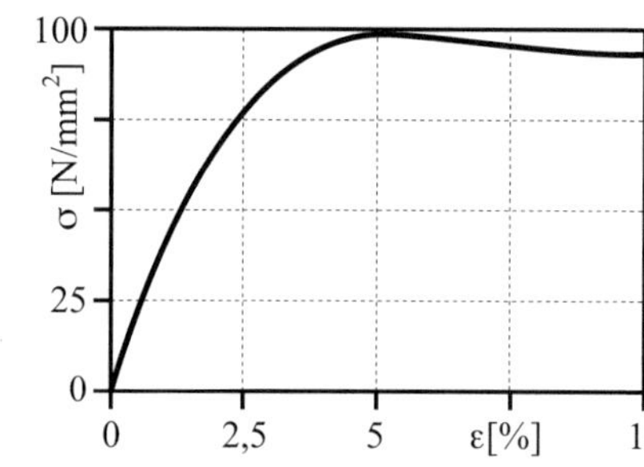

E-Modul (Temp):

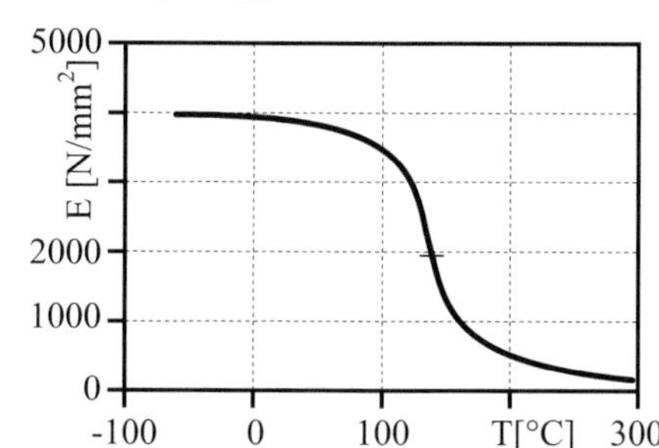

DSC-Diagramm:

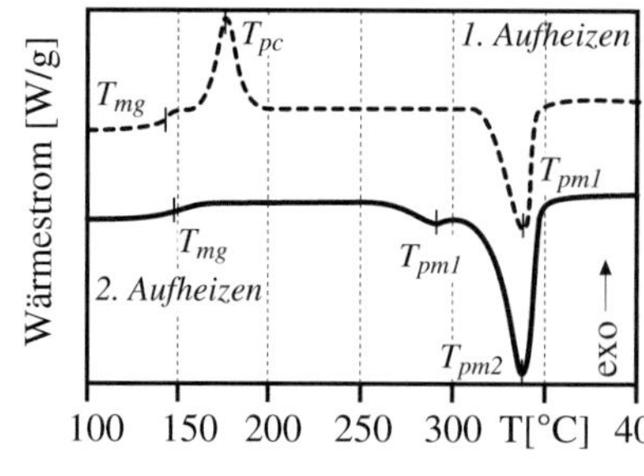

Ausdehnungskoeffizient (Temp):

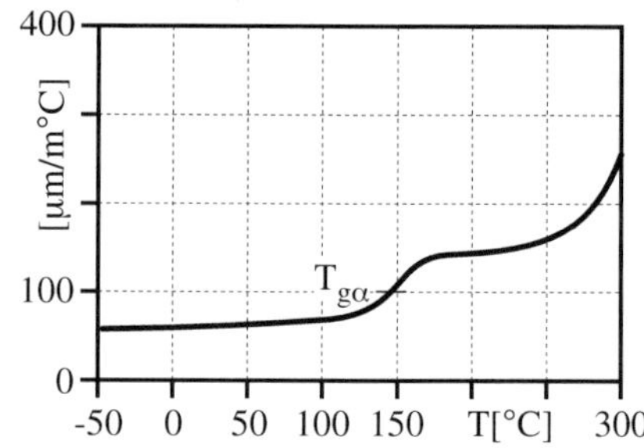

PEHD – Polyethylen hoher Dichte (high-density)

Gefüge: teilkristallin (60 - 80 %) **Preis (2007):** ≈ 1,20 – 1,30 €/kg

Eigenschaften: geringe Dichte, wenig fest und steif, chemikalienbeständig, oft stabilisiert (z.B. Ruß, HALS), gut schweißbar, preiswert

Erkennen: milchig weiß, brennt mit gelber tropfender Flamme, Paraffingeruch, Fingernageltest, schwimmt im Wasser

Kennwerte:

ρ = 0,94 - 0,96 g/cm^3
E = 600 - 1400 N/mm^2
σ_s = 18 - 30 N/mm^2
ε_s = 8 – 12 %
ε_B = > 50 %
T_g = < -100 °C
T_{pm}= 125 - 135 °C

Einsatzgrenzen:

kurzzeitig ~ 80 - 110 °C
dauernd ~ 60 - 80 °C

Aufbau:

$$\cdots\left[\begin{matrix} H & & H \\ | & & | \\ C & - & C \\ | & & | \\ H & & H \end{matrix}\right]_n\cdots$$

Mischungen:

- PP, - PA

σ-ε-Diagramm:

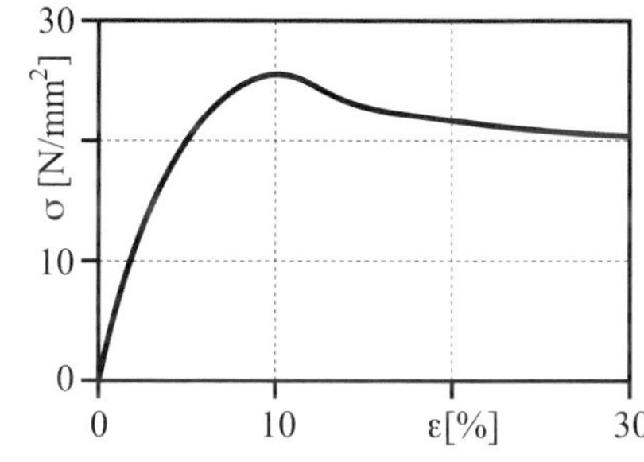

E-Modul (Temp):

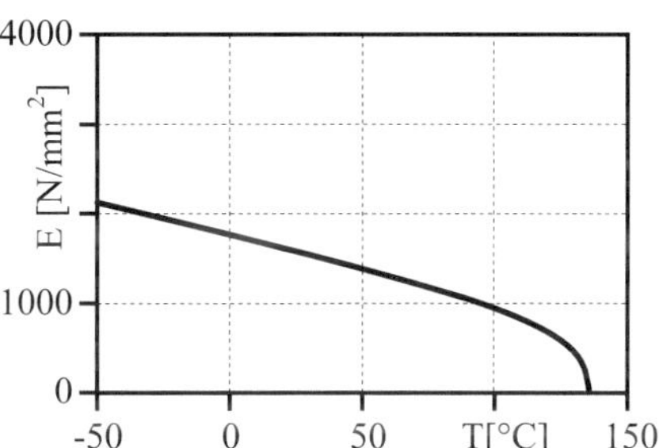

DSC-Diagramm:

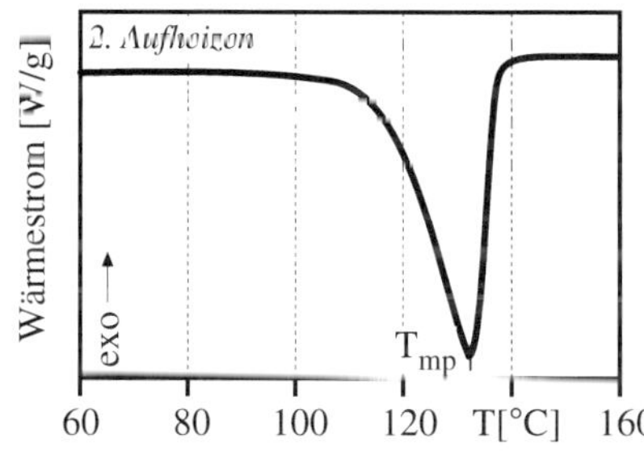

Ausdehnungskoeffizient (Temp):

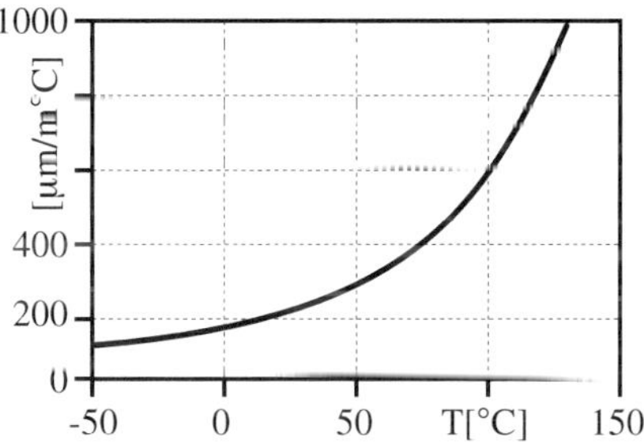

PEI – Polyetherimid

Gefüge: amorph **Preis (2007):** ≈ 16,00 – 18,00 €/kg

Eigenschaften: wärmeformbeständig, fest, chemikalien-, heißwasser- und witterungsbeständig, flammwidrig, mit PEEK vollständig mischbar, schlagzäh

Erkennen: transparent, bernsteingelb, brennt mit leicht gelblicher Flamme, aufschäumend, Geruch nach verbranntem Horn

Kennwerte:

ρ = 1,27 g/cm^3
E = 2900 - 3000 N/mm^2
σ_s = 85 N/mm^2
ε_s = 6 - 7 %
ε_B = > 50 %
T_g = 215 - 230 °C

Einsatzgrenzen:

kurzzeitig ~ 190 °C
dauernd ~ 160 °C

Aufbau:

Mischungen:
-PEEK, - PAEK

σ-ε-Diagramm:

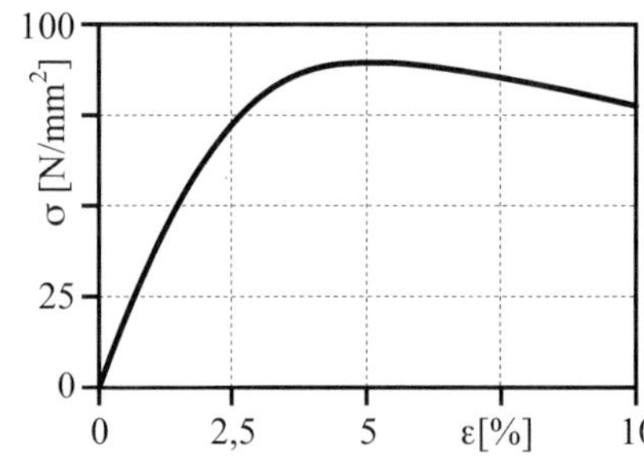

E-Modul (Temp):

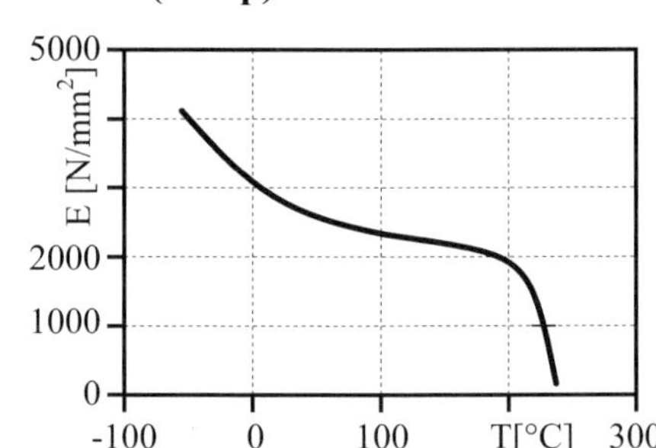

DSC-Diagramm:

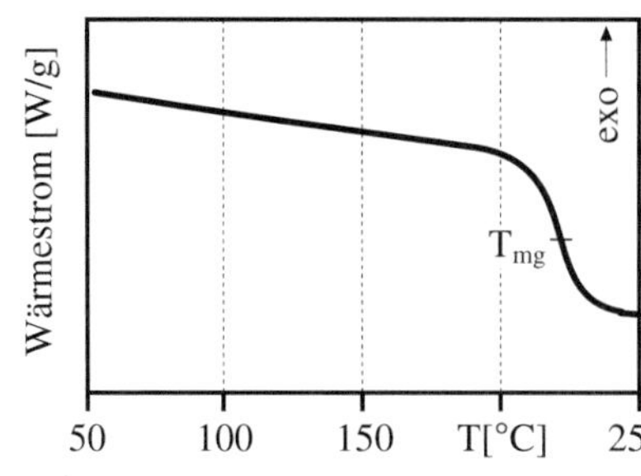

Ausdehnungskoeffizient (Temp):

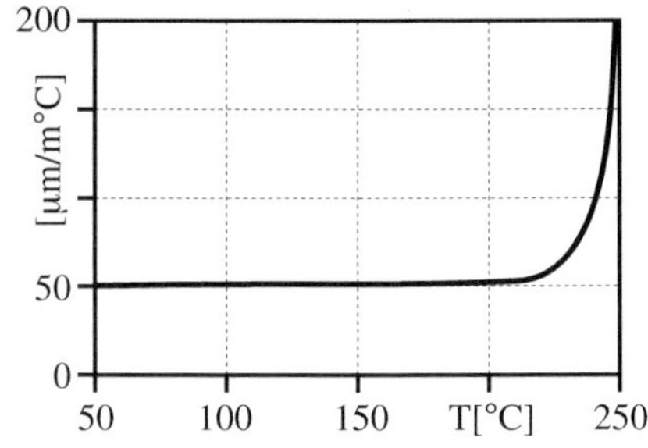

PELD – Polyethylen niederer Dichte (low-density)

Gefüge: teilkristallin (40 - 55 %) **Preis (2007):** ≈ 1,20 – 1,30 €/kg

Eigenschaften: geringe Dichte, leicht und vielseitig verarbeitbar, preiswert, gute Fließeigenschaften, wenig maßstabil

Erkennen: farblos, brennt mit gelber tropfender Flamme, Paraffingeruch, Fingernageltest, schwimmt im Wasser

Kennwerte:

ρ = 0,914 - 0,928 g/cm^3

E = 200 - 400 N/mm^2

σ_s = 8 - 10 N/mm^2

ε_s = ~ 20 %

ε_B = > 50 %

T_g = < -100/ -10 °C

T_{pm}= 100 – 110

Einsatzgrenzen:

kurzzeitig ~ 80 - 90 °C

dauernd ~ 60 - 70 °C

Aufbau:

$$\left[\begin{array}{cc} H & H \\ | & | \\ C - & C \\ | & | \\ H & H \end{array} \right]_n$$

Mischungen:

- PEHD, - PP, - PA

σ-ε-Diagramm:

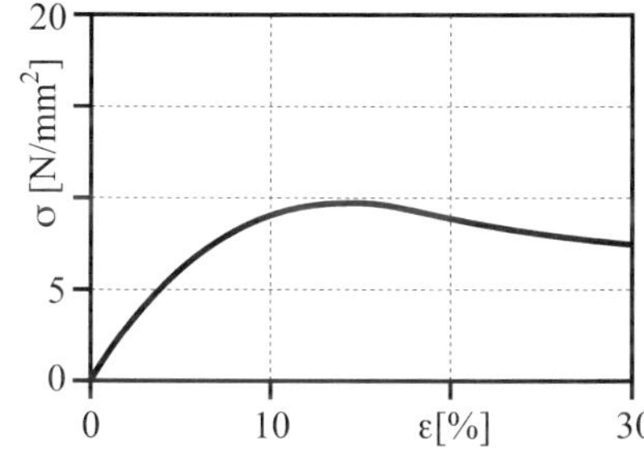

E-Modul (Temp):

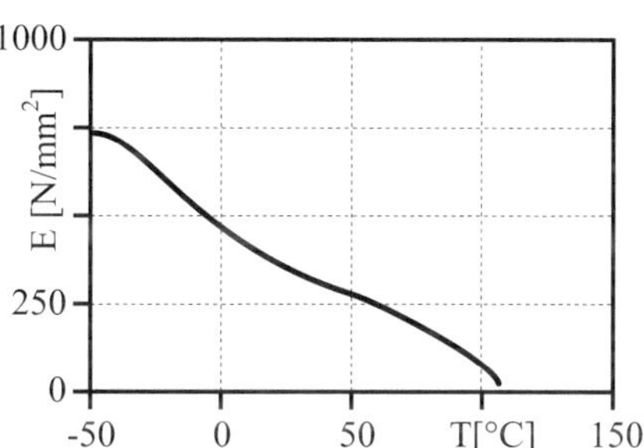

DSC-Diagramm:

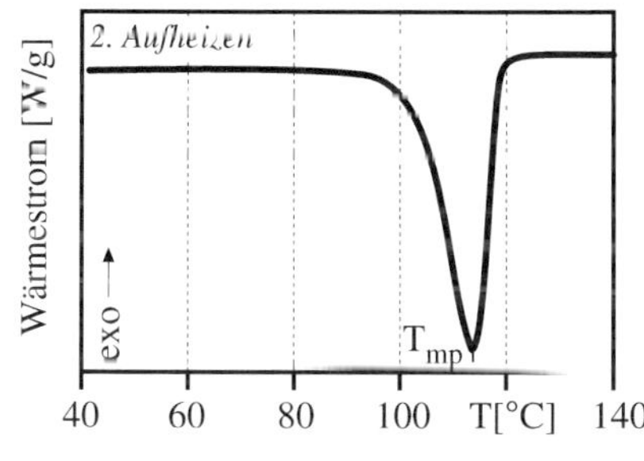

Ausdehnungskoeffizient (Temp):

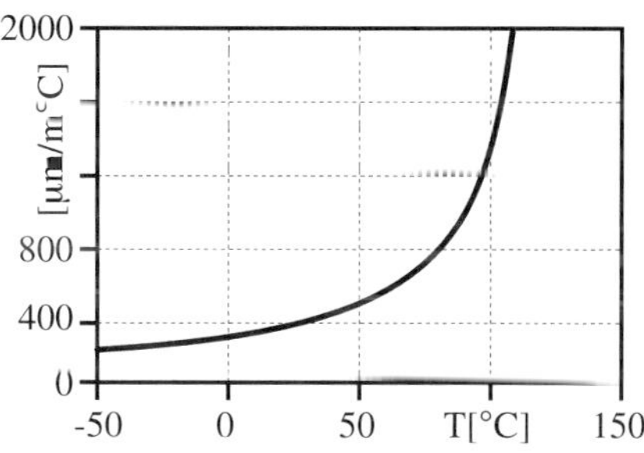

PES – Polyethersulfon

Gefüge: amorph **Preis (2007):** ≈ 15,00 – 16,00 €/kg

Eigenschaften: wärmeform- und chemikalienbeständig, spannungsrissanfällig, nimmt Wasser auf

Erkennen: transparent, schwach gelb, schwer entflammbar

Kennwerte:

ρ = 1,37 g/cm^3

E = 2600 - 2800 N/mm^2

σ_s = 80 - 90 N/mm^2

ε_s = 5,5 - 6,5 %

ε_B = 20 - 80 %

T_g = 225 - 230 °C

Einsatzgrenzen:

kurzzeitig ~ 210 °C

dauernd ~ 180 °C

Aufbau:

σ-ε-Diagramm:

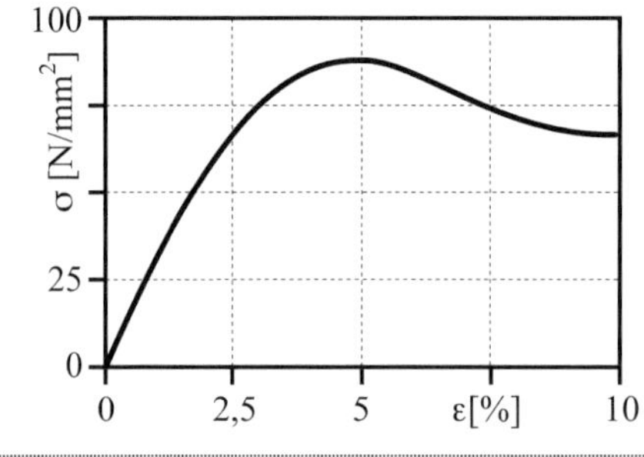

E-Modul (Temp):

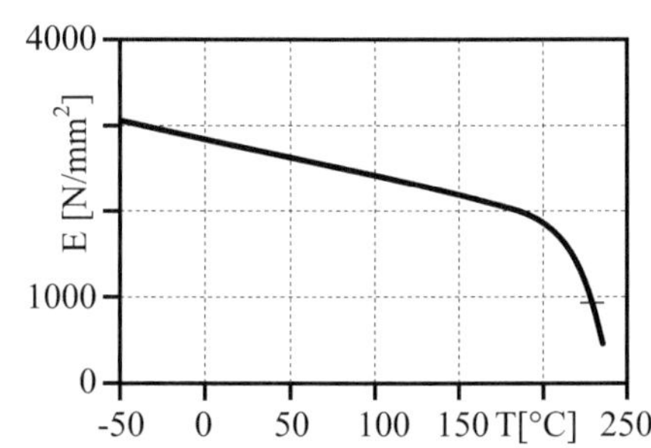

DSC-Diagramm:

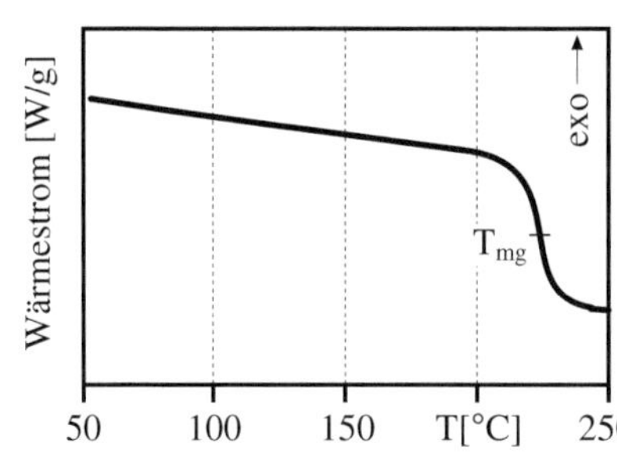

Ausdehnungskoeffizient (Temp):

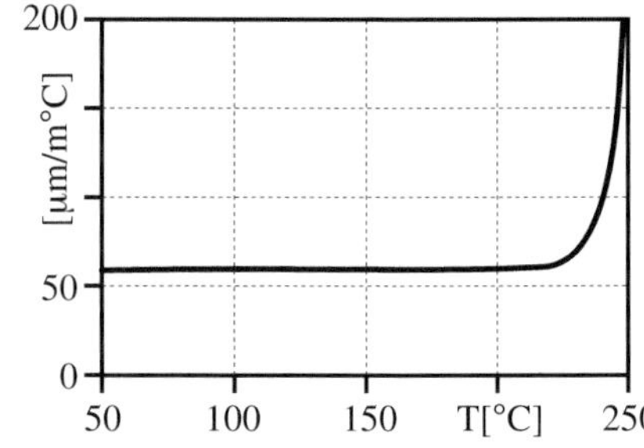

PET –Polyethylenterephthalat

Gefüge: amorph/ teilkristallin (30-40 %) **Preis (2007):** ≈ 3,50 – 4,50 €/kg

Eigenschaften: chemikalienbeständig, maßbeständig, weitgehend amorphe Modifikation mit geringem Kristallisationsgrad, hohe Transparenz

Erkennen: brennt rußend mit orangefarbener, abtropfender Flamme, süßlicher Geruch

Kennwerte*:

ρ = 1,38 - 1,40 g/cm^3
E = 2100 - 3100 N/mm^2
σ_s = 55 - 80 N/mm^2
ε_s = 4 - 7 %
ε_B = > 50 %
T_g = 70 - 80 °C
T_{pm} = 250 - 260 °C

Einsatzgrenzen:
kurzzeitig ~ 170 °C
dauernd ~ 100 °C

* Werte für PET-C

Aufbau:

$$\left[-O-\underset{H}{\overset{H}{C}}-\underset{H}{\overset{H}{C}}-O-\overset{O}{\overset{\|}{C}}-C_6H_4-\overset{O}{\overset{\|}{C}}- \right]_n$$

Mischungen:
- ASA, - EPDM, - LCP, - PC, - PBT

σ-ε-Diagramm:

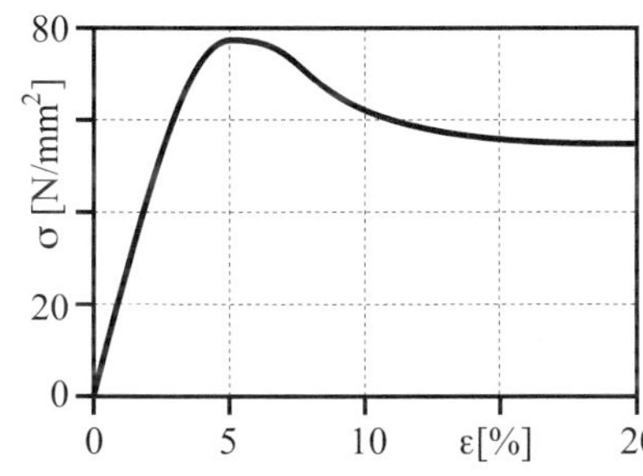

E-Modul (Temp):

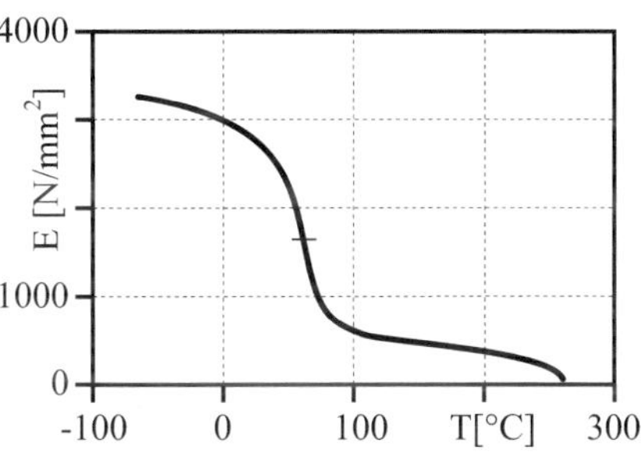

DSC-Diagramm:

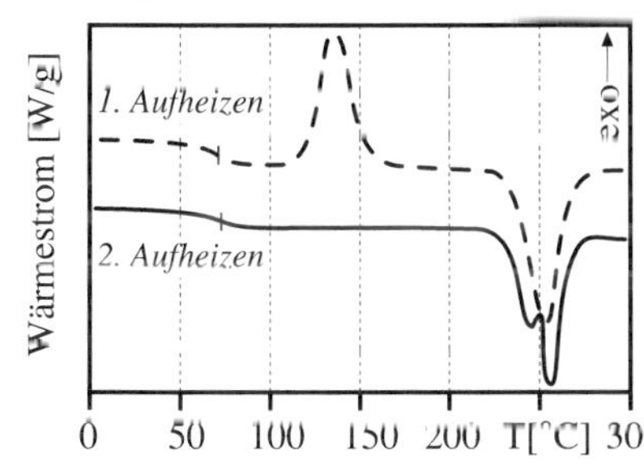

Ausdehnungskoeffizient (Temp):

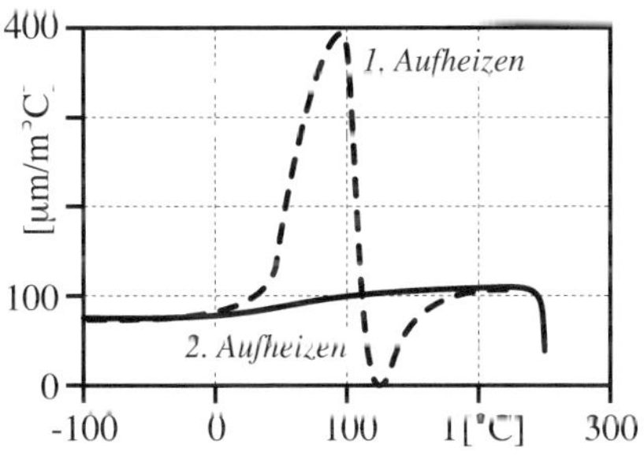

PK – Polyketon

Gefüge: teilkristallin (30 - 40 %) **Preis (2007):** ≈ 11,00 – 13,00 €/kg

Eigenschaften: elastisch, exzellentes Rückstellverhalten, schlagfest bei niedrigen Temperaturen, gute Gleiteigenschaften, chemikalien- und hydrolysestabil, flammwidrig

Erkennen: undurchsichtig, brennt leicht rußend mit gelber Flamme, blasige Schmelze, pH-Wert der Zersetzungsschwaden = 4

Kennwerte:

ρ = 1,24 g/cm^3
E = 1400 - 2100 N/mm^2
σ_s = 60 - 80 N/mm^2
ε_s = 25 - 40 %
ε_B = > 50 %
T_g = 19 °C
T_{pm}= 220 °C

Einsatzgrenzen:
kurzzeitig ~ 180 °C
dauernd ~ 120 - 140 °C

Aufbau:

$$\left[-\overset{\displaystyle H}{\underset{\displaystyle H}{C}} - \overset{\displaystyle H}{\underset{\displaystyle R}{C}} - \overset{\displaystyle O}{\overset{\|}{C}} - \right]_n$$

σ-ε-Diagramm:

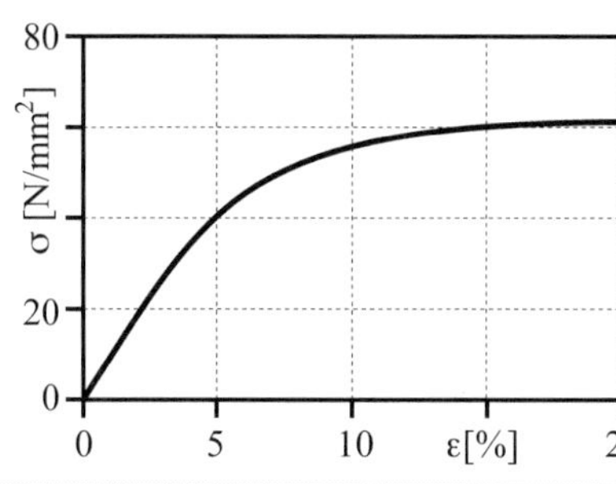

E-Modul (Temp):

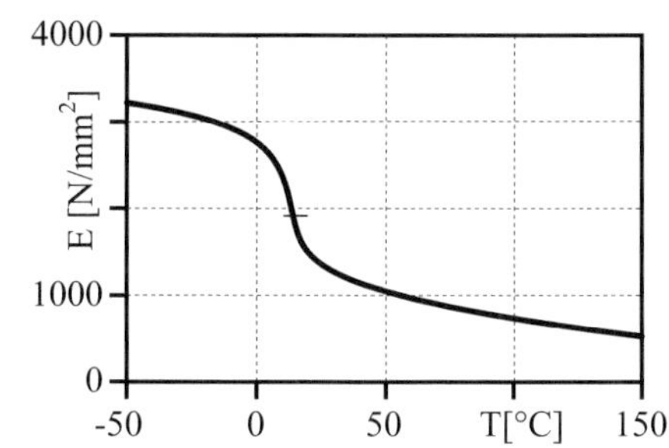

DSC-Diagramm:

—

Ausdehnungskoeffizient (Temp):

—

PMMA – Polymethylmethacrylat

Gefüge: amorph **Preis (2007):** ≈ 2,70 – 2,80 €/kg

Eigenschaften: glasklar, kratzfest, steif, spröde, uv- und witterungsbeständig, spannungsrissanfällig, gut fügbar

Erkennen: leicht entzündbar, brennt knisternd, Geruch der Brandschwaden fruchtartig und süßlich

Kennwerte:

ρ = 1,15 - 1,19 g/cm^3
E = 3100 - 3300 N/mm^2
σ_B = 60 - 80 N/mm^2
ε_s = -
ε_B = 2 - 6 %
T_g = 105 - 120 °C

Einsatzgrenzen:

kurzzeitig ~ 85 - 95 °C
dauernd ~ 65 - 80 °C

Aufbau:

$$\left[\begin{array}{cc} H & CH_3 \\ | & | \\ C - & C \\ | & | \\ H & C=O \\ & | \\ & O-CH_3 \end{array} \right]_n$$

Mischungen:

- ABS

σ-ε-Diagramm:

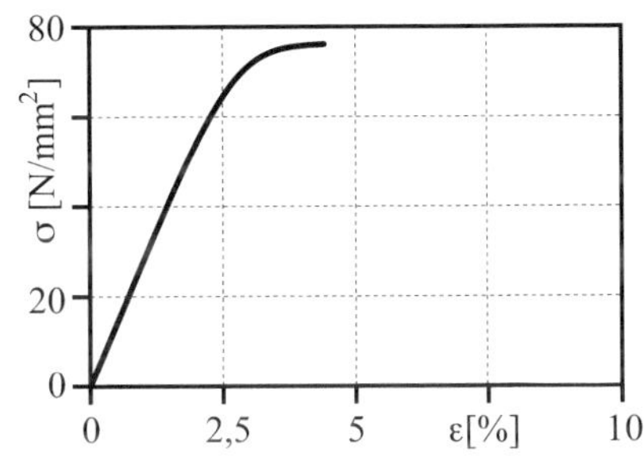

E-Modul (Temp):

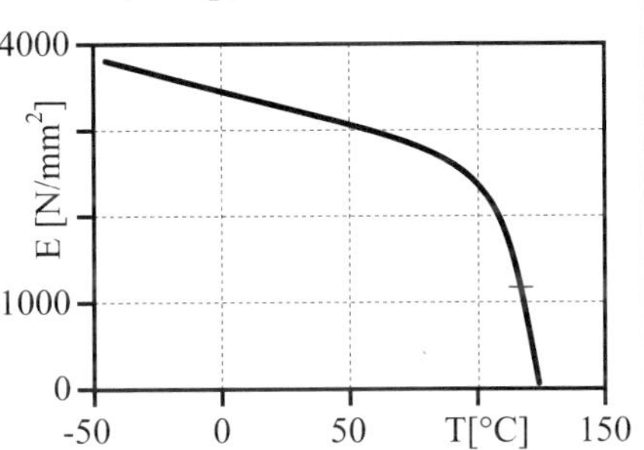

DSC-Diagramm:

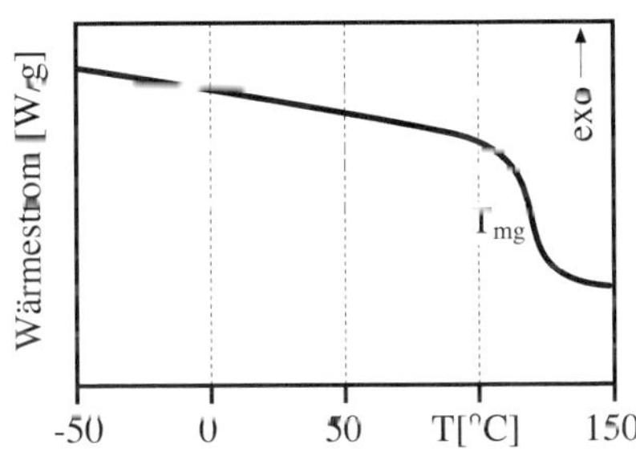

Ausdehnungskoeffizient (Temp):

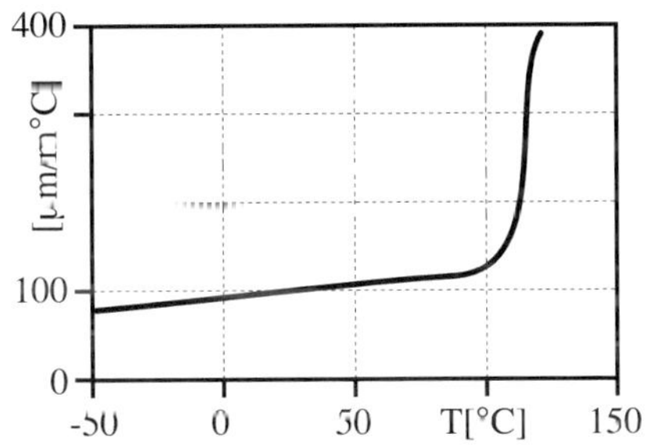

POM – Polyoxymethylen (Polyacetal; Polyformaldehyd)

Gefüge: teilkristallin (Homopolymer 70-80 %; Copolymer 50-60%) **Preis (2007):** ≈ 2,60 – 2,90 €/kg

Eigenschaften: fest, steif, maßhaltig, spannungsrissunempfindlich, empfindlich gegen UV-Licht

Erkennen: opak, weiß, kaum sichtbare blaue, tropfende Flamme, Geruch der Brandschwaden stechend nach Formaldehyd

Kennwerte:

ρ = 1,39 - 1,43 g/cm^3 (H>C)
E = 2600 - 3200 N/mm^2 (H>C)
σ_s = 60 - 75 N/mm^2
ε_s = 8 - 25 %
ε_B = 20 - > 50 % (H); 15 – 40 % (C)
T_g = -70 °C
T_{pm}= 175 °C (H); 164 - 172 °C (C)

Einsatzgrenzen:

kurzzeitig ~ 110 - 140 °C
dauernd ~ 90 - 100 °C

Aufbau:

$$\left[-CH_2-O-\right] \qquad \left[-(CH_2-O)_n-(CH_2-CH_2)_m-\right]$$

Homopolymer Comopolymer

Mischungen:

- PUR, - PE, - PTFE

σ-ε-Diagramm:

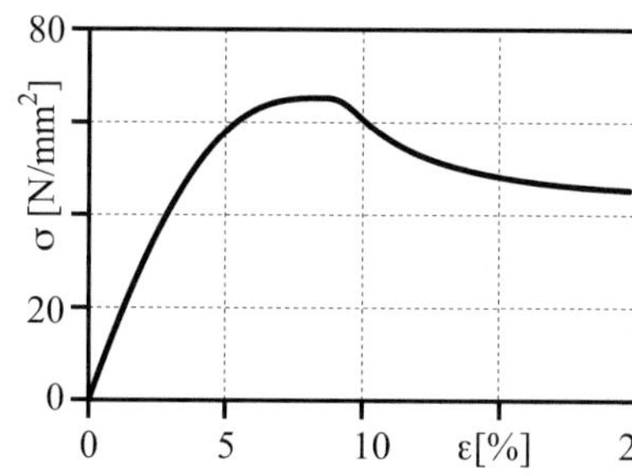

E-Modul (Temp):

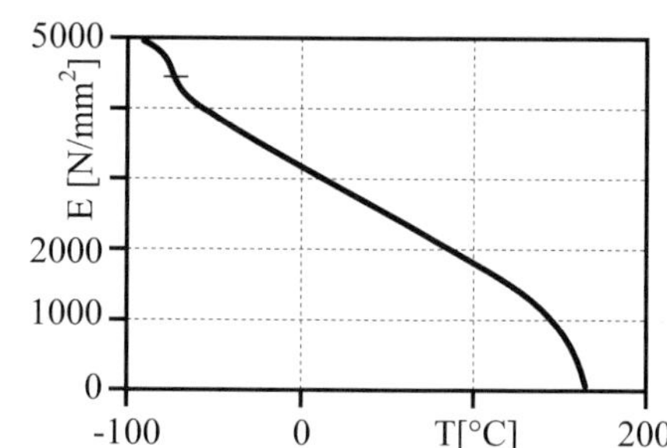

DSC-Diagramm:

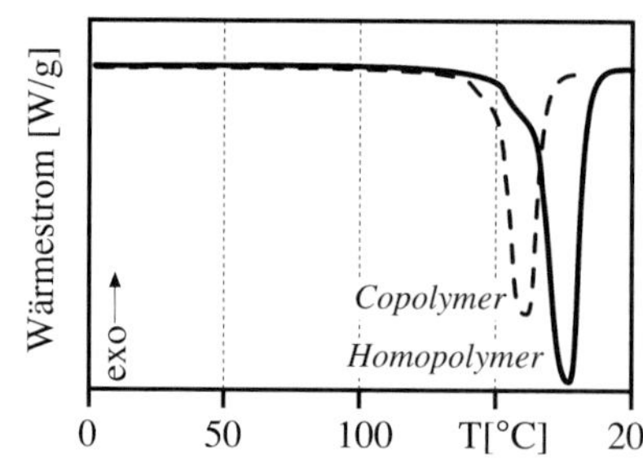

Ausdehnungskoeffizient (Temp):

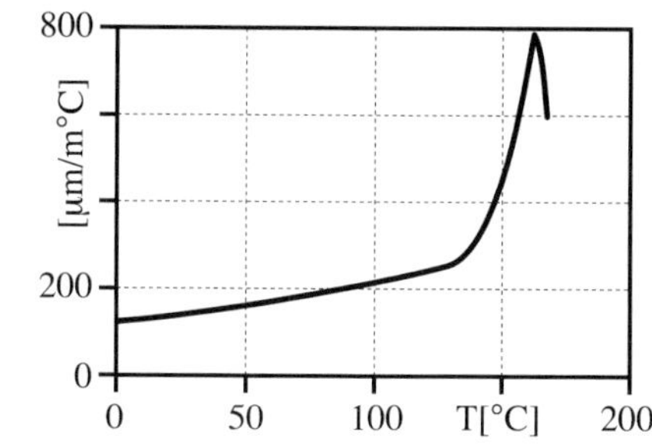

PP-H – Polypropylen (Homopolymer, isotaktisch)

Gefüge: teilkristallin (60 - 70 %) **Preis (2007):** ≈ 1,18 – 1,25 €/kg

Eigenschaften: preiswerter Konstruktionswerkstoff, mäßig steif, fest und maßhaltig, bedingt kältezäh, stabilisierungsbedürftig, vielseitig, häufig gefüllt und verstärkt, chemikalienbeständig

Erkennen: farblos durchscheinend, helle tropfende Flamme, Paraffingeruch, schwimmt im Wasser

Kennwerte:

ρ = 0,90 - 0,91 g/cm^3
E = 1300 - 1800 N/mm^2
σ_s = 25 - 40 N/mm^2
ε_s = 8 - 18 %
ε_B = > 50 %
T_g = 0 - 20 °C
T_{pm} = 160 - 165 °C

Einsatzgrenzen:
kurzzeitig ~ 130 °C
dauernd ~ 90 °C

Aufbau:

$$\left[-\overset{H}{\underset{H}{C}} - \overset{H}{\underset{CH_3}{C}} - \right]_n$$

Mischungen:
- PE, - EPDM

σ-ε-Diagramm:

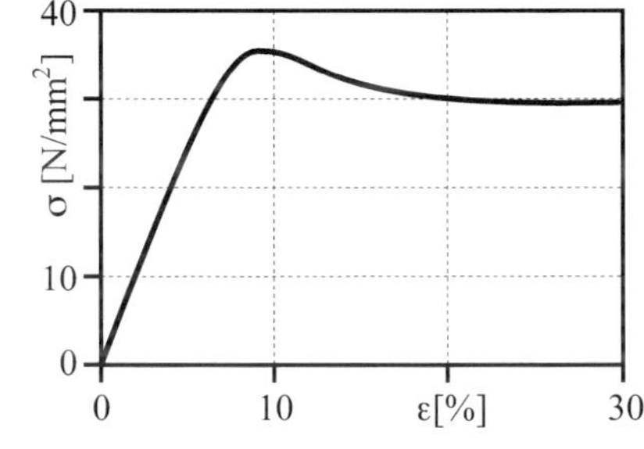

E-Modul (Temp):

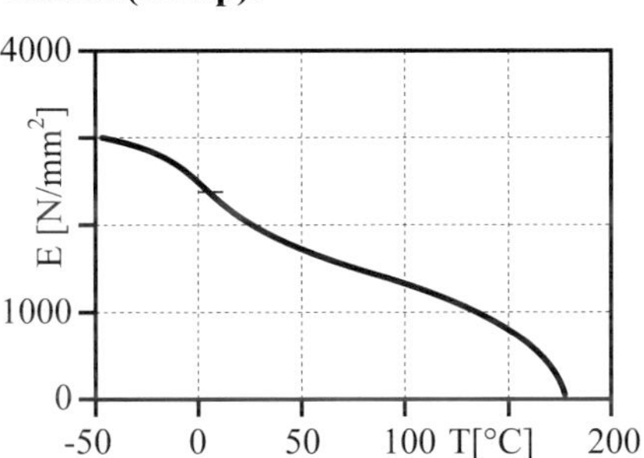

DSC-Diagramm:

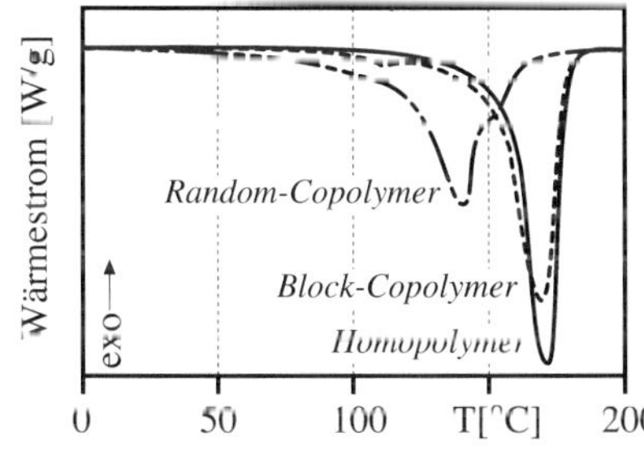

Ausdehnungskoeffizient (Temp):

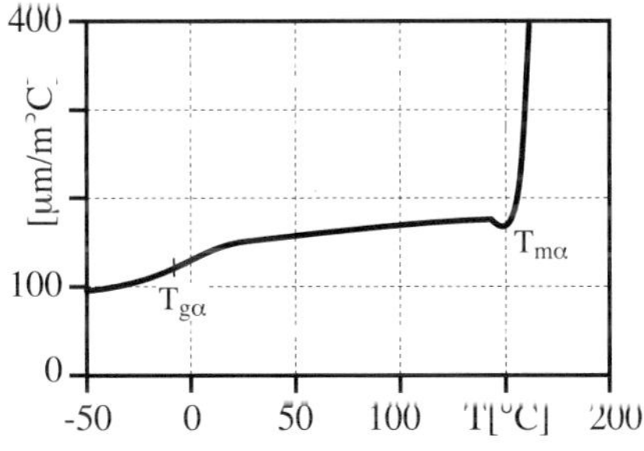

PPO+PS-HI – Polyphenylenoxid + Polystyrol hochschlagzäh

Gefüge: amorph, Blend **Preis (2007):** ≈ 3,30 – 4,50 €/kg

Eigenschaften: hart, steif, schlagzäh, kratzfest, maßbeständig, spannungsrissempfindlich

Erkennen: opak, selbstverlöschend, nicht tropfend (bei flammwidriger Einstellung)

Kennwerte:
ρ = 1,04 - 1,06 g/cm^3
E = 2300 N/mm^2
σ_S = 50 - 55 N/mm^2
ε_S = 3 - 5 %
ε_B = 36 - 45 %
T_g = 140 °C

Einsatzgrenzen:
kurzzeitig ~ 120 °C
dauernd ~ 100 °C

Aufbau:

$$\left[-\!\!\langle\bigcirc\rangle\!\!-O- \right]_n \quad (CH_3,\ CH_3)$$

Polyphenylenoxid

σ-ε-Diagramm:

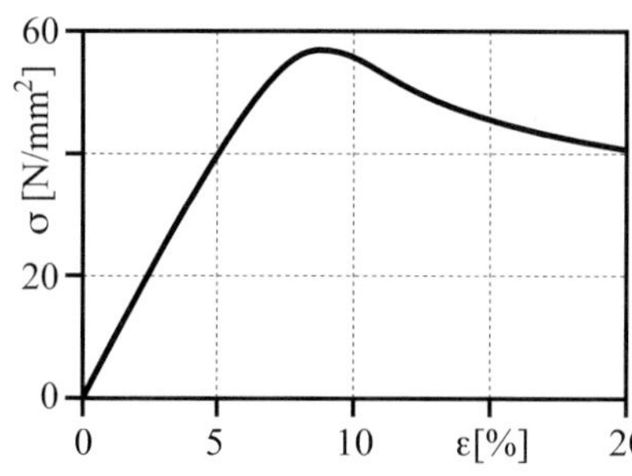

E-Modul (Temp):

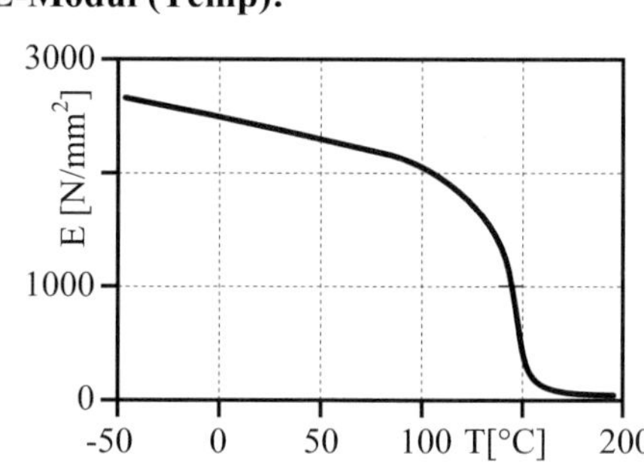

DSC-Diagramm:

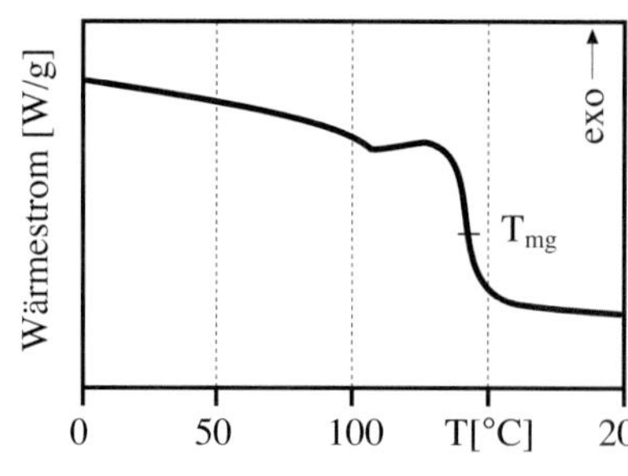

Ausdehnungskoeffizient (Temp):

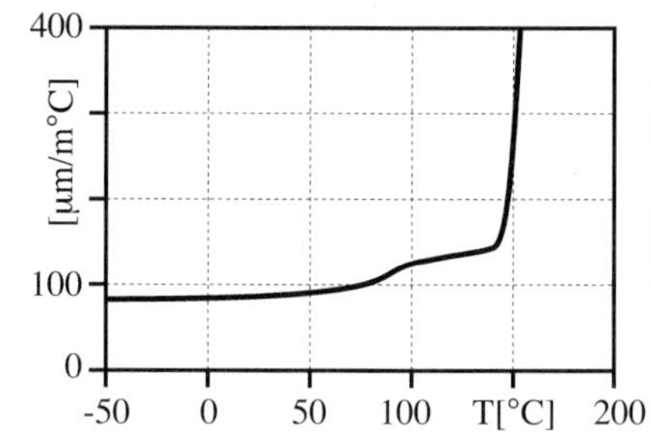

PPS – Polyphenylensulfid

Gefüge: teilkristallin **Preis (2007):** ≈ 8,00 – 9,00 €/kg

Eigenschaften: sehr spröde, steif, hart, wärmeform-, chemikalien- und witterungsbeständig, bevorzugt verstärkt, meist hoch gefüllt

Erkennen: opak, schwer entflammbar, Geruch der grauen Brandschwaden nach Schwefelwasserstoff

Kennwerte*:

ρ = 1,34 – 1,36 g/cm^3
E = 3700 N/mm^2
σ_s = 75 N/mm^2
ε_B = 4 %
T_g = 85 - 95 °C
T_{pm} = 285 - 290 °C

Einsatzgrenzen:

kurzzeitig 270 - 300 °C
dauernd 200 - 240 °C

**für unverstärktes Material*

Aufbau:

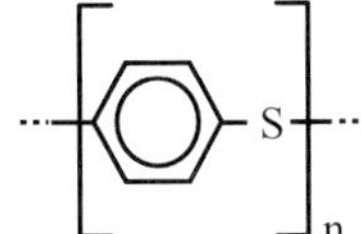

σ-ε-Diagramm:

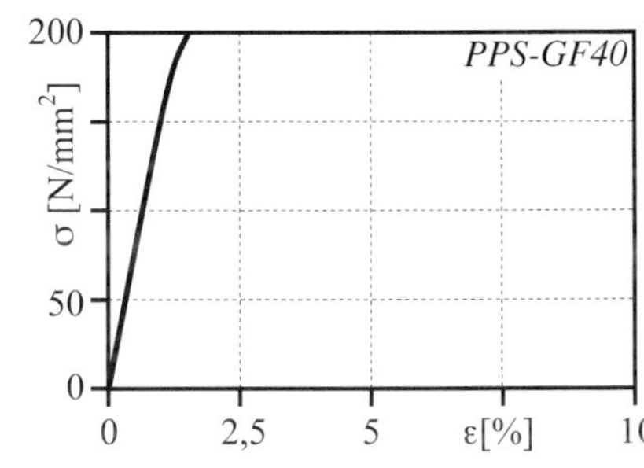

E-Modul (Temp):

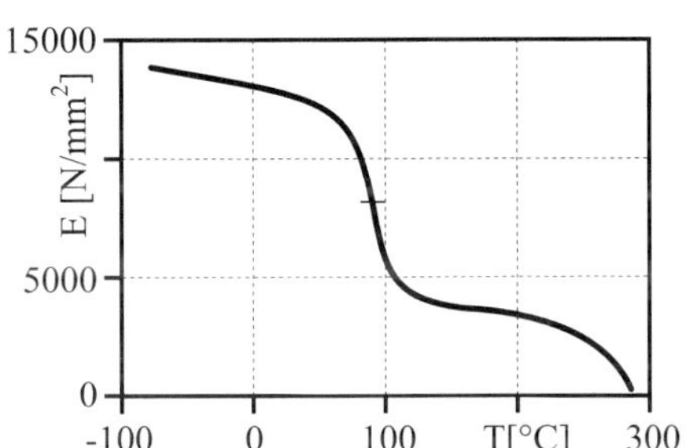

DSC-Diagramm:

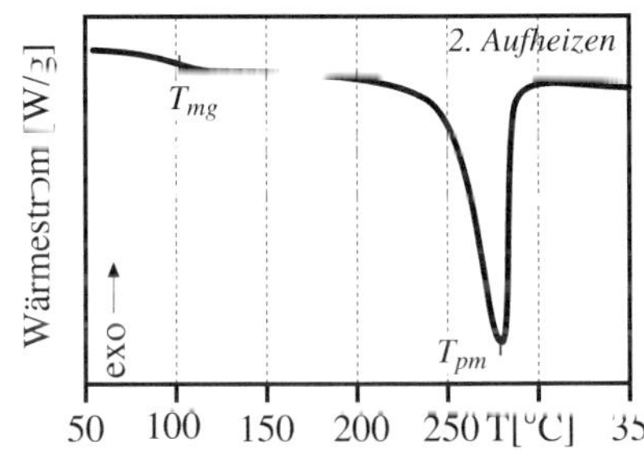

Ausdehnungskoeffizient (Temp):

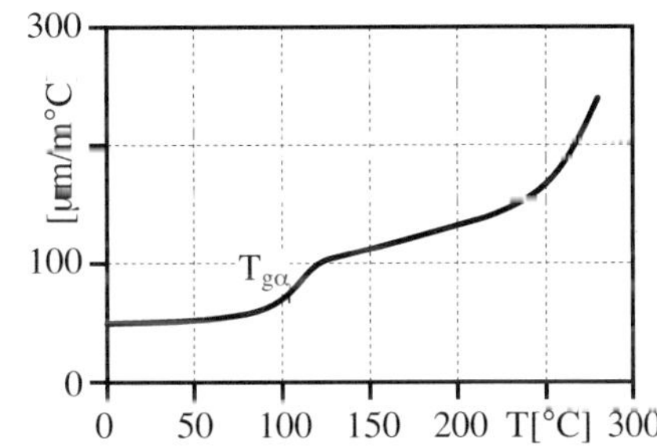

PS – Polystyrol

Gefüge: amorph **Preis (2007):** ≈ 1,40 – 1,50 €/kg

Eigenschaften: steif, spröde, maßhaltig, preiswert, glatte Oberfläche, spannungsrissempfindlich, begrenzt chemikalienbeständig

Erkennen: glasklar, brennt stark rußend mit gelber Flamme, Geruch der Brandschwaden nach Styrol

Kennwerte:

ρ = 1,05 g/cm^3
E = 3100 - 3300 N/mm^2
σ_B = 30 - 55 N/mm^2
ε_s = -
ε_B = 1,5 - 3 %
T_g = 90 - 100 °C

Einsatzgrenzen:

kurzzeitig ~ 90 °C
dauernd ~ 80 °C

Aufbau:

$\left[-\overset{H}{\underset{H}{C}} - \overset{H}{\underset{C_6H_5}{C}} - \right]_n$

Mischungen:

- PE, - PP, - PA, - PMMA

σ-ε-Diagramm:

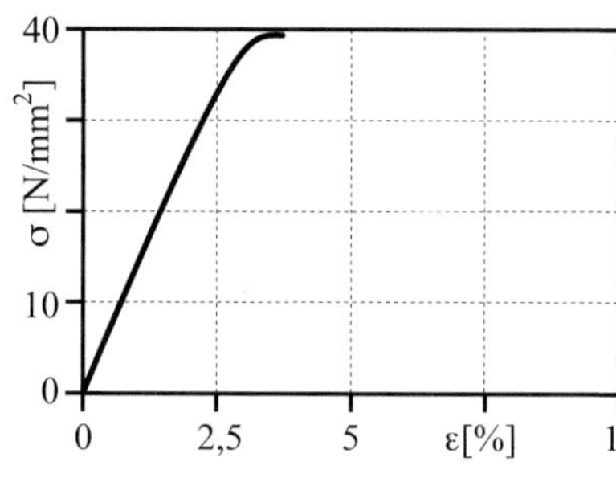

E-Modul (Temp):

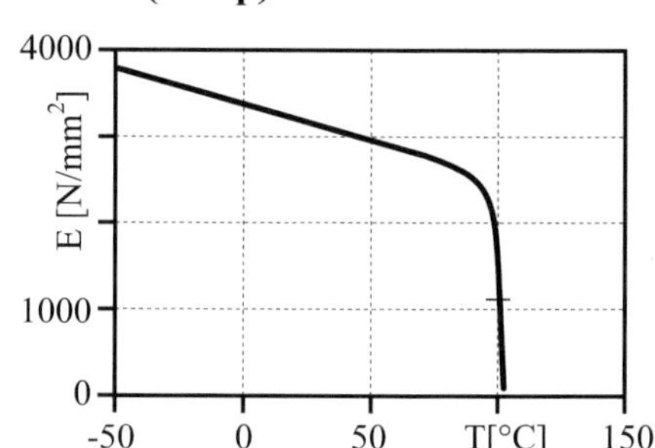

DSC-Diagramm:

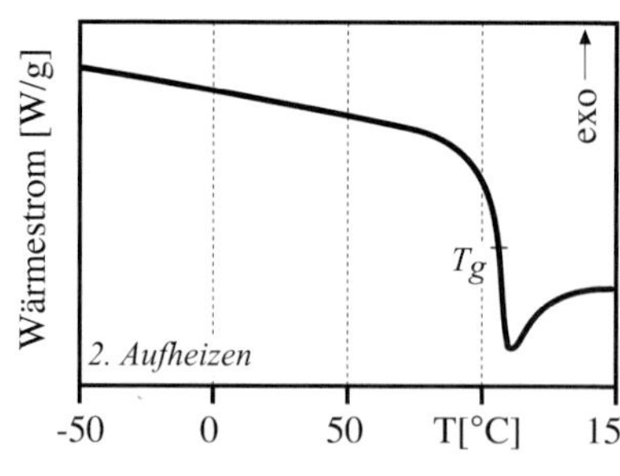

Ausdehnungskoeffizient (Temp):

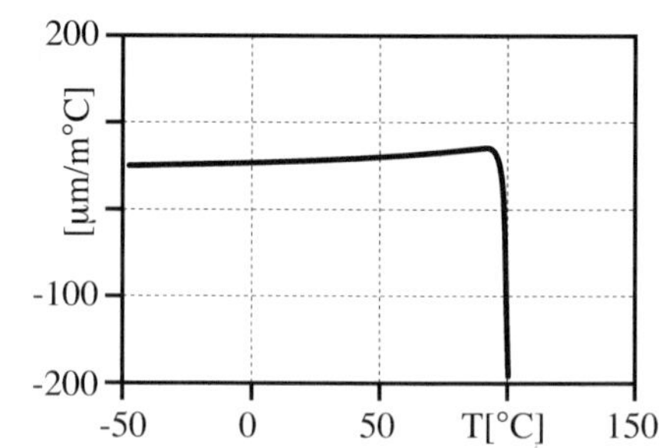

PS-I – Styrol-Butadien-Copolymer (SB)

Gefüge: amorph, Blend **Preis (2007):** ≈ 1,40 – 1,50 €/kg

Eigenschaften: zäh, maßhaltig, preiswert, alterungs- und witterungsempfindlich

Erkennen: opak, brennt stark rußend mit leuchtender Flamme, süßlicher Styrolgeruch, Weißbruch

Kennwerte*:

ρ = 1,00 - 1,05 g/cm^3
E = 1100 - 2800 N/mm^2
σ_s = 15 - 45 N/mm^2
ε_s = 1,1 - 6 %
ε_B = 10 - > 50 %
T_g = ~ -85°C/100 °C

Einsatzgrenzen:

kurzzeitig ~ 60 - 80 °C
dauernd ~ 50 - 70 °C

**abhängig vom Butadiengehalt*

Aufbau:

$$\left[-\overset{\text{H}}{\underset{\text{H}}{\text{C}}}-\overset{\text{H}}{\underset{\text{C}_6\text{H}_5}{\text{C}}}-\right]_n\cdots\left[-\overset{\text{H}}{\underset{\text{H}}{\text{C}}}-\overset{\text{H}}{\text{C}}=\overset{\text{H}}{\text{C}}=\overset{\text{H}}{\underset{\text{H}}{\text{C}}}-\right]_m\cdots$$

Styrol Butadien

Mischungen:

- PE, - PP, - PA, - PMMA

σ-ε-Diagramm:

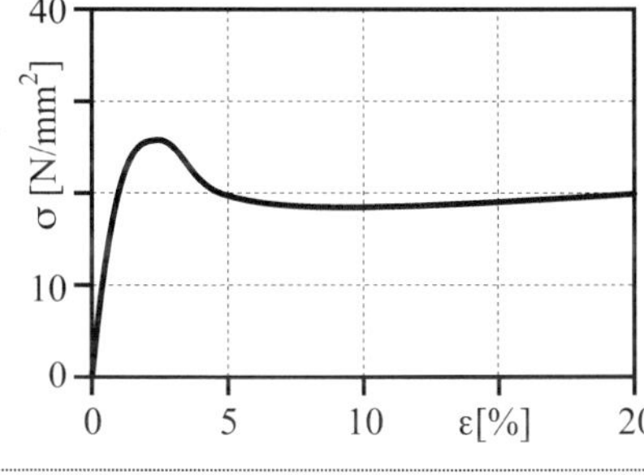

E-Modul (Temp):

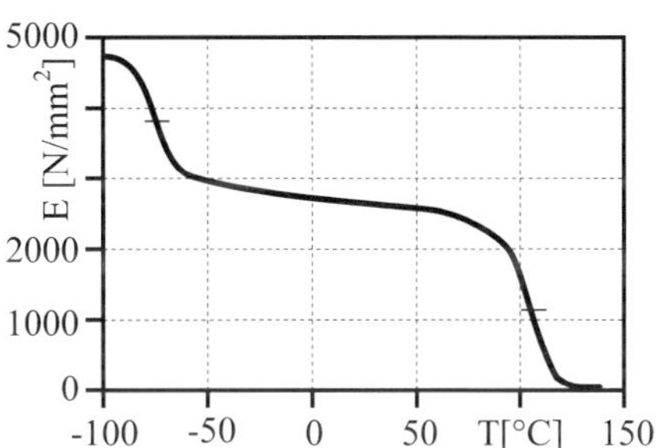

DSC-Diagramm:

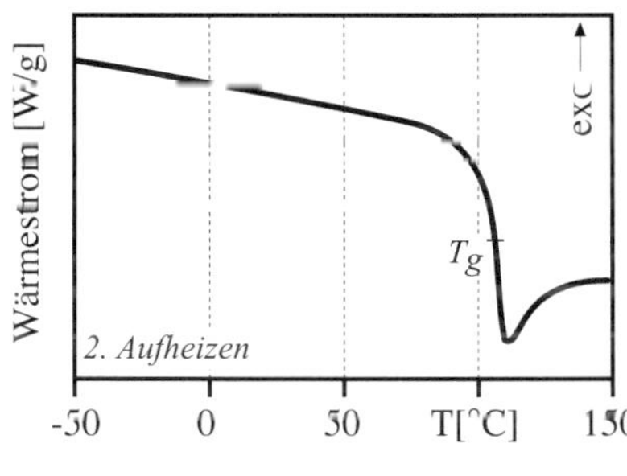

Ausdehnungskoeffizient (Temp):

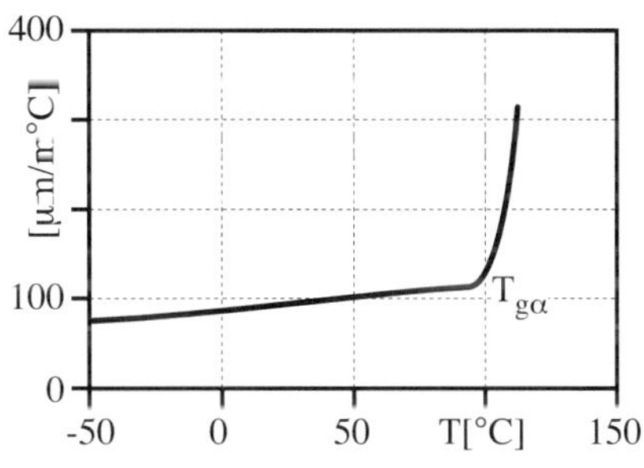

PS-S – Polystyol syndiotaktisch

Gefüge: teilkristallin (~35 % bei hoher Taktizität) **Preis (2007):** ≈ 3,80 – 4,50 €/kg

Eigenschaften: spröde, wärmeform-, chemikalien- und hydrolysebeständig, spannungsrissempfindlich, maßbeständig durch gleiche Dichte amorph und kristallin

Erkennen: weißlich, brennt rußend mit gelber Flamme, Geruch der Brandschwaden nach Styrol

Kennwerte:

ρ = 1,28 g/cm^3

E = 3400 - 3600 N/mm^2

σ_s = 50 - 55 N/mm^2

ε_s = -

ε_B = 1,5 - 2 %

T_g = 90 - 100 °C

T_{pm} = 270 °C

Einsatzgrenzen:

kurzzeitig ~ 220 °C

dauernd ~ 150 °C

Aufbau:

$$\left[\begin{array}{cccc} C_6H_5 & H & H & H \\ | & | & | & | \\ -C- & -C- & -C- & -C- \\ | & | & | & | \\ H & H & C_6H_5 & H \end{array} \right]_n$$

σ-ε-Diagramm:

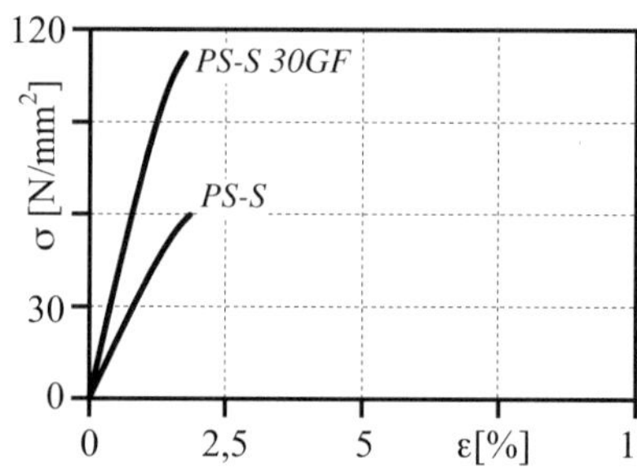

E-Modul (Temp):

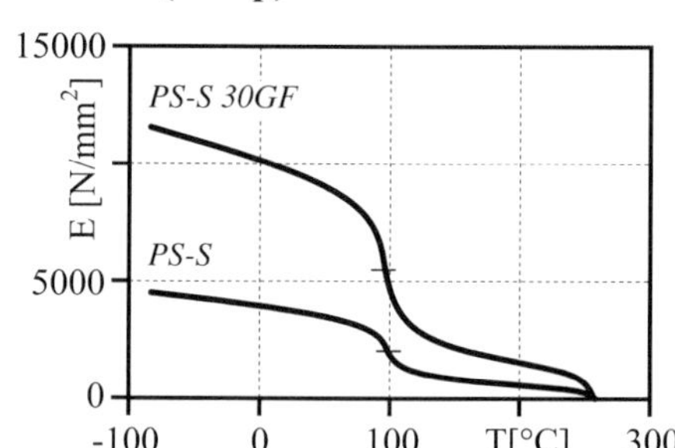

DSC-Diagramm:

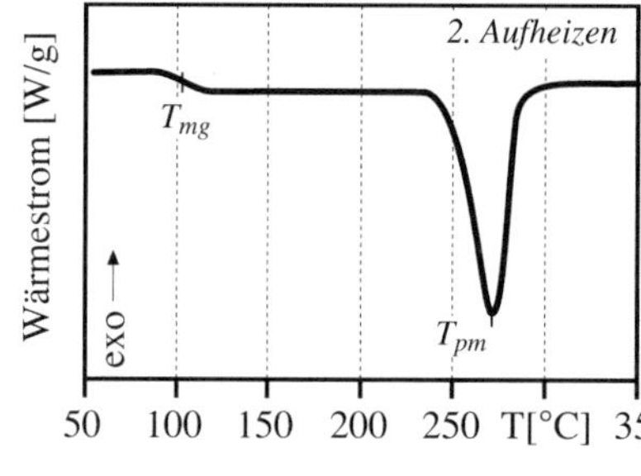

Ausdehnungskoeffizient (Temp):

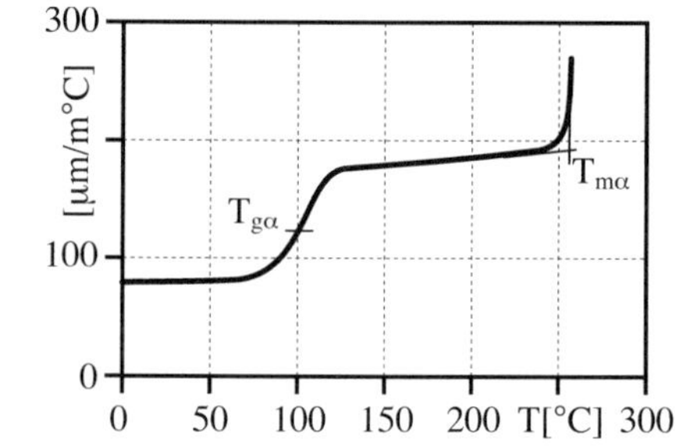

PSU – Polysulfon

Gefüge: amorph **Preis (2007):** ≈ 12,00 – 13,00 €/kg

Eigenschaften: transparent, wärmeform- und chemikalienbeständig, maßhaltig, spannungsriss- und kerbempfindlich, häufig verstärkt

Erkennen: glasklar, schwer entflammbar, rußende Flamme, stechender Geruch der Brandschwaden

Kennwerte:

ρ = 1,24 - 1,25 g/cm^3
E = 2500 - 2700 N/mm^2
σ_s = 70 - 80 N/mm^2
ε_s = 5,5 - 6 %
ε_B = 20 - > 50 %
T_g = 185 - 190 °C

Einsatzgrenzen:

kurzzeitig ~ 170 °C
dauernd ~ 150 °C

Aufbau:

O, S, O, O, CH_3, C, CH_3, n

Mischungen:

- ABS

σ-ε-Diagramm:

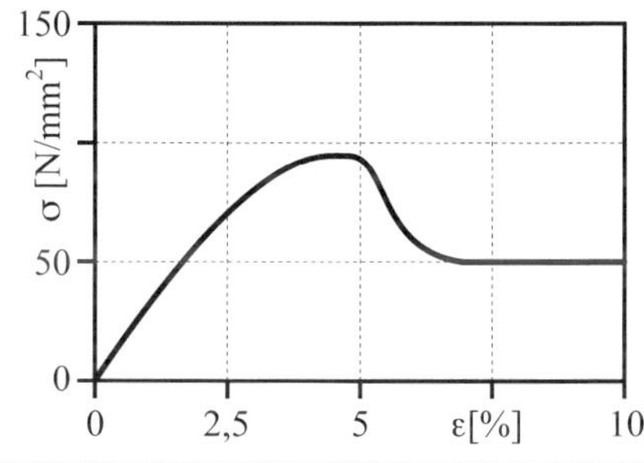

E-Modul (Temp):

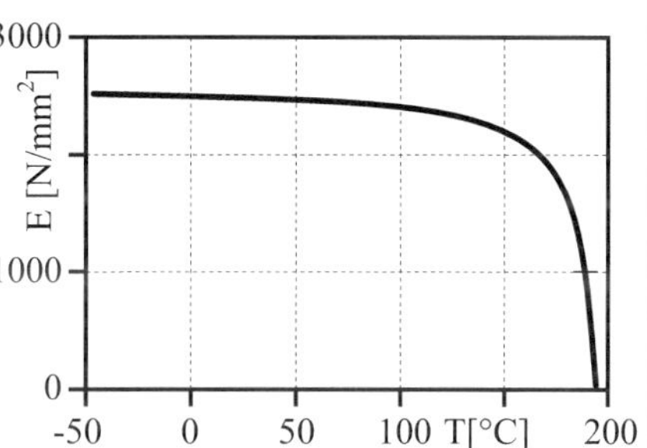

DSC-Diagramm:

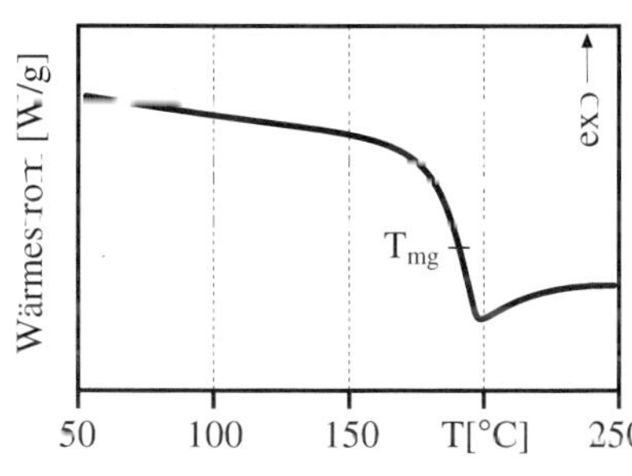

Ausdehnungskoeffizient (Temp):

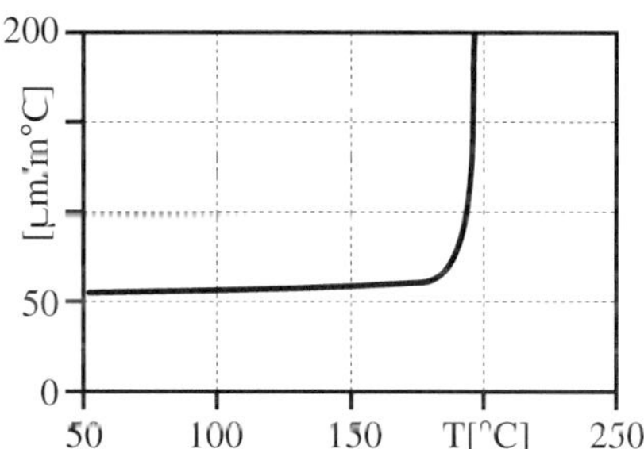

PTFE – Polytetrafluorethylen

Gefüge: teilkristallin (55 - 90 %) **Preis (2007):** ≈ 16,00 – 22,00 €/kg

Eigenschaften: sehr chemikalien-, temperatur- und spannungsrissbeständig, antiadhäsiv, verschleißend, Kriechneigung, hohes spez. Gewicht, als Halbzeug gesintert, nicht spritzbar

Erkennen: milchig weiß, opak, brennt nicht, glüht mit blau-grüner Flamme

Kennwerte:
ρ = 2,13 - 2,23 g/cm^3
E = 400 - 750 N/mm^2
σ_s = 20 - 40 N/mm^2
ε_B = > 50 %
T_g = 125 - 130 °C
T_{pm} = 325 - 330 °C
Einsatzgrenzen:
kurzzeitig ~ 280 °C
dauernd ~ 240 °C

Aufbau:

$$\left[-\overset{F}{\underset{F}{C}} - \overset{F}{\underset{F}{C}} - \right]_n$$

σ-ε-Diagramm:

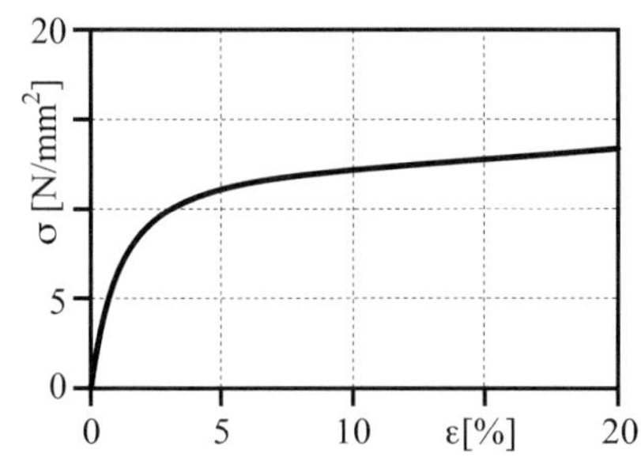

E-Modul (Temp):

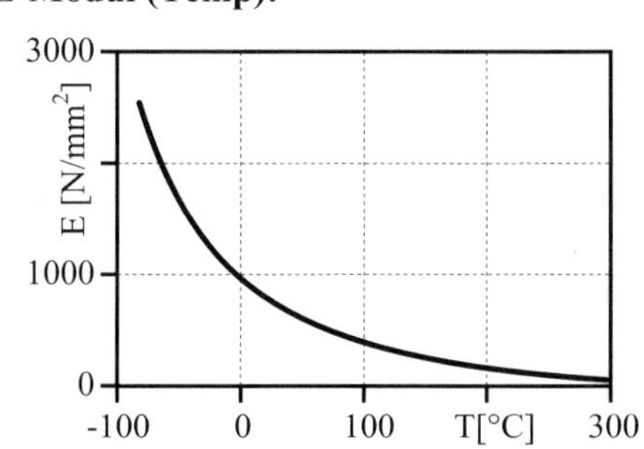

DSC-Diagramm:

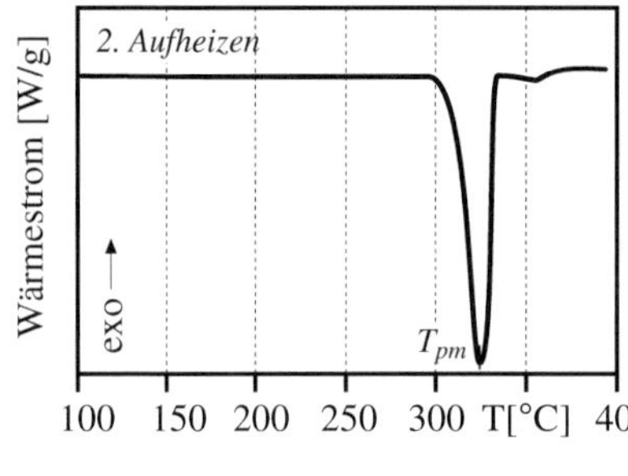

Ausdehnungskoeffizient (Temp):

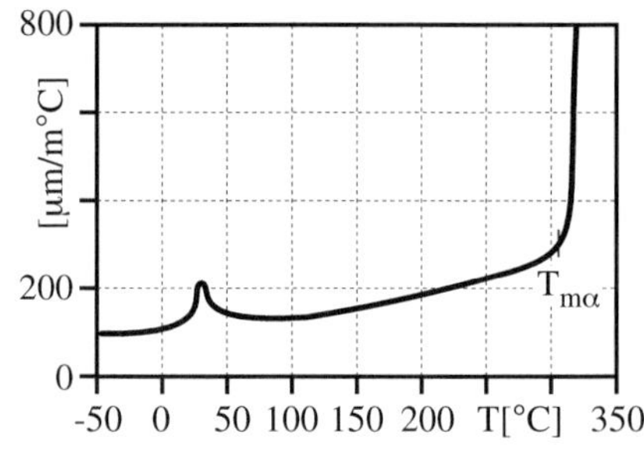

PVC-P – Polyvinylchlorid mit Weichmacher (plasticized)

Gefüge: amorph

Preis (2007): ≈ 1,60 – 1,80 €/kg

Eigenschaften: alterungsbeständig, diffusionsdicht, kältespröde, flammwidrig, evtl. giftige Brandgase

Erkennen: transparent bis opak, Geruch der Brandschwaden nach Salzsäure, mit Beilsteintest Nachweis von Chlor, selbstverlöschend

Kennwerte:

ρ = 1,16 - 1,35 g/cm^3

E = 25 - 1600 N/mm^2

σ_B = 8 - 25 N/mm^2

ε_B = 170 - 400 %

T_g = -50 - 80 °C

Einsatzgrenzen:

kurzzeitig ~ 55 - 65 °C

dauernd ~ 50 - 55 °C

(je nach Weichmacherart und –gehalt, T_g beachten)

Aufbau:

$$\left[\begin{array}{cc} H & Cl \\ | & | \\ C & - C \\ | & | \\ H & H \end{array} \right]_n$$

Mischungen:

-ABS, -NBR, PE-C, PMMA

σ-ε-Diagramm:

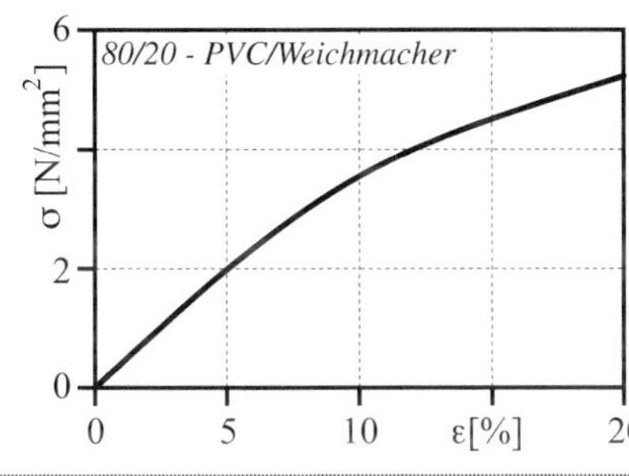

E-Modul (Temp):

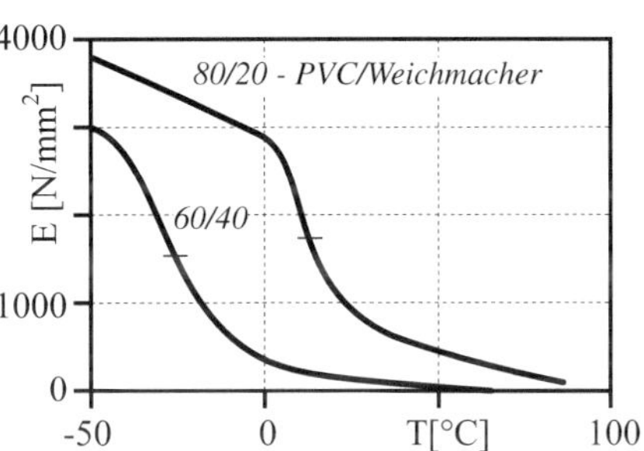

DSC-Diagramm:

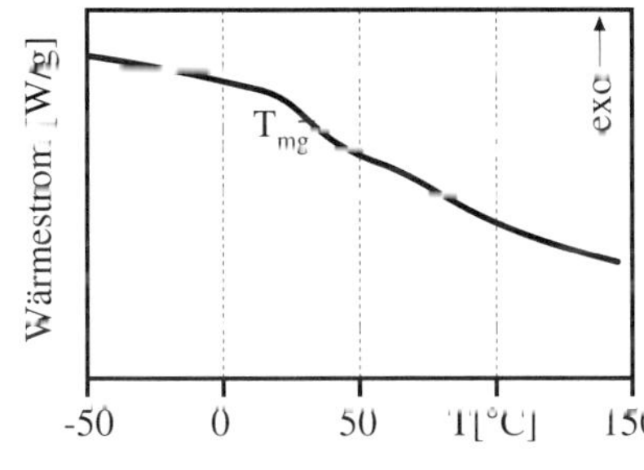

Ausdehnungskoeffizient (Temp):

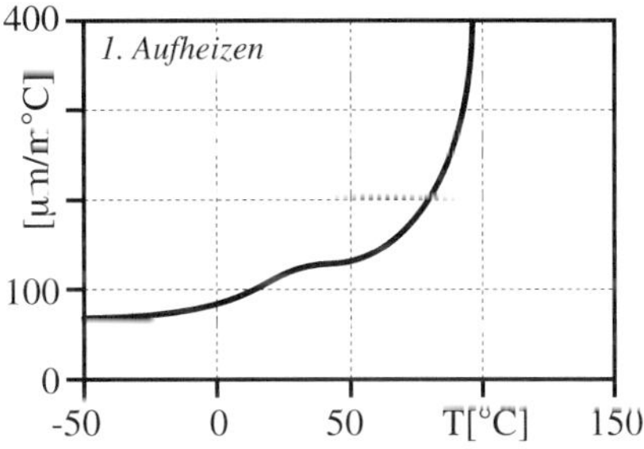

PVC-U – Polyvinylchlorid ohne Weichmacher (unplasticized)

Gefüge: amorph **Preis (2007):** ≈ 1,20 – 1,40 €/kg

Eigenschaften: maßhaltig, chemikalien- und witterungsbeständig, geringe Kältezähigkeit, flammwidrig, evtl. giftige Brandgase, preiswert

Erkennen: transparent bis opak, Geruch der Brandschwaden nach Salzsäure, mit Beilsteintest Nachweis von Chlor, selbstverlöschend

Kennwerte:

ρ = 1,38 - 1,55 g/cm^3
E = 2700 - 3000 /mm^2
σ_s = 50 - 60 N/mm^2
ε_s = 4 - 6 %
ε_B = 10 - 50 %
T_g = 80 °C

Einsatzgrenzen:

kurzzeitig ~ 70 °C
dauernd ~ 60 °C

Aufbau:

$$\left[-\overset{\displaystyle H}{\underset{\displaystyle H}{C}} - \overset{\displaystyle Cl}{\underset{\displaystyle H}{C}} - \right]_n$$

Mischungen:
-ABS, -NBR, -PE-C, PMMA

σ-ε-Diagramm:

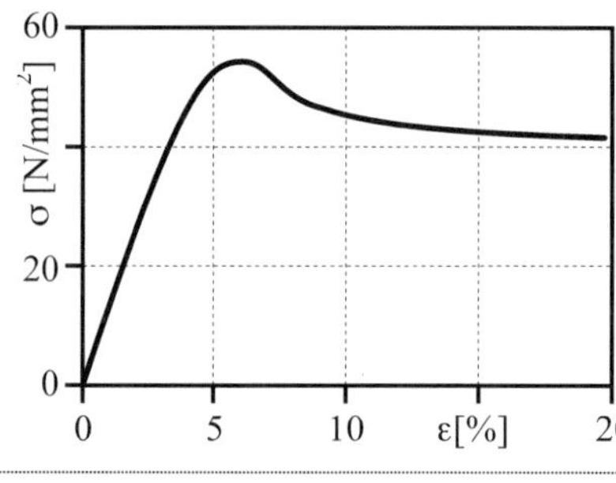

E-Modul (Temp):

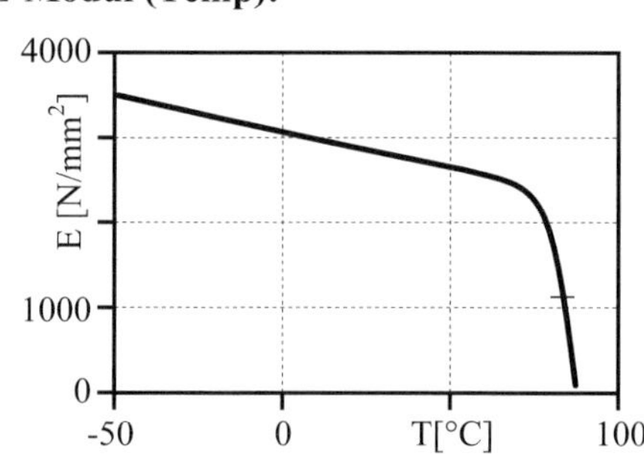

DSC-Diagramm:

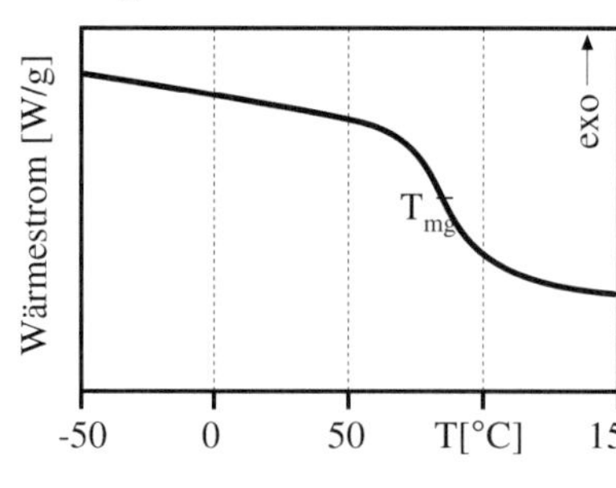

Ausdehnungskoeffizient (Temp):

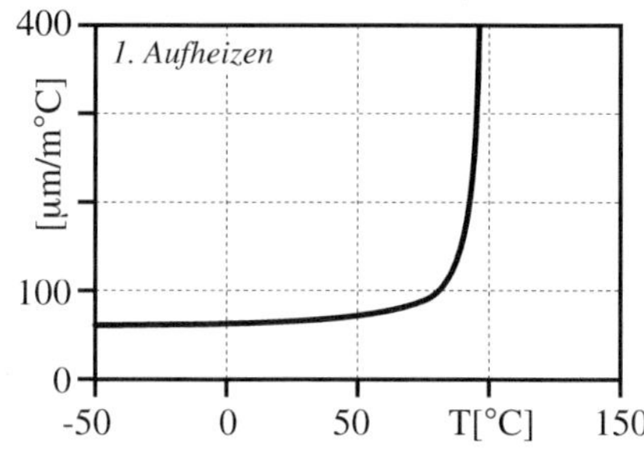

PVDF – Polyvinylidenfluorid

Gefüge: amorph, teilkristallin **Preis (2007):** ≈ 22,00 – 26,00 €/kg

Eigenschaften: fest, chemikalien- und strahlenbeständig, eigenspannungsempfindlich

Erkennen: schwer entflammbar, stechender Geruch der Brandschwaden

Kennwerte*:

ρ = 1,76 - 1,78 g/cm^3
E = 2000 - 2900 N/mm^2
σ_s = 50 - 60 N/mm^2
ε_s = 7 - 10 %
ε_B = 20 - > 50 %
T_g = 40 °C
T_{pm} = 170 - 175 °C

Einsatzgrenzen:
kurzzeitig ~ 150 °C
dauernd ~ 120 °C

Aufbau:

$$\left[-\overset{F}{\underset{F}{C}} - \overset{H}{\underset{H}{C}} - \right]_n$$

σ-ε-Diagramm:

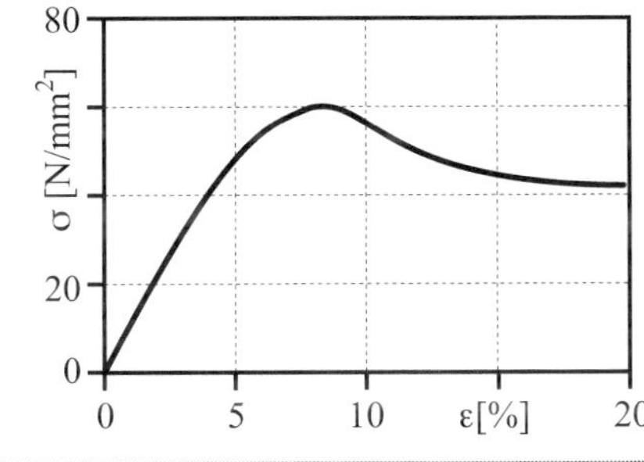

E-Modul (Temp):

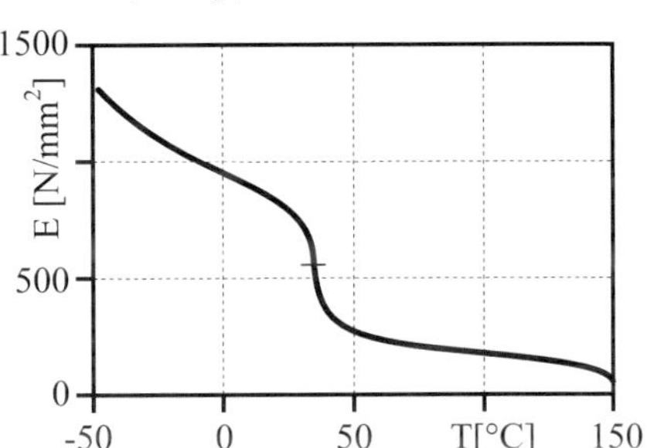

DSC-Diagramm:

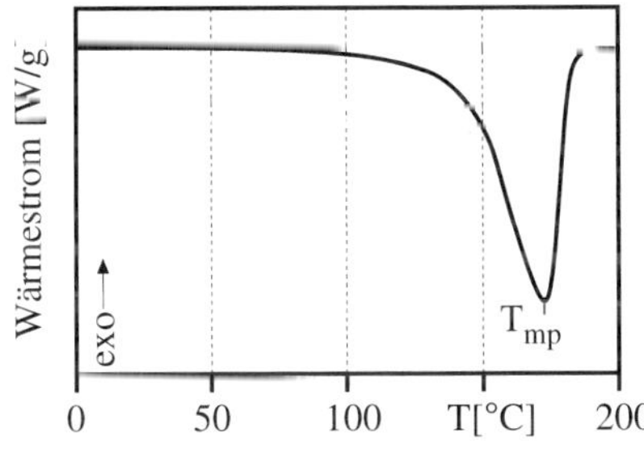

Ausdehnungskoeffizient (Temp):

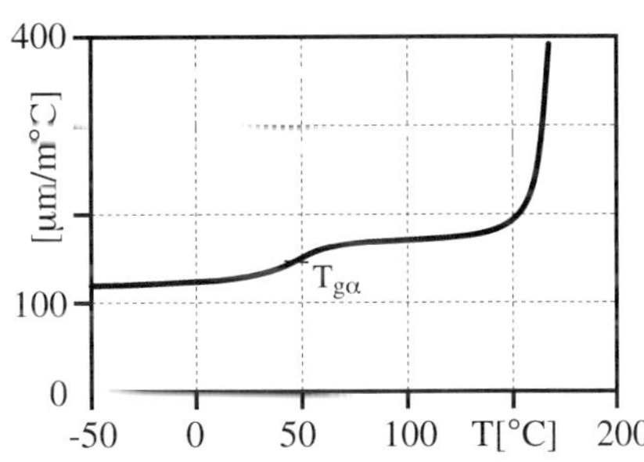

SAN – Styrol-Acrylnitril-Copolymer

Gefüge: amorph **Preis (2007):** ≈ 2,00 – 2,50 €/kg

Eigenschaften: transparent, fest und steif, maßhaltig, chemikalienbeständig, weniger spannungsempfindlich als PS

Erkennen: gelblich, leuchtende Flamme stark rußend, süßlicher Styrolgeruch

Kennwerte:

ρ = 1,08 g/cm^3
E = 3500 - 3700 /mm^2
σ_B = 65 - 85 N/mm^2
ε_s = -
ε_B = 2,5 - 5 %
T_g = 95 - 105 °C

Einsatzgrenzen:

kurzzeitig ~ 95 °C
dauernd ~ 85 °C

Aufbau:

$[-CH_2-CH(C_6H_5)-]_n - [-CH_2-CH(C{\equiv}N)-]_n$

σ-ε-Diagramm:

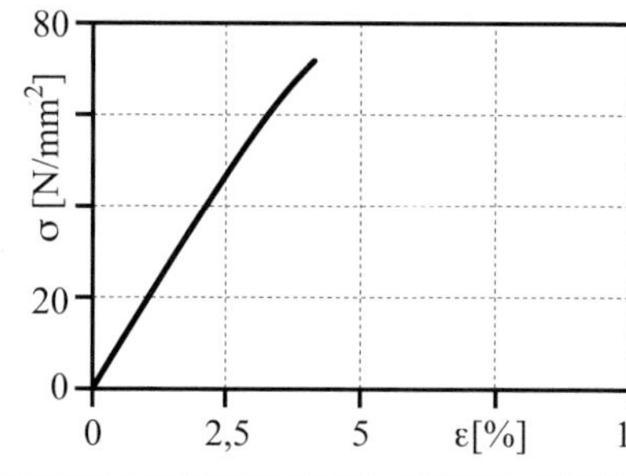

E-Modul (Temp):

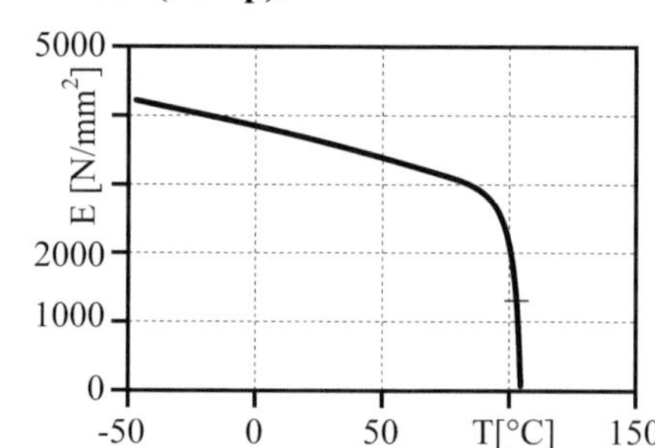

DSC-Diagramm:

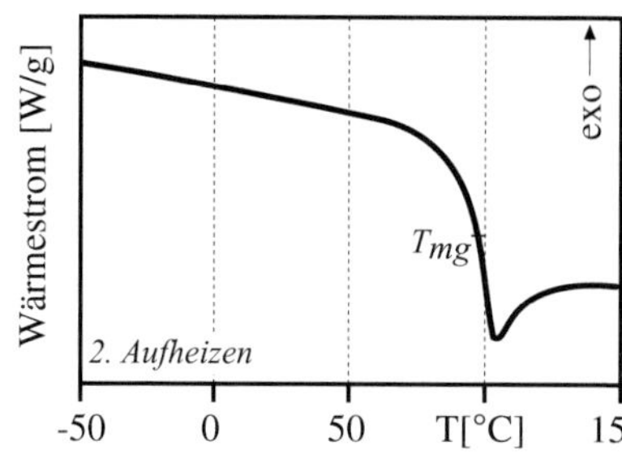

Ausdehnungskoeffizient (Temp):

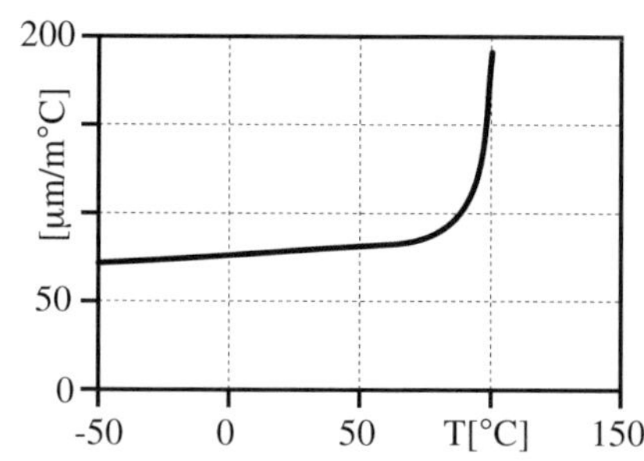

UP – ungesättigtes Polyesterharz

Gefüge: amorph, vernetzt **Preis (2007):** ≈ 1,50 – 2,50 €/kg

Eigenschaften: preiswert, spröde bis zäh (z.B. elastifiziert), wärmeform-, alterungs- und chemikalienbeständig, meist mit Glasfasern verstärkt

Erkennen: transparent, schmilzt nicht, verkohlt, Geruch der Brandschwaden nach Styrol

Kennwerte*:
ρ = 1,2 g/cm^3
E = 3200 - 3500 N/mm^2
σ_B = 50 - 77 N/mm^2
ε_B = 1,2 - 2,5 %
T_g = 70 - 150 °C
Einsatzgrenzen: *große Variation je nach Typ*
kurzzeitig ~ 180 °C
dauernd ~ 100 °C
**für unverstärktes Material*

Aufbau:

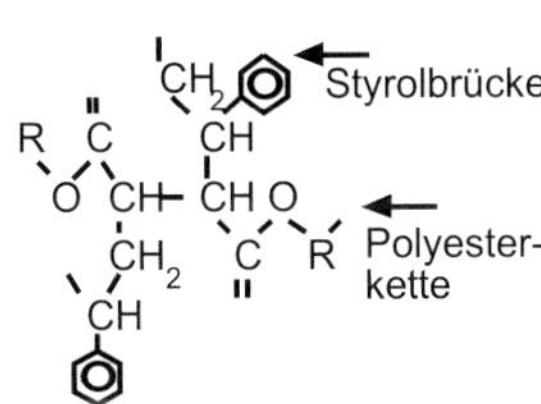

σ-ε-Diagramm:

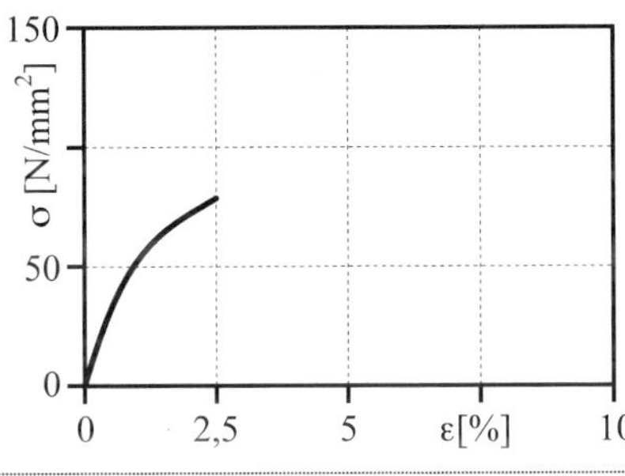

E-Modul (Temp):

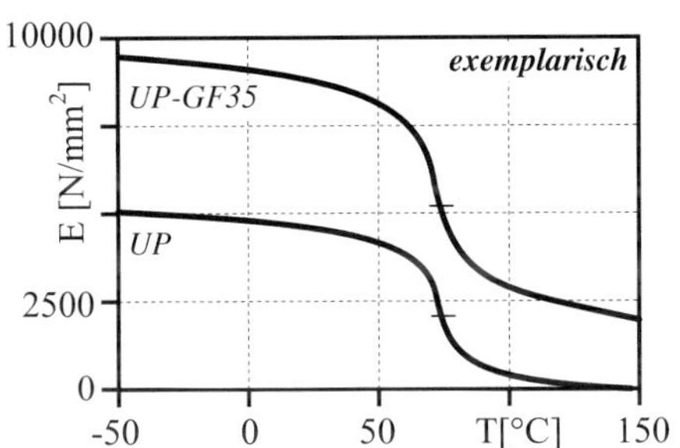

DSC-Diagramm:

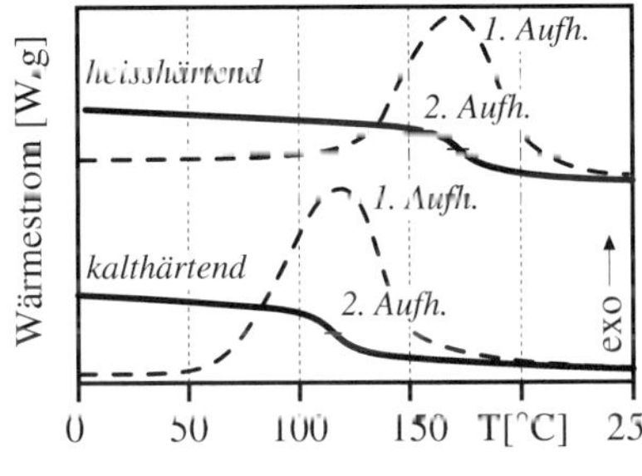

Ausdehnungskoeffizient (Temp):

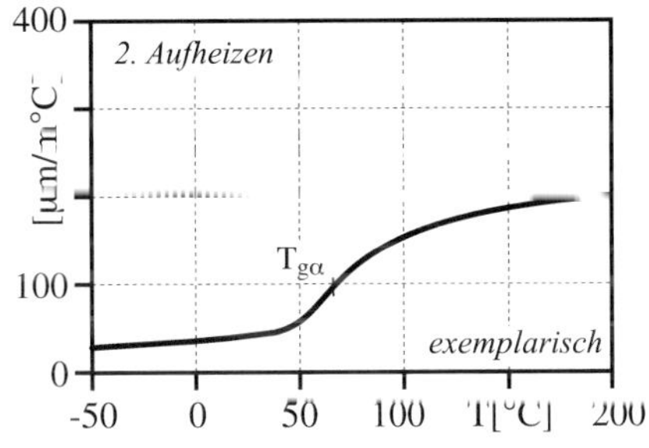

9 Literatur

[1] Simon, C.-J., Schnieders, F. Kunststofferzeugung in Deutschland 2010
Plastics Europe Market Research Group (PEMRG)
www.plasticseurope.de/kunststoffindustrie/marktdaten.aspx

[2] N.N. World Crude Steel Production
www.worldsteel.org/?action=newdetail&id=319

[3] Postler, A. Gesamtverband der Aluminiumindustrie e.V.,Düsseldorf
www.aluinfo.de

[4] N.N. Consultic Marketing & Industrieberatung GmbH; Alzenau;
info@consultic.com; 2010

[5] Hertsch. H. KI – Kunststoff Information, Bad Homburg,
www.kiweb.de.

[6] Amesöder, S. Wärmeleitende Kunststoffe für das Spritzgießen;
Dissertation, Universität Erlangen – Nürnberg; 2009
www.kunststofftech.com

[7] Heinle, C. persönliche Mitteilungen; 2011

[8] Weberskirch, R. Nachwachsende Rohstoffe in der Polymerchemie;
Nachrichten aus der Chemie; 2008; www.gdch.de

[9] Oenbrink, G. Biopolymere – Strohfeuer oder nachhaltige Neuerung;
Nachrichten aus der Chemie, März 2010;
www.gdch.de/nachrichten

[10] Müller, T. Methodik zur Entwicklung von Hybridstrukturen auf Basis faserverstärkter Thermoplaste;
Dissertation, Universität Erlangen-Nürnberg, 2011

[11] Rudolph, N. Druckverfestigung amorpher Thermoplaste;
Dissertation, Universität Erlangen-Nürnberg; 2009
www.kunststofftech.com

[12] Brocka-Krzeminska, Z. Werkstoff- und Einsatzpotential strahlenvernetzter Thermoplaste
Dissertation ,Universität Erlangen-Nürnberg, 2008;
www.kunststofftech.com

[13] Heinze, D. Das Verhalten von Hochpolymeren gegenüber energiereicher Strahlung
Kolloid-Zeitschrift und Zeitschrift für Polymere 210(1966) S. 45/54

[14] Rietzel, D., Kühnlein, F. persönliche Mitteilungen, 2011

[15] Schlarb, A.K. persönliche Mitteilungen, 2011

[16] Bunn, C.W. Determination of Polymeric Structures by X-ray-Diffraction Methods, in: Molecular Behaviour and the Development of Polymeric Materials
Chapman and Hall, London, 1975

[17] Boeing, H.V. Structure and Properties of Polymers
Georg Thieme Publ., Stuttgart, 1973

[18] Geil, P.H. Polymer Single Crystals
Interscience Publ., New York, 1963

[19] Holzmüller, W. Struktur der makromolekularen Körper, in: Holzmüller/Altenburg: Physik der Kunststoffe
Akademie Verlag, Berlin, 1961

[20] Pauling, L. Die Natur der chemischen Bindung
Verlag Chemie, Weinheim, 1968

[21] Henrici-Olivé, G., Olivé, S. Polymerisation
Chemie Verlag, Weinheim, 1969

[22] Braun, D. Chemie der Kunststoffe, in: Kunststoff-Handbuch, Bd. 1, Die Kunststoffe
Carl Hanser Verlag, München, 1990

[23] Batzer, H. Polymere Werkstoffe, Bd. 1, Chemie und Physik,
Georg Thieme Verlag, Stuttgart, 1985

[24] Enderle, H.F. PE-HD-Werkstoffe mit ungwöhnlicher Eigenschaftskombination in: Aufbereiten von Polymeren mit neuartigen Eigenschaften, VDI-K-Tagung
VDI-Verlag, Düsseldorf, 1995

[25] Rieger, J. Klassifizierung der Kunststoffe und ihre Zustandsbereiche in: Altstädt, V. [Hg.] Polymerphysik für die Praxis der Aufbereitung und Verarbeitung
VDI-Gesellschaft Kunststofftechnik, Düsseldorf, 1996

[26] Rätzsch, M. Statusreport Polyäthylen, in: 3. Intern. Kongreß, Kunststoffe 98
Süddeutsches Kunststoff-Zentrum, Würzburg, 1998

[27] Schwarzl, F.R. Polymermechanik
Springer-Verlag, Berlin, 1990

[28] Hendus, H. Physikalische Struktur, in: Kunststoff-Handbuch, Bd. 4
Carl Hanser Verlag, München, 1969

[29]	Wunderlich, B.	Das Kristallisieren und Schmelzen von Hochpolymeren Berichte der Bunsengesellschaft, 74 (1970) 8/9 S. 768/77
[30]	van Krevelen, D.W.	Properties of Polymers Elsevier, Amsterdam, 1997
[31]	Elias, H.-G.	Polymere – Von Monomeren und Makromolekülen zu Werkstoffen Hüthig & Wepf Verlag, Heidelberg, 1996
[32]	Weber, A., Ehrenstein, G.W.	Eigenverstärkte Profile aus PE und PP Z. Gummi, Fasern, Kunststoffe (GAK) 50 (1997) 11 S. 892/6
[33]	Saechtling, H., et al.	Kunststoff-Taschenbuch, 30. Aufl. Carl Hanser Verlag, München, 2007
[34]	Schultz, J.	Polymer Materials Science Prentice Hall, Inc., Englewood Cliffs, New Jersey, 1974
[35]	Pechhold, W.	Molekülbewegung in Polymeren Z. Kolloid und Polymere 220 (1968) 1/2, S. 1–38
[36]	Breining, A., Ehrenstein, G.W.	Ätzen von Kunststoffen Z. Materialprüfung 39 (1997) 3, S. 81
[37]	Zachmann, H.G.	Der kristalline Zustand makromolekularer Stoffe Z. Angewandte Chemie 86 (1974) S. 283/91
[38]	N.N.	BASF-Kunststoffe Lupolen Sortimentsbeschreibung B 578 d Ludwigshafen, 1989
[38 a]	Strobl, G.	From the Melt via Mesomorphic and Granular Crystalline Layers to Lamellar Crystallites; The European Physical Journal E 3, p 165–183 (2000)
[38 b]	Beerbaum, H.	Ermittlung strukturbezogener brauchmechanischer Werkstoffkenngrößen an Polyethylen-Werkstoffen Dissertation Universität Halle-Wittenberg, 1999
[38 c]	Androsch, R.	persönliche Mitteilungen, 2011
[39]	Hosemann, R.	Parakristalle Umschau 72 (1972) 23 S. 749/55
[40]	Kanig, G.	Direkte Beobachtung von PE-Feinstrukturen und ihre Veränderungen beim Verstrecken und Tempern Journal of Crystal Growth 48 (1980) S. 303/20
[41]	Sakurada, I., Ito, T., Nakamae, K.	Elastic Moduli of the Crystal Lattices of Polymers J. Polymer Science (1966) 15 C, S. 75/91
[42]	Zachmann, H.G.	Über die Quellung von kristallinem Polyäthylenterephthalat in organischen Flüssigkeiten Z. Faserforschung und Textiltechnik 18 (1967) 9 S. 427/32

[43]	Eppe, R., Fischer, E. W., Stuart, H. A.	Morphologische Strukturen in PE, PA und anderen kristallisierenden Hochpolymeren J. Polymer Sci. 34 (1959) S. 721/40
[44]	Fischer, E.W.	Stufen- und spiralförmiges Kristallwachstum bei Hochpolymeren Z. Naturforschung 12 a (1957) S. 753/4
[45]	Macherauch, E.	Korngröße und mechanische Eigenschaften Z. Metallkunde 59 (1968) 8, S. 669/686
[46]	Hay, I. L., Keller, A.	Polymer Deformation in Therms of Spherulites Z. Kolloid und Polymere 204 (1965) 1/2, S. 43/74
[47]	Gehde, M.	Zum Extrusionsschweißen von Polypropylen Diss. Universität Erlangen-Nürnberg, Lehrstuhl für Kunststofftechnik, 1993
[48]	Song, J.	Reibung und Verschleiß eigenverstärkter Polymerwerkstoffe, Diss. Universität Erlangen-Nürnberg, Lehrstuhl für Kunststofftechnik, 1991
[49]	Ehrenstein, G. W., Riedel, G., Trawiel, P.	Praxis der Thermischen Analyse, 2. Aufl. Carl Hanser Verlag, München, 2003
[50]	Theriault, R. P., Wolfrum J.,	Das TTT-Diagramm zur Charakterisierung des Härtungsverlaufs von Harzsystemen Ehrenstein, G.W. Z. Kunststoffe 89 (1999) 11
[51]	Stabenow, J., Haaf, F.	Morphologie von ABS-Pfropf-Kautschuken Z. Angew. Makromolekulare Chemie, Bd. 29/30 (1973) S. 1/23
[52]	Kambour, R. P., Russel, P.R.	Electron Microscopy of Crazes in PS and Rubber Modified PS, USE of Jodine-Sulphur Eutectic as a Craze Reinforcing Impregnant Z. Polymer 12 (1971) 4, S. 237/246
[53]	Ramsteiner, F.	Zur Spannungsrißbildung in Thermoplasten durch flüssiges Umgebungsmedium Z. Kunststoffe 80 (1990) 6, S. 695/700
[54]	Zosel, A.	Der Schubmodul von Hochpolymeren als Funktion von Druck und Temperatur Kolloid-Z. und Z. f. Polymere 199 (1964) 2, S. 113/25
[55]	Micheler, G. H.	Kunststoff-Mikromechanik Carl Hanser Verlag, München, 1992
[56]	Kambour, R. P.	Die Rolle des Crazing beim Bruchmechanismus von glasartigen Polymeren Z. Werkstoffe und Korrosion 18 (1967) 5, S. 393/400

[57]	Menges, G.	Erleichtertes Verständnis des Werkstoffverhaltens bei verformungsbezogener Betrachtungsweise Fortschritts-Bericht VDI R. 5, Nr. 12 (1971)
[58]	Hull, D.	Microstructure and Properties of Crazes, in: Deformation and Fracture of High Polymers Plenum Press, New York, 1973
[59]	Engel, L., Klingele, H., Ehrenstein, G. W., Schaper, H.	Rasterelektronenmikroskopische Untersuchungen von Kunststoffschäden Carl Hanser Verlag, München, 2010
[60]	Jenne, H.	Polystyrol (PS) Z. Kunststoffe 74 (1984) 10, S. 552/6
[61]	Leuchs, O.	Zur Weichmachung von Polyvinylchlorid Z. Kunststoffe 46 (1956) 12, S. 547/54
[62]	Hendus H., Illers, K.H., Ropte, E.	Strukturuntersuchungen an Styrol-Butadien-Block-Copolymeren Z. Kolloid und Polymere, Bd. 216/7 (1967) S. 110/9
[63]	Ehrenstein, G. W.	Faserverbundkunststoffe Werkstoffe-Verarbeitung-Eigenschaften Carl Hanser Verlag, München, 1992
[64]	Plueddeman, E. P.	Water is the Key to New Theory of Resin-to-Fiber-Bonding J. Modern Plastics (March 1970) 3, S. 92/8
[65]	Ehrenstein, G. W.	Grenzflächenenergetische Vorgänge und Eigenspannungszustände in glasfaserverstärkten Kunststoffen, Diss. TU Hannover, 1968 www.kunststofftech.com
[66]	Schemme, M., Ehrenstein, G. W.	Präparation von glas-, kohlenstoff- und aramidfaserverstärkten Kunststoffen für die Auflichtmikroskopie Z. Prakt. Metallographie 23 (1992) S. 143
[67]	Lang, R., Stutz, H., Heym, M., Nissen, D.	Polymere Hochleistungsfaserverbundwerkstoffe BASF AG, Ludwigshafen, 1986
[68]	Puck, A.	Grundlagen der Faserverbund-Konstruktion Vorlesungsskript, GH Kassel, 1988
[69]	Korner, E. H.	The Elastic and Thermoelastic Properties of Composite Media Proceedings of Physical Society (1956) 69 B., S. 108
[70]	Ehrenstein, G. W., Wurmb, R.	Glasfaserverstärkte Thermoplaste – Theorie und Praxis Z. Angew. Makromolekulare Chemie 60/61 (1977) S. 157–214
[71]	Ramsteiner, F.	persönliche Mitteilung

[72]	Puck, A.	Zur Beanspruchung und Verformung von GFK-Mehrschicht-verbund-Bauelemente Z. Kunststoffe 57 (1967) 12, S. 965/73
[73]	Altstädt, V.	Hysteresismessungen zur Charakterisierung der mechanisch-dynamischen Eigenschaften von R-SMC Diss. GH Kassel, Institut für Werkstofftechnik, 1987 www.kunststofftech.com
[74]	Schemme, M.	Sicherung der Produktivität bei der Herstellung und Verarbeitung von SMC-Werkstoffen Diss. Universität Erlangen-Nürnberg, Lehrstuhl für Kunststofftechnik, 1997 www.kunststofftech.com
[75]	Thomason, J. L., Vlug, M. A., et al.	Influence of Fiber Length and Concentration on the Properties of Glass Fiber-Reinforced Polypropylene; Part 1 – Tensile and Flexural Modulus; Composites 27A, S. 477/484 (1996); Part 4 – Impact Properties; Composites 28A, S. 277/288 (1997)
[76]	Schemme, M.	Langfaserverstärkte Thermoplaste – Status und Perspektiven; in: Drummer, D.: Thermoplastische Faserverbundkunststoffe, Universität Erlangen, Lehrstuhl für Kunststofftechnik, 2011
[77]	N. N.	Nanopartikel – kleine Dinge, große Wirkung, Bundesministerium für Bildung und Forschung, Berlin 2008
[78]	Kuhmann, K., Ehrenstein, G. W.	Spritzgießen von antielektrostatisch ausgerüsteten Sandwich-Trägerbauteilen, in: Mehrkomponenten-spritzgießen – Technologie, Prozeß- und Verbundeigen-schaften, Sonderpublikation Ingenieur-Werkstoffe Springer-VDI-Verlag, Düsseldorf, 1997, S. 127 – 146
[79]	Heinle, Chr.	Simulationsgestützte Bauteilentwicklung mit wärmeleitenden Kunststoffen Dissertation Universität Erlangen-Nürnberg, 2011 www.kunststofftech.com
[80]	Conrad, L.	Anforderungen bei der Compoundentwicklung wärme-leitender Werkstoffe; Fachtagung Wärmeleitende Kunststoffe; Lehrstuhl für Kunst-stofftechnik, Universität Erlangen, 2007
[81]	Ekstrand, L., Kristiansen, H., Liu, J.	Characterization of Thermally Conductive Epoxy Nano Composites, IEEE 28th Spring Seminar on Electronics Technology, Wien 2005

[82] Drummer, D. Verarbeitung und Eigenschaften kunststoffgebundener Dauermagnete;
Dissertation Universität Erlangen-Nürnberg, 2004, www.kunststofftech.com

[83] Ehrenstein, G. W. Mit Kunststoffen konstruieren, 3. Aufl.
Carl Hanser Verlag, München, 2007

[84] Elias, H.-G. Makromoleküle
Hüthig & Wepf Verlag, Heidelberg, 1990

[85] Kanig, G. Das freie Volumen und die Änderung des Ausdehnungskoeffizienten und der Molwärme bei der Glasübergangstemperatur von Hochpolymeren
Z. Kolloid und Polymere S. 829/45 und S. 1252
Vol. 233 (1969) N. 1/2

[86] Williams, D. J. Polymere Science and Engineering,
Prentice-Hall, Inc., Englewood Cliffs, New Jersey, 1971

[87] Vollmert, B. Grundriß der Makromolekularen Chemie
E. Vollmert-Verlag, Karlsruhe, 1982

[88] Osugi, J., Hara, K. High-Pressure Melting in Polyethylene
The Review of Physical Chemistry of Japan, 36 (1966) 1

[89] Natta, G., Corradini, P. Structure and Properties of Isotactic Polypropylene
Nuovo cimento, Suppl. to Vol. 15, Ser. 10 (1960) 1, S. 40/51

[90] Retting, W. Mechanik der Kunststoffe
Carl Hanser Verlag, München, 1991

[91] Oberst, H. Eigenschaften, Verhalten und Prüfung von Kunststoff-Werkstoffen;
in: Schreyer: Konstruieren mit Kunststoffen
Carl Hanser Verlag, München, 1972

[92] Ingram, P., Kiko, H., Peterlin, A. The Morphology from Deformed Polymer Crystals
J. of Polymer Science, Part C 16 (1967) S. 1857 f

[93] Oberbach, K. Die wichtigsten physikalischen und technologischen Kennwerte der Kunststoffe
VDI Bildungswerk 3887, Düsseldorf, Lehrgang: Konstruieren mit Kunststoffen, 1985

[94] Oberbach, K. Prüfen von Fertigbauteilen
in: Becker/Braun Kunststoffhandbuch, Bd. 1, Die Kunststoffe
Carl Hanser Verlag, München, 1990

[95]	Argon, A.S., Bessonow, M.I.	Plastic Flow in Glassy Materials Polymer Engineering Sci. 17 (1977) 174
[96]	Kargin, V.A., Adrianova, G.P., Karadash, G.G.	Mechanism of Large Deformation of Crystalline over Wide Temperature Range J. Polymer Science (UdSSR) 9 (1967) S. 289/322
[97]	Peterlin, A.	Molecular Model of Drawing PE and PP J. Material Sci. 6 (1971) S. 490/508
[98]	Kanig, G.	Neue elektromikroskopische Untersuchungen über die Morphologie von Polyäthylenen Progr. Colloid & Polymer Sci. 57 (1976) S. 176/91
[99]	Bonart, R.	Kristall- und Kolloidstrukturen beim Dehnen und Verstrecken Kolloid- und Z. für Polymere 231 (1969) S. 438/58
[100]	Müller, F.H.	Kaltverstrecken von Kunststoffen Z. Materialprüfung 5 (1963) 9 S. 336/44
[101]	Trouton, F.T.	On the Coefficient of Viscous Fraction and its Relation to that of Viscosity Proc. Roy. Soc. London 77 (1960) S. 426/40
[102]	Sternstein, S.S., Ongchin, L.	Yield Criteria for Plastic Deformation of Glassy High Polymers in General Stress Field A.C.S. Division Polym. Chem. 10 (1969) Nr. 2, S. 1117/28
[103]	Bardenheier, R.	Mechanisches Versagen von Polymerwerkstoffen Kunststoffe Fortschrittsbericht Carl Hanser Verlag, München, 1982
[104]	Raghava, R., Cadell, R.M., Yeh, G.S.Y.	The Macroscopy Yield Behaviour of Polymers J. Mat. Science 8 (1973) S. 225/32
[105]	Tschoegl, N.W.	Fracture Surface in Principal Stress Space Journal Polymer Science, Part C Symp. Nr. 32 (1971) S. 239/67
[106]	Sandel, G.D.	Die Anstrengungsfrage Schweiz. Bauzeitung 95 (1930) 26, S. 335/8
[107]	Schwartz, T.R., Dugger, E.	Shear Strength of Plastic Materials J. Modern Plastics 21 (1944) S. 117
[108]	Thorkildson, R.C.	Mechanical Behaviour, in: Baer, E. (Hrsg.): Engineering Design for Plastics, S. 277/399 Reinhold Publ. Corp. New York, 1964
[109]	Schneider, W.	Mikromechanische Betrachtung von Bruchkriterien unidirektional verstärkter Schichten aus Glasfaser/Kunststoff Diss. TH Darmstadt 1974

[110] Argon, A. S., Andrens, R. D., Godricke, J. A., Whithey, W. — Plastic Deformation Bands in Glassy Polystyrene J. Appl. Phys. 39 (1968) 3, S. 1899/1906

[111] Vincent, P. J. — Strength of Plastics ICI-Information Service, Note Nr. 911 (1962)

[112] Bauwens, J. C. — Yield Condition and Propagation of Lüders Lines in Tension-Torsion Experiments on PVC J. Polymer Science A-2 (1970) 8, S. 893/901

[113] Miles, M. J., Miles N. J. — The Yield of Locus of Polycarbonate Polymer Lett. Edit. 11 (1973) S. 563/78

[114] Sharma, M. G. — Failure of Polymeric Materials under Biaxial Stress Field Polymer. Eng. & Sci. 6 (1966) 1, S. 30/5

[115] Michaeli, W., Huybrechts, D., Wegener, M. — Dimensionieren mit Faserverbundwerkstoffen Einführung und praktische Hilfen; Carl Hanser Verlag München Wien 1995

[116] Tsai, S. W., Wu, E. M. — A General Theory of Strength for Anisotropic Materials J. Comp. Materials 5 (1971) 1, S. 58/80

[117] Kabelka, J., Vejchar, J. — Zur Problematik der Festigkeit unidirektional verstärkter Kunststoffe Z. Kunststoffe 62 (1972) 12 S. 859/63

[118] Scheerer, H. G. — Ermittlung der Rissbildungsgrenzen von glasfaserverstärkten Kunststoffen bei ein- und zweiachsiger Beanspruchung Diss. Universität Karlsruhe, 1974 Institut für Werkstoffkunde 1

[119] Puck, A. — Festigkeit von Faser-Matrix-Laminaten Carl Hanser Verlag, München, 1996

[120] Ehrenstein, G. W. — Eigenverstärkung von Thermoplasten im Schmelzedeformationsprozeß Z. Angew. Makromolekulare Chemie 175 (1990) S. 187/203

[121] Schmidt, D., Schuster, R., Orthmann, H. J. — Das mechanische Niveau thermoplastischer Formmassen Z. Kunststoffe 54 (1964) 10, S. 643/7 und 55 (1965) 10, S. 779/84

[122] Waldenrath, W. — Gerät zur Messung der Schrumpfungseigenschaften von Schrumpffolien Z. Neue Verpackung 25 (1972) 11, S. 1476/82

[123] Knappe, W. — Beeinflussung der Eigenschaften von Kunststoff-Fertigteilen durch die Verarbeitungsbedingungen VDI, Bildungswerk BW-1734

[124] N.N. DIN 50035: Begriffe auf dem Gebiet der Alterung von Materialien, 2011

[125] Krebs, Chr., Avondet, M., Leu, K. Langzeitverhalten von Thermoplasten Carl Hanser Verlag, München, 1999

[126] Ehrenstein, G. W., Pongratz, S. Beständigkeit von Kunststoffen Carl Hanser Verlag, München, 2007

[127] Voigt, J. Die Stabilisierung der Kunststoffe gegen Licht und Wärme; in: Chemie, Physik und Technologie der Kunststoffe in Einzeldarstellungen Springer-Verlag, 1996, S. 494 - 511

[128] Dallner, C. Thermo-mechanische Einsatzgrenzen von Kunststoffen Dissertation Universität Erlangen-Nürnberg, 2006 www.kunststofftech.com

[129] Pongratz, S. Alterung von Kunststoffen während der Verarbeitung und im Gebrauch Diss. Universität Erlangen-Nürnberg Lehrstuhl für Kunststofftechnik, 2000 www.kunststofftech.com

[130] Pongratz, S., Ehrenstein, G. W. Erfassen und Beurteilen von thermischen Kennwerten in: Thermische Einsatzgrenzen von Technischen Kunststoffbauteilen Springer-VDI-Verlag GmbH, Düsseldorf, 1998

[131] Ries, H. Veränderung von Werkstoff- und Formteilstruktur beim Spritzgießen von Thermoplasten Diss. RWTH Aachen, IKV, 1988

[132] Duriau, F., Pongratz, S., Ehrenstein, G. W. Studies of the Thermal and Thermo-Oxidative Degradation of Polypropylene during Processing and in Use Proceedings ANTEC, New York, 1999

[133] Gächter, R., Müller, H. Kunststoff-Additive Carl Hanser Verlag, München, 1990

[134] Kramer, E., Koppelmann, J. Thermo-Oxidative Degradation of Polyolefins Observed by Isothermal Long-Term DTA Polymer Eng. & Sci. 27 (1987) 13, S. 945

[135] Kramer, E. Persönliche Mitteilung, April 1999

[136] Pauquet, R. J., Todesco, W. O., Drake, W. O. Limitations and Applications of Oxidative Induction Time (OIT) to Quality Control of Polyolefins 42nd International Wire & Cable Symposium, 1993

Index

Symbole

A

B

C

D

V

W

X

Z